智能科学技术著作丛书

高级人工智能

（第三版）

史忠植　著

科学出版社

北　京

内 容 简 介

  人工智能是研究解释和模拟人类智能、智能行为及其规律的一门学科，建立智能信息处理理论，研制智能机器和智能系统，延伸和扩展人类智能。

  本书共 16 章。第 1～6 章讨论人工智能的认知问题和自动推理，论述逻辑基础、约束推理、定性推理、基于案例的推理、概率推理；第 7～14 章重点讨论机器学习和知识发现，包括归纳学习、支持向量机、解释学习、强化学习、无监督学习、关联规则、进化计算、知识发现；第 15 章阐述主体计算；第 16 章讨论互联网智能。与本书第二版相比，增加了两章新内容。其他章节也作了较大的修改和补充。

  本书内容新颖，反映了人工智能领域的最新研究进展，总结了作者多年的科研成果。全书力求从理论、算法、系统、应用等方面讨论人工智能的方法和关键技术。本书可作为高等院校信息领域相关专业的高年级本科生和研究生的教材，也可供相关科技人员学习参考。

图书在版编目(CIP)数据

高级人工智能/史忠植著. —3 版. —北京：科学出版社，2011
（智能科学技术著作丛书）
ISBN 978-7-03-031685-1

Ⅰ. 高… Ⅱ. 史… Ⅲ. 人工智能 Ⅳ. TP18

中国版本图书馆 CIP 数据核字(2011)第 118235 号

责任编辑：张海娜/责任校对：陈玉凤
责任印制：赵 博/封面设计：耕者设计工作室

斜 学 出 版 社 出版
北京东黄城根北街 16 号
邮政编码：100717
http://www.sciencep.com

北京厚诚则铭印刷科技有限公司印刷
科学出版社发行 各地新华书店经销

*

2011 年 7 月第 一 版 开本：720×1000 1/16
2025 年 2 月第八次印刷 印张：36 1/2
字数：708 000

定价：298.00 元
（如有印装质量问题，我社负责调换）

《智能科学技术著作丛书》序

"智能"是"信息"的精彩结晶,"智能科学技术"是"信息科学技术"的辉煌篇章,"智能化"是"信息化"发展的新动向、新阶段。

"智能科学技术"(intelligence science & technology,IST)是关于"广义智能"的理论方法和应用技术的综合性科学技术领域,其研究对象包括:

- "自然智能"(natural intelligence,NI),包括"人的智能"(human intelligence,HI)及其他"生物智能"(biological intelligence,BI)。
- "人工智能"(artificial intelligence,AI),包括"机器智能"(machine intelligence,MI)与"智能机器"(intelligent machine,IM)。
- "集成智能"(integrated intelligence,II),即"人的智能"与"机器智能"人机互补的集成智能。
- "协同智能"(cooperative intelligence,CI),指"个体智能"相互协调共生的群体协同智能。
- "分布智能"(distributed intelligence,DI),如广域信息网、分散大系统的分布式智能。

"人工智能"学科自 1956 年诞生的,五十余年来,在起伏、曲折的科学征途上不断前进、发展,从狭义人工智能走向广义人工智能,从个体人工智能到群体人工智能,从集中式人工智能到分布式人工智能,在理论方法研究和应用技术开发方面都取得了重大进展。如果说当年"人工智能"学科的诞生是生物科学技术与信息科学技术、系统科学技术的一次成功的结合,那么可以认为,现在"智能科学技术"领域的兴起是在信息化、网络化时代又一次新的多学科交融。

1981 年,"中国人工智能学会"(Chinese Association for Artificial Intelligence,CAAI)正式成立,25 年来,从艰苦创业到成长壮大,从学习跟踪到自主研发,团结我国广大学者,在"人工智能"的研究开发及应用方面取得了显著的进展,促进了"智能科学技术"的发展。在华夏文化与东方哲学影响下,我国智能科学技术的研究、开发及应用,在学术思想与科学方法上,具有综合性、整体性、协调性的特色,在理论方法研究与应用技术开发方面,取得了具有创新性、开拓性的成果。"智能化"已成为当前新技术、新产品的发展方向和显著标志。

为了适时总结、交流、宣传我国学者在"智能科学技术"领域的研究开发及应用成果,中国人工智能学会与科学出版社合作编辑出版《智能科学技术著作丛书》。需要强调的是,这套丛书将优先出版那些有助于将科学技术转化为生产力以及对社会和国民经济建设有重大作用和应用前景的著作。

我们相信，有广大智能科学技术工作者的积极参与和大力支持，以及编委们的共同努力，《智能科学技术著作丛书》将为繁荣我国智能科学技术事业、增强自主创新能力、建设创新型国家做出应有的贡献。

祝《智能科学技术著作丛书》出版，特赋贺诗一首：

智能科技领域广

人机集成智能强

群体智能协同好

智能创新更辉煌

涂序彦

中国人工智能学会荣誉理事长

2005 年 12 月 18 日

前　言

　　人工智能的长期目标是建立人类水平的人工智能。人工智能诞生五十多年来，在崎岖不平的道路上取得了可喜的进展，特别与机器学习、数据挖掘、计算机视觉、专家系统、自然语言处理、规划和智能机器人等相关的应用带来了良好的经济效益和社会效益。广泛使用的互联网应用知识表示和推理，构建语义 Web，提高了互联网信息的利用率。信息化的必然趋势是智能化，智能革命将开创人类后文明史。如果说蒸汽机创造了工业社会，那么智能机也一定能创造出智能社会，实现社会生产的自动化和智能化，促进知识密集型经济的大发展。

　　人工智能是计算机科学的一个分支，是一门研究机器智能的学科，即用人工的方法和技术，研制智能机器或智能系统来模仿、延伸和扩展人的智能，实现智能行为。人工智能一般可分为符号智能和计算智能。符号智能是传统人工智能，它以物理符号系统为基础，研究知识表示、获取、推理过程。运用知识解决问题是符号智能最基本、最重要的特点。20 世纪 80 年代兴起的知识工程侧重研究知识信息处理的方法和技术，促进了人工智能的发展。

　　计算智能是以数据为基础，包括神经计算、模糊系统、遗传算法、进化规划等。表面看来，符号智能和计算智能是完全不同的研究方法，前者基于知识，后者基于数据；前者采用推理，后者通过映射。1996 年，Minsky 在第四届太平洋地区人工智能国际会议的特邀报告"Computers, Emotions and Common Sense"中指出，神经计算与符号计算可以结合起来，神经网络是符号系统的基础。这与我们提出的人类思维的层次模型是吻合的。20 世纪 90 年代兴起的智能信息处理反映了这种综合、交叉的研究趋势。进入 21 世纪以来，机器学习、知识发现、多主体系统、互联网智能等取得了许多重要的进展。

　　许多院校把本书的第一版和第二版作为教科书或教材，众多研究人员用作参考书。广大读者迫切要求出版新版，以反映人工智能研究和应用的最新进展。

　　本书在第二版的基础上作了重大修订，共分 16 章。第 1 章是绪论，从人工智能的认知问题出发，介绍本书撰写的指导思想，概要介绍人工智能当前研究的热点。第 2 章讨论人工智能逻辑，较系统地讨论非单调逻辑和与智能主体有关的逻辑系统。第 3 章讨论约束推理，介绍许多实用的约束推理方法。第 4 章介绍定性推理，着重讨论几种重要的定性推理方法。多年来作者及其领导的团队一直从事基于案例推理的研究，其主要成果构成第 5 章。概率推理是一种重要的不确定推理，第 6 章进行重点讨论。机器学习是当前人工智能研究的核心，也是知识发现、数据挖掘等领域的重要基础,本书用8章(第7~14章)的篇幅给予论述,反映研究的最新进展。第7章论述归纳学习。第8章介绍统计学习。第9章讨论解释学习。第10章论述强化学习。第11章介绍无监督学习。第12章阐述关联规则。第13章讨论进化计算,重点阐述遗传算法。第14章给出集成的知识发现系统,新版中增加了分布式知识发现。近几年来主体计算研究取得重要进展,并在不少领域得到应用。结合我们研究的成果,在第15章重点讨论主体理论和多主体系统的关键技术。第16章探讨互联网智能,基于全社会共享的信息资源,将会产生多种形式的集体智能,推动人工智能和智能系统的发展。

作者于1994年在中国科学院研究生院(北京)开设了"高级人工智能"课程,作为计算机科学技术专业博士、硕士研究生第一学期人工智能课程的补充,并为开展研究打下基础。本书第一版于1998年正式出版,列入普通高等教育"九五"国家级重点教材、《中国科学院研究生教学丛书》。2006年出版的第二版列入《智能科学技术著作丛书》。本书是集体研究成果的总结,先后有8位博士后、50多位博士生、100多位硕士生参加了相关的研究工作。陆汝钤院士、戴汝为院士、李衍达院士、张钹院士、董韫美院士、高庆狮院士、林惠民院士、陈霖院士、郭爱克院士、李国杰院士、何新贵院士、郑南宁院士、李德毅院士、钟义信教授、石纯一教授、涂序彦教授、张成奇教授、王珏研究员、何华灿教授、蔡自兴教授等给予无私的帮助,作者借新书出版之际,深表谢意。

本书的研究工作得到国家自然科学基金重点项目"基于云计算的海量数据挖掘"(批准号:61035003)、"Web搜索与挖掘的新理论与方法"(批准号:60933004)、"基于感知学习和语言认知的智能计算模型研究"(批准号:60435010)、自然科学基金项目"语义Web服务的逻辑基础"(批准号:60775035)等的资助。感谢国家重点基础研究发展计划"基于视觉认知的非结构化信息处理理论与关键技术"(项目编号:2007CB311000)、国家863高技术探索项目"软件自治愈与自恢复技术"(项目编号:2007AA01Z132)等项目的支持。

史忠植
2011年3月

目　　录

第 1 章　绪　　论

1.1　人工智能的渊源

人工智能(artificial intelligence, AI)主要研究用人工的方法和技术,模仿、延伸和扩展人的智能,实现机器智能。人工智能的长期目标,正如 McCarthy 于 2005 年指出的,是实现人类水平的人工智能[McCarthy 2005]。

产业革命解放了人的体力劳动,使用机器可以完成繁重的体力工作,极大地促进了人类社会的进步和经济的发展。用机器解放人的脑力劳动,制造和使用仿人的智能机器是人们长期以来的愿望。

我国曾经发明了不少智能工具和机器。例如,算盘是应用广泛的古典计算机;水运仪象台是天文观测与星象分析仪器;候风地动仪是测报与显示地震的仪器。我们祖先提出的阴阳学说蕴涵着丰富的哲理,对现代逻辑的发展有重大影响。

在国外,Aristotle(公元前 384—公元前 322)在《工具论》的著作中提出形式逻辑。Bacon(1561—1626)在《新工具》中提出归纳法。Leibnitz(1646—1716)研制了四则计算器,提出了"通用符号"和"推理计算"的概念,使形式逻辑符号化,可以说是"机器思维"研究的萌芽。

19 世纪以来,数理逻辑、自动机理论、控制论、信息论、仿生学、计算机、心理学等科学技术的进展,为人工智能的诞生,准备了思想、理论和物质基础。Boole(1815—1864)创立了布尔代数,他在《思维法则》一书中,首次用符号语言描述了思维活动的基本推理法则。Godel(1906—1978)提出了不完备性定理。Turing(1912—1954)提出了理想计算机模型——图灵机,创立了自动机理论。1943 年,McClloch 和 Pitts 提出了 MP 神经网络模型,开创了人工神经网络的研究。1946 年,Manochly 和 Eckert 研制成功 ENIAC 电子数字计算机。1948 年,Wiener 创立了控制论,Shannon 创立了信息论。

现实世界中,相当多的问题求解是复杂的,常常没有算法可遵循,或者即使有计算方法,也是 NP 问题。人们可以采用启发式知识进行求解,把复杂的问题大大简化,可在浩瀚的搜索空间中迅速找到解答。运用专门领域的经验知识经常会取得有关问题的满意解,但不是最优解。这种处理问题的方法具有显著的特色,促进了人工智能的诞生。1956 年,由 McCarthy、Minsky 等发起,美国的几位心理学家、数学家、计算机科学家、信息论学家在 Dartmouth 大学举办夏季讨论会,正式提出人工智能的术语,开始了具有真正意义的人工智能的研究。经过三十多年的研究和发展，人工智能取得了很大的进展。许多人工智能专家系统研制成功，并投入使用。自然语言理解、机器翻译、模式识别、机器人、图像处理等方面取得了不少研究成果，其应用渗透到许多领域，促进它们的发展。

在 20 世纪 50 年代，人工智能以博弈、游戏为对象进行研究。1956 年，Samuel 研制成功具有自学习能力的启发式博弈程序。同年，Newell、Simon 等研制了启发式程序 Logic Theorist，证明了《数学原理》书中 38 条定理，开创了利用计算机研究思维活动规律的工作。Chomsky 提出了语言文法，开创了形式语言的研究。1958 年，McCarthy 建立了人工智能程序设计语言 LISP，不仅可以处理数值，而且可以更方便地处理符号，为人工智能的研究提供了重要工具。

20 世纪 60 年代初，人工智能的创始人 Simon 等就乐观地预言：

(1) 十年内数字计算机将是世界象棋冠军；

(2) 十年内计算机将证明一个未发现的重要的数学定理；

(3) 十年内数字计算机将谱写具有相当美学价值的而为批评家所认可的乐曲；

(4) 十年内大多数心理学理论将采用计算机程序的形式。

这些乐观的预言在一定程度上激发人们研究人工智能的兴趣。20 世纪 60 年代初期，人工智能以搜索算法、通用问题求解（GPS）的研究为主。1961 年，Minsky 发表题为"走向人工智能的步骤"的论文，推动了人工智能的发展。1963 年，Newell 发表了问题求解程序，使启发式程序有更大的普适性。1965 年，Feigenbaum 研制成功了 DENDRAL 化学专家系统，使人工智能的研究从着重算法转向知识表示的研究，也是人工智能研究走向实用化的标志。同年，Robinson 提出了归结原理。1968 年，Quillian 提出了语义网络的知识表示方法。1969 年，国际人工智能联合会（IJCAI）成立。从 1969 年起，每两年召开一次国际人工智能学术会议，由 IJCAI 主办的人工智能学报 *Artificial Intelligence* 于 1970 年创刊。

20 世纪 70 年代前期，人工智能研究以自然语言理解、知识表示为主。1972 年，Winograd 发表了自然语言理解系统 SHRDLU，法国马赛大学的 Colmerauer 创建了 PROLOG 语言。1973 年，Schank 提出了概念从属理论。1974 年，Minsky 提出了重要的框架知识表示法。1977 年，Feigenbaum 在第五届国际人工智能会议上提出了知识工程。他认为，知识工程是人工智能的原理和方法，对那些需要专家知识才能解决的应用难题提供求解的手段。恰当运用专家知识的获取、表示和推理过程的构成与解释，是设计基于知识系统的重要技术问题。

20 世纪 80 年代，人工智能蓬勃发展。专家系统开始广泛应用，出现了专家系统开发工具，开始兴起人工智能产业。特别是 1982 年，日本政府正式宣布投资开发第五代计算机，极大地推动了人工智能的发展。许多国家制订相应的计划，进行人工智能和智能计算机系统的研究。我国也将智能计算机系统的研究列入国家 863 高技术计划。以知识信息处理为中心的知识工程成为人工智能的显著标志。

半个多世纪以来,国际学术界先后从大脑结构模拟、逻辑思维模拟和智能行为模拟三个侧面对智能问题进行研究,形成了人工智能研究的结构主义方法(以人工神经网络研究为代表)、功能主义方法(以专家系统研究为代表)以及行为主义方法(以感知-动作系统研究为代表)三大学派,分别取得了令人鼓舞的进展,成为流行的三大人工智能学派。20 世纪 90 年代以来,不同学派的理论和方法相互交融,综合的智能技术在处理与信息有关的问题方面出现新的格局,智能信息处理成为热门的话题。

五十多年来,人工智能的研究取得了一定的进展,提出了启发式搜索策略、非单调推理、机器学习的方法等。人工智能的应用,特别是专家系统、智能决策、智能机器人、自然语言理解等方面的成就促进了人工智能的研究。人工智能的研究与其他事物发展一样,在波浪式地前进,螺旋式地上升。20 世纪 90 年代以来,人工智能领域反思为什么功能强大的超级计算机智能水平如此低下?

总的来看,人工智能还处于智能问题研究的早期阶段,缺乏对智能机制的研究,缺乏必要的理论基础。在一些关键技术方面,诸如机器学习、非单调推理、常识性知识表示、不确定推理等尚未取得突破性的进展。人工智能对全局性判断、不确定信息处理、多粒度信息处理极为困难。为此作者积极倡导开展智能科学的研究。智能科学研究智能的基本理论和实现技术,是由脑科学、认知科学、人工智能等学科构成的交叉学科。脑科学从分子水平、细胞水平、行为水平研究人脑智能机理,建立脑模型,揭示人脑的本质。认知科学是研究人类感知、学习、记忆、思维、意识等人脑心智活动过程的科学。人工智能研究用人工的方法和技术,模仿、延伸和扩展人的智能,实现机器智能。智能科学的研究将为智能革命、知识革命建立理论基础,为智能系统、智能产业提供新概念、新理论、新途径,必将在 21 世纪共创辉煌[史忠植 2006]。

1.2　人工智能的认知问题

认知科学研究人类感知和思维信息处理的过程,包括从感觉的输入到复杂问题求解,从人类个体到人类社会的智能活动,以及人类智能和机器智能的性质[史忠植等 1990]。认知科学是现代心理学、信息科学、神经科学、数学、科学语言学、人类学乃至自然哲学等学科交叉发展的结果,是人工智能重要的理论基础。

一般认为,认知(cognition)是和情感、动机、意志等相对的理智或认识过程。美国心理学家 Houston 等将对认知的看法归纳为如下五种主要类型:

(1) 认知是信息的处理过程;

(2) 认知是心理上的符号运算;

(3) 认知是问题求解;

（4）认知是思维；

（5）认知是一组相关的活动，如知觉、记忆、思维、判断、推理、问题求解、学习、想象、概念形成、语言使用等。

认知心理学家 Dodd 等则认为，认知应包括三个方面，即适应、结构和过程。也就是说，认知是为了一定的目的，在一定的心理结构中进行的信息加工过程。

受到 Newell 和 Simon 早期研究工作的推动，认知科学的研究在 20 世纪 50 年代末期就出现了[司马贺 1986]。认知科学家的研究成果提供了较好的模型以代替行为主义学说关于人的简化模型。认知科学研究的目的就是要说明和解释人在完成认知活动时是如何进行信息加工的。认知科学涉及的问题非常广泛，包括知觉、语言、学习、记忆、思维、问题求解、创造、注意以及环境、社会文化背景对认知的影响。

认知科学的兴起和发展标志着对以人类为中心的认知和智能活动的研究已进入到新的阶段。认知科学的研究将使人类自我了解和自我控制，把人的知识和智能提高到新的高度。

1991 年，人工智能顶级刊物 *Artificial Intelligence* 第 47 卷发表了人工智能基础专辑，指出了人工智能研究的趋势。Kirsh 在专辑中提出了人工智能的五个基本问题[Kirsh 1991]：

（1）知识与概念化是否是人工智能的核心？

（2）认知能力能否与载体分开来研究？

（3）认知的轨迹是否可用类自然语言来描述？

（4）学习能力能否与认知分开来研究？

（5）所有的认知是否有一种统一的结构？

这些问题都是与人工智能有关的认知问题，必须从认知科学的基础理论进行探讨。这些问题都涉及人工智能的关键，因此成为不同学派的分水岭。各个学派对上述问题都有不同的答案。

1.3　思维的层次模型

思维是客观现实的反映过程，是具有意识的人脑对于客观现实的本质属性、内部规律性的自觉的、间接的和概括的反映。由于科学的发展和对思维研究的结果，当代已进入一个注重自知的阶段，强调自我认识。1984 年，钱学森教授倡导开展思维科学(noetic science)的研究[钱学森 1986]。

人类思维的形态主要有感知思维、形象思维、抽象思维和灵感思维。感知思维是一种初级的思维形态。在人们开始认识世界时，只是把感性材料组织起来，使之构成有条理的知识，所能认识到的仅是现象。在此基础上形成的思维形态即是感知思维。人们在实践过程中,通过眼、耳、鼻、舌、身等感官直接接触客观外界而获得的各种事物的表面现象的初步认识,它的来源和内容都是客观的、丰富的。

形象思维主要是用典型化的方法进行概括,并用形象材料来思维,是一切高等生物所共有的。形象思维是与神经机制的连接论相适应的。模式识别、图像处理、视觉信息加工都属于这个范畴。

抽象思维是一种基于抽象概念的思维形式,通过符号信息处理进行思维。只有语言的出现,抽象思维才成为可能,语言和思维互相促进,互相推动。可以认为物理符号系统是抽象思维的基础。

对灵感思维至今研究甚少。有人认为,灵感思维是形象思维扩大到潜意识,人脑有一部分对信息进行加工,但是人并没有意识到。也有人认为,灵感思维是顿悟。灵感思维在创造性思维中起重重要作用,有待进行深入研究。

人的思维过程中,注意发挥重要作用。注意使思维活动有一定的方向和集中,保证人能够及时地反映客观事物及其变化,使人能够更好地适应周围环境。注意限制了可以同时进行思考的数目。因此在有意识的活动中,大脑更多地表现为串行的。而看和听是并行的。

根据上述讨论,作者提出人类思维的层次模型(见图 1.1)[Shi 1994a, Shi 1992c, 史忠植 1990b]。图中感知思维是极简单的思维形态,它通过人的眼、耳、鼻、舌、身感知器官产生表象,形成初级的思维。形象思维以神经网络的连接论为理论基础,可以高度并行处理。抽象思维以物理符号系统为理论基础,用语言表述抽象的概念。由于注意的作用,使其处理基本上是串行的。

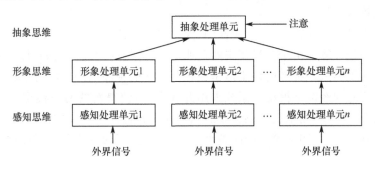

图 1.1 思维的层次模型

思维模型就是要研究这三种思维形式的相互关系,以及它们之间的相互转换的微观过程。人们可以用神经网络的稳定吸引子来表示联想记忆、图像识别的问题。但是要解决从形象思维到逻辑思维的过渡的微过程,还需要作长期的进一步研究。

1.4　符　号　智　能

智能是什么？智能是个体有目的的行为、合理的思维，以及有效地适应环境的综合性能力。通俗地说，智能是个体认识客观事物和运用知识解决问题的能力。人类个体的智能是一种综合性能力，具体讲，可以包括感知与认识客观事物、客观世界与自我的能力；通过学习取得经验、积累知识的能力；理解知识、运用知识和运用经验分析问题和解决问题的能力；联想、推理、判断、决策的能力；运用语言进行抽象、概括的能力；发现、发明、创造、创新的能力；实时地、迅速地、合理地应付复杂环境的能力；预测、洞察事物发展变化的能力等。人生活在社会中，其智能与社会环境有密切的关系。随着人类社会的不断进步，智能的概念也不断发展。

人工智能是相对人的自然智能而言，即用人工的方法和技术，模仿、延伸和扩展人的智能，实现某些"机器思维"。作为一门学科，人工智能研究智能行为的计算模型，研制具有感知、推理、学习、联想、决策等思维活动的计算系统，解决需要人类专家才能处理的复杂问题。

长期以来，人们从人脑思维的不同层次对人工智能进行研究，形成了符号主义、连接主义和行为主义。传统人工智能是符号主义，它以 Newell 和 Simon 提出的物理符号系统假设为基础。物理符号系统假设认为物理符号系统是智能行为充分和必要的条件。物理符号系统由一组符号实体组成，它们都是物理模式，可在符号结构的实体中作为组分出现。该系统可以进行建立、修改、复制、删除等操作，以生成其他符号结构。

连接主义研究非程序的、适应性的、大脑风格的信息处理的本质和能力。人们也称其为神经计算。由于其近年来的迅速发展，大量的神经网络的机理、模型、算法不断地涌现出来。神经网络主体是一种开放式的神经网络环境，提供典型的、具有实用价值的神经网络模型。系统采用开放方式，使得新的网络模型可以比较方便地进入系统中，利用系统提供良好的用户界面和各种工具，对网络算法进行调试修改。另外，对已有网络模型的改善也较为简单，为新的算法的实现提供了良好的环境。

神经计算从脑的神经系统结构出发来研究脑的功能，研究大量简单的神经元的集团信息处理能力及其动态行为。其研究重点侧重于模拟和实现人的认识过程中的感知觉过程、形象思维、分布式记忆和自学习自组织过程。特别是对并行搜索、联想记忆，时空数据统计描述的自组织以及一些相互关联的活动中自动获取知识，更显示出了其独特的能力，并普遍认为神经网络适合于低层次的模式处理。

神经网络的基本特点集中表现在：①以分布式方式存储信息；②以并行方式处理信息；③具有自组织、自学习能力[史忠植 1993]。正是这些特点，使神经网络为人们在利用机器加工处理信息方面提供了一种全新的方法和途径。当然,随着人工神经网络应用的深入,人们也发现原有的模型和算法所存在的问题,在理论的深入也碰到很多原来非线性理论、逼近论中的难点。可是我们相信,在深入、广泛应用的基础上,这个领域将会继续发展,并会对科学技术有很大的促进作用。我们提出的神经场理论是一种新的尝试。

目前,符号处理系统和神经网络模型的结合是一个重要的研究方向。模糊神经网络就是将模糊逻辑、神经网络等结合在一起,在理论、方法和应用上发挥各自的优势,设计出具有一定学习能力、动态获取知识能力的系统。

Brooks 提出了无须知识表示的智能[Brooks 1991a]、无须推理的智能[Brooks 1991b]。他认为智能只是在与环境的交互作用中表现出来,在许多方面是行为心理学观点在现代人工智能中的反映,人们称之为基于行为的人工智能,简称为行为主义。

这三种研究从不同侧面研究人的自然智能,与人脑思维模型有其对应关系。粗略地划分,可以认为符号主义研究抽象思维,连接主义研究形象思维,而行为主义研究感知思维。表 1.1 给出了符号主义、连接主义和行为主义特点的比较。

表 1.1　符号主义、连接主义和行为主义特点的比较

	符号主义	连接主义	行为主义
认识层次	离散	连续	连续
表示层次	符号	连接	行动
求解层次	自顶向下	由底向上	由底向上
处理层次	串行	并行	并行
操作层次	推理	映射	交互
体系层次	局部	分布	分布
基础层次	逻辑	模拟	直觉判断

有人把人工智能分成两大类:一类是符号智能,另一类是计算智能。符号智能是以知识为基础,通过推理进行问题求解,即所谓的传统人工智能。计算智能是以数据为基础,通过训练建立联系,进行问题求解。人工神经网络、遗传算法、模糊系统、进化程序设计、人工生命等都可以包括在计算智能之内。

传统人工智能主要运用知识进行问题求解,以知识为对象,研究知识的表示方法、知识的运用和知识获取,即符号智能。本书主要介绍和讨论传统人工智能的内容。有关计算智能的内容可参阅史忠植的《神经网络》等书[史忠植 2009]。

1.5　人工智能的研究方法

从 20 世纪 50 年代以来,人工智能经过发展,形成了许多学派。不同学派的研

究方法、学术观点、研究重点有所不同。这里,仅以认知学派、逻辑学派、行为学派为重点,介绍人工智能的研究方法。

1.5.1　认知学派

以 Simon、Minsky 和 Newell 等为代表,从人的思维活动出发,利用计算机进行宏观功能模拟。20 世纪 50 年代,Newell 和 Simon 等共同倡导"启发式程式"。他们编制了称为"Logic Theorist"的计算机程序,模拟人证明数学定理的思维过程。60 年代初,他们又研制了通用问题求解程序(general problem solver,GPS),分三个阶段模拟了人在解题过程中的一般思维规律:首先拟订初步解题计划;然后利用公理、定理和规则,按规划实施解题过程;最后不断进行"目的-手段"分析,修订解题规划,从而使 GPS 具有一定的通用性。

1976 年,Newell 和 Simon 提出了物理符号系统假设,认为物理系统表现智能行为必要和充分的条件是它是一个物理符号系统[Newell et al 1976]。这样,可以把任何信息加工系统看成是一个具体的物理系统,如人的神经系统、计算机的构造系统等。所谓符号就是模式。任何一个模式,只要它能和其他模式相区别,它就是一个符号。不同的英文字母就是不同的符号。对符号进行操作就是对符号进行比较,即找出哪几个是相同的符号,哪几个是不同的符号。物理符号系统的基本任务和功能是辨认相同的符号和区分不同的符号。

20 世纪 80 年代,Newell 等又致力于 SOAR 系统的研究[Newell et al 1987]。SOAR 系统是以知识块(chunking)理论为基础,利用基于规则的记忆,获取搜索控制知识和操作符,实现通用问题求解。

Minsky 从心理学的研究出发,认为人们在他们日常的认识活动中,使用了大批从以前的经验中获取并经过整理的知识。该知识是以一种类似框架的结构存在人脑中。因此,在 20 世纪 70 年代,他提出了框架知识表示方法。到 20 世纪 80 年代,Minsky 认为人的智能根本不存在统一的理论。1985 年,他发表了一本著名的书 *The Society of Mind*(《思维社会》)[Minsky 1985]。Minsky 在书中指出:心智是由许多称作主体(agent)的小处理器组成;每个主体本身只能做简单的任务,他们并没有心智;当主体构成复杂社会,就具有智能。

1.5.2　逻辑学派

逻辑学派是以 McCarthy 和 Nilsson 等为代表,主张用逻辑来研究人工智能,即用形式化的方法描述客观世界。他们认为:

(1) 智能机器必须有关于自身环境的知识;

(2) 通用智能机器要能陈述性地表达关于自身环境的大部分知识;

(3) 通用智能机器表示陈述性知识的语言至少要有一阶逻辑的表达能力。

逻辑学派在人工智能研究中,强调的是概念化知识表示、模型论语义、演绎推理等。McCarthy 主张任何事物都可以用统一的逻辑框架来表示,在常识推理中以非单调逻辑为中心。

1.5.3 行为学派

人工智能的研究大部分是建立在一些经过抽象的、过分简单的现实世界模型之上,Brooks 认为应走出这种抽象模型的象牙塔,而以复杂的现实世界为背景,让人工智能理论、技术先经受解决实际问题的考验,并在这种考验中成长。

Brooks 提出了无须知识表示的智能[Brooks 1991a]、无须推理的智能[Brooks 1991b]。他认为智能只是在与环境的交互作用中表现出来,其基本观点为:

(1) 到现场去;

(2) 物理实现;

(3) 初级智能;

(4) 行为产生智能。

以这些观点为基础,Brooks 研制了一种机器爬虫,用一些相对独立的功能单元,分别实现避让、前进、平衡等功能,组成分层异步分布式网络,取得了一定程度的成功,特别对机器人的研究开创了一种新的方法。

不同的人工智能学派,对 Kirsh 提出的基本认知问题给以不同的回答。以 Nilsson 为代表的逻辑学派,对 1.2 节中认知问题的(1)~(4)给予肯定的回答,对(5)持中立观点;以 Newell 为代表的认知学派,对 1.2 节中认知问题的(1)、(3)、(5)给予肯定的回答;而以 Brooks 为代表的行为学派,对 1.2 节中认知问题(1)~(5)均持否定的看法。

1.6 自 动 推 理

从一个或几个已知的判断(前提)逻辑地推论出一个新的判断(结论)的思维形式称为推理,这是事物的客观联系在意识中的反映。人解决问题就是利用以往的知识,通过推理得出结论。自动推理的理论和技术是程序推导、程序正确性证明、专家系统、智能机器人等研究领域的重要基础。

自动推理早期的工作主要集中在机器定理证明。开创性的工作是 Simon 和 Newell 的 Logic Theorist。1956 年,Robinson 提出归结原理,把自动推理的研究向前推进了一步。归结法推理规则简单,而且在逻辑上是完备的,因而成为逻辑式程序设计语言 Prolog 的计算模型。后来又出现了自然演绎法和等式重写式等。这些方法在某些方面优于归结法,但它们本质上都存在组合问题,都受到难解性的制约。

从任何一个实用系统来说，总存在着很多非演绎的部分，因而导致了各种各样推理算法的兴起，并削弱了企图为人工智能寻找一个统一的基本原理的观念。从实际的观点来看，每一种推理算法都遵循其特殊的、与领域相关的策略，并倾向于使用不同的知识表示技术。从另一方面来说，如果能找到一个统一的推理理论，当然是很有用的。人工智能理论研究的一个很强的推动力就是要设法寻找更为一般的、统一的推理算法。

人工智能自动推理研究的成果之一是非单调逻辑的发明。这是一种伪演绎系统。所谓非单调推理，指的是一个正确的公理加到理论中，反而会使预先所得到的一些结论变得无效了。非单调推理明显地比单调推理复杂。非单调推理过程就是建立假设，进行标准逻辑意义下的推理，若发现不一致，进行回溯，以便消除不一致，再建立新的假设。

1978 年 Reiter 首先提出了非单调推理方法封闭世界假设（CWA）［Reiter 1978］，并提出默认推理［Reiter 1980］。1979 年 Doyle 建立了非单调推理系统 TMS［Doyle 1979］。1980 年 McCarthy 提出限定逻辑［McCarthy 1980］。限定某个谓词 p 就是排除了以 p 的原有事实所建的大部分模型，而只剩下有关 p 的最小模型。不同形式的限定公理会引出不同类型的最小化标准。

定量模拟是计算机在科学计算领域的常规应用。但是人们常常不需要详细的计算数据，就能预测或解释一个系统的行为。这不能简单地通过演绎进行求解，人工智能提出定性推理的方法。定性推理把物理系统或物理过程细分为子系统或子过程，对于每个子系统或子过程以及它们之间的相互作用或影响都建立起结构描述，通过局部因果性的传播和行为合成，获得实际物理系统的行为描述和功能描述。最基本的定性推理方法有三种：de Kleer 的基于部件的定性方程方法、Forbus 的定性进程方法和 Kuipers 的基于约束的定性仿真方法。定性与定量推理的结合将会对专家系统科学决策的发展产生重大影响。

在现实世界中存在大量不确定问题。不确定性来自人类的主观认识与客观实际之间存在差异。事物发生的随机性，人类知识的不完全、不可靠、不精确和不一致，自然语言中存在的模糊性和歧义性都反映了这种差异，都会带来不确定性。针对不同的不确定性的起因，人们提出了不同的理论和推理方法。在人工智能和知识工程中，有代表性的不确定性理论和推理方法有如下几种：

概率论被广泛地用于处理随机性以及人类知识的不可靠性。Bayes 理论被成功地用在 PROSPECTOR 专家系统中，但是，它要求给出假设的先验概率。在 MYCIN 中采用确信度方法是一种简单有效的方法。它采用了一些简单直观的证据合并规则，其缺点是缺乏良好的理论基础。

Dempster 和 Shafer 提出证据理论。该理论引进了信任函数的概念，对经典概率加以推广，规定信任函数满足概率公理更弱的公理，因此信任函数可以又作概率函数的超集。利用信任函数,人们无须给出具体的概率值,而只需要根据已有的领域知识就能对事件的概率分布加以约束。证据理论有坚实的理论基础,但是它的定义和计算过程比较复杂。近年来,证据理论逐步引起人们的注意,出现了一些更加深入的研究成果和实用系统。例如,Zadeh 把证据理论的信任函数解释为二阶关系,并在关系数据库中找到了它的应用。

1965 年,Zadeh 提出模糊集理论[Zadeh 1965],以此为基础出现了一系列研究成果,主要有模糊逻辑、模糊决策和可能性理论。Zadeh 为了运用自然语言进行推理,对自然语言中的模糊概念进行了量化描述,提出了语言变量、语言值和可能性分布的概念,建立了可能性理论和近似推理方法,引起了许多人的研究兴趣。模糊数学已广泛应用于专家系统和智能控制中,人们还研制模糊计算机。我国学者在理论研究和应用方面均做了大量工作,引起国际学术界的关注。同时,这一领域仍然有许多理论问题没有解决,而且也存在不同的看法和争议,例如,模糊数学的基础问题、模糊逻辑的一致性和完全性问题。今后不确定推理的研究重点可能会集中在如下三个方面:一是解决现有处理不确定性的理论中存在的问题;二是大力研究人类高效、准确的识别能力和判断机制,开拓新的处理不确定性的理论和方法;三是探索可以综合处理多种不确定性的方法和技术。

证明定理是人类特殊的智能行为,不仅需要根据假设进行逻辑演绎,而且需要某些直觉技巧。机器定理证明就是把人证明定理的过程通过一套符号体系加以形式化,变成一系列能在计算机上自动实现的符号演算过程,也就是把具有智能特点的推理演绎过程机械化。中国科学院数学与系统科学研究院吴文俊教授提出的平面几何及微分几何的判定法,得到国内外高度评价。

1.7 机器学习

知识、知识表示及运用知识的推理算法是人工智能的核心,而机器学习则是关键问题。数百年来,心理学家和哲学家们曾认为,学习的基本机制是设法把在一种情况下是成功的表现行为转移到另一类似的新情况中去。学习是获取知识、积累经验、改进性能、发现规律、适应环境的过程。图 1.2 给出了学习的简单模型。模型中包含学习系统的四个基本环节。环境提供外界信息,类似教师的角色;学习单元处理环境提供的信息,相当于各种学习算法;知识库中以某种知识表示形式存储信息;执行单元利用知识库中的知识来完成某种任务,并把执行中的情况回送给学习单元。学习使系统的性能得到改善。机器学习的研究一方面可以使机器自动获取知识,赋予机器更多的智能;另一方面可以进一步揭示人类思维规律和学习奥秘,帮助人们提高学习效率。机器学习的研究还会对记忆存储模式、信息输入方式及计算机体系结构产生重大影响。

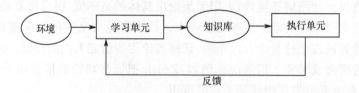

图 1.2　简单学习模型

　　机器学习的研究大致经历了四个阶段。早期研究是无知识的学习,主要研究神经元模型和基于决策论方法的自适应和自组织系统。但是神经元模型和决策论方法当时只取得非常有限的成功,局限性很大,研究热情大大降低。20 世纪 60 年代处于低潮,主要研究符号概念获取。1975 年,Winston 发表了从实例学习结构描述的文章,人们对机器学习的兴趣开始恢复,出现了许多有特色的学习算法。更重要的是人们普遍认识到,一个学习系统在没有知识的条件下是不可能学到高级概念的,因而把大量知识引入学习系统作为背景知识,使机器学习理论的研究出现了新的局面和希望。由于专家系统和问题求解系统的大量建造,知识获取成为严重的瓶颈,而这一问题的突破完全依赖于机器学习研究的进展。机器学习的研究开始进入新的高潮。

　　机器学习的风范主要有归纳学习、类比学习、统计学习、分析学习、强化学习、发现学习、遗传学习、连接学习等[Shi 1992]。过去对归纳学习研究最多,主要研究一般性概念的描述和概念聚类。提出了 AQ 算法、变型空间算法、ID3 算法等。类比学习是通过目标对象与源对象的相似性,从而运用源对象的求解方法来解决目标对象的问题。分析学习是在领域知识指导下进行实例学习,包括基于解释的学习、知识块学习等。基于解释的学习是从问题求解的一个具体过程中抽取出一般的原理,并使其在类似情况下也可利用。因为将学到的知识放进知识库,简化了中间的解释步骤,可以提高今后的解题效率。发现学习是根据实验数据或模型重新发现新的定律的方法。近年来,数据库知识发现引起人们极大的关注。从事人工智能研究和从事数据库研究的人们都认为这是一个极有应用意义的研究领域。数据库知识发现主要发现分类规则、特性规则、关联规则、差异规则、演化规则、异常规则等。数据库知识发现的方法主要有统计方法、机器学习、神经网路、多维数据库等方法。遗传学习起源于模拟生物繁衍的变异和达尔文的自然选择,把概念的各种变体当作物种的个体,根据客观功能测试概念的诱发变化和重组合并,决定哪种情况应在基因组合中予以保留。连接学习是神经网络通过典型实例的训练,识别输入模式的不同类别。统计学习是研究利用经验数据通过统计分析进行机器学习的方法。强化学习是智能系统从环境到行为映射的学习,以使奖励信号(强化信号)函数值最大。

机器学习的研究尚处于初级阶段,必须大力开展研究。只有机器学习的研究取得进展,人工智能才会取得重大突破。今后机器学习的研究重点是研究学习过程的认知模型、机器学习的计算理论、新的学习算法、综合多种学习方法的机器学习系统等。

1.8　分布式人工智能

人们在研究人类智能行为中发现:大部分人类活动都涉及多个人构成的社会团体,大型复杂问题的求解需要多个专业人员或组织协作完成。协作是人类智能行为的主要表现形式之一,在人类社会中普遍存在。分布式人工智能(distributed artificial intelligence,DAI)正是为适应这种需要而兴起的。

自 20 世纪 80 年代以来,随着计算机网络、计算机通信和并发程序设计技术的发展,分布式人工智能逐渐成为人工智能领域的一个新的研究热点。分布式人工智能是人工智能的一个分支,它主要研究在逻辑上或物理上分散的智能动作者如何协调其智能行为,即协调它们的知识、技能和规划,求解单目标或多目标问题,为设计和建立大型复杂的智能系统或计算机支持协同工作提供有效途径。

DAI 一词产生于美国。第一届 DAI 会议 The Workshop on Distributed Artificial Intelligence 于 1980 年在美国 Boston 的麻省理工大学(MIT)召开。此后全世界各地的有关 DAI 或者包含 DAI 主题的各种会议不断举行,为 DAI 技术的发展和推广起了很大的促进作用。作为一门学科,DAI 的研究和实践不断地深入、扩大。随着新的基于计算机的信息系统、决策系统和知识系统在规模、范围和复杂程度上的增加,并且在这些系统中嵌入更加复杂的知识要求的增加,DAI 技术的应用与开发越来越成为这些系统成功的关键。

一般来说,DAI 的研究可分为两个大方向:分布式问题求解(distributed problem solving,DPS)和多主体系统 (multi-agent system,MAS)。DPS 的目标是要创建大粒度的协作群体,它们之间共同工作以对某一问题进行求解。在一个纯粹的 DPS 系统中,问题被分解成任务,并且为求解这些任务,需要仅为该问题设计一些专用的任务执行系统。所有的交互策略(如协作等)都被集成为系统设计的整体部分。这是一种从顶向下设计的系统,因为处理系统是为满足在顶部所给定的需求而设计的。

与 DPS 系统相反,在一个纯粹的多主体系统中,主体是自主的,可能是预先存在的,并且是异构的。多主体系统并不限制为一个单一的任务。多主体系统的研究涉及在一组自主的智能主体之间协调其智能行为,协调它们的知识、目标及规划等以便联合起来采取行动或求解问题。虽然在这里一个主体也可以是某个任务的执行者,但它具有"开放的"接口,任何"人"都可以对其进行存取。该主体不仅可以处理单一目标,而且可以处理不同的多个目标。

目前计算机的应用越来越广泛,所需处理的问题越来越复杂,问题求解所涉及的信息、资料、数据很难集中式地处理,并且求解过程也难以集中控制。这种数据或知识的分布以及并发处理,对DAI发展带来巨大潜力的同时,也带来了各种有待于解决的困难问题。DAI系统中各主体在空间上的分布性,时间上的并发性以及在逻辑上的依赖关系使得多主体系统的求解行为较之单主体系统更复杂。

对DAI系统的研究主要原因可概括为以下几点:

(1) 技术基础。处理器硬件结构技术及处理器之间通信技术的进步,使得大量复杂的并且是异步执行的处理器之间的互联成为可能。这种联结可以是基于共享或分布式内存的紧耦合的系统,也可以是基于局域网络的比较松耦合的系统,甚至可以是基于地理上分布的通信网络的非常松散的耦合系统。

(2) 分布式问题求解。很多的人工智能应用在本质上都是分布的。这些应用可能是空间分布的,如对空间上分布的传感器的数据的解释和集成,或者是对工厂中共同工作的机器人的控制;这些应用也可能是功能分布的,如为了解决复杂的病例将几个专业的医学诊断系统联合起来;这些应用还可能是时序上分布的,如在一个工厂中,生产线是由几个工序组成,每个工序都由一个专家系统进行调度。

(3) 易于系统集成。分布式人工智能系统支持模块性的设计及实现。一方面,把一个复杂的系统分解成一些相对来说简单的、处理某个特定问题的模块,使得系统便于建造、调试及维护。对多个模块的硬件或软件错误的处理比单一的整体模块具有更大的灵活性。另一方面,大量的已经存在的集中式的人工智能应用系统,如果可以稍加修改即用于构成分布式人工智能系统,则可以产生很大的经济效益和社会效益。例如,原来的肝病诊断专家系统、胃病诊断专家系统、肠道疾病诊断专家系统等独立的系统,如果可以通过少量修改建成消化道疾病诊断多专家系统则可以节省大量开发时间,并产生更大的效用。我们提出的插件式构造主体的方法,就是一种有效地集成已有人工智能系统的方法。

(4) 智能行为的新途径。通过智能主体实现自主的智能行为。要使人工智能系统成为思维社会的组成,它必须具有与环境之间进行交互的作用,以及彼此协作和协调的能力。

(5) 认识论上的意义。分布式人工智能可用来研究和验证社会学、心理学、管理学等中的问题和理论。通过信念、知识、希望、意图、承诺、注意、目标、协作等,实现协同工作的多主体系统,为理解和仿真认识论问题提供有效的手段。

所以,无论从技术上还是社会需求上,DAI系统的出现与发展都是必然的。利用DAI技术来解决大型的军事领域的问题是必要的,也是十分自然的。目前,国内从事这方面的研究已取得了一定的成果。

多主体系统是分布式人工智能研究的一个分支。在多主体系统中,主体是一个自主的实体,它不断与环境发生交互作用。同时在该环境中还有其他的进程发生,也存在其他的主体。或者说,主体是一个其状态由心智部件,如信念、能力、选择、意图等组成的实体。在一个系统中,主体可以是同构的,也可以是异构的。多主体的研究涉及在一组自主的智能主体之间协调其智能行为,协调它们的知识、目标、意图及规划以联合起来采取行动或求解问题。主体之间可能是协作关系,也可能存在着竞争。分布式人工智能和多主体系统的一个共同特点就是分布式的实体行为。多主体系统可看做是采用由底向上的设计方法设计的系统。因为在原理上,分散自主的主体首先被定义,然后研究怎样完成个人或几个实体的任务求解。

多主体系统不仅可以处理单一目标,也可以处理不同的多个目标。多主体系统主要研究在逻辑上或物理上分离的多个主体如何并发计算、相互协作地实现问题求解。其主要目的在于分析和设计大型复杂的协作智能系统,如大型知识信息系统、智能机器人等。

目前,多主体系统的研究非常活跃。多主体系统试图用主体来模拟人的理性行为,主要应用在对现实世界和社会的模拟、机器人和智能机械等领域。主体本身需要具有自治性、对环境的交互性、协作性、可通信性,以及长寿性、自适应性、实时性等特性。而在现实世界中生存、工作的主体,要面对的是一个不断变化的环境。在这样的环境中,主体不仅要保持对紧急情况的及时反应,还要使用一定的策略对中短期的行为作出规划,进而通过对世界和其他主体的建模分析来预测未来的状态,以及通过通信语言实现和其他主体的协作或协商。为了使主体表现出这样的性质,需要研究主体的结构。因为主体的结构和它的功能是紧密相关的,不合理的结构将大大限制主体的功能,而合理的结构则将给实现主体的高度智能化提供支持。我们提出了一种基于主体内核的插件式地构造主体的方法,使多主体环境(multi-agent environment,MAGE)可以方便地构造和复用主体。

1.9 智 能 系 统

人工智能研究的一个最重要的动力是建立智能系统以求解困难问题。20 世纪 80 年代以来,知识工程成为人工智能应用最显著的特点,专家系统、知识库系统、智能决策系统等智能系统得到广泛应用。

1965 年,为阐明有机化学结构而创建的 DENDRAL 发展成为一类专家系统的程序。这类计算机程序包括两部分:一部分是知识库,它表示和存储由任务所指定领域知识的一组数据结构集合。知识库不仅包含了有关领域的事实,而且包含专家水平的启发式知识。另一部分是推理机,它是构造推理路径的一组推理方法集合,以便导致问题求解、假设的形成、目标的满足等。由于推理采用的机理、概念不同,推理机形成多种范型的格局。

知识库系统是把知识以一定的结构存入计算机,进行知识的管理和问题求解,实现知识的共享。美国推出了 KBMS 软件产品。日本的 NTT 公司也研制成了 KBMS。中国科学院计算技术研究所于 1990 年完成了国家七五重点科技攻关项目知识库管理系统软件 KBMS[史忠植 1990a]。这些软件的明显特色是将推理和查询结合起来,改善了知识库的维护功能,为开发具体领域的知识系统提供有用的环境。

决策支持系统 (DSS)是在管理信息系统 (MIS)的基础上发展起来的,这一概念始于 20 世纪 70 年代初。由于它是提高企业竞争力、生产力以及决定经营成败的重要工具,所以发展很快。在国外已被各级决策人员所采用,在国内也引起了各方面的关注。决策支持技术是支持科学决策的关键技术之一。早期的决策支持系统是在管理信息系统的基础上,增加一些规范模型(如运筹学模型、经济计量模型等)而成。1980 年,Sprague 提出基于数据库和模型库的 DSS 结构,产生了很大的影响。最近几年,人工智能技术逐步应用于 DSS,产生了智能化的 DSS。1986 年,作者提出由数据库、模型库、知识库等组成的智能决策系统[史忠植 1988],为解决半结构、非结构化的决策问题提供了有效的手段,提高了科学管理的水平。智能决策系统的特点是将人工智能技术应用于 DSS,并且将数据库技术、情报检索技术与基于模型和方法的定量分析技术相结合。20 世纪 90 年代,我们采用多主体技术建立群体决策系统,引起了人们的兴趣。

建造智能系统可以模仿、延伸和扩展人的智能,实现某些"机器思维",具有极大的理论意义和实用价值。根据智能系统具有的知识和处理范型的情况,可以分成四类:①单领域知识单处理范型智能系统;②多领域知识单处理范型智能系统;③单领域知识多处理范型智能系统;④多领域知识多处理范型智能系统。

1. 单领域知识单处理范型智能系统

系统具有单一领域的知识,并且只有一种处理范型。例如,第一代、第二代专家系统和智能控制系统属于这种类型。

专家系统是运用特定领域的专门知识,通过推理来模拟通常由人类专家才能解决的各种复杂的、具体的问题,达到与专家具有同等解决问题能力的计算机智能程序系统。它能对决策的过程作出解释,并有学习功能,即能自动增长解决所需的知识。第一代专家系统(如 DENDRAL、MACSYMA 等)以高度专业化、求解专门问题的能力强为特点,但在体系结构的完整性、可移植性等方面存在缺陷,求解问题的能力弱。第二代专家系统(如 MYCIN、CASNET、PROSPECTOR、HEAR-SAY 等)属单学科专业型、应用型系统,其体系结构较完整,移植性方面也有所改善,而且在系统的人机接口、解释机制、知识获取技术、不确定推理技术、增强专家系统的知识表示和推理方法的启发性、通用性等方面都有所改进。

2. 多领域知识单处理范型智能系统

多领域知识单处理范型智能系统具有多种领域的知识,而处理范型只有一种。大多数分布式问题求解系统、多专家系统属于这种类型。一般采用专家系统开发工具和环境来研制这种大型综合智能系统。

由于智能系统在工程技术、社会经济、国防建设、生态环境等各个领域的广泛应用,对智能系统的功能提出多方面的要求。许多实际问题的求解,例如,医学诊治、经济计划、军事指挥、金融工程、作物栽培、环境保护等,往往需要应用多学科、多专业的专家知识和经验。现有的许多专家系统大多数是单学科、专门性的小型专家系统,不能满足用户的实际需求。建立多领域知识单处理范型智能系统在一定程度上可以达到用户的要求。这类智能系统的特点是:

(1) 面向用户实际的复杂问题求解;

(2) 应用多学科、多专业、多专家的知识和经验,进行并行协同求解;

(3) 基于分布式、开放性软硬件和网络环境;

(4) 利用专家系统开发工具和环境;

(5) 实现知识共享与知识重用。

3. 单领域知识多处理范型智能系统

单领域知识多处理范型智能系统具有单一领域的知识,而处理范型有多种。例如,混合智能系统属于这种类型。一般可以用神经网络通过训练,获得知识。然后,转换成产生式规则,提供给推理机在求解问题时使用。

在进行问题求解时,也可以采用多种机制处理同一个问题。例如,疾病诊断系统,既可采用符号推理的方法,也可通过人工神经网络。让它们同时处理相同的问题,然后比较它们的结果,这样容易取得正确的结果,避免片面性。

4. 多领域知识多处理范型智能系统

图 1.3 给出了多领域知识多处理范型智能系统的示意图。该种系统具有多种

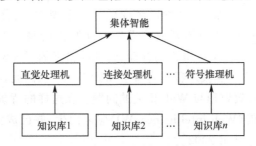

图 1.3　多领域知识多处理范型智能系统

领域的知识,而且处理范型也有多种。图中集体智能(collective intelligence)的含义是,在多种处理范型的环境下,各种处理机制各行其是,各司其职,协调工作,表现为集体的智能行为。

综合决策系统、综合知识系统属于多领域知识多处理范型智能系统。在这种系统中,基于推理的抽象思维采用符号处理的方法;而基于模式识别、图像处理之类的形象思维采用神经计算。

在总结和分析已有智能系统的设计方法和实现技术的基础上,采用智能主体技术,实现具有多种知识表示、综合知识库、自组织协同工作、自动知识获取等功能的大型综合智能系统。这类系统是当前实现多领域知识多处理范型智能系统的主要途径。

现实世界的问题多数具有病态结构,研究的对象也在不断地变化,很难找到一种精确的算法进行求解。构造人机统一、与环境进行交互、反馈的开放系统是解决这类智能问题的途径。所谓开放系统是指系统在操作过程中永远有难以预料的后果,并能在任何时候从外部接收新的信息。真实世界的所谓柔性问题具有下列特点:

(1) 包含意义不明确或不确定信息的各种复杂情况的集成;

(2) 主动获取必要的信息和知识,通过归纳学习泛化知识;

(3) 系统本身能适应用户和环境的变化;

(4) 根据处理对象系统进行自组织;

(5) 容错处理能力。

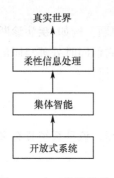

图 1.4　人工思维模型

具有大规模并行和分布式信息处理功能的人脑神经网络自然地支持柔性信息处理。类似人脑的信息处理机理,作者提出了人工思维模型(见图 1.4)。

图 1.4 所示的人工思维模型清楚地表明,人工思维将以开放式系统为基础,充分发挥各种处理范型的特长,实现集体智能,才能达到柔性信息处理,解决真实世界的问题。

随着互联网(Internet,也称因特网)技术的飞速发展,互联网已经变成了一个庞大的、分布式的、异构的知识资源开放式系统。互联网的规模和复杂性导致了对Web 页面的存储、管理和检索的巨大困难,原有的基于数据库和文本的理论、方法和技术很难直接应用到 Web 上,因此,必须增强和发展相关的理论和技术来有效处理与 Web 相关的问题。在这样的背景下,一个崭新的研究方向——Web 智能(Web intelligence,WI)应运而生,并已成为一个新的研究热点 [Liu 2003,Zhong et al 2002]。

语义 Web 是 Web 智能的基本问题之一。语义 Web 的概念首先是由 Berners-

Lee 在 2000 年 XML2000 的会议上提出来的[Berners-Lee 2000,Berners-Lee et al 2001],其主要思想是用一些语义标签(semantic tags)来标记 Web 文档,从而提供关于被标记文本的元信息。标记的目的就是让计算机可理解 Web 上各种网络信息资源的逻辑语义,并能进行基于语义的检索与推理。语义 Web 的这种基础结构正是 Web 智能提供智能化服务(如搜索 agent 和信息代理)所必需的,因此,语义 Web 是通向 Web 智能的重要环节。

互联网已经成为各类信息资源的聚集地。在这些海量的、异构的 Web 信息资源中,蕴含着具有巨大潜在价值的知识。通过 Web 内容发现(Web content discovery)、结构发现(Web structure discovery)、使用发现(Web usage discovery)等,能够从 Web 上快速、有效地发现资源和知识,提高在 Web 上检索信息、利用信息的效率[史忠植 2011,Liu 2006]。互联网上的维基百科反映了集体智能的特点和优势,受到社会的欢迎和好评。

习　　题

1. 什么是人工智能?它的研究目标是什么?

2. 简述人工智能研究发展的主要阶段。

3. 人工智能研究的基本问题是什么?

4. 什么是物理符号系统?什么是物理符号假设?

5. 什么是符号智能?什么是计算智能?

6. 请描绘机器学习的简单模型,并论述各个基本环节的基本内容。

7. 什么是分布式人工智能?它包括哪些研究方向?

8. 参考相关文献,讨论目前的计算机是否可以解决下列任务:

(1)在国际象棋比赛中战胜国际特级大师;

(2)在围棋比赛中战胜九段高手;

(3)发现并证明新的数学定理;

(4)自动找到程序中的 bug。

9. 智能系统如何分类?怎样建立集体的智能系统?

10. 如何构建面向真实世界的智能系统?

第 2 章 人工智能逻辑

2.1 概　　述

亚里士多德从数学的研究中分离出逻辑学。莱布尼茨把数学的方法引入逻辑领域,创立了数理逻辑。20 世纪 30 年代以后,数学方法广泛渗透与运用于数理逻辑,使得数理逻辑成为数学领域中与代数、几何等并列的学科之一。现代数理逻辑可以分为逻辑运算、证明论、公理集合论、递归论和模型论等。

逻辑方法是计算机科学,尤其是人工智能研究中的主要形式化工具。从语义学、程序设计语言、程序规范理论到程序验证理论,从数据库理论、知识库理论到智能系统,直到机器人的研究,所有的领域或多或少都与逻辑学有着若干联系。而逻辑方法之所以成为计算机科学和人工智能研究的主要工具,其根源可以追溯到计算机科学和逻辑学所追求的目标在深层次上的一致性。从本质上来说,计算机科学就是要用计算机来模拟人脑的行为和功能,使计算机成为人脑的延伸。而对于人脑的行为和功能的模拟,实质上就是模拟人的思维过程。正是计算机科学所追求的这个目标,逻辑学这个以研究人的思维规律和法则的学科,它的研究方法和研究成果自然而然地成为计算机科学研究所选用的工具。由于人类智能行为在很大程度上是通过语言和文字表达出来的,因此,从技术上来说,计算机科学模拟人类思维,也是从模拟人类的自然语言作为出发点的。围绕语言的概念进行的研究是计算机科学(尤其是人工智能)的一个核心领域。

逻辑学研究人的思维是从研究人的自然语言开始入手的,计算机科学模拟人的思维同样是从语言开始的。与语言相关的论题是贯穿计算机科学领域的重要问题,许多的领域与语言相关。例如,软件领域的程序设计语言和形式语义学,人工智能领域中数据和知识的表示和推理,自然语言处理中的计算语言学等。总体来说,表示和推理是计算机科学和人工智能领域的基本问题。大多数智能行为的高级形态需要对于知识进行直接的表示,而形式逻辑是知识表示的重要方式。

智能行为的基础是知识,尤其是所谓的常识性知识。人类的智能行为对于知识的依赖主要表现在对于知识的利用,即利用已经具有的知识进行分析、猜测、判断、预测等。人类利用知识可以预测未来,由已知的情况推测未知的情况,由发生的事件预测还未发生的事件等。但是,当人们希望计算机具有智能行为时,除了告诉计算机如何像人一样地利用知识以外(对于知识进行推理),一个更为基础和先行的工作是如何使计算机具有知识(对于知识进行表示),即在计算机上如何表达人类的知识。要使得一个系统成为智能的系统,它必须具有知识,而且目前能够达到这个目的的唯一方法就是把系统嵌入到某种所谓的知识表示的结构中去。由此分析以及通过对比我们不难看到,人工智能对于知识的这两个关注点与逻辑对于自然语言的两个关注点(自然语言的精确结构和推理问题)是完全重合的。逻辑学对于自然语言的精确结构以及对于推理的研究正好服务于人工智能对于知识研究的两点要求。当人们利用逻辑于智能系统时,这两个方面是同时加以考虑的。由于一个逻辑系统的表示能力强弱和推理性质优劣之间存在某种冲突,因此,在实际的研究中常常在它们两者之间进行平衡和折中。从某种意义上来说,人们利用逻辑对于知识进行推理在逻辑应用于人工智能研究中的作用远远超过了单纯的知识表示。因为,逻辑推理所涉及的不单单是知识的外在形式,它事实上涉及的是知识的内容,是形式的知识所包含意义的内在联系。虽然从表面上看,推理是形式的,但是逻辑学所追求和保证的就是知识的形式和内容之间的固定联系。逻辑学的这种追求与保证使得机器对于知识的推理和对于知识的理解,不是形式上的,而是含义上的。研究包含在知识的形式表示之上的知识的含义,对于智能研究是本质的一点,这也正如研究信息的含义高于信息的形式一样。比通信更复杂的信息活动(如推理、思维和决策等)恰恰需要利用信息的内容和价值因素。一般来说,不了解信息的内容和价值,很难作出科学的推理、思维和决策。

多数的基于逻辑的智能系统使用一阶逻辑或者它的一些扩张形式。一阶逻辑的优点是它具有相当强的表达能力。有的人工智能专家坚信所有的人工智能中的知识表示问题完全可以在一阶逻辑的框架中得以实现。一阶逻辑在表达不确定性知识时其表达能力也是很强的。例如,$\exists xP(x)$表达在所考虑的论域中存在一个具有性质 P 的对象,而具体的是哪一个对象具有此性质则是待确定的;再如,$P \vee Q$表示 P 和 Q 这两个性质之间有一个是成立的,至于到底是哪一个成立则是根据具体的情况而定的。此外,一阶逻辑还有一个完备的公理系统。完备的公理体系为我们设计有关推理的策略和算法提供了一个参考基准。虽然,有人坚信从本质上看,一阶逻辑对于知识表示是足够的,但从实际应用的角度看,为方便、清楚和简洁起见,知识表示不一定非得从一阶逻辑出发。事实上,人们从实际应用出发已经发明和建立了许多适用于不同目的的逻辑系统。以下是其中的一些例子:

(1) 为了表示关于认知的有关概念,如相信、知道、愿望、意图、目标、承诺等,人们引进了刻画各种认知概念的模态逻辑。

(2) 为了刻画智能系统中的时间因素,人们在逻辑系统中引进时间的概念,提出了各种时序逻辑。

(3) 为了描述各种不确定的和不精确的概念,人们引进了所谓模糊逻辑。模糊逻辑是直接建立在自然语言上的逻辑系统,与其他逻辑系统相比较,它考虑了更多的自然语言的成分。按照其创始人 Zadeh 的说法就是词语上的计算,表示为一个公式,即 fuzzy logic＝computing with words。

(4) 人类的知识与人类的活动是息息相关的,人类正是在各种活动和行为中获得知识的。因此,行为或者动作的概念在智能系统中是一个关键的概念。动作的概念与一般逻辑中的静态的概念很不相同,它是一个动态的概念,动作的发生影响着智能系统的性质。对于动作的考虑,给人工智能界带来了许多难题,如框架问题、量词问题等。为了刻画动作的概念,人们引进了一些新的逻辑体系来刻画它。

(5) 计算机对于人类进行决策时进行若干方面的支持已经成为计算机应用的一个重要方面。人类在决策时,对于各种方案和目标有一定的偏好和选择。这时"偏爱"就成为了一个基本的概念。为了表述和模拟人类在决策时的选择的规律和行为,对于"偏爱"这个词的研究就是不可避免的。于是,基于管理科学的所谓的偏爱逻辑被提出并加以研究。

(6) 时间是智能系统中最重要的几个概念之一。人类使用各类副词来对时间概念加以描述。例如,"一会儿"、"相当长"、"断断续续地"、"偶尔"等,这一类词在我们的日常生活中比比皆是。含有这些词的句子显然很难用经典的时序逻辑来刻画,于是有人引进了一种逻辑系统专门刻画这类句子。其基本思想是利用数学中积分的思想,通过对时间的某种像积分那样的表示和运算来形式化这些句子。

2.2　逻辑程序设计

Prolog 程序就是一种逻辑程序,后面我们的讨论都是基于 Prolog 语言。Prolog 是一种交互式语言,是人们多年研究成果的结晶。Prolog 的第一个正式版本是 1970 年代法国 Marseilles 大学的 Alain Colmerauer 作为 Programming in Logic 的工具开发出来的。20 世纪 80 年代以来,Prolog 成为人工智能应用和专家系统开发的重要的工具之一。

Prolog 是一种描述性语言,只要给定所需的事实和规则,Prolog 使用演绎推理方法就可对问题进行求解,即只需告诉计算机"做什么",至于"怎么做"则是由 Prolog 自动完成的。除此之外,Prolog 还有下面一些特点:

(1) Prolog 是数据和程序的统一。Prolog 提供了一种一致的数据结构:项。所有数据和程序都是由项构造而成的。在智能程序中常需要将一段程序的输出数据作为新产生的程序来执行,因此人工智能语言应具有数据和程序结构一致的特性。

(2) Prolog 能够自动实现模式匹配和回溯。这些是人工智能系统中最常用的、最基本的操作。

(3) Prolog 具有递归的特点,它反映在 Prolog 程序和数据结构的设计中。由于这一特性,一个大的数据结构常常可以用一个小的程序来处理。一般情况下,对一个应用来说,用 Prolog 语言写的程序长度是用 C++语言写的程序长度的十分之一。

Prolog 的所有这些特性,使得 Prolog 特别适用于描述智能程序,适用于自然语言处理、定理证明和专家系统等。

2.2.1　逻辑程序定义

在定义逻辑程序之前,首先定义 Horn 子句,它是逻辑程序的组成要素。

一个子句由两部分组成:头部和体。IF-THEN 规则的结论称为头部,前提部分称为体。则 Horn 子句可以定义为:

定义 2.1　Horn 子句是头部最多包含一个文字(命题或谓词)的子句。

Horn 子句在 Prolog 中有三种表示形式:

(1) 无条件子句(事实):A;

(2) 条件子句(规则):A:-B_1,$\cdots$,B_n;

(3) 目标子句(问题):? -B_1,$\cdots$,B_n。

上述三种 Horn 子句均具有明显的非形式语义:

(1) 无条件子句 A:表示对变量的任何赋值,A 均为真。

(2) 条件子句 A:-B_1,$\cdots$,B_n:表示对变量的任何赋值,如果 B_1,$\cdots$,B_n 均为真,则 A 为真。

(3) 目标子句? -B_1,$\cdots$,B_n:其逻辑形式为 $\forall x_1 \cdots x_n (\neg B_1 \vee \cdots \vee \neg B_n)$,等价于 $\neg \exists x_1 \cdots x_n (B_1 \wedge \cdots \wedge B_n)$。它视作推理的目标。

例如,对于下面两个 Horn 子句:

(i) $W(X,Y)$:-$P(X)$,$Q(Y)$;

(ii) ?-$R(X,Y)$,$Q(Y)$。

在(i)中 $W(X,Y)$ 为头,$P(X)$、$Q(Y)$ 为体。在(ii)中 $R(X,Y)$、$Q(Y)$ 为体,头为空子句。事实上,(ii)表示一个询问,$R(X,Y)$、$Q(Y)$ 是否为真,或者 X 和 Y 取什么值的时候,$R(X,Y) \wedge Q(Y)$ 为真。

定义 2.2　逻辑程序就是由 Horn 子句构成的程序。在逻辑程序中,头部具有相同谓词符的那些子句称为该谓词的定义。

例如,下面两个谓词逻辑句子,每个句子都只有一个头:

$$\text{Father}(X,Y)\text{:-Child}(Y,X),\text{Male}(X)$$

$$\text{Son}(Y,X)\text{:-Child}(Y,X),\text{Male}(Y)$$

上述两个子句都是 Horn 子句,因此它们构成一个逻辑程序。假设还有下面三个事实子句:

$$\text{Child(xiao-li,lao-li)}$$

$$\text{Male(xiao-li)}$$

$$\text{Male(lao-li)}$$

如果把上述规则和事实加入 Prolog 中,编译执行后,给出下面的查询,则有:

(1) 目标:?-Father(X,Y),则会得到:Father(lao-li,xiao-li);

(2) 目标:?-Son(Y,X),则会得到:Son(xiao-li,lao-li)。

上面我们已经完成了对 Prolog 语言简单的描述。

2.2.2　Prolog 数据结构和递归

在非数值程序设计中,递归是十分重要的工具。在 Prolog 中,递归也是其重要的特性,这反映在 Prolog 的数据结构和程序中。

Prolog 提供了一个一致的数据结构称为项。所有的数据和 Prolog 程序都是由项构造而成的。Prolog 的项可以定义为

〈项〉::=〈常量〉|〈变量〉|〈结构〉|(〈项〉)

其中,结构称为复合项,它是由一组其他对象(也可以为结构)组成的单个对象。

〈结构〉::=〈函数符〉(〈项〉{,〈项〉})

〈函数符〉::=〈原子〉

Prolog 的结构相当于通常程序设计语言中的结构和记录。为了灵活地描述序列、集合这样的对象,Prolog 提供了表这一数据结构。表是非数值程序设计中一种最常用的数据结构。在 Prolog 中,一个表的元素可以是原子、结构或任何其他项,包括表,因此表是递归定义的。表可以表示成一个特殊的二元函数 cons(X, Y),X 是表头,Y 是表尾(即表中除去表头剩下部分组成的表),它是 Prolog 中最重要的数据结构。Prolog 采用表 2.1 的记号表示表。

表 2.1　Prolog 的记号表示

[]或 nil	空　表
$[a]$	cons$(a,$nil$)$
$[a,b]$	cons$(a,$cons$(b,$nil$))$
$[a,b,c]$	cons$(a,$cons$(b,$cons$(c,$nil$)))$
$[X|Y]$	cons(X,Y)
$[a,b|c]$	cons$(a,$cons$(b,c))$

Prolog 的递归性还体现在程序中。例如,对于内部谓词 member,用于确定一个元素是否为一给定表的成员,member 谓词定义如下:

member$(X,[X|\_\ ])$

member$(X,[\_|Y])$:-member(X,Y)

上面在定义谓词 member 时又调用了它自己,因此 member 是递归定义的。上述这种递归模式在 Prolog 中会大量地出现。

2.2.3　SLD 归结

在讨论 SLD(有选择的线性)归结之前,首先给出下面的定义。

定义 2.3　定程序子句是下述形式的子句:

$$A{:}\text{-}B_1,B_2,\cdots,B_n$$

其中,在头部(结论)只有一个正文字(即 A),而体中有零个、一个或多个文字。

定义 2.4　定程序是定程序子句的有限集合。

定义 2.5　定目标是下述形式的子句:

$$?{:}\text{-}B_1,B_2,\cdots,B_n$$

其中,头部(结论)是为空的子句。

定义 2.6　SLD 归结代表用于定子句的具有选择函数的线性归结。

如果用 P 表示程序,G 表示目标,则逻辑程序的求解过程就是寻找 $P\cup\{G\}$ 的 SLD 归结的过程。为了确定一个归结过程,需要给出如何选择子目标的计算规则,以及程序空间的搜索规则。在理论上,人工智能中对状态空间的任何搜索策略都可以使用。但是对于 Prolog 来说,实现效率是放在第一位的。标准 Prolog 的 SLD 归结过程可归纳如下:

(1) 计算规则总是选取最左边的子目标:从左向右;

(2) 搜索规则是深度优先＋回溯;

(3) 按 P 中子句的书写顺序进行尝试:从上到下;

(4) 省去了合一算法中的 occur 检查。

上述四条限制会得到下面的问题。

1. 深度优先策略有简单高效的实现方法

这是采用这一搜索策略的根本原因,原则上可以采用一个"目标栈"就可以实现。目标栈在任何时候总代表 SLD 树上正在被搜索的分枝。搜索过程由一系列进栈、出栈操作组成。当栈顶的子目标与 P 中某子句头部合一成功后,归结式进栈。若没有可以合一的子句,则执行回溯操作,即栈顶元素出栈,为新的栈顶尝试下一个可合一子句。

例 2.1　设程序为

(1)　　　　　　　　　$p(X,Z){:}\text{-}q(X,Y),p(Y,Z)$

(2)　　　　　　　　　$p(X,X)$

(3)　　　　　　　　　$q(a,b)$

目标子句为 $?{-}p(X,b)$,则标准 Prolog 的目标栈见表 2.2。

表 2.2　标准 Prolog 的目标栈

?-$p(X,b)$				G 进栈,开始
?-$p(X,b)$	?-$q(X,Y),p(Y,b)$			归结式进栈
?-$p(X,b)$	?-$q(X,Y),p(Y,b)$	?-$p(b,b)$		归结式进栈
?-$p(X,b)$	?-$q(X,Y),p(Y,b)$	?-$p(b,b)$	?-$q(b,W),p(W,b)$	归结式进栈
?-$p(X,b)$	?-$q(X,Y),p(Y,b)$	?-$p(b,b)$	□	出栈,新归结式 □ 进栈
?-$p(X,b)$				出栈(三次)
□				新归结式 □ 进栈
				出栈,结束

2. 深度优先搜索规则破坏了完备性

深度优先是不完备的,这一问题是不可能通过重新排列子目标序列和重排子句序列来完全克服的,但是可以解决一定的问题。例如,程序为

(1) 　　　　　　　　　　　　$p(f(X)){:}- p(X)$

(2) 　　　　　　　　　　　　$p(a)$

和目标子句 G 为?-$p(Y)$,在运行时会陷入死循环。而重新排列子句(1)和(2)的顺序后,就会有 $Y=a,Y=f(a),\cdots$

考虑另一程序:

(1) 　　　　　　　　　　　　$q(f(X)){:}- q(X)$

(2) 　　　　　　　　　　　　$q(a)$

(3) 　　　　　　　　　　　　$r(a)$

目标子句 G 为?-$q(Y),r(Y)$,在运行时陷入死循环。但把 G 中子目标的顺序改为?-$r(Y),q(Y)$,就可以得到唯一解 $Y=a$。

但是上述两种方法都不能从根本上解决问题。要保证完整性,Prolog 的搜索规则中必须包含某种宽度优先的成分。但这必然降低系统的时空效率,且实现难度增大。另一种可行的方法是保持 Prolog 的深度优先搜索策略,必要时用 Prolog 语言本身编写实现其他搜索策略的程序。

3. 省略 occur 检查破坏了 SLD 归结法的正确性

我们知道,合一算法中的 occur 检查是极费时间的。具有 occur 检查时,每次合一需要线性长度的时间,所以对于谓词 append 需要时间 $O(n^2)$,这里 n 是表的长度。由于实际的 Prolog 程序很少碰见确实需要做 occur 检查的合一运算,大多数 Prolog 系统都在合一算法中省去了 occur 检查。

但是省略了 occur 检查破坏了 SLD 归结法的正确性:在确实发生的变量出现

在项的内部时,本应得到不可合一的结论。但省略了 occur 检查,则得出可合一的结论,且给出变量的"循环约束",这显然是错误的推理。

例如,设程序 P 为 $p(Y,f(Y))$,目标子句 G 为?-$p(X,X)$,则合一算法在为 $\{p(X,X),p(Y,f(Y))\}$ 寻找最一般的合一置换时,若省去了 occur 检查,将会得到 $\theta=\{Y/X,f(Y)/Y\}$ 这样错误的置换。若后面的 SLD 归结过程不用到变量 Y,这一错误将被掩盖起来,若后面又用到 Y,则 Prolog 将陷入死循环。

2.2.4 非逻辑成分:CUT

程序是算法的体现,逻辑程序设计的基本公式为

$$算法＝逻辑＋控制$$

其中,逻辑部分说明"干什么";控制部分说明"怎么干"。程序员只需给出逻辑部分,控制部分应由逻辑程序设计系统自动处理。可惜,现今的 Prolog 系统一般达不到这一点。如前所述,为了程序的正确运行,程序员还需要考虑子句的次序等。另外,由于 Prolog 运行控制系统使用深度优先搜索策略,则可能产生某个无穷的分枝。因为 Prolog 深度优先搜索是基于栈实现的,则无限的 SLD 树将会产生栈溢出。这样就无法得到任何解答。这种问题可以通过在程序中适当地放置"CUT"语句解决。

从说明性语义来看,CUT 是一种非逻辑成分的控制机制,用"!"表示,可以用在条件子句的体内,或目标子句中,并把它看做是一个恒真的原子。这样,一个程序和目标中可以任意插入"!"而不影响程序的说明性语义。

但是从过程语义来看,CUT 传递了一定的控制信息。设目标子句 G 为

$$?-A_1,\cdots,A_{m-1},A_m,A_{m+1},\cdots,A_k$$

程序子句 C 为

$$A:-B_1,\cdots,B_i,!,B_{i+1},\cdots,B_q$$

标准的 Prolog 在求出 $A_1,\cdots,A_{m-1}$ 的一个解后得到目标 G',它先解 A_m,若 A_m 可与 A 合一,则 C 的体经过变量置换后成为新的目标子句的一部分,称 G' 是包含"!"的子句 C 的父目标,A_m 称为截断点。当轮到解"!"时,它总是立即成功。但当"!"后面的子目标无解而引起回溯(或为了求 G 的所有解而回溯)时,从截断点 A_m 到"!"的所有其他解都不被考虑,Prolog 接着求解 A_m 前的那个子目标 A_{m-1} 的其他解。这就是"!"传递的控制信息,在 SLD 树上,"!"剪去了以它的父目标为根的那个子树中尚未被搜索的部分。

例如,设程序 P 为

(1) $p(a)$

(2) $p(b)$

(3) $q(b)$

$$(4) \qquad\qquad r(X){:}{-}p(X),q(X)$$

$$(5) \qquad\qquad r(c)$$

子目标 G 为 ?-$r(X)$。标准 Prolog 系统建立 SLD 树如图 2.1 所示。若 P 中的(4)中插入"!"变成

$$(4)' \qquad\qquad r(X){:}{-}p(X),!,q(X)$$

则相应的 SLD 树如图 2.2 所示，它被剪去了一部分，从而无解。

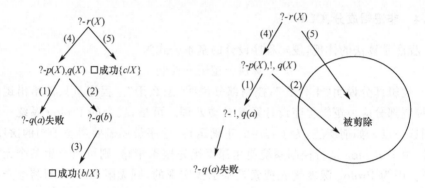

图 2.1　无"!"的 SLD 归结树　　　　图 2.2　有"!"的 SLD 归结树

　　从以上的例子可以看到，使用 CUT 具有一定的风险，使用不当的话有可能删除成功的分枝，破坏了 SLD 归结法的完备性。但是更为严重的是 CUT 破坏了逻辑程序的两种语义的一致性。考虑求两个数最大值的程序 P：

$$\max(X,Y,Y){:}{-}X{=}{<}Y$$

$$\max(X,Y,X){:}{-}X{>}Y$$

P 的说明性语义和过程性语义是一致的。若增加 CUT 谓词，得到如下的程序 P_1：

$$\max(X,Y,Y){:}{-}X{=}{<}Y,!$$

$$\max(X,Y,X){:}{-}X{>}Y$$

P_1 的说明性语义和过程性语义都没有改变，只是运行效率有所提高。为了进一步提高效率而使用 P_2：

$$\max(X,Y,Y){:}{-}X{=}{<}Y,!$$

$$\max(X,Y,X)$$

虽然过程性语义没有变，但是说明性语义却变成了"X,Y 的最大值总是 X；如果 $X{\leqslant}Y$，最大值还可以是 Y"。显然这样的说明性语义已经不是求最大值的原意了。

　　在 Prolog 中有一个内部谓词 FAIL，它作为一个目标总是失败并引起回溯。当 FAIL 前面是 CUT 时，则由于 CUT 的作用是改变正常的回溯方式，使匹配含该 CUT 规则的父目标立即失败，这样提高了搜索效率。

　　例如，对于下面的程序 P：

(1) strong(X):-heart_disease(X),FAIL

(2) strong(X):-tuberculosis(X),FAIL

(3) strong(X):-nearsight(X),FAIL

(4) strong(X)

(5) heart_disease(Zhang)

如询问?-strong(Zhang),第一句中 heart_disease 谓词匹配成功。但是后面的 FAIL 总是失败,引起回溯。这样就造成 Prolog 去匹配后面的子句,最后因为第四条匹配成功而结束。无疑这是 Prolog 的回溯功能引起的结果,为了停止 Prolog 这样不必要的回溯,可以用 CUT 放在 FAIL 之前:

(1)$'$ strong(X):-heart_disease(X),!,FAIL

(2)$'$ strong(X):-tuberculosis(X),!,FAIL

(3)$'$ strong(X):-nearsight(X),!,FAIL

则上述目标匹配第一条规则后,因为 FAIL 马上失败,又因为 CUT 使得从父目标 strong(Zhang)到 CUT 之间所有目标都是不可重新满足的,因此系统回答为 NO。这就是 CUT-FAIL 的组合。

一阶逻辑的不可判定性告诉我们,对于程序 P 和目标 G,不存在算法在有限的步骤内报告 G 是不是 P 的逻辑推论。当然,如果 G 是 P 的逻辑结论,SLD 归结法会在有限的步骤内告诉我们;但如果 G 不是 P 的逻辑推论,SLD 法(或其他方法)可能会陷入死循环。为此,在逻辑程序设计中引入了一条规则:非即失败。该规则是说:对于子句 G,如果无法证明 G,则推出 $\neg G$ 是合理的。

在 Prolog 中定义了谓词 NOT,NOT(A)即 $\neg A$,它可定义为

$$\text{NOT}(A)\text{:-CALL}(A),!,\text{FAIL}$$

$$\text{NOT}(A)$$

CALL 是一个内部谓词,CALL(A)要求系统把 A 作为一个子目标求解。上面的定义是说:如果 A 有解,则 NOT(A)无解;若 A 无解,则 NOT(A)成功。显然该定义是非即失败的正确描述。

2.3　封闭世界假设

封闭世界假设(closed world assumption,CWA)是一种对由一组基本信念集合 KB 定义的理论 T(KB)进行完备化的方法。一个理论 T(KB)是完备的,是说其包含(显式或隐含)了每一个基原子公式或该公式否定。CWA 的基本思想是:如果无法证明 P,则认为它是否定的。即如果从知识库中无法证明 P 或者 $\neg P$,就向 KB 中增加 $\neg P$。这就是说假定知道所有有关世界的事情(即世界是封闭的)。

CWA 的最大用处是完备化数据库系统。例如，我们可以设计一个关于国家邻接的数据库 Neighbor(x,y)。基于 CWA，凡是未在该数据库中说明是邻接的国家都是不邻接的。

我们知道理论 T(KB)是一组在逻辑蕴涵下封闭的句子的集合（如传递封闭）。理论 T(KB)是完备的，如果语言中每个基原子本身或者是其否定在该理论中。

假定 KB 为

$$\text{Neighbor(China,Russia)}$$
$$\text{Neighbor(China,Mongolia)}$$
$$\forall x \forall y (\text{Neighbor}(x,y) \leftrightarrow \text{Neighbor}(y,x))$$

则 T(KB)是不完全的，因为无论是 Neighbor(Russia,Mongolia)还是 ¬Neighbor(Russia,Mongolia)都不在 KB 中。

CWA 对理论的完备化是仅仅通过向基本信念集合 KB 中增加基原子公式的取反来实现的。换言之，若一个基原子公式不能经由逻辑推理从基本信念集 KB 导出，就将其取反作为 KB 的扩充。显然，CWA 是非单调的，因为一旦以后有新的基原子公式加进 KB，则为完备 T(KB)而生成的扩充集就必须收缩（删除该基原子公式的否定）。例如，对于国家相邻问题，可以向 KB 中增加 ¬Neighbor(Russia,Mongolia)实现完备化。

由于为完备 T(KB)而生成的扩充集中的每个基原子公式的取反均是假设的暂时信念，故记该扩充集为 KB_{asm}。对于一个基原子公式 P（省略其常量项），CWA 定义为

$$\neg P \in \text{KB}_{asm}，当且仅当 P \notin T(\text{KB})$$

记经由 CWA 方法完备的理论为 CWA(KB)，其扩大了 T(KB)的推理能力，允许不能从 KB 导出的结论 φ 可从 KB∪KB_{asm} 导出。在上例中，$\text{KB}_{asm}=\{$¬Neighbor(Russia,Mongolia)$\}$，CWA(KB)$=T$(KB∪KB_{asm})。

然而 CWA 方法并不确保被完备的理论 CWA(KB)是一致的。例如，令 KB=$\{P(A) \lor P(B)\}$，因为无法推出 $P(A)$ 或者 ¬$P(A)$，以及 $P(B)$ 或者 ¬$P(B)$，所以有 $\text{KB}_{asm}=\{$¬$P(A)$，¬$P(B)\}$。但是 KB∪KB_{asm} 是不一致的，它会导致 $P(A) \lor P(B)$ 为假。解决不一致性是非单调推理的重要议题，需要对 CWA 的完备性规则进行修改，以实现一致性。

向一个一致的 KB 中增加新的句子，为了保持增加句子后 KB 的一致性，可以通过下述定理试图解决不一致性。

定理 2.1 CWA(KB)是一致的，当且仅当对于每个可由 KB 推导出的子句 $P_1 \lor P_2 \lor \cdots \lor P_n$，都至少存在一个 P_i 可从 KB 推导出，其中 P_i 均为正基文字。

也就是说，CWA(KB)是不一致的，当且仅当存在正基文字 $P_1,P_2,\cdots,P_n$，有 KB$\vdash P_1 \lor P_2 \lor \cdots \lor P_n$，但是对所有的 i，KB$\nvdash P_i$。

通过把所有的基文字增加到 KB 中以实现完备性,并不和该定理矛盾。

例 2.2　KB:$P(A) \lor P(B)$,CWA(KB)是不一致的。

例 2.3　KB:$\forall x(P(x) \lor Q(x))$

　　　　　　　$P(A)$

　　　　　　　$Q(B)$

对原子 A 和 B,扩充 KB 包括:$\neg P(B)$ 和 $\neg Q(A)$。对于原子 C,这样的扩充就是不一致的,因为 $(P(x) \lor Q(x)) \not\models P(C)$ 并且 $(P(x) \lor Q(x)) \not\models Q(C)$。

总的来说,由 CWA 扩充的知识库也可能是不一致的。然而,如果知识库是由 Horn 子句组成,并且是一致的,则经过封闭世界扩充就是一致的,可见定理 2.2。

定理 2.2　若 KB 是由一致的 Horn 形子句组成时,则 CWA(KB)必定一致。

我们知道 Horn 子句定义为文字 P_i 的析取形式 $P_1 \lor P_2 \lor \cdots \lor P_n$,且最多只能有一个 P_i 是正文字。然而,这对于许多应用来讲,限制太强,如果实用上仅对某一特殊谓词 P 感兴趣,则可减弱定理 2.2 的强度,只将谓词为 P 的基原子公式的取反加入 KB_{asm},而 Horn 子句也减弱到仅对谓词为 P 的文字满足 Horn 子句定义。

例如,KB$=\{P(A) \lor Q(A), P(A) \lor R(A)\}$,KB 包含的两个子句均非 Horn 子句,但都是关于谓词 P 的广义 Horn 子句;令 $KB_{asm} = \{\neg P(A)\}$,则可得到关于谓词 P 的扩充理论 CWA$'$(KB),并有 KB$\cup$KB$_{asm} \vdash Q(A)$,KB$\cup$KB$_{asm} \vdash R(A)$。

这样可以得到关于一个谓词集 $\varPi$ 的 CWA$'$(KB),此时 KB 包含的每个子句均为关于 $\varPi$ 的广义 Horn 子句,即每个子句中最多只能出现一个其谓词属于 $\varPi$ 的正文字。问题是,关于谓词集 $\varPi$ 的 CWA$'$(KB)仍不能确保一致性。例如,令 $\varPi = \{P\}$,KB$=\{P(A) \lor Q, P(B) \lor \neg Q\}$,则有 KB$_{asm} = \{\neg P(A), \neg P(B)\}$。由于 KB$\vdash P(A) \lor P(B)$,故 CWA$'$(KB)是不一致的。

2.4　非单调逻辑

20 世纪 80 年代以来,智能科学的需求促使各种非经典逻辑系统的出现和发展,非单调逻辑就是其中的典型例子[McDermott et al 1980]。

人类认识世界的过程是个否定之否定的辩证发展过程。由于人类对客观世界的认识不仅是不确定的,而且往往是不完全的,尽管就总的认识过程来看,人的知识是在不断增长的,但新知识的出现往往在一定程度上否定、完善、补充旧的知识。正如波普尔所指出的那样,科学的发现过程是个证伪过程,在一定的条件和环境下,一个理论的形成总存在着它的历史局限性。随着人类认识世界的逐渐深入,随着科学研究的不断发展,旧的理论不能满足新的需要,往往会被新的发现所证伪。于是旧的理论被否定,新的理论就诞生。从这个意义上来说,人类知识的增长过程实际上是非单调的发展过程。

然而,经典逻辑(如形式逻辑、演绎逻辑等)对人类认识世界的处理却是单调的。也就是说,在现有知识的基础上,通过严密的逻辑论证和推理获得的新知识必须与已有的知识相一致。具体地说,设有知识系统 A,如果已知 A 蕴涵着知识 B,即 $A \rightarrow B$,则可推理得出知识 B。在此过程中,严格要求 B 必须遵从知识系统 A。然而正如上面所述,人类的知识并不严格遵循上述约定,因为它是非单调的。

所谓非单调推理就是具备这样一种特性的推理:推理系统的定理集合并不随推理过程的进行而单调地增大,新推出的定理很可能会否定、改变原来的一些定理,使得原来能够解释的某些现象变得不能解释了。假如把人们在不同认识阶段的知识用集合 F 来表示,则这样的集合是时间 t 的函数 $F(t)$。每个集合 $F(t)$ 表示人们在时刻 t 的知识总和,则这些集合不是单调增大的。形式上说,如果 $t_1 < t_2$,则 $F(t_1) \Leftrightarrow F(t_2)$ 并不成立。然而人们的知识却一直在不断增长。导致这一现象的根本原因就是人们推理时所依据的知识具有不完全性。非单调逻辑是处理不完全知识的工具。

单调逻辑的推理规则是单调的。设 Γ 表示推理规则集,则单调逻辑的语言 $\mathrm{Th}(\Gamma) = \{A \mid \Gamma \rightarrow A\}$ 具有如下单调性:

(1) $\Gamma \in \mathrm{Th}(\Gamma)$。

(2) 如果 $\Gamma_1 \subseteq \Gamma_2$,则 $\mathrm{Th}(\Gamma_1) \subseteq \mathrm{Th}(\Gamma_2)$。

(3) $\mathrm{Th}(\mathrm{Th}(\Gamma)) = \mathrm{Th}(\Gamma)$(幂等性)。

其中,式(3)又称为不动点(fixed point)。单调推理规则的显著特性之一就是它的语言是封闭的最小不动点,亦即 $\mathrm{Th}(\Gamma_1) = \bigcap \{s \mid \Gamma_1 \rightarrow S \text{ 且 } \mathrm{Th}(S) = \Gamma_2\}$。

为了处理非单调性,需要一个新的推理规则,其形式为

(4) 如果 $\Gamma \neg \vdash \neg P$,则 $\Gamma \vdash MP$。

其中,M 是个模态词,其意义为:如果在 Γ 中不能证明 $\neg P$,则默认为 P 在 Γ 中为真。

显然使用单调推理系统无法保证:当 Γ 含有推理规则(4)时仍具有固定点 $\mathrm{Th}(\Gamma) = \Gamma$。为此,我们定义操作符 NM 如下:对任意一阶理论 Γ 和公式集 $S \subseteq L$,令

(5) $\mathrm{NM}_{\Gamma}(S) = \mathrm{Th}(\Gamma \cup A_{S\Gamma}(S))$。

其中,$A_{S\Gamma}(S)$ 为 S 的假设集,由下式给出:

(6) $A_{S\Gamma}(S) = \{MP \mid P \in L \wedge P \in S\} - \mathrm{Th}(\Gamma)$。

于是可定义 $\mathrm{Th}(\Gamma)$ 为从 Γ 非单调地推出的定理集合如下:

(7) $\mathrm{Th}(\Gamma) = \mathrm{NM}(\Gamma)$ 的最小固定点。

引入式(7)的目的在于试图将推理规则(4)加入到一阶理论 Γ 之中,使之能进行封闭的推理。但实际上由于 Th 的定义要求太强,不仅无法求得 $\mathrm{Th}(\Gamma)$,而且

也无法保证 $\mathrm{Th}(\varGamma)$ 一定存在,为此将式 (7) 修改为:

(8) $\mathrm{Th}(\varGamma)=\bigcap(\{L\}\bigcup\{S\,|\,\mathrm{NM}_r(S)=S\})$。

这样,如果 L 是该逻辑的语言,则 L 恒为固定点,因为 $\mathrm{NM}_r(L)=L$ 恒成立,通常称为平凡固定点。因此当不存在有非平凡固定点时 $\mathrm{Th}(\varGamma)=\bigcap(\{L\})=L$。

实际上我们可以证明如果 $\mathrm{Th}(\varGamma)$ 不存在,则说明 $\varGamma$ 中含有矛盾。下面为了处理和说明上的方便,我们把式 (8) 等价地写成:

(9) $\mathrm{Th}(\varGamma)=\{P\,|\,\varGamma\vdash P\}$。

其中,$\varGamma\vdash P$ 表示 $P\in\mathrm{Th}(\varGamma)$,并把 $\{S\,|\,\mathrm{NM}_r(S)=S\}$ 简写成 $\mathrm{FP}(\varGamma)$,称该集合中的元素为理论 $\varGamma$ 的固定点。

非单调推理有三个主要流派,即 McCarthy 提出的限制理论:当且仅当没有事实证明 S 在更大的范围成立时,S 只在指定的范围成立;Reiter 的默认逻辑"S 在默认的条件下成立"是指"当且仅当没有事实证明 S 不成立时 S 是成立的";Moore 的自认知逻辑:"如果我知道 S,并且我不知道有其他任何事实与 S 矛盾,则 S 是成立的"。

对逻辑进行扩展,将非单调推理形式化,称为非单调逻辑。它包括语言方面的扩充和语义方面的扩充,语言方面的扩充是指增强其表达能力;语义方面的扩充是指对真值的真假两种情况进行修正;也是对推理模式的扩展,这涉及非单调推理的过程化方面,称为非单调系统。

非单调逻辑大致分为两类:一类基于最小化语义,称为最小化非单调逻辑;另一类基于定点定义,称为定点非单调逻辑。

最小化非单调逻辑可以分为基于最小化模型和基于最小化知识模型。前者主要有封闭世界假设、McCarthy 的限制逻辑(circumscription)等,后者包括 Konolige 的忽略逻辑(ignorance)等。

定点非单调逻辑可以分为默认逻辑(default)和自认知逻辑(autoepistemic)。McDermott 和 Doyle 提出的非单调模态逻辑 NML 旨在研究非单调逻辑的一般基础,是一种一般默认逻辑。Reiter 的默认逻辑则是对默认规则的一阶形式化。自认知逻辑是 Moore 提出的,是对 McDermott 和 Doyle 的非单调逻辑语义困难的一种克服。

非单调系统的实现,可以通过对矛盾的检测进行真值的修正来维护相容性,可称为真值维护系统,包括 Doyle 提出的真值维护系统 TMS,Dekleer 提出的基于假设的真值维护系统 ATMS 等。

2.5　默 认 逻 辑

默认推理是一类似然推理。从直观上理解,各种默认推理都企图对以下形式的断言进行推理：

正常情况下　　　　　A 成立

典型情况下　　　　　A 成立

默认假定　　　　　　A 成立

默认推理的一个典型例子是"鸟会飞"。"鸟会飞"这个陈述并不等于"所有鸟都会飞"这个陈述，因为有许多反例，如鸵鸟、企鹅等。对于某个具体的鸟 a，我们可能会根据以下似然命题来推断 a 会飞：

正常情况下　　　　　　鸟会飞

典型情况下　　　　　　鸟会飞

如果 x 是鸟　　　　　那么默认假定 x 会飞

但如果随后我们又获得相反的信息，比如说 a 是一个鸵鸟，我们就会撤销前面的结论，并作出结论：a 不会飞。而开始我们是假定 a 会飞。显然，这里所体现的是似然推理，而不是演绎推理。

1977 年，加拿大多伦多大学的 Reiter 研究不完全信息的推理形式，并于 1980 年正式提出了默认逻辑(default logic)[Reiter 1980]。

在非单调推理中，默认逻辑(也称为缺省逻辑)是应用比较广泛的一种逻辑，它是在信息不完全和前提缺省的情况下，默认一些先决条件而进行的推理。在计算机程序设计中，缺省是经常使用的一种技术手段，其目的是为了给程序员提供方便，如在程序设计中，内、外层程序出现同一标示符 x，则内层标示符 x 的缺省类型就是外层 x 的类型，除非 x 在内层被重新说明。这时缺省的含义是：如果程序员不显式地指明某种要求，则系统将按约定的章程办事。

默认是表达非单调强有力的手段，为此 Reiter 把默认概念引入到逻辑中设计了默认逻辑，其基本思想是：传统的逻辑是从已知的事实推出新的事实，在推理时，知识库的丰富程度决定了能推出多少事实；而在非单调推理中，知识库不够丰富，难以支持系统所需要的推理，因此需要对知识库进行扩充，这些扩充的知识就是默认的知识。

和 CWA 类似，这些默认的知识并不十分可靠，只是在目前看来不和知识库的其他部分发生矛盾，所以推出来的不能算是事实，只是对现实世界的一种猜测。Reiter 把原来的知识库称为不完备的理论，把扩充看做是理论的完备化。而默认逻辑则提供了一组元公理，作为理论完备化的手段。Reiter 为此做了两方面的研究：首先对不完备理论的扩充给出了形式化的定义；其次是探讨了默认逻辑的证明论问题，即在什么条件下可以推断一个命题是否属于某个不完备理论的一个扩充。

Reiter 的默认逻辑包括一阶的语句以及一个或多个默认假设。形式地说，默认逻辑 DL 是对基本的知识库 KB 扩充一组非标准的、非单调的推理规则 D 实现的。扩充了 D 的 KB 包括标准逻辑所具有的结论和将 D 应用于 KB 所得到的结论。

DL 系统 D 中的默认规则形式为

$$\frac{\alpha(\overline{x}):M\beta_1(\overline{x}),\cdots,M\beta_m(\overline{x})}{W(\overline{x})} \tag{2.1}$$

或者表示为线性形式为

$$\alpha(\overline{x}):M\beta_1(\overline{x}),\cdots,M\beta_m(\overline{x}) \to W(\overline{x}) \tag{2.2}$$

其中,$\overline{x}$ 是由 x_i 构成的参数向量;$\alpha(\overline{x})$ 是命题的前提;$W(\overline{x})$ 是命题的结论;$\beta_i(\overline{x})$ 是默认条件;M 为默认算子,表示相容性,即前提和默认条件相容或不矛盾,就可以推出结论。所以默认规则 D 可以理解为:如果没有信息表明 $\beta_1(\overline{x}),\cdots,\beta_m(\overline{x})$ 中任何一项不成立(或与现有的知识相矛盾),则可从前提 $\alpha(\overline{x})$ 推出结论 $W(\overline{x})$。例如,对于默认规则:

$$\frac{\mathrm{bird}(x):M\,\mathrm{flies}(x)}{\mathrm{flies}(x)}$$

它表示:如果 x 是鸟,并且如果认为 x 会飞不会引起矛盾,则可以相信 x 就会飞。默认规则在表达通常情况下是正确的,但并非绝对是正确的信念时非常有用。如果默认规则中不含有自由变元,即 α、$M\beta_i$、W 都是命题,那么该规则称为闭规则。

定义 2.7　一个默认理论 T 由两个部分组成:

(1) 默认推理规则集合 D;

(2) 公式集合 W,它是已知的或约定的事实的集合。

当 D 中所有规则都是闭规则时,称理论 $T=\langle D,W\rangle$ 为闭默认理论。

对于默认理论 $T=\langle W,D\rangle$,假设 $D=\dfrac{:MA}{B}$,$W=\Phi$,那么 B 在 T 中可以推出。

向 W 增加 $\neg A$,则 W 变为 $W'=\{\neg A\}$,$T'=\langle D,W'\rangle$。这里,尽管 T' 是 T 的扩充(已知事实集合 $W'\supseteq W$),但是 B 却不能从 T' 中推出。所以默认理论 T 是非单调的。

例 2.4　假设 W 为

$$\mathrm{bird}(\mathrm{tweety})$$

$$\forall x(\mathrm{ostrich}(x) \to \neg\mathrm{flies}(x))$$

D 为

$$\frac{\mathrm{bird}(x):M\,\mathrm{flies}(x)}{\mathrm{flies}(x)}$$

则可以得到 $\mathrm{flies}(\mathrm{tweety})$。

如果在 W 中增加 $\mathrm{ostrich}(\mathrm{tweety})$,则无法得到 $\mathrm{flies}(\mathrm{tweety})$。

例 2.5　假设 W 为

$$\mathrm{feathers}(\mathrm{tweety})$$

D 为

$$\frac{\text{bird}(x):M\,\text{flies}(x)}{\text{flies}(x)}, \frac{\text{feathers}(x):M\,\text{bird}(x)}{\text{bird}(x)}$$

则同样可以得到 flies(tweety)。

如果在 W 中增加

ostrich(tweety)

$\forall x(\text{ostrich}(x) \rightarrow \neg\text{flies}(x))$

$\forall x(\text{ostrich}(x) \rightarrow \text{feathers}(x))$

则也无法得到 flies(tweety)。

在默认理论中,"推出"概念和传统逻辑中的"推出"概念是有区别的,前者是非单调推理,而后者是单调推理。为了定义默认理论中的"推出"概念,需要下面的定义。

定义 2.8 设 $\Delta = \langle D, W \rangle$ 为一闭默认理论,Γ 为关于 D 的一个算子,Γ 作用于任意的命题集合 S,其值为满足下面三个性质的最小命题集合 $\Gamma(S)$:

(1) $W \subseteq \Gamma(S)$;

(2) $\Gamma(S)$ 为在普通命题演算的推理下封闭的,即 $\text{Th}(\Gamma(S)) = \Gamma(S)$;

(3) 如果 D 中有规则:$\alpha: M\beta_1, \cdots, M\beta_m \rightarrow w$,且 $\alpha \in \Gamma(S)$,$\neg\beta_1, \cdots, \neg\beta_m \notin S$,那么 $w \in \Gamma(S)$。

定义 2.9 命题集合 E 称为关于 D 的算子 Γ 的固定点,如果 $\Gamma(E) = E$。此时又称 E 为 $\Delta = \langle D, W \rangle$ 的一个扩张。

有了扩张的概念,便可以定义非单调推理中的"推出"概念。

定义 2.10 如果命题 A 包含在默认理论 $\Delta = \langle D, W \rangle$ 的一个扩张中,那么称 A 在 Δ 中可以推出,记为"$\mid\sim$",表示非单调"推出"。

例 2.6 设 $D = \left\{ \frac{:MA}{\neg A} \right\}$,$W = \Phi$,则 $\Delta = \langle D, W \rangle$ 无扩张。

因为可以证明关于 Δ 的算子 Γ 无固定点。否则,假设 E 为 Γ 的固定点。

如果 $\neg A \notin E$,则由定义 2.8 的(3)可以得到 $\neg A \in E$。

如果 $\neg A \in E$,因为 $W = \Phi$,则 $\neg A$ 一定是由默认规则 D 导入到 E 的。所以,$\neg A \notin E$,否则,MA 为假,该规则不可使用。

显然这是一个悖论。

例 2.7 设 $D = \left\{ \frac{:MA}{\neg B}, \frac{:MB}{\neg C}, \frac{:MC}{\neg F} \right\}$,$W = \Phi$,则 $\Delta = \langle D, W \rangle$ 有唯一的扩张 $E = \text{Th}(\{\neg B, \neg F\})$。

容易验证 E 为 Γ 关于 Δ 的固定点,而当命题集 $S \in \{\neg B, \neg C, \neg F\}$ 且 $S \neq \{\neg B, \neg F\}$ 时,$\text{Th}(S)$ 都不是 Γ 关于 Δ 的固定点。其直观解释为:第一个默认规则的结果阻止了第二个默认规则的应用,而这有使得第三个默认规则的应用成为可能。

例 2.8　设 $D = \left\{ \dfrac{:MA}{A}, \dfrac{B:MC}{C}, \dfrac{F \vee A:ME}{E}, \dfrac{C \wedge E:M \neg A, M(F \vee A)}{G} \right\}$, $W =$ $\{B, C \to F \vee A, A \wedge C \to \neg E\}$, 则 $\Delta = \langle D, W \rangle$ 有三个扩张:

$$E_1 = \mathrm{Th}(W \cup \{A, C\})$$
$$E_2 = \mathrm{Th}(W \cup \{A, E\})$$
$$E_3 = \mathrm{Th}(W \cup \{C, E, G\})$$

这里,仅对 E_1 进行说明。由于 $\mathrm{Th}(W \cup \{A, C\})$ 中有 $\neg E$,从而 $\Gamma(\mathrm{Th}(W \cup \{A, C\}))$ 中没有 E 和 G(因为 ME 和 $C \wedge E$ 不能成立)。这就是说 D 中的默认规则在算子 Γ 的计算过程中无一可用,所以 $\Gamma(\mathrm{Th}(W \cup \{A, C\})) = \mathrm{Th}(W \cup \{A, C\})$。

从上面可以看到,并非所有的默认理论都有扩张。有扩张的默认理论也不一定是只有唯一的扩张,因为该理论中可能有多个默认规则,而这些默认规则的合理条件是不相容的。一个理论是否具有扩张,决定着在该理论上能否进行有效的默认推理。因此研究和探讨扩张的存在条件是十分重要的。

定理 2.3　设 E 为一阶命题集合,$\Delta = \langle D, W \rangle$ 为一闭默认理论。递归定义 $E_i (i = 0, 1, 2, \cdots)$ 如下:

$$E_0 = W$$
$$E_{i+1} = \mathrm{Th}(E_i) \cup \{w \mid (\alpha : M\beta_1, \cdots, M\beta_m \to w) \in D,$$
$$\alpha \in E_i, \neg\beta_1, \cdots, \neg\beta_m \notin E\}$$

那么 E 是 Δ 的一个扩张,当且仅当 $E = \bigcup\limits_{i=0}^{\infty} E_i$。

可以利用该定理来验证例 2.8 中的三个扩张。

现在如果默认规则为 $\dfrac{:M \neg A}{\neg A}$,默认理论是否和 CWA 一样呢? 答案是否定的。

假设 $W = \{P \vee Q\}$,D 为 $\dfrac{:M \neg P}{\neg P}$ 以及 $\dfrac{:M \neg Q}{\neg Q}$。显然 CWA($\Delta$)是不一致的。而 Δ 的扩张可以是 $\{P \vee Q, \neg P\}$ 或者为 $\{P \vee Q, \neg Q\}$,但如果把它们合在一起就不一致了。

例 2.9　设 $D = \left\{ \dfrac{:MA}{\neg A} \right\}$, $W = \{A, \neg A\}$,则 $\Delta = \langle D, W \rangle$ 的扩张 $E = \mathrm{Th}(W)$,即维持不变。

该例子与前面的例子不同,它得到的扩张是不一致的(既有 A,又有 $\neg A$)。根据数理逻辑的基本知识知道,这个扩张包括了该系统中所有可能的一切合式公式。

关于不一致的扩张有下面一些结论:

(1) 当且仅当 W 本身是不一致的时候,闭默认理论 $\langle D, W \rangle$ 有一个不一致的扩张。因为 $W \subseteq E$,所以如果 W 不一致,则 E 也不一致,即充分性成立。反之,如果

E 不一致,则 E 必包含一切命题,因此所有的默认规则都可以使用,因此由定理 2.3 得 $E = \mathrm{Th}(W)$,所以 W 是不一致的。

(2) 若一个闭默认理论有一个不一致的扩张,则这是它唯一的扩张。默认理论的扩张一般是不唯一的,那么它们之间有什么关系呢?

(3) 设 E 和 F 是同一闭默认理论的两个不同的扩张,如果 $E \subseteq F$,那么 $E = F$。

(4) 如果 $\Delta_1 = \langle D_1, W_1 \rangle$,$\Delta_2 = \langle D_2, W_2 \rangle$ 为两个默认理论,并且 $W_1 \subseteq W_2$,如果 Δ_2 的扩张都是一致的,那么 Δ_1 的扩张也是一致的。

这是显然的。若 Δ_1 有不一致的扩张,这 Δ_1 是不一致的,从而 Δ_2 是不一致的(因为 $W_1 \subseteq W_2$),它的扩张也是不一致的。

定义 2.11　一个默认理论 $\Delta = \langle D, W \rangle$ 称为规范,如果 D 中的默认规则均为如下形式:

$$\frac{A : MB}{B} \tag{2.3}$$

这样的默认规则称为规范默认规则。

如果 W 是一致的,由于每个规范默认规则的结论和默认条件相同,所以不会导致不一致性,并且 Reiter 给出下面的结果:

(1) 任何规范默认理论必定至少有一个扩张。

(2) 设 E 和 F 是同一规范默认理论的两个不同的扩张,则 $E \cup F$ 是不一致的。这说明,如果推理者对他所在的世界有两种不同的想象,那么它们一定是不一致的。

(3) 设 $\Delta = \langle D, W \rangle$ 为闭规范默认理论,$D' \subseteq D$,且 E'_1、E'_2 分别为 $\langle D', W \rangle$ 的两个不同的扩张,那么 Δ 必有不同的扩张 E_1、E_2,使得 $E'_1 \subseteq E_1$,$E'_2 \subseteq E_2$。这说明闭默认规范理论的扩张的大小,随闭默认规则数目的增加而单调不减。

如果默认规则形式为

$$\frac{A : MB \wedge MC}{B} \tag{2.4}$$

则称为半规范默认规则。如果一个理论所有的默认规则要么是规范的,要么是半规范的,且至少有一个是半规范的,则该理论称为半规范默认理论。

对于有序默认理论(ordered default theory),需要考虑偏序关系:优先关系 "$\ll$" 和 "$\ll =$",其中前者称为强优先关系,后者称为弱优先关系。如果在推导 B 的过程中,用到了 C,那么有 $C \ll B$。例如,$D = \left\{ \dfrac{A : M(B \wedge \neg C)}{B} \right\}$,$B$ 是强优先于 C,记为 $C \ll B$。

一个半默认理论是有序的,如果不存在文字 Y,使得 $Y \ll Y$。例如:

$$D = \left\{ \frac{: M(A \wedge \neg B)}{A}, \frac{: M(B \wedge \neg C)}{B}, \frac{M(C \wedge \neg A)}{C} \right\}$$

则有 $B \ll A, C \ll B, A \ll C$，结果有 $A \ll A$，因此该默认理论不是有序的。

半规范默认理论至少具有一个扩张的充分条件是要求闭半规范默认理论是有序的。

2.6　限　制　逻　辑

限制逻辑（circumscription logic，CIRC）是 McCarthy 提出的一种非单调逻辑。限制的基本思想是"从某些事实 A 出发能够推出具有某一性质 P 的对象就是满足性质 P 的全部对象"[McCarthy 1980]。在常识推理中，人们经常把已发现的、具有某些性质的对象，看做具有该性质的全部对象，并据此进行推理。只有当发现其他对象也具有该性质时，才修改这种看法。这是一种非单调的推理形式，在常识推理中占有极为重要的地位。例如，大数学家 Erdos 曾猜想不定方程 $x^x y^y = z^z$ 只有平凡解 $x=1$、$y=z$ 和 $y=1$、$x=z$。后来，我国数学家柯召给出了该方程的无穷多个非平凡解，推翻了 Erdos 的猜想。Erdos 又提出新的猜想，找到该方程的全部解。

限制逻辑 CIRC 是一种极小化逻辑。下面从一个基于极小模型定义的命题限制出发，给出限制的基本定义，进而给出一阶限制的基本结果，并将它推广。

定义 2.12　设 L_0 是一个命题语言，p_1、p_2 是在命题语言 L_0 中的两个赋值。称 p_1 小于 p_2，记为 $p_1 \geq p_2$，当且仅当对任一命题变元 x，如果 $p_1(x)=1$，则 $p_2(x)=1$。

定义 2.13　设 A 是一个公式，称 A 的一个赋值 p 是极小的，当且仅当不存在 A 的其他赋值 p' 使得 $p' \geq p$。

显然，$\geq$ 是一个偏序关系。$p_1 \geq p_2$ 表示 p_1 包含的真命题比 p_2 少。极小赋值包含的真命题极小。

定义 2.14　极小后承 $\vDash_M$。设 A、B 是两个公式，$A \vDash_M B$，当且仅当 B 在所有 A 的极小模型中都为真。

极小模型是非单调的，它以命题的极小化作为优先模型的准则。它的性质可由下面简单的例子看出。例如：

$$p \vDash_M \neg q$$
$$p \lor q \vDash_M \neg p \lor \neg q$$
$$p, q, p \lor q \vDash_M p \land q$$

命题限制可定义为对于一个命题集 Z 的动态极小，而使不在 S 中的命题变元动态可变。

定义 2.15　设 A 是一个包含命题集 $P = \{p_1, p_2, \cdots, p_n\}$ 的公式，一个 A 的赋值 p 称为 $\geq^z$-极小赋值，当且仅当不存在 A 的其他赋值 p'，使得 $p \geq p'$，定义如下：设 p_1、p_2 是两个赋值，$p_1 \geq^z p_2$，当且仅当对任一 $z \in Z$，若 $p_1(Z)=1$，则 $p_2(Z)=1$。

定义 2.16 命题限制 $\vDash_P$ 或 CIRC(A,P)。设 A 是一个包含命题集 P 的公式,φ 是一个公式,$A \vDash_P \varphi$,当且仅当 φ 在所有 A 的 $\geq^P$-极小赋值中都为真。

命题限制 CIRC(A,P) 可用如下一阶句子描述:

$$A(P) \wedge \forall P'(A(P') \wedge P' \to P) \to (P \to P') \tag{2.5}$$

其中,P' 是与 A 协调的 P 等替物,$\forall P'$ 是一个命题全称量词,$A(P')$ 是在 A 中以 P' 替代 P 的结果。如果用 $P' > P$ 表示 $P' \to P$,则 CIRC(A,P) 可以写为

$$A(P) \wedge \neg \exists P'(A(P') \wedge P' > P) \tag{2.6}$$

命题限制中一个逻辑推论记为 $A \vdash_P \varphi$,或者 CIRC$(A,P) \vdash \varphi$,具有如下的可靠性和完全性定理。

定理 2.4 $A \vdash_P \varphi$ 当且仅当 $A \vDash_P \varphi$。

命题限制太弱。在此基础上可以推广到一阶限制。一阶限制是基于最小模型的思想。

定义 2.17 令 L 是一个一阶语言,T 是一个 L 的公式,它包含谓词元组集 ρ。设 $M[T]$ 和 $M^*[T]$ 是公式 T 的两个模型。定义 $M^*[T]$ 优先于 $M[T]$,记为 $M^*[T] \geq M[T]$,当且仅当

(1) M 和 M^* 有相同的对象域;

(2) 除 ρ 外,公式 T 中所有的其他关系和函数常数在 M 和 M^* 都有相同的解释;

(3) ρ 在 M^* 中的外延是 ρ 在 M 中的子集。

一个理论 T 的模型 M 称为优先的,当且仅当不存在 T 的其他模型 M' 使得 $M' \geq_\rho M$。

定义 2.18 M_m 是 ρ 的最小模型,当且仅当对任一 $M \geq_\rho M_m$,必有 $M = M_m$。

例如,设论域 $D = \{1,2\}$ 上:

$$T = \forall x \exists y (P(y) \wedge Q(x,y))$$
$$= [(P(1) \wedge Q(1,1)) \vee (P(2) \wedge Q(1,2))] \wedge$$
$$[(P(1) \wedge Q(2,1)) \vee (P(2) \wedge Q(2,2))]$$

若 M 为

$P(1)$	$P(2)$	$Q(1,1)$	$Q(1,2)$	$Q(2,1)$	$Q(2,2)$
True	True	False	True	False	True

M^* 为

$P(1)$	$P(2)$	$Q(1,1)$	$Q(1,2)$	$Q(2,1)$	$Q(2,2)$
False	True	False	True	False	True

由此可知,模型 M 和 M^* 对谓词 Q 的真值设定是相同的,而对 P 来说,M 中有 $\{1,2\}$ 中的元素使 P 为真,而 M^* 中仅有 $\{2\}$ 中的 2 使 P 为真,$\{2\} \subseteq \{1,2\}$。于是有 $M^* \geq_P M$。如果 $M^* \geq_P M$,而且 $M^* \neq M$,则有 $M^* >_P M$。对理论 T 来说,如

果对任一 $M \geq_P M_m$，必有 $M = M_m$ 时，就说 M_m 是 P 的最小模型，对任一个 T 来说，最小模型不一定总存在。

设含有谓词 P 的信任集 T，寻找对 T 的假设（扩充）公式 φ_P，使得对 $T \wedge \varphi_P$ 的任一模型 M，不存在 T 的模型 M^* 满足

$$M^* >_P M$$

或说扩充后 $T \wedge \varphi_P$ 的模型对 P 来说不能比原来 T 的模型来得大，是一种最小的扩充。依这最小化原则所得的 $T \wedge \varphi_P$ 便是 T 对 P 的限制。

设 P^* 是某个谓词常项，它与 P 有同样的变元个数，由 P^* 来构造 φ_P，可指出

$$(\forall x\, P^*(x) \rightarrow P(x)) \wedge \neg(\forall x P(x) \rightarrow P^*(x)) \wedge T(P^*)$$

的任一模型都不是 T 对 P 的最小模型。从而

$$\neg((\forall x P^*(x)) \rightarrow P(x)) \wedge \neg((\forall x P(x) \rightarrow P^*(x)) \wedge T(P^*))$$

的任一模型是 T 对 P 的最小模型。于是

$$\varphi_P = \forall P^* \neg((\forall x P^*(x) \rightarrow P(x)) \wedge \neg(\forall x P(x) \rightarrow P^*(x)) \wedge T(P^*))$$

为 T 对 P 的限制公式。

定义 2.19 一阶限制的语义后承，记为 $T \vDash_{\text{CIRC}} \varphi$ 或 $\text{CIRC}(T,P) \vDash \varphi$，当且仅当 φ 在所有 T 的对于 $\geq^P$ 的最小模型中都为真。理论 T 的限制公式的合取式给出在 T 中的限制 P：

$$\text{CIRC}(T,P) = T \wedge \forall P^* \neg((\forall x)(P^*(x) \rightarrow P(x)) \wedge \neg(\forall x)(P(x)$$
$$\rightarrow P^*(x)) \wedge T(P^*)) \tag{2.7}$$

该公式可以变成

$$\text{CIRC}(T,P) = T \wedge \forall P^* ((T(P^*) \wedge (\forall x)(P^*(x) \rightarrow P(x)))$$
$$\rightarrow (\forall x)(P(x) \rightarrow P^*(x))) \tag{2.8}$$

这个公式是高阶逻辑公式，因为量词 $\forall$ 作用于谓词 P^*，但在很多情形下可化为一阶逻辑公式

$$\varphi_P = \forall P^* ((T(P^*) \wedge (\forall x)(P^*(x) \rightarrow P(x))) \rightarrow (\forall x)(P(x) \rightarrow P^*(x)))$$
$$\tag{2.9}$$

式（2.9）的解释如下：如果求得 P^* 使 $T(P^*)$ 成立，又满足 $\forall x(P^*(x) \rightarrow P(x))$，那么 $\forall x(P(x) \rightarrow P^*(x))$ 便可作为推理的结论。

$\text{CIRC}(T,P)$ 还可写成另一种形式，将 P^* 记作 $P \wedge P'$（P' 是与 P 的变元个数相同的谓词常项），于是有

$$\varphi_P = T(P \wedge P') \forall x(P(x) \wedge P'(x) \rightarrow P(x)) \rightarrow (\forall x)(P(x) \rightarrow P(x) \wedge P'(x))$$
$$\tag{2.10}$$

从而得到

$$T(P \wedge P') \rightarrow (\forall x)(P(x) \rightarrow P'(x)) \tag{2.11}$$

若将 $(\forall x)(P^*(x) \to P(x))$ 记作 $P^* \geq P$,则

$$P^* > P \text{ 表示} (P^* \geq P) \wedge \neg (P \geq P^*)$$

$$P^* = P \text{ 表示} (P^* \geq P) \wedge (P \geq P^*)$$

于是 φ_P 就是

$$\varphi_P = \forall P^* (T(P^*) \wedge (P^* \geq P) \to (P \geq P^*)) \tag{2.12}$$

得到

$$\varphi_P = \forall P^* (T(P^*) \to \neg (P^* > P))$$

$$= \neg (\exists P^*)(T(P^*) \wedge (P^* > P)) \tag{2.13}$$

这就更明显地可以看出,最小模型限制表明,不存在 P^* 满足 T 而且使 P^* 成立的外延是 P 成立外延的真子集。

定理 2.5 已知谓词 P 和信任集 $T(P)$,对任一 P' 来说,如果 $T(P) \vdash T(P') \wedge (P' \geq P)$,则有

$$\mathrm{CIRC}(T, P) = T(P) \wedge (P = P') \tag{2.14}$$

定理 2.5 给出,如果 $T(P)$ 能证明 $T(P') \wedge (P' \geq P)$,那么 $P = P'$ 就是 T 对 P 的限制公式。

2.7　非单调逻辑 NML

在 1980 年前后,McDermott 和 Doyle 就非单调推理发表了几篇有影响的文章,描述了他们自己所建立的非单调逻辑推理系统,称为 NML[McDermott et al 1980]。这一系统是建立在一阶逻辑基础上,并引进模态词 $\Diamond$,称为相容性操作符。例如:

$$\forall x (\mathrm{Bird}(x) \wedge \Diamond \mathrm{Fly}(x) \to \mathrm{Fly}(x))$$

上式表示:如果 x 是鸟,并且 x 可以和现有知识相容,则 x 会飞。

可以看出 NML 可以处理默认假设,因此前面介绍的默认理论可以看做是 NML 的一种特殊情况。但是由于非单调逻辑中允许 $\Diamond A$ 与一般命题一样使用,而默认理论中 $\Diamond A$ 只能在默认推理规则中使用,使得 NML 理论与默认理论有许多根本不同的地方。

下面我们来考虑根据相容性操作符 $\Diamond$ 定义非单调推理机制问题。从语法的角度看,根据 $\Diamond$ 的直观意义,可以有下述规则:

$$\text{如果 } \nvdash \neg A, \text{则有 } \vdash \Diamond A$$

表示如果我们推不出 A 的否定成立,则认为 A 为相容的。但是这样做是不合适的,因为这样等于把一切非定理的否定接受为定理,没有什么非单调可言了。

McDermott 和 Doyle 修改上式为

$$\text{如果 } \not\vdash \neg A, \text{则有 } \vdash \Diamond A$$

这里的 $\vdash$ 符号和默认理论中是一样的,表示非单调地推出。

我们也可以通过下面解释来说明 $\vdash$ 是否就是一阶谓词的可证明关系 $\vdash$。

我们知道,对于单调的一阶逻辑有

$$\{T \subseteq S \to \mathrm{Th}(T) \subseteq \mathrm{Th}(S)\}$$

假设

$$T \vdash \mathrm{fly(tweety)} \tag{2.15}$$

并且

$$S = T \cup \{\neg\mathrm{fly(tweety)}\} \tag{2.16}$$

现在,因为 fly(tweety) 属于 T,则由式(2.15)和式(2.16)有

$$S \vdash \mathrm{fly(tweety)} \tag{2.17}$$

根据 S 的定义(式(2.16)),有

$$S \vdash \neg\mathrm{fly(tweety)} \tag{2.18}$$

式(2.17)和式(2.18)显然是矛盾的,因此 $\mathrm{Th}(T) \subseteq \mathrm{Th}(S)$ 不满足。这说明不能用 $\vdash$ 代替 $\vdash$。

如何对 $\vdash$ 进行解释呢? 假设将含有模态词 $\Diamond$ 的一阶谓词演算系统记为 FC,将允许使用 $\Diamond$ 的一阶公式的全体集合记为 L_{FC},则对任何公式集合 $\Gamma \subseteq L_{\mathrm{FC}}$,$\mathrm{Th}(\Gamma)$ 的意义为

$$\mathrm{Th}(\Gamma) = \{A \mid \Gamma \vdash_{\mathrm{FC}} A\}$$

为了更清楚地定义 $\mathrm{Th}(\Gamma)$,首先定义非单调算子 NM_Γ。它可基于 Γ 和相容性操作符 $\Diamond$ 定义如下:

对任意的公式集合 $S \subseteq L_{\mathrm{FC}}$:

$$\mathrm{NM}_\Gamma(S) = \mathrm{Th}(\Gamma \cup \mathrm{ASM}_\Gamma(S))$$

其中,$\mathrm{ASM}_\Gamma(S)$ 称为 S 的假设集:

$$\mathrm{ASM}_\Gamma(S) = \{\Diamond Q \mid Q \in L_{\mathrm{FC}} \wedge \neg Q \notin S\}$$

那么可以定义 $\mathrm{Th}(\Gamma)$ 为

$$\mathrm{Th}(\Gamma) = \bigcap(\{L_{\mathrm{FC}}\} \cup \{S \mid \mathrm{NM}_\Gamma(S) = S\})$$

从上式可以看出 $\mathrm{Th}(\Gamma)$ 可以说是 NM_Γ 算子的所有固定点的交集,而当 NM_Γ 无固定点时,$\mathrm{Th}(\Gamma) = \bigcap(\{L_{\mathrm{FC}}\}) = \{L_{\mathrm{FC}}\}$,即约定 $\mathrm{Th}(\Gamma)$ 为全体 FC 公式的集合。

那么 $\vdash$ 可以理解为:如果 $P \in \mathrm{Th}(\Gamma)$,那么称 P 可由 Γ 非单调地推出,并记为 $\Gamma \vdash P$。

注意算子 NM_Γ 有固定点时,$\Gamma \vdash P$ 是指 P 在算子 NM_Γ 的每一个固定点中,而在默认理论中,P 在 Δ 中"可证",是指 P 属于 Δ 的某一个扩张,即在算子的某一个固定点中。

例 2.10 假设为 Γ 公理理论,包括

$$\diamondsuit P \rightarrow \neg Q \text{ 以及 } \diamondsuit Q \rightarrow \neg P$$

形式地表示为

$$\Gamma = \mathrm{FC} \bigcup \{\diamondsuit P \rightarrow \neg Q, \diamondsuit Q \rightarrow \neg P\}$$

则该系统有两个固定点 $(P, \neg Q)$、$(\neg P, Q)$，即一个固定点含有 $\neg Q$，不含有 $\neg P$。另一个固定点含有 $\neg P$，不含有 $\neg Q$。而对于 $\Gamma = \mathrm{FC} \bigcup \{\diamondsuit P \rightarrow \neg P\}$，该系统没有固定点。

设 $\mathrm{NM}_\Gamma(S) = S'$，若 $\neg P \notin S$，那么 $\diamondsuit P \in \mathrm{ASM}_\Gamma(S)$，从而 $\neg P \in S'$；反之，若 $\neg P \in S$，则 $\diamondsuit P \notin \mathrm{ASM}_\Gamma(S)$，故 $\neg P \notin S'$。这就是说 S 不可能等于 S'，NM_Γ 无固定点。

上述现象可以解释如下：

$$\{\diamondsuit P \rightarrow \neg Q, \diamondsuit Q \rightarrow \neg P\} \mathrel{\vdash\!\!\!\sim} (\neg P \vee \neg Q)$$

$$\{\diamondsuit P \rightarrow \neg P\} \mathrel{\vdash\!\!\!\sim} \text{ 矛盾}$$

McDermott 和 Doyle 指出采用 NML 进行推理会有两个问题：

(1) 无法从 $\diamondsuit(A \wedge B)$ 推出 $\diamondsuit A$；

(2) $\{\diamondsuit P \rightarrow Q, \neg Q\}$ 非单调推出的结论是什么？

为了克服上述问题，像相容性操作符 $\diamondsuit$ 一样，McDermott 和 Doyle 借用了其他模态逻辑的操作符，称为必然性操作符，记为 $\Box$，它们之间关系如下：

$$\Box P \equiv \neg \diamondsuit \neg P$$

或者

$$\diamondsuit P \equiv \neg \Box \neg P$$

第一个定义是说：P 是必然的，可以用另外的方式表示为 P 的否定是不相容的。第二个定义是说：P 是相容的，可以表示为 P 的否定不是必然的。

2.8　自认知逻辑

2.8.1　Moore 系统 $\mathcal{L}_\mathrm{B}$

自认知逻辑（autoepistemic logic）是 Moore 首先引进的[Moore 1985]，它的目的是要刻画智能主体对于自己的知识和信念进行推理的规律。从纯粹逻辑的角度看，自认知逻辑是一种具有一个模态算子 **B** 的模态逻辑，其中 **B** 被解释为"相信"或者"知道"。如果把一个主体的信念表示成一组逻辑公式，那么自认知逻辑的一个基本任务就是要刻画这组公式应该满足什么样的条件。直觉上，主体应该相信从它目前的信念出发利用逻辑规则能推导出来的那些事实，而且如果主体相信某个事实或者不相信某个事实，那么该主体应该相信它自己相信了某个事实或者相信它自己不相信某个事实。

Moore 考虑自认知理论 T 对于一组初始前提 A 是可靠的，当且仅当 T 中的每一个自认知解释器是一个 T 中的自认知模型,其中全部 A 的公式为真。一个理想的理性主体的信念必须满足下列条件:

(1) 设 $P_1,\cdots,P_n\in T$,且 $P_1,\cdots,P_n\vdash Q$,则 $Q\in T$。

(2) 设 $P\in T$,则 $\mathbf{B}P\in T$。

(3) 设 $P\notin T$,则 $\mathbf{B}P\in T$。

在这种情况下,主体不能再得到更进一步的结论,因此,Moore 称上述理论为稳定自认知理论。当然,下列条件也需要成立:

(4) 如果 $\mathbf{B}P\in T$,则 $P\in T$。

(5) 如果 $\mathbf{B}P\in T$,则 $P\notin T$。

自认知逻辑的基本符号由可数多个命题符号、逻辑联结词 ¬ 和 ∧ 以及模态词 B 构成。我们把这样一个逻辑记作为 $\mathscr{L}_B$。

2.8.2　$\mathbf{O}\mathscr{L}$ 逻辑

在 Moore 系统 $\mathscr{L}_B$ 的基础上,Levesque 引入另一个模态词 $\mathbf{O}$,希望表达"关于某个方面,某个事实是主体所知道的仅有的(所有的)情况"这样一类陈述,形成 $\mathscr{L}_B$ 逻辑[Levesque 1990]。在 $\mathscr{L}_B$ 和 $\mathbf{O}\mathscr{L}$ 中,公式及其他的语法概念与一般的模态逻辑一样的方式定义。如果在公式 ψ 中不出现模态词 $\mathbf{B}$ 以及 $\mathbf{O}$,我们就把这个公式称为一个客观的公式,否则就称为主观的公式。在 $\mathbf{O}\mathscr{L}$ 中,如果公式 ψ 中不出现模态词 $\mathbf{O}$ 我们就把该公式称为基本公式。如果我们把每个形如 $\mathbf{B}\psi$ 的公式看成一个命题符号,那么根据经典命题演算的有关结论,我们可以把每个自认知逻辑的公式化成(析取以及合取)标准型。如下就是所谓的 Moore 析取标准型定理,其合取标准型定理可类似地给出。

定理 2.6　Moore 析取标准型定理　对任意公式 $\psi\in\mathscr{L}_B$,ψ 等价于一个具有以下形状为 $\psi_1\vee\psi_2\vee\cdots\vee\psi_k$ 的公式,这里每个 $\psi_i(1\leqslant i\leqslant k)$ 具有形状

$$\mathbf{B}\varphi_{i,1}\wedge\cdots\wedge\mathbf{B}\varphi_{i,m_i}\wedge\neg\mathbf{B}\varphi_{i,1}\wedge\cdots\wedge\neg\mathbf{B}\varphi_{i,n_i}\wedge\psi_{ii}$$

其中,ψ_{ii} 是客观公式。

下面,我们在 $\mathbf{O}\mathscr{L}$ 中定义模型的概念以及模型和公式之间的可满足关系。为不失一般性,我们假定在我们的可数多个命题符号集(记作 L)上存在一个序关系。记 2^L 为所有的从 L 到 $\{0,1\}$ 所有函数,即所有赋值的集合。在 $\mathbf{O}\mathscr{L}$ 中,一个模型就是一个对偶 W,w,这里 W 是 2^L 的一个子集,而 w 是 2^L 中的一个元素。

定义 2.20　在 $\mathscr{L}_B$ 中,令 W,w 是一个模型,而 ψ 是一个公式。我们定义满足关系 $W,w\vDash\psi$ 如下:

(1) 如果 ψ 是一个命题符号 p,则 $W,w\vDash p$ 当且仅当 $w(p)=1$;

(2) $W,w\vDash\neg\psi$ 当且仅当 $W,w\nvDash\psi$;

(3) $W,w\vDash(\psi\wedge\varphi)$ 当且仅当 $W,w\vDash\psi$ 而且 $W,w\vDash\varphi$;

(4) $W,w \vDash B\psi$ 当且仅当对所有的 $w' \in W, W, w' \vDash \psi$。

定义 2.21 令 W,w 是一个模型，φ 是 $\mathbf{O}\mathscr{L}$ 中的一个公式，$W,w \vDash \mathbf{O}\varphi$ 当且仅当 $W,w \vDash \mathbf{B}\varphi$，而且对每个 w'，如果 $W,w' \vDash \varphi$，则 $w' \in W$。

模态词 $\mathbf{O}$ 是通过对模态词 $\mathbf{B}$ 的定义作必要的修改而得到的。它们之间的关系可从如下两式中看到：

$$W,w \vDash \mathbf{B}\psi \text{ 当且仅当对于每一个 } w', w' \in W \Rightarrow W, w' \vDash \psi$$

$$W,w \vDash \mathbf{O}\psi \text{ 当且仅当对于每一个 } w', w' \in W \Leftrightarrow W, w' \vDash \psi$$

引进了模态词 $\mathbf{O}$ 的好处在于，它和稳定扩张之间有着密切的联系。在一定程度上，我们可以通过它来刻画稳定扩张。以下的结论表明了这个事实。

定理 2.7 稳定扩张 对于每个基本公式 ψ 以及每个极大赋值集 W，$W \vDash \mathbf{O}\psi$，当且仅当 $\{\psi | \psi$ 是基本公式且 $W \vDash \mathbf{B}\psi\}$ 是 ψ 的一个稳定扩张。

推论 2.1 公式 ψ 的稳定扩张的数目与所有的满足 $\mathbf{O}\psi$ 的极大赋值集的数目相等。

2.8.3 标准型定理

标准型定理对于探索稳定集和稳定扩张的结构是十分重要的。如上文所述，Moore 利用经典命题逻辑的方法得到了两个自认知逻辑的标准型定理。我们是直接从语义的角度出发的，而且可以看到我们得到的标准型是相当简单的。

定义 2.22 对于每个基本公式 ψ，我们递归地定义它的秩 $\mathrm{rank}(\psi)$ 如下：

(1) 如果 ψ 是一个客观公式，则 $\mathrm{rank}(\psi)=0$；

(2) 如果 $\psi=\psi_1 \wedge \psi_2$，则 $\mathrm{rank}(\psi)=\mathrm{Max}(\mathrm{rank}(\psi_1),\mathrm{rank}(\psi_2))$；

(3) 如果 $\psi=\neg\varphi$，则 $\mathrm{rank}(\psi)=\mathrm{rank}(\varphi)$；

(4) 如果 $\psi=\mathbf{B}\varphi$，则 $\mathrm{rank}(\psi)=\mathrm{rank}(\varphi)+1$。

引理 2.1 以下陈述成立：

(1) $\vDash \mathbf{B}(\mathbf{B}(\psi)) \leftrightarrow \mathbf{B}(\psi)$；

(2) $\vDash \mathbf{B}(\neg\mathbf{B}(\psi)) \leftrightarrow \neg\mathbf{B}(\psi)$；

(3) $\vDash \mathbf{B}(\mathbf{B}(\psi) \wedge \varphi) \leftrightarrow \mathbf{B}(\psi) \wedge \mathbf{B}(\varphi)$；

(4) $\vDash \mathbf{B}(\neg\mathbf{B}(\psi) \wedge \varphi) \leftrightarrow \neg\mathbf{B}(\psi) \wedge \mathbf{B}(\varphi)$；

(5) $\vDash \mathbf{B}(\mathbf{B}(\psi) \vee \varphi) \leftrightarrow \mathbf{B}(\psi) \vee \mathbf{B}(\varphi)$；

(6) $\vDash \mathbf{B}(\neg\mathbf{B}(\psi) \vee \varphi) \leftrightarrow \neg\mathbf{B}(\psi) \vee \mathbf{B}(\varphi)$。

引理 2.2

$\vDash \mathbf{B}(\mathbf{B}(\psi_1) \vee \cdots \vee \mathbf{B}(\psi_s) \vee \neg\mathbf{B}(\varphi_1) \vee \cdots \vee \neg\mathbf{B}(\varphi_t) \vee \varphi) \leftrightarrow$

$(\mathbf{B}(\psi_1) \vee \cdots \vee \mathbf{B}(\psi_s) \vee \neg\mathbf{B}(\varphi_1) \vee \cdots \vee \neg\mathbf{B}(\varphi_t) \vee \mathbf{B}(\varphi))$

定理 2.8 合取标准型定理 对于每个 $\psi \in \mathscr{L}_\mathrm{B}$，$\psi$(语义)等价于形状如 $\psi_1 \wedge \psi_2 \cdots \wedge \psi_k$ 的一个公式，其中 $\psi_i (1 \leqslant i \leqslant k)$ 具有形状 $\mathbf{B}\varphi_{i,1} \vee \cdots \vee \mathbf{B}\varphi_{i,m_i} \vee \neg\mathbf{B}\varphi_{i,1} \vee \cdots \vee$

$\neg\mathbf{B}\varphi_{i,n_i} \vee \psi_{ii}$，而 $\varphi_{i,j}, \varphi_{i,n} (1 \leqslant i \leqslant k, 1 \leqslant j \leqslant m_i, 1 \leqslant n \leqslant n_i)$，$\psi_{ii}$ 是客观公式。

证明　对公式 ψ 的秩进行归纳。如果 $\mathrm{rank}(\psi)=1$，我们要证明的结论就是 Moore 的合取标准型定理。以下假设我们的结论在公式的秩不超过 $N-1$ 时都成立而且 $\mathrm{rank}(\psi)=N$。根据 Moore 的析取标准型定理我们有

$$\psi = \psi^1 \vee \psi^2 \vee \cdots \vee \psi^k$$

其中，每个 $\psi^i (1 \leqslant i \leqslant k)$ 具有形状

$$\mathbf{B}\varphi_1^i \wedge \cdots \wedge \mathbf{B}\varphi_{m_i}^i \wedge \neg\mathbf{B}\varphi_1^i \wedge \cdots \wedge \neg\mathbf{B}\varphi_{n_i}^i \wedge \psi_{ii}$$

根据归纳假设，$\mathrm{rank}(\varphi_j^i) \leqslant N-1, \mathrm{rank}(\varphi_t^i) \leqslant N-1, \mathrm{rank}(\psi^{ii}) = 0$。

于是 φ_j^i、φ_t^i 等价于一个秩至多为 1 的公式。不失一般性，令 φ_j^i 具有如下的形状：

$$\chi_1 \wedge \cdots \wedge \chi_d$$

其中，每个 $\chi_h (1 \leqslant h \leqslant d)$ 具有形状

$$\mathbf{B}\chi_{h,1} \vee \cdots \vee \mathbf{B}\chi_{h,u_h} \vee \neg\mathbf{B}\chi'_{h,1} \vee \cdots \vee \neg\mathbf{B}\chi'_{h,v_h} \vee \chi_{hh}$$

其中，$\chi_{h,j}$、$\chi'_{h,n} (1 \leqslant h \leqslant d, 1 \leqslant j \leqslant u_h, 1 \leqslant n \leqslant v_h)$、$\chi_{hh}$ 是客观公式。

于是根据语义定义，$\mathbf{B}\varphi_j^i$ 等价于

$$\mathbf{B}(\chi_1) \wedge \cdots \wedge \mathbf{B}(\chi_d) \tag{2.19}$$

而且根据引理 2.2，每个 $\mathbf{B}(\chi_h)$ 都等价于

$$\mathbf{B}\chi_{h,1} \vee \cdots \vee \mathbf{B}\chi_{h,u_h} \vee \neg\mathbf{B}\chi'_{h,1} \vee \cdots \vee \neg\mathbf{B}\chi'_{h,v_h} \vee \mathbf{B}\chi_{hh} \tag{2.20}$$

其中，$\chi_{h,j}$、$\chi'_{h,n} (1 \leqslant h \leqslant d, 1 \leqslant j \leqslant u_h, 1 \leqslant n \leqslant v_h)$、$\chi_{hh}$ 是客观公式。

现在用式(2.20)来替代每个 $\mathbf{B}\chi_h$，而用式(2.19)来替代每个 φ_j^i 等。于是我们就得到一个公式 ψ' 与 $\psi \mathscr{L}$-等价，而且秩为 $\mathrm{rank}(\psi') = \mathrm{rank}(\psi)+1$。

利用经典命题逻辑一样的技巧把所得到的公式化成析取标准型，最后就得到了我们希望的公式。

利用对偶性，我们得到如下的推论。

推论 2.2　析取标准型定理　对于每个 $\psi \in \mathscr{L}_\mathrm{B}$，$\psi \mathscr{L}$-等价于一个具有以下形状的公式：$\psi_1 \vee \psi_2 \vee \cdots \vee \psi_k$，这里每个 $\psi_i (1 \leqslant i \leqslant k)$ 具有形状 $\mathbf{B}\varphi_{i,1} \wedge \cdots \wedge \mathbf{B}\varphi_{i,m_i} \wedge \neg\mathbf{B}\varphi_{i,1} \wedge \cdots \wedge \neg\mathbf{B}\varphi_{i,n_i} \wedge \psi_{ii}$，而 $\varphi_{i,j}, \varphi_{m,n} (1 \leqslant i, m \leqslant k, 1 \leqslant j \leqslant m_i, 1 \leqslant n \leqslant n_i)$、$\psi_{ii}$ 是客观公式。

2.8.4　◇-记号以及稳定扩张的一种判定过程

这里，我们首先给出◇-记号的定义。因为 2^L 是一个布尔代数，而我们的模型是 2^L 中的子集以及元素构成的对偶，因此如果把我们的逻辑的语义按照集合论的格式进行定义，我们将得到一个关于自认知逻辑直观简洁的理解。同时我们也将

得到一个关于稳定扩张的代数解释。基于以上的新解释我们构造我们的关于稳定扩张的判定过程。

定义 2.23　◇-记号　对于每个基本公式 ψ,我们定义关于 ψ 的◇-记号 $\diamondsuit_\psi$ 如下:

(1) 如果 ψ 是一个命题符号 p,则 $\diamondsuit p = \{w \mid w \in 2^L \text{ 且 } w(p) = 1\}$;

(2) 如果 $\psi = \neg\varphi$,则 $\diamondsuit\neg\varphi = {\sim}\diamondsuit\varphi = 2^L - \diamondsuit\varphi$,这里,$\sim$ 是集合论中的求补运算符号;

(3) 如果 $\psi = \psi_1 \wedge \psi_2$,则 $\diamondsuit\psi_1 \wedge \psi_2 = \diamondsuit\psi_1 \cap \diamondsuit\psi_2$,这里,$\cap$ 是集合论中的求交集运算符号;

(4) 如果 $\psi = \mathbf{B}\varphi$,则 $\diamondsuit\mathbf{B}\varphi = \diamondsuit\varphi$。

引理 2.3　令 ψ、φ 是客观公式,则

(1) $\vdash \psi \rightarrow \varphi$ 当且仅当 $\diamondsuit\psi \subseteq \diamondsuit\varphi$;

(2) $\{\psi, \varphi\}$ 可满足当且仅当 $\diamondsuit\psi \cap \diamondsuit\varphi \neq \varnothing$。

现在我们用集合论的格式来定义自认知逻辑的语义。根据我们的标准型定理,只需要对其中的几种情形加以考虑。

定理 2.9　令 ψ、φ 是客观公式而 W,w 是一个模型,则

(1) $W,w \vDash \psi$ 当且仅当 $w \in \diamondsuit\psi$;

(2) $W,w \vDash \psi \wedge \varphi$ 当且仅当 $W,w \vDash \psi$ 且 $W,w \vDash \varphi$;

(3) $W,w \vDash \neg\mathbf{B}\psi$ 当且仅当 $w \notin \diamondsuit\psi$;

(4) $W,w \vDash \mathbf{B}\psi$ 当且仅当 $W \subseteq \diamondsuit\psi$。

下面先定义一种 **O-** 性质,然后来看看在我们的意义之下算子 **O** 的含义。

定义 2.24　令 ψ 是一个基本公式并且具有定理 2.6 中所给出的标准型定理的形状。令 $J \subseteq \{1, \cdots, k\}$。如果以下条件成立我们就说 J 具有 **O-**性质:

(1) 对于每个 $r \in J$,$\bigcup_{j \in J} \diamondsuit\psi_{jj} \vDash \mathbf{B}\varphi_{r,1} \wedge \cdots \wedge \mathbf{B}\varphi_{r,m_r} \wedge \neg\mathbf{B}\varphi_{r,1} \wedge \cdots \wedge \neg\mathbf{B}\varphi_{r,n_r}$;

(2) 对于每个 $t \notin J$,$\bigcup_{j \in J} \diamondsuit\psi_{jj} \nvDash \mathbf{B}\varphi_{t,1} \wedge \cdots \wedge \mathbf{B}\varphi_{t,m_t} \wedge \neg\mathbf{B}\varphi_{t,1} \wedge \cdots \wedge \neg\mathbf{B}\varphi_{t,n_t}$。

可以从两方面来判定一个集公式是否具有 **O-**性质。第一种方法属于集合论的范畴,而第二种方法则属于逻辑语义的范畴。它们事实上是等价的。

引理 2.4　集合论方法　J 具有 **O-**性质当且仅当以下条件成立:对于每个 $r \in J$,$1 \leqslant p_1 \leqslant m_r$,$1 \leqslant p_2 \leqslant n_r$,$\diamondsuit J \subseteq \diamondsuit\varphi_{r,p_1}$,而且 $\diamondsuit J \nsubseteq \diamondsuit\varphi_{r,p_2}$ 成立;而且对于每个 $t \notin J$,存在 $1 \leqslant q_1 \leqslant m_t$ 或者 $1 \leqslant q_2 \leqslant n_t$,使得 $\diamondsuit J \nsubseteq \diamondsuit\varphi_{t,q_1}$ 或者 $\diamondsuit J \subseteq \diamondsuit\varphi_{t,q_2}$,这里 $\diamondsuit J$ 是 $\bigcup_{j \in J} \diamondsuit\psi_{jj}$ 的缩写。

引理 2.5　语义方法　J 具有 **O-**性质当且仅当以下的公式集是可满足的:

$$\{\psi^J \rightarrow \varphi_{r,p_1} \mid r \in J, 1 \leqslant p_1 \leqslant m_r\} \cup \{\neg\varphi_{r,p_2} \mid r \in J, 1 \leqslant p_2 \leqslant n_r\}$$
$$\cup \{\psi^J\} \cup \{\bigvee_{t \notin J, 1 \leqslant q_1 \leqslant m_t} \{\psi^J \wedge \neg\varphi_{t,q_1}\} \vee \bigvee_{t \notin J, 1 \leqslant q_2 \leqslant n_t} \{\psi^J \rightarrow \varphi_{t,q_2}\}\}$$

其中，ψ^J 是 $\bigvee_{j\in J}\psi_{jj}$ 的缩写。根据标准型定理以及引理 2.4 和 2.5 以下定理显然成立。

定理 2.10　对于任何的基本公式 ψ，在定义 2.24 的假设之下，存在一个判定过程判定集合 $\{1,\cdots,k\}$ 是否具有 **O**-性质。

为了判定 J 是否具有 **O**-性质，只需要判定引理 2.5 是否是可满足的。因为任何一集（有限）的客观公式都可以作为引理 2.5 中的第二和第三个分支的候选对象，因此根据 SAT 问题是 NP-完全问题，判定 $\{1,\cdots,k\}$ 的一个子集是否具有 **O**-性质的问题是 NP-完全问题。

定理 2.11　在定义 2.24 的假设之下，令 W,w 是一个模型。则 $W,w\vDash \mathbf{O}\psi$，当且仅当存在 $\{1,\cdots,k\}$ 的具有 **O**-性质的子集 J 使得 $W=\bigcup_{j\in J}\diamondsuit\psi_{jj}=\diamondsuit\bigcup_{j\in J}\psi_{jj}$。

证明　回顾定义，有 $W\vDash\mathbf{O}\psi$，当且仅当

(1) $W,w\vDash\mathbf{B}\psi$；

(2) 对于每个 w，若 $W,w\vDash\psi$，则 $w\in W$。

首先假设 $W,w\vDash\mathbf{O}\psi$。令 $J=\{j\mid W,w\vDash\mathbf{B}\varphi_{j,1}\wedge\cdots\wedge\mathbf{B}\varphi_{j,m_j}\wedge\neg\mathbf{B}\varphi_{j,1}\wedge\cdots\wedge\neg\mathbf{B}\varphi_{j,m_j}\}$。于是根据（1）有 $W\subseteq\bigcup_{j\in J}\diamondsuit\psi_{jj}$；而且根据（2）有 $\bigcup_{j\in J}\diamondsuit\psi_{jj}\subseteq W$。所以 $W=\bigcup_{j\in J}\diamondsuit\psi_{jj}$。根据 **O**-性质我们容易验证另一个方向也是正确的。

推论 2.3　令 ψ 是基本公式，则在定义 2.24 的假设之下，ψ 所具有的稳定扩张的个数与 $\{1,\cdots,k\}$ 的具有 **O**-性质的子集的个数相等。

推论 2.4　令 ψ 是基本公式，则在定义 2.24 的有关假设之下，ψ 存在唯一的稳定扩张，当且仅当存在唯一的 $J\subseteq\{1,\cdots,k\}$，使得 J 具有 **O**-性质。

推论 2.3 和推论 2.4 在具体地判定公式集是否具有稳定扩张方面非常简洁直观。以下我们看几个例子。

例 2.11　令 ψ 为 $\mathbf{B}p$，于是 ψ 等价于 $\mathbf{B}p\wedge\neg\mathbf{B}(r\wedge\neg r)\wedge(q\vee\neg q)$。此时唯一可能的极大集为 $\diamondsuit(q\vee\neg q)$，即 2^L，因此 ψ 没有稳定扩张。

例 2.12　令 ψ 为 p，这时 p 等价于 $\mathbf{B}(q\vee\neg q)\wedge\neg\mathbf{B}(r\wedge\neg r)\wedge p$，因为 $\diamondsuit p\subseteq\diamondsuit(q\vee\neg q)=2^L$，而且 $\diamondsuit p\not\subseteq\diamondsuit(r\wedge\neg r)=\varnothing$，所以 p 具有唯一的稳定扩张。

例 2.13　令 ψ 为 $(\neg\mathbf{B}p\to q)\wedge(\neg\mathbf{B}q\to p)$，这时公式等价于 $(\mathbf{B}p\wedge\mathbf{B}q)\vee(\mathbf{B}p\wedge p)\vee(\mathbf{B}q\wedge q)\vee(p\wedge q)$，因此可能的具有 **O**-性质的极大集有：$\diamondsuit p,\diamondsuit q,\diamondsuit p\wedge q$ 以及 $\diamondsuit p\vee q$。容易验证只有 $\diamondsuit p$ 和 $\diamondsuit q$ 具有 **O**-性质。因此给定的公式集有两个稳定扩张。

由以上的一系列结果，我们有以下的关于稳定扩张的判定过程：

输入：一个基本公式 ψ。

初始状态：$N=0$。

第一步：把 ψ 化成秩至多为 1 的析取标准型；

　　　　　令 k 是 ψ 的上述析取标准型中析取分支的个数；

$$2^K = 2^k。$$

其中，2^k 表示由$\{1,\cdots,k\}$的所有子集合构成的集合。

第二步：循环。

　　　　如果 $2^K \neq \varnothing$，任取 $J \in 2^K$；

　　　　如果 J 具有 **O**-性质，$N=N+1$，$2^K=2^K-J$，重复第二步；

　　　　如果 J 没有 **O**-性质，$2^K=2^K-J$，重复第二步。

输出：$N(\psi$ 的稳定扩张的个数)。

2.9　真值维护系统

真值维护系统（truth maintenance system，TMS）是一种与默认推理既有联系又有区别的一种推理技术，正如一阶谓词和产生式系统既有联系又有区别一样。真值维护系统是大型推理系统的一个子系统，实现对知识库中信念（belief）的维护［Doyle 1979］。它的基本问题是：①必须在不完全的、有限的信息基础上作出假设的决策，使该假设成为知识库的信念；②当这些决策的结论被以后的事实证明为错误时，如何对其信念进行修正。

真值维护系统有两种基本的数据结构：节点表示信念和理由（justification）表示信念的原因。真值维护系统的理由与默认理论的理由含义不同。前者不仅包括已知的知识也包括假设的知识。TMS 的基本操作是：新节点的形成——将信念赋予该节点；一个节点的新理由的加入——表示把某个信念与该节点连接起来。新的理由的加入给我们提供这样一种可能：对每个信念节点，把一个或多个理由作为它的充分支持。当该节点为不可信时（可能由于新知识的加入引起）真值维护系统就可据此进行信念修正。具体实现则是：寻找这样的节点，它的理由充足的支持依赖于已改变的信念，并修正这些节点的信念。另外由于要求每个节点都必须有理由充分的支持与之相联，这就保证了下述过程的实现——相关性回溯，通过跟踪矛盾信念的理由充足的支持，去掉引起该矛盾的假设节点之一以消除矛盾，并同时生成一个记录用来避免以后出现类似的矛盾。

真值维护系统的实现主要包括两个过程，一个是默认假设的形成，另一个是相关性回溯过程，它们均依赖于信念的表示方法。

1. 信念知识表示

一个节点可能有若干个理由，每个理由表示该节点中信念的一个原因。如果节点的理由至少有一个是有效的，那么这个节点是可信的。所谓有效是指节点可从现行知识库（包括假设的信念集）中推出。

在真值维护系统中，每一个命题或规则均称为节点，它分为两类：

IN-节点　　　　　　　相信为真

OUT-节点　　　　　　不相信为真,或无理由相信为真,

　　　　　　　　　　或当前没有任何有效的理由

这样,任何命题 p 就有四种知识状态:表示 p 为 IN-节点或 OUT-节点,及表示 p 为非 IN-节点和 OUT-节点。

每个节点附有理由表,表中每一项表示具体节点的有效性。在真值维护系统中有两类不同的理由表,一个称为支持表(support list,SL),另一个称为条件证明(conditional proof,CP)。前者是它所在节点信念的原因,即该信念的存在依赖于该表中的理由;而后者则是出现矛盾的原因,即一个矛盾节点的存在是该表中的理由所致。

支持表 SL 的形式如下:

$$(\langle SL\rangle(\langle IN\text{-节点表}\rangle)(\langle OUT\text{-节点表}\rangle)) \tag{2.21}$$

其中,IN-节点表中的 IN-节点表示知识库中的已知知识;而 OUT-节点表中的 OUT-节点则表示这些节点的否定,不在知识库中,为默认知识。显然,如果 OUT-节点表为空,则该系统蜕化为单调推理。如果支持表 SL 中的 IN-节点表中每个节点当前都为 IN-节点,且在 OUT-节点表中每个节点当前都为 OUT-节点,那么支持表 SL 理由是有效的。

支持表 SL 最通用,例如:

(1) 现在是夏天,(SL()());

(2) 天气很潮湿,(SL(1)())。

节点(1)的 SL 表中的 IN-节点表和 OUT-节点表为空,表明它不依赖于任何别的节点中当前的信念或默认信念,这类节点称为前提。而节点(2)的 SL 表中 IN-节点表含节点(1),这说明导致节点(2)可信任结论的推理链依赖于当前在节点(1)的信念。由此可见,真值维护系统的推理与谓词逻辑系统相类似,不同的是真值维护系统可以撤销前提,并可以对知识库作适当修改。

如果支持表 SL 中的 OUT-节点表不为空,例如:

(1) 现在是夏天,(SL()());

(2) 天气很潮湿,(SL(1)(3));

(3) 天气很干燥。

若节点(1)是 IN-节点,节点(3)是 OUT-节点,节点(2)才为 IN-节点。这个证实表明:如果现在是夏天,又没有天气很干燥的证据,那么天气很潮湿。如果将来某一时刻出现了天气很干燥的证据,即为节点(3)提供了一个证据,则节点(2)就变为 OUT-节点,因为它不再有一个有效的证实。像节点(2)这样的节点称为假设,它与非空的 OUT-节点表的 SL 证实有关。OUT-节点(3)是节点(2)之证实的一部分。但如果节点(3)不存在,就不能这样表示了。

在真值维护系统中,它仅利用证实来维持一个相容的信念数据库,真值维护系统本身并不产生证实。上面的证实必须由使用真值维护系统的问题求解程序提供。

条件证明 CP 的形式为

$$(CP\langle结论\rangle\langle IN\text{-}假设\rangle\langle OUT\text{-}假设\rangle)\qquad(2.22)$$

如果结论节点为 IN-节点,以及下列条件成立:

(1) IN-假设中的每个节点都是 IN-节点;

(2) OUT-假设中的每个节点都是 OUT-节点。

那么条件证明 CP 是有效的。一般说来,OUT-假设总是空集。真值维护系统要求假设集划分成两个不相交的子集,分别为不导致矛盾的假设和导致矛盾的假设。

条件证明 CP 的证实表示有前提的论点。一般只要在 IN-假设中的节点为 IN-节点,OUT-假设中的节点为 OUT-节点,则结论节点为 IN-节点。于是,条件证明的证实有效。处理 CP 比 SL 更难。事实上,真值维护系统把它们转换为 SL 证实来处理。

2. 默认假设

令 $\{F_1,\cdots,F_n\}$ 表示所有可能的候选的默认假设节点集,G 表示选择默认假设原因的节点,即由 G 引起在 $\{F_1,\cdots,F_n\}$ 中进行缺省选择。这样我们给节点 Node (F_i) 以如下理由:

$$(SL(G)(F_1,\cdots,F_{i-1},F_{i+1},\cdots,F_n))\qquad(2.23)$$

而选取 F_i 为默认假设。如果不存在任何其他关于如何进行选择的信息,则可认为除 F_i 之外其他任何候选都不是可信的。这样 F_i 为 IN-假设,其他 $F_j(j\neq i)$ 均为 OUT-假设。但如果接收到一个有效的理由支持某个其他候选 F_j,则 F_j 就为 IN-假设,而导致 F_i 的假设失败而变为 OUT-假设。如果从假设 F_i 导出矛盾,则相关性回溯就根据对其他为 OUT-假设候选的依赖性识别出 F_i 为一缺言假设,从而使 F_i 变为 OUT-假设,而选取另外一个候选 F_j。这样 F_j 的理由为

$$(SL\langle variousthings\rangle\langle reminder\rangle)\qquad(2.24)$$

其中,reminder 表示除 F_i 和 F_j 之外的 F_k 集 $(1\leqslant k\neq i,j\leqslant n)$。

如果在进行默认假设选择时,候选集不完整,而那些当前尚未出现的候选肯定会在以后被发现,则上述方法就显得无能为力。对此,可采用下面的方法,它能逐渐扩大候选集。

保留上述的表示方法,令 $\overline{F_i}$ 为表示 F_i 否定的新节点。如果在当前的知识库中不能证明 F_i,则认为 F_i 是可信的,并建立适当的理由使得如果 F_j 不同于 F_i,则 F_j 蕴含 $\overline{F_i}$,即 F_j 是 $\overline{F_i}$ 的理由。这样就必保证 F_i 的理由为

$$(\mathrm{SL}(G)(F_i)) \qquad (2.25)$$

而 F_i 的一组理由则为

$$(\mathrm{SL}(F_j))(j \neq i) \qquad (2.26)$$

这样,如果没有充分理由必须使用其他候选,就假设 F_i 为一信念。但若从这种默认假设中导出矛盾,则说明 F_j 的假设是错误的,从而证实 F_i,使 F_i 节点为 IN-节点。F_j 节点变为 OUT-节点,这时就必须使用相关性回溯来检查导致矛盾的原因,重新构造新的默认假设。

3. 相关回溯

TMS 的相关回溯是在知识库中出现不一致性时,寻找并删除已做的一个不正确的默认假设,恢复一致性。它包括下列三个步骤:

(1) 从产生的矛盾节点开始,回溯跟踪该矛盾节点的理由充足的支持以寻找矛盾的假设集,并从中去掉至少一个假设信念以消除矛盾。这个过程首先收集导致矛盾的"极大"假设集。所谓"极大"假设集是指理由充足的支持关系在节点上产生一个自然偏序。如果节点 N 出现在节点 M 的理由充足的支持中,那么节点 N 比节点 M "小"。而"极大"假设集则是在这种偏序关系上为极大节点的节点集。

(2) 构造一个节点记录矛盾产生的原因。这一步根据第一步收集到的"极大"假设集分析导致矛盾的原因。设 $S = \{A_1, \cdots, A_n\}$ 表示不一致假设集,则回溯过程生成一个称为 nogood 的节点,它表示为

$$A_1 \wedge \cdots \wedge A_n \rightarrow \mathrm{false}$$

或等价地

$$\neg(A_1 \wedge \cdots \wedge A_n) \qquad (1)$$

其理由为

$$(\mathrm{CP} \langle 矛盾节点 \rangle S \langle \rangle) \qquad (2)$$

这样即使在去掉了某个假设从而消除了矛盾之后,这个假设集的不一致性仍被记录了下来。

(3) 从 S 中选取假设 A_i(即不合理假设),并证实列在其理由充足的支持条件中的一个 OUT-节点。令 NG 为 nogood 节点,S 同前,$D_1, \cdots, D_K$ 是出现在支持 A_i 的信念的理由条件中,则使用下面的理由条件:

$$(\mathrm{SL}(\mathrm{NG}, A_1, \cdots, A_{i-1}, A_{i+1}, \cdots, A_n)(D_2, \cdots, D_K)) \qquad (3)$$

表证实 D_1,从而使 A_i 的理由条件失败。只要 nogood 和其他假设是可信的,而其他不合理假设的否定不是可信的,那么理由条件(3)是有效的。如果 A_i 选择有误,则在以后就会产生另一个包含 D_1 的矛盾。如果在加入了(3)之后现行矛盾仍然没有消除,则重新回溯直到发现矛盾消除为止。

这里,以找一个时间安排一次会议为例,说明相关回溯的工作过程。首先假设

日期为星期三：

(1) 会议日期为星期三（SL( )(2)）。

(2) 会议日期不应是星期三。

目前没有相信"会议日期不应是星期三"的证实，所以节点(1)是 IN-节点，以表示会议日期为星期三这一假设。根据与会者的时间，安排会议系统通过推理得到会议必须在 14：00 举行的结论，这是根据若干节点得到的。这样，真值维护系统具有如下知识库：

(1) 会议日期为星期三（SL( )(2)）。

(2) 会议日期不应是星期三。

(3) 会议时间为 14：00 （SL(32,40,61)( )）。

接着，安排会议的程序要找一间会议室，结果发现星期三下午两点钟无空会议室，于是产生下一个节点通知 TMS：

(4) 矛盾 （SL(1,3)( )）。

这时，调用相关回溯，查看矛盾节点 SL 的证实表中的节点，例如，$A_1 \cdots A_k$，然后向后跟踪，通过 A_i 的 SL 证实中的节点，例如，$B_1 \cdots B_s$，再回到 B 的 SL 证实中的节点，寻找假设。试图找到这样一个假设集，只要删除该集中的某个假设，则矛盾就可消除。在此例中，这个集只包含一个元素，即节点(1)。回溯机制通过产生一个不相容节点来记录它：

(5) 不相容 （CP4(1,3)( )）。

现在真值维护系统选择不相容假设中的一个，即节点(1)，使它的 OUT-节点表中的一个节点变为 IN-节点来使节点(1)变为 OUT-节点。于是有：

(2) 会议日期不应是星期三 （SL(5)( )）。

节点(2)与节点(5)为 IN-节点，就引起节点(1)为 OUT-节点，因为节点(1)的证实依赖于节点(2)是 OUT-节点。节点(4)现在也变成 OUT-节点。这样一来，矛盾就消除了，可选择一个新的日期。由于矛盾中不包含时间，所以会议时间仍为 14：00。

Doyle 在他的文章里探讨了这种非单调推理的形式化和理论问题。de Kleer 分析了这种系统的不足之处，并设计了基于假设的真值维护系统称为 ATMS (assumption-based TMS)[de Kleer 1986]。该系统允许各种互相对立的假设和信念同时存在，克服了真值维护系统的一些重要缺点。

ATMS 由两部分组成，一个是问题求解器，另一个是 TMS。前者包含了领域的所有知识和推理过程，每个推理结果都传送给 TMS。TMS 的工作则是在目前给定的理由条件下判断哪些知识是可信的，哪些是不可信的。问题求解器向 ATMS 每次提供一个理由条件和假设，ATMS 构造一个直接的数据结构进行快速的相容性检查。TMS 在每一时刻只能处理一组假设，而 ATMS 考虑假设集合。

ATMS 论证规则的形式为

$$A_1, A_2, \cdots, A_n \Rightarrow D$$

上式表示：若 $A_1, A_2, \cdots, A_n$ 皆成立，则 D 亦成立。其中，$A_1, A_2, \cdots, A_n$ 称为前提，它们构成的集合称为论据，D 称为结论。前提和结论都是节点，但都不能是恒假节点，不许带"非"符号。当前提为空时规则成为

$$\Rightarrow D$$

上式表示 D 不依赖于任何前提而成立，即为恒真节点。

限于篇幅，这里略去 ATMS 的详细讨论，读者可参阅有关文献。

2.10　情　景　演　算

1963 年，McCarthy 首次提出情景演算（situation calculus）[McCarthy 1968a]，它是一种描述状态、动作、动作作用于状态的结果的谓词演算形式系统。情景演算的主要概念有：

(1) 情景（situations）：世界的快照。

(2) 流（fluents）：具有时间可变的特性，在不同情景中取不同的值。

(3) 动作（action）：可以改变流的值。

情景演算中还包括谓词符号 Holds 和函数符号 Result。Holds(f, s) 表示在情景 s 中流 f 为真，Result(a, s) 表示在情景 s 中执行动作 a 后所得到的情景。

Reiter 和 Lin 以数据库理论为背景，建立了一个多类逻辑（我们称之为 LR），并且把情景演算的概念和方法在这种特殊的多类一阶逻辑的框架之内进行描述，以便为有关的研究提供一个坚实的系统的理论基础[Lin et al 1994]。把情景演算集成在一个多类逻辑框架里，这一做法的核心是：为了刻画一个动作，只需要描述动作发生的条件和动作发生以后对其环境所产生的效果这两件事。为此，在逻辑框架 LR 中引入了"动作"、"状态"和"一般对象"这三种个体类型，然后通过一系列的逻辑句子来表述这三种对象的最一般关系以及动作发生的前提和后果。每个这样的句子集被称为一个基本的动作理论。从纯粹逻辑学的观点看，所谓的"动作的基本理论"就是在特定的多类逻辑中的普通逻辑学意义下的一个理论。

我们在对 LR 进行分析的基础上建立了一个多类逻辑，作为描述动作的框架[田启家等 1997]。为了使动作的概念得到恰当的描述，我们不把动作作为一种个体类型对待，而是把它作为一类函数加以处理。这样做既符合对于动作的直观理解，同时又使得它在逻辑框架里具有清晰的语义。这里着重分析了所谓的极小动作理论，给出了其模型的直观表示，定义和分析了进化的概念，并结合数理逻辑的有关方法得到了一些关于极小动作理论的进化的可定义性方面的结论。

2001 年，Reiter 和 Levesque 等以情景演算为逻辑框架，提出了基本行动理论

[Reiter 2001]。在此基础上实现了一类面向 agent 的高级程序设计语言 Golog (alGol in Logic)[Levesque et al 1997]、ConGolog(concurrent Golog)[de Giacomo et al 2000] 等,从而使得主体能在动态环境下进行自主行动推理和面向目标规划,并且在认知机器人、Web 服务、工作流等领域得到了实际的应用。

2.10.1　刻画情景演算的多类逻辑

LR 被定义成一种多类逻辑,在其形式语言 $\mathscr{L}$ 中引入了三种关于个体的类型,即状态类型 **s**、对象类型 **o** 和动作类型 **a**,一个类型为 **s** 的常量符号 S_0(表示起始状态),一个类型为 $\langle \mathbf{a},\mathbf{s};\mathbf{s}\rangle$ 的二元函数符号 do(描述一个动作的发生使得状态从一个变成另外一个),一个类型为 $\langle \mathbf{a},\mathbf{s}\rangle$ 的二元关系符号 Poss(表示一个动作在一个状态之下是可能发生的),和一个类型为 $\langle \mathbf{s},\mathbf{s}\rangle$ 的二元关系符号<(表示状态之间的先后关系)。

$\mathscr{L}$ 中的关系符号如果其参数的类型均为 **o**,则称该关系符号是独立于状态的关系符号;$\mathscr{L}$ 中的函数符号如果其自变量和因变量的类型均为 **o**,则称该函数符号是独立于状态的函数符号;$\mathscr{L}$ 中的关系符号如果其参数的类型有且仅有一个是 **s**,而其余的类型均为 **o**,则称该关系符号是一个动态关系。LR 假定 $\mathscr{L}$ 由有限多个常量符号、状态独立的关系符号和函数符号、有限多个动态关系符号以及上段特别列出来的形式符号构成。

LR 中的语法概念如项、原子公式及公式等模仿一般多类逻辑的类似定义。依照习惯,$\mathscr{L}$ 也表示此时所有一阶多类逻辑公式的集合。

给定一个状态类型的项 st,定义 $\mathscr{L}_{st}$ 和 $\mathscr{L}_{st}^2$ 如下:$\mathscr{L}_{st}$ 中的公式是 $\mathscr{L}$ 中公式的一个子集,其每个成员中除 st 外不包含其他类型为 **s** 的项,不对状态变元使用量词,不包含关系符号 Poss 和<。形式上,它是满足以下条件的最小的公式集:

(1) 如果 $\psi \in \mathscr{L}$ 不含有任何状态类型的项,那么 $\psi \in \mathscr{L}_{st}$;

(2) 对于每个有 n 个操作对象的动态关系 F 以及类型 **o** 的项 $x_1,\cdots,x_n$,$F(x_1,\cdots,x_n,\mathrm{st}) \in \mathscr{L}_{st}$;

(3) 如果 $\psi,\varphi \in \mathscr{L}_{st}$,那么就有 $\neg\psi,\psi \wedge \varphi,\psi \vee \varphi,\varphi \rightarrow \psi,\psi \leftrightarrow \varphi,\forall x\psi,\exists x\psi,\forall a\psi$ 以及 $\exists a\psi$ 都属于 $\mathscr{L}_{st}$,这里 x、a 分别具有类型 **o** 和 **a**。

$\mathscr{L}_{st}^2$ 定义为满足以下条件的最小公式集:

(1) $\mathscr{L}_{st} \subseteq \mathscr{L}_{st}^2$;

(2) 对于每个类型 **o** 的论域上的 n 元的谓词变元 p,以及类型为 **o** 的项 x,$p(x) \in \mathscr{L}_{st}^2$;

(3) 如果 $\psi,\varphi \in \mathscr{L}_{st}^2$,那么就有 $\neg\psi,\psi \wedge \varphi,\psi \vee \varphi,\varphi \rightarrow \psi,\psi \leftrightarrow \varphi,\forall p\psi,\exists p\psi,\forall x\psi,\exists x\psi,\forall a\psi$ 以及 $\exists a\psi$ 都属于 $\mathscr{L}_{st}$,这里 x,a 分别具有类型 **o** 和 **a**,p 是类型 **o** 的论域上的谓词变元。

2.10.2　LR 中的基本动作理论

在 **LR** 中，一个基本的动作理论 D 就是一个如下的一组句子：

$$D = \Sigma \bigcup D_{ss} \bigcup D_{ap} \bigcup D_{una} \bigcup D_{s0} \qquad (2.27)$$

其中：

（1）Σ 是一组逻辑公式。它的直观含义是说所有类型为 **s** 的个体在二元关系 "$<$" 之下构成一个分叉的时序结构，在其中 S_0 是起点，而 do 是后继函数。而且所谓的树型归纳法也包含在其中。具体地，它包含如下的公理：

$$S_0 \neq do(a,s)$$
$$do(a_1,s_1) = do(a_2,s_2) \rightarrow (a_1 = a_2 \wedge s_1 = s_2);$$
$$\forall P[(P(S_0) \wedge \forall a,s(P(s) \rightarrow P(do(a,s)))) \rightarrow \forall sP(s)];$$
$$\neg(s < S_0);$$
$$s < do(a,s') \leftrightarrow (Poss(a,s') \wedge s \leqslant s')。$$

（2）D_{ss} 是一组逻辑公式。它们描述了一个类型为 **a** 的个体按一定的规则被执行以后所产生的效果。一般地，其中的公式具有以下的形状：

$$Poss(a,s) \rightarrow (F(\boldsymbol{x},do(a,s)) \leftrightarrow \psi_F(x,a,s)) \qquad (2.28)$$

其中，F 是一个动态关系符号而 ψ_F 是 $\mathscr{L}_s$ 中的一个逻辑公式。

（3）D_{ap} 是一组逻辑公式。它们描述了一个类型为 **a** 的个体能够按一定的规则被执行的前提条件。它们一般具有以下的形状：

$$Poss(A(x,s) \rightarrow \psi_A(x,s)) \qquad (2.29)$$

其中，A 是一个动作常量，而 ψ_A 是 $\mathscr{L}_s$ 中的一个逻辑公式。

（4）D_{una} 是表达以下意义的逻辑公式：两个动作常量在两组类型为 **o** 的个体上执行的结果是不同的，除非它们分别是同一个动作以及同一个个体对象的序列。它们具有如下的形状：

$$A(x) \neq A'(y)$$
$$A(x) = A(y) \rightarrow (x = y)$$

（5）D_{s0} 是一组有限的 $\mathscr{L}_{s0}$ 中的逻辑公式，称为基本动作理论的初始条件。

2.10.3　ConGolog

Golog 是一种逻辑程序设计语言。Golog 语言解释器自动维持一个对模型化的动态对象的显式解释，从而使得程序能够推断出对象的后继状态。Golog 语言适用于运动机器人的高级控制、机械设施的控制、智能 agent 软件的编程、离散事件系统的模型和仿真等。Golog 的复杂行动递归定义为：基本行动 a、测试行动 Φ?、顺序行动（$\delta_1;\delta_2$）、不确定选择行动（$\delta_1|\delta_2$）、不确定参数选择行动（$\pi x)\delta(x)$ 和不确定重复行动 δ^*。

ConGolog 对 Golog 进行了扩展,从而具有非确定性、带有优先级的并发执行、中断处理、外因事件的处理等特性,并且具备完善的语义。

设 δ,δ_1,δ_2 代表复杂行动,ConGolog 扩展的复杂行动有:if ϕ then δ_1 else δ_2 和 while ϕ do δ,分别表示条件和循环;$\delta_1 \| \delta_2$ 表示两个行动的并发执行;而 $\delta_1 \gg \delta_2$ 是带有优先级的并发执行,δ_1 比 δ_2 具有更高的优先权,即仅当 δ_1 执行完或阻塞后,δ_2 才能执行;$\delta \|$ 表示并发重复;$\langle \phi \rightarrow \delta \rangle$ 表示中断,它由两部分组成,ϕ 是触发条件,δ 是中断处理程序(行动)。在事件发生后,如果触发条件 ϕ 满足,则程序 δ 将重复执行;如果 ϕ 不满足,程序 δ 将不会被执行。另外 ConGolog 还定义了过程,这有助于模块化编程和重用。

ConGolog 具备一种称作计算语义(computation semantics)的结构化操作语义。根据该语义"单步变迁"的概念,ConGolog 引入了两个特殊谓词:Final 和 Trans。$\text{Final}(\delta,s)$ 表示程序 δ 合法地终止在情景 s。Final 的公式列举如下:

$\text{Final}(\text{nil},s) \equiv \text{True}$

$\text{Final}(\alpha,\text{nil},s) \equiv \text{False}$

$\text{Final}([\sigma_1 ; \sigma_2],s) \equiv \text{Final}(\sigma_1,s) \equiv \text{Final}(\sigma_2,s)$

$\text{Trans}(\delta,s,\delta',s')$ 表示程序 δ 在情景 s 下执行一步,将改变到情景 s',并余下程序 δ' 未执行。Trans 的公式有

$\text{Trans}(\alpha,s,\delta,s') \equiv \text{Poss}(\alpha,s) \wedge \delta = \text{nil} \wedge s' = \text{do}(\alpha,s)$

$\text{Trans}([\sigma_1;\sigma_2],s,\delta,s') \equiv \text{Final}(\sigma_1,s) \wedge \text{Trans}(\sigma_2,s,\delta,s'), \vee (\delta';\sigma_2) \wedge \text{Trans}(\sigma_1,s,\delta,s')$

程序执行 ConGolog 时,其整体语义可利用缩写词 do 表示如下:

$$\text{do}(\sigma,s,s') \stackrel{\text{def}}{=} \exists \delta(\text{Trans}^*(\sigma,s,\delta,s') \wedge \text{Final}(\delta,s'))$$

$\text{do}(\sigma,s,s')$ 表示,在情景 s 下,由复杂行动或过程组成程序体 σ 执行一系列单步行动后到达某一情景 s',并且程序合法终止于此情景。也就是说,σ 可以用来具体描述主体的目标或意图,ConGolog 解释器可以将 σ 自动转化为一个行动序列,主体执行该行动序列就能从情景 s 到达 s',到达情景 s' 时,主体的目标或意图也就被实现了。

2.11　框 架 问 题

当我们试图用形式逻辑的方法表示动作或事件的影响的时候,困难之一就是框架问题。如前面所述,框架问题就是如何表示和推演出那些在动作执行后不会发生改变的性质或事实。该问题最早由 McCarthy 和 Hayes 提出。当某个动作执行或者某个事件发生时,如果我们使用古典逻辑来描述什么发生了变化,我们也必

须描述什么没有发生变化。否则,我们使用这些描述得不到任何有用的结论。

当使用一阶逻辑来描述动作的影响时,则没有发生变化情况的描述要远远大于发生了变化情况的描述。当我们描述动作的影响时,我们应该能够关注于什么发生了变化,也能够想到什么没有发生变化。因此所谓框架问题就是建立一个形式系统来处理上述情况的问题。

2.11.1　积木世界

积木世界一般用来描述规划问题,也常用来介绍框架问题。图 2.3 给出了一种积木的配置。这种配置用 s_0 表示,可以表示为

$\text{Holds}(\text{On}(\text{C},\text{Table}),s_0)$

$\text{Holds}(\text{On}(\text{B},\text{C}),s_0)$

$\text{Holds}(\text{On}(\text{A},\text{B}),s_0)$

$\text{Holds}(\text{On}(\text{D},\text{Table}),s_0)$

$\text{Holds}(\text{Clear}(\text{A}),s_0)$

$\text{Holds}(\text{Clear}(\text{D}),s_0)$

$\text{Holds}(\text{Clear}(\text{Table}),s_0)$

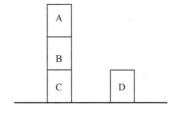

图 2.3　积木配置

上述公式的合取用 Σ 表示。

现在定义动作 $\text{Move}(x,y)$ 表示把积木从 x 移到 y。为了保证一个动作能够成功地执行,必须考虑该动作的前提条件,定义下面的公式,其合取用 Δ 表示:

$\text{Holds}(\text{On}(x,y),\text{Result}(\text{Move}(x,y),s))$

　　$\leftarrow \text{Holds}(\text{Clear}(x),s) \wedge \text{Holds}(\text{Clear}(y),s) \wedge x \neq y \wedge x \neq \text{Table}$

$\text{Holds}(\text{Clear}(z),\text{Result}(\text{Move}(x,y),s))$

　　$\leftarrow \text{Holds}(\text{Clear}(x),s) \wedge \text{Holds}(\text{Clear}(y),s) \wedge \text{Holds}(\text{On}(x,z),s) \wedge x \neq y \wedge y \neq z$

2.11.2　框架公理

虽然从 $\Delta \wedge \Sigma$ 中可以得到很多的结论,但是仍然有一些我们希望的结果无法得到。例如,在 s_0 中,B 在 C 的上面,移动 A 到 D 并没有改变这个事实,但是我们并没有

　　　　$\Delta \wedge \Sigma \vDash \text{Holds}(\text{On}(\text{B},\text{C}),\text{Result}(\text{Move}(\text{A},\text{D}),s_0))$

也就是说,我们可以得到一个动作作用后,什么发生了改变,但是并不能得到什么没有发生改变。一般来说,动作只是具有"局部的"影响,很多的流并没有发生改变。为了对那些没有受到动作的影响持续不变的流进行推理,需要为每个流和动作增加一些框架公理。

例如,对流 On 有如下框架公理:

$\text{Holds}(\text{On}(v,w),\text{Result}(\text{Move}(x,y),s)) \leftarrow \text{Holds}(\text{On}(v,w),s) \wedge x \neq v$

该框架公理是说,在移动 x 到 y 上之前,v 是在 w 上,则移动以后 v 仍然在 w 之上(只要 v 不是被移动的积木)。这样,加上 Δ 就可以得到 Holds(On(B,C),Result(Move(A,D),s_0))。对于流 Clear,具有类似的框架公理:

$$\text{Holds}(\text{Clear}(x),\text{Result}(\text{Move}(y,z),s)) \leftarrow \text{Holds}(\text{Clear}(x),s) \wedge x \neq z$$

下面向积木世界中增加一个新的动作和新的流。

(1) Color(x,c):表示积木 x 具有颜色 c 这一事实。

(2) Paint(x,c):表示在积木 x 上涂上颜色 c 这一动作。因为涂色总能够成功,因此没有前提条件。

这样在 Δ 中又会增加下面的公式:

$$\text{Holds}(\text{Color}(x,c),\text{Result}(\text{Paint}(x,c),s))$$

假设情景 s_0 的描述和 Σ 中是一样的,只是所有的积木都是红色的:

$$\text{Holds}(\text{Color}(x,\text{Red}),s_0)$$

令 Δ' 和 Σ' 分别表示新的域描述和新的 s_0 描述。移动一个积木并不会改变该积木的颜色,并且如果没有其他的公理就无法得到下面的结论:

$$\Delta' \wedge \Sigma' \vDash \text{Holds}(\text{Color}(A,\text{Red}),\text{Result}(\text{Move}(A,D),s_0))$$

因此需要增加下面两个公理:积木的颜色在移动动作下保持不变;积木的颜色不受其他积木是否涂色的影响。

$$\text{Holds}(\text{Color}(x,c),\text{Result}(\text{Move}(y,z),s)) \leftarrow \text{Holds}(\text{Color}(x,c),s)$$

$$\text{Holds}(\text{Color}(x,c_1),\text{Result}(\text{Paint}(y,c_2),s)) \leftarrow \text{Holds}(\text{Color}(x,c_1),s) \wedge x \neq y$$

除了上面的公理外,动作 Paint 也不会对 On 和 Clear 流产生影响:

$$\text{Holds}(\text{On}(x,y),\text{Result}(\text{Paint}(z,c),s)) \leftarrow \text{Holds}(\text{On}(x,y),s)$$

$$\text{Holds}(\text{Clear}(x),\text{Result}(\text{Paint}(y,c),s)) \leftarrow \text{Holds}(\text{Clear}(x),s)$$

至此,我们得到了一个由九个公式和六个框架公理组成的域描述。框架公理被用来证明如果状态由一个不影响属性的动作改变,那么这个属性保持不变。一般来说,大多数动作不会对大多数流产生影响,每次增加一个新的流都需要增加和域中动作数大致一样多的新的框架公理,并且每次增加一个新的动作,都需要增加和域中流的数量大致一样多的框架公理。或者说,在一个域中,如果有 n 个流和 m 个动作,则总的框架公理数为 $n \times m$[Shanahan 1997],这样用情景演算的方式来表达动作如何改变世界就会变得很难管理。

有人就如何减少大量的框架公理数进行了研究。问题是即使能够减少大量的框架公理,用它们对关于在几个动作序列上什么流不会改变的推理的计算仍然是笨重的。

在古典、一阶逻辑中,在不对情景演算做大的改变的情况下,也可以找到一种简洁的方法来表示框架公理中的信息。例如,前面所给出的框架公理都有如下的形式:

$$\text{Holds}(f,\text{Result}(a,s))\leftarrow\text{Holds}(f,s)\wedge\Pi$$

其中,f 是一个流,a 是一个动作,Π 是一个合取式。这样,就可以采用所谓的通用框架公理表示上述的框架公理形式:

$$\text{Holds}(f,\text{Result}(a,s))\leftarrow\text{Holds}(f,s)\wedge\neg\text{Affects}(a,f,s)$$

这样,对每个原有的框架公理,需要增加一个负原子 Affects。例如对于积木世界,有

$$\neg\text{Affects}(\text{Move}(x,y),\text{On}(v,w),s)\leftarrow x\neq v$$
$$\neg\text{Affects}(\text{Paint}(z,c),\text{On}(x,y),s)$$
$$\neg\text{Affects}(\text{Move}(y,z),\text{Clear}(x),s)\leftarrow x\neq z$$
$$\neg\text{Affects}(\text{Paint}(y,c),\text{Clear}(x),s)$$
$$\neg\text{Affects}(\text{Move}(y,z),\text{Color}(x,c),s)$$
$$\neg\text{Affects}(\text{Paint}(y,c_2),\text{Color}(x,c_1),s)\leftarrow x\neq v$$

根据这些公理,可以推出和前面一样的结论。虽然每个公理比前面给出的公理形式上简洁了一些,但是现在的主要问题是公理的数量问题。如果再对上述公理进行整理,则还可以减少公理的数量。

$$\text{Affects}(a,\text{On}(x,z),s)\rightarrow a=\text{Move}(x,y)$$
$$\text{Affects}(a,\text{Clear}(x),s)\rightarrow a=\text{Move}(x,y)$$
$$\text{Affects}(a,\text{Color}(x,c_2),s)\rightarrow a=\text{Paint}(x,c_1)$$

上述这些公理就是所谓的解释闭包公理(explanation closure axioms)。解释闭包公理是框架公理的代换,但是更加简洁。它们构成了框架问题的单调解决方案的基础。

2.11.3　框架问题解决方案的准则

怎样以一种形式化的、逻辑的方法表示动作的影响,而不用写出所有的框架公理? 这就是框架问题所要研究的问题。这里我们需要考虑:对框架问题的一个解决方案,什么是该方案可接受的准则? 在 Shanahan 于 1997 年的文献中,作者给出了三个准则:

(1) 表示的简洁性(representational parsimony);

(2) 表达的灵活性(expressive flexibility);

(3) 精细的容错性(elaboration tolerance)。

对于表示的简洁性,这是框架问题的本质,它是说对动作影响的表示应该是简洁的。由于无法对该简洁性给出准确的量化,一个可行的方案是表示的大小大致是和论域复杂程度成正比,衡量论域复杂度的一个比较好的指标是动作的总数量加上流的总数量。

一个有效的框架问题解决方法需要能够应用于广泛的涉及表示的问题,对于

一个复杂的领域,简洁的表示方法还有很多问题需要解决,因此框架解决方案还需要满足第二个准则:表达的灵活性。这里复杂的领域并不仅仅是说有更多数量的动作和流,更主要的是指这些领域有其特殊的性质,在表示它们之前可能需要进行深入的思考和研究。例如,它们可能具有下面的特性:①分枝;②并发动作;③非确定动作;④连续动作。

如果我们考虑领域的限制的话,一个动作除了它的直接影响外,还有一些分枝。领域的限制(有时称为状态限制)是指在同一情景下流的什么样的组合可以保持不变。例如,我们只有三个积木,一个放置在另一个上面。令流 Stack(x,y,z)表示积木 x、y、z 为一个堆。可以像对流 On、流 Clear、流 Color 一样给出流的效应公理,不过这里用下面的公式通过领域限制来表示堆的效应公理:

$$\text{Holds}(\text{Stack}(x,y,z),s) \leftarrow x \neq \text{Table} \wedge \text{Holds}(\text{On}(y,x),s) \wedge \text{Holds}(\text{On}(z,y),s)$$

在我们至今所考虑的积木世界的例子中,没有出现过两个动作同时执行的情况。实际上并发的动作或事件每天都在发生。例如,当有多个人来移动积木的时候,就会有同时发生的动作。使框架问题难于处理的另一个复杂领域特性是非确定性动作或动作的影响并不完全知道。复杂领域的再一个特性是连续动作的发生。显然,连续动作也是到处存在的,如行进中的汽车、填充容器等。积木世界的情景演算表示目前为止都是离散的。这样表示并不是说所表示出的改变都是离散的,而是便于抽象。然而,用离散的方法进行抽象并不总是合适的,有的领域中有些量的连续变化是其很重要的特性,需要用连续的方法进行表示。连续变化在情景演算中非常难于表示,这是研究事件演算的动机之一。在事件演算中,没有太大的困难就可以表示连续的动作。

最后一个评价准则是精细的可接受程度。一个表示是精细可接受的,是指当向表示中增加新的信息的时候,所付出的努力是和信息的复杂程度成正比的。如果扩充一个情景演算理论,增加一个动作时会影响到 n 个流,可能会需要增加 n 个句子,但是这并不需要完全地重新构造原有的理论。受新的动作所影响的事实需要逐渐地加入到原有的理论中。

但是对于一个动作具有分枝等性质的领域来说,仅仅简单地扩充解释闭包公理是不够的,需要重新地构造,对原有系统做大的改进。在单调性机制下重新构造解释闭包公理以融合新的动作和流是很困难的,需要有大量的计算。因此,如果我们在单调性领域中处理框架问题,看来是无法满足精细程度的要求,因此可以说无法用单调的方法来处理框架的问题。其根本原因就是单调性机制下必须以框架公理或解释闭包公理的形式对动作执行后没有发生变化的性质给出"显式"的描述。为解决这一问题,人工智能研究者提出了非单调推理机制,其中最常用的推理机制包括 McCarthy 的限制理论和 Reiter 默认逻辑。可以说,框架问题的研究是促使进行非单调推理研究的动力之一。用非单调机制解决框架问题的核心思想在于形式化地刻画如下一条常识性原则:惯性原则(law of inertia),即在典型的情况下,一个性质在动作执行后不发生变化的。

　　在大多数情况下,人们一般只是写出效应公理,而对于其他情况会缺省地认为"没有发生改变",然后借助某些非单调机制来推出结论。从 20 世纪 80 年代早期以来,已经有了一些非单调机制用来处理这种问题,最常用的有限制理论和默认逻辑。另外,如果语义定义得合适的话,逻辑程序设计的否定看做失败也可以用来处理这种问题。

2.11.4　框架问题的非单调解决方案

　　最先用非单调机制解决框架问题的是 McCarthy,他提出了著名的限制理论,并尝试用限制理论来解决框架问题。限制理论能够说明一些谓词的扩展是最小的。例如,从公式集 Γ 可以推出 $P(A)$,但是除了 A 外,对其他所有的 x,我们并不能证明 $P(x)$ 或者 $\neg P(x)$。这是由于 Γ 最小化 P 的限制,记作 $\mathrm{CIRC}[\Gamma;P]$,即对所有的 x,除非 Γ 说明 $P(x)$ 为真,否则都为假。例如,从 $\mathrm{CIRC}[\Gamma;P]$ 可以得到 $\neg P(B)$。

　　显然使用限制理论解决框架问题的方法是最小化谓词 Affects。这就是 McCarthy所建议的方法,不过他定义的是谓词 Ab 而不是 Affects。但是最小化 Affects 会产生违背直觉的结果。最著名的例子就是所谓的耶鲁射击(Yale shooting)问题。

　　根据 McCarthy 和 Hayes 以及 Sandewall 的观点:解决框架问题的关键是对惯性原则的形式化,惯性原则是指惯性是正常的,变化是异常的。对惯性原则的形式化包含对下面默认规则的形式化。正常情况下,对于任何动作(或事件)和任何流,动作并不会对该流有所影响。

　　考虑前面提到的通用框架公理,由于有了负信息,因此框架公理需要考虑到负和正的信息的不变性,即通用框架公理应该表示一个流应该具有和动作执行前一样的值(正或负),除非动作影响到了流,即该公理是说如果一个动作没有影响到流,则在该动作执行前后,该流不变。

$$F_1:[\mathrm{Holds}(f,\mathrm{Result}(a,s))\leftrightarrow\mathrm{Holds}(f,s)]\leftarrow\neg\mathrm{Affects}(a,f,s)\quad(2.30)$$

这样就留给了我们复杂的工作:准确地说明哪个流没有受到哪个动作的影响。这也是框架问题的本质。

　　用 McCarthy 建议的 Ab 谓词代替 Affects 得到:

$$F_2:[\mathrm{Holds}(f,\mathrm{Result}(a,s))\leftrightarrow\mathrm{Holds}(f,s)]\leftarrow\neg\mathrm{Ab}(a,f,s)\quad(2.31)$$

假设用 Σ 表示效应公理、领域限制和观察到的句子的总和。扩充 Σ 以包含惯性原理的简单方式是结合 (F_2) 然后限制它,极小化 Ab 并允许 Holds 变化。换句话说,研究 $\mathrm{CIRC}[\Sigma\wedge(F_2);\mathrm{Ab};\mathrm{Holds}]$。

　　极小化 Ab 并允许 Holds 变化的限制策略看来似乎能够解决框架问题。然而,McDermott 和 Hanks 在 1968 年的工作表明,极小化 Ab 并允许 Holds 变化这种方法即使对于非常简单的例子可能也得不到我们所需要的结论。他们把这种困难用一个简单的例子来说明,这就是著名的耶鲁射击问题。

　　在耶鲁射击问题中,某人被一枪打死了。McDermott 和 Hanks 的形式化包含:

　　(1) 三个动作:Load、Wait 和 Shoot。

　　(2) 两个流:Alive、Loaded。

　　(3) 两个效应公理:Load 动作往枪里填装了子弹;只要枪里有子弹,在 Shoot 动作后,受害人死了。

$$Y_1: \text{Holds}(\text{Loaded}, \text{Result}(\text{Load}, s)) \tag{2.32}$$

$$Y_2: \neg\text{Holds}(\text{Alive}, \text{Result}(\text{Shoot}, s)) \leftarrow \text{Holds}(\text{Loaded}, s) \tag{2.33}$$

　　(4) 另外还有两个观察到的句子:开始受害人是活着的;枪是没有子弹的。

$$Y_3: \text{Hold}(\text{Alive}, s_0) \tag{2.34}$$

$$Y_4: \neg\text{Holds}(\text{Loaded}, s_0) \tag{2.35}$$

　　下面首先定义一个谓词:UNA 表示名字的唯一性(uniqueness-of-name)。

　　UNA$(f_1, f_2, \cdots, f_k)$表示:

　　对所有的 $i < j < k$:

$$f_i(x_1, x_2, \cdots, x_m) \neq f_j(y_1, y_2, \cdots, y_n)$$

并且对所有的 $i < k$:

$$f_i(x_1, x_2, \cdots, x_n) = f_i(y_1, y_2, \cdots, y_n) \rightarrow [x_1 = y_1 \wedge x_2 = y_2 \wedge \cdots \wedge x_n = y_n]$$

　　这样,我们有

$$Y_5: \text{UNA}[\text{Load}, \text{Wait}, \text{Shoot}] \tag{2.36}$$

$$Y_6: \text{UNA}[\text{Alive}, \text{Loaded}] \tag{2.37}$$

$$Y_7: \text{UNA}[s_0, \text{Result}] \tag{2.38}$$

　　现在考虑动作序列 Load、Wait、Shoot 之后的情景会是什么,或者说情景 Result(Shoot, Result(Wait, Result(Load, s_0)))会是什么。如果将限制策略应用于这些公式,哪些流会成立呢? 直觉上看,在 Load 动作之后,枪里有了子弹,在 Wait 动作之后,枪里还是有子弹,即 Loaded,由于枪里有子弹,因此在 Shoot 动作之后,受害人就死了。因此我们希望由 Y_1 到 Y_7 的限制可以得到下面的结论:

$$\neg\text{Holds}(\text{Alive}, \text{Result}(\text{Shoot}, \text{Result}(\text{Wait}, \text{Result}(\text{Load}, s_0)))) \tag{2.39}$$

但是式(2.39)并不能从这些限制中推出。

　　命题 2.1　Hanks-McDermott 问题　如果 Σ 是由 Y_1 到 Y_7 组成的,则有

$$\text{CIRC}[\Sigma \wedge (F_2); \text{Ab}; \text{Holds}] \vdash$$

$$\neg\text{Holds}(\text{Alive}, \text{Result}(\text{Shoot}, \text{Result}(\text{Wait}, \text{Result}(\text{Load}, s_0))))$$

本命题的证明思路如下：

考虑满足下面条件的 $\Sigma \wedge (F_2)$ 的模型 M：

$M \models \mathrm{Holds}(\mathrm{Loaded}, \mathrm{Result}(\mathrm{Load}, s_0))$

$M \models \neg \mathrm{Holds}(\mathrm{Loaded}, \mathrm{Result}(\mathrm{Wait}, \mathrm{Result}(\mathrm{Load}, s_0)))$

$M \models \mathrm{Holds}(\mathrm{Alive}, \mathrm{Result}(\mathrm{Shoot}, \mathrm{Result}(\mathrm{Wait}, \mathrm{Result}(\mathrm{Load}, s_0))))$

显然这种模型是存在的，并具有下面的性质：

$M \models \mathrm{Ab}(\mathrm{Load}, \mathrm{Loaded}, s_0)$

$M \models \mathrm{Ab}(\mathrm{Wait}, \mathrm{Loaded}, \mathrm{Result}(\mathrm{Load}, s_0))$

$M \models \neg \mathrm{Ab}(\mathrm{Shoot}, \mathrm{Alive}, \mathrm{Result}(\mathrm{Wait}, \mathrm{Result}(\mathrm{Load}, s_0)))$

考虑谓词 Ab 和 Hold，若删除上述其中任何一个性质，都无法得到仅仅满足上述条件和性质的模型，在这些模型中，存在仅满足上述条件和性质的模型是最小模型。可能会存在多个最小的模型。由于在这些模型中有

$M \models \mathrm{Holds}(\mathrm{Alive}, \mathrm{Result}(\mathrm{Shoot}, \mathrm{Result}(\mathrm{Wait}, \mathrm{Result}(\mathrm{Load}, s_0))))$

这样也会有

$\mathrm{CIRC}[\Sigma \wedge (F_2); \mathrm{Ab}; \mathrm{Holds}] \models$

$\quad\quad \neg \mathrm{Holds}(\mathrm{Alive}, \mathrm{Result}(\mathrm{Shoot}, \mathrm{Result}(\mathrm{Wait}, \mathrm{Result}(\mathrm{Load}, s_0))))$

所以说 McCarthy 的方法推不出期望的结果。Hanks 与 McDermott 的工作指出一般非单调性推理机制直接用于处理框架问题也都不是合适的。其原因在于这些机制中没有表达时间的概念，时间的引入可以构成一个显示的次序，而类似耶鲁射击这类问题的时间推理本质上是依赖这种次序的。

Hanks 与 McDermott 采用次序极小化方法处理框架问题。该方法的基本思想是尽可能地推迟状态变化的发生，越晚越好，只有在非发生不可的情况下才发生变化。

Hanks 与 McDermott 问题是由于时间方向性而产生的。当使用默认逻辑来处理框架问题时该问题就成为主要的问题。前面我们已经对默认推理进行了介绍，这里为了便于后面的说明，重新给出一些定义。

定义 2.25 默认理论就是 $\langle \Delta, \Sigma \rangle$ 对。其中 Δ 是默认规则集合，Σ 是一阶谓词演算的子句。

Σ 包含了领域知识，从中可以进行有效的演绎推理。Δ 表示默认知识，从中可以得到默认结论。这里所考虑的默认理论 $\langle \Delta, \Sigma \rangle$ 为

$$\Delta = \left\{ \frac{: \neg \mathrm{Ab}(a, f, s)}{\neg \mathrm{Ab}(a, f, s)} \right\}$$

而 Σ 是由前面的 Y_1 到 Y_4 和 F_2 组成。

定义 2.26 如果合式公式是默认理论 $\langle \Delta, \Sigma \rangle$ 关于操作符 Γ 的固定点（定义如下），则该合式公式是默认理论 $\langle \Delta, \Sigma \rangle$ 的扩张。如果 S 是没有自由变量合式公式集

合,则 $\Gamma(S)$ 是最小的这样的集合:

(1) $\Sigma \subseteq \Gamma(S)$;

(2) 如果 ϕ 是 $\Gamma(S)$ 的逻辑结论,则 $\phi \in \Gamma(S)$;

(3) 如果 Δ 包括默认规则

$$\frac{\phi_1(\overline{x}):\phi_2(\overline{x})}{\phi_3(\overline{x})}$$

并且 $\phi_1(\tau_1,\cdots,\tau_n) \in \Gamma(S)$, $\neg\phi_2(\tau_1,\cdots,\tau_n) \notin \Gamma(S)$,则 $\phi_3(\tau_1,\cdots,\tau_n) \in \Gamma(S)$,其中每个 τ_i 都是没有变量的项。

每个默认理论扩张该理论可接受的信念的集合。扩张的方法是很自然的:初始情况下,扩张集合仅仅包括 Σ 及其结论,然后重复选择可用的默认规则,增加其结论,并形成相应的演绎闭包,直到再没有可以增加的结论。

详细地说,给定默认理论 $\langle \Delta, \Sigma \rangle$,可以基于下面的算法来构造扩张。由于在这里我们只有规范默认规则,所以可以具有下述的算法:

```
S' = { }
S = Σ∪Σ 的逻辑结论
while S◇S'
    S' := S
    选择任意的 φ₁,φ₂,φ₃ 以及 τ₁,⋯,τₙ,有 φ₁(x̄):φ₂(x̄)/φ₃(x̄) 属于 Δ
    并且 φ₁(τ₁,⋯,τₙ) ∈ S, ¬φ₂(τ₁,⋯,τₙ) ∉ S
    S = S∪φ₃(τ₁,⋯,τₙ)
    S = S∪S 的逻辑结论
end while
```

由于默认规则可以应用无限次,因此对于很多情况,上述算法并不终止。但是,在这种情况下,每个中间 S 也是某种扩张的子集,所以仍然可以使用上述算法通过执行有限次的循环获得一些有用的信息。

下面我们把上述算法应用于默认理论,以表示耶鲁射击问题。

开始时,集合 $S = \Sigma \cup \Sigma$ 的逻辑结论,选择下面的默认规则:

$$\neg Ab(Wait, Loaded, Result(Load, S_0))$$

由于它与 S 不矛盾,所以它是可行的。则由 F_2,增加:

$$Holds(Loaded, Result(Wait, Result(Load, S_0)))$$

因此有 Y_2:

$$\neg Holds(Alive, Result(Shoot, Result(Wait, Result(Load, S_0))))$$

上述算法本可以继续进行下去,但是我们已经得到了扩张,该扩张包含了我们所需要的结论。上述扩张是一种有目的、计划好的扩张。下面讨论不规则的(anomalous)扩张,即当应用默认规则的时候,和上面的选择不一样。开始时,集合 $S = \Sigma \cup \Sigma$ 的逻辑结论。但是现在应用默认规则时,选择

$$\neg Ab(Shoot, Alive, Result(Wait, Result(Load, S_0)))$$

该默认规则和 S 是一致的,因此可以增加到 S 中。现在增加逻辑结论:

$$\neg Holds(Loaded, Result(Wait, Result(Load, S_0)))$$

我们已经知道:

$$Holds(Loaded, Result(Load, S_0))$$

因此有

$$Ab(Wait, Loaded, Result(Load, S_0))$$

这样我们就得到了不希望的结果:

$$Holds(Alive, Result(Shoot, Result(Wait, Result(Load, S_0))))$$

可见,默认逻辑和限制理论一样对耶鲁射击问题都会产生不规则的扩展。也就是说 Hanks 与 McDermott 问题并不仅仅是限制理论的问题。另外,上面的扩展也说明为什么会出现这样的问题。当有次序地应用默认规则的时候,就是有目的的扩展,也就是说最早的异常最先考虑。当默认规则以相反的次序应用的时候,就是不规则的扩展,也就是后面的异常优先考虑。或者说,有目的的扩展是把变化尽可能推迟发生。这就是所谓的次序极小化方法。次序极小化可以解决耶鲁射击问题的不规则扩展,并可以得到所需要的结论[朱朝晖等 2001]。

2.12　动态描述逻辑 DDL

2.12.1　描述逻辑

描述逻辑是一种基于对象的知识表示的形式化,也叫概念表示语言或术语逻辑。它是一阶逻辑的一个可判定的子集,具有合适定义的语义,并且具有很强的表达能力。一个描述逻辑系统包含四个基本组成部分:表示概念和关系的构造集、TBox 包含断言、ABox 实例断言、TBox 和 ABox 上的推理机制。一个描述逻辑系统的表示能力和推理能力取决于对以上几个要素的选择以及不同的假设[Baader et al 2003]。

描述逻辑中有两个基本元素,即概念和关系。概念解释为一个领域的子集;关系则表示在领域中个体之间所具有的相互关系,是在领域集合上的一种二元关系。

在一定领域中,一个知识库 $K = \langle T, A \rangle$ 由两个部分组成:TBox T 和 ABox A。其中 TBox 是一个关于包含断言的有限集合,也称为术语公理的集合。包含断言的一般形式为 $C \sqsubseteq D$,其中 C 和 D 都是概念。ABox 是实例断言的有限集合,形为 $C(a)$,其中 C 是一个概念,a 是一个个体的名字;或者形为 $P(a,b)$,其中 P 为一个原始关系,a、b 为两个个体的名字。

一般地,TBox 是描述领域结构的公理的集合,它具有两方面的作用,一是用来引入概念的名称,二是声明概念间的包含关系。引入概念名称的过程即可以表

示为 $A \doteq C$ 或者 $A \sqsubseteq C$,其中 A 即为引入的概念。概念间的包含关系的断言可以表示为 $C \sqsubseteq D$。对于概念定义和包含关系,有

$$C \doteq D \Leftrightarrow C \sqsubseteq D \text{ 且 } C \sqsubseteq D$$

ABox 是实例断言的集合,用于指明个体的属性或者个体之间的关系。它有两种形式的断言,一是指明个体与概念间的属于关系,二是指明两个个体之间所具有的关系。在 ABox 中,对于论域中任意个体对象 a 和概念 C,关于对象 a 是否为概念 C 中的元素的断言称之为概念实例断言,简称概念断言。若 $a \in C$,则记为 $C(a)$;若 $a \notin C$,则记为 $\neg C(a)$。

对于两个对象 a、b 和关系 R,如果 a 和 b 满足关系 R,则称 $a R b$ 为关系实例断言,表示为 $R(a,b)$。关系断言是用来指明两个对象之间所满足的基本关系或者对象的属性,构成二元关系。

一般地,描述逻辑依据提供的构造算子,在简单的概念和关系上构造出复杂的概念和关系。通常描述逻辑至少包含以下算子:交($\sqcap$)、并($\sqcup$)、非($\neg$)、存在量词($\exists$)和全称量词($\forall$)。这种最基本的描述逻辑称之为 ALC。在 ALC 的基础上再添加不同的构造算子,则构成不同表达能力的描述逻辑。例如,若在 ALC 上添加数量约束算子"$\leqslant$"和"$\geqslant$",则构成描述逻辑 ALCN,这里不做详细介绍。ALC 的语法和语义如表 2.3 所示。

表 2.3　ALC 的语法和语义

构造算子	语　法	语　义	例　子
原子概念	A	$A^I \subseteq \Delta^I$	Human
原子关系	P	$P^I \subseteq \Delta^I \times \Delta^I$	has-child
顶部	$\top$	Δ^I	True
底部	$\bot$	Φ	False
交	$C \sqcap D$	$C^I \cap D^I$	Human $\sqcap$ Male
并	$C \sqcup D$	$C^I \cup D^I$	Doctor $\sqcup$ Lawyer
非	$\neg C$	$\Delta^I - C^I$	$\neg$Male
存在量词	$\exists R.C$	$\{x \mid \exists y, (x,y) \in R^I \wedge y \in C^I\}$	$\exists$ has-child. Male
全称量词	$\forall R.C$	$\{x \mid \forall y, (x,y) \in R^I \Rightarrow y \in C^I\}$	$\forall$ has-child. Male

ALC 语义将概念解释为一定领域的子集,关系是该领域上的二元关系。形式上,一个解释 $I = (\Delta^I, \cdot^I)$ 由解释的领域 Δ^I 和解释函数 $\cdot^I$ 所构成,其中解释函数把每个原子概念 A 映射到 Δ^I 的子集,而把每个原子关系 P 映射到 $\Delta^I \times \Delta^I$ 的子集:

(1)一个解释 I 是包含断言 $C \sqsubseteq D$ 的模型,当且仅当 $C^I \subseteq D^I$;

(2)解释 I 是 $C(a)$ 的模型,当且仅当 $a \in C^I$;I 是 $P(a,b)$ 的模型,当且仅当 $(a, b) \in P^I$;

(3) 解释 I 是知识库 K 的模型, 当且仅当 I 是 K 中每个包含断言和实例断言的模型;

(4) 若 K 有模型, 则称 K 是可满足的;

(5) 若断言 δ 对于 K 的每个模型是满足的, 则称 K 逻辑蕴含 δ, 记为 $K \vDash \delta$;

(6) 对概念 C, 若 K 有一个模型 I 使得 $C^I \neq \varnothing$, 则称 C 是可满足的。知识库 K 中的概念 C 的可满足性可以逻辑表示为 $K \nvDash C \sqsubseteq \bot$。

关于描述逻辑中的基本推理问题, 主要包括概念的可满足性、概念的包含关系、实例检测、一致性检测等, 其中概念的可满足性问题是最基本的问题, 其他的推理基本上都可以转化为概念的可满足性问题。

在描述逻辑中, 可以利用下述性质对推理问题进行约简, 转化为概念的可满足性问题, 进而将推理问题进行简化。对于概念 C、D, 有如下命题成立:

(1) $C \sqsubseteq D \Leftrightarrow C \sqcap \neg D$ 是不可满足的;

(2) $C \doteq D$ 是等价的 $\Leftrightarrow (C \sqcap \neg D)$ 与 $(D \sqcap \neg C)$ 都是不可满足的;

(3) C 与 D 是不相交的 $\Leftrightarrow C \sqcap D$ 是不可满足的。

2.12.2 动态描述逻辑的语法

由于动态描述逻辑是在传统描述逻辑的基础上扩充得到的[Shi et al 2005], 而传统描述逻辑有很多种类, 本节以最小的描述逻辑 ALC 为基础来研究动态描述逻辑 DDL。

定义 2.27 在 DDL 的语言中包括以下基本符号:

(1) 概念名: $C_1, C_2, \cdots$;

(2) 关系名: $R_1, R_2, \cdots$;

(3) 个体常元: $a, b, c, \cdots$;

(4) 个体变元: $x, y, z, \cdots$;

(5) 概念运算: $\neg, \sqcap, \sqcup$ 以及量词 $\exists, \forall$;

(6) 公式运算: $\neg, \wedge, \rightarrow$ 以及量词 $\forall$;

(7) 动作名: $A_1, A_2, \cdots$;

(8) 动作构造: 如 $\sqcap$(合成), $\sqcup$(交替), *(反复), ?(测试);

(9) 动作变元: $\alpha, \beta, \cdots$;

(10) 公式变元: $\varphi, \psi, \pi, \cdots$;

(11) 状态变元: $u, v, w, \cdots$。

定义 2.28 在 DDL 中, 概念定义如下:

(1) 原子概念 P、全概念 $\top$ 和空概念 $\bot$ 都是概念;

(2) 如果 C 和 D 是概念, 则 $\neg C, C \sqcap D, C \sqcup D$ 都是概念;

(3) 如果 R 为关系, C 为概念, 则 $\exists R.C$、$\forall R.C$ 都是概念;

（4）如果 C 是概念，α 是动作，则 $[\alpha]C$ 也是概念。

定义 2.29　DDL 的公式定义如下，其中 C 为任意概念，R 为关系，a、b 为个体常元，x、y 为个体变元，α 是动作：

（1）形如 $C(a)$、$R(a,b)$ 和 $[\alpha]C(a)$ 的表达式称为断言公式，它们是不带变元的；

（2）形如 $C(x)$、$R(x,y)$ 和 $[\alpha]C(x)$ 的表达式称为一般公式，它们是带变元的；

（3）断言公式和一般公式都是公式；

（4）如果 φ 和 ψ 是公式，则 $\neg\varphi,\varphi\wedge\psi,\varphi\rightarrow\psi,\forall x\varphi$ 都是公式；

（5）如果 φ 是公式，则 $[\alpha]\varphi$ 也是公式。

定义 2.30　形如 $\{a_1/x_1,\cdots,a_n/x_n\}$ 的有穷集合称为一个实例代换，其中 $a_1,\cdots,a_n$ 为个体常元，称为代换项，$x_1,\cdots,x_n$ 为个体变元，称为代换基，它们满足 $x_i\neq x_j$，$i,j\in\{1,\cdots,n\},i\neq j$。

定义 2.31　设 φ 为一公式，$x_1,\cdots,x_n$ 为出现在 φ 中的个体变元，$a_1,\cdots,a_n$ 为个体常元，令 φ' 为 φ 通过实例代换 $\{a_1/x_1,\cdots,a_n/x_n\}$ 而得到的公式，则称 φ' 为公式 φ 的实例公式。

定义 2.32　DDL 中条件（condition）定义如下，其中 N_C 表示个体常元的集合，N_X 表示个体变元的集合，N_I 是 N_C 和 N_X 的并，即 $N_I=N_C\bigcup N_X$：

$$\forall C,C(p),R(p,q),p=q,p\neq q$$

其中，$p,q\in N_I$；C 是 DDL 的概念；R 是 DDL 的关系。

定义 2.33　一个动作描述是一个形如 $A(x_1,\cdots,x_n)\equiv(P_A,E_A)$ 的表达形式，其中：

（1）A 为动作名：指示动作表示符；

（2）$x_1,\cdots,x_n$ 为个体变元，指定动作的操作对象，因此也称之为操作变元；

（3）P_A 为前提公式集（pre-conditions），指定动作执行前必须满足的前提条件，即 $P_A=\{\text{con}|\text{con}\in\text{condition}\}$；

（4）E_A 为结果公式集（post-conditions），指定动作执行后得到的结果集，E_A 是序对 head/body 的集合，其中 head$=\{\text{con}|\text{con}\in\text{condition}\}$，body 是一个条件。

说明：

（1）动作定义了状态间的转换关系，即一个动作 A 将一个状态 u 转换成状态 v，如果在状态 u 下应用动作 A 则产生状态 v。这种转换关系依赖于状态 u、v 是否分别满足动作 A 的前提公式集（pre-conditions）和结果公式集（post-conditions），记作 uT_Av。

（2）因为动作 A 发生以前的状态也可以影响动作 A 的结果，因而前提公式与结果公式在描述上有些不同。对于结果公式 head/body，如果 head 中的每个条件在状态 u 中满足，则 body 中的每个条件在状态 v 中满足。

（3）当动作 A 为空时，这意味着动作在任何状态都是可执行的，则 A 表示了静态的规则 head/body，从此可以看出 DDL 中动作还可以用于描述领域的约束规则。或者说，给定一条 head←body 形式的规则，我们可以用一个动作来表示：

$$A(x_1,\cdots,x_n) \equiv (\phi,\{\text{head}/\text{body}\})$$

定义 2.34　设 $A(x_1,\cdots,x_n)\equiv(P_A,E_A)$ 为一个动作描述，$A(a_1,\cdots,a_n)$ 是在 $A(x_1,\cdots,x_n)$ 上经过实例代换 $\{a_1/x_1,\cdots,a_n/x_n\}$ 而得到的，则称 $A(a_1,\cdots,a_n)$ 为 $A(x_1,\cdots,x_n)$ 的动作实例，并称 $A(a_1,\cdots,a_n)$ 为原子动作，$P_A(a_1,\cdots,a_n)$ 称为动作 $A(a_1,\cdots,a_n)$ 的前提集，$E_A(a_1,\cdots,a_n)$ 称为动作 $A(a_1,\cdots,a_n)$ 的结果集。

定义 2.35　DDL 的动作定义如下：

（1）原子动作 $A(a_1,\cdots,a_n)$ 是动作；

（2）如果 α 和 β 为动作，则 $\alpha\cap\beta,\alpha\cup\beta,\alpha^*$ 都是动作；

（3）如果 φ 为断言公式，则 φ? 也是动作。

2.12.3　动态描述逻辑的语义

动态描述逻辑 DDL 的语义是由以下各部分组成的一个结构：

（1）非空集合 Δ 是 DDL 形式系统中所讨论的所有个体对象的集合，称为论域。

（2）非空集合 $\mathcal{W}$ 是 DDL 形式系统中所有状态的集合，称为状态集。

（3）一类被称之为解释的映射 I，它对 DDL 中的个体常元、概念和关系加以解释：

① 个体常元是论域 Δ 中一个元素；

② 概念是论域 Δ 的子集；

③ 关系是该论域上的二元关系。

（4）在状态集 $\mathcal{W}$ 之上的二元关系 A 称之为动作，它对状态集 $\mathcal{W}$ 之上的转换关系进行解释。

下面分别进行语义解释。首先，对于 DDL 中的一个状态 u，该状态下的解释 $I(u)=(\Delta,\cdot^{I(u)})$ 由论域 Δ 和解释函数 $\cdot^{I(u)}$ 所构成，其中解释函数把每个原子概念映射到 Δ 的子集，把每个原子关系映射到 $\Delta\times\Delta$ 的子集。概念和关系的语义表示如下：

（1）全概念 $\top$ 的语义为论域 Δ，即 $\top^{I(u)}=\Delta$；

（2）空概念 $\bot$ 的语义为空集 $\varnothing$，即 $\bot^{I(u)}=\varnothing$；

（3）若 C 为概念，则 $C^{I(u)}\subseteq\Delta$；

（4）若 R 为关系，则 $R^{I(u)}\subseteq\Delta\times\Delta$；

（5）$(\neg C)^{I(u)}=\Delta-C^{I(u)}$；

（6）$(\neg R)^{I(u)}=\Delta\times\Delta-R^{I(u)}$；

(7) $(C \sqcap D)^{I(u)} = C^{I(u)} \bigcap D^{I(u)}$;

(8) $(C \sqcup D)^{I(u)} = C^{I(u)} \bigcup D^{I(u)}$;

(9) $(\exists R.C)^{I(u)} = \{x \mid \exists y, (x, y) \in R^{I(u)} \wedge y \in C^{I(u)}\}$;

(10) $(\forall R.C)^{I(u)} = \{x \mid \forall y, (x, y) \in R^{I(u)} \Rightarrow y \in C^{I(u)}\}$;

(11) $([\alpha]C)^{I(u)} = \{x \mid u T_\alpha v, x \in (C)^{I(v)}\}$。

由于个体常元并不依赖于一定的状态,因此本书采用个体常元的刚性原理,规定个体常元的命名都是唯一的,且不随状态的变化而变化。因此在下面的语义解释中,把个体常元在不同状态的解释 $a^{I(u)}$ 都简记为 a。

下面对 DDL 中的条件进行语义解释。给定动作 $A(x_1, \cdots, x_n) \equiv (P_A, E_A)$,$N_X^A$ 是发生在 A 中所有变量的集合,$I = (\Delta^I, \cdot^I)$ 是一个解释,映射 $\gamma: N_X^A \rightarrow \Delta^I$ 是对动作 A 中变量的赋值。对于 DDL 的 ABox 中的个体常元 $a \in N_C$,$\cdot^I$ 将 a 解释为 Δ^I 中的一个元素,即 $a^I \in \Delta^I$。为了简便,对于个体变量或个体常元 $p \in N_I$,定义它们的解释如下:

$$p^{I,\gamma} = \begin{cases} \gamma(p), & p \in N_X \\ p^I, & p \in N_C \end{cases}$$

则 DDL 的条件的语义解释为:

(1) 如果 $C^I = \Delta^I$,则 I 和 γ 满足条件 $\forall C$;

(2) 如果 $a^{I,\gamma} \in C^I$,则 I 和 γ 满足条件 $C(a)$;

(3) 如果 $a^{I,\gamma} = b^{I,\gamma}$,则 I 和 γ 满足条件 $a = b$;

(4) 如果 $a^{I,\gamma} \neq b^{I,\gamma}$,则 I 和 γ 满足条件 $a \neq b$;

(5) 如果 $\langle a^{I,\gamma}, b^{I,\gamma} \rangle \in R^I$,则 I 和 γ 满足条件 $R(a, b)$。

在一定状态 u 下,DDL 的断言公式将个体常元同概念和关系进行关联,它们可以分为两类,形如 $C(a)$ 的断言公式称为概念断言,形如 $R(a_1, a_2)$ 的断言公式称为关系断言。对于概念断言,它们用来说明一定状态下某个体常元与某概念之间的关系,即元素与集合之间的关系,其语义解释为:

(1) $u \models C(a)$　 iff　 $a \in C^{I(u)}$;

(2) $u \models \neg C(a)$　 iff　 $a \notin C^{I(u)}$。

例如,在一定状态下,a 是一块积木,表明 a 是属于积木这个概念,可以表示为 $Block(a)$;b 是一个按钮,可以表示为 $Button(b)$。

关系断言是用来指明在一定状态下两个个体对象之间所满足的基本关系或者某个体对象的属性,是一种二元关系。其语义解释为:

(1) $u \models R(a_1, a_2)$　 iff　 $(a_1, a_2) \in R^{I(u)}$;

(2) $u \models \neg R(a_1, a_2)$　 iff　 $(a_1, a_2) \notin R^{I(u)}$。

例如,在某状态下,主体 a_1 和主体 a_2 是熟人,可以表示为 hasAquaintance

(a_1,a_2)；物体 a 压在物体 b 上，可以表示为 $\mathrm{ON}(a,b)$。关系断言同时也可以表示对象的一些基本属性，例如，按钮 b_1 处于开启状态，可以表示为 $\mathrm{hasState}(b_1,\mathrm{ON})$；物体 a 的长度为 10，表示为 $\mathrm{hasLength}(a,10)$。

类似地，在一定状态 u 下，由断言公式组合而成的公式的语义可以解释如下，其中 φ、ψ 为断言公式：

(1) $u \vDash \neg\varphi$　iff　$u \nvDash \varphi$（即在状态 u 下推导不出 φ）；

(2) $u \vDash \varphi \wedge \psi$　iff　$u \vDash \varphi$ 且 $u \vDash \psi$；

(3) $u \vDash \varphi \rightarrow \psi$　iff　$u \vDash \varphi \Rightarrow u \vDash \psi$。

下面对动作的语义进行解释。动作的执行导致世界状态的变化，因此动作也可以定义为一种状态转换关系。而状态变化的过程实际上就是论域中个体的属性以及个体之间的关系的动态变化过程，因而每个状态下所有个体的属性、关系等事实的描述构成世界的状态描述，它们都可以按动作描述（定义 2.33）来表示。因此 DDL 中讨论的状态实际上就对应于该状态下的动作描述中对所有条件的解释，这样就可以利用上述对条件的语义解释和传统描述逻辑的语义解释方法来理解动作的语义。在定义动作的语义之前，首先定义动作如何将一个状态转换成另一个状态。

定义 2.36　给定状态 u 和状态 v 下的两个解释 $I(u)=(\Delta,\cdot^{I(u)})$ 和 $I(v)=(\Delta,\cdot^{I(v)})$，在状态 u 下应用动作 $\alpha=(P_\alpha,E_\alpha)$ 能产生状态 v（记为 $u \rightarrow_\alpha v$），如果存在一个赋值映射 $\gamma:N_X^\alpha \rightarrow \Delta$，使得 γ、$I(u)$ 和 $I(v)$ 满足下列条件：

(1) $I(u)$ 和 γ 满足前提公式集 P_α 中的每个条件；

(2) 对于结果公式集 E_α 中的每个序对 head/body，如果 $I(u)$ 和 γ 满足 head，则 $I(v)$ 和 γ 满足 body。

这时也称在赋值映射 γ 和状态 u 下动作 α 能产生状态 v，记为 $u \rightarrow_\alpha^v v$。

下面是原子动作和复杂动作的语义：

(1) $\alpha=\{\langle u,v \rangle \mid u,v \in \mathscr{W},u \rightarrow_\alpha^\gamma v\}$；

(2) $\alpha \cap \beta=\{\langle u,v \rangle \mid u,v,w \in \mathscr{W},u \rightarrow_\alpha^\gamma w \wedge w \rightarrow_\beta^\gamma v\}$；

(3) $\alpha \cup \beta=\{\langle u,v \rangle \mid u,v \in \mathscr{W},u \rightarrow_\alpha^\gamma v \vee u \rightarrow_\beta^\gamma v\}$；

(4) $\alpha^*=\{\langle u,v \rangle \mid u,v \in \mathscr{W},u \rightarrow_\alpha^\gamma v \vee u \rightarrow_{\alpha;\alpha}^\gamma v \vee u \rightarrow_{\alpha;\alpha;\alpha}^\gamma v \vee \cdots\}$；

(5) $\varphi?=\{\langle u,u \rangle \mid u \in \mathscr{W},u \vDash \varphi\}$。

由于上述对动作的语义解释是按传统描述逻辑的思想给出的，因而可以给出有关动作的几个新的概念定义，这些概念作为传统描述逻辑的有益补充。

定义 2.37　对于动作 α（原子动作或复杂动作），如果存在解释 $I(u)=(\Delta,\cdot^{I(u)})$ 和 $I(v)=(\Delta,\cdot^{I(v)})$ 满足 $u \rightarrow_\alpha v$，则称动作 α 是可以实现的（realizable）。

定义 2.38　对于动作 α（原子动作或复杂动作），如果存在动态描述逻辑 DDL 的有关 ABox $\mathscr{A}$ 的解释 $I(u)=(\Delta,\cdot^{I(u)})$ 和 DDL 的一般的解释（有关 ABox $\mathscr{A}$ 和

TBox $\mathcal{D} I(v) = (\Delta, \cdot^{I(v)})$,并且满足 $u \rightarrow_\alpha v$,则相对于 DDL 的 ABox $\mathcal{A}$,称动作 α 是可以实现的。

定义 2.39 对于动作 α 和 β(原子动作或复杂动作),对任意的解释 $I(u) = (\Delta, \cdot^{I(u)})$ 和 $I(v) = (\Delta, \cdot^{I(v)})$,满足条件:如果有 $u \rightarrow_\alpha v$,则有 $u \rightarrow_\beta v$,则称动作 β 包含动作 α,或者动作 α 被动作 β 包含,记作:$\alpha \sqsubseteq \beta$。

定义 2.40 对于动作 α 和 β(原子动作或复杂动作),动态描述逻辑 DDL 中对任意的有关 ABox $\mathcal{A}$ 的解释 $I(u) = (\Delta, \cdot^{I(u)})$ 和一般的解释(有关 ABox $\mathcal{A}$ 和 TBox $\mathcal{D} I(v) = (\Delta, \cdot^{I(v)})$,满足条件:如果有 $u \rightarrow_\alpha v$,则有 $u \rightarrow_\beta v$,则相对于 DDL 的 ABox $\mathcal{A}$,称动作 β 包含动作 α,或者动作 α 被动作 β 包含,记作:$\alpha \sqsubseteq_A \beta$。

说明:类似定义 2.37 和定义 2.38,可以定义相对于 DDL 的 TBox $\mathcal{T}$ 的动作 α 可实现性和包含关系。为了理解动作的包含关系,下面举一个简单的例子。

给定下列四个动作描述:$\alpha_1 = (\{A(a), \neg A(b)\}, \{\Phi/\neg A(a), \Phi/A(b)\})$,$\alpha_2 = (\{A(c), \neg A(d)\}, \{\Phi/\neg A(c), \Phi/A(d)\})$,$\alpha_3 = (\{A(x), \neg A(y)\}, \{\Phi/\neg A(x), \Phi/A(y)\})$ 和 $\alpha_4 = (\{A(y), \neg A(x)\}, \{\Phi/\neg A(y), \Phi/A(x)\})$,其中 a、b、c、d 属于个体常元,x、y 属于个体变元,则有 $\alpha_1 \sqsubseteq \alpha_3$、$\alpha_2 \sqsubseteq \alpha_3$、$\alpha_1 \sqsubseteq \alpha_4$、$\alpha_2 \sqsubseteq \alpha_4$、$\alpha_3 \sqsubseteq \alpha_4$ 和 $\alpha_4 \sqsubseteq \alpha_3$,但动作 α_1 和动作 α_2 之间不存在包含或被包含关系。

习 题

1. 什么是单调推理? 什么是非单调推理?

2. 在默认理论中,默认规则是如何表示的? 有哪几种表示形式?

3. 一个默认理论 $T = \langle W, D \rangle$,其中 D 是默认规则集合,W 是已知的或约定的事实集合。请用默认理论表示下面的句子,并给出 D 和 W 的集合。

(1) 有些软体动物是有壳动物;

(2) 头足类动物是软体动物;

(3) 头足类动物不是有壳动物。

4. 阐述封闭世界假设和限制理论这两个非单调推理的形式化方法,并比较两者的区别。

5. 用真值维护系统描述下列情况:

(1) 现在是夏天;

(2) 天气很潮湿;

(3) 天气很干燥。

6. 如何用真值维护系统保持知识库的一致性,并用实例说明。

7. 用情景演算描述猴子摘香蕉问题。

一个房间里,天花板上挂有一串香蕉,有一只猴子可在房间里任意活动(到处走动,推移箱子,攀登箱子等)。设房间里还有一只可被猴子移动的箱子,且猴子登上箱子时才能摘到香蕉,问猴子在某一状态下(设猴子位置为 a,箱子位置为 b,香蕉位置为 c),如何行动可摘取到香蕉。

8. 描述逻辑的基本要素是什么?

9. 动态描述逻辑如何表示动作?

第3章 约束推理

3.1 概 述

一个约束通常是指一个包含若干变量的关系表达式,用以表示这些变量所必须满足的条件。约束表示广泛地应用于人工智能的各个领域,包括定性推理、基于模型的诊断、自然语言理解、景物分析、任务调度、系统配置、科学实验规划、机械与电子设备的设计与分析等。而约束满足系统的设计是一项困难而复杂的任务,因为约束满足问题在一般情形下是一个 NP 问题,所以必须使用各种策略与启发式信息。从知识表示的角度看,也有许多重要的问题需要研究,如表示抽象问题、默认推理问题等。非单调谓词逻辑虽然具有足够的表达能力,但它存在推理效率低、甚至不可计算的缺点,而且也不便表示启发式信息与元信息。语义网络也能表示抽象与默认信息,但本身不具备足够的问题求解能力。而带有抽象类型的约束表示可以弥补这两种表示的不足。因此,研究类型层次上的约束表示及其默认推理,是一个非常有意义的问题。

在约束推理方面,针对约束满足搜索中缩小搜索空间与控制推理代价这一对矛盾,提出了集成式的约束满足搜索算法,设计了智能回溯、约束传播及可变例示次序等策略的适当形式,并将其有机结合起来,以合理的计算代价有效地缩小了搜索空间。已有的实验结果显示该算法优于我们所知的同类算法。此外,还实现了一些特殊关系,如等式与不等式的推理,如恒等关系的单元共享策略,及不等式的图方法与区间推理的结合。这些实现将约束表达式的求值与本身的符号关系结合起来,增强了约束推理的符号演绎能力,在约束语言方面,我们设计了面向对象的约束语言 SCL,在其中实现了默认约束表示与集成式的约束推理方法;并采用常规语言中的确定型控制成分(如条件结构),而将不确定性成分局限于数据部分。从而可以使用约束传播与智能回溯来减少不确定性,缩小搜索空间。同时这种常规结构也改善了代码的可读性和语言的易学性。我们还实现了约束在 C++ 中的嵌入表示,从而使得约束程序设计充分利用 C++ 的丰富的计算资源。

一个约束满足问题(constraint satisfaction problem,CSP)包含一组变量与一组变量间的约束。一般而言,变量表示领域参数,每个变量都有一个固定的值域。一个变量的值域可能是有限的,例如,一个布尔变量的值域包含两个值;也可能是离散无限的,如整数域;也可能是连续的,如实数域。约束可用于描述领域对象的性质、相互关系、任务要求、目标等。约束满足问题的目标就是找到所有变量的一个(或多个)赋值,使所有约束都得到满足。

约束表示易于理解、编码及有效实现,它具有以下优点:

(1) 约束表示允许以说明性的方式来表达领域知识,表达能力较强,应用程序只需指定问题的目标条件及数据间的相互关系。因而具有逻辑表示的类似性质。

(2) 约束表示允许变量的域包含任意多个值,而不像命题只取真假二值。所以它保存了问题的一些结构信息,如变量域的大小、变量间的相关性等,从而为问题求解提供启发式信息。

(3) 易于并行实现。因为约束网络上的信息传播可以认为是同时的。

(4) 适合于递增型系统。约束可以递增式地加入到约束网络。

(5) 易于与领域相关的问题求解模型相衔接。各种数学规划技术,方程求解技术等,都可以自然地嵌入约束系统。

经过多年研究,人们提出了不少约束推理的方法。根据联系于约束网络节点上的数据类型,可以将约束推理分为以下几种。

(1) 关系推理:推理过程中推出的新的约束关系,并将其加到约束网络中。Kuiper 的 ENV 系统、Simmon 的 Quantity Lattice 系统,以及 Brooks 的 CMS 系统,都属于关系推理。

(2) 标记推理:每个节点标注以可能值的集合,在传播过程中约束用于限制这些集合。

(3) 值推理:节点标记以常量值。约束用已标记节点的值求出标记节点的值。SKETCHPAD 及 THINGLAB 都使用值推理。

(4) 表达式推理:是值推理的推广,其中节点可能标以关于其他节点的表达式。当一个节点标记以不同的表达式时,应使其等同起来,并求解结果方程。CONSTRAINTS 就使用这种推理。

约束变量的取值可能是数值,也可能是非数值,即符号值。一般而言,非数值变量的取值范围是一个有限集合。因而当约束传播停止后,总可以进行穷举搜索来确定其一致性。而数值变量则不然,数值变量通常有无限值域,不可能进行穷尽搜索。

上述几种约束推理都有某些不足。例如,值推理只能用于方程约束,而不能用于不等式约束。关系推理与标记推理难以控制,且很难防止其进入无限循环。在关系推理中,难以确定新推出的约束是否对给定的问题有用。但标记推理要好一些,可用于任意形式的约束。

现有的约束表示可分为几类,按复杂性的次序列举如下:

(1) 一元谓词;

(2) 序关系语言,只包含偏序关系或实变量上的大小关系;

(3) 形如“$x-y>c$”或“$x-y\geqslant c$”的方程;

　　(4) 单位系数的线性方程与不等式,即所有的系数为-1,0,1;

　　(5) 任意系数的线性方程与不等式;

　　(6) 约束的布尔组合;

　　(7) 代数与三角方程。

　　最简单形式的约束是一元谓词,即对变量的标记,几种最重要的标记是符号、区间与实际值。

　　序关系出现在只关心数量的大小关系的系统中。例如,有些系统只关心事件的次序而不考虑其时间区间,如 NOAH 系统。在 NOAH 系统中,规划的每一级指定了该级中动作的偏序关系。

　　形如 $x-y \geqslant c$ 的不等式在只知道变量之间的差的系统中非常有用。这种约束在 TMM 及许多任务规划程序得到广泛应用。

　　在具有标量乘法的度量空间中,对两个数量的商的界定有时也是非常有用的。不过这种表示与差的界定是同构的。同构映射为对数函数。Allen 与 Kantz 使用商界定与序关系的布尔组合来实现时态推理。

　　单位系数的线性方程在常识推理是很有用的。因为这种关系对定性地表示守恒法则是足够的。守恒法则断言一个值的变化等于其增加的总和减去其减少的总和。如果我们只对状态变化感兴趣,则变量可仅取+、-、0 三个定性值,其系数总可为单位系数。

　　线性不等式是应用十分广泛的一种约束。约束的布尔组合在物理推理、电路设计及规划中也得到广泛应用。在物理推理中还经常涉及非线性方程与不等式。在几何推理中,还经常涉及代数与三角方程。

　　目前,约束推理的研究主要集中于两个方面:约束搜索与约束语言。约束搜索主要研究有限域上的约束满足。对有限域而言,约束满足问题一般情况下是一个NP 问题。目前大体包括下列方法:①回溯法;②约束传播;③智能回溯与真值维护;④可变次序例示;⑤局部修正法。

　　约束推理研究的另一个主要方面是约束语言。以下是几个比较典型的约束语言:

1) CONSTRAINTS

　　CONSTRAINTS 是一个面向电路描述的约束表示语言。作为一个约束表示语言,它使用了符号处理技术来求解数学方程。在 CONSTRAITS 中,物理部件的功能及器件的结构都用约束表示。这些约束一般是线性方程与不等式,也包括条件表达式。约束变量一般是表示物理量的实变量。也有一些取离散值的变量。如开关的状态、三极管的工作状态等。系统采用表达式推理与值推理,并实现相关制导的回溯。

　　CONSTRAINTS 的一个优点是在类型层次中表示约束,用约束来表示物理对象的功能与结构。其缺点是该语言缺乏类似于面向对象语言中的方法那样的成分,不能定义特定于某个类的概念。同时,约束传播方法比较单一,既缺乏实域上的区间传播机制,也缺乏有限域上的域传播机制。

2) Bertrand

Bertrand 是由 Leler 开发的一个高级约束语言。它的计算模型是基于增强型项重写技术的系统,基本上是在项重写系统的基础上加上赋值功能与类型机制。这种技术使得 Bertrand 能够解决实数与有理数上的线性方程。Bertrand 还包括抽象数据类型的功能。它已被用来解决图形学及电路上的一些例子。

Bertrand 还不能算是真正的约束语言,而只能算作是约束满足系统的生成工具。它基本上没有提供什么求解离散约束的机制,也没有提供实数域上的区间传播或序关系传播的机制,而只能进行值传播。

3) 约束逻辑程序设计语言 CHIP

约束语言很大一部分研究集中于约束逻辑程序设计语言。其宗旨在于将约束满足技术与逻辑程序设计结合起来,基本上是在 Prolog 的基础上引入约束传播机制(主要是弧一致性技术),以提高搜索效率,增强表达能力。CHIP(constraint handling in Prolog)就是这样较有影响一个约束逻辑程序设计语言,其目的是简便、灵活而有效地解决一大类组合问题。它通过提供几种新的计算域而增强逻辑程序设计的能力;有限域、布尔项及有理项,对于每个计算域,都提供有效的约束求解技术,即有限域上的一致性技术,布尔域的布尔合一技术及有理数域上的单纯型法。除此以外,CHIP 还包含一个一般的延迟计算机制。

CHIP 主要应用于两个领域:运筹学与硬件设计。CHIP 缺乏类型机制,而这种机制对于表达领域概念是极其重要的。

4) 约束层次与 HCLP

约束满足研究中一个非常有趣而且有着重要实用价值的问题是所谓"软约束"的求解问题。其中比较有影响的是 Borning 等人的工作[Freeman-Benson et al 1992]。Borning 为了解决图形界面设计问题中"限制过度"(overly constrained)的问题,提出了约束层次的概念。其基本思想是除了必须满足的"硬约束"之外,还允许用户表达需要尽可能满足的"软约束"。这些软约束被分成若干优先等级。这种表示就称为约束层次。

约束层次是带标记的约束的有限集合。给定一个约束层次 H,H_0 是 H 中必须成立的约束的集合。H_1 是在非必要约束中最强的约束,如此等等。最弱的约束为 H_n。n 是约束层次中非必须约束的级数。

对一个约束集合的求值是一个函数。它将自由变量映射到域 D 中的元素。约束层次的一个解是自由变量的一个求值的集合。解集合中的求值必须至少满足必要约束。除此以外,这个解集还至少满足其他求值所满足的约束。即在满足必要约束的求值中,不存在比解集求值满足更多非必要约束的求值。有许多种比较求值对约束的满足程度的方法。具体采用哪一种更好则取决于应用。

最初的约束层次的求解是用一些过程(方法)来使约束层次得以最大限度地满足。但这种过程表示丧失了约束表示系统所应有的说明性优点。因而 Wilson、Borning 等在约束逻辑程序设计的基础上,设计了层次型约束逻辑程序设计语言 HCLP。该语言将约束层次嵌入 Prolog 之中,使整个约束层次系统完全建立在说明性表示基础之上。他们用非单调理论中的最小模型理论给出了 HCLP 的模型论语义。在实现上,首先用普通的逻辑程序的回溯方法求得一个必要解。这个解可能包含对某些变量的域(如区间)的限定,而不是变量的具体值。同时还生成当前例示下的所有约束(即约束层次),然后由较强的约束到较弱的约束,逐次用所生成的约束去限定所生成的必要解。直到出现不一致为止。对于相同层次中的约束的不同的使用次序,将导致不同的解。

约束层次的这种解法是简单而快捷的,但却是不完全的,因为由此而产生的解在一般情况下并不一定对应整个逻辑程序的最小模型,而只对应一个推理路径中的最小模型。

5) 面向对象约束语言 COPS

中国科学院计算技术研究所智能计算机科学开放实验室研制的 COPS 系统利用面向对象技术,将说明性约束表达与类型层次结合起来。在形式上吸收了常规语言,主要是面向对象的程序设计语言的基本形式。内部求解时采用约束推理机制,使说明性约束表达式与类型层次相结合,实现知识的结构化封装,充分发挥两者的优点,力图实现一个具有较强表达能力和较高求解效率的约束满足系统。COPS 的设计考虑了软件工程的应用要求,尽量将一个不确定问题确定化:它允许条件语句与循环语句,而不是单纯以递归的形式来实现迭代计算;通过类方法的重栽实现同一约束的不同实现,提高了程序的执行效率。COPS 系统同时是一个渐增式的开放系统,用户能通过类型层次定义,实现新的数据类型和新的约束关系。约束语言 COPS 具有许多人工智能程序设计语言的特点,如约束传播、面向目标和数据驱动的问题求解、有限步的回溯、对象分层中的继承等。

6) ILOG

ILOG 公司创建于 1987 年,总部位于法国巴黎和美国加利福尼亚州,是全球领先的优化、互动图像界面以及商业规则应用领域的软件组件供应商,也是全球将优化算法运用到商业应用软件中的公司。产品应用遍布于电信、交通、国防、电力、物流等领域。ILOG 公司的 ILOG Solver 使用建模语言来表示约束问题。

3.2 回　溯　法

求解有限约束满足问题的最简单直接的方法是生成测试法,即依次生成所有变量的值的各种组合,对其进行测试,直到一个测试成功的组合。这种方法显然是低效的。一种直接的改进是顺序回溯法。顺序回溯法以固定次序对变量进行示例,当新的变量与先前赋值的变量不一致时,它尝试其变量域中的其他值,直到域中所有的值都被穷尽。当所有的值都失败,则回到上一个赋值的变量,并对该变量重新赋值。

假设一个 CSP 问题的解由一个不确定长度的向量组成,即 $(x_1, x_2, \cdots)$ 它满足问题中所有约束条件。设变量 x_i 的值域为 X_i,则 x_i 的取值只能是 X_i 中的某个元素,而问题的整个可行解空间为

$$X_1 \times X_2 \times \cdots \times X_n$$

其中,n 是变量总数。

回溯算法求解开始时,部分解为空向量。然后从变量集合中选择一个变量 x_1 并加到部分解中去。通常可选一个最小的元素作为 x_1 的取值。各种约束会告诉我们 X_1 中哪些成员可作为 x_1 的候选者,这些成员可用一个子集 S_1 来表示。由约束条件可以找出从部分解 $(x_1, x_2, \cdots, x_{k-1})$ 到部分解 $(x_1, x_2, \cdots, x_{k-1}, x_k)$ 的候选者。如果 $(x_1, x_2, \cdots, x_{k-1})$ 不允许 x_k 取任何值,那么 $S_k = \varnothing$,必须进行回溯,并为 x_{k-1} 选取一个新的允许值。如果 x_{k-1} 没有新的允许值,就进一步回溯至 x_{k-2},以此类推。设 $T(x_1, x_2, \cdots, x_{k-1})$ 表示 x_k 的所有可能取值。当部分解 $(x_1, x_2, \cdots, x_k)$ 不允许有新的扩展节点,则限界函数 $BT_k(x_1, x_2, \cdots, x_k)$ 取假,否则取真值。只求一个解的回溯算法如下:

算法 3.1　回溯算法 BACKTRACK。

输入：一个 CSP 问题

输出：一个完全解或无解返回

```
procedure BACKTRACK
begin
    k = 1;
    while k>0 do
        if xk 存在未检验过的值时
            xk ∈ T(x1, x2, …, xk-1) and
            BTk(x1, x2, …, xk) = true
        then if(x1, x2, …, xk)满足所有约束条件
            then return(0); /* 返回一个解 */
            else k = k + 1;
        end if;
```

```
        else k = k - 1;
    end while
    return(1); / *  无解返回  * /
end BACKTRACK
```

　　尽管回溯法好于生成测试法,但对于非平凡问题仍然是低效的。其原因在于搜索空间中不同路径的搜索重复相同的失败子路径。一些研究者认为,造成这种反复的原因是所谓的局部不一致性。最简单的情形是所谓的节点不一致性。对一个变量 v_i 的一个一元约束。存在域中一个值 v_i 不满足该约束。这样,每当 v_i 取到 a 时就会出现不一致性。另一种重复的情形是所谓的弧不一致性。可以用下例来说明。设变量的例示次序为 $v_1, v_2, \cdots, v_i, \cdots, v_j, \cdots, v_n$。设 v_i 与 v_j 之间存在约束,使得对 $v_i = a, v_j$ 不存在任何值满足该约束。这样每当 v_i 赋以 a 值后,当 v_j 赋值时将出现失败。这个失败将对所有 $v_r (i < r < j)$ 的所有值的组合都重复。

　　因为节点不一致性而出现的反复,可以通过消除每个变量域中不满足其一元约束的值而加以克服。而弧不一致性可以通过执行弧一致性算法而加以消除。下一节给以出弧一致性(算法)的形式定义并给出相应的算法。

3.3　约束传播

　　如果对 v_i 的当前域中的所有值 x,存在 v_j 的当前域中的某值 y 使得 $v_i = x$ 和 $v_j = y$ 是 v_i 与 v_j 之间的约束所允许的,则弧 (v_i, v_j) 是弧一致的。弧一致性的概念是有向的。即 (v_i, v_j) 是弧一致的并不自动地意味着 (v_j, v_i) 是一致的。例如,如果 v_1 的当前域为 $\{a\}$,v_2 的当前域为 $\{a, b\}$,v_1 与 v_2 之间的约束为不等关系,则 (v_1, v_2) 是弧一致的,而 (v_2, v_1) 则不是。因为对 $v_2 = b$,不存在 v_1 域中任何值,使其不等关系成立。显然 (v_i, v_j) 之间可以通过删除不满足彼此之间不满足约束的值而实现其弧一致性,而且删除这些值不影响原来 CSP 的任何解。以下就是实现这种删除操作的算法。

算法 3.2　约束传播修改算法[Mackworth 1977]。

```
procedure REVISE(V_i, V_j)
DELETE ←false;
for each x ∈ D_i do
    if there is no such y ∈ D_j
        such that (x, y_j) is consistent
    then
        delete x from D_i;
        DELETE ← true;
    end if
end for
```

```
      return DELETE;
      end REVISE
```

为了使约束网络中所有的弧都一致,只对每个弧执行一次 REVISE 操作是不够的。每当 REVISE 对某个变量 v_i 进行了删减,以前修改过的弧 (v_i, v_j) 必须重新修改,因为 v_i 域已变小了。以下算法对整个约束网络获得弧一致性。

算法 3.3 约束传播 AC-1 算法[Mackworth 1977]。

```
      procedure AC-1
      Q ← {(V_i, V_j) ∈ arcs(G), i≠j};
      repeat
          CHANGE ← false;
          for each (V_i, V_j) ∈ Q do
              CHANGE ← REVISE(V_i, V_j) ∨ CHANGE;
          end for;
      until not(CHANGE);
      end AC-1
```

这个算法的主要缺点是,一次成功的修改后,对所有的弧都要做一次修改操作。尽管仅有少数弧受到影响。AC-3 对此作了改进,该算法仅对可能受到影响的弧进行修改操作。

算法 3.4 约束传播 AC-3 算法[Mackworth 1977]。

```
      procedure AC-3
      Q ← {(V_i, V_j) ∈ arcs(G), i≠j};
      while Q not empty
          select and delete any arc (V_k, V_m) from Q;
          if (REVISE(V_k, V_m))
              then Q← {(V_i, V_k) such that (V_i, V_k)∈ arcs(G), i≠k, i≠m}
          end if;
      end while;
      end AC-3
```

著名的 Waltz 算法是这个算法的特例[Waltz 1975]。它等价于 Mackworth 提出的另一个算法 AC-2。假定每个变量域的大小为 d,约束网络中边的个数为 e,弧一致性算法的复杂性为 $O(ed^3)$。Mohr 与 Henderson 提出了另一个弧一致算法[Mohr et al 1986],其复杂性为 $O(ed^2)$。因而就最坏情形的复杂性而言,Mohr 与 Henderson 的算法是最优的。

给出一个弧一致的约束网络,是否存在变量当前域中的一个赋值,使其成为 CSP 的一个解。如果每个变量的域最后都只剩下一个值,答案无疑是肯定的。否则在一般情况下答案是否定的。尽管如此,弧一致性算法还是减小了回溯法的搜索空间。

既然弧一致性算法不足以代替回溯法,那么是否存在更强的一致性算法能够消除对回溯法搜索的需要呢。k一致性的概念对不同的k值体现不同的一致性。一个约束网络是弧一致的,而且仅当对任意$k-1$个变量的值,如果这些值满足这些变量之间的所有约束,则对任意第k变量存在一个域中的值,它与$k-1$个值一起满足这k变量的所有约束。

更精确地说:设变量$x_1, x_2, \cdots, x_{k-1}$的赋值分别为$a_1, a_2, \cdots, a_{k-1}$。如果$a_1, a_2, \cdots, a_{k-1}$满足$v_1, v_2, \cdots, v_{k-1}, v_k$间的所有约束,则对任意第$k$个变量$v_k$,存在一个值$a_k$,使得$a_1, a_2, \cdots, a_{k-1}, a_k$满足$v_1, v_2, \cdots, v_{k-1}, v_k$间的所有约束。

一个约束网络是强K一致的,如果对所有的$J \leqslant K$,都是J一致的,节点一致性相当于1强一致的,弧一致性相当于2强一致的。对$K > 2$,存在算法使得约束网络是强一致的[Cooper 1989]。虽然,如果一个有n个节点的约束网络是n强一致的,则不用搜索就能找到一个解。然而对n节点约束网络,其n一致算法也是指数的。

不过,对于具有特殊结构的约束网络,存在多项式算法。最简单的情形是,对于树结构的约束网络存在弧一致算法,使其可以在线性时间内求解。

3.4　约束传播在树搜索中的作用

上面讨论了两种不同的CSP求解方法:回溯法与约束传播。在第一种方法中通过测试变量的不同组合来得到一个完整的解。这种方法的缺陷是搜索路径的重复。在第二种方法中,通过传播变量间的约束,从而降低问题的复杂性。尽管任意CSP问题总可以通过n一致性算法来求解,但n一致性算法比回溯法效率更低。而对$k < n, k$一致性算法又不能保证能得到一个全局一致的解。一种综合的办法是将给传播嵌入到回溯法中,具体做法如下。

首先生成一个根搜索节点,求解最初的CSP。当一个搜索节点被访问,使用约束传播算法以达到预期程度的一致性。如果存在一个搜索节点,每个变量恰包含一个值,而且对应的CSP是弧一致的,则该搜索节点表示一个解。如果在约束传播过程中,某些变量的域变为空,则该搜索节点被剪枝。否则,选择一个变量(其域的大小> 1),对该变量的每一个可能的值生成新的CSP搜索节点。每个新的CSP搜索节点表示当前CSP搜索节点的后继节点。所有这些搜索节点通过使用深度优先的回溯法来访问。

现在问题是对每个搜索节点约束传播应做到何种程度。如果完全不做约束传播,则退化成标准的回溯法。如果对具有m个未赋值的变量的CSP搜索节点施行m一致性算法则等于完全排除了回溯法的使用而造成严重的低效。经验表明,受限形式的约束传播(一般其一致性程度不超过弧一致性)具有最佳的效益。

3.5　智能回溯与真值维护

克服标准回溯法缺陷的另一种方法是智能回溯。在智能回溯中，回溯到哪一步取决于是哪一个变量造成了失败。智能回溯是如何克服标准回溯的缺陷，可以从如下例子来考虑。

假定变量 v_1、v_2 与 v_3 已分别赋值 a_1、b_3、c_2。假定 v_3 中尚未发现有任何值与 v_2 的 b_1 和 b_2 相容。现在假定 v_4 的所有可能值都与 $v_1 = a$ 相矛盾。因为矛盾是由 v_1 的不适当选择所引起的，所以智能回溯应回溯到 v_1。但这种方法也同时撤销 v_2 与 v_3 的值。

这种方法虽然能够根据失败的源找到正确的回溯点，但并没有完全避免相同路径的重复。相关制导的回溯是解决这个问题的一种方法。这种方法在 Doyle 的真值维护系统(TMS)中得到推广与应用。

一个基于真值维护系统的问题求解系统包含两个部分：一个推理机与一个真值维护系统。推理机用于由旧的事实推出新的事实，而真值维护系统记录这种推理的论据。新事实的加入可能使得某些已有的假设不再为真。因而这种论据的维护使得可以废除不再成立的假设。这种方法对 CSP 的应用可描述如下。

当一个变量被赋予某个值，生成该赋值的一个论据。类似地，对一个默认赋值也可生成其论据。对这种情况，系统检查当前赋值是否违反任何约束。如果违反，则生成一个新的节点表示两个变量的一对值相互矛盾。这种节点还被用作其他赋值的论据，这个过程一直持续到对所有变量找到一个一致的赋值。这种系统不会出现冗余与重复的计算。

尽管这种系统的搜索量是最小的，但确定违反约束的失败源的开销却是极大的，由于推理步数是指数增长的，因而用于存储及检索的时间与空间开销也都是指数复杂的。所以对很多问题，这种方法可能比普通回溯法占用更多的时间。

另一个相关的工作是 de Kleer 的基于假设的真值维护系统(ATMS)。基于假设的真值维护系统由真值维护系统演变而来。真值维护系统可视为某种形式的约束传播。ATMS 是 TMS 的扩充，TMS 只维持单个上下文，而 ATMS 则试图同时搜索多个上下文。因而，每个推出的事实都与所有使其成立的假设相联系。一个结论可能在多个上下文都成立。假设与论据的区别在于，除非有证据证明其为假，否则总认为是真。ATMS 的优点在于不同的上下文可以共享一些中间假设，而不用去分别地生成它们。但中间假设的个数通常是指数增长的，因而这种生成过程是呈指数复杂性的。但 ATMS 具有如下一些缺点：

(1) 它们是面向求全解的，对求单解经常出现不必要的搜索；

(2) 用于维护所有上下文的时间与空间开销很大；

(3) 排错比较困难。

而且这种方法很难估计其存储要求,所有的推导及其假设都必须记录。这使得这种方法很难应用到大规模系统上,de Kleer 与 Williams 后来又建议回到回溯的方法以控制 ATMS,这就类似于一种智能回溯方法了。

3.6　变量例示次序与赋值次序

对标准回溯法的另一个可以改进的方面是变量的例示次序。实验表明这种次序对回溯搜索的效率有着巨大的影响,已提出多种启发式策略。一种是选择当前域最小的变量最先例示。这样,变量的例示次序一般是动态确定的,而且对于搜索树中的不同分支可能是不同的。Purdon 与 Brown 广泛地研究了这种启发式及其变型[Purdon 1983],他们的结果表明对标准回溯法有着极大的改进。

另一个启发式是优先例示参与约束最多的变量。这种方法的出发点是不成功的分支尽可能早地剪除。

前面提到过树结构约束网络可以不回溯,而对于求解任何一个约束网络可以通过删除某些节点而使其成为树,这些节点的集合称圈割集。如果能找到一个小的圈割集,则一个好的启发式是先例示割集中的变量,然后求解剩下的树结构 CSP。

3.7　局部修正搜索法

目前绝大部分算法是基于树搜索的构造性求解方法。但近来另一种求解组合问题的方法以其惊人的实验结果引起了人们的注意,这就是所谓的"局部修正法"[Gu 1992]。这种方法首先生成一个全部的,但可能是不一致的变量赋值,然后针对所出现的矛盾改变某个变量的值,以减少所违反约束的个数,如此反复,直到达到一个一致的赋值。该方法遵循一个简单的法则:找到一个引起矛盾的变量,然后选一个新值赋给它,使得结果赋值将矛盾减到最少。该方法的基本思想如下:

给定　一个变量的集合、一个二元约束的集合及对每个变量的一个赋值。两个变量相矛盾如果它们的值违反了一个约束。

过程　选一个矛盾变量,并为它赋一个值使得将矛盾的个数减到最小。

局部修正搜索法十分有效的主要原因在于对每个变量的赋值提出了较多的信息,因而下一个所转换的状态较大幅度地减少了矛盾的个数。

局部修正搜索法也有其局限性。这种策略是不完备的:当问题没有解时,该过程可能不终止。当问题的解密度比较小时,搜索的效率也很低。我们曾对图着色问题进行过修正法与树搜索之间的比较。在图的边较少时,修正法较优,反之树搜索效率高。如果问题无解,修正法不终止。

目前,约束搜索的一个新的动向是研究 CSP 的难度分布。尽管 CSP 一般说来是一个 NP 问题,但大量的 CSP 可以在可容忍的时间内解决。真正难解的问题只是一小部分。

3.8　基于图的回跳法

基于图的回跳法(graph-based backjumping)属于相关制导的回溯中的一种。其中的相关信息来自约束网络的图结构。一个约束图是指由约束关系所隐含的图。其中的顶点为变量,边为约束(这里假定所有的约束都是二元的)。即两个顶点有一条边仅当它们所代表的变量存在约束。在基于图的回跳法中,每当在某个变量 X 出现失败,算法总是回到在图中与 X 联结的最近赋值变量。下面是基于图的回跳法的算法。

算法 3.5　前向传播算法 Forward。

```
Forward(x₁,…,xᵢ,P)
begin
    if   i = n then 退出并返回当前赋值;
        C_{i+1} ← computeCandidates(x₁,…,xᵢ,x_{i+1});
        if C_{i+1} 非空,then
            x_{i+1} ← C_{i+1} 中的第一个元素;
            C_{i+1} 中删除 x_{i+1};
            Forward (x₁,…,xᵢ,x_{i+1},P);
        else
        Jumpback(x₁,…,xᵢ,P);
    end if
end
```

其中,P 用以保留将回溯的变量的集合。

算法 3.6　回跳算法 Jumpback。

```
Jumpback(x₁,…,xᵢ,x_{i+1},P)
begin
    if i = 0,then 退出无解;
    PARENTS ← Parents(x_{i+1});
    P ← P ∪ PARENTS;
    设 j 是 P 中编号最大的变量,P ← P - x_j;
    if C_j ≠ ∅,then
        x_j = first in C_j;
        从 C_j 中删除 x_j;
        Forward (x₁,…,x_j,P);
    else
```

```
        Jumpback (x₁,…,xⱼ₋₁,xⱼ,P);
    end if;
end
```

3.9　基于影响的回跳法

对基于图的回跳法的改进,形成新的基于影响的回跳法。首先,我们的目标是利用动态相关信息,而不仅仅是静态联结关系。这里问题的关键在于如何将引入动态信息所造成的计算资源的开销限定在合理的范围内。通过对算法及其数据结构的精巧设计,我们成功地解决了这一问题。

基于影响的回跳法 IBMD (influence-based-backjumping, most-constrained-first, domain-filtering)将三种策略综合在一起:最约束者优先 (most-constrained-ed-first)、域筛减法 (domain filtering)、回跳法。最约束者优先是指每次选"自由度"最小的变量加以赋值。这里的"自由度"主要用变量当前取值域的大小加以衡量,因为它是最重要而又最容易计算的一个量,也可辅之以该变量在约束网络中的关联度。最约束者优先策略是对固定次序赋值策略的一项十分有效的改进。

域筛减法就是从变量域中删除与已赋值的变量不一致的值。这是一种代价较小的约束传播技术。每当一个新的变量赋值时,未赋值变量中与该赋值不一致的所有值都被从域中删除。但因为这种赋值是试探性的,所以被删除的值必须保存起来。当某个赋值被撤回时,由该赋值所引起的所有筛除都必须恢复。

我们所设计的回跳法与传统的依赖制导的回溯,包括基于图的回跳法,有较大区别。传统的依赖制导的回溯显式地记载一个推论所依据的假设集合。每当回溯一步时,都要把被撤回的变量所依赖的假设集合合并到该集合中最近赋值的变量的假设集中。这种归并造成了很大的时间与空间的开销。为了避免这种开销,我们的回跳法并不是根据所记录的依赖假设集来回跳(事实上我们根本不需要这种记录)。我们是根据筛减过程中赋值变量对赋值变量的实际影响来回跳。一个赋值对一个变量 v_i 产生影响,当且仅当 v_i 当前域中至少有一个值被该赋值所引起的筛减过程删除,显然这种影响关系比网络的联结关系更精确。因为联结关系是一种可能的数据相关性,而影响关系则是实际的数据依赖性。因而,可能某两个变量在约束图中是相连的,但在当前上下文下并未发生影响关系。基于影响的回跳法的空间规模要比基于图的回跳法来得小。由此,还能减少时间开销。

在 IBMD 中,每个例示变量都保存一个受影响的变量的集合。给定 IBMD 的一个上下文(所有例示变量的赋值),一个变量 v_i 受一个例示变量 v_i 的影响当且仅

当 v_i 的例示使 v_i 的当前域有所减小。

　　IBMD 包括前向例示过程和反向回溯过程。前向例示过程首先选择具有最小当前域的变量赋值。对所选变量 v_i 赋值后,执行域筛减过程。对所有未赋值的变量 v_j,删去其值域 D_j 中与 v_i 的赋值相矛盾的值。如果 D_j 变为空,则意味着 v_i 的赋值与以前的变量赋值相矛盾,因而开始回溯。在回溯过程中,首先将所有因 v_i 的例示而删去变量的值恢复到该变量的域中。如果 v_i 又穷尽了所有的值,则继续回溯上一个例示变量 v_h。如果 v_h 对 v_j 或任一已穷尽的变量没有任何影响,或 v_h 已穷尽了所有的选择,则令 v_h 为再上一个例示变量,重复该回溯过程,设该过程停止在 v_g,且影响 v_g 的最新变量为 v_f,则将 v_g 的例示值从 D_g 中删除,将 v_g 及其例示值记入 v_f 的影响集中。然后重新对 v_g 赋值,从而回到前向例示过程。下面是算法的 C 语言程序。

　　算法 3.7　基于影响的回跳算法 IBMD[廖乐健 1994]。

```
IBMD( )
{
int var,failvar;
while (uninstantiated ! = nil) {
    var = mostConstrained( );
        / * 选择一个例示变量 * /
    a[var] = domain[var][0];/ * 对变量赋值 * /
    while ((failvar = propagate(var))! = SUCCESS) {
        / * 当不一致时 * /
        if ((var = backjump(failvar)) = = nil) return(0);
            / * 如果返回顶端,退出 * /
        a[var] = domain[var][0];/ * 否则重新例示变量 * /
    }
}
return(1);
}
```

　　算法 3.8　回跳算法 backjup[廖乐健 1994]。

```
backjump (failvar)
int failvar;
{
    int assignedVar,sourceVar;
    failedVarSet = makeVariableSet( );
    addVariableSet(failvar,failedVarSet);
        / * 初始化失败的变量集 * /
    while ((assignedVar = lastAssigned[ASSIGNEDHEAD]) ! = TOP)
    { / * 直到达到顶端 * /
        retract(assignedVar);{/ * 撤销变量的影响 * /
        if (relevant)/ * 例示影响 failedVarSet * /
```

```
        if (!exhausted(assignedVar))break;
        else addVariableSet(assignedVar,failedVarSet);
    }
}
if (assignedVar = = TOP) return(nil);
for(sourceVar = lastAssigned[assignedVar];
    sourceVar ! = TOP && ! isCulpit(sourceVar);
    sourceVar = lastAssigned[sourceVar]);
        /*寻找上次引起失败的相关变量*/
domainfilter(sourceVar,assignedVar,a[assignedVar]);
        /*滤去当前的值,并记录其影响*/
return(assignedVar);
}
```

　　在程序中,函数 mostConstrained()选择一个当前域最小的变量,并将其从未赋值的变量表 uninstantiated 移到已赋值的变量表 instantiated 中;propagate()完成域筛减过程,如果某变量筛减后的域为空,则返回该变量,否则返回 0;函数 retract()执行回跳过程,并返回回跳所落到的变量,如果回跳到顶,则返回 nil 值;数组 a[]用来存放各个变量所赋值的值;二维数组 domain[ ][ ]用来对每个变量的每个值记载该值的状态:属于当前域,或者被某个前面所例示的变量所删除,属于当前域的值用下标链在一起,属于由同一个变量所删除的值的集合也用下标连在一起。

　　该算法由于实施穷尽搜索,因而具有指数时间复杂性。该算法的空间复杂性为 $O(n(n+d))$,其中 n 为变量个数,d 为变量域的大小(假设所有域具有相同大小)。

　　用 IBMD 测试了一系列的例子,并与其他一些算法作了比较。这些算法包括顺序回溯法(BT)、基于冲突的回跳法(CBJ)、仅采用最约束者优先的算法(MCF)、仅采用最约束者优先与域筛减法的算法(MD)。试验结果显示 IBMD 在不同程度上优于这些算法。例如,在工作站 sparc-1 上,用 IBMD 运行 N 皇后的例子。IBMD 对 $N=100$ 用了不到 2s。而在相同的机器上,用 BT 算法运行 20 皇后问题用了多于 10s。当 $N \geqslant 30$ 时,BT 算法至少需要若干小时。对 MCF 算法,当 $N=50$ 时需要用多于 10s;当 $N \geqslant 60$ 时需要若干小时。对 N 皇后问题,MD 算法与 IBMD 算法的性能大体相当。IBMD 略优于 MD。这里有几种解释。首先,在 N 皇后问题中,超过一步的回跳很少。域筛减策略消去了许多"表层"不一致性,而"深层"不一致性涉及许多其他变量。其次,IBMD 的额外开销较小。表 3.1 给出了运行 N 皇后问题各种算法的执行时间。

表 3.1 运行 N 皇后问题的执行时间 （单位：s）

N	BT	CBJ	IBMD	N	BT	CBJ	IBMD
8	0.0	0.0	0.0	26	324.0	323.6	0.0
9	0.0	0.0	0.0	27	389.4	389.5	0.0
10	0.0	0.0	0.0	28	2810.2	2799.0	0.0
11	0.0	0.0	0.0	29	1511.1	1517.2	0.0
12	0.1	0.0	0.0	30	*	*	0.1
13	0.0	0.1	0.0	40	*	*	0.3
14	0.5	0.5	0.0	50	*	*	1.8
15	0.4	0.5	0.0	60	*	*	0.7
16	3.3	3.7	0.0	70	*	*	1.4
17	1.9	2.2	0.0	80	*	*	1.0
18	16.9	17.9	0.0	90	*	*	1155.7
19	1.1	1.3	0.0	100	*	*	1.8
20	101.6	105.5	0.0	110	*	*	158.9
21	4.6	4.7	0.0	120	*	*	*
22	1068.1	1048.4	0.0	130	*	*	11.5
23	16.2	16.2	0.0	140	*	*	*
24	290.5	289.6	0.0	160	*	*	7.1
25	35.8	35.9	0.0	200	*	*	14.0

* 表示大于 2h。

　　我们还试验了图着色的例子。当节点的联结度较小（≤7）时，几乎不需要回溯。此时 IBMD 和 MD 性能相当。当增加联结度时，IBMD 明显优于 MD。

　　下面将算法 IBMD 与同类工作的其他算法进行比较。

　　(1) 与最初的回跳法（BJ）相比。BJ 只能由出现不一致的变量回跳到造成其不一致性的最新变量。但如果该变量已穷尽了所有的选择，再往下的回溯与普通的顺序回溯法相同。因而这种方法对性能的改进很有限。而 IBMD 则可以连续往下回溯，直到找到一个与不一致性相关且尚未穷尽所有值的变量。

　　(2) 与基于图的回跳法相比。约束网络的拓扑联结性是数据实相关性的近似。在特定上下文下，很可能两个图相关的变量并不发生影响。而 IBMD 利用的是实际的影响关系。

　　(3) 与 Prosser 等所做的工作相比。Prosser 等于 1993 年在 International Joint Conference on Artifical Intelligence 上发表了对回跳法一些改进的文章，提出了基于冲突的回跳法（conflict-based backjumping，CBJ）。IBMD 与 CBJ 的出发点是类似的，但在实现上有很大不同。CBJ 存在一个缺点，每一个变量都有一个依赖变量集。每当回跳一次时，都要执行依赖集的合并操作，因而造成了很大的时间开销。而 IBMD 不存在这个问题。

　　IBMD 优于所有上述算法的一个方面是将最约束者优先及域筛减策略结合进来。

3.10　约束关系运算的处理

3.10.1　恒等关系的单元共享策略

在约束推理中,如果两个变量总是取相同的值,这两个变量是恒等关系。恒等关系是一类重要的约束关系。例如,电路中两个部件的串联关系,意味着流过两个部件的电流相等。一个正方形可以定义为其长和宽相等的矩形。尽管恒等关系可以通过普通的约束关系处理,但是它应用的广泛性和特殊的语义性质,有必要进行特殊处理。这样不仅可以避免通用约束问题求解器带来的低效性,更重要的是,它可以直接用来降低问题的计算规模。因为两个相等的变量必须取相同的值,所以可以在计算上将其视为同一个变量。这就是单元共享策略的基本思想。

实现单元共享策略的一种简单方法是将两个相等的变量用一个新的变量代替,但这导致约束网络的全局变量代换。同时,考虑到有些相等关系是在进行了某些赋值假设后作出的,因而必须保存原有的未等同前的变量信息。因此我们采用了二叉树表示。对等式 $x=y$,如果 x、y 都已赋值,则判断其是否相等,并返回其真值。如果 x 已赋值,而 y 没有赋值,则看 x 的值是否落在 y 的域中。如果不是,则返回不一致(失败)信息。否则,将 x 的值赋予 y。如果 x、y 都未赋值,则生成一个新的变量节点 $\text{com}(x,y)$ 称为 x 与 y 的公共节点,它的两个分支节点分别为 x 和 y。$\text{com}(x,y)$ 的域为 x 和 y 的交集。如果该交集为空,则返回不一致(失败)信息。x 和 y 与别的节点的约束联结都被合并到 $\text{com}(x,y)$ 中。以后对 x 或 y 的所有操作,都落实到 $\text{com}(x,y)$ 上。

一般情况下,当一个变量涉及更多的等式约束时,如下等式集将形成较大的二叉树:

$$\{x = y, y = z, x = u\}$$

所以一个二叉树的根节点汇集了其所有分支节点的所有信息。它成为所有该二叉树叶节点的代理单元。而当前所访问的变量节点集合为所有这样二叉树的根节点的集合(包括孤立节点)。

对于树搜索而言,必须考虑等式是在某个假设赋值之后作出的情形。当该假设赋值被撤销以后,其后所断言的等价关系也不再成立,应当撤销。其办法是撤销其对应的公共节点。该等式推理器提供对任意两个同类型变量之间相等关系的询问,即使它们未赋值。这种策略具有如下优点(当然这些优点可能是相互关联的):

(1) 由于约束搜索的复杂性主要取决于约束变量的个数,而单元共享策略将两个或更多具有恒等关系的变量合并成一个变量,因而降低了搜索空间。

(2) 使得约束推理器在变量未赋值的情形下也能发现与恒等关系有关的不一致性。如对约束

$$\{x = y, y = z, x \neq z\}$$

即使不对 x、y、z 赋值,系统也能检查出该约束集的不一致性。

(3) 使得约束传播可以提前进行。恒等关系的单元共享策略减少了未知变量的个数,也减少了一个约束关系中未知变量的个数 。一般而言,只有当一个约束关系中未知变量的个数足够少时,约束传播才能够得以进行 。约束传播的提前进行相当于在搜索树更靠近根节点的部分进行剪枝,因而大大减小了搜索空间。

例如,对一个包含三个枚举变量 x、y、z 的约束关系 $r(x, y, z)$,当 x 例示以后,如果 y 与 z 为不同的变量,一般而言可能对 y 或 z 的域进行一致性求精。假如,存在约束关系 $y = z$,则相当于实际未赋值的变量只有一个,因而约束传播得以进行。

(4) 使得约束语言具有模式匹配等符号处理的能力。

为了说明这种策略的优点,考虑由 COPE 语言实现定性物理中的定性加运算的例子。一个在实数域上变化的物理量可以用定性变量来刻画其正负性。一个定性变量取正(pos)、负(neg)、零(zero)三个值:

```
enum qualitative {pos, neg, zero};
```

定性值的加运算可如下定义:

```
qualsum (x, y, z)
enum qualitative x, y, z;
{
    if (x = y) z = x;
    if (x = zero) z = y;
    if (y = zero) z = x;
}
```

如果我们有如下约束程序:

```
main
{
enum qualitative u, v, w;
    w = zero;
    qualsum(u, w, v);
    qualsum(u, v, w);
}
```

则不进行任何试探性搜索,就能求得唯一解,该解为 $\{u = \text{zero}, v = \text{zero}, w = \text{zero}\}$。因为由 $\text{qualsum}(u, w, v)$ 及 $w = \text{zero}$,得 $u = v$,该等式使得 $\text{qualsum}(u, v, w)$ 推出 $u = w = \text{zero}$,从而 $v = u = \text{zero}$。

3.10.2　区间传播

除了等式关系,数域上最通常的关系是不等式,特别是机械电子设备的分析与设计中,不等式的应用尤为重要。不等式表示最基本的推理形式是用于对变量值的测试。即已知变量的值,计算并检查变量的值是否满足该不等式。单纯这种计算方式只能用于约束满足的生成测试策略,而这种策略效率是最低的。这里我们实现了较强形式的不等式推理。

比较常用的不等式的一种推理形式是区间推理,即约束网络上的区间传播。给定一些变量的区间限制,由变量间的序关系,推出对另一些变量的区间限制。例如,设有约束 $x > y$,且变量 x 与 y 的区间分别为 $[l_x, g_x]$ 与 $[l_y, g_y]$,则对该约束进行约束传播后 x 与 y 的新的区间为

$$[\max(l_x, l_y), g_x]$$
$$[l_y, \min(g_x, g_y)]$$

如果 $g_x < l_y$,则意味着矛盾。

这种推理同样可以推广到更复杂的方程式或不等式。考虑方程 $x + y = z$,且 x、y、z 的当前区间分别为 $[l_x, g_x]$、$[l_y, g_y]$、$[l_z, g_z]$。如果 $l_x + l_y > g_z$,或 $g_x + g_y < l_z$,则意味着矛盾。否则 z 的新区间值 $[l'_z, g'_z]$ 为

$$l'_z = \max(l_x + l_y, l_z)$$
$$g'_z = \min(g_x + g_y, g_z)$$

x 的新区间值 $[l'_x, g'_x]$ 为

$$l'_x = \max(l_z - g_y, l_x)$$
$$g'_x = \min(g_z - l_y, g_x)$$

y 的新区间值 $[l'_y, g'_y]$ 为

$$l'_y = \max(l_z - g_x, l_y)$$
$$g'_y = \min(g_z - l_x, g_y)$$

3.10.3　不等式图

在很多人工智能应用,如定性推理、时态推理、活动规划中,所关心的是变量间大小的相对关系。因而这种序关系的推理是非常重要的。这实际上是对不等式的公理性质,如恒等关系的公理、偏序关系的公理等进行推理。

将所有形如 $x \leqslant y$ 与 $x \neq y$ 的不等式组成一个不等式图。关系 $x \geqslant y$ 表示为 $y \leqslant x$,$x < y$ 表示为 $x \leqslant y$ 与 $x \neq y$,$x > y$ 表示为 $y \leqslant x$ 与 $x \neq y$(恒等关系已用单元共享策略实现)。

定义 3.1　递增圈　一个不等式图是一个标记图 $\langle V, E \rangle$,其中,V 是变量节点的集合。边集 E 是关系表达式 $x \, r \, y$ 的集合,$x, y \in V$,r 为关系 $\neq$ 或 $\leqslant$。网络中的一条递增路径是变量节点的序列 $v_1, v_2, \cdots, v_l$,使得对任意 $i = 2, \cdots, l$,$v_{i-1} \leqslant v_i$ 是网络中的一条边。如果 $v_1 = v_l$,则称该路径为一递增圈。

显然,不等式图具有下列性质:

性质 3.1　一个递增圈如果其中任意两个变量节点(可能相同)之间都不含 $\neq$

边,则递增圈中所有的节点都表示相同的变量。

性质 3.2 如果不等式图中存在一个递增圈,其中某两个变量节点(可能相同)之间含≠边,则不等式图蕴涵不一致性。

由性质 3.1,可将一个不等式图进行等价转换,使其不含递增圈。其办法是对任意不等式中的递增圈,都将递增圈中所有的节点按单元共享策略合并为同一个变量节点。将所得到的结果图称为该不等式图的精简图。

由性质 3.2,我们定义一个不等式图的图不一致性。

定义 3.2 一个不等式图是图不一致的,当且仅当图中存在一个递增圈,其中某两个变量节点(可能相同)之间含≠边。

定理 3.1 一个不等式图是图不一致的,当且仅当其精简图中,存在一个变量节点,有一个引向自身的≠边。

基于这两个事实,不等式推理器实施图遍历过程,如果发现一个递增圈,则按单元共享策略将其合并为同一个变量节点。如果一个变量其域为空,或有一个引向自身的≠边,则报告不一致性。不难证明上述操作关于偏序关系及恒等关系的完备性,即给定一个变量间恒等关系、不等关系及偏序关系的集合 W,以及有关恒等关系和偏序关系的公理集合 G,那么,$W \cup G$ 是不一致的,当且仅当 W 所对应的不等式图是图不一致的。

与演绎方法相比较,这种图操作方法有效得多。因为图遍历过程仅具有线性复杂性。

3.10.4 不等式推理

不等式图体现了不等式的结构性质。当不等式图中的变量节点被赋予区间限制时,则除了不等式图本身的操作之外,还在不等式图上进行约束传播。所有这些操作,都是在这种不等式网络接收到一个外部输入后引发的。这些外部输入包括:向网络加入一个关系表达式 $x \, r \, y$。其中 x 与 y 为变量或常量,但至少有一个为变量。r 为 $=$、$\neq$、$<$、$\leqslant$、$>$、$\geqslant$ 之一。

如果 r 为 $=$,若 x 与 y 都为未赋值的变量,则按单元共享策略将其合并为同一个变量节点,并检查是否生成递增圈,进行可能的不等式图精简与一致性检查。若新节点的区间比 x 或 y 的区间有所减小,则沿着不等式网络进行区间传播。如果二者都为已赋值的变量或常量,则判定其值是否相等;如果二者有且仅有一个未赋值的变量,若另一个自变量的值落在该变量的域中,则将值赋予该变量,并进行约束传播;否则,报告不一致性。

如果 r 为 $\leqslant$,若 x 与 y 都为已赋值的变量,则判定 $\leqslant$ 关系是否成立;否则,对 x 与 y 的区间进行一致性限定。若限定的结果 x 或 y 的区间有所减小,则沿着不等式网络进行区间传播。如果二者都为未赋值的变量,则向不等式网络加入一条≤边,并检查是否生成递增圈,进行可能的不等式图精简与一致性检查。

如果 r 为≠,则当 x 与 y 都为已赋值的变量时,判定≠关系是否成立。

对 $x<y$、$x>y$ 与 $x \geqslant y$ 则将其分别等价转化为 $(x \leqslant y) \wedge (x \neq y)$、$(y \leqslant x) \wedge (x \neq y)$、$y \leqslant x$。

不等式推理器提供对任意两个同类型变量之间不等关系与大小关系的询问,即使它们未赋值。这种将符号推理与区间传播结合的方法,不仅仅是将不等关系作为内部谓词而减小推理代价,更重要的是它消除了冗余性,降低了问题求解的规模,而且作为一个一般的不等式推理器,能够在变量未赋值甚至未加区间限制的情况下对不等式进行符号推理。例如,系统能够检查出以下不等式集合蕴涵的不一致性:
$$\{x \leqslant y, y \leqslant z, x > z\}$$
这使得系统具有传播序关系的功能。这种功能在定性推理中得到广泛应用。通过实现等式与不等式推理的符号操作,从而增加了推理的深度,避免了更多的生成测试,降低了搜索空间。

3.11　约束推理系统

约束推理系统(COPS)的一个主要功能是为用户提供通用而有效的约束推理机制。该种推理机制要克服由于不确定性所引起的搜索问题。约束传播也正是降低不确定性的一种技术。从语言表示上,我们认为应当将不确定的成分显式地标识出来,而将其局限于数据部分。这样数据的相关性成为可识别的,数据域是可操作的,从而可以使用约束传播与智能回溯来减少不确定性,缩小搜索空间。同时这种常规结构也改善了代码的可读性和语言的易学性,以便用约束传播、智能回溯等专门的搜索技术去处理。逻辑程序设计语言 Prolog 用 Horn 子句上的归结证明法这种试探性求解技术来作为统一的计算机制,虽然形式简单优美,但实用很困难。

在 COPS 中,约束程序设计语言 COPS 将面向对象的技术、逻辑程序设计、产生式系统与约束表示结合起来,在形式上吸收了面向对象的程序设计语言的基本形式,内部求解时采用约束传播和启发式机制,使说明性约束表达式与类型层次相结合,实现结构化的知识封装[史忠植等 1996]。COPS 语言具有以下特点:

(1) 将类型层次与约束表示结合起来;

(2) 实现默认约束推理;

(3) 实现条件约束及常规程序设计的其他成分;

(4) 实现有效的约束推理。

1. 约束与规则

约束是谓词表达式:

$$P(t_1, \cdots, t_n)$$

其中，$t_1, \cdots, t_n$ 是项，典型情况时包含变量；P 是谓词符号，谓词可以是内部函数，如 sum、times、eq(equal)、neq(not equal)、ge(great than or equal to)、gt(great than)，也可以由用户定义。

条件约束具有下面的形式：

```
if {
        condition₁ : constraint₁;
                ⋮
        condition_n : constraint_n
}
```

其中，condition₁, ⋯, condition_n 是布尔表达式；constraint₁, ⋯, constraint_n 是一个约束，或者是一个具有大括号{}的约束表。

规则用来定义新的函数、方法、谓词，或者可以将约束加到对象上。规则的形式是

```
RULE[class::] 谓词(变量或常量表)(布尔表达式)
{
      约束₁;
        ⋮
      约束 n;
      CASE
      布尔表达式₁: 约束₁;
        ⋮
      布尔表达式_m: 约束_m;
}
```

例如：

```
RULE multiple(INTEGER: * x, INTEGER: y, INTEGER: z) (neq(y,0))
{
      equal(x,divide(z,y));
}
```

这段程序定义了三个变量 x、y、z 之间的约束关系：$x = z/y$。

2. 类定义

在 COPS 中，问题领域中的实体被定义为类，实体的内部属性及它们之间的关系都被封装在类中，多个具有一定关系的实体又可封装在一个更高层次的类中。COPS 的类的定义与 C++ 的类定义很相似：

```
CLASS [类名][:超类名]
{
      //属性定义
      数据类型: 属性名;
        ⋮
```

```
//规则定义
规则名;
 ⋮
//函数定义
函数名;
 ⋮
//方法定义
方法名;
 ⋮
}
```

整个 COPS 程序就是由类的定义和规则组成。COPS 语言保持了关系式说明型语言的风格,同时提供类、方法等面向对象成分。这样,既增强了程序设计的规范性与灵活性,又提高了程序的易用性和可读性。COPS 语言可以使用户集中于问题本身的描述,不必关心问题求解的细节。由于 COPS 语言成分与常规的C++语言非常类似,整个描述直观、清晰,很容易使用,而且可以充分利用类的封装性和继承机制进行扩充和复用。COPS 已经成功地进行了电路的模拟。

3. COPS 的约束推理

在 COPS 中,约束推理主要依靠产生式的组合和约束传播,也具有排序条件重写系统(ranked conditional term-rewriting system),利用问题求解状态信息、默认规则和假设推理、分区传播等启发式特点。下面给出 COPS 的核心算法。

算法 3.9　COPS 的核心算法 main-COPS。

```
procedure main-COPS
{
    1. 调用 yacc 分析程序,生成内部结构;
    2. 初始化;
       建立 COPS 常数 trueNode;
       全局变量分配存储空间;
    3. 解释具有内部结构的程序;
    4. 对尚未求解的约束和变量建立约束网络;
    5. while 触发约束网络中的约束
       解释触发约束;
}
```

上述算法中的 yacc(yet another compiler compiler)是又一个编译程序的编译程序,它把一上下文无关文法转换为一种简单自动机的一组表格,该自动机执行一个LR 语法分析程序。输出文件为 y. tab. c,必须由 C 编译程序编译,产生程序 yyparse。该程序必须与词法分析程序 yylex,以及 main 和出错处理程序 yyerror 一起安装。

算法中的解释器如下:

```
Interpreter:
```

```
    {
        switch (constraint type)
            case Constant:
                return Constant:
            case global variable:
                interprete global variable:
            case local variable or argument:
                interprete local variable or argument:
            case object-attribute pair:
                interprete object-attribute pair:
            case function call:
                interprete function call:
            case method call:
                interprete method call:
            case CASE expression:
                interprete CASE expression:
                ⋮
            default:
                report error
    }
```

COPS 充分利用类的封装性和继承机制进行扩充和复用,通过类的成员函数的重载,高效灵活实现约束求解。我们还可以通过设计新的求解类,在 COPS 中加入多种约束求解方法,改进原有系统求解策略单一的弱点。目前,要解决的主要问题是在不同类之间的进行消息传递、对共享变量进行值传播和一致性维护的过程中如何避免组合爆炸。今后的工作主要是在现有系统的基础上,将约束技术运用于多主体系统中,解决多主体系统中的协作和协商问题,将约束推理应用于智能决策支持系统中的多目标问题求解。

3.12   ILOG Solver

约束程序是关于约束的计算系统,它的输入是一组约束条件和需要求解的若干问题,输出问题的解决方案。至于具体解决问题的算法等都是约束程序设计语言的基本功能。程序员所要面对的,就是如何把问题描述为一组约束构成的模型,而描述的语言可以很接近自然语言。如果把问题的解决方案也看做是一种约束,那么问题的求解就是求得一个或若干个约束,它们每一个都是这一组给定约束的充分条件,也就是说,求得的这些约束满足这组给定的约束。于是,约束程序设计便可以称为面向约束的程序设计方法。

ILOG 公司是法国优化、互动图像界面以及商业规则应用领域的软件组件供应商,成立于 1987 年。在过去的时间里,ILOG 公司不断进行企业软件组件和服务的开发与创新,使得客户优化了业务处理的灵活性,并且提高了这些公司的运营效率。

约束规划是基于约束规则的计算机系统的程序,约束规划的概念是描述问题的约束来解决问题。结果是找到让所有的约束满意的方案。规划调度实施的关键是基于约束规则、基于约束自动的调配资源、优化计划,来达到所需要的计划目标。对离散的制造行业解决复杂的加工过程,如多工序、多资源等;对重复式或流程式的制造行业解决顺序问题,如优化排序(flowshop 调度)等。ILOG Solver 是嵌入过程性语言的约束程序设计语言,将面向对象程序设计和约束逻辑程序设计结合起来,包含逻辑变量,通过增量式约束满足和回溯实现问题求解。ILOG Solver 中主要语言成分如下:

```
variables : C + + object / * 变量 * /
    integer variable     CtIntVar
    floating variable    CtFloatVar
    boolean variable     CtBoolVar
Memory Management / * 存储管理 * /
    new:
    delete:
Constraints / * 约束 * /
    CtTell(x = = (y + z));
    Basic constraints: = , ≤, ≥ , <, >, + , - , * ,/, subset, superset, union, in-
    tersection, member, boolean or, boolean and, boolean not, boolean xor,
    CtTell((x = = 0) ‖ (y = = 0));
    CtIfThen (x<100, x = x + 1);
Search / * 搜索 * /
    CTGOALn: how to execute
    CTGOAL1(CtInstantiate, CtIntVar * x){
            CtInt a = x->chooseValue();
              CtOr(Constraint(x = = a),
                CtAnd(Constraint(x ! = a),
                  CtInstantiate(x)));
        }
Schedule / * 调度 * /
    CtSchedule class
        Global object: time original …tineMin
                        time horizon …timeMax
Resources / * 资源 * /CtResource
        CtDiscreteResource
        CtUnaryResource
        CtDiscreteEnergy
        CtStateResource
Activities / * 工序 * /
        CtActivity class
            CtIntervalActivity
```

一个动作被定义为开始时间、结束时间、时间跨度、工序要求、提供、消费和生产资源。

约束规划的开发已经吸引各个领域专家的高度注意,因为它有潜力解决现实中非常难的问题。无论我们是用先进的遗传算法,还是用人机交互式的仿真方法,都需要对制造业的复杂约束、多目标优化、大规模的搜索和车间生产的不确定性的问题进一步研究,以适用于实际需要。这里采用基于事件的调度方法,即至少一个资源是空闲的,两个或多个工序能用于这个资源,工序选择规则(operation selection rule,OSR)决定哪一个工序被加载。这就是决定计划结果质量好坏的关键因素。独立的工序选择规则详细介绍如下:

(1) 最早完成日期:选择最早完成的工序(也许是订单完成日期);

(2) 最高优先级第一:选择最高优先级(最低值)的工序;

(3) 最低优先级第一:选择最低优先级(最高值)的工序;

(4) 最高订单属性字段:选择最高(最大)订单属性字段的工序;

(5) 最低订单属性字段:选择最低(最小)订单属性字段的工序;

(6) 动态最高订单属性字段:选择动态最高(最大)订单属性字段的工序;

(7) 动态最低订单属性字段:选择动态最低(最小)订单属性字段的工序;

(8) 计划档案订单:选择订单里出现先到先服务的工序;

(9) 关键率:选择最小关键率的工序

关键率＝剩余计划工作时间/(完成日期－当前时间)

(10) 实际关键率:选择最小实际关键率的工序

实际关键率＝剩余实际工作时间/(完成日期－当前时间)

(11) 最少剩余工序(静态):选择最少剩余工序时间的工序;

(12) 最长等待时间:选择最长等待时间的工序;

(13) 最短等待时间:选择最短等待时间的工序;

(14) 最大过程时间:选择最大过程时间的工序;

(15) 最小过程时间:选择最小过程时间的工序;

(16) 最小工序闲散时间:选择最小工序闲散时间的工序

订单任务的闲散时间＝任务剩余完成时间－剩余工作时间

工序闲散时间＝任务闲散时间/完成任务的剩余工序数

(17) 最小订单闲散时间:选择最小订单任务的闲散时间的工序;

(18) 最小工作剩余:选择所有需要完成订单的最小剩余过程时间的工序。

资源选择规则(resource selection rule)选择工序加载到资源组内的哪一资源,规则如下:

(1) 最早结束时间:选择将要最先完成工序的资源;

(2) 最早开始时间:选择将要最先开始工序的资源;

（3）最迟结束时间：选择将要最迟完成工序的资源；

（4）与前工序一样：选择被用于前一工序的资源；

（5）非瓶颈最早开始时间：选择将要最早开始工序的非瓶颈资源。

相关选择规则是如果选择一工序选择规则，就自动地选择相应的资源选择规则：

（1）系列顺序循环：选择同样或下一个最高（最低）系列值的工序，当没有最高值的工序，顺序将相反，选择最低的工序；

（2）系列降顺序：选择同样或下一个最低系列值的工序；

（3）系列升顺序：选择同样或下一个最高系列值的工序；

（4）最小准备系列：选择最小准备时间及最近的系列值的工序；

（5）最小准备时间：选择最小准备或换装时间的工序；

（6）定时区的系列顺序循环：选择同样或下一个最高（最低）系列值工序，且只考虑在特定的时区里的订单完成日期里的工序，当没有最高值的工序，顺序将相反，选择最低的工序；

（7）定时区的系列降顺序：选择同样或下一个最低系列值工序，且只考虑在特定的时区里的订单完成日期里的工序；

（8）定时区的系列升顺序：选择同样或下一个最高系列值工序，且只考虑在特定的时区里的订单完成日期里的工序；

（9）定时区的最小准备系列：选择最小准备时间及最近的系列值的工序，且只考虑在特定的时区里的订单完成日期里的工序；

（10）定时区的最小准备时间：选择最小准备或换装时间的工序，且只考虑在特定的时区里的订单完成日期里的工序。

下面以房屋装修为例，如图 3.1 所示，采用 ILOG Scheduler 给出规划方案，说

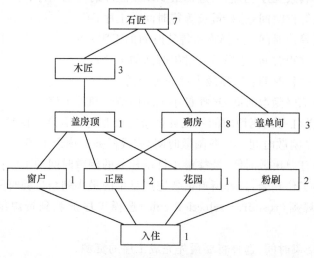

图 3.1　房屋装修工序

明约束问题求解的原理。假定任务开始每天的开销是 1000 元,资金总额为 20000
元。工程进行到第 15 天,可以增加 9000 元。

采用 ILOG Scheduler 进行规划,约束程序如下:

```
CtSchedule * schedule =
    new CtSchedule(0,horizon);
// 创建具有给定期限的工序
CtIntervalActivity * act =
    new CtIntervalActivity(schedule,duration);
//规定工序 act1 和 act2 之间的顺序约束
act2->startsAfterEnd(act1,0);

//创建有限资金 capacity 29000 的总预算
CtDiscreteResource * res =
    new CtDiscreteResource(schedule,
                            CtRequiredResource,
                            capacity);
// 说明开始 15 天里,能用的资金 cap 为 20000
res->setCapacityMax(0,date,cap);
// 说明一个工序 act 消耗的资源 res 为 c 单位
act->consumes(res,c);

CtBoolean IsUnScheduled(CtActivity * act){
// 如果工序 act 没有固定开始时间,则返回 True
if (act->getStartVariable()->isBound())
    return CtFalse;
else
    return CtTrue;
}
CtBoolean IsMoreUrgent(CtActivity * act1,
                        CtActivity * act2){
// 如果工序 act1 比 act2 紧迫,则返回 true
// 如果工序没有限制,则返回 true
if (act2 = = 0)
    return CtTrue;
else if (act1->getStartMax()<act2->getStartMax())
    return CtTrue;
else
    return CtFalse;
}

CtActivity* SelectActivity(CtSchedule* schedule){
    //返回具有最小最近开工时间的未调度工序
```

```
    CtActivity* bestActivity = 0;
    //创建一个 iterator,重复全部工序
    CtActivityIterator* iterator(schedule);
    CtActivity* newActivity;
    while(iterator.next(newactivity))
        if((IsUnScheduled(newActivity))
            && (IsMoreUgent(newActivity,bestActivity)))
            bestactivity = newActivity;
    return bestActivity;

void SolveProblem(CtSchedule * schedule){
    //发送约束,进行问题求解
    CtActivity * act = SelectActivity(schedule);
    while (act ! = 0) {
        act->setStartTime(act->getStartMin());
        act = SelectActivity(schedule);
    }
}
```

用 ILOG Scheduler 求解,得到图 3.2 所示的装修工序规划图:

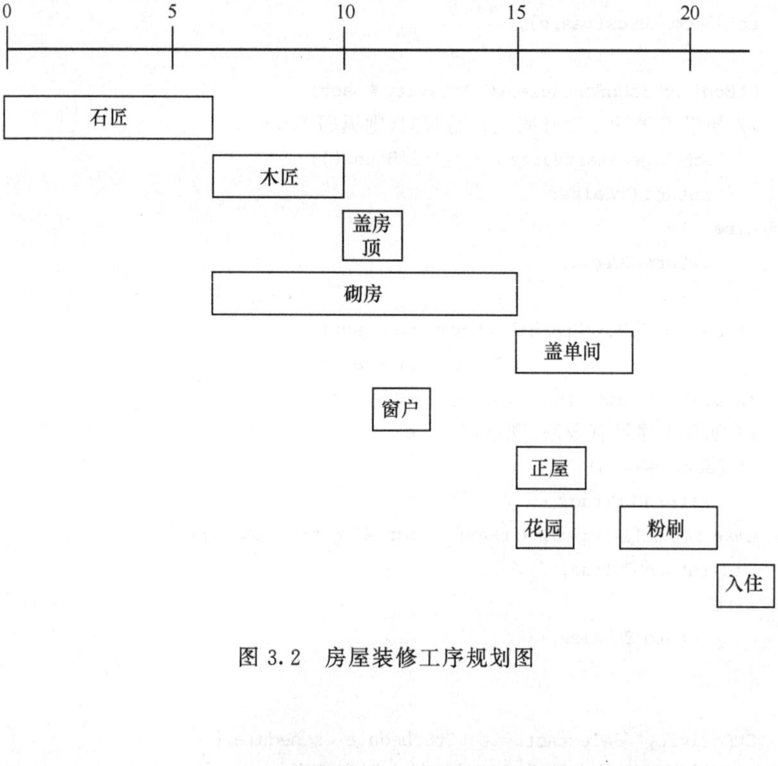

图 3.2　房屋装修工序规划图

习　　题

1. 什么是约束满足问题？约束推理可以分为哪几种？

2. 什么是弧一致性？并举例说明它的非对称性。

3. 请给出约束传播 AC-1 和 AC-3 算法，并比较它们的异同之处。

4. 试用程序设计语言编写基于影响的回跳算法，并用 N 皇后问题测试，与其他约束算法进行比较。

5. 使约束推理系统，如何既能求解符号推理问题，又能求解数值问题？

6. 用 ILOG Solver 语言写一个车间调度系统。

第4章 定性推理

定性推理(qualitative reasoning)是从物理系统、生命系统的结构描述出发,导出行为描述,以便预测系统的行为并给出原因解释。定性推理采用系统部件间的局部结构规则来解释系统行为,即部件状态的变化行为只与直接相邻的部件有关。

4.1 概 述

人工智能的定性推理理论起源于对物理现象的研究,早期的工作常常是针对一物理过程来讨论的,如动力学、流体力学、热流等问题。1952 年,Simmons 提出定性分析的因果关系。1977 年,Rieger 发表了因果仿真的论文[Rieger et al 1977]。1984 年,*Artificial Intelligence* 杂志第 24 卷出版了定性推理专辑,刊载了 de Kleer、Forbus 和 Kuipers 对定性推理奠基性的文章,这标志着定性推理开始走向成熟。1986 年,Iwasaki 和 Simon 发表的文章[Iwasaki et al 1986],推动了定性定理的发展。这些基本方法对定性推理的研究和应用起着重要的作用,使定性推理的研究成为人工智能中富有成果的领域之一。1993 年,*Artificial Intelligence* 杂志第 59 卷又发表了一组文章,回顾这几位定性推理奠基人所做的工作。

基于对物理系统不同的结构描述,提出了不同的定性推理方法。常用的有 de Kleer 的定性模型方法[de Kleer 1984]、Forbus 的定性进程方法[Forbus 1984]、Kuipers 定性仿真法[Kuipers 1984]。de Kleer 的定性模型方法所涉及的物理系统是由管子、阀门、容器等装置组成,约束条件(定性方程)反映在这些装置的连接处,依定性方程给出定性解释。在 Forbus 的定性进程方法中,一个物理系统的变化是由进程引起的,一个物理过程由一些进程来描述。Kuipers 直接用部件的参量作为状态变量来描述物理结构,定性约束直接由物理规律得到,把一个参量随时间的变化视作定性的状态序列,求解算法是从初始状态出发,生成各种可能的后续状态,进而通过一致性过滤,重复这过程直到没有新状态出现。

除了上面这三种基本方法外,还有其他的研究工作。如 Davis 提出从结构描述出发进行故障论断的方法。Reiler 提出从基本原理出发进行故障诊断的方法。Williams 把定量运算和定性推理相结合建立了一个混合代数系统 Q1,并讨论了它的代数性质,他还用定性方程实现了设计方面的定性推理。Iwasaki 和 Simmons 把经济学、热力学中所用的因果关系形式化特征和相对静止的方法用于定性因果分析,对因果关系给出了形式化定义。Weld 在分子生物学中设计了定性模拟程序,用聚类方法找出了重复出现的循环,通过对循环的分析确定系统的最后状态,他还讨论了非连续量的情况。

4.2　定性推理的基本方法

人类对物理世界的描述、解释,常是以某种直观的定性方法进行的,很少使用微分方程及具体的数值描述,如人们在骑自行车时,为了避免摔倒和撞车,并不需要使用书本上的运动方程,而是针对几个主要参量的变化趋势给予粗略的、直观的但大体上准确的描述,这就够了。

一般分析运动系统行为的标准过程可分为三个步骤:

(1) 决定描述对象系统特征的量;

(2) 用方程式表示量之间的相互关系;

(3) 分析方程式,得到数值解。

这类运动系统行为的问题用计算机进行求解时,将面临如下三个问题:

(1) 步骤(1)、(2)需要非常多的知识,并且要有相应的算法;

(2) 有的场合对象系统的性质很难用数学式表示;

(3) 步骤(3)得到了数值解,但是对象系统的行为并不直观明了。

为了解决第(2)、(3)个问题,定性推理一般采用下列分析步骤:

(1) 结构认识:将对象系统分解成部件的组合;

(2) 因果分析:当输入值变化时,分析对象系统中怎样传播;

(3) 行为推理:输入值随着时间变化,分析对象系统的内部状态怎样变化;

(4) 功能说明:行为推理的结果表明对象系统的行为,由此可以说明对象系统的功能。

定性推理的观点大体上可这样来理解:

(1) 忽略被描述对象的次要因素,掌握主要因素简化问题的描述;

(2) 将随时间 t 连续变化的参量 $x(t)$ 的值域离散化为定性值集合,通常变量 x 的定性值 $[x]$ 定义为

$$[x] = \begin{cases} -, & \text{当 } x < 0 \\ 0, & \text{当 } x = 0 \\ +, & \text{当 } x > 0 \end{cases}$$

(3) 依物理规律将微分方程转换成定性(代数)方程,或直接依物理规律建立定性模拟或给出定性进程描述;

(4) 最后给出定性解释。

4.3　定性模型推理

de Kleer 注意到符号计算和推理是理解人们周围的物理世界最理想的工具。1974 年,de Kleer 参加了为期半年的混淆研讨会(Confusion Seminar)。会上讨论了一系列人们熟悉而又令人困惑的问题,如反弹球、滑轮、钟摆、弹簧等问题。研讨会的目的是研究人类思考推理的过程,而 de Kleer 却带着完全不同的课题离开研讨会。他发现对于大多数例子,传统的数学、物理公式都没用或不必要,许多令人迷惑的问题只需要简单的定性推理,至多只用一两个极简单的方程就可得到令人满意的解。

de Kleer 研究解决经典物理问题需要哪些知识及如何建立问题求解系统。他提出的定性模型方法所涉及的物理系统是由管子、阀门、容器等装置组成,约束条件(定性方程)反映在这些装置的连接处,依定性方程给出定性解释。

为将代数方程、微分方程定性化,首先需定义变量的定性值集合以及相应的定性运算。

定性值集合是一个离散集合,其元素是由对数轴的划分而得到的,通常把数轴 $(-\infty,\infty)$ 划分成 $(-\infty,0),0,(0,\infty)$ 三段,规定定性值集合为 $\{-,0,+\}$,变量 x 的定性值 $[x]$ 如下定义:

$$[x] = \begin{cases} -, & \text{当 } x < 0 \\ 0, & \text{当 } x = 0 \\ +, & \text{当 } x > 0 \end{cases}$$

另外用 ∂x 表示 $\mathrm{d}x/\mathrm{d}t$ 的定性值,也即

$$\partial x = \left[\frac{\mathrm{d}x}{\mathrm{d}t}\right]$$

定性值的加、乘运算分别以 $\oplus$、$\otimes$ 表示,可按表 4.1 和表 4.2 定义:

表 4.1　$[x]\oplus[y]$

y ＼ x	$-$	0	$+$
$-$	$-$	$-$	?
0	$-$	0	$+$
$+$	?	$+$	$+$

表 4.2　$[x]\otimes[y]$

y ＼ x	$-$	0	$+$
$-$	$+$	0	$-$
0	0	0	0
$+$	$-$	0	$+$

其中,符号? 表示不确定或无定义。下面给出 $\oplus$ 和 $\otimes$ 的运算规则。设 e_1, e_2 是公式,则有

$$[0] \oplus [e_1] \Rightarrow [e_1]$$
$$[0] \otimes [e_1] \Rightarrow [0]$$
$$[+] \otimes [e_1] \Rightarrow [e_1]$$
$$[-] \otimes [e_1] \Rightarrow -[e_1]$$

使用下列规则,可将运算符 $+$、$\times$ 转换成 $\oplus$、$\otimes$:

$$[e_1 + e_2] \Rightarrow [e_1] \oplus [e_2]$$
$$[e_1 \times e_2] \Rightarrow [e_1] \otimes [e_2]$$

由这些运算规则不难将通常的代数方程、微分方程化成定性方程。由定性方程给出解释便是进行定性推理的过程。这里以压力调节器定性分析为例,说明定性模型推理的方法。

压力调节器是通过弹簧来控制阀门流量,以使流量为某一设定值而不受流入的流量和负载变化的影响。根据物理学有

$$Q = CA \sqrt{2\frac{P}{\rho}}, \quad P > 0$$

$$\frac{dQ}{dt} C \sqrt{2\frac{P}{\rho}} \frac{dA}{dt} + \frac{CA}{\rho} \sqrt{\frac{\rho}{2P}} \frac{dP}{dt}$$

其中,Q 是通过阀门的流量;P 是压力;A 是阀门开启的面积;C 是常系数;ρ 是流体的质量密度。按照运算和转换规则而得到定性方程:

$$[Q] = [P]$$
$$\partial Q = \partial A + \partial P, \quad \text{若} A > 0$$

根据一致性、连续性等物理规律还可建立有关的定性方程。由这些定性方程便可得出定性解释,描述调节器有三个特殊的状态,即开、关、工作状态:

OPEN 状态 $\quad A = A_{max}$ 定性方程 $[P] = 0$ $\quad \partial P = 0$

WORKING 状态 $\quad 0 < A < A_{max}$ 定性方程 $[P] = [Q]$ $\quad \partial P + \partial A = \partial Q$

CLOSED 状态 $\quad A = 0$ 定性方程 $[Q] = 0$ $\quad \partial Q = 0$

除了可以讨论每个状态内的定性分析还可讨论各状态间转换的定性分析。de Kleer 建立的 ENVSION 系统是使用约束传播与生成测试方法来求解定性方程。

4.4 定性进程推理

Forbus 提出的定性进程方法把物理现象视作由一些相关的进程来描述,每个

进程由一组个体、前提条件、数量条件、参数关系和影响来描述,推理过程是从已知的进程表中依次选出一些可用的进程来描述一个物理过程。定性进程理论中有关定性物理的关键思想如下:

(1) 组织原则为物理进程。本体论在知识的组织上起着重要作用。在人们进行物理系统推理时,物理进程非常直观,用它组织物理领域的理论是合理的。

(2) 用顺序关系表示数值。重要的性质差别常由比较而来。例如,当压力和温度不同时产生流动;当温度到达某一界值时会发生相变等。在很多情况下,用一套序数关系表示数值更自然。

(3) 单一机制假设。物理进程被看做产生变化的机制。这样,任何变化必须解释为某些物理进程的直接或间接的影响。进程本体论为定性物理理论的因果性打下了基础。

(4) 组合的定性数学。人们进行复杂系统推理时,使用部分信息并进行组合。

(5) 清晰的表示及关于模型化假设的推理。明确地表示某些特定知识的适用条件,并从领域理论中为特定系统建模成为定性物理的中心任务。

一个物理系统的变化是由进程引起的,一个物理过程由一些进程来描述,这就是定性推理进程方法的基本观点。下面介绍在定性进程推理中的量空间和进程的描述。

1. 量空间

(1) 时间由区间表示,区间之间的关系有前、后、相等。两个区间可以相连,瞬间认为是极短的区间,持续时间为 0。

(2) 物体的参数称作量,量由其数量和导数组成。

① A_m 表示数量的值,A_s 表示数量的符号;

② D_m 表示数量导数值,D_s 表示数量导数的符号;

③ (MQ_t) 表示时刻 t 量 Q 的值;

④ HAS-Quantity 是谓词,指某物体具有某参数。

(3) 一个量的所有可能取值构成量空间,量空间的元素间有半序关系。

如果 $Q_1 = f(Q_2)$ 是单调上升的,说 Q_1 与 Q_2 定性成正比例,记作 $Q_1 \propto_{Q+} Q_2$。如果 $Q_1 = f(Q_2)$ 是单调下降的,说 Q_1 与 Q_2 定性成反比例,记作 $Q_1 \propto_{Q-} Q_2$。

2. 进程

一个物理进程 P 由一组个体、一组前提条件、一组数量条件、一组参数关系和一组影响组成。一个进程的具体示例称作进程例,用 PI 表示。

所谓影响,是指什么能引起参数的变化。影响有直接影响和间接影响之分。如果在某一时刻有一进程影响量 Q,则说 Q 受直接影响。如果数 n 直接影响 Q 且影响为正、负、无,则分别记作 $1+(Q,n),1-(Q,n),1\pm(Q,n)$。当 Q 是其他量的函数时,称 Q 受间接影响。如定性成比例 $\propto_Q$ 就是间接影响。进程表指一个领域可能出现的全部进程。

在进程推理方法中,一个物理过程可用一些进程来描述。这里以热流进程为例说明该方法的工作原理。

```
Process heat-flow                              //热流进程
Individuals:                                   //一组个体
    src an object, Has-Quantity(src, heat)     // src 是热源
    dst an object, Has-Quantity(dst, heat)     //dst 是受热对象
    path a heat-path,                          //path 是热流路径
    Heat-connection(path, src, dst)            //将 src、dst 连接起来
Preconclitions:                                //一组前提条件
    Heat-Aligned(path)                         //热流路径安排好
Quantity Conditions:                           //一组数量条件
    A[temperature(src)]>A[temperature(dst)]    //src 温度高于 dst 温度
Relations:                                     //一组参量关系
    Let flow-rate be a quantity                //flow-rate (热流量)是一个数量
    A[flow-rate]>ZERO                          //flow-rate 值>0
    flow-rate ∝Q+ (temperature(src) -temperature(dst))
                                               //flow-rate 与 src、dst 温差定性成
                                                 比例
Influences:                                    //一组影响
    1 - (heat(src), A[flow-rate])              //flow-rate 的值直接影响 heat(src),
                                                 而且是负影响
    1 + (heat (dst), A[flow-rate])             //flow-rate 的值直接影响
                                               //heat(dst),而且是正影响
```

3. 演绎过程

在进程定性推理中,其演绎过程如下:

(1)选进程。对一组已知的个体来说,在进程表中依各进程对个体的说明找出可能出现的那些进程例 PI。

(2)确定激活的 PI。依前提条件、数量条件确定每个 PI 的状态。满足这些条件的为激活的 PI,激活的 PI 叫进程结构。

(3)确定量的变化。个体的变化由相应量的 D_s 值来表示。量的变化可由进程直接影响,也可由 $\propto_Q$ 间接影响。

(4)确定进程结构变化。量的变化将会引起进程结构的变化,确定这种变化也叫限制分析,这样对一个物理过程的描述便由(1)建立的 PI 进入了下一个 PI 。

重复步骤(1)～(4)便可给出一个物理过程的一串进程描述。

　　限制分析是依 D_s 值来确定量在量空间中的变化。首先在量空间中找出当前值的相邻。如果相邻是限制点,则某些进程便停止,某些进程开始。与限制点有关的半序关系的所有可能变化确定了当前激活进程的变化路径。

　　这里以锅炉加热过程的进程描述为例(图 4.1),说明进程方法的演绎过程。锅炉有一个装水的容器,加热时盖子密封,热源是火,假设热源的温度不变。当容器内压力超过 p-burst(CAN)时就会爆炸。

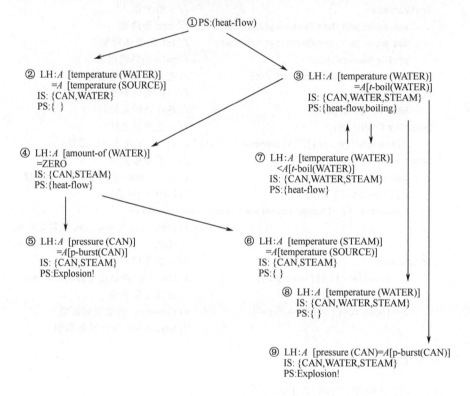

图 4.1　锅炉加热过程的进程描述

　　图 4.1 给出了一个锅炉加热过程的进程描述。其中,PS 是进程结构;LH 是限制假设(附加的量假设);IS 是出现的个体。锅炉加热过程的进程解释如下:

　　从①开始,进程结构只有 heat-flow(热流)。由 PS:(heat-flow)可导出②和③。②是水温与热源温度相等,这时 heat-flow 进程结束。③是水开始沸腾,由 heat-flow 和 boiling 进程描述,这时可发生④、⑦、⑧、⑨。④是水烧干了,可导致⑤出现爆炸进程,或⑥蒸汽温度达到热源温度而结束。⑦是水沸腾使压力上升,使水沸点提高,由于水温低于沸点。返回③。⑧是水温达到热源温度而结束。⑨是容器压力过高,用进程 p-burst(CAN)描述,出现爆炸。

4.5　定性仿真推理

1984 年，Kuipers 发表了"因果性的常识推理：从结构导出行为"论文。这篇论文建立了一种定性仿真推理的框架，简单地给出了从常微分方程的抽象而得的定性结构和定性行为表示方法。随后，1986 年，AI 杂志又刊登了 Kuipers"定性仿真"一文，文中明确了抽象关系，提出用于定性仿真的 QSIM 算法，并用抽象关系证明了其有效性和不完备性。这两篇文章奠定了定性仿真的基础。

定性仿真是从结构的定性描述出发来导出行为描述。直接用部件的参量作为状态变量来描述物理结构，定性约束直接由物理规律得到，把一个参量随时间的变化视作定性的状态序列，求解算法是从初始状态出发，生成各种可能的后续状态，进而通过一致性过滤，重复该过程直到没有新状态出现。

定性仿真结构描述由系统的状态参数和约束关系组成。认为参数是时间的可微函数，约束是参数间的二元或多元关系。例如，速度的导数是加速度，表为 DERIV(Vel,acc)。$f=ma$ 表为 MULT(m,a,f)，f 随 g 单调增加表为 $M^+(f,g)$，f 随 g 单调减少，表为 $M^-(f,g)$。

行为描述关心参量的变化。假设参量 $f(t)$ 是 $[a,b]$ 到 $[-\infty,\infty]$ 的可微函数。f 的界标值是一个有限集合，至少含有 $f(a)$、$f(b)$。集合 $\{t \mid t \in [a,b] \wedge f(t)$ 是界标值$\}$ 的元素称作区别点。

定义 4.1　设 $l_1 < l_2 < \cdots < l_k$ 是 $f:[a,b] \to [-\infty,\infty]$ 的界标值。对任意 $t \in [a,b]$，f 在 t 的定性状态 QS(f,t) 规定为有序对 $\langle \text{qval},\text{qdir} \rangle$，定义如下：

$$\text{qval} = \begin{cases} l_j, & f_t = l_j \\ (l_j,l_{j+1}), & f_t \in (l_j,l_{j+1}) \end{cases}$$

$$\text{qdir} = \begin{cases} \text{inc}, & f'(t) > 0 \\ \text{std}, & f'(t) = 0 \\ \text{dec}, & f'(t) < 0 \end{cases}$$

定义 4.2　设 t_i,t_{i+1} 是相邻的区分点，规定 f 在 (t_i,t_{i+1}) 内的定性状态 QS(f,t_i,t_{i+1}) 仍为

$$\text{QS}(f,t), \quad t \in (t_i,t_{i+1}) \tag{4.1}$$

定义 4.3　f 在 $[a,b]$ 上的定性行为是 f 的定性状态序列 QS(f,t_0)、QS(f,t_0,t_1)、QS(f,t_1)，$\cdots$，QS(f,t_n)。其中，$t_i(i=0,1,\cdots,n)$ 为所有的区分点，且 $t_i < t_{i+1}$，若 $F=\{f_1,\cdots,f_n\}$，则 F 的定性行为是

$$\text{QS}(F,t_i) = \{\text{QS}(f_1,t_i),\cdots,\text{QS}(f_n,t_i)\} \tag{4.2}$$

$$\text{QS}(F,t_i,t_{i+1}) = \{\text{QS}(f_1,t_i,t_{i+1}),\cdots,\text{QS}(f_n,t_i,t_{i+1})\} \tag{4.3}$$

其中，t_i 是 $f_1,\cdots,f_k$ 区分点并集的元素。

4.5.1 定性状态转换

在定性仿真中,定性状态转移是经常遇到的。假设 f 是可微函数,f 从一个定性状态转换到另一个定性状态必须遵守介值定理和中值定理。定性状态转换有两类:一类是 P 转换,该类转换是从时间点到时间区间;另一类是 I 转换,它是从时间区间到时间点的转换。下面给出转换表,如表 4.3 和表 4.4 所示:

表 4.3 P 转换

P 转换	$\mathrm{QS}(f,t_i)\Rightarrow\mathrm{QS}(f,t_i,t_{i+1})$
P_1	$\langle l_j,\mathrm{std}\rangle\Rightarrow\langle l_j,\mathrm{std}\rangle$
P_2	$\langle l_j,\mathrm{std}\rangle\Rightarrow\langle(l_j,l_{j+1}),\mathrm{inc}\rangle$
P_3	$\langle l_j,\mathrm{std}\rangle\Rightarrow\langle(l_{j-1},l_j),\mathrm{dec}\rangle$
P_4	$\langle l_j,\mathrm{inc}\rangle\Rightarrow\langle(l_j,l_{j+1}),\mathrm{inc}\rangle$
P_5	$\langle(l_j,l_{j+1}),\mathrm{inc}\rangle\Rightarrow\langle(l_j,l_{j+1}),\mathrm{inc}\rangle$
P_6	$\langle l_j,\mathrm{dec}\rangle\Rightarrow\langle(l_{j-1},l_j),\mathrm{dec}\rangle$
P_7	$\langle(l_j,l_{j+1}),\mathrm{dec}\rangle\Rightarrow\langle(l_j,l_{j-1}),\mathrm{dec}\rangle$

表 4.4 I 转换

I 转换	$\mathrm{QS}(f,t_i,t_{i+1})\Rightarrow\mathrm{QS}(f,t_{i+1})$
I_1	$\langle l_j,\mathrm{std}\rangle\Rightarrow\langle l_j,\mathrm{std}\rangle$
I_2	$\langle(l_j,l_{j+1}),\mathrm{inc}\rangle\Rightarrow\langle l_{j+1},\mathrm{std}\rangle$
I_3	$\langle(l_j,l_{j+1}),\mathrm{inc}\rangle\Rightarrow\langle l_{j+1},\mathrm{inc}\rangle$
I_4	$\langle(l_j,l_{j+1}),\mathrm{inc}\rangle\Rightarrow\langle(l_j,l_{j+1}),\mathrm{inc}\rangle$
I_5	$\langle(l_j,l_{j+1}),\mathrm{dec}\rangle\Rightarrow\langle l_j,\mathrm{std}\rangle$
I_6	$\langle(l_j,l_{j+1}),\mathrm{dec}\rangle\Rightarrow\langle l_j,\mathrm{dec}\rangle$
I_7	$\langle(l_j,l_{j+1}),\mathrm{dec}\rangle\Rightarrow\langle(l_j,l_{j+1}),\mathrm{dec}\rangle$
I_8	$\langle(l_j,l_{j+1}),\mathrm{inc}\rangle\Rightarrow\langle l^*,\mathrm{std}\rangle$
I_9	$\langle(l_j,l_{j+1}),\mathrm{dec}\rangle\Rightarrow\langle l^*,\mathrm{std}\rangle$

注:其中,l^* 是新界标值,$l_j < l^* < l_{j+1}$。

4.5.2 QSIM 算法

QSIM 算法可对系统的行为进行定性仿真。首先将初始状态送入 ACTIVE 表中,然后重复步骤 (1)~(6),直至 ACTIVE 表空为止。

算法 4.1 QSIM 算法。

(1) 从 ACTIVE 表中选一状态。

(2) 对每个参数按转换表找出所有可能的转换。

（3）对约束中变元的转换生成二元组、三元组集合，依约束关系做一致性滤波。

（4）对有公共变元的约束，对元组进行组对，再对组对的元组做一致性滤波。

（5）从剩下的元组生成所有可能的全局解释。每个解释生成一个新状态作为当前状态的后继状态。

（6）对新状态做全局滤波，剩下的状态送入 ACTIVE 表。全局滤波排除下列状态：

① 无变化情形：如 I_1、I_4、I_7；

② 循环情形：新状态与某个前辈状态相同；

③ 发散情形：某参数值为 ∞，这时当前时间点必为结束点。

这里以上抛球运动过程的定性模拟为例来说明 QSIM 算法。设球的高度为 Y，速度为 V，加速度为 A。

已知约束关系为

$$\mathrm{DERIV}(Y, V)$$
$$\mathrm{DERIV}(V, A)$$
$$A(t) = g < 0$$

初状态 (t_0, t_1) 球向上运动：

$$\mathrm{QS}(A, t_0, t_1) = \langle g, \mathrm{std} \rangle$$
$$\mathrm{QS}(V, t_0, t_1) = \langle (0, \infty), \mathrm{dec} \rangle$$
$$\mathrm{QS}(Y, t_0, t_1) = \langle (0, \infty), \mathrm{inc} \rangle$$

对每个参数做各种可能的转换，当前处于时间区间上，所以需使用 I 转换：

$$
\begin{array}{llll}
A: I_1 & \langle g, \mathrm{std} \rangle & \Rightarrow & \langle g, \mathrm{std} \rangle \\
V: I_5 & \langle (0, \infty), \mathrm{dec} \rangle & \Rightarrow & \langle 0, \mathrm{std} \rangle \\
I_6 & \langle (0, \infty), \mathrm{dec} \rangle & \Rightarrow & \langle 0, \mathrm{dec} \rangle \\
I_7 & \langle (0, \infty), \mathrm{dec} \rangle & \Rightarrow & \langle (0, \infty), \mathrm{dec} \rangle \\
I_9 & \langle (0, \infty), \mathrm{dec} \rangle & \Rightarrow & \langle l^*, \mathrm{std} \rangle \\
Y: I_4 & \langle (0, \infty), \mathrm{inc} \rangle & \Rightarrow & \langle (0, \infty), \mathrm{inc} \rangle \\
I_8 & \langle (0, \infty), \mathrm{inc} \rangle & \Rightarrow & \langle l^*, \mathrm{std} \rangle
\end{array}
$$

下面对约束形成元组集合，先对单个约束做一致性滤波，滤掉的以 C 表示，然后对元组做组对再做一致性滤波，滤掉的以 W 表示。

根据 $\mathrm{DERIV}(Y, V)$ 组对：

$$
\begin{array}{llll}
(I_4, I_5) & \mathrm{C} & (I_8, I_5) & \mathrm{W} \\
(I_4, I_6) & \mathrm{C} & (I_8, I_6) & \\
(I_4, I_7) & & (I_8, I_7) & \mathrm{C} \\
(I_4, I_9) & \mathrm{W} & (I_8, I_9) & \mathrm{C}
\end{array}
$$

根据 DERIV(V,A)组对：

$$(I_5, I_1) \quad C \qquad (I_7, I_1)$$
$$(I_6, I_1) \qquad\qquad (I_9, I_1) \quad C$$

其中，如元组(I_4, I_5)中，I_4 使 Y 的定性状态变为$\langle(0, \infty), \text{inc}\rangle$，而 I_5 使 V 的定性状态变为$\langle 0, \text{std}\rangle$，这与约束 DERIV($Y$,$V$)不一致，于是 ($I_4$, I_5) 被过滤掉了。又如元组 (I_4, I_9)中的 I_9 和元组 (I_9, I_1)中的 I_9 都是对 V 的转换，由于 (I_9, I_1)被过滤掉了，所以导致 (I_4, I_9)被滤掉。

对剩下的元组形成两个全局解释如下：

$$
\begin{array}{ccc}
Y & V & A \\
I_4 & I_7 & I_1 \\
I_8 & I_6 & I_1
\end{array}
$$

第一个解释为无变化，被滤掉。第二个解释是唯一的后继状态。这时

$$QS(A, t_1) = \langle g, \text{std} \rangle$$
$$QS(V, t_1) = \langle 0, \text{dec} \rangle$$
$$QS(Y, t_1) = \langle Y_{\max}, \text{std} \rangle$$

其中，$Y_{\max}$是新的界标值。

4.6 代数方法

Williams 建立了一个定性定量相结合的混合代数，实现了相应的符号代数程序 MINIMA，它是 MACSYMA 的一种定性模拟，为化简、分解、组合定性方程提供了工具。这个代数系数可用来解决一类物理问题的设计。

这个代数系统是定义在实数 $\mathbf{R}$ 和符号 $S' = \{+, -, 0, ?\}$ 之上的。允许在 $\mathbf{R}$ 上做定量运算，也允许在 S' 上做定性运算。如可在 $\mathbf{R}$ 上运行 $+$、$-$、$\times$、$/$，可在 S' 上进行 $\oplus$、$\ominus$、$\otimes$、$\oslash$，并有定性算子$[\,]$。交换律、结合律、分配律都成立，只是$[S', \oplus, \otimes]$上对 $\oplus$ 来说没有逆元，从而有

$$s \oplus u = t \oplus u \quad \lrcorner \quad s = t$$
$$s \oplus t = u \quad \lrcorner \quad s = u \ominus t$$

这个系统可用来进行设计。例如，已知一个自行打取的饮料瓶和一个饮料储存箱。要求设计一个装置以便能自动改变瓶箱液面高度，使得当瓶液面高 H 下降时可从箱中得到饮料的补充。这个设计过程可这样来直观地设想：

瓶中液面高 H_b的升降由流入流出的饮料流量 Q_b所决定，容器底部压力 P 和饮料密度成比例，也即压力由高度决定。要求瓶中压力相对箱中压力下降时，就有饮料由箱中流入瓶中。显然所需设计的装置，只需由瓶箱间加一条管子来实现。这个设计的推理过程不只涉及具体数值，也不只涉及定性的符号值，有些地方需要

精确的关系而不仅是简单的符号关系。

可用所述的混合代数来描述推演这个问题,MINIMA 系统可自动处理这个设计问题:

目标 $H_v - H_b = \left[\dfrac{\mathrm{d}}{\mathrm{d}t} H_b\right]$

$H_b A_b = V_b$ 容器模型,瓶中饮料体积为截面乘以高

$H_b = V_b / A_b$

$H_v - H_b = \left[\dfrac{\mathrm{d}}{\mathrm{d}t}\left(\dfrac{V_b}{A_b}\right)\right]$

$H_v - H_b = \left[\left(\dfrac{\mathrm{d}}{\mathrm{d}t} V_b\right)\Big/ A_b\right]$

$H_v - H_b = \left[\left(\dfrac{\mathrm{d}}{\mathrm{d}t} V_b\right)\right]\oslash[A_b]$

$[A_b] = [+]$ 容器模型

$[H_v - H_b] = \left[\dfrac{\mathrm{d}}{\mathrm{d}t} V_b\right]$

$Q_b = \dfrac{\mathrm{d}}{\mathrm{d}t} V_b$ 容器模型

$[H_v - H_b] = [Q_b]$

$P_v = dgH_v$ 容器模型,箱中饮料一点的压力是密度与重力加速度、高度的乘积

$H_v = P_v/(dg)$

$[P_v/(dg) - H_b] = [Q_b]$

$P_b = dgH_b$ 容器模型

$H_b = P_b/(dg)$

$[P_v/(dg) - P_b/(dg)] = [Q_b]$

$[P_v - P_b]\ominus([d][g]) = [Q_b]$

$[d] = [+]$ 饮料性质

$[g] = [+]$ 重力性质

$[P_v - P_b]\oslash([+]\otimes[+]) = [Q_b]$

$[P_v - P_b] = [Q_b]$

最后这个表达式,正是一根管子两端压力与流量间的关系。从而只需用一根管子把饮料瓶与饮料箱连接起来。

4.7 几何空间定性推理

空间定性推理是对几何形状或者运动性质进行定性推理,首先需对空间位置

及运动方式进行定性表示,进而对几何形状及运动性质进行推理研究及预测分析,并作出逻辑解释。空间定性推理是通过定义一组空间并寻找这些关系间的联系来进行的。目前主要的研究是针对空间定性建模方式、空间形状及关系的定性表示和定性技术的形式化等,产生解释理论,但总体来看与解决工程问题距离尚远。目前,将 Allen 的时态逻辑[Allen 1984]与 Randall 的空间逻辑[Randall et al 1992]结合起来,形成空间、时间、连续运动的表达逻辑。

另外从空间定性推理派生出空间规划理论,可用于为一组几何对象寻找满足一组约束的分布设计,有关方法主要用于设计自动化、定性建模等领域。在这一领域已取得了一些较有实际意义的成果,如约束满足问题(CSP)求解理论,而实际上很多空间定性规划都是一个几何约束满足问题(GCSP)。

4.7.1　空间逻辑

对空间几何形体及其运动进行几何仿真的主要任务是对其可能状态进行展望(envisionment)。所谓"展望",是指对系统建模并产生其可能状态的生成树。展望可分为两类,完整的(total)与可达的(attainable)。可达性展望是对建模系统从某一些特殊状态开始建立其可能状态生成树;而完整性的展望可以产生系统的全部可能状态[Cui et al 1992]。

1992 年,由 Randell 等建立起来的 RCC 空间时间逻辑是用于对空间问题进行可达性的展望,并已用程序实现。与 Kuipers 的 QSIM 方法类似,基于 RCC 逻辑的仿真算法也是从对系统进行结构性的描述开始的,系统将初始状态作为生成树的根节点,可能的行为则是树中从根节点到叶节点的路径。

空间逻辑的基础在于假设一个原语性的二元关系 $C(x, y)$。其中,x、y 表示两个区域(regiong);谓词 C 表示共享一个以上公共点,也就是指相接触,它具有自反性、对称性。

1. 八个基本关系的定义

使用关系 $C(x, y)$,一组基本的二元关系可以被定义为:

(1) $DC(x, y)$:表示两区域不相接触;

(2) $EC(x, y)$:表示两区域外部接触;

(3) $PO(x, y)$:表示两区域部分覆盖;

(4) $=(x, y)$:表示两区域完全相同;

(5) $TPP(x, y)$:表示 x 是 y 的一个严格部分并且 x、y 相切(内切);

(6) $NTPP(x, y)$:表示 x 是 y 的一个严格部分但 x、y 不相接触(包含而不相切);

(7) $TPP^{-1}(x, y)$:表示 y 是 x 的一个严格部分并且 x、y 相切;

(8) $NTPP^{-1}(x,y)$：表示 y 是 x 的一个严格部分但 x、y 不相切接触。

这八个关系的定义可以通过 $C(x,y)$ 以及一些辅助性的描述函数来构造，其中使用了一些过渡性的状态谓词如 $P(x,y)$（表示部分属于）、$PP(x,y)$（表示严格部分属于）、$O(x,y)$（表示覆盖）等。

2. 基本关系间的联系

这种空间逻辑与 Allen 的逻辑相类似，也使用预计算的传递性表来表示二元关系之间可能的变化联系，在表中从任一关系 $R_3(a,c)$ 可查找出所有可能的二元关系 $R_1(a,b)$ 与 $R_2(b,c)$。这一表对定性仿真是很有用的。然而，近年的研究中尚未给出这类传递性表的建立算法。但 Randell 提到在其仿真程序中使用了该表来检验展望过程中状态描述的一致性。

另外还需提到，几何体与几何区域间的联系用函数 $space(x,t)$ 表示，它表示几何体 x 在 t 时刻占据的几何区域为 $space(x,t)$，不考虑时间时，参数 t 被略去，通常在考虑问题中，为了简化运算，可在不产生歧义时直接用变量 x 表示几何体 x 所占据的几何区域。

3. 基本状态间的相互转换

根据两个区域形状的不同，上述八个基本关系可被分为六个子集：

(1) DC、EC、PO、＝；

(2) DC、EC、PO、TPP；

(3) DC、EC、PO、TPP^{-1}；

(4) DC、EC、PO、TPP、NTPP；

(5) DC、EC、PO、TPP^{-1}、$NTPP^{-1}$；

(6) DC、EC、PO。

这六个子集的划分可以这样理解：如果两个几何区域形状完全相同，那么它们在空间存在，只能是第(1)子集所列举的四种情况。而如果有半径相同的一个球体与一个半球体，那么它们之间的关系只能是第(2)子集所列举的情况。一个半径为 R 的圆盘和一个半径为 $R/2$ 的圆柱空间就只能是第(6)子集的三种情况。

值得注意的是，第(3)子集、第(5)子集分别是第(2)、(4)子集的反集，即如果 x、y 是两个空间区域，它们的形状决定它们之间可能的关系 $R(x,y)$ 所构成的集合就是第(2)子集，那么当我们考虑关系 $R(x,y)$ 时，所得到的集合就是第(3)子集。所以我们可以这样认为：从(1)到(2)、(3)再到(4)、(5)最后到(6)是两个几何区域的形状之间的关系从特殊向一般变化的一种体现。

这样就可以得到两个形状不变的区域在空间运动而使它们之间的关系产生变化，其变化只限于以下四种序列：

(1) DC↔EC↔PO↔＝；

(2) DC↔EC↔PO↔TPP(TPP^{-1})；

(3) DC↔EC↔PO↔TPP(TPP^{-1})↔NTPP(NTPP^{-1})；

(4) DC ↔EC ↔PO。

4.7.2　空间和时间关系描述

1. 方位性状态和运动性状态

Galton 将八个 RCC 关系分为方位性状态(position state)和运动性状态(motion state)，并且使用 Allen 关于时间关系的一些逻辑化的形式，给出了这种分类的定义。首先介绍一下 Galton 使用的概念、谓词和函数。

(1) 对时间的描述分为区间和时刻；

(2) 状态存在的描述谓词：Holds-on(s,i)表示在区间 i 上存在状态 s，Holds-at(s,t)表示在时刻 t 存在状态 s；

(3) 谓词 Div(t,i)表示时刻 t 在区间 i 上；

(4) 函数 inf(i)表示在区间 i 的开始时刻；

(5) 函数 sup(i)表示在区间 i 的结束时刻。

定义 4.4　方位性状态　如果状态 s 满足

$$\forall i\,(\text{Holds-on}(s,i)) \rightarrow \text{Holds-at}(s,\inf(i)) \land \text{Holds-at}(s,\sup(i))$$

即如果一个状态 s 在时间区间 i 上存在，则在该区间的起止时刻这个状态都存在。具有这一性质的状态称为方位性状态。

定义 4.5　运动性状态　如果状态 s 满足

$$\forall t\,(\text{Holds-at}(s,t) \rightarrow \exists i\,(\text{Div}(t,i) \land \text{Holds-on}(s,i)))$$

即如果在某时刻 t 有状态 s，那么一定存在包含这一时刻的某一区间使 s 在整个区间都存在，具有这一性质的状态称为运动性状态。

这样，前面八个基本关系可分为两类：

(1) 方位性状态：EC、＝、TPP、TPP^{-1}；

(2) 运动性状态：DC、PO、NTPP、NTPP^{-1}。

这两类状态可以通过它们的表现形式加以区分：方位性状态是有"临界"的性质，而运动性状态具有"稳定"的性质。

2. 扰动原理

Galton 根据这种分类给出了扰动原理，这是对空间状态在时域变化进行描述的一组公理体系。

定义 4.6　扰动(perturbation)　如果 RCC 关系 R 与 R' 满足条件：

$\exists t(\text{Holds-at}(R(a,b),t) \land (\exists i(\text{Holds-on}(R'(a,b),i)) \land (\inf(i) = t)$

$\lor (\sup(i) = t))))$

即如果时刻 t 有状态 R，且有一个区间 i 开始或结束于 t 区间 i 上的状态为 R'。此时称 R 与 R' 互为扰动。

扰动原理是：每个 RCC 关系是它自身的扰动，另外一个静止性的状态只能与一个运动性的状态互扰动，反之亦然（只讨论刚体）。

设 R 为一个 RCC 状态，$R_1,R_2,\cdots,R_n$ 为 R 的所有扰动，然后根据扰动原理有以下六条公理：

（A_1）$\text{Holds-on}(R(a,b),i) \rightarrow \bigvee_{i=1}^{n} \text{Holds-at}(R_i(a,b),\sup(i))$；

（A_2）$\text{Holds-on}(R(a,b),i) \rightarrow \bigvee_{i=1}^{n} \text{Holds-at}(R_i(a,b),\inf(i))$；

（A_3）$\text{Holds-at}(R(a,b),t) \rightarrow \exists t' \bigvee_{i=1}^{n} \text{Holds-on}(R_i(a,b),(t,t'))$；

（A_4）$\text{Holds-at}(R(a,b),t) \rightarrow \exists t' \bigvee_{i=1}^{n} \text{Holds-on}(R_i(a,b),(t',t))$；

（A_5）$\text{Holds-on}(s,(t_1,t_2)) \land \neg\text{Holds-at}(s,t_3) \land t_2 < t_3 \rightarrow \exists t\, \text{Holds-on}(s,(t_1,t)) \land$
$\forall t' (t < t' \rightarrow \neg\text{Holds-on}(s,(t,t'))))$；

（A_6）$\text{Holds-on}(s,(t_2,t_3)) \land \neg \text{Holds-at}(s,t_1) \land t_1 < t_2 \rightarrow \exists t\, \text{Holds-on}(s,(t_1,t_2)) \land \forall t' (t < t' \rightarrow \neg\text{Holds-on}(s,(t',t_2))))$。

公理（A_1）、（A_2）表明如果在时间区间 i 上有关系 R，则在这一区间的起止时刻必有一个 R 的扰动关系存在；公理（A_3）、（A_4）表明，如果 t 时刻有关系 R，则必存在 t_1' 与 t_2' 时刻，使 (t_1',t) 与 (t,t_2') 上分别有一个 R 的扰动关系存在；公理（A_5）、（A_6）表明如果在区间 (t_1,t_2) 上有状态 s，而 t_3 时刻不再有，则在 $(t_2,t_3)(t_3 > t_2)$ 或 $(t_3,t_1)(t_3,t_1)$ 上必有一时刻 t 使 s 状态发生突变。

4.7.3　空间和时间逻辑的应用

上述公理系统可用于对空间形体之间关系的推理。例如，当知道在 t_1 时刻有 DC(a,b)，而在 t_2 时刻观察到 PO(a,b)，且 $t_1 < t_2$，则必可推得在 (t_1,t_2) 上有 t，EC(a,b)，即

$\text{Holds-at}(\text{DC}(a,b),t_1) \land \text{Holds-at}(\text{PO}(a,b),t_2) \land t_1 < t_2 \rightarrow$

$\exists t(\text{div}(t,(t_1,t_2)) \land \text{Holds-at}(\text{EC}(a,b),t))$

这些理论也可用于进行事件的描述与推理。引入谓词：

Occurs-at (T,t)，表示事件 T 发生于时刻 t

Occurs-on (T,i)，表示事件 T 发生于区间 i

Trans(R_1,R_2)，表示状态 R_1 变为 R_2 这样一个事件

两个谓词将事件与时间相联系，函数 Trans 在状态与事件之间建立了映射关系。Galton 将事件分为七种：

（1）R_1 为方位性状态，R_2 为运动性状态，R_2 为 R_1 的扰动；

（2）R_1 为运动性状态，R_2 为方位性状态，R_2 为 R_1 的扰动；

（3）R_1 与 R_2 是有共同扰动 R_3 的运动性状态；

（4）R_1 与 R_2 是无共同扰动的运动性状态；

（5）R_1 与 R_2 都是方位性状态；

（6）R_1 为方位性状态，R_2 为运动性状态，但互不为扰动；

（7）R_1 为运动性状态，R_2 为方位性状态，但互不为扰动。

每种情况事件发生的条件都可以用以上介绍的逻辑加以描述。实际上这七种情况中第（1）、（2）种只能是瞬时性的，即发生于某一时刻；第（4）、（5）、（6）、（7）只能是持续性的，即发生于某一区间；而第（3）种情况即可能是瞬时性的又可能是区间性的。关于事件的产生与条件，在 Galton 于 1993 年的文献中给出了详细的讨论。

4.7.4　Randell 算法

Randell 的仿真程序从初始状态开始，根据约束和规则产生所有可能的状态生成树，然后给出系统的行为描述、预测和解释[Cui et al 1992]。这一方法与 Kuipers 的 QSIM 是类似的。约束可分为两类，状态内的（intrastate）与状态间的（interstate）。例如，一个变形虫（amoeba）摄取了一个食物，那食物成了变形虫的一部分，那么这一状态将保持，这就是一个状态间约束。状态内约束直接用子句 Φ 表示。状态间约束具有下列形式：

$$\Phi(R_0 \Rightarrow (R_1 \vee R_2 \vee \cdots \vee R_n))$$

或

$$\Phi(R_0 \nRightarrow (R_1 \vee R_2 \vee \cdots \vee R_n))$$

上述两式分别表示，状态 R_0 如果发生，后继状态将是 $(R_1 \vee R_2 \vee \cdots \vee R_n)$，或者后继状态将一定不会是 $(R_1 \vee R_2 \vee \cdots \vee R_n)$。

Randell 在其仿真程序中还引入添加与删除规则，添加规则为系统下一状态在区域中引入一个物体，而删除规则反之。例如，一旦变形虫摄取食物将产生一个液泡，而一旦液泡中充满废物被排出体外后将被删除。

（1）添加规则的表达方式如下：

$$\text{add } O_1, O_2, \cdots, O_n \text{ with } \psi_1 \text{ when } \psi_2$$

即当 ψ_2 成立时，系统中增加 $O_1, O_2, \cdots, O_n$，并有 ψ_1。

（2）删除规则的表达方式如下：

$$\text{delete } O_1, O_2, \cdots, O_n \text{ when } \psi_2$$

表示 ψ_2 成立时，删除 $O_1, O_2, \cdots, O_n$。

算法 4.2　Randell 算法　假设初始状态 S_0 已放入状态集合 S 中。

（1）如果 S 空，则停止；

（2）从 S 中选出状态 S_i，且移出；

（3）如果 S_i 为不一致状态将转步骤（2）；

（4）应用状态约束选择可用变换规则；

（5）用所选出的规则产生可能的下一个状态集合；

（6）使用添加与删除规则；

（7）进行状态内约束检查；

（8）将剩下的状态加入 S 并转步骤(1)。

习　　题

1. 定性的含义是什么,什么是定性推理。

2. 简述几种基本的定性推理方法。

3. 定性推理方法要解决怎样的问题,描述它的分析步骤。

4. 请用定性进程方法描述锅炉加热的过程。

5. 定性仿真推理是一种比较重要的定性推理架构,简要叙述它的基本方法。

6. 试比较基于代数方法和基于几何空间的定性推理方法。

7. 定性推理已经在经济分析预测中实际使用,请查阅资料学习一个定性推理的系统。

第 5 章　基于案例的推理

5.1　概　　述

人们为了解决一个新问题,先是进行回忆,从记忆中找到一个与新问题相似的案例,然后把该案例中的有关信息和知识复用到新问题的求解之中。以医生看病为例,在他对某个病人做了各种检查之后,会想到以前看过的病人情况。找出在几个重要症状上相似的病人,参考那些病人的诊断和治疗方案,用于眼前的这个病人。

在基于案例推理(case-based reasoning,CBR)中,把当前所面临的问题或情况称为目标案例(target case),而把记忆的问题或情况称为源案例(base case)。粗略地说,基于案例推理就是由目标案例的提示而获得记忆中的源案例,并由源案例来指导目标案例求解的一种策略。

Kolodner 在 *Case-Based Reasoning* 中对案例(case)给出了一个定义:"案例是一段带有上下文信息的知识,该知识表达了推理机在达到其目标的过程中能起关键作用的经验"[Kolodner 1993]。具体来说,一个案例应具有如下特性:

(1) 案例表示了与某个上下文有关的具体知识,这种知识具有可操作性;

(2) 案例可以是各式各样的,可有不同的形状和粒度,可涵盖或大或小的时间片,可带有问题的解答或动作执行后的效应;

(3) 案例记录了有用的经验,这种经验能帮助推理机在未来更容易地达到目标,或提醒推理机失败发生的可能性有多大等。

基于案例推理是人工智能发展较为成熟的一个分支。它是一种基于过去的实际经验或经历的推理。传统的推理观点把推理理解为通过前因结果链(如规则链)导出结论的一个过程。许多专家系统使用的就是这种规则链的推理方法。基于案例推理则是另一种不同的观点。它使用的主要知识不是规则而是案例,这些案例记录了过去发生的种种相关情节。对基于案例的推理来讲,求解一个问题的结论不是通过链式推理产生的,而是从记忆里或案例库中找到与当前问题最相关的案例,然后对该案例作必要的改动以适合当前问题。

基于案例推理作为一种方法论是合理的。因为客观世界有两个特点:规整性和重现性。世界从总体上看存在一定的规整性,相似条件下发生的动作会产生相似的结果。"历史是惊人的相似",过去的经历很有可能预示未来。

基于案例推理的研究起源于从认知科学的角度对人类的推理和学习机制进行探索。从小孩的简单活动到专家的慎重决策,人类借助于有意识地或无意识地回忆完成各种事务。人类经常是按经验行事,而人又是某种意义上的一个智能系统,因此自然可以把这种基于经验的推理方法用于人工智能的研究和应用上。总体上说,基于案例推理在如下方面对人工智能作出了贡献:

(1) 知识获取:这是基于知识的系统的瓶颈问题。开发基于规则的知识系统时,获取规则或模型是最烦琐的一件事务,需要领域专家和知识工程师的密切合作,有的领域甚至很难找到适合的规则。

(2) 知识维护:随着系统的运行,知识系统常常出现初始的知识不完整而需要更新,新的知识可能会与原有知识产生冲突,导致非常大的系统变动。基于案例的推理则不存在这些问题。

(3) 改进问题求解效率:基于案例推理通过复用过去的解答,无须同常规推理那样从头做起。特别是,由于记录了过去求解时的失败或成功信息,使得求解新问题时可避开错误的途径。

(4) 改进问题求解质量:过去求解失败的经历可以指导当前求解时避开失败。

(5) 提高用户接受度:用户如果能清楚知道系统得出的结论是合理地推出的,他才相信该结论。基于案例推理的根据则是历史事实,事实胜于雄辩,因此对用户有说服力。

中国科学院计算技术研究所智能信息处理开放实验室在基于案例推理方面进行了一系列研究。1991 年,史忠植、李宝东提出了记忆网模型和案例检索算法[Shi 1992b]。1993 年,周涵研制了基于案例学习的内燃机油产品设计系统 EOFDS[周涵 1993]。1994 年,徐众会开发了基于案例推理的天气预报系统。1996 年,王军开发了基于案例推理的淮河王家坝洪水预报调度系统 FOREZ。2000 年,我们研制了渔情分析专家系统[叶施仁 2001]。

5.2　类比的形式定义

用类比求解问题,往往在提出或遇到某一问题时,回忆以前相似的老问题,通过对两种情况进行匹配,经过推理获得新知识。也可以通过对老问题解法的检索和分析、调整,得出新问题的解决方法。因此,计算模型除了记忆和新问题相似的老问题的解法外,还应具有获取技能的过程,即必须学会根据过去有用的经验,来调整问题求解方法。当人们对存在相似解进行更为直接的回忆和修改后仍不能得出问题的解答时,再反过来用弱方法求解。因此,类比学习是一种基于知识(或经验)的学习。类比求解问题的一般模式如图 5.1 所示。

类比问题求解的形式可描述为:已知问题 A,有求

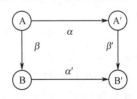

图 5.1　类比求解问题的
一般模式

解结果 B,现给定一个新问题 A′,A′与 A 在特定的度量下是相似的,求出问题 A′的求解结果 B′。如图 5.1 所示,β 反映 B 与 A 之间的依赖关系,称作因果关系。α 表示源领域(source domain)A 与目标领域(target domain)A′之间的相似关系。由此可以推出,B′与 A′之间的依赖关系 β′。下面我们给出有关类比学习的一些定义。

　　定义 5.1　相似性　P_1、P_2 是谓词的有限集,谓词名 $q_1 \in P_1$,$q_2 \in P_2$ 是相同谓词,则对 pair$\langle q_1, q_2 \rangle$ 在 $P_1 \times P_2$ 中存在相似关系。

　　定义 5.2　部分匹配　$s \in S$,$t \in T$,s 和 t 是包括公共常数的元文字的有限集。对于 Q,设 $Q\theta \subseteq s \subseteq s \times t$,$Q\theta$ 和 $\nu(Q)\theta$ 存在一对一的对应关系,则 (Q, θ) 称作对 s 和 t 一般部分匹配。

　　定义 5.3　大小程度　设 (Q, θ)、(Q', θ') 是对于 $s \times t$ 的部分匹配。如果存在替换 ξ,使 $Q'\xi \subseteq Q$,对于任何 $W \in \nu(Q')W\theta' = W\xi\theta$,$(Q, \theta)$ 是大于 (Q', θ'),可以写成 $(Q, \theta) \geqslant (Q', \theta')$。

　　定义 5.4　最大部分匹配　在 $s \times t$ 中,对于 (Q, θ)、(Q', θ') 部分匹配,如果 $(Q, \theta) \geqslant (Q', \theta)$,那么 (Q, θ) 称作在 $s \times t$ 中的最大部分匹配。

　　定义 5.5　类比学习　对于 $s_1, s_2 \in S$,$t_1 \in T$,β 在 $S \times S$ 中,$s_1 \times s_2 \in \beta$,m 在 $s_1 \times t_1$ 是最大部分匹配。根据 $t_1 \times t_2 \in \beta$ 和 m 在 $s_2 \times t_2$ 中是最大部分匹配,将得到 $t_2 \in T$,这就是类比学习。

5.3　相似性关系

　　类比推理中很关键的一个环节是发现相似案例。案例检索是在相似比较的基础上进行的,要检索到相似的案例,完全靠"什么程度才算相似"的定义了。如果定义得不好,检索的结果就不理想,也就谈不上应用的成功。反映相似性关系的相似度定义十分重要。

　　案例的表示表明,案例的情境是由许多属性组成,案例间的相似度就是根据属性(或变量)之间的相似度定义的。目标案例与源案例之间的相似性有语义相似、结构相似、目标相似和个体相似。

　1. 语义相似性

　　两个案例之间可以类比,首先必须满足语义上具有相似性关系。相似性关系是类比问题求解的基础。两实体的类比可以区分为正类比、反类比、不确定类比。正类比是由相似性关系所确定的两实体之间的可类比部分,反类比则是已被确定为两实体间不相似的部分,不确定类比是两实体之间尚未确定是否可类比的部分。两个实体可类比的条件之一是:模型的本质性质和因果关系不构成反类比的一部分。不确定类比使得类比具有一定的预见性,这种预见可能是正确的,也可能是错误的。在类比求解中,目标案例的本质特征和源案例的本质特征必须具有相似性关系,才能使类比有了基础。

还有些学者把相似性关系区分为表面的相似性和结构的相似性。表面的相似性定义为对确定问题的解不扮演因果角色的那些共性。相反,影响目标的那些共性被称为结构的相似性。较少限制的定义可以把结构相似性定义为关系之间语义的交叠。两者对类比过程具有重要作用。表面相似性有助于发现最初的类比和辨识个体;结构相似性不仅有助于类比检索,而且对类比映射具有非常大的作用。

2. 结构相似性

如果在两个结构之间存在某种对应关系,且这种对应关系能够保持结构一致性,则认为两结构是同构的。结构一致性要求:一一对应的关系必须保证它们涉及的个体或低阶关系也是一一对应的,且这种对应不应打破原来个体间的对应关系。同构对于类比推理有效性的有重要意义。

结构对于类比检索的意义是重大的。首先,我们发现,表面上并不相似的案例由于在结构上具有相似性,从而使类比成为可能。原子和太阳系涉及不同的领域,表面上看,并不具有什么本质的联系。然而,深入的研究表明,两者具有十分相似的空间结构。其次,子结构间的同构或相似性可以使我们只需见树木,而不必顾及森林。这是因为,目标案例和源案例的类比有时只是局部的。如果从整体上看,两者可能并不具备任何的相似性。例如,在故事理解方面,两个故事之间总的来说可能会大相径庭,然而,其中某个情节,或者某个人物的性格等,可能具有惊人的相似之处。在规划方面,我们不仅要考虑整个源方案的可用性,而且,如果尝试使用整个源方案不能得到成功,我们还应该把注意力放在检索子方案上面。有时,放弃整个方案是不明智的。

在类比检索模型中,同构和结构相似性占有非常重要的地位。结构相似性有助于初步检索到可类比的源案例,而同构则提醒我们优先考虑那些与目标问题具有同构和局部同构关系的源案例或者部分源案例。

3. 目标特征

问题求解的最终目的是要实现问题本身所提出的目标。人们求解问题时,都是向着这个目标而竭尽其力。在相似的一组源案例中,那些对实现目标案例的目标具有潜在的重要作用的源案例,较之那些不具有目标相关性的源案例,更应该得到优先考虑。

如果为一种结构表示增加了目标信息,那么,这个增大了的结构同其他包含有相似的目标信息的结构之间,更加具有语义相似性和结构一致性。换言之,目标特征会增加我们对源案例选择的可靠性。同时,它还可以帮助我们限制对源案例进行搜索的范围。在 Keane 的类比检索模型中,通过目标特征和客体特征来检索可类比的源问题[Keane 1988]。Keane 把目标特征称为类比检索的"结构线索"。

然而,我们是否对那些不具备目标相关性的源案例弃而不顾了呢? 事实上,目标特征只是一个重要的附加约束。如果过分强调目标特征,我们就可能把不具有目标相关性但具有相似的子结构的源案例置于不予考虑的地位。这样做是不明智的。

4. 个体相似性

在我们的模型中强调的另一重要约束是个体的类别信息。从不严格的意义上讲,如果两个个体之间具有一些相似的属性,则它们是属于同一类别的。在概念聚类中,我们使用概念(或客体)间的相关性或紧致性来对概念(客体)集进行分类。相关性是指概念的属性之间相似度的平均值。但在这里,我们将把电线和绳索看做是同一类别的,因为它们均可以用来绑缚物体。

有时,一个案例中的某些个体可能对于问题的解决具有主导作用。在这种情况下,这些个体应该作为问题显著的检索信息来初步地检索源案例。在最初的检索结束之后,对于那些同目标案例的个体具有同类关系或部分和整体的关系的源案例,我们应该给以优先考虑。个体之间的类比有助于我们认识如何使用一个个体。案例的部分解决能帮助发现整个案例的解。

5. 相似度计算

1) 数值性属性的相似度

$$\text{sim}(V_i, V_j) = 1 - d(V_i, V_j) = 1 - d_{ij}$$

或

$$\text{sim}(V_i, V_j) = \frac{1}{1 + d(V_i, V_j)} = \frac{1}{1 + d_{ij}}$$

$$d_{ij} = |V_i - V_j| \tag{5.1}$$

或

$$d_{ij} = \frac{|V_i - V_j|}{\max\{V_i, V_j\}}$$

其中,V_i、V_j 是某个属性 V 的两个属性值。

2) 枚举型属性的相似度

枚举型属性相似度一般有两种,一种是只要两个属性值不同,就认为两者之间的相似度为 0,否则为 1;另一种则依据具体情况而定,不是简单的非此即彼划分,而是针对不同的属性值间不同的关系给以具体的定义。前者其实是质上的,即非此即彼的二值分割;而后者则是量上的,进一步细化值间的区别。一般来讲,前者定义通用,适于种种情况;而后者则要由人来预定义,与领域知识相关的,从而专用性强。两种方法各有自己的适用范围。

3）有序属性的相似度

有序属性介于数值和枚举型属性之间,也介于定性和定量之间。属性值有序,可以赋予不同等级值间有不同的相似度。和枚举型属性相比,有序属性规整性强。假设属性值分为 n 个等级,则等级 i 和等级 $j(1 \leqslant i, j \leqslant n)$ 之间的相似度可定义为 $1 - \dfrac{|i-j|}{n}$。

数值属性、有序属性和枚举型属性之间可以相互转化,有时一个属性可以由数值属性来刻画,也可以由有序属性来刻画,比如学生成绩可以由 0 到 100 的分数来反映也可以用 A、B、C 来反映,只不过刻画的方式不同。

我们计算案例之间的相似度,必须考虑组成一个案例的各个属性相似度综合在一起形成的效应。案例的相似度经常通过距离来定义。常用的典型距离定义有:

1）绝对值距离(Manhattan)

$$d_{ij} = \sum_{k=1}^{N} |V_{ik} - V_{jk}| \tag{5.2}$$

其中,V_{ik} 和 V_{jk} 分别表示范例 i 和范例 j 的第 k 个属性值。

2）欧氏距离(Euclidean)

$$d_{ij} = \sqrt{\sum_{k=1}^{N} (V_{ik} - V_{jk})^2} \tag{5.3}$$

3）麦考斯基距离

$$d_{ij} = \left[\sum_{k=1}^{N} |V_{ik} - V_{jk}|^q \right]^{1/q}, \quad q > 0 \tag{5.4}$$

上面的距离定义还只是属于平凡的定义,把各属性所起的作用相同。事实上各属性对一个案例整体上的相似度有不同的贡献,因而还需加上权值。即式(5.4)可以写成:

$$d_{ij} = \sum_{k=1}^{N} w_k d(V_{ik}, V_{jk}) \tag{5.5}$$

其中,w_k 为第 k 个属性权值大小,一般要求 $\sum_{k=1}^{N} w_k = 1$。$d(V_{ik}, V_{jk})$ 表示第 i 个案例和第 j 个案例在第 k 个属性上的距离,它可以为前面定义的典型距离,也可以是其他的距离定义。有了距离的定义,就可以类似地得到两个案例间相似度定义:

$$\mathrm{sim}_{ij} = 1 - d_{ik}, \quad \text{当 } d_{ij} \in [0,1] \tag{5.6a}$$

或

$$\mathrm{sim}_{ij} = \frac{1}{1 + d_{ij}}, \quad \text{当 } d_{ij} \in [0, \infty) \tag{5.6b}$$

此外,Cognitive System 公司开发的 ReMind 软件使用下式计算相似度:

$$\sum_{i=1}^{n} w_i \times \mathrm{sim}(f_i^{\mathrm{I}}, f_i^{\mathrm{R}}) \Big/ \sum_{i=1}^{n} w_i \tag{5.7}$$

其中,w 是反映特征重要性的权值;sim 是相似度函数;f_i^{I},f_i^{R} 分别是目标案例和源案例库中案例的第 i 个特征的值。

5.4 基于案例推理的工作过程

基于案例推理是类比推理的一种。在基于案例推理中,最初是由于目标案例的某些(或者某个)特殊性质使我们能够联想到记忆中的源案例。但它是粗糙的,不一定正确。在最初的检索结束后,我们需证实它们之间的可类比性,这使得我们进一步地检索两个类似体的更多的细节,探索它们之间的更进一步的可类比性和差异。在这一阶段,事实上,已经初步进行了一些类比映射的工作,只是映射是局部的、不完整的。这个过程结束后,获得的源案例集已经按与目标案例的可类比程度进行了优先级排序。接下来,我们便进入了类比映射阶段。我们从源案例集中选择最优的一个源案例,建立它与目标案例之间一致的一一对应。下一步,我们利用一一对应关系转换源案例的完整的(或部分的)求解方案,从而获得目标案例的完整的(或部分的)求解方案。若目标案例得到部分解答,则把解答的结果加到目标案例的初始描述中,从头开始整个类比过程。若所获得的目标案例的求解方案未能给目标案例以正确的解答,则需解释方案失败的原因,且调用修补过程来修改所获得的方案。系统应该记录失败的原因,以避免以后再出现同样的错误。最后,类比求解的有效性应该得到评价。整个类比过程是递增地进行的。图 5.2 给出了基于案例推理的一般框架。

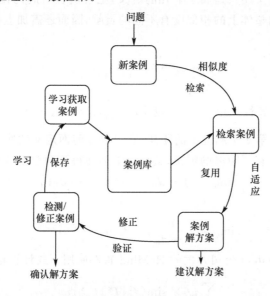

图 5.2 基于案例推理的一般框架

基于案例推理有两种形式：问题求解型（problem-solving CBR）和解释型（interpretive CBR）。前者利用案例以给出问题的解答；后者把案例用作辩护的证据。用作辩护的案例推理的过程见图 5.3。

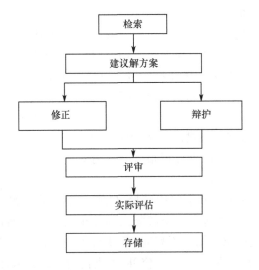

图 5.3　用作辩护的案例推理过程

在案例推理中，关心的主要问题如下：

（1）案例表示：基于案例推理方法的效率和案例表示紧密相关。案例表示涉及这样几个问题：选择什么信息存放在一个案例中；如何选择合适的案例内容描述结构；案例库如何组织和索引。对于那些数量达到成千上万、而且十分复杂的案例，组织和索引问题尤其重要。

（2）分析模型：分析模型用于分析目标案例，从中识别和抽取检索源案例库的信息。

（3）案例检索：利用检索信息从源案例库中检索并选择潜在可用的源案例。基于案例推理方法和人类解决问题的方式很相近。碰到一个新问题时，首先是从记忆或案例库中回忆出与当前问题相关的最佳案例。后面所有工作能否发挥出应有的作用，很大程度上依赖于这一阶段得到的案例质量的高低，因此这步非常关键。一般讲，案例匹配不是精确的，只能是部分匹配或近似匹配。因此，它要求有一个相似度的评价标准。该标准定义得好，会使得检索出的案例十分有用，否则将会严重影响后面的过程。

（4）类比映射：寻找目标案例同源案例之间的对应关系。

（5）类比转换：转换源案例中同目标案例相关的信息，以便应用于目标案例的求解过程中。其中，涉及对源案例的求解方案的修改。把检索到的源案例的解答复用于新问题或新案例之中。它们分别是，源案例与目标案例间有何不同之处；

源案例中的哪些部分可以用于目标案例。对于简单的分类问题,仅需要把源案例的分类结果直接用于目标案例。它无须考虑它们之间的差别,因为实际上案例检索已经完成了这项工作。而对于问题求解之类的问题,则需要根据它们之间的不同对复用的解进行调整。

从复用的信息内容来看,主要有两种类型:结果的复用和方法的复用。对于前者来讲,当源案例的解答结果需要调整时,它依据一些转换操作知识,把源案例中的种种可能解转换为目标案例中相应的解。方法的复用则关心源案例中的问题是如何求解的,而不是其解答结果。源案例带有求解方法的信息,如操作算子的使用、子目标的考虑、成功或失败的搜索路径等。复用时需把这些方法重新例化。

（6）解释过程:对把转换过的源案例的求解方案应用到目标案例时所出现的失败作出解释,给出失败的因果分析报告。有时对成功也同样作出解释。基于解释的索引也是一种重要的方法。

（7）案例修补:有些类似于类比转换,区别在于修补过程的输入是解方案和一个失败报告,而且也许还包含一个解释,然后修改这个解以排除失败的因素。

当复用阶段产生的求解结果不好时,需要对其进行修补。修补的第一步是对复用结果进行评估,如果成功,则不必修补,否则需对错误采取修补。

进行结果评估,可以依据它在实际环境中运行后的反馈,也可以通过咨询完成。等待反馈可能要花一段时间,比如病人治疗的结果好坏。为此,可以考虑通过模拟时间环境来实现。

修正错误一般涉及错误探测和寻找原因。寻找原因是为了对错误进行解释分析,以找出原因对症下药,即修改造成错误的原因使其不再发生。当然,修改既可以使用领域知识模型进行自修补,也可以由用户输入完成。

（8）类比验证:验证目标案例和源案例进行类比的有效性。

（9）案例保存:新问题得到了解决,则形成了一个可能用于将来情形与之相似的问题。这时有必要把它加入到案例库中。这是学习也是这是知识获取。此过程涉及选取哪些信息保留,以及如何把新案例有机集成到案例库中。修改和精化源案例库,其中包括泛化和抽象等过程。

在决定选取案例的哪些信息进行保留时,一般要考虑以下几点:和问题有关的特征描述;问题的求解结果;以及解答为什么成功或失败的原因及解释。

把新案例加入到案例库中,需要对它建立有效的索引,这样以后才能对之作出有效的回忆。索引应使得与该案例有关时能回忆得出,与它无关时不应回忆出。为此,可能要对案例库的索引内容甚至结构进行调整,如改变索引的强度或特征权值。

5.5　案例的表示

知识在大脑中的记忆机理现在仍是个悬而未决的问题。虽然在目前的知识系统中使用了产生式、语义网、框架、面向对象等诸多的知识表示方法,但它们在学习系统中,尤其在类比学习系统中却显得有些难于胜任了。原因在于,知识的记忆不仅要使知识成为有结构和有组织的体系,还应保证记忆的知识是易于检索和存取的,而且,还应该是易于学习的。

在生理学、心理学等领域,已经广泛开展了关于记忆的研究。心理学的研究者们注重研究记忆的一般理论,已经提出了许多记忆模型,典型的包括情景记忆(episodic memory)、语义记忆(semantic memory)、联想记忆(associative memory)、Schank 的动态记忆理论(dynamic memory)等。

知识是有结构的体系。在某些任务的执行过程中,专家采用语义记忆来存储信息。这种信息记忆方法具有下列优点:

(1) 有利于检索;

(2) 易于组织,可以把它们连接成树形层次或者网络;

(3) 易于管理,知识的改变只对局部产生影响;

(4) 有利于知识的共享。

Schank 的动态记忆理论把知识记忆在一些结构中[Schank 1982a]。有四种类型的结构,它们是记忆组织包(memory organization packet,MOP)、场景(scene)、剧本(script)、主题记忆包(thematic organization packet,TOP)。一个记忆组织包中可以包含许多场景,每一场景又可以包含多个剧本。同时,在记忆组织包的上层还可能包含元记忆组织包(meta-MOP)等。这些结构按照一定的组织原则形成一个网络结构,而通过索引来检索它们。

1. 语义记忆单元

语义记忆单元,是指在学习、分析、理解、记忆知识的过程中所着重关注的其中那些概念、模式、主题等,以及据此形成的关于知识的概念性认识。换言之,这些语义记忆单元是系统对知识经"计算"之后,抽取其中最能反映知识本身特征且可以很好地使知识内在地联系在一起的那些因素而获得的。

我们记忆的知识只有建立在一定程度的加工基础上,才能获得真正的记忆,并很好地服务于以后的使用。语义记忆单元的作用在于,它是对具体知识、具体问题某个方面的概括,以及对具体知识和具体问题的较为抽象的本质的认识。具体知识和具体问题可以依语义记忆单元为中心,以语义记忆单元之间的联系为纽带很好地组织起来。

那么,选择知识中哪些因素作为语义记忆单元呢? 由于每种知识都有其自身内在的特点,因此,选择的策略便因知识的特点不同而有所不同。一般地,对于很新的知识,我们往往把其中的概念作为首要的记忆对象。随着关于此类知识的积累愈加丰富,在具备了关于具体问题的分析能力之后,便可用来分析具体问题的主旨,从中概括出一些抽象的概念性的认识。例如,天文学中,天体之间围绕旋转是我们对天体间关系的一般认识,则"围绕旋转"这个二元关系便可以抽象为一个语义记忆单元。通过这个词汇,不仅可以联想到具体的知识,还可以联想到具体的形象。关于选择策略的另外一点考虑是,可以把知识中涉及的那些重要的模式抽象出来作为语义记忆单元。这些模式并不是用文字表达的,而是用某些特殊符号组合而成的一种特殊的表达方式。

2. 记忆网

我们所记忆的知识彼此之间并不是孤立的,而是通过某种内在的因素相互之间紧密地或松散地有机联系成的一个统一的体系。我们使用记忆网来概括知识的这一特点。一个记忆网便是以语义记忆单元为节点,以语义记忆单元间的各种关系为连接建立起来的网络。在下面的叙述中,我们把语义记忆单元简记为 SMU[Shi 1992b]。网络上的每一节点表示一语义记忆单元,形式地描述为下列结构:

```
SMU = {SMU _ NAME slot
       constraint slots
       taxonomy slots
       causality slots
       similarity slots
       partonomy slots
       case slots
       theory slots
}
```

(1) SMU_NAME slots:简记为 SMU 槽。它是语义记忆单元的概念性描述,通常是一个词汇或者一个短语。

(2) constraint slots:简记为 CON 槽。它是对语义记忆单元施加的某些约束。通常,这些约束并不是结构性的,而只是对 SMU 描述本身所加的约束。另外,每一约束都有 CAS 侧面(facet)和 THY 侧面与之相连。

(3) taxonomy slots:简记为 TAX 槽。它定义了与该 SMU 相关的分类体系中的该 SMU 的一些父类和子类。因此,它描述了网络中节点间的类别关系。

(4) causality slots:简记为 CAU 槽。它定义了与该 SMU 有因果联系的其他 SMU,它或者是另一些 SMU 的原因,或者是另外一些 SMU 的结果。因此,它描述了网络中节点间的因果联系。

（5）similarity slots：简记为 SIM 槽。它定义了与该 SMU 相似的其他 SMU，描述网络中节点间的相似关系。

（6）partonomy slots：简记为 PAR 槽。它定义了与该 SMU 具有部分整体关系的其他 SMU。

（7）case slots：简记为 CAS 槽。它定义了与该 SMU 相关的案例集。

（8）theory slots：简记为 THY 槽。它定义了关于该 SMU 的理论知识。

上述八类槽可以总体分成三大类。一类反映各 SMU 之间的关系，包括 TAX 槽、CAU 槽、SIM 槽和 PAR 槽；第二类反映 SMU 自身的内容和特性，包括 SMU 槽和 THY 槽；第三类反映与 SMU 相关的案例信息，包括 CAS 槽和 CON 槽。关于相似的 SMU，我们引进一个特殊的节点，即内涵节点 MMU，用此来表示与此节点连接的各节点是关于此内涵相似的一些 SMU。通过为 SMU 增加约束，可以把比 SMU 更为特殊的知识记忆在该 SMU 周围。因此，通过 SMU 就可以检索到受到一些约束的知识。这使得知识的记忆具有层次性。PAR 槽虽然在我们的模型中并不影响知识的检索，但却对知识的回忆具有很大的作用。通过部分整体联系，我们便可以回忆起属于某一主题或者某个领域的知识。THY 槽记忆的是关于 SMU 的理论知识，如上面给出的"资源冲突"的知识。这些知识可以采用任何成熟的知识表示方法，例如，产生式、框架、基于对象的表示方法等。在某些情况下，这使得知识处理可以局部化。在记忆网中，节点之间的语义关系保证了同某个 SMU 有关的知识是非常容易检索到的。

我们看到，记忆网是相当复杂的，但它确实反映了知识之间错综复杂的内在联系。网络的复杂性决定了网络建立和学习的复杂性。对于人来讲，记忆网是经过知识的长期积累和学习思考的结果而逐步完善和形成的。在这一过程中，不断地增加新的节点和知识，同时，把长久不用的关于某个节点的知识遗忘掉。这说明，网络建立的过程事实上便是知识的学习过程。

使用记忆网可以一定程度地解释知识的遗忘。一般对于一段时间内不用的知识，我们往往无意识地把它的一些具体内容遗忘殆尽，而却能在记忆中留下一些关于这种知识的大致的印象。这说明，记忆网本身是一种长时性的记忆，而关于各槽的记忆则是短期的，会逐渐淡化甚至遗忘。我们可以用记忆强度来描述知识的遗忘和记忆得到强化的现象。一般地，记忆强度是时间和回忆的一个函数。随着时间的增加，记忆强度会减弱，而每一次回忆之后，获得回忆的知识的记忆强度便有所增加。

记忆网与语义网既有联系，又有差别，是在语义网基础上发展起来的一种模型。它们都使用节点来表示信息，使用节点之间的连接来表示语义关系。它们之间具有很大的不同。对信息的表示是有本质的区别的。语义网的信息表达能力只

局限于网络自身,亦即知识只能通过节点和节点间的连接来表示。但记忆网的表达能力却远不止于此,表现在:

（1）可以记忆使用其他表达方式表示的理论知识和具体案例;

（2）通过为节点施加约束来记忆较为特殊的知识;

（3）可以通过内涵节点来组织相似的知识;

（4）记忆单元可以是一个主体,可以独立地完成一定的任务。

在记忆网基础上可以进行多种推理,例如:

（1）通过语义关系可以在各节点之间继承知识,这一点类似于语义网的继承推理;

（2）约束满足是指在节点内部,通过对其内涵施加约束而获得特殊知识的过程;

（3）对 THY 槽中所记忆的知识,可以针对表示方法的不同而采用相应的推理方式,如正反向推理和信息传递等;

（4）CAS 槽中记忆了具体的案例,故可采用基于案例的推理方法,由此,基于案例的抽象和泛化也是在记忆网上可实施的操作。

5.6 案例的索引

案例组织时由两部分组成,一是案例的内容,案例应该包含哪些有关的东西才能对问题的解决有用;二是案例的索引,它和案例的组织结构以及检索有关,反映了不同案例间的区别。

案例内容一般有如下三个主要组成部分:①问题或情景描述:案例发生时要解决的问题及周围世界的状态;②解决方案:对问题的解决方案;③结果:执行解决方案后导致的结果(周围世界的新的状态)。问题或情景描述和解决方案是必不可少的部分,任何基于案例推理系统必须要有,而结果部分在有的系统中没有。

（1）问题或情景描述是对要求解的问题或要理解的情景的描述,一般要包括这些内容:当案例发生时推理器的目标,完成该目标所要涉及的任务,周围世界或环境与可能解决方案相关的所有特征。

（2）解决方案的内容是问题在特定情形下如何得到解决。它可能是对问题的简单解答,也可能是得出解答的推导过程。

（3）结果记录了实施解决方案后的结果情况,是失败还是成功。有了结果内容,CBR 在给出建议解时有能给出曾经成功地工作的案例,同时也能利用失败的案例来避免可能会发生的问题。当对问题还缺乏足够的了解时,通过在案例的表示上加上结果部分能取得较好的效果。

案例索引对于检索或回忆出相关的有用案例非常重要。索引的目标是:在对已有案例进行索引后,当给定一个新的案例时,如果案例库中有与该案例相关的案例,则可以根据索引找到那些相关的案例。

建立案例索引有三个原则:①索引与具体领域有关。数据库中的索引是通用的,目的仅仅是追求索引能对数据集合进行平衡的划分从而使得检索速度最快;而案例索引则要考虑是否有利于将来的案例检索,它决定了针对某个具体的问题哪些案例被复用;②索引应该有一定的抽象或泛化程度,这样才能灵活处理以后可能遇到的各种情景,太具体则不能满足更多的情况;③索引应该有一定的具体性,这样才能在以后被容易地识别出来,太抽象则各个案例之间的差别将被消除。

5.7　案例的检索

案例的检索是从案例库(case base)中找到一个或多个与当前问题最相似的案例;CBR 系统中的知识库不是以前专家系统中的规则库,它是由领域专家以前解决过的一些问题组成。案例库中的每一个案例包括以前问题的一般描述即情景和解法。一个新案例并入案例库时,同时也建立了关于这个案例的主要特征的索引。当接受了一个求解新问题的要求后,CBR 利用相似度知识和特征索引从案例库中找出与当前问题相关的最佳案例,由于它所回忆的内容,即所得到的案例质量和数量直接影响着问题的解决效果,所以此项工作比较重要。它通过三个子过程,即特征辨识、初步匹配,最佳选定来实现。

(1) 特征辨识:是指对问题进行分析,提取有关特征,特征提取方式有:①从问题的描述中直接获得问题的特征,如自然语言对问题进行描述并输入系统,系统可以对句子进行关键词提取,这些关键词就是问题的某些特征。②对问题经过分析理解后导出的特征,如图像分析理解中涉及的特征提取。③根据上下文或知识模型的需要从用户那里通过交互方式获取的特征,系统向用户提问,以缩小检索范围,使检索的案例更加准确。

(2) 初步匹配:是指从案例库中找到一组与当前问题相关的候选案例。这是通过使用上述特征作为案例库的索引来完成检索的。由于一般不存在完全的精确匹配,所以要对案例之间的特征关系进行相似度估计,它可以是基于上述特征的与领域知识关系不大的表面估计,也可以通过对问题进行深入理解和分析后的深层估计,在具体做法上,则可以通过对特征赋予不同的权值体现不同的重要性。相似度评价方法有最近邻法、归纳法等。

(3) 最佳选定:是指从初步匹配过程中获得的一组候选案例中选取一个或几个与当前问题最相关的案例。这一步和领域知识关系密切,可以由领域知识模型或领域知识工程师对案例进行解释,然后对这些解释进行有效测试和评估,最后依据某种度量标准对候选案例进行排序,得分最高的就成为最佳案例,如最相关的或解释最合理的案例可选定为最佳案例。

标准的检索和更新过程如图 5.4 所示。此过程的输入为源案例(source case,即当前案例),它由当前情景和推理目标构成。通过情景分析,情景描述得到细化;如果在案例库中有与源案例相似的案例,那么源案例与案例库中相似案例相关的索引应该能够通过细化过程计算出来。检索算法使用源案例和细化出来的索引在案例库中搜索。搜索需要借助匹配过程来决定源案例和案例库中遇到的案例之间的匹配度。检索算法返回一组(部分)匹配的相似案例,这些案例都有可能对求解新问题有用。接着还要对这组相似案例进行进一步的分析排位(ranking),确定最有用的案例。

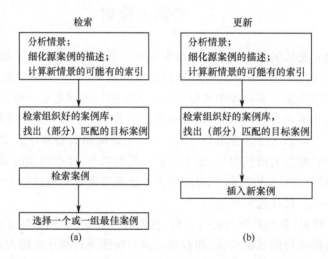

图 5.4　检索和更新过程

检索过程有三个核心部分组成:检索算法、匹配函数和情景分析(situation assessment)。下面着重讨论检索算法。数据结构和算法之间有着紧密相连的关系,因此探讨检索算法必须和案例库的组织结构联系在一起,不同的案例库组织自然要有相应的不同算法来检索。表结构或平面结构相对较简单,而树和图结构则较复杂。不同的组织形式各有利弊,依照具体情况而定。

CBR 中已形成了一系列的案例组织和检索策略和算法。有串行的和并行的;有平面型的和层次型的;有在细粒度级上和在粗粒度级上建立索引以区别不同案例的。用得最多的则是倒排索引之类的方法,它既可以采用串行也可用并行策略来检索。Kitano 采用此方法建立的应用系统,已能处理 25000 多个案例。最常用的检索方法有如下三种:近邻法、归纳法以及模板检索。

(1) 近邻法:近邻法采用特征间的加权匹配来估计案例之间的相似度。因此此法的关键问题是,如何确定特征的权重。近邻法的缺点是,检索的时间复杂度会随着案例库中案例的个数增多而线性增长。因此,当案例库较小时近邻法是较适合的。

(2) 归纳法:采用归纳法可以确定哪个特征在区分案例时最好,此方法能生成一棵决策树,它可以有效地组织案例。

(3) 模板检索:与 SQL 查询类似,模板检索能返回在一定参数值范围内的所有案例。模板法一般用于使用其他技术之前,如在使用近邻法之前,可先用模板法来减小近邻法的搜索空间。

5.8　案例的复用

把检索到的旧案例的解决方案复用到新问题或新案例时,通过所给问题和案例库中案例比较得到新旧案例之间的不同之处,然后回答哪些解答部分可以复用到新问题之中。对于简单的分类问题,仅需要把旧案例的分类结果直接用于新案例,它无须考虑新旧案例之间的差别。而对于问题求解类的问题,则需要对领域知识的深入理解,根据案例之间的不同对问题进行调整,可以是对整个解的某项作一些调整,也可以对整个解进行微调。

从复用的信息内容来看,主要有两种类型:结果的复用和方法的复用。对与结果的复用,当旧案例的解答结果需要调整时,它依据一些转换操作知识,把旧案例中的种种可能解转换为新案例中相应的解。方法的复用则关心旧案例中问题的求解方法,而不是其解答的结果。用哪一种方法依具体问题而定。

当复用阶段产生的求解结果不好时,需要对其进行修正。修正的第一步是对复用结果进行评估,如果成功,则不必修正,否则需要对错误和不足进行修正。进行结果评估,可以依据它在实际环境中运行后的反馈,也可以通过向专家询问完成。等待反馈有时可能需要花一段时间,如等待病人治疗的效果如何。但如是工程中的在线应用,则可以马上返回结果。

过去的情景不可能与新情景完全一样,因此对于问题求解型的 CBR 系统必须修正过去的问题解答以适应新的情景。修正过程的输入是当前的问题描述和不太正确的建议解,输出是更适合当前情景的较好的解答。

简单的修正只需对过去解中的某些组成部分进行简单的替换,复杂地修正甚至需要修改过去解的整体结构。修正可以在新解的形成过程中完成,也可能是当新解在执行过程中出现了问题再来做。修正一般有这样几种形式:在旧解中增加新的内容,或从旧解中删去某些内容,或对旧解中的某些内容进行替换,或对旧解中的某些部分进行重新变换。

修正有四类方法:替换法(substitution)、转换法(transformation)、特定目标驱动法(special-purpose adaptation and repair),以及派生重演法(derivational replay)。

1. 替换法

替换方法把旧解中的相关值作相应替换而形成新解。此类方法包括如下六种：

(1) 重新例化(reinstantiation)：这是一种很简单的替换操作,仅仅是用新的个体替换旧解中的个体。例如,川菜设计系统(CHEF)在根据牛排炒甘蓝菜来设计一道鸡肉炒雪豆菜,它就是把该菜谱中的所有牛排替换成鸡肉,把甘蓝替换成雪豆。

(2) 参数调整(parameter adjustment)：这是一种处理数值参数的启发式方法。它和具体的输出与输入参数间的关系模型(输入发生什么变化,会导致输出产生怎样的相应变化)有关。

(3) 局部搜索(local search)：使用辅助的知识结构来获得替换值。例如,设计点心时缺少橘子,则可使用此法在一个水果语义网知识结构中搜索一个与橘子相近的水果(如苹果)来代替。

(4) 查询(query)：用带条件的查询在案例库或辅助知识结构中获取要替换的内容。

(5) 特定搜索(specialized search)：同时在案例库和辅助知识结构中进行查询,但在案例库中查询时使用辅助知识来启发式指导如何搜索。

(6) 基于案例的替换(case-based substitution)：使用其他的案例来建议一个替换。

2. 转换法

转换法包括：①常识转换法(common-sense transformation),即使用明白易懂的常识性启发式从旧解中替换、删除或增加某些组成部分；②典型的常理转换法,即删去次要组成部分；③模型制导修补法(model-guided repair),即通过因果模型来指导如何转换,故障诊断中就经常使用这种方法。

3. 特定目标驱动法

这种方法主要用于完成领域相关以及要做结构修改的修正。该法使用的各种启发式需要根据它们可用的情景进行索引。特定目标驱动的修正启发式知识一般通过评价近似解作用,并通过使用基于规则的产生式系统来控制。

4. 派生重演

上述方法所做的修正是在旧解的解答上完成的。重演方法则是使用过去的推导出旧解的方法来推导出新解。这种方法关心的是解是如何求出来的。同前面的基于案例替换相比,派生重演使用的则是一种基于案例的修正手段。

5.9　案例的保存

新案例插入到案例库的过程类似于检索过程(图 5.4(b))。"remember"有两种含义:"记住"和"回忆"。回忆即检索,记住即存储或插入。插入要调用索引选择过程,以决定案例被索引的方式。插入算法使用这些索引来把案例插入案例库中适当的地方。一般来说,插入工作所做的搜索和检索相同。插入算法搜索的目的是找到一个可插入案例的地方,而检索的目的是为了找到相似的案例。当检索算法找到了相似的案例后就进行案例排位,而插入算法则是插入源案例并根据需要重新组织案例库结构。

新问题得到了解决,则形成了一个可能用于将来情形与之相似的问题。这时有必要把它加入到案例库中。这是学习也是知识获取。此过程涉及选取哪些信息需要保留,以及如何把新案例有机的集成到案例库中,并且会涉及案例库的组织和管理方面的知识。

在决定选取案例的哪些信息进行保留时,一般要考虑以下几点:和问题有关的特征描述、问题的求解结果以及解答为什么成功的原因及解释。

把新案例加入到案例库中时,需要对它建立有效的索引,这样以后才能对它作出有效的回忆。索引应做到:与该案例有关时能快速回忆到,与它无关时不应回忆出。为此,可能要对案例库的索引内容甚至结构进行调整,如改变索引的强度或特征权值。

随着时间的推移,案例库会越来越大,这将浪费存储空间,增加检索的时间。因此必须对案例库进行有效的组织和管理。

在上述检索(retrieval)、重用(reuse)、修正(revise)和保存(retain)四个过程是基于案例推理的关键步骤。由于它们的英文都是以"R"开始的,因此,CBR 的推理过程也称为 4R 过程。

5.10　基于例示的学习

基于例示的学习(instance-based learning,IBL),是一种与基于案例的学习紧密相关的归纳学习方法[Aha et al 1991]。基于例示的学习算法的思想是,存储有过去的已分类的例示,当对新来的输入进行分类时,算法在已分类例示中寻找与输入情况最相似的例示,然后把该事例的类别作为对新例示的分类结果。IBL 没有用到复杂的索引,仅仅使用特征-值表示方法,也不做案例修正操作,但它却是一种非常有用的方法。

在实例学习(learning from examples)或监督学习(supervised learning)研究中,人们提出了各种学习概念的表示方法,如规则、决策树、神经网络等。这些方法的共同特点是利用对训练实例的抽象泛化来预测未来的新事例。最近邻(nearest neighbor)方法,也称作基于例示的学习,它不对训练事例抽象泛化,而是直接以典型事例来表示概念。它预测新事例的方法是,根据相似性原理(即假设相似的事例有相似的分类结果),在已存储的例示集中寻找一个或若干个最相似的例示,然后综合这些例示的已有分类结果以形成预测分类。最近邻方法的学习方式是渐增式的;在连续值属性的预测分类中,和其他学习方法相比较,一般情况下它具有最好的预测准确度[Biberman 1994]。

最近邻方法的一般形式是 k-近邻(k-NN),k 表示若干个近邻。k-NN 的应用中存在几个问题:怎样从例示集或例示库中选择若干个与要预测的新事例相似的例示,如何综合评价这些相似例示的结果以形成当前事例的预测值。前者又包括如何定义两个例示间的相似度,如何确定 k 值大小。Weiss 等对符号或离散值属性给出了较好的解决方法[Weiss et al 1991];Aha 给出了一种交叉验证(cross validation)的 k 值确定方法[Aha 1997]。

5.10.1　基于例示学习的任务

基于例示学习中,例示表示成属性值对,每一个例示具有几个属性,属性缺值是允许的。属性集对应一个多维空间。这些属性中有一个是类别属性,其余属性是条件属性。基于例示学习算法学习多个、重叠的概念描述。但一般情况下只涉及一个类别属性,并且类别是不相交的,输出是最基本的。

基于例示的学习中概念"描述"是从例示到类别的函数:给定例示空间中的一个例示,它反映一个预测这个例示类别标记的分类。基于例示的概念描述,包括存储的例示集合,可能还包括它们在过去分类过程中的性能——例示集,可以在每个实例处理后发生变化。

分类函数是输入相似性函数和概念描述中例示的分类性能记录。输出类别标记 I。概念描述更新器维护分类性能记录,决定哪些例示应加入概念描述中。基于例示学习认为相似的例示有相似的类别,因此,存在将新实例按其大多数相似的邻居的类别进行分类。同时,基于例示学习假定在缺少先验知识的条件下,所有的属性对分类决策的贡献是相同的,即相似函数中权重相同。这一偏置要求对每个属性在其值域内归一化。

基于例示学习与大多数有导师学习算法不同,它不构造决策树和决策归纳之类的明确的精炼的模式。后者通过泛化表示实例。分类时采用简单的匹配,而基于例示学习在实例表示所做的工作很少,几乎不进行泛化,对后继例示的分类需要的计算较多。

基于例示学习的性能可以从以下几个方面考虑：

（1）泛化能力：指表示的可描述与算法的可学习性，IBL 算法是 PAC 学习的，其概念边界由若干个有限大的闭超曲线组成；

（2）分类精度；

（3）学习速度；

（4）协作代价：指用一个训练实例更新概念描述的开销，包括分类的开销；

（5）存储要求：概念描述的大小，IBL 算法中指用于分类决策所需的实例数。

5.10.2　IB1 算法

IB1 算法的思想非常简单，即使用最近邻例示的类别标记作为预测值。必须指出，如果给定的属性在逻辑上不足以描述目标概念，IB1 算法将不会成功。

算法 5.1　IB1 算法。

```
1. CD←φ //CD = 概念描述
2. for each x∈Training Set do
3.     for each y∈CD do
4.         sim[y] ← similarity(x,y)
5.         y_max ← some y∈CD with maximal sim[y]
6.         if class(x) = class(y_max)
7.     then classification ← correct
8.     else classification ← incorrect
9.     CD ← CD ∪{x}
```

在一般统计假定条件下，近邻决策策略在最坏的情况下错分率至多是最佳贝叶斯（optimal Bayes）的两倍。这个结果是建立在样本数不受限制的条件下作出的，因而较弱。下面对错误估计进行分析。

定义 5.6　R^n 中点 x 的 ε-球是到 x 的距离小于 ε 的点集。$\{y \in R^n \mid \text{distance}(x,y) < \varepsilon\}$ 在二维空间中 ε 球近似为 ε^2。

定义 5.7　设 X 是 R^n 中固定概率分布的点集。X 的子集 S 是 X 的 $\langle \varepsilon, r \rangle$ 网，如果对 X 中的所有 x，除了概率不超过 r 的部分外，S 中存在 s 使 $|s-x| < \varepsilon$。

引理 5.1　设 ε、δ、γ 是确定的、小于 1 的正数，在任何确定的概率分布下，$[a, b]$ $(a, b \in [0,1])$ 上包含 N 个实例的随机样本，$N > \lceil \sqrt{2}/\varepsilon \rceil^2 / \gamma \ln(\lceil \sqrt{2}/\varepsilon \rceil^2 / \delta)$，将形成一个可信度大于 $1-\delta$ 的 $\langle \varepsilon, \gamma \rangle$ 网。

证明　将单位面积分成大小相等的 k^2 小方块，每一个对角线长度不大于 ε，则有 $k = \lceil \sqrt{2}/\varepsilon \rceil$，并且小方块中所有实例距离在 ε 之内。设 S_1 是概率不小于 γ / k^2 的小平面的集合。设 S_2 是剩下的小平面。任意实例 i 不在 S_1 中的概率至多为

$1-\gamma/k^2$。样本中 N 个实例均不在 S_1 中的概率至多为 $\lceil 1-\gamma/k^2 \rceil^N$。$S_1$ 中任意平面不包含 N 个实例的样本的概率至多为 $k^2 \lceil 1-\gamma/k^2 \rceil^N$。

由于 $\lceil 1-\gamma/k^2 \rceil^N < e^{-Nr/k^2}$，则有 $k^2 \lceil 1-\gamma/k^2 \rceil^N < k^2 e^{-Nr/k^2}$。我们确保这样的概率小于 δ。此时有 $N > \lceil \sqrt{2}/\varepsilon \rceil^2/\gamma \ln(\lceil \sqrt{2}/\varepsilon \rceil^2/\delta)$。因此，$S_1$ 中的平面包含 S 的样本实例、在 S_2 中的所有小方块的概率小于 $(\gamma/k^2)k^2 = \gamma$。

这一证明可以推广到 $\mathbf{R}^N$ 维上，此时 $\mathbf{R}^N$ 上需要的样本数为 $\lceil \sqrt{n}/\varepsilon \rceil^n/\gamma \cdot \ln(\lceil \sqrt{n}/\varepsilon \rceil^n/\delta)$，它随维数的指数次方增长。

定义 5.8　对任何 $\varepsilon > 0$，集合 C 的 ε-内核是包含在 C 中的，并且属于 C 中所有点的 ε-球的点集。

定义 5.9　C 的 ε-近邻是到 C 中某些点的距离在 ε 之内的点集。

定义 5.10　集合 C' 是 C 的 $\langle \varepsilon, \gamma \rangle$ 近似，如果忽略一些概率小于 γ 的集合，C' 包含 C 的 ε-内核，并且被 C 的 ε-近邻包含(图 5.5)。

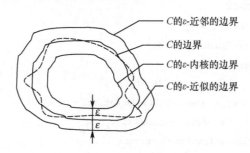

图 5.5　近邻的边界

IBL 算法中，每一个实例都被保存，几乎总是覆盖所有的目标概念的近似正确定义。"几乎总是"意味着概率大于 $1-\delta$，δ 是任意小的正数。"近似正确"确保生成的概念是目标概念的 $\langle \varepsilon, \gamma \rangle$ 近似，ε、γ 同样是任意小的正数。

引理 5.1 证明 IBL 生成的概念与目标概念的近似程度。特别除了概率小于 γ 的情形外，IBL 几乎总是覆盖概念的 ε 内核与 ε-近邻之间的集合。

定理 5.1　设 C 是 $[a, b]$ $(a, b \in [0,1])$ 上封闭曲线所围绕的区域，对给定的 $1 > \varepsilon, \gamma, \delta > 0$，IBL 算法覆盖 C'：

$$(\varepsilon\text{-内核}(C)-G) \subseteq (C'-G) \subseteq (\varepsilon\text{-近邻}(C)-G)$$

其中，G 是概率小于 γ 的集合，并且这一覆盖的可信度是 $1-\delta$。

证明　由引理 5.1，$N > \lceil \sqrt{2}/\varepsilon \rceil^2/\gamma \ln(\lceil \sqrt{2}/\varepsilon \rceil^2/\delta)$ 时，任意 N 个随机选择的样本将形成 C 的 $\langle \varepsilon, \gamma \rangle$ 网(可信度 $1-\delta$)。

设 C' 是 IBL 生成的预测属于 C 的点集。设 G 是 $[a, b]$ $(a, b \in [0,1])$ 上 N 个样本中任何一个距离不在 ε 之内的点集。

除 G 外,C 的 ε 内核包含在 C' 中(也在 $C'-G$ 中),设 p 是 C 的 ε 内核中,但不在 G 的任意点。s 是 p 的近邻,由于 s、p 的距离小于 ε,p 在 ε 内核中,s 在 C 中,s 被正确地预测是 C 的成员。同时,p 也是 C' 的成员,所以(ε-内核$(C)-G)\subseteq(C'-G)$。

同时,如果 p 在 C 的 ε 近邻外,故 p 在 $C'-G$ 之外。设 s 是 p 的近邻,如果 p 不在 G 中,则 s 不在 C 中。由 s 可正确预测 p 不是 C 的成员。由于没有点在 C 的 ε 近邻之外,被 C' 预测成 C 的成员(除 G 中的点之外),故$(C'-G)\subseteq$(ε-近邻$(C)-G)$。

该定理表明,对给定的可信度,如果训练例子足够,将形成 C 的 ε-内核与 ε-近邻之间的 C 的近似(忽略概率小于 γ 的情形)。C' 不能正确分类 p 的情形是:$p\in C$ 的 ε-近邻,但 $p\notin C$ 的 ε-内核,$p\in G$。

定义 5.11 对概率分布为 P 的类,概念类 C 是多项式可学习的,当且仅当存在算法 A,多项式 γ 使任意 $0<\varepsilon,\delta<1$,和任意 $C\in \boldsymbol{C}$,如果按某确定概率分布 $p\in P$,超过 $\gamma(1/\varepsilon,1/\delta)$ 个样本被选定,那么,在可信度至少 $1-\delta$ 的前提下,A 将输出 C 的假设,这一假设同样是 $\boldsymbol{C}$ 的成员,并且与 C 的差别概率小于 ε。

定理 5.2 设 C 是 $[a,b](a,b\in[0,1])$ 上所有长度小于 L 的曲线所封闭的区域对应的概念类,P 是可以用由上述 B 所封闭的概率密度函数表示的概率分布类 ε,则 C 是在 P 下用 IB1 多项式可学习的。

证明 由引理 5.1,如果 C 的边界长度小于 L,则 C 的 ε-内核和 ε-近邻之间的面积小于 $2\varepsilon L$。$\alpha=2\varepsilon LB$ 是该区域(在概率下)上边界。C' 导致的错误小于 $\alpha+\gamma$。如果设 $\gamma=\alpha=\varepsilon/2$,$\varepsilon=\varepsilon/4LB$,替换不等式中的 γ、ε,即可得证。

由定理 5.2 可知,IBL 需要的例示数是关于 L 和 B 的多项式的。通过以上分析,我们可以得出如下结论:

(1)如 ε 内核为空,C' 可以是 C 的 ε-近邻的任意子集,C 的形状很小,ε 足够大,此时,IBL 对 C 的近似程度不好。

(2)目标概念的边界程度增加时,学习需要的实例的期望数增加。

(3)除了大小不到 γ 的情形,错误的正例包括在 C 和 C 的 ε-近邻之间的外圈,错误的反例包含在内圈。

(4)IBL 不能区分任何包含在 ε 内核,ε-近邻之间的概念,因此,这一方法不能反映概念边界小的变动。

(5)所有的结论可以扩展出任意维空间。

5.10.3 降低存储要求

IB1 算法中,只有 C 的 ε-近邻与 ε-内核之间的例示是产生概念边界的精确性近似。其余的例示并不能区分边界的位置。因此,只保存那些有用的例示将节省大量的存储空间。不过,在缺乏关于概念边界的全部知识下,这样的实例集合是没法知道的,但可以通过 IB1 算法中被错误分类的实例近似表示,这就是 IB2 算法的思路。

算法 5.2 IB2 算法。

1. CD←φ //CD 是概念描述
2. for each x Training Set do
3. 　　for each $y \in$ CD do
4. 　　　　sim[y]←similarity (x,y)
5. 　　　　y_{max}←some $y \in$ CD with maximal sim[y]
6. 　　　　if class(x) = class (y)
7. 　　　　　　then classification←correct
8. 　　　　　else
9. 　　　　　　classification←incorrect
10. 　　　　CD←CD∪{x}

与 IB1 算法不同的是,IB2 算法中只保存那些被错分的实例,而大多数被错分的实例出现在 ε-近邻与 ε-内核之间(ε 合理地小),与概念边界非常接近。实例到概念边界的距离变化较大时,IB2 算法中存储空间的减少非常明显。

噪声增大时,IB2 的算法精度比 IB1 算法下降更快,这是因为这些带噪声的实例总是被错分,IB2 算法中保存的实例只有小部分是设有噪声的,那些带噪声的例子用于分类决策自然效果不好。

IB3 算法是对 IB2 算法的改进,使其对噪声不敏感,思路是用选择过滤器确定哪些实例应该保存起来用于将来的分类决策。

算法 5.3 IB3 算法。

1. CD←φ
2. for each x Training Set do
3. for each $y \in$ CD do
4. 　　sim[y]← similarity(x,y)
5. 　　if ∃{$y \in$ CD|acceptable (y)} then
6. 　　　　y_{max}←some acceptable $y \in$ CD with maximal sim[y]
7. 　　else
8. 　　　　i←a randomly-selected value in [1,|CD|]
9. 　　　　y_{max}←some y CD that is the i-th most similar instance to x
10. 　　　　if class(x)≠class(y_{max})
11. 　　　　　then
12. 　　　　　　classification←correct
13. 　　　　　else
14. 　　　　　　classification←incorrect
15. 　　CD←CD∪{x}
16. for each y in CD do
17. 　　if sim [y]≥sim[y_{max}]
18. 　　　then
19. 　　　　update y's classification record

```
20.        if y's record is significantly poor
21.            then CD←CD -{y}
```

在 IB3 算法中,对每一个保存的例示维护一个分类记录(如分类测试中正确分类数和错误分类数)。分类记录概括了每一个例示对当前训练实例的分类性能,同时表征将来的性能。同时,IB3 算法进行测试确定哪些例示是好的分类器,哪些相当于噪声,后者将从概念描述中删除。对每一个训练实例 i,分类记录将更新所有至少与 i 最相似的"可接受"的近邻。

如果保存的例示没有一个是可接受的,我们采用假定至少一个例示是可接受的策略,产生一个 $[1,n]$(n 是保存的例示数)之间的随机数 γ,γ 个最相似的例示的分类记录将被更新。如果至少一个例示是可接受的,将更新 i 为中心,I 与它的最近的可接受邻居之间的距离为半径的超球内的被保存例示的分类记录。

IB3 算法使用信任区间来描述,来确定一个实例是可接受的、中等的,或者噪声。信任区间由实例当前分类精度,其类别固有频率确定。如果精度的下限高于自身被正确分类的概率下限,则是可接受的;如果精度的上限小于自身被正确分类的概率的下限,则是应去掉的噪声;如果两个区间重叠,有待于进一步训练确定。

IB3 算法学习性能对例示的不相干特征数非常敏感。同时,需要的存储空间和学习速度随维数的指数次增加。IB3 算法不能表示重叠的概念。假定所有的类只属于一个类,当然,每次我们可以只学习每个概念的单独描述。

基于例示学习具有如下优点:①简单。②鲁棒性相对较好。③概念偏置相对宽松,能渐增地学习概念的曲状线性近似,在偏置不能满足目标概念时,基于例示的方法比其他学习算法速度更快,尤其是目标概念的边界不与属性维平行时。④基于例示学习算法的更新代价较低。基于例示学习更新的代价包括分类。它要求有($|A|$ $|N|$)个属性被检查,其中 $|N|$ 是被保存的实例数,$|A|$ 是特征数,而 C4.5 中对一个新的实例计算复杂度为 $O(|I| |A|^2)$。同时,并行处理和索引技术可进一步降低基于例示学习的计算复杂性。

5.11　案　例　工　程

近十年在这方面的理论和应用表明,案例的途径总是和特定领域相关的。必须注意这两个问题:

(1) 修正案例在案例库中的组织,使其能够有效和高效地在将来的推理中重用。

(2) 案例工程(case engineering)自动化:根据已有的信息自动抽取案例。

案例工程是指设计合理的案例库,生成与应用领域相关的知识的部件,包括案例的结构、案例的组织、案例的检索(如索引机制、相似性度量)、案例使用的规则、案例的修正与保存。

怎样选择和抽取基本的案例初始化案例库也是非常重要的。通常,抽象案例必须手工地或自动地从具体案例生成。手工生成无疑将陷入专家系统知识的瓶颈。自动生成这些抽象案例是一个从具体案例映射的过程,实质是数据约简。

在惰性学习(lazy learning)中,一般数据是推迟处理的,没有明显的学习阶段,不会得到关于数据的模型。而 KDD 处理的是海量数据,存储和检索它们的代价是很大的。一般认为,惰性学习的方式是不适合处理大数据量的。我们的思路是将惰性学习与积极学习结合起来:从原始的海量数据中得出粒度适中的若干小模型(这些模型的个数比原始数据要小得多),每个小模型是关于部分原始数据的,所有的小模型反映了整个数据。在测试的阶段,CBR、近邻算法等惰性学习的算法不使用原始的数据,而直接访问这些小模型,如果测试数据与其中的某个模型相匹配,则返回这个模型的某些特征作为结果。这种惰性学习与积极学习相结合的方法,必须具备如下的特点:

(1) 学习算法应该是渐增的,增加新数据时,原来的模型能够通过修正重用,添加数据同时可以构造模型,这样将减少训练时间。

(2) 模型是层次性的,粒度越小的模型概括的数据越少,精度越高;粒度越大的模型概括的数据越多,精度越低;粒度越小的模型与粒度越大的模型之间是层次关系的;上一层的模型可以作为下一层的索引。

(3) 不同层次的模型的格式未必是相同的,这一方面是领域知识所要求的,另一方面用户和算法对不同层次知识的要求也不尽相同。

(4) 模型的表示要便于计算机使用,也要便于用户理解。

(5) 用户可以根据具体的问题选用不同粒度的模型。

一般认为经典的近邻算法的复杂度比较高,因为要对新实例预测类别,必须访问所有的实例。将所有的实例存放在内存中的开销是很大的。关键是怎样减少需要存储的案例数。通常的做法是将所有的实例都作为案例,实际上从实例集中选择恰当的部分作为案例还可以提高预测精度。

在模式识别和基于例示的学习中,减少近邻算法中的例示数问题有时候称为引用选择问题(reference selection problem)[Dasarathy 1991],其目标是为了提高预测的精度选择恰当地训练实例的数量和质量。已有的工作包括存储错误的例示,如 Condensed Nearest Neighbor algorithm、Reduced Nearest Neighbor algorithm、IB2[Aha 1990],存储典型的例示[Zhang 1992],仅存储那些被其他训练例示得出的分类器正确分类的例示[Wilson 1972],由领域知识确定的方法,存储平均例示或抽象例示[Aha 1990],利用遗传算法选择例示[Kurtzberg 1987]、综合的方法[Voisin et al 1987]。在 Aha 的研究表明,利用有限个特征加权的例示可以提高分类的精度,IB3 算法、IB4 算法的效果比常规的近邻算法 IB1 要好。

选择部分例示获得更好的分类性能是可能的,因为如果忽略那些带有噪声的例示,就可避免训练过度的问题。此外,较少的例示意味简单的偏置假设,优先简单的模型符合机器学习理论的原则。

研究基于案例的推理的动机之一是它能减轻开发智能系统的复杂度和难度。进一步,为了减轻基于案例推理系统的开发工作,设计基于案例推理的开发工具,将使专家能直接参与案例的获取等知识工程问题。这类似于专家系统开发工具的作用。基于案例的推理工具可分为两种:通用型和特定任务型。通用型基于案例的推理工具可支持案例的管理、检索、评估,以及系统结构上的修正等。FABEL就是这样一个系统。特定任务型 CBR 工具目前有这样几类:①基于案例的辅助决策系统设计工具,如 Design-MUSE[Domeshek et al 1994];②基于案例的咨询系统设计工具,如 REPRO[Mark et al 1996];③基于案例的教学系统设计工具,如GuSS[Burke et al 1996]。

另外除了上述项目,市场上销售的 CBR 工具或外壳也有不少。这些 CBR 外壳各有特点,如提供了近邻检索方法或自动生成决策树的案例检索机制;允许用户在检索时交互式地向系统提供所需信息;提供能方便用户创建和编辑案例库的友好界面,同时也具有从数据库中提取所需信息的功能。这类 CBR 外壳有 CBR Express、Esteem、Kate、ReMind、CBR Works、ReCall、Eclipse、ART* Enterprise 等。通过使用 CBR 外壳,系统构造者就只需负责收集案例的工作了。

5.12　中心渔场预报专家系统

心理学研究表明,人类决策喜欢而且善于利用案例作决定,但人的记忆上的限制又使得人常常难以正确回忆出适当的案例,特别是在案例数目很多时。和人相比,计算机则正好在记忆方面具有优势,能存储大量的案例以及较好地回忆出相关的案例。把人和机器的各自特长结合一起,正是基于案例的决策支持(case-based decision aiding)的研究目的。

应用现代科学技术开发海洋资源,养护和管理好海洋渔业资源,实现海洋渔业可持续发展已经为世界各国广泛重视。计算机技术、遥感技术、自动化技术、地理信息系统技术,不仅可以为海洋渔业开发和管理提供宏观决策信息,还能在微观上为海洋渔业资源的利用作出具体指导。

为了更好地对我国海域内渔业资源利用与开发,强化高新技术对未来海洋专属经济区渔业资源养护、利用和管理技术的支撑作用,我们在 863 计划支持下开展了海洋渔业遥感信息与资源评估服务系统技术及系统集成、示范试验的研究工作。并以东海(北纬 25°到 34°、东经 130°以西海区)作渔情预报示范区,为外海渔业资源以及远洋渔业资源的利用与开发打下良好的基础。渔情预报利用数据采掘、基于实例的学习、专家系统等技术,在遥感渔业分析技术、海洋渔业服务地理信息系统技术的支撑下,综合领域专家的知识和经验,建立渔情分析与预报的学习和决策支持系统。

5.12.1　问题分析与案例表示

在该系统中,我们的任务除了对渔业资源作出评估(中长期的预报)外,重要的工作是对渔况作出短期的预报(中心渔场)。渔场是指在一定季节海洋鱼类或海产经济动物密集,可用捕捞工具进行生产并具有开发利用价值的海区。中心渔场是指具有较高的平均网产和总渔获量的区域。准确预报中心渔场的位置和大小能够直接地提高渔业生产的产量和效率,具有很大的经济效益。

尽管我们已经初步知道,鱼类的洄游以及中心渔场的形成受到这几个因素的制约:①海水温度(包括海洋表面温度、海洋底层温度);②台站数据,如海水盐度、盐度梯度、长江径流量、风向、风速等;③海洋叶绿素浓度。但是,鱼类的洄游规律还受很多因素的制约,变化非常复杂,难以用传统的数学方法和模型描述。同时专家关于中心渔场规律的知识是不精确的、不完全的。值得庆幸的是,我们已经收集了二十多年来东海的渔况海况数据,这是非常宝贵的资料,因此可以从中挖掘出许多有用的信息和知识,根据历年的情况来分析、预测中心渔场的趋势。整个系统采用了基于案例推理(CBR)的方案。因为 CBR 非常适合应用于系统已存在大量历史数据、专家通过实例来描述他们的领域、问题未被完全理解、可用的领域知识很少、系统中有很多例外的规则的情形。

由于大多数海况信息是以周为单位收集的,同时为了便于处理和计算,我们根据实际情况对需求进行了简化,预测的周期规定为一周。这样,问题变成了如果知道本周中心渔产(位置、产量和大小),预报下周(下下周)中心渔场(位置、产量和大小)。即使如此,问题也是相当困难的,因为渔场位置、大小是一种空间数据。同时,海况信息涉及 600 来个空间和非空间属性,回归的方法、决策树等方法并非很适合,我们采用了 CBR 这种 Lazy Learning 的方法[Aha 1997]。

在建造案例库的过程中,一个合理、一致的案例表示方法是必不可少的,把情景(situation)、解答(solution)、结果(outcome)用一种合适的方式表示出来是构造一个基于案例推理系统首要解决的问题。在本系统中,我们采用面向对象的技术表示海况和渔况,对象的每一个实例与后台数据库中的记录对应,系统在运行中将动态地构造它们。

对积累的原始数据经过合适的预处理,才能将问题转化为适合机器学习的形式。原始的捕捞记录数据格式为捕捞时间、捕捞地点、产量、捕捞方式等(其中来源于个体渔业公司的部分数据,甚至连产量都没有)。我们必须在数据不完整的情况下,将它们聚集成中心渔场。同时,为了简便起见,聚集的中心渔场忽略其形状,只考虑其大小(相当于认为它是等面积的圆)。我们将原始捕捞记录按时间(周)、捕捞方式分组,可以用类似于聚类的方法对原始的捕捞数据进行约简,形成代表性很强的中心渔场,然后用下述人机交互的方法修正:

(1) 如果某个渔场的周围存在相邻的渔场,则将它们合并;

(2) 重复步骤(1),直到没有新的合并可以进行;

(3) 忽略产量低于一定阈值的区域(拒绝将其加入任何中心渔场);

(4) 如果合并后的渔场仍然很多,忽略一些面积和产量比较小的渔场;

(5) 将合并以后的渔场作为中心渔场,并且中心渔场的位置为它们的几何中心,大小用包括的渔区数表示,产量为它们的累加;

(6) 将步骤(5)的结果用可视化的方式提交给用户,让用户根据具体情况进一步调整;

(7) 在数据库中保存修改后的结果。

利用我们开发的专家系统开发工具,领域专家在很短的时间内就将数据整理完毕,得到如图 5.6 所示的中心渔场。

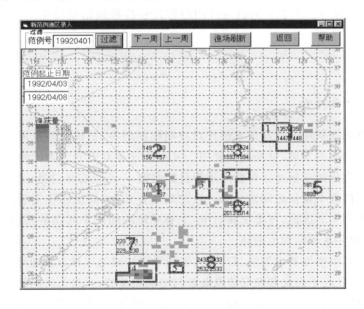

图 5.6　人机交互聚类得到中心渔场

5.12.2　相似性度量

基于案例推理中一个关键的环节是检索得到的相似案例应该尽可能地"好"。案例检索是在相似比较的基础上进行的,要检索到相似的案例来,完全要靠"什么程度才算相似"的定义了。如果定义有问题,检索的结果就不理想,也就谈不上应用的成功。因此相似度的定义十分重要。然而,相似性描述总是粗糙的、部分的、易变的。CASE 对于案例的优选通常遵循以下规则:尽可能地针对语义相似、结构相似、目标相似和个体相似四种约束,使用相应的计算方法,全面评估案例之间的相似性,然后针对各种相似性在问题域内的重要性,计算出总的动态加权相似性。

在我们的系统中,对空间条件属性,采用三个相似性度量方法(函数):

(1) 基于渔场位置的相似:

$$\text{sim1} = \sum (w_i \cdot \text{distance}(\text{pos}(\text{goal}) - \text{pos}(\text{source}))) / \sum w_i \qquad (5.8)$$

(2) 基于温度场的相似:

$$\text{sim2} = \sum (w_i \cdot \text{difference}(\text{temp}(\text{goal}) - \text{temp}(\text{source}))) / \sum w_i \qquad (5.9)$$

(3) 基于温度梯度的相似:

$$\text{sim3} = -\sum (w_i \cdot \text{difference}(\text{delta}(\text{goal}) - \text{delta}(\text{source}))) / \sum w_i \quad (5.10)$$

其中,w_i 是权重。如果该温度测试点与样本的中心渔场距离 d_i 越近,权越大。计算方法为,如果距离 d_i 为 0,权重为 1;如果距离 d_i 为海洋区域的直径——最大距离 $d_{\max}$,权值为一个小于 1 的数 w_0(用户可以根据推理结果修正它);其余插值。即有

$$w_i = 1 - \frac{d_i(1 - w_0)}{d_{\max}} \qquad (5.11)$$

5.12.3 索引与检索

检索到的案例中含有与该案例相对应问题的解答,把该解答复用于当前的目标案例或新问题的求解,就是案例复用。复用的过程可以分为类比映射和类比转换。要使源案例的求解方案可能应用于目标案例,一个前提条件是,必须在源案例和目标案例的各个特征之间建立起一致的对应关系,并决定哪些关系和结构可映射到目标案例中。因此,在类比映射中,主要要解决的两个问题是:特征的辨识和对应、可映射关系和结构的选择。

案例的索引主要有近邻法、归纳法、知识导引法或这三种方法的结合。在本系统中,困难之处在于海况和渔况信息既是与空间相关的,又是与时间相关的。为表达清晰,我们作如下的形式化。设 C_{t_1} 为时刻 t_1 的海况,它是渔场发生的条件(条件属性);G_{t_1} 为时刻 t_1 的渔场的位置、产量和大小(决策属性);时刻 t_1 实例 $I_{t_1} = (C_{t_1}, G_{t_1})$ 组成一个高维向量。$I_{t_1-t_n} = \{I_{t_1}, I_{t_2}, \cdots, I_{t_n}\} = \{(C_{t_1}, G_{t_1}), (C_{t_2}, G_{t_2}), \cdots, (C_{t_n}, G_{t_n})\}$ 构成一个时间上连续的实例序列,其中,t_2 是 t_1 的下一时刻(周),t_n 是 t_1 的下 n 时刻(周)。$\Delta G_t = G_{t+1} - G_t$ 反映了渔场的变化。

设 $\Gamma_{s_1'-s_k'}$、$\Gamma_{t_1'-t_k'}$ 是 $I_{s_1-s_m}$、$I_{t_1-t_n}$ 的两个长度为 k 的全序子集,$\Gamma_{s_1'-s_k'} \subseteq I_{s_1-s_m}$,$\Gamma_{t_1'-t_k'} \subseteq I_{t_1-t_n}$,$\text{sim}(\cdot)$ 是相似性度量的函数。如果 $\Gamma_{s_1'-s_k'} \cong \Gamma_{t_1'-t_k'}$,即

$$\forall I_{s_i'} \in \Gamma_{s_1-s_k'}, \forall I_{t_i'} \in \Gamma_{t_1-t_k'}, \mathrm{sim}(I_{s_i'}, I_{t_i'}) \geqslant \delta, \quad 1 \leqslant i \leqslant k$$

其中,δ 是 0 到 1 之间的阈值。则称 $I_{s_1-s_m}$、$I_{t_1-t_n}$ 是 $k-\delta$ 完全相似的。显然,k、δ 越大,$I_{s_1-s_m}$、$I_{t_1-t_n}$ 的相似程度越高。

设 $C'_{s_1'-s_k'}$、$C'_{t_1'-t_k'}$ 是条件序列 $C_{s_1-s_m} = \{C_{s_1}, \cdots, C_{s_m}\}$、$C_{t_1-t_n} = \{C_{t_1}, \cdots, C_{t_m}\}$ 的两个长度为 k 的全序子集,$C'_{s_1'-s_k'} \subseteq C_{s_1-s_m}$,$C'_{t_1'-t_k'} \subseteq C_{t_1-t_n}$。如果 $C'_{s_1'-s_k'} \cong C'_{t_1'-t_k'}$,即 $\forall C_{s_i'} \in C'_{s_1'-s_k'}, \forall C_{t_i'} \in C'_{t_1'-t_k'}, \mathrm{sim}(C_{s_i'}, C_{t_i'}) \geqslant \delta$ ($1 \leqslant i \leqslant k$),其中,$\delta$ 是 0 到 1 之间的阈值,则称 $I_{s_1-s_m}$、$I_{t_1-t_n}$ 是 $k-\delta$ 条件相似的。

设 $I_{u-\mathrm{cur}} = \{I_u, I_{u+1}, \cdots, I_{\mathrm{cur}}\}$ 表示当前渔场从时刻 u 到当前时刻 cur 长度为 $\mathrm{cur}-u+1$ 的序列,则 $I_{u-\mathrm{cur}+1} = \{I_u, I_{u+1}, \cdots, I_{\mathrm{cur}}, I_{\mathrm{cur}+1}\} = \{I_{u-\mathrm{cur}}, I_{\mathrm{cur}+1}\}$ 表示当前渔场从时刻 u 到下一时刻 cur+1 长度为 cur$-u$+2 的发展过程,其中,$I_{\mathrm{cur}+1} = (C_{\mathrm{cur}+1}, G_{\mathrm{cur}+1})$,$C_{\mathrm{cur}+1}$ 可以通过气象分析等方式比较准确地得到,$G_{\mathrm{cur}+1}$ 表示下周渔场,即为我们需要预测的内容。设 $\Gamma_{u_1'-u_k'}$ 为 $I_{u-\mathrm{cur}+1}$ 包含 I_{cur}、$I_{\mathrm{cur}+1}$ 的全序子集,我们发现,$\Gamma_{u'-u_k'}$ 与某个历史渔场序列 I_{v-w} 的子序列 $\Gamma_{v_1'-v_k'}$ 存在 $k-\delta$ 完全相似。由 $\Gamma_{u_1'-u_k'} \cong \Gamma_{v_1'-v_k'}$,有海况相似 $C'_{u_1'-u_k'} \cong C'_{v_1'-v_k'}$,渔况相似 $G'_{u_1'-u_k'} \cong G'_{v_1'-v_k'}$,则有 $G_{\mathrm{cur}+1} = G_{u_k'} \cong G_{v_k'}$,由 $G_{v_k'}$ 可以得到 $G_{\mathrm{cur}+1}$ 的位置。

试验表明,完全相似的条件是非常强的。我们可以使用条件相似,设 $C'_{u_1'-u_k'}$ 为 $C_{u-\mathrm{cur}+1}$ 的包含 C_{cur}、$C_{\mathrm{cur}+1}$ 全序条件子集,我们发现,$C'_{u_1'-u_k'}$ 与某个条件序列 C_{v-w} 的子序列 $C'_{v_1'-v_k'}$ 存在 $k-\delta$ 条件相似。由 $C'_{u_1'-u_k'} \cong C'_{v_1'-v_k'}$,有 $G_{\mathrm{cur}+1} = G_{u_k'} \cong G_{v_k'}$,则 $G_{\mathrm{cur}+1} = G_{\mathrm{cur}} + \Delta G$,$\Delta G = G_{v_k'} - G_{v_{k-1}'}$ 为相似渔场中本周渔场到下周渔场的变化。这是我们在 5.12.2 节中引入几个相似性函数的原因。

在实际系统中,由于 δ 是难以确定的。在相似性检索中,我们采用 k-近邻的方法,通过发现 k 个最相似的历史序列来计算下周渔场的位置,这样就不需要一个确定的 δ 值了,同时具有较强的鲁棒性。

5.12.4 基于框架的修正

框架是一种知识表示模式,最早作为视觉感知、自然语言对话和其他复杂行为的基础由 Minsky 提出[Minsky 1975]。对一类典型的实体,如状况、概念、事件等,以通用的数据结构的形式予以存储。当新的情况发生时,只要把新的数据加入这些数据结构,就能形成一个具体的实体。这样的关于典型实体的通用数据结构就称为框架(frame)。框架结构也提供了在一个具体上下文中对特定实体进行预见驱动的处理方式,在这个上下文环境下根据这种结构可以寻找那些预见的信息。框架结构中存放这些可预见信息的位置称为槽(slots)。一个框架由若干个槽组成,每个槽有它自己的名字,槽内的值描述框架所表示的实体的各个组成部分的种属性,每个槽的值又可由一个或多个侧面(facets)组成。各侧面从各个方面来描述槽的特性,每个侧面又有一个或多个侧面值,每个侧面值可以是一个或者一个概念的描述。框架理论以其组织知识区块及处理预设知识上的简洁特性而被广泛应用，已成为重要的知识表示方法。然而既有的框架应用系统中，仍缺乏处理未确定式知识及预设知识冲突时的解决技术。

针对海洋渔业资源预测研究，我们定义了一框架系统 KBIF，具备了表示不同重要性的未确定知识的能力。KBIF 的主要特性包括：权重——描述框架内各槽对框架的影响程度；信赖因素——描述槽本身的可信程度；偏向因素——在次框架关系中描述继承的倾向程度。

鱼类的洄游规律受很多因素制约，变化非常复杂，难以用传统的数学方法和模型描述。基于案例推理的预测算法只能采用基于大量历史数据积累的部分因素进行预测，同时专家关于中心渔场规律的知识是不精确的、不完全的。对中心渔场的预测结果进行有效修正，就成为预测准确性的关键，因此系统采用三种知识处理模型：框架模型、黑板结构和模糊推理，统一成为框架的知识表示，对中心渔场的预测结果加以修正，并将领域专家修正系统划分为三大部分：原子集、规则集、结论集，分别与三种模型相对应。三种模型的应用使专家预测系统适应了可扩展性、规则定义的灵活性的基本原则。

模型 5.1　框架模型 KBIF　框架模型的知识表示对多种制约因素进行规则表示，使领域专家可以依据框架结构灵活设定制约因素，各因素间通过不断沟通，形成一个具有一致性、整体性的系统，并以它引导各元素互相合作达成目标。

修正系统原子集的构造方法如下：首先，对中心渔场形成而受到的多种因素的制约加以细分，分解形成修正规则的最基本元素，每个因素成为预测规则的一个原子，而此类基本元素的全体则称为原子集，即框架。原子集利用 KBIF 的知识表示原理，定义了预测算法的所有可表示的制约因素，其中每一因素可以作为框架的槽。框架整体命名为"修正系统规则集"，并将框架分解为三层，分别包括台站数据、长江径流量、流系等。台站数据包括风速、风向、降水，气温、气压、时间、水温、盐度、站名等因素；长江径流量包括时间、月平均；流系包括表层水温、表层水温梯度、表层盐度、表层盐度梯度、垂直水温梯度、垂直盐度梯度、底层水温、底层水温梯度、底层盐度、底层盐度梯度、时间、叶绿素。原子集序列可以根据领域专家对制约因素的深入了解不断扩展，适应中心渔场预测扩展性的要求。

模型 5.2　黑板结构　我们在 KBIF 基础上建立了广义式黑板结构子系统。借由此子系统，使用者可任意地经同质性及异质性切割将解题空间规划成阶层式子结构区即规则集，此子系统则能在广义式黑板系统中支持决策概念。

我们定义了虚黑板架构，并依特定领域（即渔业资源）预测的特性，将之转化为黑板系统。它整合了知识源即原子集、规则集生成器和模糊推理的具体应用。系统结构设计成一微型黑板架构，其中包含了一组知识原子集、一个微黑板及一个规则生成控制器。这种结构将知识认识层与经验推理层有效地结合为一体。其中，知识原子集隐含在系统中,与框架模型相对应,定义了模型中的所有原子集,并可根据需求加以扩展;规则生成控制器可以把知识原子集按照专家提供条件进行组合,逐一列入黑板,并在生成器中提供区间与枚举两种功能来增进推论的效率,最终产生出特定规则。这种方式提供了渐进地建立知识规则能力,也减轻了专家经验推理的负荷,避免因着重于知识的内部结构,而忽略所表达的领域知识。系统使用图形界面来表达这样的结构,同时也增强了知识表示法和有效的推论能力以解决问题。

模型 5.3　模糊推理　用模糊推理的方法将规则运用在案例推理得到的结果集上,对中心渔场的预测进行合理地修正,从而使预测结果更准确有效。

在专家预测修正系统的规则结论集合中,对中心渔场的位置(X 轴、Y 轴)向、渔场大小、鱼产量大小应用模糊定义,将 CBR 预测出的渔场数据通过向量修正,得到新的预测数据。并加入权序列模式,即定义出每一结论的可信度,对相似条件下的结论按可信度进行排列。在预测结束后可以对专家结论集进行修正,达到知识学习的目的,使问题不断逼近可信解。

5.12.5　实验结果

中心渔场预报专家系统的系统结构如图 5.7 所示,历史数据经过适当的聚类、变换等预处理,保存在海况、渔况案例库(数据库)中。为了提高预测精度,我们采用了多策略的相似检索,利用不同的相似性计算方法找出邻近的相似渔场序列。然后,利用领域专家编辑的、已经保存在系统中的专家规则对预报结果进行修正。机器学习的知识与人类专家的知识结合起来使用,将进一步提高预报的精度和系

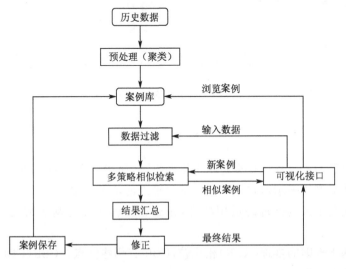

图 5.7　中心渔场预报专家系统的系统结构

统的可靠性。预测冬天的渔场时,我们就可以不考虑夏天的历史序列;离渔场位置较远的海况对中心渔场的发展影响不大,我们可以只选择那些离中心渔场较近的海况,从 600 个海况属性动态地选取 150 个左右。这样,在保障预测精度的前提下,通过时间、位置过滤,大大地减少计算量,系统响应控制在 7s 左右。可视化的人机交互界面为中心渔场的输入、预报结果的输出、海况信息的检查、领域专家的修正提供了很好的接口。

　　我们采用报全率和报准率衡量预测的结果,报准率是指预报渔场与实际渔场中心位置的差别,预报的中心与实际的中心相差不到一个渔区,渔业专家则认为预测精度达到 80%。报全率是指预测渔场与实际渔场重叠的比例。我们已经完成了示范性试验,图 5.8 给出了海况和渔场的布图。回顾性预报表明,系统的平均预报精度达到 78%,基本具备了应用推广的价值,着手应用到实际生产预报中。

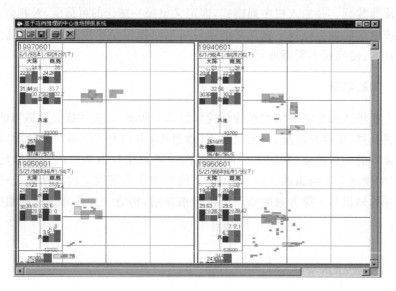

图 5.8　海况和渔场的布图

习　题

　　1. 用自己的语言描述什么是基于案例推理,简述几个 CBR 系统。

　　2. 描述案例的表示形式以及基于案例推理的基本思想。

　　3. 阐述基于案例推理的适用场合,并通过流程图描述基于案例学习的一般过程。

　　4. 与基于规则的推理(RBR)相比较,CBR 有哪些优点? CBR(CBL)系统的学习能力体现在哪里?

5. 简述目标案例和源案例的相似性关系的特点,并给出几种常用的相似性度量方法。

6. 查阅相关资料介绍一个基于案例推理的应用系统,并讨论 CBR 系统中包含哪些关键问题,在应用系统中是如何实现的。

7. 用具体的系统说明基于案例推理与专家系统有什么区别。

第6章 贝叶斯网络

6.1 概　　述

贝叶斯网络是用来表示变量间连接概率的图形模式,它提供了一种自然的表示因果信息的方法,用来发现数据间的潜在关系。在这个网络中,用节点表示变量,用有向边表示变量间的依赖关系。贝叶斯理论给出了信任函数在数学上的计算方法,具有稳固的数学基础,同时它刻画了信任度与证据的一致性及其信任度随证据而变化的增量学习特性;在数据挖掘中,贝叶斯网络可以处理不完整和带有噪声的数据集,它用概率测度的权重来描述数据间的相关性,从而解决了数据间的不一致性,甚至是相互独立的问题;用图形的方法描述数据间的相互关系,语义清晰、可理解性强,这有助于利用数据间的因果关系进行预测分析。贝叶斯方法以其独特的不确定性知识表达形式、丰富的概率表达能力、综合先验知识的增量学习特性等,成为当前数据挖掘众多方法中最引人注目的焦点之一。

6.1.1 贝叶斯网络的发展历史

贝叶斯(Reverend Thomas Bayes,1702—1761)学派奠基性的工作是贝叶斯的论文"关于几率性问题求解的评论"。或许是他自己感觉到其学说还有不完善的地方,这一论文在他生前并没有发表,而是在他死后,由他的朋友发表的。著名的数学家拉普拉斯(Laplace)用贝叶斯的方法导出了重要的"相继律",贝叶斯的方法和理论逐渐被人理解和重视起来。但由于当时贝叶斯方法在理论和实际应用中还存在很多不完善的地方,因而在 19 世纪并未被普遍接受。20 世纪初,意大利的菲纳特(de Finetti)以及英国的杰弗莱(Jeffreys)都对贝叶斯学派理论的推广做出重要的贡献。第二次世界大战后,瓦尔德(Wald)提出了统计的决策理论,在这一理论中,贝叶斯解占有重要的地位;信息论的发展也对贝叶斯学派做出了新的贡献。1958 年,英国最悠久的统计杂志 *Biometrika* 重新刊登了贝叶斯的论文。20 世纪50 年代,以罗宾斯(Robbins)为代表的学派提出了经验贝叶斯方法和经典方法相结合,引起统计界的广泛注意,这一方法很快就显示出它的优点,成为很活跃的一个方向。

随着人工智能的发展,尤其是机器学习、数据挖掘等方向的兴起,为贝叶斯理论的发展和应用提供了更为广阔的空间。贝叶斯理论的内涵也比以前有了很大的变化。20 世纪 80 年代,贝叶斯网络用于专家系统的知识表示。20 世纪 90 年代,进一步研究可学习的贝叶斯网络,用于数据采掘和机器学习。近年来,贝叶斯学习理论方面的文章更是层出不穷,内容涵盖了人工智能的大部分领域,包括因果推理、不确定性知识表达、模式识别和聚类分析等,并且出现了专门研究贝叶斯理论的组织和学术刊物 *International Society for Bayesian Analysis*。

6.1.2　贝叶斯方法的基本观点

贝叶斯分析方法的特点是用概率去表示所有形式的不确定性,学习或其他形式的推理都用概率规则来实现。贝叶斯学习的结果表示为随机变量的概率分布,它可以解释为我们对不同可能性的信任程度。贝叶斯学派的起点是贝叶斯的两项工作:贝叶斯定理和贝叶斯假设。贝叶斯定理将事件的先验概率与后验概率联系起来。假定随机向量 x,θ 的联合分布密度是 $p(x,\theta)$,它们的边际密度分别为 $p(x)$、$p(\theta)$。一般情况下设 x 是观测向量,θ 是未知参数向量,通过观测向量获得未知参数向量的估计,贝叶斯定理记作:

$$p(\theta \mid x) = \frac{\pi(\theta)p(x \mid \theta)}{p(x)} = \frac{\pi(\theta)p(x \mid \theta)}{\int \pi(\theta)p(x \mid \theta)\mathrm{d}\theta}, \quad \pi(\theta) \text{ 是 } \theta \text{ 的先验分布} \quad (6.1)$$

从式(6.1)可以看出,对未知参数向量的估计综合了它的先验信息和样本信息,而传统的参数估计方法只从样本数据获取信息如最大似然估计。贝叶斯方法对未知参数向量估计的一般过程为:

(1) 将未知参数看成是随机向量。这是贝叶斯方法与传统的参数估计方法的最大区别。

(2) 根据以往对参数 θ 的知识,确定先验分布 $\pi(\theta)$,它是贝叶斯方法容易引起争议的一步,因此而受到经典统计界的攻击。

(3) 计算后验分布密度,做出对未知参数的推断。

在第(2)步,如果没有任何以往的知识来帮助确定 $\pi(\theta)$,贝叶斯提出可以采用均匀分布作为其分布,即参数在它的变化范围内,取到各个值的机会是相同的,称这个假定为贝叶斯假设。贝叶斯假设在直觉上易于被人们所接受,然而它在处理无信息先验分布,尤其是未知参数无界的情况却遇到了困难。经验贝叶斯估计(empirical Bayes estimator)把经典的方法和贝叶斯方法结合在一起,用经典的方法获得样本的边际密度 $p(x)$,然后通过下式来确定先验分布 $\pi(\theta)$:

$$p(x) = \int_{-\infty}^{+\infty} \pi(\theta)p(x \mid \theta)\mathrm{d}\theta$$

6.1.3　贝叶斯网络在数据挖掘中的应用

1. 贝叶斯方法用于分类及回归分析

分类规则发现是根据客体的特征向量值及其他约束条件将其分到某个类别

中。在数据挖掘中，主要研究如何从数据或经验中学习这些分类规则。对于分类问题，有些情况下，输入特征向量唯一对应着一个类别，称它为确定性的分类问题；而有些情况下，则会出现类别的重叠现象，也就是说，来自于不同类别的样本从外观特征上具有极大的相似性，这时我们只能说某一样本属于某一类别的概率是多大，然而我们却必须为它选择一个类别。贝叶斯学派采用两种方法处理这种情况：一是选择后验概率最大的类别；二是选择效用函数最大（或损失最小）的类别。设特征向量 $\boldsymbol{X}=(x_1,x_2,\cdots,x_m)$，类别向量 $\boldsymbol{C}=(c_1,c_2,\cdots,c_l)$。分类的目的是把特征向量 $\boldsymbol{X}$ 归入到某个类别 $c_i(i\in(1,\cdots,l))$ 中。第一种方法选择后验概率最大的类别，即 $P(c_i|x)\geqslant P(c_j|x)(j\in(1,\cdots,l))$，此时取判别函数：$r_i(x)=P(c_i|x)$。可以证明，这种方法能够保证分类误差最小。

第二种方法在决策理论中经常用到，它采用平均效益的大小来衡量决策风险的大小，这实际上与不确定性的程度密切相关。设把属于类别 c_i 的特征向量 $\boldsymbol{X}$ 错误地划分到类别 c_j 中的损失为 $L_{ij}(\boldsymbol{X})$，它选择损失最小的类别，即 $\underset{i}{\text{Minimize}}$ $\left\{\sum_{j=1}^{l}L_{ij}(x)P(c_j|x)\right\}$，此时取判别函数：$r_i(x)=\sum_{j=1}^{l}L_{ij}(x)P(c_j|x)$。当 $L_{ij}(\boldsymbol{X})$ 的对角线元素取为 0，非对角线元素取为 1，即正确分类的损失为 0，错误分类的损失都相同时，风险损失最小与后验概率最大是等价的。

在数据挖掘中，对贝叶斯分类的研究主要集中在如何从数据中学习特征向量的分布、特征向量间的相关性等来确定最好的 $P(c_i|x)$ 和 $L_{ij}(\boldsymbol{X})$。现已具有求解它们的成功模型，如简单贝叶斯（naive Bayesian）、贝叶斯网络（Bayesian network）及贝叶斯神经网络（Bayesian neural network）等。目前，贝叶斯分类方法已在文本分类、字母识别、经济预测等领域获得了成功的应用。

2. 用于因果推理和不确定知识表达

贝叶斯网络是随机变量间的概率关系图表示。近年来，贝叶斯网络已经成为专家系统中不确定性知识的主要表示方法，并且涌现出大批的从数据学习贝叶斯网络的算法[Cooper et al 1992]。这些技术在数据建模、不确定性推理等方面已取得了很大的成功。

与数据挖掘中的其他知识表示的方法（如规则表示、决策树、人工神经网络等）相比，贝叶斯网络在知识表示方面具有下列优点[Cooper et al 1992]：

（1）贝叶斯网络能够方便地处理不完全数据。例如，考虑具有相关关系的多个输入变量的分类或回归问题，对标准的监督学习算法而言，变量间的相关性并不是它们处理的关键因素，当这些变量中有某个缺值时，它们的预测结果就会出现很大的偏差。而贝叶斯网络则提供了较为直观的概率关联关系。

（2）贝叶斯网络能够学习变量间的因果关系。因果关系是数据挖掘中极为重要的模式。原因如下：在数据分析中，因果关系有利于对领域知识的理解；在干扰较多时，便于作出精确的预测。例如，增加广告投入是否能提高产品的销量？为回答这个问题，分析人员必须知道，在某种程度上，广告投入是否是提高销量的原因。即使没有这方面的实验数据，贝叶斯网络对这类问题的回答也是非常简单的，因为这种因果关系已经包含在贝叶斯网络中了。

（3）贝叶斯网络与贝叶斯统计相结合能够充分利用领域知识和样本数据的信息。从事过实际建模任务的人都知道先验信息或领域知识在建模方面的重要性，尤其是在样本数据稀疏或数据较难获得时，一些商业方面的专家系统完全根据领域专家知识来构建就是一个很好的例证。贝叶斯网络用弧表示变量间的依赖关系，用概率分布表来表示依赖关系的强弱，将先验信息与样本知识有机结合起来。

（4）贝叶斯方法与其他模型相结合，有效地避免了数据的过分拟合问题。

3. 用于聚类模式发现

广义上讲，聚类问题是一种特殊的模型选择问题，每个聚类模式都可以看做是一种模型。聚类的任务就是从这些众多的模型中，通过一定的分析、综合策略，选择出体现数据本质的模式。贝叶斯方法通过综合先验的模型知识和当前的数据特点，来实现选择最优模型的目的。

Vaithyanathan 等提出了利用贝叶斯分析的基于模型的层次聚类方法[Vaithyanathan et al 1998]。它通过特征集的划分，将数据组织成层次结构。这些特征或者在每个类别中都有唯一的分布，或者在某些类别中具有共同的分布。它同时给出了利用边界似然来确定模型结构的方法，包括自动决定类别的个数、模型树的深度和每个类别的特征子集。

AutoClass 是利用贝叶斯方法实现聚类的一个典型系统。该系统通过搜索模型空间所有的分类可能性，来自动决定分类类别的个数和模型描述的复杂性。它允许在一定的类别内属性之间具有一定的相关性，各个类之间具有一定的继承性（在类层次结构中，某些类共享一定的模型参数）。读者可从网页 http://ic-www.arc.nasa.gov/ic/projects/bayes-group/autoclass 看到有关 AutoClass 的信息。

以上仅仅给出贝叶斯方法的几个典型应用，然而贝叶斯方法在数据挖掘中的应用远不止这些。例如，贝叶斯方法与神经网络相结合的贝叶斯神经网络，贝叶斯方法与统计学习相结合的贝叶斯点机等。有兴趣的读者可参考相关文献[Amari 1985]。

6.2　贝叶斯概率基础

6.2.1　概率论基础

概率论是研究随机现象规律性的数学。随机现象是指在相同的条件下,其出现的结果是不确定的现象。随机现象又可分为个别随机现象和大量的随机现象。对大量随机现象进行观察所得到的规律性,被人们称为统计规律性。

在统计上,我们习惯把一次对现象的观察、登记或实验叫做一次试验。随机性试验是指对随机现象的观察。随机试验在完全相同的条件下,可能出现不同的结果,但所有可能结果的范围是可以估计的,即随机试验的结果具有不确定性和可预计性。在统计上,一般把随机试验的结果,即随机现象的具体表现称为随机事件,简称为事件。

随机事件是指试验中可能出现,也可能不出现的结果。在随机现象中,某标志表现的频数是指全部观察值(样本)中拥有该标志表现的单位总数。

例 6.1　我们为研究某工厂的产品质量情况,采用随机抽样检查,各次检查(试验)的数量(样本容量)不同,其结果记录如表 6.1 所示。

表 6.1　各次质量抽查结果

抽查件数	5	10	50	100	300	600	1000	5000	10 000
合格件数	5	8	44	91	272	542	899	4510	8999
合格率	1	0.8	0.88	0.91	0.907	0.903	0.899	0.902	0.8999

表 6.1 中抽查件数是指每次试验(每个样本)的单位总数,这只是为说明问题设计的,而现实统计中多数情况下只有一个样本。表中合格件数是指合格品这种标志表现在各样本中的单位总数。表中的合格率是指各样本的合格件数占样本单位总数(样本容量)的比例,即相对频数。从表中各数值的观察中可以看出件数与合格率之间的关系,同时也会发现其中蕴含着一种统计规律性。就是随着样本单位数的扩大,其合格率稳定地趋向 0.9 左右。即合格率总是围绕着一个固定常数 $p=0.9$ 摆动。可见 p 是这一系列试验的统计稳定中心,它可以表明一次检查中合格品出现的可能性,即概率。

定义 6.1　统计概率　若在大量重复试验中,事件 A 发生的频率稳定地接近于一个固定的常数 p,它表明事件 A 出现的可能性大小,则称此常数 p 为事件 A 发生的概率,记为 $P(A)$,即

$$p = P(A) \tag{6.2}$$

可见概率就是频率的稳定中心。任何事件 A 的概率为不大于 1 的非负实数,即

$$0 < P(A) < 1$$

概率的统计定义与频率联系紧密易于理解,但是用试验的方法来求解概率是很麻烦的,有时甚至是不可能的。因此我们常用古典概率和几何概率来解决概率的计算等问题。

定义 6.2　古典概率　设一种试验有且仅有有限的 N 个可能结果,即 N 个基本事件,而 A 事件包含着其中的 K 个可能结果,则称 K/N 为事件 A 的概率,记为 $P(A)$,即

$$p(A) = \frac{K}{N}$$

古典概率的计算需要知道全部的基本事件数目,它局限于离散的有限总体。而对无限总体或全部基本事件未知的情况之下,求解概率需采用几何概型,同时几何概型也提供了概率的一般性定义。

几何型随机试验:假设 Ω 是 M 维空间中的一个有界区域,现以 $L(\Omega)$ 表示 Ω 的体积,考虑随机试验是向 Ω 内均匀地投掷一随机点,并假设:①随机点可能落到区域 Ω 内的任何一处,但不可能落在 Ω 之外。②随机点在 Ω 中分布均匀,即落入 Ω 中任何区域的可能性与该区域之 M 维体积成正比,而与区域的形状及在 Ω 中的位置无关。在上述条件下我们称试验为几何型随机试验;Ω 是基本事件空间。

几何型随机试验中的事件:假设 Ω 是几何型随机试验的基本事件空间,A 是 Ω 中可以用体积来度量的子集,$L(A)$ 是 A 的 M 维体积。那么"随机点落入区域 A 内"的事件以 A 表示。在 Ω 中能用体积度量的子集叫可测集,每一个可测集都可视为一个事件,一切可测子集的集合以 F 来表示。

定义 6.3　几何概率　假设 Ω 是几何型随机试验的基本事件空间,F 是 Ω 中一切可测集的集合,则对于 F 中的任意事件 A 的概率 $P(A)$ 为 A 与 Ω 的体积之比,即

$$p(A) = \frac{V(A)}{V(\Omega)} \tag{6.3}$$

定义 6.4　条件概率　我们把事件 B 已经出现的条件下,事件 A 发生的概率记做为 $P(A|B)$。并称为在 B 出现的条件下 A 出现的条件概率,而称 $P(A)$ 为无条件概率。

例 6.2　袋子中有两个白色球和一个黑球,现依次从袋子中取出两个球,试问:①第一次取出白球的概率？②已知第一次取得白球的条件下,第二次仍取得白球的概率？

解　设 A 为第一次取得白球的事件,B 为第二次取得白球的事件,则 $\{B|A\}$ 为第一次取得白球的条件下,第二次仍取得白球的事件。根据定义有:

(1) 无论是重复抽取还是不重复抽取,$P(A) = 2/3$;

(2) 在不重复抽取时:$P(B|A) = 1/2$;

(3) 在可重复抽取时：$P(B|A)=P(B)=2/3$，即相当于无条件概率。

若事件 A 与 B 中的任一个出现，并不影响另一事件出现的概率，即当 $P(A)=P(AB)$ 或 $P(B)=P(BA)$ 时，则称 A 与 B 是相互独立的事件。

定理 6.1　加法定理　两个不相容(互斥)事件之和的概率，等于两个事件概率之和，即

$$P(A+B) = P(A) + P(B)$$

两个互逆事件 A 和 A^{-1} 的概率之和为 1。即当 $A+A^{-1}=\Omega$，且 A 与 A^{-1} 互斥，则 $P(A)+P(A^{-1})=1$，或常有 $P(A)=1-P(A^{-1})$。

若 A、B 为两任意事件，则

$$P(A+B) = P(A) + P(B) - P(AB)$$

成立。此定理可推广到三个以上事件的情形：

$$P(A+B+C) = P(A) + P(B) + P(C) - P(AB) - P(BC) - P(CA) + P(ABC)$$

定理 6.2　乘法定理　设 A、B 为两个不相容(互斥)的非零事件，则其乘积的概率等于 A 和 B 概率的乘积，即

$$P(AB)=P(A)P(B) \quad 或 \quad P(AB)=P(B)P(A)$$

设 A、B 为两个任意的非零事件，则其乘积的概率等于 A(或 B)的概率与在 A(或 B)出现的条件下 B(或 A)出现的条件概率的乘积：

$$P(AB)=P(A)P(B|A) \quad 或 \quad P(AB)=P(B)P(A|B)$$

此定理可以推广到三个以上事件的乘积情形，即当 n 个事件的乘积 $P(A_1 A_2 \cdots A_{n-1})>0$ 时，则乘积的概率为

$$P(A_1 A_2 \cdots A_n)=P(A_1)P(A_2|A_1)P(A_3|A_1 A_2)\cdots P(A_n|A_1 A_2 A_{n-1})$$

当事件相互独立时，则有

$$P(A_1 A_2 \cdots A_n)=P(A_1)P(A_2)P(A_3)\cdots P(A_n)$$

6.2.2　贝叶斯概率

(1) 先验概率。先验概率是指根据历史的资料或主观判断所确定的各事件发生的概率，该类概率没能经过试验证实，属于检验前的概率，所以称之为先验概率。先验概率一般分为两类：一是客观先验概率，是指利用过去的历史资料计算得到的概率；二是主观先验概率，是指在无历史资料或历史资料不全的时候，只能凭借人们的主观经验来判断取得的概率。

(2) 后验概率。后验概率一般是指利用贝叶斯公式，结合调查等方式获取了新的附加信息，对先验概率进行修正后得到的更符合实际的概率。

(3) 联合概率。联合概率也叫乘法公式，是指两个任意事件的乘积的概率，或称为交事件的概率。

（4）全概率公式。如果影响事件 A 的所有因素 $B_1,B_2,\cdots$ 满足：$B_iB_j=\varnothing$ $(i\neq j)$，且 $P(\bigcup B_i)=1,P(B_i)>0(i=1,2,\cdots)$，则必有

$$P(A)=\sum P(B_i)P(A\mid B_i) \tag{6.4}$$

（5）贝叶斯公式。贝叶斯公式也叫后验概率公式，还叫逆概率公式，其用途很广。设先验概率为 $P(B_i)$，调查所获的新附加信息为 $P(A_j|B_i)(i=1,2,\cdots,n;j=1,2,\cdots,m)$，则贝叶斯公式计算的后验概率为

$$P(B_i\mid A_j)=\frac{P(B_i)P(A_j\mid B_i)}{\sum_{k=1}^{m}P(B_i)P(A_k\mid B_i)} \tag{6.5}$$

例 6.3 某厂生产的某种产品，由三个生产小组都生产两种规格的该产品，其有关产量资料如表 6.2 所示：

表 6.2 三个小组的日产量　　　　　　　　（单位：件）

第一组 A_1	2000	1000	3000
第二组 A_2	1500	500	2000
第三组 A_3	500	500	1000
合计	4000	2000	6000

现从这 6000 件产品中随机抽取 1 件，完成如下各问。

1）用古典概率计算下列概率

（1）分别计算该产品是第一、二、三组生产的概率。

解　　　　　$P(A_1)=3000/6000=1/2$
　　　　　　　$P(A_2)=2000/6000=1/3$
　　　　　　　$P(A_3)=1000/6000=1/6$

（2）分别计算该产品为哪一型号的概率。

解　　　　　$P(B_1)=4000/6000=2/3$
　　　　　　　$P(B_2)=2000/6000=1/3$

（3）计算该产品既是第一组生产的又是 B_1 型的概率。

解　　　　　$P(A_1B_1)=2000/6000=1/3$

（4）若已知该产品为第一组生产的，计算其为 B_1 型产品的概率。

解　　　　　$P(B_1|A_1)=2000/3000=2/3$

（5）若发现该产品是 B_2 型产品，其由第一、二、三组生产的概率分别为多少？

解　　　　　$P(A_1|B_2)=1000/2000=1/2$
　　　　　　　$P(A_2|B_2)=500/2000=1/4$
　　　　　　　$P(A_3|B_2)=500/2000=1/4$

2) 用条件概率计算

(1) 若已知该产品为第一组生产的,计算其为 B_1 型产品的概率。

$$P(B_1|A_1)=(1/3)/(1/2)=2/3$$

(2) 若发现该产品是 B_2 型产品,其由第一、二、三组生产的概率分别为多少?

$$P(A_1|B_2)=(1/6)/(1/3)=1/2$$
$$P(A_2|B_2)=(1/12)/(1/3)=1/4$$
$$P(A_3|B_2)=(1/12)/(1/3)=1/4$$

3) 用贝叶斯后验概率公式分别计算下列问题

(1) 已知
$$P(B_1)=4000/6000=2/3$$
$$P(B_2)=2000/6000=1/3$$
$$P(A_1|B_1)=1/2$$
$$P(A_1|B_2)=1/2$$

当发现抽出的该产品是第一组 A_1 生产的,该产品是 B_2 型概率为多少?

解 计算各联合概率有

$$P(B_1)P(A_1|B_1)=(2/3)(1/2)=1/3$$
$$P(B_2)P(A_1|B_2)=(1/3)(1/2)=1/6$$

计算全概率有

$$P(A_1)=(1/3)+(1/6)=1/2$$

则用贝叶斯公式有

$$P(B_2|A_1)=(1/6)/(1/2)=1/3$$

(2) 已知
$$P(A_1)=3000/6000=1/2$$
$$P(A_2)=2000/6000=1/3$$
$$P(A_3)=1000/6000=1/6$$
$$P(B_2|A_1)=1000/3000=1/3$$
$$P(B_2|A_2)=500/2000=1/4$$
$$P(B_2|A_3)=500/1000=1/2$$

当发现该产品为 B_2 型的,其由第一、二、三组生产的概率各为多少?

解 计算联合概率有

$$P(A_1)P(B_2|A_1)=(1/2)(1/3)=1/6$$
$$P(A_2)P(B_2|A_2)=(1/3)(1/4)=1/12$$
$$P(A_3)P(B_2|A_3)=(1/6)(1/2)=1/12$$

计算全概率 $P(B_2)$ 为

$$P(B_2)=\sum P(A_i)P(B_2\mid A_i)$$
$$=(1/2)(1/3)+(1/3)(1/4)+(1/6)(1/2)=1/3$$

利用贝叶斯公式计算后验概率分别为

$$P(A_1 \mid B_2) = (1/6)/(1/3) = 1/2$$
$$P(A_2 \mid B_2) = (1/12)/(1/3) = 1/4$$
$$P(A_3 \mid B_2) = (1/12)/(1/3) = 1/4$$

6.3　贝叶斯问题的求解

贝叶斯学习理论利用先验信息和样本数据来获得对未知样本的估计,而概率(联合概率和条件概率)是先验信息和样本数据信息在贝叶斯学习理论中的表现形式。如何获得这些概率(也称之为密度估计)是贝叶斯学习理论争议较多的地方。贝叶斯密度估计研究如何根据样本的数据信息和人类专家的先验知识获得对未知变量(向量)的分布及其参数的估计。它有两个过程:一是确定未知变量的先验分布;一是获得相应分布的参数估计。如果以前对所有信息一无所知,称这种分布为无信息先验分布;如果知道其分布求它的分布参数,称为有信息先验分布。由于在数据挖掘中,从数据中学习是它的最基本特性,因此无信息先验分布是贝叶斯学习理论的主要研究对象。

选取贝叶斯先验概率是用贝叶斯模型求解的第一步,也是比较关键的一步。常用的选取先验分布的方法有主观和客观两种。主观的方法是借助人的经验、专家的知识等来指定其先验概率。而客观的方法是通过直接分析数据的特点,来观察数据变化的统计特征,它要求有足够多的数据才能真正体现数据的真实分布。在实际应用中,这两种方法经常是结合在一起使用的。下面给出几种常用的先验概率的选取方法,为此我们首先给出几个定义。

令 θ 表示模型的参数,$X = (x_1, x_2, \cdots, x_n)$ 表示观测数据,$\pi(\theta)$ 是参数的先验分布,它表示在没有任何证据出现的情况下,对参数的信任程度。$l(x_1, x_2, \cdots, x_n \mid \theta) \propto p(x_1, x_2, \cdots, x_n \mid \theta)$ 是似然函数,它表示在已知参数的情况下,对未知样本的信任程度。$h(\theta \mid x_1, x_2, \cdots, x_n) \propto p(\theta \mid x_1, x_2, \cdots, x_n)$ 表示观测到新证据后,对参数信任程度的改变。贝叶斯定理清晰地表示出了它们之间的关系:

$$h(\theta \mid x_1, x_2, \cdots, x_n) = \frac{\pi(\theta) p(x_1, x_2, \cdots, x_n \mid \theta)}{\int \pi(\theta) p(x_1, x_2, \cdots, x_n \mid \theta) \mathrm{d}\theta}$$

$$\propto \pi(\theta) l(x_1, x_2, \cdots, x_n \mid \theta) \tag{6.6}$$

定义 6.5　分布密度的核　如果随机变量 z 的分布密度 $f(x)$ 可以分解为 $f(x) = cg(x)$,其中,c 是与 x 无关的常量,称 $g(x)$ 是 $f(x)$ 的核,记为 $f(x) \propto g(x)$。只要知道了分布密度的核,利用分布密度在全空间上的积分为1,就可以确定相应的常数。因此,要求随机变量的分布密度,关键是求出分布密度的核。

定义 6.6　充分统计量　对参数 θ 而言,统计量 $t(x_1, x_2, \cdots, x_n)$ 称为充分的,不论 θ 的先验分布是什么,相应的后验分布 $h(\theta | x_1, x_2, \cdots, x_n)$ 总是 θ 和 $t(x_1, x_2, \cdots, x_n)$ 的函数。

这一定义明确地表示了样本中关于 θ 的信息均可由它的充分统计量来反映,因此后验分布通过统计量与样本发生联系。下面我们给出判断一个统计量是否为充分统计量的定理,即著名的奈曼因子分解定理:

定理 6.3　若样本 $x_1, x_2, \cdots, x_n$ 对参数 θ 的条件密度能表示成 $g(x_1, x_2, \cdots, x_n)$ 与 $f(\theta, t(x_1, x_2, \cdots, x_n))$ 的乘积,则 $t(x_1, x_2, \cdots, x_n)$ 对参数是充分的,反之亦真。

6.3.1　几种常用的先验分布选取方法

1. 共轭分布族

Raiffa 和 Schaifeer 提出先验分布应选取共轭分布,即要求后验分布与先验分布属于同一分布类型。它的一般描述为:

定义 6.7　设样本 $X_1, X_2, \cdots, X_n$ 对参数 θ 的条件分布为 $p(x_1, x_2, \cdots, x_n | \theta)$,如果先验分布密度函数 $\pi(\theta)$ 决定的后验密度 $\pi(\theta | x)$ 与 $\pi(\theta)$ 同属于一种类型,则称 $\pi(\theta)$ 为 $p(x | \theta)$ 的共轭分布。

定义 6.8　设 $P = \{p(x | \theta): \theta \in \Theta\}$ 是以 θ 为参数的密度函数族,$H = \{\pi(\theta)\}$ 是 θ 的先验分布族,假设对任何 $p \in P$ 和 $\pi \in H$,得到的后验分布 $\pi(\theta | x)$ 仍然在 H 族中,则称 H 为 P 的共轭分布族。

因为当样本分布与先验分布的密度函数都是 θ 的指数函数时,它们相乘后指数相加,结果仍是同一类型的指数函数,只相差一个常数比例因子,所以有如下定理:

定理 6.4　如果随机变量 Z 的分布密度函数 $f(x)$ 的核为指数函数,则该分布属于共轭分布族。

核为指数函数的分布构成指数函数族。指数函数族包括二项分布、多项分布、正态分布、Gamma 分布、Poisson 分布和多变量正态分布等,它们都是共轭分布。常用的共轭分布还有 Dirichlet 分布。

用共轭分布作先验可以将历史上做过的各次试验进行合理综合,也可以为今后的试验结果分析提供一个合理的前提。由于非共轭分布的计算实际上是非常困难的,相比之下,共轭分布计算后验只需要利用先验做乘法,其计算特别简单。可以说共轭分布族为贝叶斯学习的实际使用铺平了道路。

2. 最大熵原则

熵是信息论中描述事物不确定性的程度的一个概念。如果一个随机变量 x

只取 a 与 b 两个不同的值,比较下面两种情况:

　　(1) $p(x=a)=0.98,p(x=a)=0.02$;

　　(2) $p(x=a)=0.45,p(x=a)=0.55$。

很明显,(1)的不确定性要比(2)的不确定性小得多,而且从直觉上也可以看得出当取的两个值的概率相等时,不确定性达到最大。

　　定义 6.9　设随机变量 x 是离散的,它取 $a_1,a_2,\cdots,a_k,\cdots$ 可列个值,且 $p(x=a_i)=p_i(i=1,2,\cdots)$,则 $H(x)=-\sum_i p_i\ln p_i$ 称为 x 的熵。对连续型随机变量 x,它的概率密度函数为 $p(x)$,若积分 $H(x)=-\int p(x)\ln p(x)\mathrm{d}x$ 有意义,称它为连续型随机变量的熵。

　　从定义可以看出,两个随机变量具有相同分布时,它们的熵就相等,可见熵只与分布有关。

　　最大熵原则:无信息先验分布应取参数 θ 的变化范围内熵最大的分布。

　　可以证明,随机变量(或随机向量)的熵为最大的充分必要条件是随机变量(或随机向量)为均匀分布。因此,贝叶斯假设取无信息先验分布是"均匀分布"是符合信息论的最大熵原则的,它使随机变量(或随机向量)的熵为最大。现就随机变量取有限个值的情况加以证明。

　　定理 6.5　设随机变量 x 只取有限个值 $a_1,a_2,\cdots,a_n$,相应的概率记为 p_1,$p_2,\cdots,p_n$,则 x 的熵 $H(x)$ 最大的充分必要条件是:$p_1=p_2=\cdots=p_n=\dfrac{1}{n}$。

　　证明　考虑 $G(p_1,p_2,\cdots,p_n)=-\sum_{i=1}^n p_i\ln p_i+\lambda\left(\sum_{i=1}^n p_i-1\right)$,为求其最大值,将 G 对 p_i 求偏微商,并令偏微商为 0,得方程组

$$0=\frac{\partial G}{\partial p_i}=-\ln p_i-1+\lambda,\quad i=1,2,\cdots,n$$

求得 $p_1=p_2=\cdots=p_n$。又因为 $\sum_{i=1}^n p_i=1$,所以 $p_1=p_2=\cdots=p_n=\dfrac{1}{n}$。此时相应的熵是 $-\sum_{i=1}^n \dfrac{1}{n}\ln\dfrac{1}{n}=\ln n$。反之,当 $p_1=p_2=\cdots=p_n$ 时,$G(p_1,p_2,\cdots,p_n)$ 取得最大值。

　　对于连续的随机变量也有同样的结果。

　　由此可见,在没有任何信息确定先验分布时,采用无信息先验分布是合理的。这时当然需要有较多的样本数据,进行较多次的计算才能得较好的结果。不过,无法指派先验概率分布的问题还是很多,所以关于无信息先验分布的贝叶斯假设仍然有重要的意义。

3. 杰弗莱原则

杰弗莱对于先验分布的选取做出了重大的贡献,他提出一个不变原理,较好地解决了贝叶斯假设中的一个矛盾,并且给出了一个寻求先验密度的方法。杰弗莱原则由两部分组成:一是对先验分布有一合理要求;二是给出具体的方法求得适合于要求的先验分布。

在贝叶斯假设中存在这样一个矛盾:如果对参数 θ 选用均匀分布,则对它的函数 $g(\theta)$ 作为参数时,也应选用均匀分布。反之,当对 $g(\theta)$ 选用均匀分布时,参数 θ 也应选用均匀分布。然而上述的前提中,往往推导不出相应的结论。杰弗莱为了克服这一矛盾,提出了不变性要求,他认为一个合理的决定先验分布的准则应具有不变性。

若决定 θ 的先验分布为 $\pi(\theta)$,根据不变性准则,决定它的函数 $g(\theta)$ 的分布 $\pi_g(g(\theta))$ 应满足下面的关系:

$$\pi(\theta) = \pi_g(g(\theta)) \mid g'(\theta) \mid \tag{6.7}$$

问题的关键在于如何找到满足上面要求的先验分布 $\pi(\theta)$。杰弗莱巧妙地利用费歇信息阵的一个不变性质找到了要求的 $\pi(\theta)$。

参数 θ 的先验分布应以信息阵 $\boldsymbol{I}(\theta)$ 行列式的平方根为核,即 $\pi(\theta) \propto \mid I(\theta) \mid^{\frac{1}{2}}$,其中

$$\boldsymbol{I}(\theta) = E\left(\frac{\partial \ln p(x_1, x_2, \cdots, x_n; \theta)}{\partial \theta}\right)\left(\frac{\partial \ln p(x_1, x_2, \cdots, x_n; \theta)}{\partial \theta}\right)'$$

具体推导过程这里不再给出,可参考相关文献。值得指出的是,杰弗莱原则是一个原则性的意见,用信息阵 $\boldsymbol{I}(\theta)$ 行列式的平方根选取先验分布是一个具体的方法,这两者是不等同的,还可以寻求更适合体现这一准则的具体方法。

6.3.2　计算学习机制

任何系统经过运行能改善其行为,都是学习。到底贝叶斯公式求得的后验是否比原来信息有所改善呢? 其学习的机制是什么? 现以正态分布为例进行分析,从参数的变化看先验信息和样本数据在学习中所起的作用。

设 $X_1, X_2, \cdots, X_n$ 是来自正态分布 $N(\theta, \sigma_1^2)$ 的一个样本,其中 σ_1^2 已知,θ 未知。为了求 θ 的估计量 $\bar{\theta}$,取另一个正态分布 $N(\mu_0, \sigma_0^2)$ 作为该正态均值 θ 的先验分布,即取先验为 $\pi(\theta) = N(\mu_0, \sigma_0^2)$。用贝叶斯公式可以计算出后验仍为正态分布:

$$h(\theta \mid \bar{x}_1) = N(\alpha_1, d_1^2)$$

其中

$$\bar{x}_1 = \sum_{i=1}^n \frac{x_i}{n}, \quad \alpha_1 = \left(\frac{1}{\sigma_0^2}\mu_0 + \frac{n}{\sigma_1^2}\bar{x}_1\right)\Big/\left(\frac{1}{\sigma_0^2} + \frac{n}{\sigma_1^2}\right), \quad d_1^2 = \left(\frac{1}{\sigma_0^2} + \frac{n}{\sigma_1^2}\right)^{-1}$$

用后验 $h(\theta|\bar{x})$ 的数学期望 α_1 作为 θ 的估计值, 有

$$\tilde{\theta} = E(\theta \mid \bar{x}_1) = \left(\frac{1}{\sigma_0^2}\mu_0 + \frac{n}{\sigma_1^2}\bar{x}_1\right)d_1^2 \tag{6.8}$$

由此可见, 这样得到的 θ 的估计值 $\tilde{\theta}$ 是先验分布中的期望 μ_0 与样本均值 $\bar{x}_1$ 的加权平均。因为 σ_0^2 是 $N(\mu_0,\sigma_0^2)$ 的方差, 它的倒数 $1/\sigma_0^2$ 就是 μ_0 的精度。样本均值 $\bar{x}_1$ 的方差是 σ_1^2/n, 它的倒数 n/σ_1^2 就是样本均值 $\bar{x}$ 的精度。可知 $\tilde{\theta}$ 是将 μ_0 与 $\bar{x}_1$ 按各自的精度加权平均。方差越小者精度越高, 在后验均值中所占的比重越大。此外, 样本的容量 n 越大, 则 σ_0^2/n 越小, 则样本均值 $\bar{x}_1$ 在后验均值中所占的比重越大。当 n 非常大时, 先验均值在后验中的影响将变得很小。这说明贝叶斯公式求出的后验确实对先验信息和样本数据进行了合理的综合, 其得到的结果比单独使用先验信息或样本数据都更完善, 其学习机制确实是有效的。在采用其他共轭先验分布的情况下, 也有类似的结果。

从前面的讨论可知, 在共轭先验的前提下, 可以将得到的后验信息作为新一轮计算的先验, 与进一步获得的样本信息综合, 求得下一个后验信息。如果多次重复这个过程, 得到的后验信息是否越来越接近于实际结果? 对这个问题可作如下分析:

用计算得到的后验分布 $h(\theta|\bar{x}_1) = N(\alpha_1,d_1^2)$ 作为新一轮计算的先验时, 设新的样本 $X_1,X_2,\cdots,X_n$ 来自正态分布 $N(\theta,\sigma_2^2)$, 其中 σ_2^2 已知, θ 待估计。则新的后验分布为

$$h_1(\theta \mid \bar{x}_2) = N(\alpha_2,d_2^2)$$

其中, $\bar{x}_2 = \sum\limits_{i=1}^{n}\dfrac{x_i}{n}$, $\alpha_2 = \left(\dfrac{1}{d_1^2}\alpha_1 + \dfrac{n}{\sigma_2^2}\bar{x}_2\right)\Big/\left(\dfrac{1}{d_1^2} + \dfrac{n}{\sigma_2^2}\right)$, $d_2^2 = \left(\dfrac{1}{d_1^2} + \dfrac{n}{\sigma_2^2}\right)^{-1}$。

用后验 $h_1(\theta|\bar{x}_2)$ 的数学期望 $\alpha_2 = \left(\dfrac{1}{\sigma_0^2}\mu_0 + \dfrac{n}{\sigma_1^2}\bar{x}\right)\Big/\left(\dfrac{1}{\sigma_0^2} + \dfrac{n}{\sigma_1^2}\right)$ 作为 θ 的估计值, 由于 $\alpha_1 = \left(\dfrac{1}{\sigma_0^2}\mu_0 + \dfrac{n}{\sigma_1^2}\bar{x}_1\right)d_1^2$, 计算可得

$$\begin{aligned}
\alpha_2 &= \left(\frac{1}{d_1^2}\alpha_1 + \frac{n}{\sigma_2^2}\bar{x}_2\right)d_2^2 = \left(\frac{1}{\sigma_0^2}\mu_0 + \frac{n}{\sigma_1^2}\bar{x}_1 + \frac{n}{\sigma_2^2}\bar{x}_2\right)d_2^2 \\
&= \left(\frac{1}{\sigma_0^2}\mu_0 + \frac{n}{\sigma_1^2}\bar{x}_1\right)d_2^2 + \frac{n}{\sigma_2^2}\bar{x}_2 d_2^2
\end{aligned} \tag{6.9}$$

又由于 $\dfrac{n}{\sigma_2^2} > 0$, 故 $d_2^2 = \left(\dfrac{1}{d_1^2} + \dfrac{n}{\sigma_2^2}\right)^{-1} = \left(\dfrac{1}{\sigma_0^2} + \dfrac{n}{\sigma_1^2} + \dfrac{n}{\sigma_2^2}\right)^{-1} < d_1^2 = \left(\dfrac{1}{\sigma_0^2} + \dfrac{n}{\sigma_1^2}\right)^{-1}$。

可知在 α_2 中, $\left(\dfrac{1}{\sigma_0^2}\mu_0 + \dfrac{n}{\sigma_1^2}\bar{x}_1\right)d_2^2 < \alpha_1$, 也就是说, 由于新样本的加入, 先验和旧样本所占的比例降低。由式(6.9)容易看出, 当新的样本(不失一般性, 假定容量相同)继续增加, 将有

$$\alpha_m = \left(\frac{1}{\sigma_0^2}\mu_0 + \frac{n}{\sigma_1^2}\overline{x}_1 + \frac{n}{\sigma_2^2}\overline{x}_2 + \cdots + \frac{n}{\sigma_m^2}\overline{x}_m \right)d_m^2$$

$$= \left(\frac{1}{\sigma_0^2}\mu_0 + \sum_{k=1}^{m}\frac{n}{\sigma_k^2}\overline{x}_k \right)d_m^2, \quad k = 1,2,\cdots,m \tag{6.10}$$

由式（6.10）可知，如果所有新的样本的方差相同，则等同于一个容量为 $m \times n$ 的样本。以上过程将先验和各样本均值按各自的精度加权平均，精度越高者其权值越大。由此可见，如果能正确估计先验分布密度，就可以使用少量样本数据，进行少量计算而得到较满意的结果。这在样本难得的情形特别有用，这也是贝叶斯学习优于其他方法之处。因此先验分布的指派在贝叶斯学习中有重要的意义。如果没有任何先验信息而采用无信息先验分布时，随着使用的样本增多，样本信息的影响越来越显著。在样本的噪声很小的前提下，得到的后验信息也将越来越接近于实际，只不过需要大量的计算而已。

6.3.3　贝叶斯问题的求解步骤

贝叶斯问题求解的基本步骤可以概括为：

（1）定义随机变量。将未知参数看成随机变量（或随机向量），记为 θ。将样本 $x_1,x_2,\cdots,x_n$ 的联合分布密度 $p(x_1,x_2,\cdots,x_n;\theta)$ 看成是 $x_1,x_2,\cdots,x_n$ 对 θ 的条件分布密度，记为 $p(x_1,x_2,\cdots,x_n|\theta)$ 或 $p(D|\theta)$。

（2）确定先验分布密度 $p(\theta)$。采用共轭先验分布。如果对先验分布没有任何信息，就采用无信息先验分布的贝叶斯假设。

（3）利用贝叶斯定理计算后验分布密度。

（4）利用计算得到的后验分布密度对所求问题做出推断。

以单变量单个参数情形为例，考虑"抛掷图钉问题"：将图钉抛到空中，图钉落下静止后将取以下两种状态之一：头（head）着地或尾（tail）着地。假设我们抛图钉 $N+1$ 次，问从前 N 次的结果如何决定第 $N+1$ 次出现头的概率。

（1）定义随机变量 Θ，其值 θ 对应于抛图钉头着地的物理概率可能的真值。密度函数 $p(\theta)$ 表示我们对 Θ 的不确定性。第 l 次抛掷结果的变量为 $X_l(l=1, 2,\cdots,N+1)$，观测值的集合为 $D = \{X_1 = x_1, \cdots, X_n = x_n\}$。于是将问题表示为由 $p(\theta)$ 计算 $p(x_{N+1}|D)$。

（2）用贝叶斯定理获得给定 D 时 Θ 的概率分布 $p(\theta|D) = \dfrac{p(\theta)p(D|\theta)}{p(D)}$，其中， $p(D) = \int p(D|\theta)p(\theta)\mathrm{d}\theta$，$p(D|\theta)$ 是二项分布样本的似然函数。如果已知 Θ 的值（参数 θ），则 D 中的观测值是相互独立的，并且任何一次观测出现头的概率是 θ，出现尾的概率为 $1-\theta$。于是有

$$p(\theta \mid D) = \frac{p(\theta)\theta^h(1-\theta)^t}{p(D)} \tag{6.11}$$

其中,h 和 t 分别是在 D 中观测到的头和尾的次数,称为二项分布样本的充分统计量。

（3）求所有 Θ 的所有可能的值的平均值,作为第 $N+1$ 次抛掷图钉出现头的概率：

$$
\begin{aligned}
p(X_{N+1} = \text{heads} \mid D) &= \int p(X_{N+1} = \text{heads} \mid \theta)p(\theta \mid D)\mathrm{d}\theta \\
&= \int \theta p(\theta \mid D)\mathrm{d}\theta \equiv E_{p(\theta|D)}(\theta)
\end{aligned} \tag{6.12}
$$

其中,$E_{p(\theta|D)}(\theta)$ 表示 θ 对于分布 $p(\theta|D)$ 的数学期望。

（4）为 Θ 指派先验分布和超参数。指派先验通常采用的方法是先假定先验的分布,再确定分布的参数。假定先验是 Beta 分布：

$$p(\theta) = \text{Beta}(\theta \mid \alpha_h, \alpha_t) \equiv \frac{\Gamma(\alpha)}{\Gamma(\alpha_h)\Gamma(\alpha_t)}\theta^{\alpha_h-1}(1-\theta)^{\alpha_t-1} \tag{6.13}$$

其中,$\alpha_h > 0$ 和 $\alpha_t > 0$ 是 Beta 分布的参数,$\alpha = \alpha_h + \alpha_t$;$\Gamma(\cdot)$ 是 Gamma 函数。为了和参数 θ 相区别,将 α_h 和 α_t 称为超参数。因为 Beta 分布属于共轭分布族,得到的后验也是 Beta 分布：

$$
\begin{aligned}
p(\theta \mid D) &= \frac{\Gamma(\alpha + N)}{\Gamma(\alpha_h + h)\Gamma(\alpha_t + t)}\theta^{\alpha_h+h-1}(1-\theta)^{\alpha_t+t-1} \\
&= \text{Beta}(\theta \mid \alpha_h + h, \alpha_t + t)
\end{aligned} \tag{6.14}
$$

对于这个分布,θ 的数学期望有一个简单的形式：

$$\int \theta \text{Beta}(\theta \mid \alpha_h, \alpha_t)\mathrm{d}\theta = \frac{\alpha_h}{\alpha} \tag{6.15}$$

于是,给定一个 Beta 先验,得到第 $N+1$ 次抛掷出现头的概率的一个简单的表达式：

$$p(X_{N+1} = \text{heads} \mid D) = \frac{\alpha_h + h}{\alpha + N} \tag{6.16}$$

确定先验 $p(\theta)$ 的 Beta 分布的超参数有多种方法。如想象将来数据法和等价样本法。其他方法见 Winkler、Chaloner 和 Duncan 的论文。使用想象将来数据法,由式（6.16）可得到两个方程,便可求出 Beta 分布的两个参数（超参数）α_h 和 α_t。

在单变量多参数（一种变量有多种状态）的情形,一般设 X 是带有高斯分布的连续变量,假设有物理概率分布 $p(x|\theta)$,则有

$$p(x \mid \theta) = (2\pi v)^{-1/2} \mathrm{e}^{-(x-\mu)^2/2v}$$

其中,$\theta = \{\mu, v\}$。依照二项分布的做法,赋予参数变量以先验,应用贝叶斯定理由给定观测样本的数据集 $D = \{X_1 = x_1, X_2 = x_2, \cdots, X_N = x_N\}$ 求出后验,也就是学习这些参数：

$$p(\theta \mid D) = p(D \mid \theta)p(\theta)/p(D)$$

然后取 Θ 可能值的平均值作预测:

$$p(x_{N+1} \mid D) = \int p(x_{N+1} \mid \theta)p(\theta \mid D)\mathrm{d}\theta \tag{6.17}$$

对指数家族而言,计算是特别有效的而且是封闭的。在多项样本情形中,如果 X 的观察值是离散的,使用 Dirichlet 分布作为共轭先验可以使计算简化。

贝叶斯定理的计算学习机制是将先验分布中的期望值与样本均值按各自的精度进行加权平均,精度越高者其权值越大。在先验分布为共轭分布的前提下,可以将后验信息作为新一轮计算的先验,用贝叶斯定理与进一步得到的样本信息进行综合。多次重复这个过程后,样本信息的影响越来越显著。由于贝叶斯方法可以综合先验信息和后验信息,既可避免只使用先验信息可能带来的主观偏见和缺乏样本信息时大量盲目搜索与计算,也可避免只使用后验信息带来的噪声的影响,因此适用于具有概率统计特征的数据采掘和知识发现问题,尤其是样本难以取得或代价昂贵的问题。合理准确地确定先验,是贝叶斯方法进行有效学习的关键问题。目前先验分布的确定依据只是一些准则,没有可操作的完整的理论,在许多情况下先验分布的合理性和准确性难以评价。对于这些问题还需要进一步深入研究。

6.4　简单贝叶斯学习模型

简单贝叶斯(naive Bayes 或 simple Bayes)学习模型将训练实例 I 分解成特征向量 X 和决策类别变量 C。简单贝叶斯模型假定特征向量的各分量间相对于决策变量是相对独立的,也就是说各分量独立地作用于决策变量。尽管这一假定在一定程度上限制了简单贝叶斯模型的适用范围,然而在实际应用中,不仅以指数级降低了贝叶斯网络构建的复杂性,而且在许多领域,在违背这种假定的条件下,简单贝叶斯也表现出相当的健壮性和高效性[Nigam et al 1998],它已经成功地应用到分类、聚类及模型选择等数据挖掘的任务中。目前,许多研究人员正致力于改善特征变量间独立性的限制[Heckerman 1997],以使它适用于更大的范围。

6.4.1　简单贝叶斯学习模型的介绍

贝叶斯定理告诉我们如何通过给定的训练样本集预测未知样本的类别,它的预测依据就是取后验概率

$$P(C_i \mid A) = P(C_i)P(A \mid C_i)/P(A) \tag{6.18}$$

最大的类别。这里 A 是测试样本,$P(Y|X)$ 是在给定 X 的情况下 Y 的条件概率。等式右侧的概率都是从样本数据中估计得到的。设样本表示成属性向量,如果属性对于给定的类别独立,那么 $P(A|C_i)$ 可以分解成几个分量的积:$P(a_1|C_i)P(a_2|$

$C_i)\cdots P(a_m\mid C_i)$（这里 v_i 是样本 A 的第 i 个属性）。从而后验概率的计算公式为

$$P(C_i\mid A) = \frac{P(C_i)}{P(A)}\prod_{j=1}^{m}P(a_j\mid C_i) \tag{6.19}$$

这个过程称之为简单贝叶斯分类（simple Bayesian classifier, SBC）。一般认为,只有在独立性假定成立的时候,SBC 才能获得精度最优的分类效率;或者在属性相关性较小的情况下,能获得近似最优的分类效果。然而这种较强的限制条件,似乎与 SBC 在许多领域惊人的性能很不一致,其中包括属性具有明显依赖性的情况。在 UCI 的 28 个数据集中,其中 16 个要好于 C4.5 的性能,与 CN2 和 PEBLS 基本相似,许多研究也得到了类似的结论[Dougherty et al 1995, Clark et al 1989]。同时也有一些研究人员提出了一些策略以改善属性之间独立性的限制[Nigam et al 1998],获得了一定的成功。

式(6.19)中的概率可采用样本的最大似然估计:

$$P(v_j\mid C_i) = \frac{\text{count}(v_j\wedge c_i)}{\text{count}(c_i)} \tag{6.20}$$

为了防止式(6.19)出现 0 的情况,当实际计算为 0 时,可以直接指定式(6.19)的结果为 $0.5/N$,这里 N 为例子总数。

假定只有两类,将这两类分别称为 0 类和 1 类:$a_1\sim a_k$ 表示一个给定测试集的属性;$b_0 = P(C=0)$, $b_1 = P(C=1) = 1-b_0$, $p_{j0} = P(A_j=a_j\mid C=0)$, $p_{j1} = P(A_j=a_j\mid C=0)$则

$$p = P(C=1\mid A_1=a_1\wedge\cdots\wedge A_k=a_k) = \Big(\prod_{j=1}^{k}p_{j1}\Big)b_1/z \tag{6.21}$$

$$q = P(C=0\mid A_1=a_1\wedge\cdots\wedge A_k=a_k) = \Big(\prod_{j=1}^{k}p_{j0}\Big)b_0/z \tag{6.22}$$

其中,z 是一个固定常量。将上面两式两边取对数后相减得

$$\log p - \log q = \Big(\sum_{j=1}^{k}\log p_{j1}-\log p_{j0}\Big)+\log b_1-\log b_0 \tag{6.23}$$

这时,取 $w_j = \log p_{j1}-\log p_{j0}$, $b = \log b_1-\log b_0$,则上式转化为

$$\log(1-p)/p = -\sum_{j=1}^{k}w_j - b \tag{6.24}$$

两边取指数,并且重新排列

$$p = \frac{1}{1+\exp\Big(-\sum\limits_{j=1}^{k}w_j-b\Big)} \tag{6.25}$$

为计算该式,一般来说,假定属性 A_j 有 $v(j)$ 个可能的属性值,那么当

$$w_{jj'} = \log P(A_j=a_{jj'}\mid c=1) - \log P(A_j=a_{jj'}\mid c=0)$$
$$1\leqslant j'\leqslant v(j) \tag{6.26}$$

时，式(6.25)转化为

$$P(C(x) = 1) = \frac{1}{1 + \exp\left(-\sum_{j=1}^{k}\sum_{j'=1}^{v(j)} I(A_j(x) = a_{jj'})w_{jj'} - b\right)} \qquad (6.27)$$

其中，I 是一个示性函数：如果 φ 为真，那么 $I(\varphi) = 1$，否则 $I(\varphi) = 0$。

在实际计算中，式(6.27)只需根据式(6.20)的思想即可计算出结果。式(6.27)实际上是一个具有 sigmoid 型激励的感知器函数。该函数分别输入每一个属性 A_j 的 $v(j)$ 个可能的值。因此简单贝叶斯分类器在特定输入场合下的表达能力与感知器模型是等价的。进一步的研究表明，简单贝叶斯分类器可以推广到针对数值属性的逻辑回归方法。

在此考虑式(6.20)，如果 A_j 具有离散值，那么 $count(A_j = a_j \wedge C = c_i)$ 能够从训练例子中直接计算出来。如果 A_j 是连续值，那么就需要离散化该属性，使用非监督离散化将该属性离散化到 M 个等宽度的区间内，一般 $M = 10$。也可以使用更复杂的离散化方法，如监督离散化方法。

令每一个 A_j 是一个数值属性（离散或连续），逻辑回归假设模型

$$\log \frac{P(C = 1 \mid A_1 = a_1, \cdots, A_k = a_k)}{P(C = 0 \mid A_1 = a_1, \cdots, A_k = a_k)} = \sum_{j=1}^{k} b_j a_j + b_0 \qquad (6.28)$$

对式(6.28)采用如式(6.24)同样的变换后，得到

$$p = \frac{1}{1 + \exp\left(-\sum_{j=1}^{k} b_j a_j - b_0\right)} \qquad (6.29)$$

显然，这也是具有 sigmoid 型激励的感知器函数，每个属性作为输入的单节点感知器，并且每个属性值以它们的大小编码。用一个 $\varphi = a_j$ 的函数 $f(\varphi)$ 替换 $b_j a_j$，如果 A_j 的范围被分割为 M 个部分，那么第 i 部分在 $[c_{j(i-1)}, c_{ji}]$，则该函数就是

$$b_j a_j = f_j(a_j) = \sum_{i=1}^{M} b_{ji} I(c_{j(i-1)} \leqslant c_{ji}) \qquad (6.30)$$

其中，每一个 b_{ji} 是一个常数，综合式(6.29)和式(6.30)可以得到

$$P(C(x) = 1) = \frac{1}{1 + \exp\left(-\left(\sum_{j=1}^{k}\sum_{i=1}^{M} b_{ji} I(c_{j(i-1)} \leqslant c_{ji})\right) - b_0\right)} \qquad (6.31)$$

上式就是最终的回归函数。因此简单贝叶斯分类是逻辑回归的一种非参数化、非线性的扩展。通过设置 $b_{ji} = (c_{j(i-1)} + c_{ij})/(2b_j)$，能够近似得到标准逻辑回归公式。

6.4.2　简单贝叶斯模型的提升

提升（boosting）方法总的思想是学习一系列分类器，在这个序列中每一个分

类器对它前一个分类器导致的错误分类例子给予更大的重视。尤其是在学习完分类器 H_k 之后,增加了由 H_k 导致分类错误的训练例子的权值,并且通过重新对训练例子计算权值,再学习下一个分类器 H_{k+1}。这个过程重复 T 次。最终的分类器从这一系列的分类器中综合得出。

在这个过程中,每个训练例子被赋予一个相应的权值,如果一个训练例子被分类器错误分类,那么就相应地增加该粒子的权重,使得在下一次学习中,分类器对该例代表的情况更加重视。

提升算法对两类分类问题的处理是通过 Freund 和 Scbapire 给出的 AdaBoost 算法实现的[Freund et al 1995]。

算法 6.1　AdaBoost 算法。

　　输入:

　　N 个训练实例:$\langle (x_1, y_1), \cdots, (x_N, y_N) \rangle$;

　　N 个训练实例上的分布 D:w,w 为训练实例的权向量;

　　T 为训练重复的趟数.

　　(1) 初始化

　　(2) 初始化训练实例的权向量:$w_i = 1/N, i = 1, \cdots, N$

　　(3) for $t = 1$ to T

　　(4)　　给定权值 w_i^t 得到一个假设 $H^{(t)}: X \rightarrow [0, 1]$;

　　(5)　　估计假设 $H^{(t)}$ 的总体误差,$e^{(t)} = \sum_{i=1}^{N} w_i^{(t)} |y_i - h_i^{(t)}(x_i)|$;

　　(6)　　计算 $\beta^{(t)} = e^{(t)} / (1 - e^{(t)})$;

　　(7)　　计算下一轮样本的权值 $w_i^{(t+1)} = w_i^{(t)} (\beta^{(t)})^{1 - |y_i - h_i^{(t)}(x_i)|}$;

　　(8)　　正规化 $w_i^{(t+1)}$,使其总和为1。

　　(9) end for

　　(10) 输出:

　　(11) $h(x) = \begin{cases} 1, & \sum_{t=1}^{T} \left(\log \frac{i}{\beta^{(t)}} \right) h^{(t)}(x) \geqslant \frac{1}{2} \sum_{t=1}^{T} \left(\log \frac{i}{\beta^{(t)}} \right) \\ 0, & \text{其他} \end{cases}$

在这里,假设每一个分类器都是实际有用的,$e^{(t)} < 0.5$,也就是说,在每一次分类的结果中,正确分类的样本个数始终大于错误分类的样本个数。可以看出,$\beta^{(t)} < 1$,当 $|y_i - h_i^{(t)}(x_i)|$ 增加时,$w_i^{(t+1)}$ 也增加,因此算法满足了提升的思想。

对算法做以下几点说明:

(1) $h^{(t)}(x)$ 采用输出公式计算得出,计算的结果为 0 或者为 1。

(2) 式(6.20)中,关于条件概率的计算 $P(A_j = a_{jj'} | C = c)$。

在未考虑权值的情况下,count(condition)计算操作的基准是 1,例如,有 k 个例子满足 condition,那么 count(condition)$=k$。在考虑权值的情况下,count(condition)计算操作的基准变为每个例子的权值,如果有 k 个例子满足 condition,那么 count(condition) $= \sum_{i}^{k} w_i$ 。通过调整权值,体现了提升的思想。

(3) 所谓算法的输出是指:当给定一个新的 x,通过算法 6.1 的第(6)步,就可以利用以前每次增强学习的结果,通过投票输出最终的结果。

算法最终的联合假设可以定义为

$$H(x) = \frac{1}{1 + \prod_{t=1}^{T} (\beta^{(t)})^{2r(x)-1}}$$

其中, $r(x) = \dfrac{\sum_{t=1}^{T} \log(1/\beta^{(t)}) H^{(t)}(x)}{\sum_{t=1}^{T} \log(1/\beta^{(t)})}$ 。

现在可以说明,提升后的简单贝叶斯分类器在表达能力上相当于具有单个隐含层的多层感知器模型。令 $\alpha = \prod_{t=1}^{T} \beta^{(t)}$, $v^{(t)} = \log\beta^{(t)}/\log\alpha$,那么

$$H(x) = \frac{1}{1 + \alpha^2 \left(\sum_{t=1}^{T} v^{(t)} H^{(t)}(x)\right) - 1} = \frac{1}{1 + \exp\left(\sum_{t=1}^{T} 2\log\beta^{(t)} H^{(t)}(x) - \sum_{t=1}^{T} \log\beta^{(t)}\right)}$$

即单个分类器的输出乘以权值的和应用到一个 sigmoid 函数构成联合分类器的输出。既然单个简单贝叶斯分类器的输出等价于一个感知器,那么联合分类器等价于一个具有单隐含层的感知器网络。

对多类分类问题的提升贝叶斯方法如下:

算法 6.2　多类分类 AdaBoost 算法。

输入:

N 个训练实例: $\langle (x_1, y_1), \cdots, (x_N, y_N) \rangle$;

N 个训练实例上的分布 D: w, w 为训练实例的权向量;

T 为训练重复的趟数.

(1) 初始化

(2) 初始化训练实例的权向量: $w_i = 1/N, i = 1, \cdots, N$

(3) for $t = 1$ to T

(4) 　　给定权值 w_i^t 得到一个假设 $H^{(t)}: X \rightarrow Y$;

(5) 　　估计假设 $H^{(t)}$ 的总体误差, $e^{(t)} = \sum_{i=1}^{N} w_i^{(t)} I(y_i \neq h_i^{(t)}(x_i))$;

(6) 　　计算 $\beta^{(t)} = e^{(t)}/(1 - e^{(t)})$;

(7) 　　计算下一轮样本的权值 $w_i^{(t+1)} = w_i^{(t)} (\beta^{(t)})^{1 - I(y_i = h_i^{(t)}(x_i))}$;

(8) 　　正规化 $w_i^{(t+1)}$,使其总和为1

(9) end for

(10) 输出:

(11) $h(x) = \arg\max\limits_{y \in Y} \sum\limits_{t=1}^{T} \left(\log \dfrac{\text{i}}{\beta^{(t)}} \right) I(h^{(t)}(x) = y)$

其中,如果 $\phi = T$,则 $I(\phi) = 1$;否则,$I(\phi) = 0$。

6.4.3　提升简单贝叶斯分类的计算复杂性

假设样本空间中个体样本具有 f 个属性,每个属性有 v 个属性值。那么由式(6.27)导出的一个简单贝叶斯分类器有 $fv+1$ 个参数,这些参数被累计学习 $2fv+2$ 次,在每次学习中,每个训练例子的每个属性值都会使得精度得以提高。因此,n 个训练实例的时间复杂度就是 $O(nf)$,与 v 无关。这样的时间复杂度本质上就是最佳的。提升后的简单贝叶斯,每一次的时间复杂度也是 $O(nf)$。对 T 次训练,其复杂度为 $O(Tnf)$,而 T 是一个常数,所以它的时间复杂度仍然为 $O(nf)$。

对简单贝叶斯分类器,其主要计算是计数计算。训练例子可以从磁盘或磁带机中顺序进行处理,也可以分批处理。因此该方法非常适合在大数据量的知识发现。数据集可以不用全部装入内存,仍旧可以保存在磁盘或磁带上。然而这种提升方法应用到简单贝叶斯模型中存在如下问题:

(1) 从提升的思想来看,当训练集中存在噪声时,提升的方法会把这些噪声当作有用的信息通过权值而放大,这会降低提升的性能。当噪声很多时,这种提升会导致更糟的结果。

(2) 虽然理论上提升方法可以保证训练集的差错率为 0,但当其运用到简单贝叶斯模型时,却不能保证,训练集的差错始终存在。

6.5　贝叶斯网络的建造

6.5.1　贝叶斯网络的结构及建立方法

简而言之,贝叶斯网络是一个带有概率注释的有向无环图。这个图模型能表示大的变量集合的联合概率分布(物理的或贝叶斯的),可以分析大量变量之间的相互关系,利用贝叶斯定理揭示的学习和统计推断功能,实现预测、分类、聚类、因果分析等数据采掘任务。

关于一组变量 $X = \{x_1, x_2, \cdots, x_n\}$ 的贝叶斯网络由以下两部分组成:①一个表示 X 中的变量的条件独立断言的网络结构 S;②与每一个变量相联系的局部概率分布集合 P。两者定义了 X 的联合概率分布。S 是一个有向无环图,S 中的节点一对一地对应于 X 中的变量。以 x_i 表示变量节点,Pa_i 表示 S 中的 x_i 的父节点。S 的节点之间缺省弧线则表示条件独立。X 的联合概率分布表示为

$$p(X) = \prod_{i=1}^{n} p(x_i \mid \text{Pa}_i) \tag{6.32}$$

以 P 表示式(6.32)中的局部概率分布,即乘积中的项 $p(x_i|\mathrm{Pa}_i)(i=1,2,\cdots,n)$,则二元组 (S,P) 表示了联合概率分布 $p(X)$。当仅仅从先验信息出发建立贝叶斯网络时,该概率分布是贝叶斯的(主观的)。当从数据出发进行学习,进而建立贝叶斯网络时,该概率是物理的(客观的)。

为了建立贝叶斯网络,可以按下面三个步骤进行:

步骤 1　必须确定为建立模型有关的变量及其解释。为此,需要:①确定模型的目标,即确定问题相关的解释;②确定与问题有关的许多可能的观测值,并确定其中值得建立模型的子集;③将这些观测值组织成互不相容的而且穷尽所有状态的变量。这样做的结果不是唯一的。

步骤 2　建立一个表示条件独立断言的有向无环图。根据概率乘法公式有

$$p(X) = \prod_{i=1}^{n} p(x_i \mid x_1, x_2, \cdots, x_{i-1})$$

$$= p(x_1)p(x_2 \mid x_1)p(x_3 \mid x_1, x_2)\cdots p(x_n \mid x_1, x_2, \cdots, x_{n-1}) \quad (6.33)$$

对于每个变量 x_i,如果有某个子集 $\pi_i \subseteq \{x_1, x_2, \cdots, x_{i-1}\}$ 使得 x_i 与 $\{x_1, x_2, \cdots, x_{i-1}\}\backslash \pi_i$ 是条件独立的,即对任何 X,有

$$p(x_i \mid x_1, x_2, \cdots, x_{i-1}) = p(x_i \mid \pi_i), \quad i = 1, 2, \cdots, n \quad (6.34)$$

则由式(6.33)和式(6.34)可得

$$p(X) = \prod_{i=1}^{n} p(x_i \mid \pi_i)$$

变量集合 $(\pi_1, \cdots, \pi_n)$ 对应于父节点 $\mathrm{Pa}_1, \cdots, \mathrm{Pa}_n$,故又可以写成

$$p(X) = \prod_{i=1}^{n} p(x_i \mid \mathrm{Pa}_i)$$

于是,为了决定贝叶斯网络的结构,需要:①将变量 $x_1, x_2, \cdots, x_i$ 按某种次序排序;②决定满足式(6.34)的变量集 $\pi_i(i=1,2,\cdots,n)$。

从原理上说,如何从 n 个变量中找出适合条件独立的顺序,是一个组合爆炸问题。因为要比较 $n!$ 种变量顺序。不过,通常可以在现实问题中决定因果关系,而且因果关系一般对应于条件独立的断言。因此,可以从原因变量到结果变量画一个带箭头的弧来直观表示变量之间的因果关系。

步骤 3　指派局部概率分布 $p(x_i|\mathrm{Pa}_i)$。在离散的情形,需要为每一个变量 x_i 的各个父节点的状态指派一个分布。

显然,以上各步可能交叉进行,而不是简单地顺序进行可以完成的。

6.5.2　学习贝叶斯网络的概率分布

现在考虑这样的问题:给定贝叶斯网络的结构,如何利用给定样本数据去学习网络的概率分布,即更新网络变量原有的先验分布。这里使用的是贝叶斯方法,既

综合先验知识和数据去改进已有知识的技术,这些技术可用于数据采掘。假设变量组 $X=(x_1,x_2,\cdots,x_n)$ 的物理联合概率分布可以编码在某个网络结构 S 中:

$$p(x \mid \theta_S,S^h) = \prod_{i=1}^{n} p(x_i \mid \mathrm{Pa}_i,\boldsymbol{\theta}_i,S^h) \tag{6.35}$$

其中,$\boldsymbol{\theta}_i$ 是分布 $p(x_i|\mathrm{Pa}_i,\boldsymbol{\theta}_i,S^h)$ 的参数向量;θ_S 是参数组 $(\boldsymbol{\theta}_1,\boldsymbol{\theta}_2,\cdots,\boldsymbol{\theta}_n)$ 的向量;S^h 表示物理联合分布可以依照 S 被分解的假设。需要说明的是这个分解是不交叉(重叠)的。例如,给定 $X=\{x_1,x_2\}$,X 的任何联合分布可以被分解成对应于没有弧的网络结构,也可以被分解成对应于 $x_1 \rightarrow x_2$ 的网络结构。这就是交叉(重叠)。此外,假设从 X 的物理联合概率分布得到一个随机样本 $D=\{x_1,\cdots,x_n\}$。D 的一个元素 x_i 表示样本的一个观测值,称为一个案例。定义一个取向量值的变量 Θ_S 对应于参数向量 θ_S,并指派一个先验概率密度函数 $p(\theta_S|S^h)$ 表示对 Θ_S 的不确定性,于是贝叶斯网络的学习概率问题可以简单地表示成:给定随机样本 D,计算后验分布 $p(\theta_S|D,S^h)$。

下面用无约束多项分布来讨论学习概率的基本思想。假定每个变量 $x_i \in X$ 是离散的,有 r_i 个可能的值 $x_i^1,x_i^2,\cdots,x_i^{r_i}$,每个局部分布函数是一组多项分布的集合,一个分布对应于 Pa_i 的一个构成(一个分量)。也就是说,假定

$$p(x_i^k \mid \mathrm{Pa}_i^j,\boldsymbol{\theta}_i,S^h) = \theta_{ijk} > 0$$
$$i = 1,2,\cdots,n;j = 1,2,\cdots,q_i;k = 1,2,\cdots,r_i \tag{6.36}$$

其中,$\mathrm{Pa}_i^1,\mathrm{Pa}_i^2,\cdots,\mathrm{Pa}_i^{q_i}$ 表示 Pa_i 的构成;$q_i = \prod\limits_{X_i \in \mathrm{Pa}_i} r_i$;$\boldsymbol{\theta}_i = ((\theta_{ijk})_{k=2}^{r_i})_{j=1}^{q_i}$ 是参数,θ_{ij1} 没有列入,因为 $\theta_{ij1} = 1 - \sum\limits_{k=2}^{r_i} \theta_{ijk}$,可以通过计算得到。方便起见,定义参数向量

$$\boldsymbol{\theta}_{ij} = (\theta_{ij2},\theta_{ij3},\cdots,\theta_{ijr_i}), \quad i = 1,2,\cdots,n;j = 1,2,\cdots,q_i$$

给定以上的局部分布函数后,需要有以下两个假设,才可以以封闭的形式计算后验分布 $p(\theta_S|D,S^h)$:

(1) 在随机样本 D 中没有缺损数据,这时又称 D 是完全的。

(2) 参数向量 $\boldsymbol{\theta}_{ij}$ 是相互独立的,即 $p(\theta_S|S^h) = \prod\limits_{i=1}^{n}\prod\limits_{j=1}^{q_i} p(\boldsymbol{\theta}_{ij}|S^h)$。这就是参数独立假设。

在以上两个假设下,对于给定的随机样本 D,参数仍然保持独立:

$$p(\theta_S \mid D,S^h) = \prod_{i=1}^{n}\prod_{j=1}^{q_i} p(\boldsymbol{\theta}_{ij} \mid D,S^h) \tag{6.37}$$

于是可以相互独立地更新每一个参数向量 $\boldsymbol{\theta}_{ij}$。假设每一个参数向量 $\boldsymbol{\theta}_{ij}$ 有先验 Dirichlet 分布 $\mathrm{Dir}(\boldsymbol{\theta}_{ij}|\alpha_{ij1},\alpha_{ij2},\cdots,\alpha_{ijr_i})$,得到后验分布为

$$p(\boldsymbol{\theta}_{ij} \mid D,S^h) = \mathrm{Dir}(\boldsymbol{\theta}_{ij} \mid \alpha_{ij1}+N_{ij1},\alpha_{ij2}+N_{ij2},\cdots,\alpha_{ijr_i}+N_{ijr_i}) \tag{6.38}$$

其中,N_{ijk} 是当 $X_i = x_i^k$ 且 $Pa_i = Pa_i^j$ 时 D 中的案例数目。

现在可以求 θ_S 的可能构成的平均值来得到感兴趣的预测。例如,计算 D 中第 $N+1$ 个案例 $p(X_{N+1} \mid D, S^h) = \underset{p(\theta_S \mid D, S^h)}{E} \left(\prod\limits_{i=1}^{r_i} \theta_{ijk} \right)$。利用参数对给定 D 保持独立,可以计算数学期望:

$$p(X_{N+1} \mid D, S^h) = \int \prod_{i=1}^{n} \theta_{ijk} \, p(\theta_S \mid D, S^h) \mathrm{d}\theta = \prod_{i=1}^{n} \int \theta_{ijk} \, p(\boldsymbol{\theta}_{ij} \mid D, S^h) \mathrm{d}\boldsymbol{\theta}_{ij}$$

通过计算,最后可得

$$p(X_{N+1} \mid D, S^h) = \prod_{i=1}^{n} \frac{\alpha_{ijk} + N_{ijk}}{\alpha_{ij} + N_{ij}} \tag{6.39}$$

其中,$\alpha_{ij} = \sum\limits_{k=1}^{r_i} \alpha_{ijk}$ 且 $N_{ij} = \sum\limits_{k=1}^{r_i} N_{ijk}$。由于无约束多项分布属于指数家族,上面的计算将变得简单。

关于变量组 X 的贝叶斯网络表示了 X 的联合概率分布,所以,无论是从先验知识、数据或两者的综合建立的贝叶斯网络,原则上都可以用它来推断任何感兴趣的概率。不过,离散变量的任意贝叶斯网络的精确或近似推断都是 NP 难题。目前的解决办法是使用条件独立以简化计算,或面向特定的推断要求建立简单的网络拓扑,或在不牺牲太多精确性的前提下,简化网络的结构等。虽然如此,一般仍然需要可观的计算时间。对某些问题如简单贝叶斯分类器使用条件独立则有明显的效果。

当样本数据不完全时,除了少数特例外,一般要借助于近似方法,如 Monte-Carlo 方法、Gaussian 逼近,以及 EM(期望最大化)算法求 ML(最大似然)或 MAP(最大后验)等。尽管有成熟的算法,其计算开销也是比较大的。

6.5.3 学习贝叶斯网络的网络结构

当不能确定贝叶斯网络的结构时,用贝叶斯方法从给定数据学习网络的结构和概率分布也是可能的。由于数据挖掘面对的是大量数据,一时往往难以断定变量之间的关系,因此这个问题更具有现实意义。

首先假定表示变量集合 X 的物理联合概率分布的网络结构是可以改进的。按照贝叶斯方法,定义一个离散变量表示我们对于网络结构的不确定性,其状态对应于可能的网络结构假设 S^h,并赋予先验概率分布 $p(S^h)$。给定随机样本 D,D 来自 X 的物理概率分布。然后计算后验概率分布 $p(S^h \mid D)$ 和 $p(\theta_S \mid D, S^h)$,其中 θ_S 是参数向量,并使用这些分布回过头来计算感兴趣的期望值。

$p(\theta_S \mid D, S^h)$ 的计算方法与上一节类似。$p(S^h \mid D)$ 的计算至少在原理上是简单的。根据贝叶斯定理有

$$p(S^h \mid D) = p(S^h, D)/p(D) = p(S^h)p(D \mid S^h)/p(D) \tag{6.40}$$

其中,$p(D)$是一个与结构无关的正规化常数;$p(D \mid S^h)$是边界似然。于是确定网络结构的后验分布只需要为每一个可能的结构计算数据的边界似然。

在无约束多项分布、参数独立、采用 Dirichlet 先验和数据完整的前提下,参数向量 θ_{ij} 可以独立地更新。数据的边界似然正好等于每一个 i-j 对的边界似然的乘积:

$$p(D \mid S^h) = \prod_{i=1}^{n} \prod_{j=1}^{q_i} \frac{\Gamma(\alpha_{ij})}{\Gamma(\alpha_{ij} + N_{ij})} \prod_{k=1}^{r_i} \frac{\Gamma(\alpha_{ijk} + N_{ijk})}{\Gamma(\alpha_{ijk})} \tag{6.41}$$

式(6.41)首次由 Cooper 和 Herskovits 于 1992 年给出[Cooper et al 1992]。

在一般情况下,n 个变量的可能网络结构数目大于以 n 为指数的函数。逐一排除这些假设是很困难的。可以使用两个方法来处理这个问题:模型选择方法和选择模型平均方法。模型选择方法是从所有可能的模型(结构假设)中选择一个"好"的模型,并把它当作正确的模型。选择模型平均方法是从所有可能的模型中选择合理数目的"好"模型,并认为这些模型代表了所有情况。问题是如何决定一个模型是否"好"? 如何搜索好的模型? 这些方法应用于贝叶斯网络结构能否得到准确的结果? 关于好模型已有一些不同的定义和相应的计算方法。后两个问题要从理论上回答是困难的。然而若干研究者工作表明,使用贪婪搜索法选择单个好的假设通常会得到准确的预测[Chickering et al 1996]。使用 Monte-Carlo 方法进行模型平均有时也很有效,甚至可以得到更好的预测。这些结果多少可以算是对目前用贝叶斯网络进行学习的巨大兴趣的回答。

Heckerman 于 1995 年提出,在参数独立、参数模块性、似然等价,以及机制独立、部件独立等假设成立的前提下,可以将学习贝叶斯非因果网络的方法用于因果网络的学习。1997 年又提出在因果 Markov 条件下,可以由网络的条件独立和条件相关关系推断因果关系[Heckerman 1997]。这使得在干涉(扰动)出现时可以预测其影响。

Heckerman 等使用贝叶斯网络进行数据采掘和知识发现。数据来自华盛顿高级中学的 10318 名高年级学生[Sewell et al 1968]。每个学生用下列变量及其相应的状态来描述:

(1) 性别(SEX):男、女;

(2) 社会经济状态(SES):低、中下、中上、高;

(3) 智商 (IQ):低、中下、中上、高;

(4) 家长的鼓励(PE):低、高;

(5) 升学计划(CP):是、否。

目标是从数据中发现影响高中生上大学意向的因素,即存在于这些变量之间的可能的因果关系。数据已经整理成如表 6.3 所示的充分统计。表 6.3 中每个数据表示:对于五个变量取值的某种组合(构成)统计所得到的人数。例如,第一个数据表示对(SEX=男,SES=低,IQ=低,PE=低,CP=是)这种组合统计得到的人数为 4 人。第二个数据则表示对(SEX=男,SES=低,IQ=低,PE=低,CP=否)这种组合统计得到的人数为 349 人。其后的数据依次表示轮换每个变量可能的状态统计得到的人数。变量依照从右到左的顺序轮换,状态则按照上面列出各变量的状态的顺序轮换,以此类推。表 6.3 中前 4 行是对男生的统计数据,后 4 行是对女生的统计数据。

表 6.3　充分统计表　　　　　　　　　　(单位:人)

	4	349	13	64	9	207	33	72	12	126	38	54	10	67	49	43
男	2	232	27	84	7	201	64	95	12	115	93	92	17	79	119	59
	8	166	47	91	6	120	74	110	17	92	148	100	6	42	198	73
	4	48	39	57	5	47	132	90	9	41	224	65	8	17	414	54
	5	454	9	44	5	312	14	47	8	216	20	35	13	96	28	24
女	11	285	29	61	19	236	47	88	12	164	62	85	15	113	72	50
	7	163	36	72	13	193	75	90	12	174	91	100	20	81	142	77
	6	50	36	58	5	70	110	76	12	48	230	81	13	49	360	98

分析数据时先假定没有隐藏变量。为了生成网络参数的先验,使用容量为 5 的等价样本和一个带有一致的 $p(X|S_c^h)$ 的先验网络。除了已排除的 SEX 和 SES 有父节点、CP 有子节点的结构之外,假定所有网络结构都同等相似。因为数据集是完整的,可以用式(6.40)和式(6.41)计算网络结构的后验概率。通过对所有网络结构的穷举搜索,发现两个最相似的网络结构如图 6.1 所示。请注意,最相似的结构的后验概率也是极端接近的。如果采纳因果 Markov 假设,并假设没有隐藏变量,则在两个图中的弧都可以有因果的解释。其中一些结果,如社会经济状态和智商对升学愿望的影响,并不使人意外。另一些结果更有趣:从两个图中都可以得到性别对升学愿望的影响仅仅通过父母的影响体现出来。此外,两个图的不同仅仅在于 PE 和 IQ 之间的弧的方向。两个不同的因果关系似乎都有道理。图 6.1 (b)网络曾由 Spirtes 等用非贝叶斯方法于 1993 年选出。

最值得怀疑的结果是:社会经济状况对智商有直接的影响。为了考证这个结果,考虑一个新的模型,即将图 6.1 中原来模型的直接影响用一个指向 SES 和 IQ 的隐藏变量代替。此外还考虑这样的模型,隐藏变量指向 SES、IQ 和 PE,而且在 SES-PE 和 PE-IQ 两个连接中分别去掉 2 个、1 个和 0 个,对每个结构将隐藏变量的状态数从 2 变到 6。

使用 Laplace 逼近的 Cheeseman-Stutz 变体计算这些模型的后验概率。为了

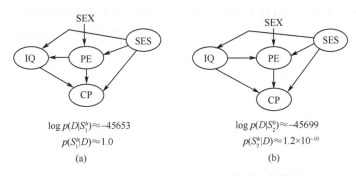

$$\log p(D|S_1^h) \approx -45653$$
$$p(S_1^h|D) \approx 1.0$$
(a)

$$\log p(D|S_2^h) \approx -45699$$
$$p(S_2^h|D) \approx 1.2 \times 10^{-10}$$
(b)

图 6.1　没有隐藏变量的后验最可能的网络结构

找最大后验构成 $\bar{\theta}_S$，使用 EM 算法，并在带有不同的随机初始化的 $\bar{\theta}_S$ 的 100 次运行中取最大局部极大。这些模型中带有最高后验概率的一个如图 6.2 所示。这个模型的可能性比不含有隐藏变量的最好模型高 2×10^{10} 倍。另一个最有可能的模型包含一个隐藏变量，并有一条从隐藏变量到 PE 的弧。这个模型的可能性比最好模型只差 5×10^{-9} 倍。假定没有忽略合理的模型，那么有强烈的证据表明：有一个隐藏变量在影响着 SES(社会经济状态)和 IQ(智商)。分析图 6.2 的概率可知，隐藏变量对应于"家长的素质"。

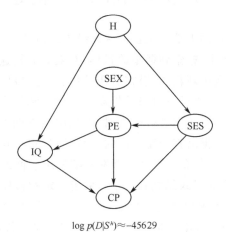

$$\log p(D|S^h) \approx -45629$$

图 6.2　带有隐藏变量的后验最可能的网络结构

　　使用贝叶斯方法从先验信息和样本信息学习贝叶斯网络的结构和概率分布，进而建立贝叶斯网络，为贝叶斯网络在数据采掘和知识发现中的应用开辟道路。与其他用于数据采掘的表示法，如规则库、决策树、人工神经网络相比，贝叶斯网络有如下特点：

　　(1) 可以综合先验信息和后验信息，既可避免只使用先验信息可能带来的主观偏见和缺乏样本信息时的大量盲目搜索与计算,又可避免只使用后验信息带来的噪声的影响。只要合理地确定先验,就可以进行有效的学习,这在样本难得或者代价高昂时特别有用。

(2)适合处理不完整数据集问题。

(3)可以发现数据间的因果关系。后两点在实际问题中经常遇到,而且是用其他模型难以处理的。

(4)有成熟有效的算法。虽然任意贝叶斯网络的概率推断是 NP 难题,但是很多问题加上一些限制后计算就可以简化。有些问题有近似解法。

不过,贝叶斯网络的计算量较大,在某些其他方法也可以解决的问题求解中显得效率较低。先验密度的确定虽然已经有一些方法,但对具体问题要合理确定许多变量的先验概率仍然是一个较困难的问题,而这在样本难得时却特别重要。此外,贝叶斯网络需要多种假设为前提,判定某个实际问题是否满足这些假设,没有现成的规则,这给实际应用带来困难。这些都是需要进一步研究的问题。尽管如此,可以预见,在数据采掘和知识发现中,尤其在具有概率统计特征的数据采掘中,贝叶斯网络将成为一个有力的工具。

6.6　贝叶斯潜在语义模型

随着互联网的普及,网上信息正在呈指数级增长趋势。合理地组织这些信息,以便从茫茫的数据世界中,检索到期望的目标;有效地分析这些信息,以便从浩如烟海的信息海洋中,挖掘出新颖的、潜在有用的模式,这些已成为网上信息处理的研究热点。网上信息的分类目录组织是提高检索效率和检索精度的有效途径,例如,在利用搜索引擎对网页数据进行检索时,如能提供查询的类别信息,必然会缩小与限制检索范围,从而提高查准率。同时,分类可以提供信息的良好组织结构,便于用户进行浏览和过滤信息。很多大型网站都采用这种组织方式,如 Yahoo 采用人工方式来维护网页的目录结构;Google 采用一定的排序机制,使与用户最相关的网页排在前面,便于用户浏览。Deerwester 等利用线性代数的知识,通过矩阵的奇异值分解(singular value decomposition,SVD)来进行信息滤波和潜在语义索引(latent semantic index,LSI)〔Deerwester et al 1990〕。它将文档在向量空间模型(VSM)中的高维表示,投影到低维的潜在语义空间(LSS)中,这一方面缩小了问题的规模,另一方面也从一定程度上避免了数据的过分稀疏现象。它在语言建模、视频检索及蛋白质数据库等实际应用中取得较好的效果。

聚类分析是文本挖掘的主要手段之一。它的主要作用是:①通过对检索结果的聚类,将检索到的大量网页以一定的类别提供给用户,使用户能快速定位期望的目标;②自动生成分类目录;③通过相似网页的归并,便于分析这些网页的共性。

K-均值聚类是比较典型的聚类算法,另外自组织映射(SOM)神经网络聚类和基于概率分布的贝叶斯层次聚类(HBC)等新的聚类算法也正在不断地研制与应用中。然而这些聚类算法大部分是一种非监督学习,它对解空间的搜索带有一定的盲目性,因而聚类的结果在一定程度上缺乏语义特征;同时,在高维情况下,选择合适的距离度量标准变得非常困难。而网页分类是一种监督学习,它通过一系列训练样本的分析,来预测未知网页的类别归属。目前已有很多有效的算法来实现网页的分类,如简单贝叶斯学习模型、支持向量机模型等。遗憾的是获得大量的、带有类别标注的样本的代价是相当昂贵的,而这些方法只有通过大规模的训练集才能获得较高精度的分类效果。此外由于在实际应用当中,分类体系常常是不一致的,为目录的日常维护带来了一定的困难。Nigam 等提出从带有类别标注和不带有类别标注的混合文档中分类 Web 网页,它只需要部分带有类别标注的训练样本,结合未标注样本含有的知识来学习贝叶斯分类器[Nigam et al 1998]。

我们对这一问题处理的基本思想是:如果知道一批网页 $D=\{d_1,d_2,\cdots,d_n\}$ 是关于某些潜在类别主题变量 $Z=\{z_1,z_2,\cdots,z_k\}$ 的描述。通过引入贝叶斯潜在语义模型,首先将含有潜在类别主题变量的文档分配到相应的类主题中。接着利用简单贝叶斯模型,结合前一阶段的知识,完成对未含类主题变量的文档作标注。针对这两个阶段的特点,我们定义了两种似然函数,并利用 EM 算法获得最大似然估计的局部最优解。这种处理方法一方面克服了非监督学习中对求解空间搜索的盲目性;另一方面它不需要对大量训练样本的类别标注,只需提供相应的类主题变量,把网站管理人员从烦琐的训练样本的标注中解脱出来,提高了网页分类的自动性。为了与纯粹的监督与非监督学习相区别,称这种方法为半监督学习算法。

潜在语义分析(latent semantic analysis,LSA)的基本观点是:把高维的向量空间模型(VSM)表示中的文档映射到低维的潜在语义空间中。这个映射是通过对项/文档矩阵 $N_{m\times n}$ 的奇异值分解(SVD)来实现的。具体地说,对任意矩阵 $N_{m\times n}$,由线性代数的知识可知,它可分解为下面的形式:

$$N = U\Sigma V^{\mathrm{T}} \tag{6.42}$$

其中,U、V 是正交阵($UU^{\mathrm{T}}=VV^{\mathrm{T}}=I$);$\Sigma=\mathrm{diag}(a_1,a_2,\cdots,a_k,\cdots,a_v)(a_1,a_2,\cdots,a_v$ 为 N 的奇异值)是对角阵。潜在语义分析通过取 k 个最大的奇异值,而将剩余的值设为零来近似式(6.42):

$$\tilde{N} = U\tilde{\Sigma}V^{\mathrm{T}} \approx U\Sigma V^{\mathrm{T}} = N \tag{6.43}$$

由于文档之间的相似性,可以通过 $NN^{\mathrm{T}}\approx\tilde{N}\tilde{N}^{\mathrm{T}}=U\tilde{\Sigma}^2U^{\mathrm{T}}$ 来表示,因此文档在潜在语义空间中的坐标可以通过 $U\tilde{\Sigma}$ 来近似。所以高维空间中的文档表示投影到低维的潜在语义空间中,原来在高维中比较稀疏的向量表示在潜在语义空间中变得不再稀疏。这也暗指,即使两篇文档没有任何共同的项,仍然可能找到它们之间比较有意义的关联值。

　　通过奇异值分解,将文档在高维向量空间模型中的表示投影到低维的潜在语义空间中,有效地缩小了问题的规模。潜在语义分析在信息滤波、文本索引、视频检索等方面具有较为成功的应用。然而矩阵的 SVD 分解对数据的变化较为敏感,同时缺乏先验信息的植入等而显得过分机械,从而使它的应用受到了一定的限制。

　　经验表明,人们对任何问题的描述都是围绕某一主题展开的。各个主题之间具有相对明显的界限,同时由于偏爱、兴趣等的不同,对不同的主题的关注也存在着差别,也就是说对不同的主题具有一定的先验知识。基于此,我们给出文档产生的潜在贝叶斯语义模型:

　　设文档集合为 $D=\{d_1,d_2,\cdots,d_n\}$,词汇集为 $W=\{w_1,w_2,\cdots,w_m\}$,则文档 $d\in D$ 的产生模型可表述为:

　　(1) 以一定的概率 $P(d)$ 选择文档 d;

　　(2) 选取一个潜在的类主题 z,该类主题具有一定的先验知识 $p(z|\theta)$;

　　(3) 类主题 z 含有文档 d 的概率为 $p(z|d,\theta)$;

　　(4) 在类主题 z 的条件下,产生词 $w\in W$,其概率为 $p(w|z,\theta)$。

　　经过上述过程获得观测点对 (d,w),潜在的类主题 z 被忽略掉,产生下面的联合概率模型:

$$p(d,w) = p(d)p(w|d) \tag{6.44}$$

$$p(w|d) = \sum_{z\in Z} p(w|z,\theta)p(z|d,\theta) \tag{6.45}$$

该模型是建立在下面独立性假定下的混合概率模型:

　　(1) 每一观测点对 (d,w) 的产生是相对独立的,它们通过潜在类主题相联系;

　　(2) 词 w 的产生独立于具体的文档 d,而只依赖于潜在的类主题变量 z。

　　式(6.45)也表明,在某一文档 d 中,词 w 的分布是它在潜在类主题下的凸组合,组合权重是该文档类属于此主题的概率。图 6.3 表明了该模型各分量间的关联。

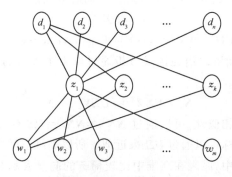

图 6.3　贝叶斯潜在语义模型

利用贝叶斯公式,将式(6.45)代入式(6.44)得到

$$p(d,w) = \sum_{z \in Z} p(z|\theta) p(w|z,\theta) p(d|z,\theta) \tag{6.46}$$

与潜在语义分析相比,贝叶斯潜在语义模型具有较为稳固的统计学基础,克服了 LSA 中的数据敏感性;它对潜在的类变量植入先验信息,避免了 SVD 的机械性。对应于式(6.42)的奇异值分解:

$$\boldsymbol{U} = \{p(d_i|z_k)\}_{n \times k}, \quad \boldsymbol{V} = \{p(w_i|z_k)\}_{m \times k}$$
$$\widetilde{\boldsymbol{\Sigma}} = \mathrm{diag}(p(z_k), p(z_k), \cdots, p(z_k))$$

因此贝叶斯潜在语义模型与 SVD 在形式上是统一的。

在 LSA 中,选取近似式(6.42)的标准是最小二乘意义下的损失最小。而从贝叶斯的观点,拟合模型式(6.46)有两种标准:最大后验(maximum a posterior,MAP)概率和最大似然(maximize likelihood,ML)估计。

最大后验概率估计是在文档集 D 和词汇集 W 的情况下,使得潜在变量的后验概率最大,即

$$P(Z|D,W) = \prod_{z \in Z} \prod_{d \in D} \prod_{w \in W} p(z|d,w) \tag{6.47}$$

由贝叶斯公式得

$$p(z|d,w) = \frac{p(z) p(w|z) p(d|z)}{\sum_{z \in Z} p(z) p(w|z) p(d|z)} \tag{6.48}$$

最大似然估计是最大化下面的表达式:

$$\prod_{d \in D} \prod_{w \in W} p(d,w)^{n(d,w)} \tag{6.49}$$

其中,$n(d,w)$ 表示词 w 在文档 d 中出现的次数。在实际计算中一般取它的对数形式,称为对数似然:

$$\sum_{d \in D} \sum_{w \in W} n(d,w) \log p(d,w) \tag{6.50}$$

获得上述两种估计最大化的一般方法是期望最大化(expectation maximum,EM)方法,在 6.7 节中将进行详细讨论。

一般的检索系统是通过简单的关键词匹配算法,采用一定的排序机制,将检索到的相关网页以一定的方式提供给用户。这种处理方法的缺点是忽略了特征间的相关性,如用户查询关键词"计算机"时,传统的关键词匹配算法返回的将全是含有"计算机"的网页,而大部分关于"电脑"的网页将不能检索到,即所谓的同义词与多义词现象。从语义角度上讲,同义词指的是在不同的场景下,不同的词表达的意义相同;多义词指的是同一个词在不同的场景下表达的意义不同。而概率意义上的同义词与多义词则具有更为广泛的含义:同义词指的是在某一主题下,它们的概率关联较为密切;多义词则指的是同一个词关联着不同的类别主题。贝叶斯概率语义模型有效地解决了这一问题。若 $p(w|z)$ 较大,我们称词 w 与 z 为同义词;若对词 w

存在两个潜在类别变量 z_1、z_2,使得 $p(w|z_1) = p(w|z_2)$,则称该词为多义词。下面是我们利用贝叶斯潜在语义模型,对 1199 篇足球类的文章,引入 14 个潜在类别变量,得到的部分同义词实验结果(表 6.4)。

表 6.4 基于贝叶斯潜在语义下的同义词表

泰山	申花	实德	天津泰达	深圳平安	全兴	英格兰	意大利	世界杯
泰山	申花	实德	天津泰达	深圳平安	四川	英格兰	意大利	世界杯
山东	上海	大连实德	泰达	深圳	全兴	英超	意甲	足球界
鲁能泰山	彼得洛	王鹏	金志扬	张军	助攻	英超联赛	尤文图斯	足球场
宿茂臻	维奇	王涛	津门	违反	米罗西	英德	罗纳尔多	预选赛
舒畅	阵容	王健	张效瑞	违纪	马明宇	伊斯坦布尔里瓦尔多		邀请赛
卡西	阵地	孙继海	张开	刘建	刘成	水晶宫	雷东多	锦标赛
谢尔盖	组队	郝海东	张明	李毅	里奇	欧锦赛	劳尔	亚洲杯
桑特拉奇	守门员		张凤	李东国	黎兵	欧洲杯	拉齐奥	亚足联
拉尔	门将				卡纳瓦罗	欧洲足联	拉科鲁尼亚奥林匹克	
					卡伦			国际足联
					安德森			

　　概率语义上的同义词与多义词的提出,不仅可以实现检索过程中同一类别之间的联想转换和不同类别之间的漫游,而且为基于贝叶斯潜在语义的半监督学习提供了依据,那就是通过潜在类别变量的引入,将含有与潜在变量同义词较多的文章聚为一类。下面将详细讨论这种算法的实现。

6.7 半监督文本挖掘算法

6.7.1 网页聚类

　　目前已经有很多算法来实现文本分类,获得了较高的精度(precision)和召回率(recall)。然而获得分类中带有标注的训练样本的代价是相当昂贵的,因而 Nigam 等提出从带有和不带有类别标注的混合文档中学习分类 web 网页,并获得了很好的精度,但它仍然需要一定量的标注样本[Nigam et al 1998]。网页聚类通过一定的相似性度量,将相关网页归并到一类,它也能达到缩小搜索空间的目的,然而传统的聚类方法,在处理高维和海量数据时,它的效率和精确度却大打折扣。这一方面由于非监督学习对解空间的搜索本身具有一定的盲目性,另一方面,在高维的情况下,很难找到比较适宜的相似性度量标准,例如,欧氏距离度量在维数较高时,变得不再适用。基于上面的监督学习与非监督学习的特性,我们提出了一种半监督学习算法。在贝叶斯潜在语义模型的框架下,由用户提供一定数量的潜在类别变量,而不需要任何带有类别标注的样本,将一组文档集划分到不同的类别中。

它的一般模型可以描述为:已知文档集 $D=\{d_1,d_2,\cdots,d_n\}$ 和它的词汇集 $W=\{w_1,w_2,\cdots,w_m\}$,一组带有先验信息 $\theta=\{\theta_1,\theta_2,\cdots,\theta_k\}$ 的潜在类别变量 $Z=\{z_1,z_2,\cdots,z_k\}$,找出 D 上的一个划分 $D_j(j\in(1,\cdots,k))$,使得

$$\bigcup_{j=1}^{k} D_j = D, D_i \bigcap D_j = \varnothing, \quad i \neq j$$

首先我们将 D 划分为两个集合:$D=D_L \bigcup D_U$,满足:

$$D_L = \{d \mid \exists j, z_j \in d, j \in [1,\cdots,k]\}$$
$$D_U = \{d \mid \forall j, z_j \notin d, j \in [1,\cdots,k]\}$$

我们的算法对文档的类别标注分两个阶段实现:

阶段 1　对 D_L 中的元素,我们利用贝叶斯潜在语义模型,在基于 EM 参数估计的基础上,用潜在类别变量来标注文档。即

$$l(d) = z_j = \max_i\{p(d \mid z_i)\} \tag{6.51}$$

阶段 2　对 D_U 中的元素,根据对 D_L 中的元素的类别标注,利用简单贝叶斯分类模型,经过 EM 算法来实现类别标注。

6.7.2　对含有潜在类别主题词文档的类别标注

理想的情况下,任何文档都不含有两个以上的潜在类别主题词,此时只需将该文档标以潜在的类别。然而在实际应用中,这种理想的情况很难达到,一方面,由于很难选择这样的潜在类别主题词;另一方面,这种要求也是不太现实的,因为两个不同的类别很可能含有多个潜在的类别主题词。如在"经济"类的文档中,很可能含有像"政治"、"文化"等词。我们的处理方法是把它分到与潜在的类别主题词语义最为密切的类别中。在我们选择的似然标准下,通过一定次数的 EM 迭代,最后通过式(6.51)来决定文档的类别。

EM 算法是稀疏数据参数估计的主要方法之一。它交替地执行 E 步和 M 步,以达到使似然函数值增加的目的。它的一般过程可描述为:

(1) E 步,基于当前的参数估计,计算它的期望值;

(2) M 步,基于 E 步参数的期望值,最大化当前的参数估计;

(3) 对修正后的参数估计,计算似然函数值,若似然函数值达到事先制定的阈值或者指定的迭代次数,则停止,否则转步骤(1)。

在我们的算法中,采用下面两步来实现迭代。

(1) 在 E 步,通过下面的贝叶斯公式来获得期望值:

$$P(z \mid d,w) = \frac{p(z)p(d \mid z)p(w \mid z)}{\sum_{z'} p(z')p(d \mid z')p(w \mid z')} \tag{6.52}$$

从概率语义上讲,它是用潜在类别变量 z 来解释词 w 在文档 d 中出现的概率

度量。

(2) 在 M 步中,利用上一步的期望值,来重新估计参数的分布密度:

$$p(w|z) = \frac{\sum\limits_{d} n(d,w) p(z|d,w)}{\sum\limits_{d,w'} n(d,w') p(z|d,w')} \tag{6.53a}$$

$$p(d|z) = \frac{\sum\limits_{w} n(d,w) p(z|d,w)}{\sum\limits_{d',w} n(d',w) p(z|d',w)} \tag{6.53b}$$

$$p(z) = \frac{\sum\limits_{d,w} n(d,w) p(z|d,w)}{\sum\limits_{d,w} n(d,w)} \tag{6.53c}$$

相对于潜在语义分析中的 SVD 分解,EM 算法具有线性的收敛速度,并且简单,容易实现,可以使似然函数达到局部最优。图 6.4 是我们在实验过程中得到的 EM 迭代次数与似然函数的值的关系。

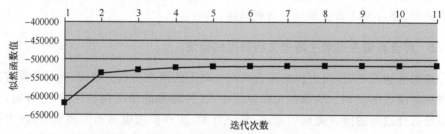

图 6.4　最大似然估计值与 EM 迭代次数的关系

6.7.3　基于简单贝叶斯模型学习标注和未标注样本

传统的分类方法都是通过一定的学习机制,对带有类别标签的训练样本学习的基础上,来决定未知样本的类别标签。然而获得大量的带有类别标注的训练样本是非常烦琐的任务。Nigam 等研究表明,未带类别标注的文档仍然含有学习分类模型的大量信息。基于此,我们利用简单贝叶斯模型作为分类器,把未带标签的训练样本作为一种特殊的缺值状态,通过一定的 EM 迭代算法来估计这种缺值。

在这里,我们首先给出简单贝叶斯学习文本分类的一般原理:已知训练文档集 $D = \{d_1, d_2, \cdots, d_n\}$ 和它的词汇集 $W = \{w_1, w_2, \cdots, w_m\}$。每一训练样本是 $m+1$ 维向量: $d_i = [w_1, w_2, \cdots, w_m, c_i]$,其中, $c_i = \{c_1, c_2, \cdots, c_k\} \in C$ 是类别变量。分类的任务就是对未知类别的样本 $d = \langle w_1, w_2, \cdots, w_m \rangle$ 来预测它的类别:

$$c = \max_{j=[1, \cdots, k]} \{p(c_j|d, \theta)\}$$

其中, θ 是模型的参数。为计算上式,将其展开得到

$$p(d|c_j,\theta) = p(|d|)\prod_{k=1}^{|d|} p(w_k|c_j;\theta;w_q,q<k) \tag{6.54}$$

简单贝叶斯模型在计算式(6.54)时,引入了下面一些独立性假设:

(1) 文档的词的产生独立于它的内容,即词在文档中出现的位置无先后关系;

(2) 文档中各个词相对于类别属性是相对独立的。

在上面的独立性假定下,结合贝叶斯公式,式(6.54)可记为

$$p(d|c_j,\theta) = p(|d|)\prod_{r=1}^{|d|} p(w_r|c_j;\theta) = \frac{p(c_j|\theta)p(d|c_j,\theta)}{p(d|\theta)}$$

$$= \frac{p(c_j|\theta)\prod_{r=1}^{m} p(w_r|c_j;\theta)}{\sum_{i=1}^{k} p(c_i|\theta)\prod_{r=1}^{m} p(w_r|c_i;\theta)} \tag{6.55}$$

学习的任务变为从数据中利用一定的先验信息来学习模型的参数。在这里我们选用多项分布模型和 Dirichlet 共轭先验。

$$\theta_{c_j} = p(c_j|\theta) = \frac{\sum_{i=1}^{|D|} I(c(d_i) = c_j)}{|D|} \tag{6.56a}$$

$$\theta_{w_t|c_j} = p(w_t|c_j;\theta) = \frac{\alpha_j + \sum_{i=1}^{|D|} n(d_i,w_t)I(c(d_i) = c_j)}{\alpha_0 + \sum_{k=1}^{m}\sum_{i=1}^{|D|} n(d_i,w_k)I(c(d_i) = c_j)} \tag{6.56b}$$

其中,$\alpha_0 = \sum_{i=1}^{k} \alpha_i$ 为模型的超参数;函数 $c(\cdot)$ 是类别标注函数;$I(a=b)$ 为示性函数,若 $a=b$,则 $I(a=b)=1$,否则 $I(a=b)=0$。

尽管简单贝叶斯对模型的适用条件做了较为苛刻的限制,然而大量实验表明,即使在违背这些独立性假定的条件下,它仍能表现出相当的健壮性,它已经成为文本分类中广为使用的一种方法。

下面我们将通过引入一种最大化后验概率(MAP)似然标准,结合未标注样本的知识为这些未标注的样本贴标签。

考虑所有的样本集 $D = D_L \bigcup D_U$,其中,D_L 中的元素在第一阶段已被贴上标签。假设 D 中各样本的产生是相互独立的,那么下面的式子成立:

$$p(D|\theta) = \prod_{d_i \in D_U}\sum_{j=1}^{|C|} p(c_j|\theta)p(d_i|c_j,\theta)$$

$$\prod_{d_i \in D_L} p(c(d_i)|\theta)p(d_i|c(d_i),\theta) \tag{6.57}$$

在上面的式子中,将未标注的文档看做是混合模型。我们的学习任务仍然是通过样本集 D 来获得模型参数 θ 的最大估计。利用贝叶斯定理:

$$p(\theta|D) = \frac{p(\theta)p(D|\theta)}{P(D)} \tag{6.58}$$

对固定的样本集而言,$p(\theta)$ 和 $p(D)$ 是常量。对式(6.58)取对数得

$$l(\theta|D) = \log p(\theta|D) = \log \frac{p(\theta)}{p(D)} + \sum_{d_i \in D_U} \log \sum_{j=1}^{|C|} p(c_j|\theta)p(d_i|c_j,\theta)$$
$$+ \sum_{d_i \in D_L} \log p(c(d_i)|\theta)p(d_i|c(d_i),\theta) \tag{6.59}$$

为估计未标注样本的标签,借用潜在语义分析中的潜在变量,我们在这里引入 k 个潜在变量 $Z = \{z_1, z_2, \cdots, z_k\}$,每个潜在变量是 n 维向量 $z_i = [z_{i1}, z_{i2}, \cdots, z_{in}]$,并且如果 $c(d_j) = c_i$,那么 $z_{ij} = 1$,否则 $z_{ij} = 0$。所以式(6.59)可以统一表示成下面的形式

$$l(\theta|D) = \log \frac{p(\theta)}{p(D)} + \sum_{i=1}^{|D|} \sum_{j=1}^{|C|} z_{ji} \log p(c_j|\theta)p(d_i|c_j,\theta_j) \tag{6.60}$$

在式(6.59)中,对已标注的样本 z_{ji} 是已知的,学习的任务是最大化模型的参数和对未知 z_{ji} 估计。

在这里,我们仍然用 EM 算法来学习未标注样本的知识。但它的过程与前一阶段有所不同。在 E 步的第 k 次迭代中,基于当前的参数估计,利用简单贝叶斯分类器来计算未标注样本的类别。对 $\forall d \in D_U$:

$$p(d|c_j,\theta^k) = \frac{p(c_j|\theta^k)\prod_{r=1}^{m} p(w_r|c_j,\theta^k)}{\sum_{i=1}^{k} p(c_i|\theta^k)\prod_{r=1}^{m} p(w_r|c_i,\theta^k)}, \quad j \in [1,\cdots,k]$$

取获得最大后验概率的类别 c_i 作为该文档的期望类别标注,即

$$z_{id} = 1, \quad z_{jd} = 0, \quad j \neq i$$

在 M 步,基于前一步获得的期望值,最大化当前的参数估计:

$$\theta_{c_j} = p(c_j|\theta) = \frac{\sum_{i=1}^{|D|} z_{ji}}{|D|} \tag{6.61a}$$

$$\theta_{w_t|c_j} = p(w_t|c_j,\theta) = \frac{\alpha_j + \sum_{i=1}^{|D|} n(d_i,w_t)z_{ji}}{\alpha_0 + \sum_{k=1}^{m} \sum_{i=1}^{|D|} n(d_i,w_k)z_{ji}} \tag{6.61b}$$

我们的实验数据是用搜索引擎 Spider 从 http://www.fm365.com 搜集的关于体育方面的网页,在每一类别中都包括了含有类别词的网页和不含有类别词的

网页。它们的类别和分布见表 6.5：

表 6.5　选择的训练文档及其分布

	足　球	篮　球	排　球	乒乓球	网　球	棋　牌
含有主题词	40	60	48	30	57	80
不含有主题词	80	40	29	11	6	4

上述共有 485 篇网页，经过切词处理后，去掉一定的停用词后，共计有 2719 个词，经过半监督学习算法处理后，得到表 6.6 的结果：

表 6.6　半监督文本挖掘的结果

	足球	篮球	排球	乒乓球	网球	棋牌	结果评价	
							精度	召回率
足球(120)	112	5	0	1	2	2	0.96552	0.93333
篮球(100)	1	98	0	1	0	0	0.93333	0.98000
排球(77)	1	2	74	0	0	0	0.97368	0.96103
乒乓球(41)	0	0	0	40	1	0	0.83333	0.97561
网球(63)	0	0	1	4	58	0	0.93548	0.92063
棋牌(84)	4	0	1	2	1	76	0.97436	0.90476

在足球类的 120 篇文档中，分到篮球、排球、乒乓球、网球及棋牌类的文档个数分别为 5、0、1、2、2。其中分到篮球类的文档数较多，通过进一步的研究我们发现，这些文档中含有的词与篮球类中含有的词中同义词较多所致。我们使用同样的数据，利用简单贝叶斯分类，得到类似的结果。

另外，选取足球类的文档 1000 篇，经过初步的预处理后得到 876 个词。图 6.5 是选取不同的潜在类别变量分到各类中的文档个数对比。

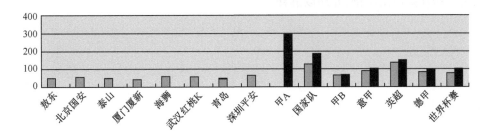

图 6.5　各类中的文档个数对比

第一次选择 14 个潜在变量，第二次选择 7 个潜在变量，两次的差别是在第一次选择中，"甲 A"的各个俱乐部在第二次中用"甲 A"来替代。从图中可以看出，第一次选择各个类别分到的文档数基本相同,而在第二次选择中,分到"甲 A"中的文档数近似为各"俱乐部"中的文档数之和,分到其余类别中的文档数基本不变。这个结果与我们的抽样基本是吻合的,同时也说明,潜在类别变量的概括能力具有一定的层次性。

　　网上信息的分类目录组织是提高检索效率和检索精度的有效途径。它通过学习大量的带有类别标注的训练样本,来预测网页的类别,然而人工标注这些训练样本是相当烦琐的。网页聚类通过一定的相似性度量,将相关网页归并到一类,也能达到缩小搜索空间的目的。然而传统的聚类方法,对解空间的搜索带有盲目性和缺乏语义特性,因而它的效率和精确度大打折扣。我们提出的半监督学习算法,在贝叶斯潜在语义模型的框架下,由用户提供一定数量的潜在类别变量,而不需要任何带有类别标注的样本,将一组文档集划分到不同的类别中。它分为两个阶段:第一阶段利用贝叶斯潜在语义分析来标注含有潜在类别变量的文档的类别;第二阶段则通过简单贝叶斯模型,结合未标注文档的知识,对这些文档贴标签。实验结果表明,该算法具有较高的精度与召回率。我们将进一步研究潜在类别变量的选择对结果的影响,以及在贝叶斯潜在语义分析框架下如何实现词的聚类等问题。

习　　题

1. 分别解释条件概率、先验概率和后验概率。
2. 描述全概率下的贝叶斯公式,并详细说明贝叶斯公式的重要意义。
3. 描述几种常用的先验分布选取方法。
4. 简单贝叶斯分类中简单的含义是什么?简述改进分类方法的主要思想。
5. 叙述贝叶斯网络的结构和建立方法,试举例描述贝叶斯网络的使用。
6. 何谓半监督文本挖掘?描述贝叶斯模型在网页聚类中的应用。
7. 近年来随着 Internet 技术的发展,贝叶斯规则被广泛应用,试举两个具体的贝叶斯规则应用实例,并加以解释。

第7章 归纳学习

7.1 概 述

归纳学习是符号学习中研究得最为广泛的一种方法。给定关于某个概念的一系列已知的正例和反例,其任务是从中归纳出一个一般的概念描述。归纳学习能够获得新的概念,创立新的规则,发现新的理论。它的一般的操作是泛化(generalization)和特化(specialization)。泛化用来扩展假设的语义信息,以使其能够包含更多的正例,应用于更多的情况。特化是泛化的相反操作,用于限制概念描述的应用范围。

用程序语言描述定义上述内容的过程就是归纳学习程序,用于书写归纳程序的语言称为归纳程序设计语言,能执行归纳程序,完成特定归纳学习任务的系统叫做归纳学习系统。归纳学习系统可独立,也可嵌入另一较大的知识处理系统。一般归纳程序的输入是科学实验中个别观察对象(过程)的描述,输出是一类对象的总体特征描述或几类对象的分类判别描述。

与演绎相对照,归纳的开始前提是具体事实而不是一般公理,推理目标是形式化解释事实的似然一般断言和预见新事实。归纳推理企图从给定现象或它的一部分具体观察推导出一个完整的、正确的描述。归纳的两个方面——似然假设的产生和它的有效性(真值状态的建立),只有前者对归纳学习研究具备基本意义,而假设有效性的问题是次要的,因为假定所产生的假设由人类专家判断,由已知的演绎推理和数理统计的方法测试。

归纳学习可以分为实例学习、观察与发现学习。实例学习,又叫概念获取,它的任务是确定概念的一般描述,这个描述应能解释所有给定的正例并排除所有给定的反例。这些正反例由信息源提供。信息源的来源非常广泛,可以是自然现象,也可以是实验结果。实例学习是根据教师给以分类的正反例进行学习,因此是有教师学习。

观察与发现学习又称描述的泛化。这类学习没有教师的帮助,它要产生解释所有或大多数观察的规律和规则。这类学习包括概念聚类、构造分类、发现定理、形成理论等。观察与发现学习是由未经分类的观察学习,或由系统自身的功能去发现,因此是无教师学习。

因为归纳推理是从有限的、不完全的知识状态推出完全的知识状态,故归纳推理本身就是一种非单调推理。但归纳推理本身又无法验证新知识正确与否,而非单调逻辑则为我们处理非单调归纳知识提供理论基础。

归纳原理的基本思想是在大量观察的基础上通过假设形成一个科学理论。所有观察都是单称命题,而一个理论往往是领域内的全称命题,从单称命题过渡到全称命题从逻辑上来说没有必然的蕴涵关系,对于不能观察的事实往往默认它们成立。我们不仅把归纳推理得到的归纳断言作为知识库中的知识使用,而且作为默认知识使用,当出现与之矛盾的新命题时,可以推翻原有的由归纳推理得出的默认知识,以保持系统知识的一致性。

单个概念的归纳学习的一个通用定义是:

(1)给定由全体实例组成的一个实例空间,每个实例具有某些属性。

(2)给定一个描述语言,该语言的描述能力包括描述每一个实例(通过描述改实例的属性来实现)及描述某些实例集,称为概念。

(3)每次学习时,由实例空间抽出某些实例,称这些实例构成的集合为正例集。再由实例空间抽出另外一些实例,称这些实例为反例集。

(4)如果能够在有限步内找到一个概念 A,它完全包含正例集,并且与反例集的交集为空,则 A 就是所要学习的单个概念,学习成功,否则,学习失败。

(5)如果存在一个确定的算法,使得对于任意给定的正例集和反例集,学习都是成功的,则称该实例空间在该语言表示下是可学习的。

归纳学习中具有代表性的学习方法有变型空间、AQ11 算法、决策树方法等,本章将分别进行讨论。

7.2 归纳学习的逻辑基础

7.2.1 归纳学习的一般模式

为了较具体地刻画概念的归纳学习,这里给出归纳学习的一般模式。

给定:

(1)观察语句集(事实)F:有关某类对象中个别具体对象的知识或某一对象的部分特征的知识。

(2)假定的初始归纳断言(可空):关于目标的泛化项或泛化描述。

(3)背景知识:定义了在观察语句和所产生的候选归纳断言上的假定和限制,以及任何有关问题领域知识。有关问题领域知识包括特化所找归纳断言的期望性质的择优标准。

寻找:

归纳断言 H(假设)、H 重言或弱蕴涵观察语句并满足背景知识。

假设 H 永真蕴涵事实 F,是指 F 是 H 的逻辑推理,即 $H \Rightarrow F$ 成立。也就是若表达式 $H \Rightarrow F$ 在所有解释下均为真,可表示为

$$H \triangleright F, \quad H \text{ 特化为 } F$$

或

$$F \triangleleft\!\!\!\!< H, \quad F \text{ 归结或泛化为 } H$$

其中,从 H 推导出 F 的过程是保真过程,因为根据上述模式 $H \Rightarrow F$ 必成立,故只要 H 为真,F 必为真;反之,从事实 F 推导出假设 H 的过程是保假过程,即如果有事实 F 为假,则 H 一定为假。

所谓 H 弱蕴涵 F,意指事实 F 不是 H 确定的结论,而是 H 合理的或部分的结论。有了弱蕴涵概念,这个模式就可以有只需解释所有事实中的某些事实的可能的和部分的假设。不过我们仍然集中注意在永真蕴涵事实的假设上。

对于任意给定的事实集,可能产生无数个蕴涵这些事实的假设,这时就需要背景知识来提供限制条件和优先原则,以便将假设从无穷个减少到一个假设或者几个最优的假设。

为了将概念归纳学习的逻辑基础形式化,表 7.1 给出了基本符号,并附上简单的解释。

表 7.1 基本符号表

符 号	意 义
$\sim$	非
$\wedge$	合取(逻辑乘)
$\vee$	析取(逻辑加)
$\Rightarrow$	蕴涵
$\Leftrightarrow$	逻辑等价
$\leftrightarrow$	项重写
$\oplus$	异或
F	事实集
H	假设
$\triangleright$	特化
$\triangleleft\!\!\!\!<$	泛化
$\models$	重新形式化
$\exists v_i$	存在量词约束变项 v_i
$\exists I v_i$	数值存在量词约束变项 v_i
$\forall v_i$	全称量词约束变项 v_i
D_i	概念描述
K_i	判断一个概念的名字的谓词
$::\!\!>$	将概念描述与概念名连接的蕴涵
e_i	一个事件(对一种情况的描述)
E_i	仅对概念 k_i 的事件为真的谓词

符　号	意　义
X_i	属性
LEF	评价函数
DOM(P)	描述符 P 的定义域

7.2.2　概念获取的条件

概念获取的一类特殊情况，它的观察语句集 F 是一个蕴涵的集合，其形式如下：

$$F: \{e_{ik} :: > K_i\}, \quad i \in I \tag{7.1}$$

其中，e_{ik}(K_i 的训练事件)是概念 K_i 的第 k 个例子的符号描述。概念的谓词 K_i，i 是 K_i 的下标集合。$e_{ik} :: > K_i$ 的含义是"凡符合描述 e_{ik} 的事件均可被断言为概念 K_i 的例子"。学习程序要寻求的归纳断言 H 可以用概念识别规则集来刻画，形式如下：

$$H: \{D_i :: > K_i\}, \quad i \in I \tag{7.2}$$

其中，D_i 是概念 K_i 的描述，即表达式 D_i 是事件的逻辑推论，该事件可被断言为概念 K_i 的一个例子。

用 E_i 来表示概念 K_i 中所有训练事件的描述($i \in I$)，根据归纳断言的定义，必须有 $H \triangleright F$。要使 D_i 成为概念 K_i 的描述，用式(6.1)和式(6.2)分别代替这里的 H 和 F，则下述条件必须成立：

$$\forall i \in I, \quad E_i \Rightarrow D_i \tag{7.3}$$

即所有 K_i 的训练事件必须符合 D_i。如果约定每一训练事件只能属于一个概念，则下面条件也成立：

$$\forall i, j \in I, \quad D_i \Rightarrow \sim E_j, \quad 若 i \neq j \tag{7.4}$$

其含义是任何一个概念 K_i($j \neq i$)的训练事件均不符合 D_i。

表达式条件(7.3)称为完整性条件，条件(7.4)称为一致性条件。作为概念识别规则接受的归纳断言一定要满足这两个条件，从而保证 D_i 的完整性和一致性。完整性和一致性条件为实例学习概念的算法提供了逻辑基础。

一类物体的特征描述是一个满足完整性条件的表达式，或是这种表达式的合取。这种描述从所有可能的类别中判别给定类。一个物体类的差别描述则是满足完整性和一致性条件的表达式，或这些表达式的析取，其目标是在一定数目的其他类中标识给定类。

知识获取的主要兴趣在于面向符号描述的推导。这种描述要易于理解，在产生它所表达信息的智能模型时要易于应用，因此由归纳推理产生的描述要与人类的知识表示相似。

归纳学习方法分类中,一个指导性原则是选择归纳断言语言的类型。例如,常用谓词逻辑的某种限定形式或与此类似的概念,或者决策树、产生式规则、语义网络、框架等方式,或者采用多值逻辑、模态逻辑等。

在谓词逻辑的基础上,进行修改和扩充,增加一些附加形式和新概念,以增强表达能力。Michalski 等提出了一种标注谓词演算(annotated predicate calculus, APC),使之更适合于归纳推理。APC 与通常谓词演算之间的主要差别是:①每个谓词、变量和函数都被赋予一个标注。标注是该描述符学习问题有关的背景知识的集合。例如描述符所代表概念的定义,该标注与其他概念的关系、描述符作用范围说明等。②除谓词外,APC 还包括复合谓词,这些复合谓词的参数可以是复合项。一个复合项是几个通常项的组合,如 $P(t_1 \vee t_2, A)$。③表达项之间关系的谓词被表示为选择符关系,如 $=$、$\neq$、$>$、$\geqslant$、$\leqslant$、$<$。④除全称量词和存在量词外,还有数字量词。该量词用来表达满足一个表达式的物体数量信息。

7.2.3　问题背景知识

对于一个给定的观察陈述集,有可能构造无数个蕴涵这些陈述的归纳断言。因此,有必要使用一些附加信息,即问题的背景知识,限制可能的归纳断言范围,并从中决定一个或若干个最佳的归纳断言。例如,在 Star 的归纳学习方法中,背景知识包括这样几部分:①观察陈述中用到的描述符信息,该信息附在每个描述符标注中。②关于观察和归纳断言的形式假设。③列举归纳断言应有特性的选择标准。④各种推理规则、启发式规则、特殊子程序、通用的和独立的过程,以便允许学习系统产生给定断言的逻辑结论和新的描述符。由于观察陈述中描述符选择对产生归纳断言有重要影响,因此先考虑描述符选择问题。

学习系统输入的主要内容是一个观察陈述集。这些陈述中的描述符是事物可观察到的特性和可利用的测量数据,决定这些描述符是归纳学习的一个主要问题。可以通过初始描述符与学习问题的联系程度来刻画学习方法。这几种联系有:①完全相关,即观察陈述集中的所有描述符都与学习任务直接相关,学习系统的任务是形成一个联系这些描述符的归纳断言。②部分相关,观察陈述集中可能有许多无用或冗余的描述符,有些描述符是相关的,此时学习系统的任务是选择出其中最相关的描述符,并用它们构造合理的归纳断言。③间接相关,观察陈述不包括与问题直接相关的描述符。但是,在初始描述中,有一些描述符可以用来生成相关的描述符。学习系统的任务是生成这些直接相关的描述符,并由此得到归纳断言。

描述符标注是描述符与学习问题有关背景知识的集合,包括:

(1)定义域和描述符的类型说明;

　　(2) 与描述符有关的操作符说明；

　　(3) 描述符之间的约束和关系说明；

　　(4) 表示数量的描述符在问题中的意义、变化规律；

　　(5) 描述符可应用事物的特性；

　　(6) 指出包含给定描述符的类，即该描述符的父节点；

　　(7) 可代替该描述符的同义词；

　　(8) 描述符的定义；

　　(9) 给出物体描述符的典型例子。

　　描述符定义域是描述符所能取值的集合。如人的体温在 34～ 44℃，则描述符"体温"只能在这个范围内取值。描述符类型则是根据描述符定义域元素之间的关系决定的。根据描述符定义域的结构，有三种基本类型：

　　(1) 名称性描述符。这种描述符的定义域由独立的符号或名字组成，即值集中值之间没有结构关系，如水果、人名等。

　　(2) 线性描述符。该类描述符值集中的元素是一个全序集，如资金、温度、重量、产量等都是线性描述符。表示序数、区间、比率和绝对标度的变量都是线性描述符的特例。将一个集合映射成一个完全有序集的函数也是线性描述符。

　　(3) 结构描述符。其值集是一个树形的图结构，反映值之间的生成层次。在这样的结构中，父节点表示比子节点更一般的概念。例如，在"地名"的值集中，"中国"是节点"北京"、"上海"、"江苏"、"广东"等的父节点。结构描述符的定义域是通过问题背景知识说明的一组推理规则来定义的。结构描述符也能进一步细分为有序和无序的结构描述符。描述符的类型对确定应用描述符的操作是很重要的。

　　在 Star 学习系统中，断言的基本形式是 c-表达式，定义为一个合取范式：

$$\langle 量词形式\rangle\langle 关系陈述的合取\rangle \tag{7.5}$$

其中，$\langle$量词形式$\rangle$表示零个或多个量词；$\langle$关系陈述$\rangle$是特殊形式的谓词。下面是一个 c-表达式的例子：

$$\exists P_0,P_1([\mathrm{shape}(P_0 \wedge P_1) = \mathrm{box}][\mathrm{weight}(P_0) > \mathrm{weight}(P_1)])$$

即物体 P_0 和 P_1 的形状都是盒子，物体 P_0 比 P_1 重。

　　c-表达式的一个重要的特殊形式是 a-表达式，即原子表达式，其中不含"内部析取"。所谓内部合取、析取，是指连接项的与、或；而外部合取、析取指连接谓词的与、或，即通常意义下的逻辑与、或。

7.2.4　选择型和构造型泛化规则

　　一个泛化规则是从一个描述到一个更一般描述之间的转换。更一般的描述永真蕴涵初始描述。由于泛化规则是保假的，即若 $F \vdash H$，则对于有事实使 F 为假，

也一定会使 H 为假($\sim F \Rightarrow \sim H$)。

概念获取中,如果要将一个规则 $E::>K$ 转换成一个更一般的规则 $D::>K$,必须有 $E \Rightarrow D$。因此可利用形式逻辑中的永真蕴涵来获得泛化规则。如形式逻辑中有 $P \wedge Q \Rightarrow P$,则可将其转换成泛化规则:

$$P \wedge Q::>K \mathrel{\Big|}< P::>K \tag{7.6}$$

用标注谓词演算来表示这些泛化规则,主要考虑将一个或多个陈述转换成单个更一般陈述的泛化规则:

$$\{D_i::>K_i\}, \quad i \in I \mathrel{\Big|}< D::>K \tag{7.7}$$

等价于

$$D_1 \wedge D_2 \wedge \cdots \wedge D_n::>K \mathrel{\Big|}< D::>K \tag{7.8}$$

该规则表示,如果一个事件满足所有的描述 $D_i(i \in I)$,则它也满足一个更一般的描述 D。

泛化转换的一个基本性质是:它得出的只是一个假设,需用新的数据来测试,且泛化规则并不保证所得描述符是合理的或有用的。泛化规则分为两类:构造型和选择型。若在产生概念描述 D 中,用到的描述都是在初始概念描述 $D_i(i \in I)$ 中出现过,则称为选择型泛化,否则称为构造型泛化规则。

1. 选择型泛化规则

设 CTX、CTX_1、CTX_2 代表任意的表达式。

1) 消除条件规则

$$\mathrm{CTX} \wedge S::>K \mathrel{\Big|}< \mathrm{CTX}::>K \tag{7.9}$$

其中,S 是任意的谓词或逻辑表达式。

2) 增加选择项规则

$$\mathrm{CTX}_1::>K \mathrel{\Big|}< \mathrm{CTX}_1 \vee \mathrm{CTX}_2::>K \tag{7.10}$$

通过增加选择项将概念描述泛化,如:

$$\mathrm{CTX} \wedge [\mathrm{color}=\mathrm{red}]::>K \mathrel{\Big|}< \mathrm{CTX} \wedge [L=R_2]::>K$$

3) 扩大引用范围规则

$$\mathrm{CTX} \wedge [L=R_1]::>K \mathrel{\Big|}< \mathrm{CTX} \wedge [\mathrm{color}; \mathrm{red} \wedge \mathrm{blue}]::>K \tag{7.11}$$

其中,$R_1 \subseteq R_2 \subseteq \mathrm{DOM}(L)$,$\mathrm{DOM}(L)$ 为 L 的域,L 是一个项,R_i 是 L 取值的一个集合。

4) 闭区间规则

$$\left.\begin{array}{l} \mathrm{CTX} \wedge [L=a]::>K \\ \mathrm{CTX} \wedge [L=b]::>K \end{array}\right| < \mathrm{CTX} \wedge [L=a \cdots b]::>K \tag{7.12}$$

其中,L 是线性描述符,a 和 b 是 L 的一些特殊值。

5) 爬山泛化树规则

$$
\left.\begin{array}{c}
\mathrm{CTX} \wedge [L=a]::>K \\
\mathrm{CTX} \wedge [L=b]::>K \\
\vdots \\
\mathrm{CTX} \wedge [L=i]::>K
\end{array}\right| < \mathrm{CTX} \wedge [L=S]::>K \qquad (7.13)
$$

其中,L 是结构描述符,在 L 的泛化树域中,S 表示后继为 $a,b,\cdots,i$ 的最低的父节点。

6) 将常量转换为变量规则

$$
\left.\begin{array}{c}
F[a] \\
F[b] \\
\vdots \\
F[i]
\end{array}\right| < \forall x F[x] \qquad (7.14)
$$

其中,$F[x]$ 是依赖于变量 x 的描述符,$a,b,\cdots,i$ 是常量。对于描述 $F[x]$,若 x 的某些值($a,b,\cdots,i$)使 $F[x]$ 成立,则可得到假设:对于 x 的所有值,$F[x]$ 成立。

7) 将合取转换为析取规则

$$
F_1 \wedge F_2 ::>K \mid< F_1 \vee F_2 ::>K \qquad (7.15)
$$

其中,F_1、F_2 为任意描述。

8) 扩充量词范围规则

$$
\forall x F[x]::>K \mid< \exists x F[x]::>K \qquad (7.16)
$$

$$
\exists_{(I_1)} x F[x]::>K \mid< \exists_{(I_2)} x F[x]::>K \qquad (7.17)
$$

其中,I_1、I_2 是量词的域(整数集合),且 $I_1 \subseteq I_2$。

9) 泛化分解规则

用于概念获取:

$$
\left.\begin{array}{c}
P \wedge F_1 ::>K \\
\sim P \wedge F_2 ::>K
\end{array}\right| < F_1 \vee F_2 ::>K \qquad (7.18)
$$

用于描述泛化:

$$
P \wedge F_1 \vee \sim p \wedge F_2 \mid< F_1 \wedge F_2 \qquad (7.19)
$$

其中,P 均为谓词。

10) 反扩充规则

$$
\left.\begin{array}{c}
\mathrm{CTX}_1 \wedge [L=R_1]::>K \\
\mathrm{CTX}_2 \wedge [L=R_2]::>\sim K
\end{array}\right| < [L \neq R_2]::>K \qquad (7.20)
$$

其中,R_1、R_2 是析取式。

给定一个属于概念 K 的对象描述(正例)和一个不属于概念 K 的对象描述(反例),该规则将生成一个包括这两个描述的更一般描述。这是实例学习差别描述的一个基本规则。

2. 构造型泛化规则

构造性泛化规则能生成一些归纳断言,这些归纳断言使用的描述符不出现在初始的观察陈述中,也就是说,这些规则对初始表示空间进行了变换。

1) 通用构造型规则

$$\begin{array}{l} \text{CTX} \wedge F_1 ::> K \\ F_1 \Rightarrow F_2 \end{array} \Big| < \text{CTX} \wedge F_2 ::> K \qquad (7.21)$$

该规则表示,若一个概念描述含有一部分 F_1,已知 F_1 蕴涵另一概念 F_2,则通过用 F_2 替代 F_1 可得到一个更一般的描述。

2) 计算变量规则

计算量词变量 CQ 规则:

$$\exists v_1, v_2, \cdots, v_k F[V_1, V_2, \cdots, V_k]$$

CQ 规则将产生一个新的描述符"$\#V\text{-COND}$",表示满足某条件 COND 的 v_i 的个数。例如,"$\#V_i\text{-length-2..4}$" 表示其长度在 2 和 4 之间 v_i 的个数。

计算谓词变量个数 CA 规则:在描述中一个描述符是一个具有几个变量的关系 $\text{REL}(v_1, v_2, \cdots)$,CA 规则将计算关系 REL 中满足条件 COND 的个数。

3) 产生链属性规则

概念描述中,若一个概念描述中传递关系不同出现的变量形成一条链,该规则能生成刻画链中某些特定对象的特征的描述符。这种对象可能是:

(1) LST-对象:最小的对象或链的开始对象。

(2) MST-对象:链的结束对象。

(3) MID-对象:链中间的对象。

(4) Nth-对象:链中第 N 个位置上的对象。

4) 检测描述符之间的相互依靠关系规则

假设已知一个例示某个概念的对象集合,用属性描述来刻画对象的特征。这些描述仅定义出对象的属性值,它们不刻画对象的结构特性。假设在所有事实描述中,线性描述符 x 的值按升序排列,而另一个线性描述符 y 的对应值也是升序或降序的,则生成一个 2 维描述符 $M(x, y)$,表示 x、y 之间有单调关系。当 y 值为升序时,描述符取值↑,当降序时取值↓。

7.3　偏置变换

偏置在概念学习中具有重要作用。所谓偏置,是指概念学习中除了正、反例子外,影响假设选择的所有因素。这些因素包括:①描述假设的语言。②程序考虑假设的空间。③按什么顺序假设的过程。④承认定义的准则,即研究过程带有已知假设可以终止还是应该继续挑选一个更好的假设。采用偏置方法,学习部分选择不同的假设,会导致不同的归纳跳跃。偏置有两个特点:

(1) 强偏置是把概念学习集中于相对少量的假设;反之,弱偏置允许概念学习考虑相对大量的假设。

(2) 正确偏置允许概念学习选择目标概念,不正确偏置就不能选择目标概念。

图 7.1 给出了偏置在归纳学习中的作用。由图可知,给定任何特殊顺序的训练例子,归纳就变成一个自变量的函数。当偏置很强且正确时,概念学习能立即选择可用的目标概念。当偏置很弱且不正确时,概念学习的任务是最困难的,因为没有什么引导可以选择假设。为了变换一个较弱的偏置,可以采用下面的算法:

(1) 经过启发式,推荐新概念描述加到概念描述语言。

(2) 变换推荐的描述成为概念描述语言已形式化表示的新概念描述。

(3) 同化任何新概念进入假设的限定空间,保持假设空间机制。

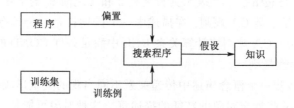

图 7.1　偏置在归纳学习中的作用

上述算法中,第(1)步确定一个更好的偏置。第(2)、(3)步机器执行变换,其结果新概念描述语言较前面的描述语言要好。

实现归纳学习,需要研究一个好的偏置。关于偏置变换的根本问题,包括同化生成知识获取问题的任务、初始偏置的计算、目标自由与目标敏感的方法等,尚需进一步研究。

7.4　变型空间方法

变型空间(version space)方法以整个规则空间为初始的假设规则集合 H。依据训练例子中的信息,它对集合 H 进行泛化或特化处理,逐步缩小集合 H。最后使 H 收敛为只含有要求的规则。由于被搜索的空间 H 逐步缩小,故称为变型空间。

Mitchell(1977)指出,规则空间中的点之间可以按其一般性程度建立偏序关系。在图 7.2 中表示了一个规则空间中偏序关系的一部分。其中,TRUE 表示没有任何条件,这是最一般的概念;概念 $\exists x$:CLUBS(x) 表示至少有一张梅花牌,它比前者更特殊;概念 $\exists x,y$:CLUBS(x) ∧ HEARTS(y) 表示至少有一张梅花牌且
至少有一张红心牌,它比前两个概念都特殊;图中的箭头是从较特殊的概念指向较
一般的概念。

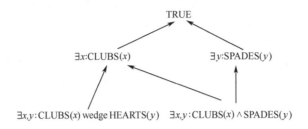

图 7.2 一个规则空间的偏序关系

一般规则空间排序后的示意图见图 7.3。图中最上面的一个点是最一般的规
则(概念),是没有描述的点,即没有条件的点。所有例子都符合这一概念。图中最
下面一行的各点是训练正例直接对应的概念。每个点的概念只符合一个正例。例
如,每个例子都是一张牌 C 的花色和点数,一个例子是

$$\text{SUIT}(C,\text{clubs}) \wedge \text{RANK}(C,7)$$

这是一个训练正例,又是一个最特殊的概念。概念 RANK$(C,7)$ 是在规则空间中
部的点。它比没有描述更特殊,但比训练正例更一般。

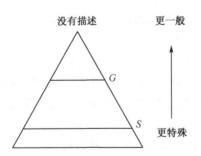

图 7.3 一般规则空间排序示意图

在搜索规则空间时,使用一个可能合理的假设规则的集合 H。H 是规则空
间的子集,它是规则空间中间一段。H 中最一般的元素组成的子集称为 G 集合,
H 中最特殊的元素组成的子集称为 S 集合。在规则空间中,H 是上界 G 和下界 S
之间的一段。因此可以用 G 和 S 表示集合 H。

变型空间方法的初始 G 集是最上面的一个点(最一般的概念),初始 S 集是最
下面的直线上的点(训练正例),初始 H 集是整个规则空间。在搜索过程中,G 集
逐步下移(进行特化),S 集逐步上移(进行泛化),H 逐步缩小。最后 H 收敛为只

含一个要求的概念。下面分别介绍几种算法。

7.4.1　消除候选元素算法

Mitchell 的算法称为消除候选元素算法，它利用边界集合 G 和 S 表示集合 H。集合 H 称为变型空间，H 中所有的概念描述都满足至此已提供的全部正例，且不满足至此已提供的任一反例。

开始时，H 是整个规则空间。在接受训练正例后，程序进行泛化，从 H 中去掉一些较特殊的概念，使 S 集上移。在接受训练反例后，程序进行特殊化，从 H 中去掉一些较一般的概念，使 G 集下移。二者都从 H 中消除一些候选概念。算法过程可分四步。

算法 7.1　消除候选元素算法。

（1）初始化 H 集是整个规则空间，这时 S 包含所有可能的训练正例（最特殊的概念）。这时 S 集规模太大。实际算法的初始 S 集只包含第一个训练正例，这种 H 就不是全空间了。

（2）接收一个新的训练例子。如果是正例，则首先由 G 中去掉不覆盖新正例的概念，然后修改 S 为由新正例和 S 原有元素共同归纳出的最特殊的结果（这就是尽量少修改 S，但要求 S 覆盖新正例）。如果这是反例，则首先由 S 中去掉覆盖该反例的概念，然后修改 G 为由新反例和 G 原有元素共同作特殊化的最一般的结果（这就是尽量少修改 G，但要求 G 不覆盖新反例）。

（3）若 $G=S$ 且是单元素集，则转（4），否则转（2）。

（4）输出 H 中的概念（即 G 和 S）。

下面给出一个实例。用特征向量描述物体，每个物体有两个特征：大小和形状。物体的大小可以是大的（lg）或小的（sm）。物体的形状可以是圆的（cir）、方的（squ）或三角的（tri）。要教给程序"圆"的概念，这可以表示为 (x,cir)，其中 x 表示任何大小。

初始 H 集是规则空间。G 集和 S 集分别是

$G = \{(x,y)\}$

$S = \{(\text{sm},\text{squ}),(\text{sm},\text{cir}),(\text{sm},\text{tri}),(\text{lg},\text{squ}),(\text{lg},\text{cir}),(\text{lg},\text{tri})\}$

初始变型空间 H 如图 7.4 所示。

第一个训练例子是正例 (sm,cir)，这表示小圆是圆。经过修改 S 算法后得到

$$G = \{(x,y)\}$$
$$S = \{(\text{sm},\text{cir})\}$$

图 7.5 显示第一个训练例子后的变型空间。图中由箭头线连接的四个概念组成变型空间。满足第一个训练例子的正是这四个概念，并仅有这四个。实际算法中以这个作为初始变型空间，而不用图 7.4。

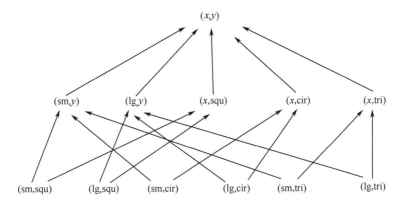

图 7.4 初始变型空间

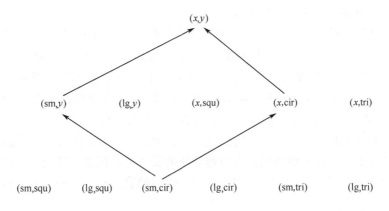

图 7.5 第一个训练例子后的变型空间

第二个训练例子是反例 (lg, tri)。这表示大三角不是圆。这一步对 G 集进行特化处理,得到

$$G = \{(x, \text{cir}), (\text{sm}, y)\}$$
$$S = \{(\text{sm}, \text{cir})\}$$

图 7.6 显示第二个训练例子后的变型空间。这时 H 仅含三个概念,它们满足上一个正例,但不满足这一个反例的全部概念。

第三个训练例子是正例 (lg, cir)。这表示大圆是圆。这一步首先从 G 中去掉不满足此正例的概念 (sm, y)。再对 S 和该正例作泛化,得到

$$G = \{(x, \text{cir})\}$$
$$S = \{(x, \text{cir})\}$$

这时算法结束,输出概念 (x, cir)。

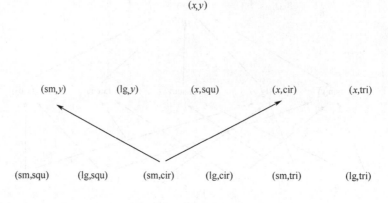

图 7.6　第二个训练例子后的变型空间

对这个算法再补充说明以下几点：

(1) 对集合 G 和 S 的理解。对于符合所求概念的新例子，集合 S 是其充分条件的集合，集合 G 是其必要条件的集合。例如，在第一个训练例子后，(sm,cir) 是充分条件，即小圆一定满足所求概念。当时程序还不知道大圆是否满足。又如在第二个训练例子后，$(x,{\rm cir})$ 和 $({\rm sm},y)$ 是必要条件，即满足所求概念的例子或者是圆，或者是小的。算法结束时，$G=S$，即满足了充要条件。

(2) 学习正例时，对 S 进行泛化，这往往扩大 S。学习反例时，对 G 进行特化，这往往扩大 G。G 和 S 的规模过大会给算法的实用造成困难。算法是在训练例子引导下，对规则空间进行宽度优先搜索。对大的规则空间，算法慢得无法接受。

7.4.2　两种改进算法

基本的变型空间学习方法很难实用，人们提出了一些改进的方法。其中两种改进的算法仅采用正例学习，它们类似于上述的修改 S 过程。

第一种是冲突匹配算法（Hayes-Roth, McDormott）。它用于学习"参数化结构表示"所表达的概念。在上述的修改 S 过程中，总是对 S 作尽量少的泛化，以便覆盖新的正例。如果描述形式为谓词表达式，则这个过程相当于寻找最大的公共子表达式，这只需要去掉最少的合取条件。例如，S 集合为

$$S = \{{\rm BLOCK}(x) \wedge {\rm BLOCK}(y) \wedge {\rm SQUARE}(y)$$
$$\wedge\ {\rm RECTANGLE}(x) \wedge {\rm ONTOP}(x,y)\}$$

这表示积木 x 为矩形，积木 y 为正方形，且 x 在 y 上。若下一个训练正例 I_1 为

$$I_1 = \{{\rm BLOCK}(w) \wedge {\rm BLOCK}(v) \wedge {\rm SQUARE}(w)$$
$$\wedge\ {\rm RECTANGLE}(v) \wedge {\rm ONTOP}(w,v)\}$$

这表示积木 w 为正方形,积木 v 为矩形,且 w 在 v 上。

经过修改 S 过程,将产生下列公共子集:

$$S' = \{S_1, S_2\}$$

其中

$S_1 = \mathrm{BLOCK}(a) \wedge \mathrm{BLOCK}(b) \wedge \mathrm{SQUARE}(a) \wedge \mathrm{RECTANGLE}(b)$

$S_2 = \mathrm{BLOCK}(c) \wedge \mathrm{BLOCK}(d) \wedge \mathrm{ONTOP}(c,d)$

S_1 相当于假设 ONTOP 这个位置关系与所求概念无关。S_2 相当于假设积木形状与所求概念无关。应当注意,当 x 对应 w 且 y 对应 v 时,S 与 I_1 的位置关系匹配,但形状特征不匹配。反之,当 x 对应 v 而 y 对应 w 时,S 与 I_1 的形状特征匹配,但位置关系不匹配。这种现象是在匹配中的冲突。为了解决冲突,在 S' 中用两个元素分别考虑这两个方面。

第二种方法是最大的合一泛化。这个算法用于寻找谓词表达式的最大的合一泛化。它类似于冲突匹配算法,但是它使用的表示语言允许在匹配中多对一的参数联系。

变型空间方法有如下两个主要缺点:

(1) 抗干扰能力差。

所有数据驱动方法(包括变型空间方法)都难以处理有干扰的训练例子。由于算法得到的概念应满足每个训练例子的要求,所以一个错误例子会造成很大影响。有时错误例子使程序得到错误概念,有时得不到概念,这时 H 成为空集。

Mitchell(1978)提出的解决方法是保存多个 G 和 S 集合。例如,S_0 符合所有正例,S_1 符合除一个正例外其他的正例,S_2 等类似。如果 G_0 超过 S_0,则 H_0 为空集。这说明没有任何一个概念符合全部例子。于是程序去找 G_1 和 S_1,以便得到 H_1。如果 H_1 也空,则找 H_2。

(2) 学习析取概念。

变型空间方法不能发现析取的概念。有些概念是析取的。例如,PARENT 可能是父亲,也可能是母亲。这表示为 $\mathrm{PARENT}(x) = \mathrm{FATHER}(x) \vee \mathrm{PARENT}(x) = \mathrm{MOTHER}(x)$,由于集合 G 和集合 S 的元素都是合取形式,所以上述算法找不到析取概念。

第一种解决方法使用不含析取联结词的表示语言。它重复多次进行消除候选元素工作,以找到覆盖全部例子的多个合取描述。

算法 7.2 学习析取概念算法。

(1) 集合 S 初始化为只含一个正例,集合 G 初始化为没有描述。

(2) 对每个反例,进行修改集合 G。

(3) 在 G 中选择一个描述 g,把 g 作为解集合中的一个合取式。g 不覆盖任一反例,但会覆盖一部分正例。这时从正例集合中去掉比 g 特殊的所有正例(即 g

覆盖的那些正例)。

(4) 对剩余的正例和全部反例,重复(1)~(3),直到所有正例都被覆盖。于是,每次循环得到的 g 的析取就是所求概念。

这个析取不覆盖任一反例,而且每一个 g 都不覆盖任一反例。该析取覆盖全部正例,每一个 g 覆盖由它去掉的正例。注意,由于没有修改 S 过程,因此 g 不覆盖全部正例,但 g 至少覆盖第一步那个正例,所以 g 至少去掉这个正例。

第二种方法称为 AQ 算法[Michalski 1975]。这类似于上一种算法,只是 AQ 算法在第一步用启发式方法选择一个正例,要求这个正例是前几个 g 都没有覆盖过的。Larson 改进了 AQ 算法,把它用于推广的谓词演算表示。

7.5　AQ 归纳学习算法

1969 年,Michalski 提出了 AQ 学习算法,这是一种基于实例的学习方法。AQ 算法生成的选择假设的析取,覆盖全部正例,而不覆盖任何反例。它的基本算法如下:

算法 7.3　简单的 AQ 学习算法。

(1) 集中注意一个实例(作为种子)。

(2) 生成该实例的一致性泛化式(称作 star)。

(3) 根据偏好标准,从 star 选择最优的泛化式(假设)。如果需要,特化该假设。

(4) 如果该假设覆盖了全部实例,则停止;否则选择一个未被假设覆盖的实例,转(2)。

Michalski 于 1978 年提出了 AQ11。它搜索规则空间,反复应用消除候选元素,得到尽可能一般的规则。AQ11 算法把学习鉴别规则问题转化为一系列学习单个概念问题。为了得到 C_i 类的规则,它把 C_i 类的例子作为正例,而把所有其他类的例子作为反例。由此找到覆盖全部正例而不包括任一反例的描述,以此作为 C_i 的规则。这样找到的鉴别规则可能在例子空间中未观察的区域内重叠。

为了寻找不重叠的分类规则集,AQ11 以 C_i 类的例子为正例,反例包括所有其他类型 $C_j(j \neq i)$ 的例子和已处理的各类型 $C_k(1 \leqslant k \leqslant i)$ 的正例区中的全部正例。于是,C_2 类只覆盖 C_1 类未覆盖的那部分,C_3 类覆盖的部分是在 C_2 和 C_1 类都不覆盖的部分。

AQ11 得到的鉴别规则相当于符合训练例子的最一般的描述的集合,即各类型的 G 集合 G_1、G_2 等。有时要使用符合训练例子的最特殊的描述的集合,即各类型的 S 集合 S_1、S_2 等。

Michalski 等采用 AQ11 程序学习 15 种黄豆病害的诊断规则。提供给程序

630 种患病黄豆植株的描述，每个描述是 35 个特征的特征向量。同时送入每个描述的专家诊断结论。选择例子程序从中选出 290 种样本植株作为训练例子，选择准则是使例子间相差较大。其余 340 种植株留作测试集合，用来检验得到的规则。

7.6 CLS 学习算法

CLS 学习算法是由 Hunt 等提出的[Hunt et al 1966]。它是早期的决策树学习算法，后来的许多决策树学习算法都可以看做是 CLS 算法的改进与更新。

CLS 算法的主要思想是从一个空的决策树出发，通过添加新的判定节点来改善原来的决策树，直至该决策树能够正确地将训练实例分类为止。

算法 7.4 CLS 算法。

(1) 令决策树 T 的初始状态只含有一个树根 (X, Q)，其中，X 是全体训练实例的集合，Q 是全体测试属性的集合。

(2) 若 T 的所有叶节点 (X', Q') 都有如下状态：第一个分量 X' 中的训练实例都属于同一各类，或者第二个分量 Q' 为空，则停止执行学习算法，学习的结果为 T。

(3) 否则，选取一个不具有第(2)步所述状态的叶节点 (X', Q')。

(4) 对于 Q'，按照一定规则选取测试属性 b，设 X' 被 b 的不同取值分为 m 个不相交的子集 $X_i'(1 \leq i \leq m)$，从 (X', Q') 伸出 m 个分叉，每个分叉代表 b 的一个不同取值，从而形成 m 个新的叶节点 $(X_i', Q' - \{b\})(1 \leq i \leq m)$。

(5) 转步骤(2)。

从 CLS 算法的描述可以看出，决策树的构造过程也就是假设特化的过程，所以 CLS 算法可以看做是一个只带一个操作符的学习算法，此操作符可以表示为：通过添加一个新的判定条件（新的判定节点），特化当前假设。CLS 算法递归的调用这个操作符，作用在每个叶节点上，来构造决策树。

在算法 7.4 的步骤(2)中，如果训练实例集没有矛盾，即在没有所有属性的取值相同的两个实例属于不同的类，如果第二个条件得到满足（Q' 为空），则第一个条件（X' 的所有训练实例都属于同一个类）也会得到满足，即停止条件只用二者中间的任何一个即可。但是对于可能存在的有矛盾的训练实例集，上述说法不一定成立。

在算法的步骤(4)中，应该满足 $m > 1$，否则继续分类没有意义。但是，若 X 中有矛盾的训练实例，则难以保证 $m > 1$。

在算法的步骤(4)中，并未明确给出测试属性的选取标准，所以 CLS 有很大的改进空间。

7.7　ID3 学习算法

在算法 7.4 中并未给出如何选取测试属性 b 的方法，Hunt 曾经提出几种选择标准。但在决策树学习算法的各种算法当中，最为有影响的是 Quinlan 于 1979 年提出的以信息熵的下降速度作为选取测试属性的标准的 ID3 算法［Quinlan 1979］。信息熵的下降也就是信息不确定性的下降。

7.7.1　信息论简介

1948 年 Shannon 提出并发展了信息论，研究以数学的方法度量并研究信息。通过通信后对信源中各种符号出现的不确定程度的消除来度量信息量的大小。它提出了一系列概念：

（1）自信息量。在收到 a_i 之前，收信者对信源发出 a_i 的不确定性定义为信息符号 a_i 的自信息量 $I(a_i)$，即 $I(a_i) = -\log p(a_i)$，其中，$p(a_i)$ 为信源发出 a_i 的概率。

（2）信息熵。自信息量只能反映符号的不确定性，而信息熵可以用来度量整个信源 X 整体的不确定性，定义如下：

$$H(X) = p(a_1)I(a_1) + p(a_2)I(a_2) + \cdots + p(a_r)I(a_r)$$
$$= -\sum_{i=1}^{r} p(a_i)\log p(a_i) \tag{7.22}$$

其中，r 为信源 X 所有可能的符号数，即用信源每发一个符号所提供的平均自信息量来定以信息熵。

（3）条件熵。如果信源 X 与随机变量 Y 不是相互独立的，收信者收到信息 Y。那么，用条件熵 $H(X/Y)$ 来度量收信者在收到随机变量 Y 之后，对随机变量 X 仍然存在的不确定性。假设 X 对应信源符号 a_i，Y 对应信源符号 b_j。$p(a_i/b_j)$ 是当 Y 为 b_j 时 X 为 a_i 的概率，则有

$$H(X/Y) = -\sum_{i=1}^{r}\sum_{j=1}^{s} p(a_i/b_j)\log p(a_i/b_j) \tag{7.23}$$

（4）平均互信息量。用它来表示信号 Y 所能提供的关于 X 的信息量的大小，用 $I(X,Y)$ 表示：

$$I(X,Y) = H(X) - H(X/Y) \tag{7.24}$$

7.7.2　属性选择

在算法 7.4 中，我们在学习开始的时候只有一棵空的决策树，并不知道如何根据属性将实例进行分类，我们所要做的就是根据训练实例集构造决策树来预测如

何根据属性对整个实例空间进行划分。设此时训练实例集为 X，目的是将训练实例分为 n 类，设属于第 i 类的训练实例个数是 C_i，X 中总的训练实例个数为 $|X|$，若记一个实例属于第 i 类的概率为 $P(C_i)$，则

$$P(C_i) = \frac{C_i}{|X|} \qquad (7.25)$$

此时决策树对划分 C 的不确定程度为

$$H(X,C) = -\sum_i P(C_i)\log P(C_i) \qquad (7.26)$$

以后在无混淆的情况下将 $H(X,C)$ 简记为 $H(X)$。

$$
\begin{aligned}
H(X/a) &= -\sum_i \sum_j p(C_i, a=a_j)\log p(C_i/a=a_j) \\
&= -\sum_i \sum_j p(a=a_j)p(C_i/a=a_j)\log p(C_i/a=a_j) \\
&= -\sum_j p(a=a_j)\sum_i p(C_i/a=a_j)\log p(C_i/a=a_j) \qquad (7.27)
\end{aligned}
$$

决策树学习过程就是使得决策树对划分的不确定程度逐渐减小的过程。若选择测试属性 a 进行测试，在得知 $a=a_j$ 的情况下属于第 i 类的实例个数为 C_{ij} 个。记 $P(C_i|a=a_j) = \dfrac{C_{ij}}{|X|}$，即 $P(C_i|a=a_j)$ 为在测试属性 a 的取值为 a_j 时它属于第 i 类的概率。此时决策树对分类的不确定程度就是训练实例集对属性 X 的条件熵：

$$H(X_j) = -\sum_i p(C_i \mid a=a_j)\log p(C_i \mid a=a_j) \qquad (7.28)$$

又因为在选择测试属性 a 后伸出的每个 $a=a_j$ 叶节点 X_j 对于分类信息的信息熵为固有：

$$H(X/a) = \sum_j p(a=a_j)H(X_j) \qquad (7.29)$$

属性 a 对于分类提供的信息量为 $I(X,a)$：

$$I(X,a) = H(X) - H(X/a) \qquad (7.30)$$

式(7.29)的值越小，则式(7.30)的值越大，说明选择测试属性 a 对于分类提供的信息越大，选择 a 之后对分类的不确定程度越小。Quinlan 的 ID3 算法就是选择使得 $I(X,a)$ 最大的属性作为测试属性，即选择使得式(7.29)最小的属性 a。

7.7.3　ID3 算法步骤

在 ID3 算法中除去以信息论测度作为标准之外，还引入了增量式学习的技术。在 CLS 算法中，因为每次运行开始的时候算法要知道所有训练实例，当训练实例集过大的时候，实例无法立刻全部放入内存，会发生一些问题。Quinlan 在 ID3 算法中引入了窗口（windows）的方法进行增量式学习来解决这个问题。下面给出 ID3 算法。

算法 7.5　ID3 算法。

(1) 选出整个训练实例集 X 的规模为 W 的随机子集 X_1(W 称为窗口规模,子集称为窗口);

(2) 使得式(7.29)的值最小为标准,选取每次的测试属性形成当前窗口的决策树;

(3) 顺序扫描所有训练实例,找出当前的决策树的例外,如果没有例外则训练结束;

(4) 组合当前窗口的一些训练实例与某些在(3)中找到的例外形成新的窗口,转(2)。

为了在步骤(4)建立新的窗口,Quinlan 试验了两种不同的策略:一个策略是保留窗口的所有实例,并添加从步骤(3)中获得的用户指定数目的例外,这将大大扩充窗口;第二个策略是相当于当前决策树的每一个叶节点保留一个训练实例,其余实例则从窗口中删除,并用例外进行替换。试验证明两种方法都工作得很好,但是如果概念复杂到不能发现固定规模 W 的任意窗口的时候,第二种方法可能不收敛。

7.7.4　ID3 算法应用举例

表 7.2 给出了一个可能带有噪声的数据集合。它有四个属性:Outlook、Temperature、Humidity、Windy,被分为两类:P 与 N,分别为正例与反例。所要做的就是构造决策树将数据进行分类。

表 7.2　样本数据集合

属　　性	Outlook	Temperature	Humidity	Windy	类
1	Overcast	Hot	High	Not	N
2	Overcast	Hot	High	Very	N
3	Overcast	Hot	High	Medium	N
4	Sunny	Hot	High	Not	P
5	Sunny	Hot	High	Medium	P
6	Rain	Mild	High	Not	N
7	Rain	Mild	High	Medium	N
8	Rain	Hot	Normal	Not	P
9	Rain	Cool	Normal	Medium	N
10	Rain	Hot	Normal	Very	N
11	Sunny	Cool	Normal	Very	P
12	Sunny	Cool	Normal	Medium	P

属　　性	Outlook	Temperature	Humidity	Windy	类
13	Overcast	Mild	High	Not	N
14	Overcast	Mild	High	Medium	N
15	Overcast	Cool	Normal	Not	P
16	Overcast	Cool	Normal	Medium	P
17	Rain	Mild	Normal	Not	N
18	Rain	Mild	Normal	Medium	N
19	Overcast	Mild	Normal	Medium	P
20	Overcast	Mild	Normal	Very	P
21	Sunny	Mild	High	Very	P
22	Sunny	Mild	High	Medium	P
23	Sunny	Hot	Normal	Not	P
24	Rain	Mild	High	Very	N

因为初始时刻属于 P 类和 N 类的实例个数均为 12 个,所以初始时刻的熵值为

$$H(X) = -\frac{12}{24}\log\frac{12}{24} - \frac{12}{24}\log\frac{12}{24} = 1$$

如果选取 Outlook 属性作为测试属性,根据式(7.23),此时的条件熵为

$$H(X/\text{Outlook}) = \frac{9}{24}\left(-\frac{4}{9}\log\frac{4}{9} - \frac{5}{9}\log\frac{5}{9}\right) + \frac{8}{24}\left(-\frac{1}{8}\log\frac{1}{8} - \frac{7}{8}\log\frac{7}{8}\right)$$
$$+ \frac{7}{24}\left(-\frac{1}{7}\log\frac{1}{7} - \frac{6}{7}\log\frac{6}{7}\right) = 0.5528$$

如果选取 Temperature 属性作为测试属性,则有

$$H(X/\text{Temperature}) = \frac{8}{24}\left(-\frac{4}{8}\log\frac{4}{8} - \frac{4}{8}\log\frac{4}{8}\right) + \frac{11}{24}\left(-\frac{4}{11}\log\frac{4}{11} - \frac{7}{11}\log\frac{7}{11}\right)$$
$$+ \frac{5}{24}\left(-\frac{4}{5}\log\frac{4}{5} - \frac{1}{5}\log\frac{1}{5}\right) = 0.6739$$

如果选取 Humidity 属性作为测试属性,则有

$$H(X/\text{Humidity}) = \frac{12}{24}\left(-\frac{4}{12}\log\frac{4}{12} - \frac{8}{12}\log\frac{8}{12}\right)$$
$$+ \frac{12}{24}\left(-\frac{4}{12}\log\frac{4}{12} - \frac{8}{12}\log\frac{8}{12}\right) = 0.9183$$

如果选取 Windy 属性作为测试属性,则有

$$H(X/\text{Windy}) = \frac{8}{24}\left(-\frac{4}{8}\log\frac{4}{8} - \frac{4}{8}\log\frac{4}{8}\right) + \frac{6}{24}\left(-\frac{3}{6}\log\frac{3}{6} - \frac{3}{6}\log\frac{3}{6}\right)$$
$$+ \frac{10}{24}\left(-\frac{5}{10}\log\frac{5}{10} - \frac{5}{10}\log\frac{5}{10}\right) = 1$$

可以看出 $H(X/\text{Outlook})$ 最小，即有关 Outlook 的信息对于分类有最大的帮助，提供最大的信息量，即 $I(X;\text{Outlook})$ 最大。所以应该选择 Outlook 属性作为测试属性。并且也可以看出 $H(X)=H(X/\text{Windy})$，即 $I(X;\text{Windy})=0$，有关 Windy 的信息不能提供任何有关分类的信息。选择 Outlook 作为测试属性之后将训练实例集分为三个子集，生成三个叶节点，对每个叶节点依次利用上面过程则生成如图 7.7 所示的决策树。

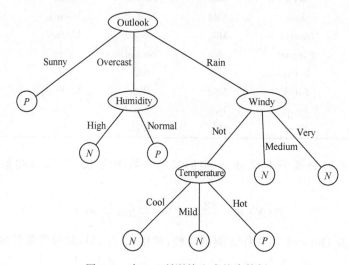

图 7.7　表 7.2 所训练生成的决策树

ID3 算法有着广泛的应用，其中比较著名的是 C4.5 系统。C4.5 的新功能是它能够将决策树转换为等价的规则表示，并且 C4.5 解决了连续取值的数据学习问题。

7.7.5　C4.5 算法

在 ID3 算法的基础上，Quinlan 于 1993 年开发了著名的 C4.5 系统［Quinlan 1993］，得到广泛的应用。C4.5 的新功能是它能够将决策树转换为等价的规则表示，并且 C4.5 解决了连续取值的数据学习问题。C4.5 算法如下。

算法 7.6　C4.5 算法。

```
C45(Node n, Instances x, Feature f)
(1) for each feature i in f
(2)     if fᵢ discrete
(3)         计算信息增益 gᵢ
(4)         if gᵢ < bestgain
(5)             bestgain = gᵢ
```

(6)   bestfeature $= i$

(7)   end if

(8)   end if

(9)   if f_i continuous

(10)   Sort x

(11)   for 对 f_i 每个不同值 j

(12)   计算信息增益 g_{ij}

(13)   if $g_{ij} <$ bestgain

(14)   bestgain $= g_{ij}$

(15)   bestfeature $= i$

(16)   end if

(17)   end for

(18)   end if

(19) end for

(20) CREATE_CHILDREN(n, x, bestfeature)

(21) Call C45 for each child node

其中,创建子节点的算法如下:

算法 7.7   创建子节点的算法。

CREATE_CHILDREN(Node n, Instances x, bestfeature)

(1) if bestfeature 是离散量

(2)   实例 x 划分为 k 组,k 是 bestfeature 所有可能值的数目

(3)   将节点 n 分裂为 k 个子节点

(4) end if

(5) if bestfeature 是连续量

(6)   实例 x 划分为2组

(7)   将节点 n 分裂为2个子节点

(8) end if

7.8   单变量决策树的并行处理

单变量决策树是最广泛使用的分类模型之一。单变量决策树的并行处理可以分为两类,即并行决策树算法和串行算法的并行化[Yildiz et al 2007]。

7.8.1   并行决策树算法

1. SLIQ 算法

SLIQ 是一个能够处理连续及离散属性的决策树分类器[Mehta et al 1996]。

在树的构建阶段使用预排序技术减少计算连续属性的代价,广度优先的建树策略分类存储磁盘上的数据集。同时,使用了快速划分子集算法以确定离散属性的分支及最小描述长度(MDL)原理的树修剪算法。SLIQ 能处理大规模的数据集,不限制训练数据的数量及属性的数量,提高了分类精度。SLIQ 使用的数据结构是类列表,它需要随机访问并频繁更新,这就要求类列表必须常驻内存。以下就SLIQ 并行处理的两种方式进行分析。

(1) 复制类列表方式(SLIQ/R)。按选定的划分点进行属性列表的划分时,需对每个训练样例更新其类列表。因此,每个处理器的本地内存中都有一个与整个数据集上的类列表一致的备份,这就需要各处理器间的协调通信来完成类列表的更新。这种方式的缺点是单个处理器内存的大小限制了可处理的训练集的大小,仅能处理类列表比内存小的训练集,但与处理器的数目无关。

(2) 分布类列表方式(SLIQ/D)。这种方式将类列表分解至多个处理器上,每个处理器仅保存类列表的 $1/N$,减小了对内存的限制。在扫描每个属性列表时,需同时查看类别标识和每个属性相应的指针,每个处理器都要做 $(N-1)/N$ 次通信,通过批处理降低了请求查看属性列表的通信代价,但其远程查看请求的代价仍然很高,且更新类列表通信也使其运行效率有所降低。

2. SPRINT 算法

SPRINT 算法是 Shafer 和 Agrawal 等于 1996 年提出的针对大型数据库的一种高速可伸缩的数据挖掘分类算法[Shafer et al 1996]。它能处理分类属性和连续值属性。SPRINT 算法使用预排序技术,对非常大而不能放入内存的存储磁盘的数据集进行预排序。为了减少需要驻留于内存的数据量,SPRINT 算法进一步改进了决策树算法实现时的数据结构,将类别列合并到每个属性列表中。这样,在遍历每个属性列表寻找当前节点的最优分裂标准时,不必参照其他信息。而对节点的分裂表现在对属性列表的分裂,即将每个属性列表分成两个,分别存放属于各个节点的记录。当表划分时,表中记录的次序维持不变,因此,划分表不需要重新排序,这进一步增强了可伸缩性。

SPRINT 算法是在无共享的并行环境下的实现,N 个处理器都有各自的内存和硬盘,通过通信网络来传递信息。创建决策树的过程分为树构建和剪枝两个阶段。SPRINT 创建决策树的过程如算法 7.8 所示。

算法 7.8　SPRINT 创建决策树算法。

输入:训练集样本 T。

输出:一棵二叉决策树。

方法:

(1) 如果 T 满足某个终止条件,则返回;

（2）对于每个属性 A_i，找到 A_i 的一个值或值集 V_i，它将产生以 A_i 为候选拆分属性的最佳分裂点；

（3）比较各个候选拆分属性的最佳拆分点，选择一个最佳拆分点将 T 分为 T_1 和 T_2；

（4）递归地对 T_1 和 T_2 创建树。

算法中，集合 T、T_1 和 T_2 分别代表树中节点，其中 T_1 和 T_2 是 T 的两个分支节点。算法的终止条件一般有三种情况：

（1）T_i 中所有训练样本都属于同类，则令 T_i 为叶节点，并以该类标记该节点；

（2）没有测试属性；

（3）训练样本的数量太少（少于用户提供的阈值）。

后两种情况通常以训练样本中占优势的类标记该叶节点。SPRINT 算法剪枝采用最小描述长度（minimum description length，MDL）原则，剪枝阶段所占的运算时间比例很小。

SPRINT 算法采用了属性列表和类统计分布图两种数据结构。属性表由属性值、类别标识和数据记录的索引（rid）组成，随节点的扩展而划分。类统计分布图描述节点上某个属性的类别分布。当描述连续属性时，节点上关联两个统计矩阵表：C_{below}、C_{above}。前者描述已处理过的类，后者描述未处理过的分布。当描述离散属性时，节点上只关联一个记数矩阵。类统计分布图主要用于计算对应节点的最佳分割属性。

在 SPRINT 算法中，如何最好地划分某个节点是采用 gini 参数度量的。gini 参数最小的对应的属性被选做该节点的分割属性。对连续属性，候选分割点为训练集中相邻属性值的中点；对离散划分点，需要对属性列表一次扫描求出记数矩阵的统计数据。

在确定某个节点的最佳划分属性后，SPRINT 算法将每个记录的 rid 插入哈希表以便对其他属性进行划分。采用哈希表克服了 SLIQ 方法需要类列表常驻内存的缺陷。

在 SPRINT 树的剪枝阶段计算耗时不大，故 SPRINT 算法的并行集中在建树阶段。在并行建树中通过将属性列表平均分配到 N 个处理器上，解决了以前 SLIQ 算法中需要将训练数据完全驻留内存及 C4.5 的训练数据多次排序问题。并行 SPRINT 中求解分割点时，N 个处理器同时处理，各处理器只处理整个数据集的 $1/N$，大大提高了效率。对连续数据，每个处理器都维护整个属性列表的一部分，一一处理，得到本处理器对该叶节点最佳的分割点，再比较 N 个分割点求出最小。对离散属性，从各个处理器上收集计数矩阵的数据，相加求和就得到全局的计数矩阵。

并行 SPRINT 中将属性列表划分到每个叶节点时,从各个处理器上收集、交换 rids,每个处理器独立建立所有 rids 的测试结构,应用于该节点其余属性列表的划分。

7.8.2　串行算法的并行化

Yildiz 和 Dikmen 将决策树串行算法的并行划分为三类:基于特征的并行化、基于节点的并行化和基于数据的并行化[Yildiz et al 2007]。

1. 基于特征的并行化

对于每个特征,为了寻找最佳划分可以采用相同操作,因此通过将特征分发到从处理器节点上,可以轻易地实现并行化。这种思路的伪代码如下。

算法 7.9　基于特征的并行化。

FParallel(Node n, Instances x, Feature f)

(1) for f 每个特征 i

(2) 　　将 f_i 和 n 提交给从处理机

(3) end for

(4) for f 每个特征 i

(5) 　　接受来自从处理机特征 f_i 最好的分裂 s_i 和 g_i

(6) end for

(7) bestfeature = $\mathrm{argmin}_i\ g_i$

(8) bestsplit = $S_{\text{bestfeature}}$

(9) CREATE_CHILDREN(n, x, bestfeature)

(10) 对每个子节点调用 FParallel

算法表明,首先将特征和数据到发送从处理器。由从处理器寻找每个特征 f_i 的最佳拆分(s_i)和最好增益(g_i)。计算完成后,将最佳的拆分和最好增益发送到主处理器,在那些最好的信息增益中选取最小的,就可以发现整体最佳拆分。基于特征的并行化方法的优点是实现简单。

2. 基于节点的并行化

由于在每个决策节点构建决策树是递归操作,所以不将决策节点分配到处理器。基于节点的并行化处理的思路见算法 7.10。

算法 7.10　基于节点的并行化。

NParallel(Instances x, Feature f)

(1) 清除队列 q = Emptyqueue

(2) Enqueue(q, RootNode)

(3) while (Not Empty(q))

(4)　　　　Node = Dequeue(q)

(5)　　　　提交节点实例给从处理机

(6)　　　　接受来自从处理机最好的分裂和最佳特征

(7)　　　　CREATE_CHILDREN(Node, Node. instances, bestfeature)

(8)　　　　Enqueue(q, Node. child Node)

(9) end while

在算法 7.10 中,把目前未扩展处理的节点放到队列里。如果队列中有节点,使节点出列,并发送到从处理器(s),在该节点寻找最好的拆分。由于 C4.5 算法被定义为一个节点,每个处理器可以调用这些从处理器的串行代码,找到该节点的最佳拆分。展开后的节点(s)和产生的子节点放入队列,等待处理。

3. 基于数据的并行化

如果有 K 个处理器,我们可以将数据划分为 K 份。在每个决策树节点,对每个特征 f_i,将划分的数据发送到相应的处理器。从处理器处理数据,将统计结果返回到主机处理器。基于 C4.5 算法的并行化伪代码如算法 7.11 所示。

算法 7.11　基于数据并行化的 C4.5 算法。

DparallelC45(Instances x, Feature f_i)

(1) 发送 x 和 f_i 到从处理机

(2) 在每个从处理机对 x 排序

(3) 接收来自从处理机 slave processor(s)可能的分裂点

(4) 决定最少的分裂点数

(5) 将最少的分裂点数发送给从处理机 slave processor(s)

(6) 接受来自从处理机 slave processer(s)的频数统计

(7) 如果必要从处理机 slave processor(s)修改它们的 iterator(s)

(8) 对每个分裂点收集的频数统计信息增益 g_i

(9) 将 g_i 与最好增益 bestgain 比较,如果前者好,修改

(10) CREATE_CHILDREN(Node, Node. instances, bestfeature)

(11) 跳转到上面,重新接收可能的分裂点

基于数据并行化方法的优点是可伸缩性。挖掘大量数据时,将这些实例以相同的数目分配到从处理器,使数据库可并行伸缩。基于数据并行化方法的缺点是数据通信成本高,从处理器之间负载不平衡。

7.9　归纳学习的计算理论

学习的计算理论主要研究学习算法的样本复杂性和计算复杂性。本节重点讨论 Gold 学习理论和 Valiant 学习理论,并将它们进行比较。

对于建立机器学习科学,学习的计算理论非常重要,否则无法识别学习算法的应用范围,也无法分析不同方法的可学习性。收敛性、可行性和近似性是本质问题,它们要求学习的计算理论给出一种令人满意的学习框架,包括合理的约束。这方面的早期成果主要是基于 Gold 框架。在形式语言学习的上下文中,Gold 引入收敛的概念,有效地处理了从实例学习的问题。学习算法允许提出许多假设,无须知道什么时候它是正确的,只要确认某点它的计算是正确的假设。由于 Gold 算法的复杂性很高,因此这种风范并没有在实际学习中得到应用。

基于 Gold 学习框架,Shapiro 提出了模型推理算法研究形式语言与其解释之间的关系,也就是形式语言的语法与语义之间的关系。模型论把形式语言中的公式、句子理论和它们的解释——模型,当作数学对象进行研究。Shapiro 模型推理算法只要输入有限的事实就可以得到一种理论输出[Shapiro 1981a]。

1984 年,Valiant 提出一种新的学习框架[Valiant 1984]。它仅要求与目标概念具有高概率的近似,而并不要求目标概念精确的辨识。Kearns、Li、Pitt 和 Valiant对可以表示为布尔公式的概念给出了一些新的结果。Haussler 应用 Valiant 框架分析了变型空间和归纳偏置问题,并给出了样本复杂性的计算公式。

7.9.1 Gold 学习理论

Gold 的语言学习理论研究引入两个基本概念,即极限辨识和枚举辨识,这对早期的归纳推理的理论研究起了非常重要的作用[Gold 1967]。

极限辨识把归纳推理看做一种无限过程,归纳推理方法的最终或极限行为可以看做是它的成功标准。假设 M 是一种归纳推理方法,它企图正确地描述未知规则 R。假设 M 重复运行,R 的实例集合则越来越大,形成 M 推测的无限序列 g_1,g_2,…。如果存在某个数 m,使得 g_m 是 R 的正确描述:

$$g_m = g_{m+1} = g_{m+2} = \cdots$$

那么 M 在这个实例序列的极限正确地辨识 R。M 可以看做对未知规则 R 学习越来越多,成功地修改它关于 R 的推测。如果有限次后 M 停止修改它的推测,最后的推测就是 R 的正确描述,那么在这个实例序列的极限 M 正确地辨识 R。注意,M 不能确定它是否会收敛到一个正确的假设,因为新的数据与当前的推测是否会发生矛盾并不知道。

枚举辨识是第一种方法推测多项式序列的抽象,即对可能的规则空间进行系统搜索,直到发现与迄今为止的所有数据相一致的推测。假设规定了规则的具体领域,有一个描述枚举,即 d_1,d_2,d_3,…,以至于领域中的每一条规则在枚举中有一种或多种描述。给定一条规则的某个实例集合,枚举辨识方法将通过这个表,找到第一个描述 d_1,即与给定的实例相容,那么推测为 d_1。这种方法不能确定是否会达到正确的极限辨识。如果实例表示和相容关系满足下面两个条件,那么枚举方法保证极限辨识该领域中的全部规则：

(1) 一个正确假设总是与给定的实例相容；

(2) 任何不正确的假设与实例足够大的集合或与全部集合不相容。

为了枚举方法是可计算的，枚举 $d_1,d_2,d_3,\cdots$ 必须是可计算的，它必须能够计算给定的描述与给定的实例集合是相容的。

算法 7.12　枚举辨识算法。

> 输入：
>
> (1) 一组表达式的集合 $E = e_1,e_2,\cdots$；
>
> (2) 谕示(oracle) TE 提供足够的目标实例集；
>
> (3) 排序信息的谕示 LE。
>
> 输出：
>
> 一系列假设断言 $H_1,H_2,\cdots$，每个假设 H_i 都在 E 中，并与第 i 个实例一致。
>
> 过程：
>
> (1) 初始化，$i \leftarrow 1$；
>
> (2) examples←emptyset；
>
> (3) Loop：
>
> 　　(3.1) 调用 TE()，将 example 加到集合 examples；
>
> 　　(3.2) While LE(e_i, + x) = no, + x，或者
>
> 　　　　　　LE(e_i, - x) = yes，对反例集 - x
>
> 　　　　　　$i \leftarrow i + 1$；
>
> (4) 输出 e_i。

7.9.2　模型推理系统

模型推理问题是科学家所面临的问题抽象，他们在具有固定概念框架的某种领域里工作，进行试验，试图找到一种理论可以解释他们的结果。在这种抽象中研究的领域是对给定的一阶语言 L 某种未知模型 M 的领域，实验是检测 M 中 L 语句的真值，目标是寻找一组正确假设，它们包含全部正确的可测试的句子。

L 语句分成两个子集：观测语言 L_o 和假设语言 L_h。假设

$$\square \in L_o \subset L_h \subset L'$$

其中，□是空语句。那么模型推理问题可以定义如下：假设给定一阶语言 L 和两个子集：观测语言 L_o 和假设语言 L_h。另外对 L 的未知模型 M 给定一种处理机制 oracle。模型推理问题是寻找 M 的一种有限的 L_o——完备公理化。

求解模型推理问题的算法称为模型推理算法。模型 M 的枚举是一个无限序列 $F_1,F_2,F_3,\cdots$，其中 F_i 是关于 M 的事实，L_o 的每个语句 α 发生在事实 $F_i = \langle \alpha, V \rangle$ $(i > 0)$。模型推理算法一次读入给定观测语言 L_o 的模型的一种枚举、一个事实，产生假设语言 L_h 的语句的有限集称为算法的推测。一种枚举模型推理算法如下。

算法 7.13 枚举模型推理算法。

```
h 是整个递归函数
设 S_false 为{□},S_true 为{ },k 为 0
repeat
    读入下一个事实 F_n = ⟨α,V⟩
    α 加到 S_v
    while 有一个 α∈S_false 以至于 T_k ⊢_n α
        或有一个 α_i ∈ S_true 以至于 T_k ⊣⊢_n(i) α_i do
        k = k + 1
        输出 T_k
forever
```

上面算法中 $T \vdash_n \alpha$(表示在推导 n 步或少于 n 步时,假设语句 T 可以推导出 α。$T \dashv\vdash_{n(i)} \alpha$ 表示推导 n 步或少于 n 步时,假设语句 T 不能推出 α。推导中假设是单调的。Shapiro 证明这种算法是极限辨识。这种算法功能强且灵活,可以从事实推出理论,是一种递增算法。

7.9.3　Valiant 学习理论

Valiant 认为一个学习机必须具备下列性质:

(1) 机器能够证明地学习所有类的概念,更进一步,这些类可以特征化;

(2) 对于通用知识概念类是合适的和不平常的;

(3) 机器演绎所希望的程序的计算过程要求在可行的步数内。

学习机由学习协议和演绎过程组成。学习协议规定从外部获得信息的方法。演绎过程是一种机制,学习概念的正确识别算法是演绎的。从广义来看,研究学习的方法是规定一种可能的学习协议,使用这种协议研究概念类,识别程序可以在多项式时间内演绎。具体协议允许提供两类信息。第一种是学习者对典型数据的访问,这些典型数据是概念的正例。要确切地说,假设这些正例本质上有一种任意确定的概率分布。调用子程序 EXAMPLES 产生一种这样的正例。产生不同例子的相对概率是分布确定的。第二个可用的信息源是 oracle。在最基本的版本中,当提交数据时,它将告诉学习该数据是否是概念的正例示。

假设 X 是实例空间,一个概念是 X 的一个子集。如果实例在概念中则为正例,否则为反例。概念表示是一种概念的描述,概念类是一组概念表示。学习模型是概念类有效的可学习性。Valiant 学习理论仅要求对目标概念的很好近似具有极高的概率。允许学习者产生的概念描述与目标概念有一个小的偏差 ε,它是学习算法的一个输入参数。并且,允许学习者失败的概率为 δ,这也是一个输入参数。两种概念之间的差别采用在实例空间 X 的分布概率 D 来评测:

$$\mathrm{diff}_D(c_1,c_2) = \sum_{x \in X, c_1(x) \neq c_2(x)} D(x) \tag{7.31}$$

根据协议,一个概念类 C 是可学习的,当且仅当有一种算法 A,使用协议,对所有的目标概念表示 $c^* \in C$ 和全部分布 D:

(1) 执行时间是与 $1/\varepsilon$、$1/\delta$、c^* 数目和其他相关参数有关的多项式;

(2) 输出 C 中的概念 c 具有概率 $1-\delta$:

$$\mathrm{diff}_D(c,c^*) < \varepsilon$$

Valiant 学习理论中,有两种学习复杂性测度。一种是样本复杂性。这是随机实例的数目,用以产生具有高的概率和小的误差。第二种性能测度是计算复杂性,定义为最坏情况下以给定数目的样本产生假设所要求的计算时间。

设 L 是学习算法,C 是例示空间 X 上的一类目标概念。对于任意的 $0 < \varepsilon$、$\delta < 1$,$S_c^L(\varepsilon,\delta)$ 表示最小的样本数 m 使任意目标概念 $c \in C$,X 上任意分布,给定 m 个 c 的随机样本,L 产生一个假设,其概率至少为 $1-\delta$,误差最大为 ε。$S_c^L(\varepsilon,\delta)$ 称为目标类 c 的 L 样本复杂性。

下面我们讨论两种学习算法的样本复杂性。

1. 学习合取概念的分类算法

该算法的内容如下:

(1) 对于给定的样本找出每个属性最小的主原子,这些原子合取形成假设 h;

(2) 如果 h 中不包含反例,那么返回 h,否则得到结果,认为样本与任何纯合取概念不一致。

Haussler 分析这种算法,得出其样本复杂性 $S_c^L(\varepsilon,\delta)$ 为

$$C_0(\log(1/\delta)+n)/\varepsilon \leqslant S_c^L(\varepsilon,\delta) \leqslant C_1(\log(1/\delta)+n\log(1/\varepsilon))/\varepsilon \tag{7.32}$$

其中,C_0、C_1 是正常数。

2. 学习纯合取概念的贪婪算法

算法 7.14 学习纯合取概念的贪婪算法。

(1) 对于给定的样本找出每个属性最小的主原子。

(2) 开始纯合取假设 h 为空,当样本中有反例时,则

(2.1) 在所有属性中,找到最小的主原子,它删除最多的反例,把它加到 h,如果没有最小主原子可以删除任何反例,则循环结束;

(2.2) 从样本中去掉已删除的反例。

(3) 如果没有反例则返回 h,否则报告样本与任何纯合取概念不一致。

Haussler 在文章[Haussler 1988a]中详细讨论了该算法的样本复杂性问题,并给出如下结果:

$$C_0(\log(1/\delta) + s\log(n/s))/\varepsilon \leqslant S_c^L(\varepsilon, \delta) \leqslant C_1(\log(1/\delta) + s(\log(sn_1/\varepsilon))^2)/\varepsilon$$

$$(7.33)$$

其中，C_0、C_1 是正常数；s 为纯合取概念中最大的原子数。

由上看出，Valiant 学习理论，仅要求学习算法产生的假设能以高的概率很好接近目标概念，并不要求精确地辨识目标概念。这种学习理论是"几乎大体正确"辨识，有时简称为 PAC(probably approximately correct)理论。Valiant 学习理论比 Gold 学习理论更有实际意义。

习　题

1. 何谓归纳学习，其主要特点是什么？

2. 通过实例，说明选择型和构造型泛化规则的用途。

3. 什么是决策树学习中的偏置问题，简述几种偏置学习算法。

4. 何谓假设空间？假设空间中的各假设间存在什么关系？

5. AQ 学习方法遵从的一般归纳推理模式是什么样的？为什么说 AQ 学习的过程就是搜索假设空间的过程？

6. 结合规则空间排序示意图，描述变型空间方法的基本思想。

7. 给出候选项删除算法用于下列数据集的过程：

　　正实例：a) object(red, round, apple)

　　　　　　 b) object(green, round, mango)

　　负实例：a) object(red, large, banana)

　　　　　　 b) object(green, round, guava)

8. 阐述决策树学习方法及其适用场合。

9. 在构造决策树的过程中，测试属性的选取采用什么原则？如何实现？

10. 叙述 ID3 算法的基本思想和建树步骤。

11. 给定表 7.3 的数据，回答问题。

表 7.3　学习成绩评价

StudiedHard	HoursSelptBefore	Breakfast	GotA
No	5	Eggs	No
No	9	Eggs	No
Yes	6	Eggs	No
No	6	Bagel	No
Yes	9	Bagel	Yes
Yes	8	Eggs	Yes

续表

StudiedHard	HoursSelptBefore	Breakfast	GotA
Yes	8	Cereal	Yes
Yes	6	Cereal	Yes

(1) GotA 的初始熵为多少？

(2) 决策树算法(ID3)会选择哪个属性作为根节点？

(3) 构造该决策树。

12. C4.5 算法对 ID3 算法的改进体现在哪些方面。

13. 何谓学习算法的样本复杂性和计算复杂性？

14. 为什么 Valiant 学习理论比 Gold 学习理论更有实际意义？

第 8 章 统 计 学 习

8.1 统 计 方 法

统计方法是从事物的外在数量上的表现去推断该事物可能的规律性。科学规律性的东西一般总是隐藏得比较深,最初总是从其数量表现上通过统计分析看出一些线索,然后提出一定的假说或学说,作进一步深入的理论研究。当理论研究提出一定的结论时,往往还需要在实践中加以验证。就是说,观测一些自然现象或专门安排的实验所得资料,是否与理论相符、在多大的程度上相符、偏离可能是朝哪个方向等问题,都需要用统计分析的方法处理。

近百年来,统计学得到了极大的发展。我们可用下面的框架粗略地刻画统计学发展的过程:

(1) 1900~1920 年:数据描述;

(2) 1920~1940 年:统计模型的曙光;

(3) 1940~1960 年:数理统计时代;

(4) 1960~1980 年:随机模型假设的挑战;

(5) 1980~1990 年:松弛结构模型假设;

(6) 1990~1999 年:建模复杂的数据结构。

其中,1960~1980 年间,统计学领域出现了一场革命,要从观测数据对依赖关系进行估计,只要知道未知依赖关系所属的函数集的某些一般的性质就足够了。引导这一革命的是 20 世纪 60 年代的四项发现:

(1) Tikhonov、Ivanov 和 Philips 发现的关于解决不适定问题的正则化原则;

(2) Parzen、Rosenblatt 和 Chentsov 发现的非参数统计学;

(3) Vapnik 和 Chervonenkis 发现的在泛函数空间的大数定律,及其与学习过程的关系;

(4) Kolmogorov、Solomonoff 和 Chaitin 发现的算法复杂性及其与归纳推理的关系。

这四项发现也成为统计学习研究的重要基础。传统的统计学所研究的主要是渐近理论,即当样本趋向于无穷多时的统计性质。统计方法主要考虑测试预想的假设和数据模型拟合。它依赖于显式的基本概率模型。统计方法处理过程可以分为三个阶段:

(1) 搜集数据:采样、实验设计;

（2）分析数据：建模、知识发现、可视化；

（3）进行推理：预测、分类。

常见的统计方法有回归分析（多元回归、自回归等）、判别分析（贝叶斯判别、费歇尔判别、非参数判别等）、聚类分析（系统聚类、动态聚类等）、探索性分析（主元分析法、相关分析法等）等。支持向量机（support vector machine，SVM）建立在计算学习理论的结构风险最小化原则之上。其主要思想是针对两类分类问题，在高维空间中寻找一个超平面作为两类的分割，以保证最小的分类错误率[Vapnik et al 1997]。而且 SVM 一个重要的优点是可以处理线性不可分的情况。

8.2　统计学习问题

8.2.1　经验风险

学习的目的是根据给定的训练样本求系统输入输出之间的依赖关系。学习问题可以一般地表示为变量 y 与 x 之间存在的未知依赖关系，即遵循某一未知的联合概率 $F(x,y)$。机器学习问题就是根据 l 个独立同分布观测样本：

$$(x_1,y_1),(x_2,y_2),\cdots,(x_l,y_l) \tag{8.1}$$

在一组函数 $\{f(x,w)\}$ 中，求一个最优的函数 $f(x,w_0)$，对依赖关系进行估计，使期望风险最小：

$$R(w) = \int L(y,f(x,w))\mathrm{d}F(x,y) \tag{8.2}$$

其中，$\{f(x,w)\}$ 称作预测函数集，w 为函数的广义参数。$\{f(x,w)\}$ 可以表示任何函数集。$L(y,f(x,w))$ 为因用 $f(x,w)$ 对 y 进行预测而造成的损失。不同类型的学习问题有不同形式的损失函数。

在传统的学习方法中，采用了所谓的经验风险最小化（empirical fisk minimization，ERM）准则，即用样本定义经验风险

$$R_{\mathrm{emp}}(w) = \frac{1}{l}\sum_{i=1}^{l} L(y_i,f(x_i,w)) \tag{8.3}$$

机器学习就是要设计学习算法使 $R_{\mathrm{emp}}(w)$ 最小化，作为对式（8.2）的估计。

8.2.2　VC 维

统计学习理论是关于小样本进行归纳学习的理论。其中一个重要的概念是 VC 维（Vapnik-Chervonenkis dimension）。模式识别方法中 VC 维的直观定义是：对一个指示函数集，如果存在 h 个样本能够被函数集里的函数按照所有可能的 2^h 种形式分开，则称函数集能够把 h 个样本打散。函数集的 VC 维就是它能打散的最大样本数目 h。若对任意数目的样本都有函数能将它们打散，则函数集的 VC

维是无穷大。有界实函数的 VC 维可以通过用一定的阈值将它转化成指示函数来定义。

VC 维反映了函数集的学习能力。一般而言，VC 维越大，则学习机器越复杂，学习容量就越大。目前尚没有通用的关于任意函数集 VC 维计算的理论，只对一些特殊的函数集知道其函数维。例如，在 n 维实数空间中，线性分类器和线性实函数的 VC 维是 $n+1$，而 $f(x,\alpha)=\sin(\alpha x)$ 的 VC 维则为无穷大。如何用理论或实验的方法计算其 VC 维是当前统计学习理论中有待研究的一个问题。

8.3　学习过程的一致性

8.3.1　学习过程一致性的经典定义

为了从有限的观察中构造学习算法，我们需要一种渐近理论，刻画学习过程一致性的必要和充分条件。

定义 8.1　经验风险最小一致性原理　对于指示函数集 $L(y,w)$ 和概率分布函数 $F(y)$，如果下面两个序列概率地收敛到同一极限（见图 8.1），则称为经验风险最小一致性：

$$R(w_l) \xrightarrow[l\to\infty]{P} \inf_{w\in\Lambda} R(w) \tag{8.4}$$

$$R_{\mathrm{emp}}(w_l) \xrightarrow[l\to\infty]{P} \inf_{w\in\Lambda} R(w) \tag{8.5}$$

换句话说，如果经验风险最小化方法是一致性，那么它必须提供一个函数序列 $L(y,w_l)(l=1,2,\cdots)$，使得期望风险和经验风险收敛到一个可能最小的风险值。式(8.4)判定风险收敛到最好的可能值。式(8.5)可以根据经验风险判定估计风险可能的最小值。

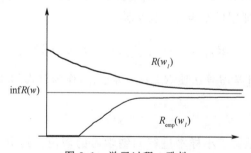

图 8.1　学习过程一致性

8.3.2　学习理论的重要定理

Vapnik 和 Chervonenkis 于 1989 年提出的学习理论的重要定理如下：

定理 8.1 设 $L(y,w)(w\in\Lambda)$ 是满足下列条件的函数集：

$$A\leqslant\int L(y,w)\mathrm{d}F(y)\leqslant B, \quad A\leqslant R(w)\leqslant B \tag{8.6}$$

那么对于经验风险最小是一致的。在下面情况下：

$$\lim_{l\to\infty}P\{\sup_{w\in\Lambda}(R(w)-R_{\mathrm{emp}}(w))>\varepsilon\}=0, \quad \forall\varepsilon>0 \tag{8.7}$$

经验风险 $R_{\mathrm{emp}}(w)$ 在整个函数集 $L(y,w)(w\in\Lambda)$ 上一致地收敛到实际风险 $R(w)$，其中，Λ 是参数集合。我们称这类一致性收敛为单侧一致性收敛。

8.3.3 VC 熵

定义 8.2 设 $A\leqslant L(y,w)\leqslant B(w\in\Lambda)$ 是界限损耗函数集。使用这个函数集和训练集 $z_1,\cdots,z_l$，可以构造下列 l 维向量：

$$q(w)=(L(z_1,w),\cdots,L(z_l,w)), \quad w\in\Lambda \tag{8.8}$$

这个向量集属于 l 维立方体，并且在品质 C 上具有有限最小 ε 网格。设 $N=N^\Lambda(\varepsilon;z_1,\cdots,z_l)$ 是向量集 $q(w)(w\in\Lambda)$ 最小 ε 网格元素的数目。

注意，$N^\Lambda(\varepsilon;z_1,\cdots,z_l)$ 是随机变量，因为它是使用随机向量 $z_1,\cdots,z_l$ 构造的。随机值 $N^\Lambda(\varepsilon;z_1,\cdots,z_l)$ 的对数

$$H^\Lambda(\varepsilon;z_1,\cdots,z_l)=\ln N^\Lambda(\varepsilon;z_1,\cdots,z_l)$$

被称为函数集 $A\leqslant L(y,w)\leqslant B(w\in\Lambda)$ 对于训练样本 $z_1,\cdots,z_l$ 的随机 VC 熵。随机 VC 熵的期望值

$$H^\Lambda(\varepsilon;l)=EH^\Lambda(\varepsilon;z_1,\cdots,z_l)$$

被称为函数集 $A\leqslant L(y,w)\leqslant B(w\in\Lambda)$ 对于训练样本数 l 的 VC 熵。这里，期望值取乘积测度 $F(z_1,\cdots,z_l)$。

定理 8.2 双侧一致收敛的必要和充分条件是下式成立：

$$\lim_{l\to\infty}\frac{H^\Lambda(\varepsilon,l)}{l}=0, \quad \forall\varepsilon>0 \tag{8.9}$$

换句话说，VC 熵与观察数的比值应随观察数增加而减小到 0。

推论 8.1 在指示函数集 $L(y,w)(w\in\Lambda)$ 一定的可测条件下，双侧一致收敛的必要和充分条件是

$$\lim_{l\to\infty}\frac{H^\Lambda(l)}{l}=0$$

它是式(8.9)的特例。

定理 8.3 对于整个界限函数集 $L(y,w)(w\in\Lambda)$，为了使经验方法单侧一致收敛到它们的期望值，其必要和充分的条件是对于任何正的 δ、η 和 ε，存在函数集 $L^*(y,w^*)(w^*\in\Lambda^*)$ 满足

$$L(y,w)-L^*(y,w^*)\geqslant 0, \quad \forall y$$

$$\int (L(y,w) - L^*(y,w^*)) \mathrm{d}F(y) \leqslant \delta \tag{8.10}$$

对于样本数 l，$L^*(y,w^*)(w^* \in \Lambda^*)$ 的 ε 熵式成立：

$$\lim_{l \to \infty} \frac{H^{\Lambda^*}(\varepsilon, l)}{l} < \eta \tag{8.11}$$

在进行学习理论研究中，可以分为三个里程碑，即依次根据以下三种方法来定义经验风险最小化原理的一致性的充分条件：

(1) 运用 VC 熵来定义：

$$\lim_{l \to \infty} \frac{H^{\Lambda}(l)}{l} = 0 \tag{8.12}$$

(2) 运用退火熵来定义：

$$\lim_{l \to \infty} \frac{H_{\mathrm{ann}}^{\Lambda}(l)}{l} = 0 \tag{8.13}$$

其中，退火 VC 熵为

$$H_{\mathrm{ann}}^{\Lambda}(l) = \ln EN^{\Lambda}(\boldsymbol{z}_1, \cdots, \boldsymbol{z}_l)$$

(3) 运用增长函数来定义：

$$\lim_{l \to \infty} \frac{G^{\Lambda}(l)}{l} = 0 \tag{8.14}$$

其中，增长函数为

$$G^{\Lambda}(l) = \ln \sup_{\boldsymbol{z}_1, \cdots, \boldsymbol{z}_l} N^{\Lambda}(\boldsymbol{z}_1, \cdots, \boldsymbol{z}_l)$$

8.4　结构风险最小归纳原理

统计学习理论系统地研究了对于各种类型的函数集、经验风险和实际风险之间的关系，即泛化的界限[Vapnik 1995]。关于两类分类问题有如下结论：对指示函数集中的所有函数(包括使经验风险最小的函数)，经验风险 $R_{\mathrm{emp}}(w)$ 和实际风险 $R(w)$ 之间以至少 $1-\eta$ 的概率满足如下的关系[Burges 1998]：

$$R(w) \leqslant R_{\mathrm{emp}}(w) + \sqrt{\frac{h(\ln(2l/h) + 1) - \ln(\eta/4)}{l}} \tag{8.15}$$

其中，h 是函数集的 VC 维；l 是样本数；η 是满足 $0 \leqslant \eta \leqslant 1$ 的参数。

由此可见，统计学习的实际风险 $R(w)$ 由两部分组成：一部分是经验风险(训练误差)$R_{\mathrm{emp}}(w)$，另一部分称为置信界限(VC confidence)。置信界限反映了真实风险和经验风险差值的上确界，以及结构复杂所带来的风险，它和学习机器的 VC 维 h 及训练样本数 l 有关。式(8.15)可以简单地表示为

$$R(w) \leqslant R_{\mathrm{emp}}(w) + \Phi(h/l)$$

由式(8.15)右端第二项可知，$\Phi(h/l)$ 随 h 增大而增大。因此，在有限训练样本下，

学习机器的复杂性越高,VC 维越高,则置信界限越大,就会导致真实风险与经验风险之间的可能的差别越大。

请注意,这里的泛化界限是对于最坏情况的结论。在很多情况下是较松的,尤其当 VC 维较高时更是如此。文献[Burges 1998] 指出,当 $h/l > 0.37$ 时,这个界限肯定是松弛的。当 VC 维无穷大时,这个界限就不再成立。

为了构造适合于对小样本学习的归纳学习原理,可以通过控制学习机器的泛化能力来达到此目的。对于完全有界非负函数,$0 \leqslant L(z, w) \leqslant B (w \in \Lambda, \Lambda$ 是抽象参数集合),以至少 $1 - \eta$ 的概率满足以下不等式:

$$R(w_l) \leqslant R_{\mathrm{emp}}(w) + \frac{B\varepsilon}{2}\left(1 + \sqrt{1 + \frac{4R_{\mathrm{emp}}(w_l)}{B\varepsilon}}\right) \tag{8.16}$$

其中,对于无界限函数集合,学习机器泛化能力的界限是

$$R(w_l) \leqslant \frac{R_{\mathrm{emp}}(w_l)}{(1 - a(p)\tau\sqrt{\varepsilon})_+} \tag{8.17}$$

$$a(p) = \sqrt[p]{\frac{1}{2}\left(\frac{p-1}{p-2}\right)^{p-1}}$$

其中

$$\varepsilon = 2\frac{\ln N - \ln\eta}{l}$$

运用以上的公式可以控制基于固定数目的经验样本之上的风险函数的最小化的过程。控制最小化过程的有几种方法。一是最小化经验风险。根据上面的公式可以看出,风险的上界随着经验风险值的减小而减小。二是最小化式(8.15)中右边的第二项,将样本的数目与 VC 维作为控制变量。后者适合于样本数较小的情况。

设函数集 $L(z, w)$ 由具有嵌套函数子集 $S_k = \{L(z, w), w \in \Lambda_k\}$ 的结构组成,如图 8.2 所示。

$$S_1 \subset S_2 \subset \cdots \subset S_n$$

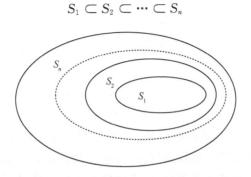

图 8.2 函数嵌套子集构成的函数集结构

其中，结构元素满足以下性质：

（1）每个函数集 S_k 拥有一个有限的 VC 维 h_{kk}；

$$h_1 \leqslant h_2 \leqslant, \cdots, \leqslant h_n, \cdots$$

（2）结构中的任何元素 S_k 包含如下性质：整个界限函数集满足

$$0 \leqslant L(z, w) \leqslant B_k, \quad \alpha \in \Lambda_k$$

或者对于某种 (p, τ_k)，函数集满足下列不等式：

$$\sup_{w \in \Lambda_k} \frac{\left(\int L^p(z, w) \mathrm{d}F(z) \right)^{\frac{1}{p}}}{\int L(z, w) \mathrm{d}F(z)} \leqslant \tau_k, \quad p > 2 \tag{8.18}$$

我们称这种结构为可同伦结构。

为了选择合适的 S_k 作为学习函数，可以将式（8.15）右边划分为两个部分：左边项为经验风险，右边项为置信区。如果给定样本数目 l，那么，随着 VC 维数目 h 的增加，经验风险逐渐变小，而置信区逐渐递增。

如图 8.3 所示，综合考虑经验风险与置信区的变化，可以求得最小的风险边界，它所对应的函数集的中间子集 S^* 可以作为具有最佳泛化能力的函数集合。

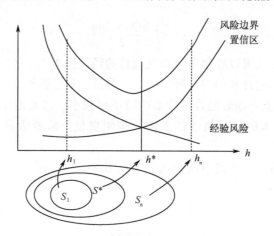

图 8.3 结构风险最小归纳原理图

8.5 支持向量机

20 世纪 90 年代中期，随着统计学习理论的不断发展和成熟，也由于神经网络等学习方法在理论上缺乏实质性进展，统计学习理论受到越来越广泛的重视。统计学习理论是一种小样本统计理论，着重研究在小样本情况下的统计学习规律及学习方法性质。该理论针对小样本统计问题建立了一套新的理论体系，在这种体系下的统计推理规则不仅考虑了对渐近性能的要求,而且追求如何在现有的有限信息条件下得到最优的结果。在统计学习理论的基础上发展了一种新的通用学习算法——支持向量机(support vector machine,SVM)［Vapnik 1995］。

支持向量机建立在结构风险最小化原则基础上,可以自动寻找出那些对分类有较好区分能力的支持向量,构成超平面作为两类的分割。由此构造出的分类器可以使类与类之间的间隔最大化,因而有较好的适应能力和较高的分类准确率,保证最小的分类错误率［Vapnik et al 1997］。支持向量机另一个重要的优点是可以处理线性不可分的情况,在分类方面具有良好的性能。

8.5.1 线性可分

假设存在训练样本 $(x_1,y_1),\cdots,(x_l,y_l),x\in\mathbf{R}^n,y\in\{+1,-1\},l$ 为样本数,n 为输入维数,在线性可分的情况下就会有一个超平面使得这两类样本完全分开。该超平面描述为

$$(\boldsymbol{w}\cdot\boldsymbol{x})+b=0 \tag{8.19}$$

其中,"·"是向量点积。分类如下:

$$\boldsymbol{w}\cdot\boldsymbol{x}_i+b\geqslant 0,\quad y_i=+1$$
$$\boldsymbol{w}\cdot\boldsymbol{x}_i+b<0,\quad y_i=-1$$

其中,w 是超平面的法线方向,$\dfrac{\boldsymbol{w}}{\|\boldsymbol{w}\|}$ 为单位法向量,$\|\boldsymbol{w}\|$ 是欧氏模函数。

如果训练数据可以无误差地被划分,以及每一类数据与超平面距离最近的向量与超平面之间的距离最大则称这个超平面为最优超平面,如图 8.4 所示。在线性可分情况下,求解最优超平面,可以看成解二次型规划的问题。对于给定的训练样本,找到权值 w 和偏移 b 的最优值,使得权值代价函数最小化:

$$\min\Phi(\boldsymbol{w})=\frac{1}{2}\|\boldsymbol{w}\|^2 \tag{8.20}$$

满足约束条件:

$$y_i(\boldsymbol{w}\cdot\boldsymbol{x}_i+b)-1\geqslant 0,\quad i=1,2,\cdots,l \tag{8.21}$$

优化函数 $\Phi(w)$ 为二次型,约束条件是线性的,因此是个典型的二次规划问题,可由 Lagrange 乘子法求解。引入 Lagrange 乘子 $\alpha_i\geqslant 0(i=1,2,\cdots,l)$

$$L(\boldsymbol{w},b,\alpha)=\frac{1}{2}\|\boldsymbol{w}\|^2-\sum_{i=1}^{l}\alpha_i[y_i(\boldsymbol{x}_i\cdot\boldsymbol{w}+b)-1] \tag{8.22}$$

其中,L 的极值点为鞍点,可取 L 对 w 和 b 的最小值 $w=w^*,b=b^*$,以及对 α 的最大值 $\alpha=\alpha^*$。对 L 求导可得

$$\frac{\partial L}{\partial b}=\sum_{i=1}^{l}y_i\alpha_i=0 \tag{8.23}$$

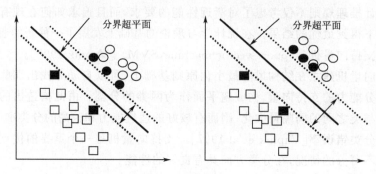

图 8.4　最优超平面

$$\frac{\partial L}{\partial \boldsymbol{w}} = \boldsymbol{w} - \sum_{i=1}^{l} y_i \alpha_i \boldsymbol{x}_i = 0 \tag{8.24}$$

其中，$\frac{\partial L}{\partial \boldsymbol{w}} = \left(\frac{\partial L}{\partial w_1}, \frac{\partial L}{\partial w_2}, \cdots, \frac{\partial L}{\partial w_l}\right)$。

于是，SVM 通过求解二次规划，得到对应的 α^* 和 $\boldsymbol{w}^*$：

$$\boldsymbol{w}^* = \sum_{i=1}^{l} \alpha_i^* \, y_i \boldsymbol{x}_i \tag{8.25}$$

以及最优的超平面(见图 8.4)。

经过变换线性可分条件下的原问题成为对偶问题，求解如下的极大化：

$$\max_{\alpha} W(\alpha) = \sum_{i=1}^{l} \alpha_i - \frac{1}{2} \sum_{i=1}^{l} \sum_{j=1}^{l} \alpha_i \alpha_j y_i y_j \boldsymbol{x}_i \cdot \boldsymbol{x}_j = \boldsymbol{\Gamma} \cdot \boldsymbol{I} - \frac{1}{2} \boldsymbol{\Gamma} \cdot \boldsymbol{D\Gamma} \tag{8.26}$$

满足约束：

$$\sum_{i=1}^{l} y_i \alpha_i = 0, \quad \alpha_i \geqslant 0, \quad i = 1, 2, \cdots, l \tag{8.27}$$

其中，$\boldsymbol{\Gamma} = (\alpha_1, \alpha_2, \cdots, \alpha_l)$；$\boldsymbol{I} = (1, 1, \cdots, 1)$；$\boldsymbol{D}$ 是 $l \times l$ 的对称矩阵，各个单元为

$$D_{ij} = y_i y_j \boldsymbol{x}_i \cdot \boldsymbol{x}_j \tag{8.28}$$

在对这类约束优化问题的求解和分析中，Karush-Kuhn-Tucker(KKT)条件将起重要作用。如式(8.27)这样的问题，其解必须满足

$$\alpha_i [y_i(\boldsymbol{w} \cdot \boldsymbol{x}_i + b) - 1] = 0, \quad i = 1, 2, \cdots, l \tag{8.29}$$

从式(8.25)看到，那些 $\alpha_i = 0$ 的样本对于分类问题不起什么作用，只有 $\alpha_i > 0$ 的样本对 $\boldsymbol{w}^*$ 起作用，从而决定分类结果。这样的样本定义为支持向量。

所求向量中，α^* 和 $\boldsymbol{w}^*$ 可以被训练算法显式求得。选用一个支持向量样本 $\boldsymbol{x}_i$，可以这样求得 b^*：

$$b^* = y_i - \boldsymbol{w} \cdot \boldsymbol{x}_i \tag{8.30}$$

对输入样本 x 测试时，计算下式：

$$d(\boldsymbol{x}) = \boldsymbol{x} \cdot \boldsymbol{w}^* + b^* = \sum_{i=1}^{l} y_i \alpha_i^* (\boldsymbol{x} \cdot \boldsymbol{x}_i) + b^* \tag{8.31}$$

根据 $d(\boldsymbol{x})$ 的符号来确定 $\boldsymbol{x}$ 的归属。

8.5.2 线性不可分

线性可分的判别函数建立在欧氏距离的基础上，即 $K(\boldsymbol{x}_i, \boldsymbol{x}_j) = \boldsymbol{x}_i \cdot \boldsymbol{x}_j = \boldsymbol{x}_i^{\mathrm{T}} \boldsymbol{x}_j$。对非线性问题，可以把样本 $\boldsymbol{x}$ 映射到某个高维特征空间 H（见图 8.5），并在 H 中使用线性分类器，换句话说，将 $\boldsymbol{x}$ 做变换 $\Phi : \mathbf{R}^d \rightarrow H$：

$$\boldsymbol{x} \rightarrow \Phi(\boldsymbol{x}) = \left[\phi_1(\boldsymbol{x}), \phi_2(\boldsymbol{x}), \cdots, \phi_i(\boldsymbol{x}), \cdots \right]^{\mathrm{T}} \tag{8.32}$$

其中，$\phi_i(\boldsymbol{x})$ 是实函数。

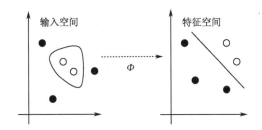

图 8.5 输入空间到特征空间的映射

如果以特征向量 $\Phi(\boldsymbol{x})$ 代替输入向量 $\boldsymbol{x}$，则由式(8.28)和式(8.31)可以得到：

$$D_{ij} = y_i y_j \Phi(\boldsymbol{x}_i) \cdot \Phi(\boldsymbol{x}_j) \tag{8.33}$$

$$d(x) = \Phi(\boldsymbol{x}) \cdot \boldsymbol{w}^* + b^* = \sum_{i=1}^{l} \alpha_i y_i \Phi(\boldsymbol{x}_i) \cdot \Phi(\boldsymbol{x}) + b^* \tag{8.34}$$

由上可知，不论是寻优函数式(8.26)还是分类函数式(8.31)都只涉及训练样本之间的内积 $(\boldsymbol{x}_i \cdot \boldsymbol{x}_j)$。这样，在高维空间实际上只需进行内积运算，而这种内积运算是可以用原空间中的函数实现的，我们甚至没有必要知道变换的形式。根据泛函的有关理论，只要一种核函数 $K(\boldsymbol{x}_i \cdot \boldsymbol{x}_j)$ 满足 Mercer 条件，它就对应某一空间中的内积 [Vapnik 1995]。

因此，在最优分类面中采用适当的内积函数 $K(\boldsymbol{x}_i \cdot \boldsymbol{x}_j)$ 就可以实现某一非线性变换后的线性分类，而计算复杂度却没有增加。此时的目标函数式(8.26)变为

$$\max_{\alpha} W(\alpha) = \sum_{i=1}^{l} \alpha_i - \frac{1}{2} \sum_{i=1}^{l} \sum_{j=1}^{l} \alpha_i \alpha_j y_i y_j K(\boldsymbol{x}_i, \boldsymbol{x}_j) \tag{8.35}$$

而相应的分类函数也变为

$$d(\boldsymbol{x}) = \sum_{i=1}^{l} y_i \alpha_i^* K(\boldsymbol{x}, \boldsymbol{x}_i) + b^* \tag{8.36}$$

这就是支持向量机。

对给定的 $K(x,y)$，存在对应的 $\Phi(x)$ 的充要条件是：对于任意给定的函数 $g(x)$，当 $\int_a^b g(x)^2 \mathrm{d}x$ 有限时，有

$$\int_a^b \int_a^b K(x,y)g(x)g(y)\mathrm{d}x\mathrm{d}y \geqslant 0 \tag{8.37}$$

这个判别条件不容易实际操作，有一个简单的方法：因为多项式是满足 Mercer 条件的，因此只要 $K(x,y)$ 能被多项式逼近，就满足 Mercer 条件。

构造类型判定函数的学习机称为支持向量机，在支持向量机中构造的复杂性取决于支持向量的数目，而不是特征空间的维数。支持向量机的示意图如图 8.6 所示。

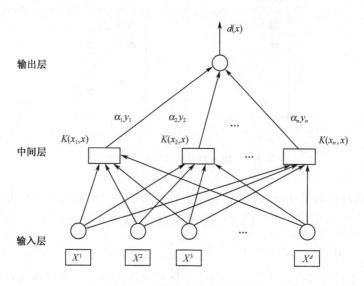

图 8.6　支持向量机的示意图

对非线性问题支持向量机首先通过用内积函数定义的非线性变换将输入空间变换到一个高维空间，在这个空间中求广义最优分类面。

8.6　核　函　数

支持向量机中不同的内积核函数将形成不同的算法。目前常用的核函数主要有多项式核函数、径向基函数、多层感知机、动态核函数等。

8.6.1　多项式核函数

多项式核函数为

$$K(\pmb{x},\pmb{x}_i) = \big[(\pmb{x},\pmb{x}_i) + 1\big]^d \qquad (8.38)$$

所得到的是 d 阶多项式分类器

$$f(x,\pmb{\alpha}) = \text{sign}\Big(\sum_{\substack{\text{支持向量机}}} y_i\alpha_i\big[(\pmb{x}_i \cdot \pmb{x}) + 1\big]^d - b\Big)$$

8.6.2　径向基函数

经典的径向基函数使用下面的判定规则：

$$f(x) = \text{sign}\Big(\sum_{i=1}^{l} \alpha_i K_\gamma(\mid \pmb{x} - \pmb{x}_i \mid) - b\Big) \qquad (8.39)$$

其中，$K_\gamma(\mid\pmb{x}-\pmb{x}_i\mid)$ 取决于两个向量之间的距离 $\mid\pmb{x}-\pmb{x}_i\mid$。对于任何 γ 值，函数 K_γ $(\mid\pmb{x}-\pmb{x}_i\mid)$ 是一个非负的单调函数。当训练样本数趋向无穷大时，它趋向零。最通用的判定规则是采用高斯函数：

$$K_\gamma(\mid \pmb{x} - \pmb{x}_i \mid) = \exp\Big(-\frac{\mid \pmb{x} - \pmb{x}_i \mid^2}{\sigma^2}\Big) \qquad (8.40)$$

构造式(8.39)的判定规则，必须估计：

（1）参数 γ 的值；

（2）中心点 $\pmb{x}_i$ 数目 N；

（3）描述中心点向量 $\pmb{x}_i$；

（4）参数 α_i 的值。

与传统的径向基函数方法的重要区别是，这里每个基函数的中心点对应一个支持下向量，中心点本身和输出权值都是由支持向量机训练算法来自动确定的。

8.6.3　多层感知机

支持向量机采用 Sigmoid 函数作为内积，这时就实现了包含一个隐层的多层感知机。隐层节点数目由算法自动确定。满足 Mercer 条件的 Sigmoid 核函数为

$$K(\pmb{x}_i,\pmb{x}_j) = \tanh(\gamma\pmb{x}_i^\mathsf{T}\pmb{x}_j - \varTheta) \qquad (8.41)$$

算法不存在困扰神经网络的局部极小问题。

8.6.4　动态核函数

1999 年，Amari 和 Wu 通过对核函数的黎曼几何分析，提出利用实验数据逐步修正原有的核函数，使之更好地适应实际问题[Amari et al 1999]。设特征映射 $U=\varPhi(\pmb{x})$，则

$$\mathrm{d}U = \sum_i \frac{\partial}{\partial \pmb{x}_i}\pmb{\varPhi}(\pmb{x})\mathrm{d}\pmb{x}_i$$

$$\parallel \mathrm{d}U \parallel^2 = \sum_{i,j} g_{ij}(\pmb{x})\mathrm{d}\pmb{x}_i\mathrm{d}\pmb{x}_j$$

其中, $g_{ij}(\pmb{x})=\left(\dfrac{\partial}{\partial \pmb{x}_i}\varPhi(\pmb{x})\right)\cdot\left(\dfrac{\partial}{\partial \pmb{x}_j}\varPhi(\pmb{x})\right)$ 称非负定阵, 为 $\mathbf{R}^n$ 上的黎曼张量, $\mathrm{d}s^2=$
$\displaystyle\sum_{i,j}g_{ij}(\pmb{x})\mathrm{d}\pmb{x}_i\mathrm{d}\pmb{x}_j$ 为 $\mathbf{R}^n$ 上的黎曼距离。赋予黎曼距离的 $\mathbf{R}^n$ 称为黎曼空间, 体积

$$\mathrm{d}v=\sqrt{g(\pmb{x})}\,\mathrm{d}\pmb{x}_1,\cdots,\mathrm{d}\pmb{x}_n$$

其中, $g(\pmb{x})=\det(g_{ij}(\pmb{x}))$。直观地说, $g(\pmb{x})$ 反映了特征空间中, 点 $\varPhi(\pmb{x})$ 附近局部区域被放大的程度。因此, $g(\pmb{x})$ 也称为放大因子。

因为 $k(\pmb{x},\pmb{z})=(\varPhi(\pmb{x})\cdot\varPhi(\pmb{z}))$, 可以验证

$$g_{ij}(\pmb{x})=\frac{\partial}{\partial \pmb{x}_i\partial \pmb{z}_j}k(\pmb{x},\pmb{z})\mid_{\pmb{z}=\pmb{x}}$$

特别对高斯函数 $k(\pmb{x},\pmb{z})=\exp\left(\dfrac{|\pmb{x}-\pmb{z}|^2}{2\sigma^2}\right)$, $g_{ij}(\pmb{x})=\dfrac{1}{\sigma^2}\delta_{ij}$。

为了有效地将两类不同的模式区分开, 希望尽量拉大它们之间的距离, 即尽量放大分离曲面附近的局部区域。可以用修正核函数的办法达到此目的。设 $c(\pmb{x})$ 是正的可微实函数, $k(\pmb{x},\pmb{z})$ 是高斯核, 则

$$\tilde{k}(\pmb{x},\pmb{z})=c(\pmb{x})k(\pmb{x},\pmb{z})c(\pmb{z}) \tag{8.42}$$

也是核函数, 且

$$\tilde{g}_{ij}(\pmb{x})=c_i(\pmb{x})c_j(\pmb{x})+c^2(\pmb{x})g_{ij}$$

其中, $c_i(\pmb{x})=\dfrac{\partial}{\partial \pmb{x}_i}c(\pmb{x})$。Amari 和 Wu 设 $c(\pmb{x})$ 有如下的形式:

$$c(\pmb{x})=\sum_{\pmb{x}_i\in \mathrm{SV}}h_i\exp\left(\frac{\|\pmb{x}-\pmb{x}_i\|^2}{2\tau^2}\right) \tag{8.43}$$

其中, $\tau>0$ 是参数; h_i 是权系数。在支持向量 $\pmb{x}_i$ 附近, 有

$$\sqrt{\tilde{g}(\pmb{x})}\approx\frac{h_i}{\sigma^n}\exp\left(\frac{n r^2}{2\gamma^2}\right)\sqrt{1+\frac{\sigma^2}{\tau^4}\gamma^2}$$

其中, $\tau=\|\pmb{x}-\pmb{x}_i\|$ 是欧氏距离。为保证 $\sqrt{\tilde{g}(\pmb{x})}$ 在 $\pmb{x}_i$ 附近取最大值, 同时在其他区域取较小值, 经计算知

$$\tau\approx\frac{\sigma}{\sqrt{n}} \tag{8.44}$$

这样, 新的训练过程由两步组成:

(1) 先用某个核 k(高斯核)进行训练, 然后按照式(8.42)~式(8.44)得到修正的核 $\tilde{k}$;

(2) 用 $\tilde{k}$ 进行训练。

这种改进的训练方法不仅可以明显地降低错误识别率, 还可减少支持下向量的个数, 从而提高识别速度。

8.7 邻近支持向量机

经典支持向量机通过在原空间或特征空间中构造一个超平面将正负两类数据点划分开来,同时最大化过两类边界划分超平面的间隔,以获得良好的推广能力。与此不同,邻近支持向量机(proximal SVM,PSVM)通过对两类数据点构造平行的"拟合"超平面来实现构造分类器的目的,未知类别样本点的类别根据它与哪个类拟合超平面的距离较近来确定[Fung et al 2001a]。PSVM 是一种利用正则化最小二乘法实现分类的算法,可以看成正则化网络的一种特殊形式。PSVM(非)线性分类器的训练只需求解一个线性方程组即可,而不需要经典 SVM 比较耗时的二次优化问题的求解,非常简单且快速。

Fung 和 Mangsarian 提出的 PSVM 中,$x^T w - r = \pm 1$ 不再是分隔平面,而是与两类点平均距离最近的平面,通过优化算法在最大化 $x^T w - r = \pm 1$ 间隔和最小化误差之间找到一个平衡解。PSVM 的出发点是如下的优化函数[Mangasarian et al 2001]:

$$\min_{(w,r,y) \in \mathbf{R}^{m+1+m}} \frac{1}{2} v \| y \|^2 + \frac{1}{2}(w^T w + r^2)$$
$$\text{s. t.} \quad D(Aw - er) + y \geqslant e \tag{8.45}$$

注意到与标准支持向量机不同的是,这里目标函数最小化 y 的二次模,并且考虑了偏移量 r(从而得到严格凸的优化问题),这里并不需要对 y 的非负约束,因为如果存在 y_i 为负,那么将它置零后,我们有更优的目标函数而且约束仍然满足。大量的实验结果表明由该优化得到的模型与标准支持向量机相比有类似的准确率,而且由于该优化是严格凸函数,这就保证了全局解的唯一存在性。

PSVM 的关键在于将不等式约束变为等式约束:

$$\min_{(w,r,y) \in \mathbf{R}^{m+1+m}} \frac{1}{2} v \| y \|^2 + \frac{1}{2}(w^T w + r^2)$$
$$\text{s. t.} \quad D(Aw - er) + y = e \tag{8.46}$$

这个变化虽然很简单,但是却极大地简化了求解的步骤,可以给出一个显式的解析解,而对于标准支持向量机来说这是不可能的。式(8.46)的几何意义与标准 SVM 有所不同,这里 $x^T w - r = \pm 1$ 不再是分隔超平面而是最邻近平面,在其周围分布着大多数的点,目的是使两类点到它们的平均距离最小,同时为了保证有较好的推广性能,通过最小化$(w^T w + r^2)$尽可能地扩大两个超平面之间的距离。

式(8.46)的充分必要最优条件可以通过将如下的 Lagrange 函数对(w, r, y)求偏导得到:

$$L(w, r, y, u) = \frac{1}{2} v \| y \|^2 + \frac{1}{2}(w^T w + r^2) - u^T(D(Aw - er) + y - e)$$

$$\tag{8.47}$$

其中，$u \in \mathbf{R}^m$ 是式(8.46)的等式约束对应的 Lagrange 对偶乘子：

$$\begin{cases} \dfrac{\partial L}{\partial w} = 0 \rightarrow w = A^{\mathrm{T}} Du \\[2mm] \dfrac{\partial L}{\partial r} = 0 \rightarrow r = -e^{\mathrm{T}} Du \\[2mm] \dfrac{\partial L}{\partial y} = 0 \rightarrow vy = u \end{cases} \tag{8.48}$$

将式(8.48)中的三个等式代入等式约束中，可以得到如下关于 Du 解的表达式：

$$Du = \left(\frac{I}{v} + AA^{\mathrm{T}} + ee^{\mathrm{T}} \right)^{-1} De = \left(\frac{I}{v} + EE^{\mathrm{T}} \right)^{-1} De$$

$$E = (A, -e) \tag{8.49}$$

由于式(8.49)包含了一个 $m \times m$ 矩阵的逆，使用 Sherman-Morrison-Woodbury (SMW)公式 [Golub et al 1996] 可以得到如下 Du 解的另一个表达式：

$$Du = v \left[I - E \left(\frac{I}{v} + E^{\mathrm{T}} E \right)^{-1} E^{\mathrm{T}} \right] De \tag{8.50}$$

利用式(8.50)通过一系列的数学转换我们可以得到 (w, r) 有下列解：

$$\begin{bmatrix} w \\ r \end{bmatrix} = \left(\frac{I}{v} + E^{\mathrm{T}} E \right)^{-1} E^{\mathrm{T}} De \tag{8.51}$$

式(8.51)中仅仅包含了一个维数相对可能较小的 $(n+1) \times (n+1)$ 矩阵：$\dfrac{I}{v} + E^{\mathrm{T}} E$。因此线性 PSVM 的训练是很快的，它仅需求解一个线性方程便可得到 (w, r) 的解，而不是二次优化。而且我们仅仅需要包括：$m \times (n+1)$ 维的矩阵 E，$(n+1) \times (n+1)$ 维的矩阵 $E^{\mathrm{T}} E$ 和 $(n+1) \times 1$ 维向量 $d = E^{\mathrm{T}} De$。通常输入空间的维数相对较小（小于 10^3），因此即使训练集很大，PSVM 也能够在较短的时间内给出分类结果。

容易看出算法的存储复杂度受限于 $m \times (n+1)$ 维的矩阵 E，为了能够处理海量数据集，Mangasarian 等利用 $E^{\mathrm{T}} E$ 和 $d = E^{\mathrm{T}} De$ 的计算性质给出了一种增量学习方法[Mangasarian et al 2001]，利用这种增量方法我们可以方便地向训练集中添加样本或从训练集中取出样本，并且高效地更新模型而不用重新训练。假定当前的分类器的输入数据集是 $E \in \mathbf{R}^{m \times (n+1)}$，对角矩阵 $D \in \mathbf{R}^{m \times m}$ 的对角线上的 ± 1 值给出了每个点的类别信息。此时我们希望从数据集 E 中丢弃一部分样本，将这部分样本用 $E^1 \in \mathbf{R}^{m^1 \times (n+1)}$ 表示，它是 E 的子集，$D^1 \in \mathbf{R}^{m^1 \times m^1}$ 是与 E^1 对应的子集；同时我们又有一些新的样本需要加入到训练集中，用 $E^2 \in \mathbf{R}^{m^2 \times (n+1)}$ 和 $D^2 \in \mathbf{R}^{m^2 \times m^2}$ 分别表示新的训练集及其分类信息。Fung 等给出了如下的增量公式[Fung et al 2001b]：

$$\begin{aligned} [w, r]^{\mathrm{T}} = &\left(\frac{I}{v} + E^{\mathrm{T}} E - (E^i)^{\mathrm{T}} \times E^i + (E^{i+1})^{\mathrm{T}} \times E^{i+1} \right)^{-1} \\ &\cdot (E^{\mathrm{T}} De - (E^i)^{\mathrm{T}} D^i e + (E^{i+1})^{\mathrm{T}} D^{i+1} e) \end{aligned} \tag{8.52}$$

可以看到在式(8.52)中对每块数据 $\boldsymbol{E}^i \in \mathbf{R}^{m^i \times (n+1)}$,只需存储一个 $(n+1) \times (n+1)$ 维的矩阵 $(\boldsymbol{E}^i)^\mathrm{T} \times \boldsymbol{E}^i$ 和一个 $(n+1) \times 1$ 维的向量 $(\boldsymbol{E}^i)^\mathrm{T} \boldsymbol{D}^i \boldsymbol{e}$。因此式(8.52)与样本的个数无关,仅仅与维数有关,进而我们可以很方便地向训练集中添加或去除任意数量的样本。而且这种方法使我们能够处理任意大的样本集:只需将一个大的样本集分成很多子块,然后将每个子块依次以 $(\boldsymbol{E}^i)^\mathrm{T} \times \boldsymbol{E}^i$ 和 $(\boldsymbol{E}^i)^\mathrm{T} \boldsymbol{D}^i \boldsymbol{e}$ 的形式加入到模型中即可。由于计算 $(\boldsymbol{E}^i)^\mathrm{T} \times \boldsymbol{E}^i$ 需要 $2(n+1)^2 m^i$ 步计算,计算 $(\boldsymbol{E}^i)^\mathrm{T} \boldsymbol{D}^i \boldsymbol{e}$ 需要 $2(n+1)m^i$ 步计算,因此这种增量算法的时间复杂度仅仅是参与训练的样本集的样本数的线性函数: $m = \sum m^i$。

对于非线性情形,Fung 等给出了利用某一核函数 $K(\cdot, \cdot)$ 得到的非线性 PSVM[Fung et al 2001a]:

$$\min_{(u, r, y) \in \mathbf{R}^{m+1+m}} \frac{1}{2} v \parallel \boldsymbol{y} \parallel^2 + \frac{1}{2}(\boldsymbol{u}^\mathrm{T} \boldsymbol{u} + r^2)$$
$$\mathrm{s.\,t} \quad \boldsymbol{D}(K(\boldsymbol{A}, \boldsymbol{A}^\mathrm{T}) \boldsymbol{D} \boldsymbol{u} - e r) + \boldsymbol{y} = \boldsymbol{e} \tag{8.53}$$

令 $\boldsymbol{K} = K(\boldsymbol{A}, \boldsymbol{A}^\mathrm{T})$,式(8.53)的 Lagrange 函数可表示为

$$L(\boldsymbol{u}, r, \boldsymbol{y}, \boldsymbol{s}) = \frac{1}{2} v \parallel \boldsymbol{y} \parallel^2 + \frac{1}{2}(\boldsymbol{u}^\mathrm{T} \boldsymbol{u} + r^2) - \boldsymbol{s}^\mathrm{T}(\boldsymbol{D}(\boldsymbol{K} \boldsymbol{D} \boldsymbol{u} - e r) + \boldsymbol{y} - \boldsymbol{e})$$
$$\tag{8.54}$$

其中,$\boldsymbol{s}$ 是式(8.53)中的等式约束对应的 Lagrange 乘子,最优化条件可由将 Lagrange 对函数 $(\boldsymbol{u}, r, \boldsymbol{y})$ 求偏导得到:

$$\begin{cases} \dfrac{\partial L}{\partial \boldsymbol{u}} = 0 \rightarrow \boldsymbol{u} = \boldsymbol{D} \boldsymbol{K}^T \boldsymbol{D} \boldsymbol{s} \\[2mm] \dfrac{\partial L}{\partial r} = 0 \rightarrow r = -\boldsymbol{e}^\mathrm{T} \boldsymbol{D} \boldsymbol{s} \\[2mm] \dfrac{\partial L}{\partial \boldsymbol{y}} = 0 \rightarrow v \boldsymbol{y} = \boldsymbol{s} \end{cases} \tag{8.55}$$

把式(8.55)中的三个等式代入到等式约束中我们可以得到如下 $\boldsymbol{D} \boldsymbol{s}$ 的解析解:

$$\boldsymbol{D} \boldsymbol{s} = \left(\frac{I}{v} + \boldsymbol{K} \boldsymbol{K}^\mathrm{T} + e e^\mathrm{T} \right)^{-1} \boldsymbol{D} \boldsymbol{e} \tag{8.56}$$

把式(8.56)关于 $\boldsymbol{s}$ 的等式代入式(8.49),可得到 $(\boldsymbol{u}, r)$ 的解析解,此时的分类超平面可以表示为

$$\begin{aligned} K(\boldsymbol{x}^\mathrm{T}, \boldsymbol{A}^\mathrm{T}) \boldsymbol{D} \boldsymbol{u} - r &= K(\boldsymbol{x}^\mathrm{T}, \boldsymbol{A}^\mathrm{T}) \boldsymbol{D} \boldsymbol{D} K(\boldsymbol{A}, \boldsymbol{A}^\mathrm{T}) \boldsymbol{D} \boldsymbol{s} + \boldsymbol{e}^\mathrm{T} \boldsymbol{D} \boldsymbol{s} \\ &= (K(\boldsymbol{x}^\mathrm{T}, \boldsymbol{A}^\mathrm{T}) K(\boldsymbol{A}, \boldsymbol{A}^\mathrm{T}) + \boldsymbol{e}^\mathrm{T}) \boldsymbol{D} \boldsymbol{s} \\ &= 0 \end{aligned} \tag{8.57}$$

对应的分类器可表示为

$$(K(\boldsymbol{x}^\mathrm{T}, \boldsymbol{A}^\mathrm{T}) K(\boldsymbol{A}, \boldsymbol{A}^\mathrm{T}) + \boldsymbol{e}^\mathrm{T}) \boldsymbol{D} \boldsymbol{s} \begin{cases} > 0, & \boldsymbol{x} \in \boldsymbol{A}+ \\ < 0, & \boldsymbol{x} \in \boldsymbol{A}- \\ = 0, & \boldsymbol{x} \in \boldsymbol{A}- \text{或} \boldsymbol{x} \in \boldsymbol{A}+ \end{cases} \tag{8.58}$$

8.8　极端支持向量机

经典的神经网络学习速度很慢,主要原因有两个:①神经网络的训练算法普遍采用基于梯度下降进行迭代更新的方法;②学习算法需要学习神经网络的所有权重参数。与经典神经网络学习算法不同的是,极端学习机(extreme learning machine,ELM)随机产生单隐层前馈神经网络(single hidden layer feedforward neural networks,SLFNs)输入权值的参数值[Huang et al 2004],仅仅需要对 SLFNs 的输出权值进行求解。这使得 ELM 具有极快的速度,而且也避免了局部极小值等经典 SLFNs 学习算法的困难。

极端学习算法随机地确定输入权值(矩阵 $\boldsymbol{W}^1$),并将求解 SLFNs 输出权值的问题等价于求解下述优化问题:

$$\min_{\boldsymbol{W}^2} F(\boldsymbol{W}^2) = \parallel \boldsymbol{A}^2 \boldsymbol{W}^2 - \boldsymbol{De} \parallel^2 \tag{8.59}$$

ELM 的核心思想在于不再像传统的 SLFNs 训练算法那样迭代地训练神经网络全部的参数,取而代之随机地生成输入权重矩阵 $\boldsymbol{W}^1$。从式(8.59)可以看出 ELM 算法的训练,等价于由矛盾线性方程组 $\boldsymbol{A}^2 \boldsymbol{W}^2 = \boldsymbol{De}$ 的极小范数二乘解确定输出权重矩阵 $\boldsymbol{W}^2$,这可以通过隐层输出矩阵 $\boldsymbol{A}^2$ 的伪逆简单求得

$$\hat{\boldsymbol{W}}^2 = \boldsymbol{A}^2 \boldsymbol{De} \tag{8.60}$$

其中,$\boldsymbol{A}^2$ 是隐层神经元输出矩阵的伪逆。

从表达式(8.60)可以看出 ELM 的目标是极小化表达式 $\boldsymbol{A}^2 \boldsymbol{W}^2 = \boldsymbol{O}^2$ 的经验风险,虽然 ELM 得到的是所有最小二乘解当中模最小的解,它对模型复杂度的控制仍然比较弱,根据 Vapnik 的理论[Vapnik 1995],ELM 算法可以看成一种基于经验风险最小化原则的算法,容易产生过拟合的模型。

可以将 ELM 学习 SLFNs 的过程理解为两个步骤:首先,随机地生成 SLFNs 输入权值,将输入训练样本映射到隐层神经元的输出向量;然后,利用隐层神经元输出向量通过式(8.60)求得 SLFNs 输出权重 $\boldsymbol{W}^2$ 的极小范数极小二乘解。

线性 ESVM 试图找到超平面 $\boldsymbol{x}^{\mathrm{T}} \boldsymbol{w} - r = \pm 1$,其中,$\boldsymbol{w}$、$r$ 分别是斜率和相对于原点的偏移,这里不再是分隔超平面而是最邻近平面,在它周围分布着大多数的点。ESVM 可以用如下的等式约束二次优化来表示:

$$\min_{(\boldsymbol{w}, r, \boldsymbol{y}) \in \mathbf{R}^{m+1+m}} \frac{1}{2} v \parallel \boldsymbol{y} \parallel^2 + \frac{1}{2} (\boldsymbol{w}^{\mathrm{T}} \boldsymbol{w} + r^2)$$
$$\text{s.t.} \quad \boldsymbol{D}(\boldsymbol{Aw} - \boldsymbol{er}) + \boldsymbol{y} = \boldsymbol{e} \tag{8.61}$$

其中,v 是一个正参数。表达式(8.61)将标准支持向量机的不等式约束变为等式约束,这个变化虽然很简单,但却极大地简化了求解的步骤。

对于某一未知类别的样本 $\boldsymbol{x}$,线性 ESVM 的分类器可以表示成如下形式:

$$x^{\mathrm{T}}w - r \begin{cases} > 0, & x \in A+ \\ < 0, & x \in A- \\ = 0, & x \in A+ \text{ 或 } x \in A- \end{cases} \tag{8.62}$$

为了得到非线性 ESVM 分类器,我们首先利用一个非线性的转换函数 $\Phi(x)$: $\mathbf{R}^n \to \mathbf{R}^{\bar n}$ 将 $\mathbf{R}^n$ 空间中的输入样本点映射到一个有限维度的特征空间 $\mathbf{R}^{\bar n}$ 中;然后在该特征空间中利用线性 ESVM 的二次优化求得原输入空间中的非线性分类器。具体地非线性极限支持向量分类器的求解可以表示为如下的等式二次规划问题:

$$\min_{(w,r,y) \in \mathbf{R}^{\bar n + 1 + m}} \frac{1}{2} v \| y \|^2 + \frac{1}{2} (w^{\mathrm{T}}w + r^2)$$

$$\text{s. t.} \quad D(\Phi(A)w - er) + y = e \tag{8.63}$$

优化问题式(8.63)的 Lagrange 对偶函数可以表示为

$$L(w,r,y,u) = \frac{v}{2} \| y \|^2 + \frac{1}{2} \left\| \begin{bmatrix} w \\ r \end{bmatrix} \right\|^2 - s^{\mathrm{T}}(D(\Phi(A)w - er) + y - e) \tag{8.64}$$

其中,$s \in \mathbf{R}^m$ 是优化问题式(8.63)中等式约束的 Lagrange 对偶乘子。令 Lagrange 等式(8.64)对(w,r,y,s)的导数分别等于零,可以给出如下 KKT 最优条件:

$$w = \Phi^{\mathrm{T}}(A)Ds$$

$$r = -e^{\mathrm{T}}Ds$$

$$vy = s$$

$$D(\Phi(A)w - er) + y - e = 0 \tag{8.65}$$

将式(8.65)中前 3 个等式替换到最后一个等式中,我们可以得到如下对偶变量 Ds 的显式解析解:

$$Ds = \left(\frac{I}{v} + \Phi(A)\Phi(A)^{\mathrm{T}} + ee^{\mathrm{T}} \right)^{-1} De = \left(\frac{I}{v} + E_\Phi E_\Phi^{\mathrm{T}} \right)^{-1} De \tag{8.66}$$

其中,$E_\Phi = [\Phi(A), -e] \in \mathbf{R}^{m \times \bar n}$。

几乎所有以往的非线性 SVM 算法都利用了一个计算输入向量 x、y 在某一特征空间中点积的核函数 $K(x^{\mathrm{T}}, y)$(如 RBF 核、多项式核等),来计算式(8.66)中的输入样本矩阵的乘积:$\Phi(A)\Phi^{\mathrm{T}}(A)$。但是核函数采用的是哪种非线性转换函数 $\Phi(x)$,以及该非线性映射函数的相关性质是未知的。

与此不同,Liu 等利用输入权重随机生成的 SLFNs 的隐层神经元显式地构造一个随机非线性映射函数 $\Phi(x)$,从而显式地计算 $\Phi(A)\Phi(A)^{\mathrm{T}}$[Liu et al 2008]。具体的转换函数 $\Phi(x): \mathbf{R}^n \to \mathbf{R}^{\bar n}$ 可以表示为如下的形式:

$$\Phi(x) = G(W^1 x^1)$$

$$= \left(g \left(\sum_{j=1}^{n} W_{1j}^1 x_j + W_{1(n+1)}^1 \right), \cdots, g \left(\sum_{j=1}^{n} W_{\bar n j}^1 x_j + W_{\bar n (n+1)}^1 \right) \right) \tag{8.67}$$

其中,$x \in \mathbf{R}^n$ 是输入向量,$x^1 = [x^T, 1]^T$,$W^1 \in \mathbf{R}^{\tilde{n} \times n}$ 是一个元素按照某一非平凡的分布随机产生的矩阵。注意,这里我们可以将 x_1 和 W^1 分别理解为前面提到的 SLFNs 中的输入向量和输入权重,$\Phi(x)$ 是隐层神经元的输出向量。

从式(8.66)可以看出,对偶变量 Ds 解的表达式里,包含求解一个大($m \times m$,m 是样本点的个数)矩阵逆的运算,因此仍然存在空间复杂度过大的问题。我们可以通过利用 SMW 公式对表达式(8.66)进行变换[Golub et al 1996],得到对偶变量 Ds 解新的表达式:

$$Ds = v\left(1 - E_\Phi\left(\frac{I}{v} + E_\Phi^T E_\Phi\right)^{-1} E_\Phi^T\right)De \qquad (8.68)$$

注意,如果我们将式(8.68)代入到 KKT 条件式(8.65)中,就可以得到如下关于 $[w, r]$ 的解析解:

$$[w, r]^T = \left(\frac{I}{v} + E_\Phi^T E_\Phi\right)^{-1} E_\Phi^T De \qquad (8.69)$$

式(8.69)仅需对一个 $(\tilde{n}+1) \times (\tilde{n}+1)$ 维的矩阵求逆,而 $\tilde{n}$ 是特征空间的维度,其取值一般会比较小(通常小于 200)并且独立于训练样本点的个数 m。

对一个未知类别的测试样本点 x,采用映射函数 $\Phi(x)$ 的非线性 ESVM 分类器,可以由下式表示:

$$\Phi(x)^T w - r \begin{cases} > 0, & x \in A+ \\ < 0, & x \in A- \\ = 0, & x \in A+ \text{ 或 } x \in A- \end{cases} \qquad (8.70)$$

与线性 ESVM 分类器式(8.62)相比,非线性 ESVM 分类器首先将待测试点 x 映射到特征空间中的向量 $\Phi(x)$,然后对向量 $\Phi(x)$ 进行分类。非线性分类器 ESVM 的算法如下:

算法 8.1 极端支持向量机分类算法 ESVM。

已知 $m \times n$ 维的矩阵 A 给定了包含 m 个 n 维空间中的训练样本点;对角矩阵 $D \in \mathbf{R}^{m \times m}$ 的对角元素给出了这些样本的类别信息(正类为 $+1$,否则为 -1)。我们可以按照如下的步骤生成非线性的 ESVM 分类器:

(1) 按照某一非平凡概率分布随机生成矩阵 $W^1 \in \mathbf{R}^{\tilde{n} \times (n+1)}$,并选择几乎任意的一个非线性函数作为激活函数 $g(\cdot)$(最常用的如 Signum 函数)构造映射函数 $\Phi(x)$(式(8.67));

(2) 定义 $E_\Phi = [\Phi(A), -e]$,其中,e 是一个由单位 1 构成的 $m \times 1$ 维的向量;

(3) 选择参数 v 的值,利用式(8.69)求得参数 $[w, r]^T$ 的解;

(4) 利用式(8.70)对某个未知类别的点 x 分类。

注意,对于非常巨大的训练集(数万条数据),我们可以将训练集 A 划分为多个部分:$A_i(2 < i < m)$,并令 $E_{\Phi i} = [\Phi(A_i), e]$,式(8.69)可以按照如下的方式进行

增量计算：

$$E_\Phi^\mathrm{T} E_\Phi = \sum E_{\Phi_i}^\mathrm{T} E_{\Phi_i}, E_\Phi^\mathrm{T} De = \sum E_{\Phi_i}^\mathrm{T} D_i e \tag{8.71}$$

ESVM 和 SVM 都可以看成是 Vapnik 的结构风险最小化(SRM)理论框架下的算法，它们之间的不同点主要是：

(1) 与经典 SVM 不同，ESVM 基于正则化最小二乘方法构造拟合函数来实现分类器，非线性分类器的训练过程只需求解一个线性方程组(8.68)即可，非常简单、快速，而其代价小得多。

(2) 经典 SVM 利用一个核函数 K 来训练非线性分类器，该核函数对应的映射函数是未知的。而 ESVM 则显式地构造了一个映射函数式(8.67) $\Phi: \mathbf{R}^n \to \mathbf{R}^{\bar{n}}$，这使得 ESVM 的求解只需计算一个大小为 $\bar{n} \times \bar{n}$ 的矩阵的逆即可。

习 题

1. 比较经验风险最小化原理和结构风险最小化原理。

2. VC 维的含义是什么？为什么说 VC 维反映了函数集的学习能力？

3. 试叙述统计学习理论的三个里程碑，并分析各个里程碑具体解决了什么问题。

4. 描述支持向量机的基本思想和数学模型。

5. 为什么说统计学习理论是支持向量机的理论基础？表现在哪些方面？

6. 考虑用于线性可分模式的超平面，它的方程定义为

$$w^\mathrm{T} x + b = 0$$

其中，w 表示权值向量；b 为偏置；x 为输入向量。如果输入模式集 $\{x_i\}_{i=1}^N$ 满足附加的条件

$$\min_{i=1,2,\cdots,N} |w^\mathrm{T} x_i + b| = 1$$

则称 (w,b) 为超平面的标准对(canonical pair)。证明标准对的要求导致两类分离边界的距离为 $2/\|w\|$。

7. 简述支持向量机解决非线性可分问题的基本思想。

8. 两层感知器的内积核定义为

$$K(x, x_i) = \tanh(\beta_0 x^\mathrm{T} x_i + \beta_1)$$

探讨常数 β_0 和 β_1 的哪些值不满足 Mercer 定理的条件。

9. 关于下列任务比较支持向量机和径向基函数(RBF)网络的优点和局限：①模式识别；②非线性回归。

10. 比较其他的分类方法，讨论支持向量机的几个重要优势，并从理论上加以解释。

第9章 解释学习

解释学习(explanation-based learning,EBL)是一种分析学习方法,在领域知识指导下,通过对单个问题求解实例的分析,构造出求解过程的因果解释结构,并获取控制知识,以便用于指导以后求解类似问题。

9.1 概　　述

解释学习最初是由美国 Illinois 大学的 DeJong 于 1983 年提出来的。在经验学习的基础上,运用领域知识对单个例子的问题求解作出解释,这是一种关于知识间因果关系的推理分析,可产生一般的控制策略。

1986 年,Mitchell、Keller 和 Kedar-Cabelli 提出了解释的泛化(explanation-based generalization,EBG)的统一框架,把解释学习的过程定义为两个步骤:

(1) 通过分析一个求解实例来产生解释结构;

(2) 对该解释结构进行泛化,获取一般的控制规则。

DeJong 和 Mooney 提出了更一般的术语---解释学习。从此解释学习成为机器学习中的一个独立分支。基于解释的学习从本质上说属于演绎学习,它是根据给定的领域知识,进行保真的演绎推理,存储有用结论,经过知识的求精和编辑,产生适合以后求解类似问题的控制知识。解释学习与经验学习的方法不同,经验学习是对大量训练例的异同进行分析,而解释学习则是对单个训练例(通常是正例)进行深入的、知识集约型的分析。分析包括:首先解释训练例为何是欲学概念(目标概念)的一个例子,然后将解释结构泛化,使得它能比最初例子适用于更大一类例子的情况,最后从解释结构得到更大一类例子的描述,得到的这个描述是最初例子泛化的一般描述。

解释学习可以用于获取控制知识、精化知识、软件重用、计算机辅助设计和计算机辅助教育等方面。在传统程序中解释的作用主要是说明程序、给定提示、向用户提供良好的可读性。按人工程序的特点,解释已被赋予新的含义,其作用是:

(1) 对所产生的结论的推理过程作详细说明,以增加系统的可接受性;

(2) 对错误决策进行追踪,发现知识库中知识的缺陷和错误的概念;

(3) 对初学的用户进行训练。

解释的方法也因此由简单变得复杂了。一般采用的解释方法有:

(1) 预制文本法。预先用英文写好,并插入程序中。

（2）执行追踪法。遍历目标树,通过总结与结论相关的目标,检索相关规则,以说明结论是如何得到的。

（3）策略解释法。明确表示控制知识,即用元知识概括地描述,与领域规则完全分开。从策略的概括表示中产生解释,能为用户提供问题求解策略的解释。

在解释学习中主要采用了执行追踪法。通过遍历目标树,对知识相互之间的因果关系给出解释,而通过这种因果关系的分析,学习控制知识。

9.2　解释学习模型

Keller 指出解释学习涉及三个不同的空间:例子空间、概念空间和概念描述空间[Keller 1987]。一个概念可由例子空间外延地表示成某些事例的集合。概念也可以由概念描述空间内涵地表示为例子空间例子的属性。图 9.1 说明了三个空间的关系。

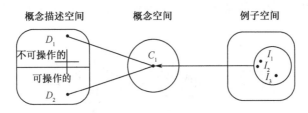

图 9.1　解释学习的空间描述

概念空间指某个学习程序能描述的所有概念的集合,其中每个点对应例子空间唯一的一个子集合。例如,C_1 对应 I_1、I_2、I_3,但是概念空间中的一个点可以对应概念描述空间的多个点,这些点分成可操作的和不可操作的两部分。例如,C_1 对应 D_1（不可操作的）和 D_2（可操作的）。对应同一概念的两个描述称为同义词,如 D_1 和 D_2 是同义词。解释学习的任务就是由不可操作的描述转化为可操作的描述。

在解释学习中,如图 9.1 所示,D_1 是提给系统初始的、不可操作的描述。而 D_2 是学习到的最终的、可操作的描述。所以 D_1 可看成是搜索的开始节点,D_2 是解节点,解释是空间变换,而可操作性是搜索结束的标准。从 D_1 到 D_2 变换的过程称作概念可操作[Keller 1987]。

从概念上讲,每种解释学习系统都包括可操作性评估过程、评价概念的描述、产生可操作性评测结果。可变性、粒度、确定性是可操作性在评估过程中产生的三维特性。表 9.1 给出了几个系统的可操作特性。

表 9.1　可操作特性

系统	可变性	粒度	确定性
GENESIS	动态	二进制	不保证
LEX2	动态	二进制	不保证
SOAR	动态	二进制	不保证
PRODIGY	静态	连续	不保证
MetaLEx	动态	连续	保证

　　根据上述的空间描述,可以建立解释学习的一种模型。解释学习系统主要包括执行系统 PS、学习系统 EXL、领域知识库 KB(这是不同描述间转换规则的集合)。令概念空间为 C,概念描述空间为 CD,例子空间为 I。则系统工作过程如下:EXL 的输入是概念 C_1 的描述 D_1(一般是不可操作的)。根据 KB 中的知识,对 D_1 进行不同描述的转换(这是一个搜索过程)。PS 对每个转换结果进行测试,直至转换结果是 PS 可接受的描述 D_2(是可操作的)时,学习结束并输出 D_2。模型如图 9.2 所示。

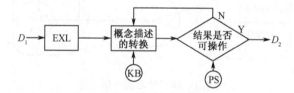

图 9.2　解释学习的模型

9.3　解释泛化学习方法

9.3.1　基本原理

　　Mitchell、Keller 和 Kedar-Cabelli 于 1986 年为解释泛化学习方法提出了一个统一的框架[Mitchell et al 1986]。其基本思想是对某一情况建立一个解释结构,将此解释结构概括使之可应用于更广泛的情况。解释泛化学习运用了知识的逻辑表示和演绎型问题求解方法。

　　为了便于叙述,我们先引入一些术语。概念是例子空间上的谓词,表示例子空间的一些子集。概念由其属性和属性值表示。概念定义说明了作为概念的一个例子应满足的充分必要条件,而充分概念定义说明的只是充分条件。满足概念定义的例子称为实例或正例,而不满足概念定义的例子则称为反例。一个实例的概括是描述包含此实例的例子集合的一个概念定义,解释结构是证明树,其中每个已例示的规则均被对应的泛化规则代替。

解释泛化学习问题可以形式化地描述为：

已知：

(1) 目标概念(goal concept)：要学习概念的描述；

(2) 训练例(training example)：目标概念的一个实例；

(3) 领域理论(domain theory)：用于解释训练例的一组规则、事实；

(4) 可操作性标准(operationality criterion)：说明概念描述应具有的形式的谓词。

欲求：

训练实例的泛化，使之满足以下两个条件：

(1) 是目标概念的充分概念描述；

(2) 满足可操作性标准。

解释泛化学习方法可以分成两个阶段。第一阶段是解释，这个阶段的任务就是利用领域理论中的知识，对训练实例进行解释，建立解释树，或叫证明树，证明训练例如何满足目标概念定义。树的叶节点满足可操作性标准。第二阶段的工作是泛化，也就是对第一阶段的结果——证明树进行处理，对目标概念进行回归，从而得到所期望的概念描述。实际上，第一阶段解释的工作是将实例的相关属性与无关属性分离开来，第二阶段泛化的工作是分析解释结构。

(1) 产生解释。用户输入实例后，系统首先进行问题求解。如由目标引导反向推理，从领域知识库中寻找有关规则，使其后件与目标匹配。找到这样的规则后，就把目标作为后件，该规则作为前件，并记录这一因果关系。然后以规则的前件作为子目标，进一步分解推理。如此反复，沿着因果链，直到求解结束。一旦得到解，便证明了该例的目标可满足，并获得了证明的因果解释结构。

构造解释结构通常有两种方式：一种是将问题求解的每一步推理所用的算子汇集，构成动作序列作为解释结构；另一种是自顶向下的遍历证明树结构。前者比较概括，略去了关于实例的某些事实描述；后者比较细致，每个事实都出现在证明树中。解释的构造可以在因量求解的同时进行，也可在问题求解结束后，沿着解路径进行。这两种方式形成了边解边学和解完再学两种方法。

(2) 对得到的解释结构核心事件进行泛化。在这一步，通常采取的办法是将常量转换为变量，即把例子中的某些具体数据换成变量，并略去某些不重要的信息，只保留求解所必需的那些关键信息，经过某种方式的组合，形成产生式规则，从而获得泛化的控制知识。

作为一个例子，考虑目标概念 SAFE-TO-STACK(x,y)，即一对物体$\langle x,y \rangle$，x可以安全地放在y的上面。SAFE-TO-STACK 的实例如下：

设定：

(1) 目标概念：一对物体$\langle x,y \rangle$，SAFE-TO-STACK(x,y)，其中，SAFE-TO-

STACK(x,y)⇔NOT(FRAGILE(y)) ∨ LIGHTER(x,y)。

（2）训练实例：

    ON(OBJ1,OBJ2)

    ISA(OBJ1,BOX)

    ISA(OBJ2,ENDTABLE)

    COLOR(OBJ1,RED)

    COLOR(OBJ2,BLUE)

    VOLUME(OBJ1,1)

    DENSITY(OBJ1,0.1)

     ⋮

（3）领域知识：

    VOLUME(p_1,v_1) ∧ DENSITY(p_1,d_1) → WEIGHT$(p_1,v_1×d_1)$

    WEIGHT(p_1,w_1) ∧ WEIGHT(p_2,w_2) ∧ LESS(w_1,w_2) → LIGHTER(p_1,p_2)

    ISA$(p_1,$ENDTABLE$)$ → WEIGHT$(p_1,5)$(default)

    LESS(0.1,5)

     ⋮

（4）可操作标准：概念定义必须要用描述实例中的谓词（如 VOLUME、COL-OR、DENSITY），或者选自领域知识易于评测的谓词（如 LESS）。

确定：

训练实例的泛化是对目标概念给以充分定义，并且满足可操作性标准。

首先 EBG 系统利用领域知识建造解释树，使训练实例满足目标概念的定义。图 9.3 给出 SAFE-TO-STACK(OBJ1,OBJ2)的解释树。

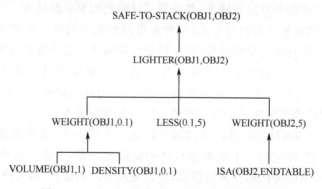

图 9.3　SAFE-TO-STACK(OBJ1,OBJ2)解释树

图 9.4 给出了 SAFE-TO-STACK 实例处理的泛化步骤。根据领域知识提供的规则 LIGHT(p_1,p_2) → SAFE-TO-STACK(p_1,p_2)，目标概念表达式 SAFE-TO-STACK(x,y)进行回归。同样，LIGHT(x,y)通过规则 WEIGHT(p_1,w_1)

$\land$ WEIGHT$(p_2,w_2)\land$ LESS$(w_1,w_2)\rightarrow$ LIGHT(p_1,p_2) 回归,产生的谓词显示在第二层。第三层 WEIGHT(x,w_1) 通过规则 VOLUME$(p_1,v_1)\land$ DENSITY$(p_1,d_1)\rightarrow$ WEIGHT$(p_1,v_1\times d_1)$ 回归,所以产生 VOLUME$(x,v_1)\land$ DENSITY(x,d_1)。通过规则 ISA$(p_2,$ENDTABLE$)\rightarrow$ WEIGHT$(p_2,5)$ 回归 WEIGHT(y,w_2) 产生 ISA$(y,$ENDTABLE$)$。LESS(w_1,w_2) 被简单地加到结果表达式,因为没有规则可以合一。最后,SAFE-TO-STACK(x,y) 的概念描述如下:

VOLUME$(x,v_1)\land$ DENSITY$(x,d_1)\land$ LESS$(v_1\times d_1,5)\land$ ISA$(y,$END-TABLE$)\rightarrow$ SAFE-TO-STACK(x,y)

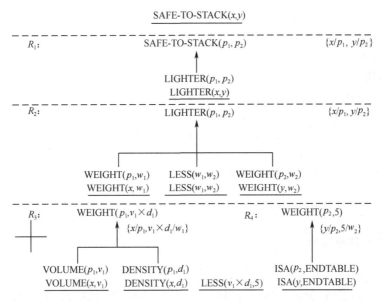

图 9.4　SAFE-TO-STACK(OBJ1,OBJ2) 解释的泛化过程

这个描述满足可操作性。

　　解释学习实际上没有获得新知识,而只是把现有的不能用或不实用的知识转化为可用的形式。解释学习系统必须了解目标概念的初始描述,虽然该描述是正确无误的,但它是不可操作的。通俗地讲,这意味着学习程序不能有效地使用这个描述来提高性能,也就是说,概念描述本身与该种概念能否使用是不同的。解释学习系统的任务就是通过变换初始描述或使初始描述可操作化来缩小这种差距。

9.3.2　解释与泛化交替进行的解释泛化方法

　　1987 年斯坦福大学 Hirsh 提出了新的解释泛化方法[Hirsh 1987],即将解释学习中的解释与泛化交替进行。

1. 问题的逻辑描述

学习系统提供了正向、反向、归纳等多种推理方式。逻辑的表示方法使 EBG 的语义更为清楚，为学习提供了方便的语言环境。例如，要学习目标概念 SAFE-TO-STACK(v_1, v_2)，其领域知识就可表示如下：

事实知识：

```
ON(OBJ1,OBJ2)
ISA(OBJ2,ENDTABLE)
COLOR(OBJ1,RED)
COLOR(OBJ2,BLUE)
VOLME(OBJ1,1)
DENSITY(OBJ1,0.1)
```

领域规则：

$\text{NOT(FRAGILE}(y)) \rightarrow \text{SAFE-TO-STACK}(x, y)$

$\text{LIGHTER}(x, y) \rightarrow \text{SAFE-TO-STACK}(x, y)$

$\text{VOLUME}(p_1, v_1) \wedge \text{DENSITY}(p_1, d_1) \wedge X(v_1, d_1, w_1)$
　　$\rightarrow \text{WEIGHT}(p_1, w_1)$

$\text{ISA}(p_1, \text{ENDTABLE}) \rightarrow \text{WEIGHT}(p_1, 5)$

$\text{WEIGHT}(p_1, w_1) \wedge \text{WEIGHT}(p_2, w_2) \wedge <(w_1, w_2)$
　　$\rightarrow \text{LIGHTER}(p_1, p_2)$

2. 产生解释结构

为了证明该例子满足目标概念，系统从目标开始反向推理，根据知识库中已有的上述事实和规则，分解目标。每当使用一条规则时，同时返回去把该规则应用到变量化的目标概念上。这样，在生成该例子求解的解释结构的同时，也生成了变量化的泛化的解释结构。

3. 生成控制规则

将泛化的解释结构的所有叶节点的合取作为前件，以顶点的目标概念为后件，略去解释结构的中间部件，就生成泛化的产生式规则。使用生成的这个控制规则求解类似问题时，求解速度快且效率高。但是简单地把常量转为变量以实现泛化的方法可能过分一般化。在某些特例下可能使规则失败。

9.4　全局取代解释泛化方法

1986 年，DeJong 和 Mooney 提出全局取代解释泛化（explanation generalization using global substitutions,EGGS) 方法[DeJong et al 1986]。在 EBG 方法中,通过实例解释结构的目标概念回归,忽略析取实现泛化。DeJong 的 EGGS 方法通过解释构造单元构件,当解释合一时这些单元就连接起来。

机器人规划 STRIPS 是第一个进行泛化解释工作的 [Fikes et al 1972]。STRIPS 是宏命令系统,构造和泛化机器人规划。当给定要达到的目标时,STRIPS 执行搜索,发现一个操作序列,将初始状态变换到目标状态。初始模型和目标如下:

初始世界模型:

INROOM(ROBOT, r_1)

INROOM(BOX$_1$, r_2)

CONNECTS(d_1, r_1, r_2)

CONNECTS(d_1, r_2, r_3)

BOX(BOX$_1$)

$\vdots$

$(\forall x,y,z)$[CONNECTS$(x,y,z) \Rightarrow$ CONNECTS(x,z,y)]

目标公式:

$(\exists x)$[BOX$(x) \land$ INROOM(x,r_1)]

STRIPS 采用的操作符如下:

GOTHRU(d,r_1,r_2)

　　Precondition:INROOM(ROBOT, r_1) $\land$ CONNECTS(d,r_1,r_2),

　　Delete list:INROOM(ROBOT, r_1)

　　Add list:INROOM(ROBOT, r_2)

　　PUSHTHRU(b,d,r_1,r_2)

Precondition:INROOM(ROBOT, r_1) $\land$ CONNECTS(d,r_1,r_2)

　　　　　　　　$\land$ INROOM(b,r_1)

Delete list:INROOM(ROBOT, r_1)

　　　　　INROOM(b,r_1)

Add list:INROOM(ROBOT, r_2)

　　　　INROOM(b,r_2)

在 STRIPS 中泛化过程具体构造泛化的机器人规划,采用三角表表示,利用归结证明前提条件。图 9.5 给出了描述操作符 GOTHRU(d,r_1,r_2) 和 PUSHTH-RU(b,d,r_1,r_2) 的三角表。

三角表是有用的,它给出了操作符的前提条件怎样取决于其他操作符的影响和初始世界模型。STRIPS 的解释泛化算法如下:

for each equality between p_i and p_j in the explanation structure do

　　let θ be the MGU of p_i and p_j

for   each pattern p_k in the explanation structure do

replace p_k with $p_k \theta$

*INROOM(ROBOT,r_1) *CONNECTS(d_1,r_1,r_2)	GOTHRU(d_1,r_1,r_2)	
*INROOM(BOX$_1$,r_2) *CONNECTS(d_1,r_1,r_2) *CONNECTS(x,y,z) ⇒ 　　*CONNECTS(x,z,y)	*INROOM(ROBOT,r_2)	PUSHTHRU(BOX$_1$,d_1,r_2,r_1)
		INROOM(ROBOT,r_1) INROOM(ROX$_1$,r_1)

图 9.5　三角表

STRIPS 使用具有三角表的解释泛化算法生成泛化操作符序列。第一步,对整个泛化表用变量代替常量。第二步,根据两条标准约束表:一个是保持操作符之间的依赖关系;另一个是泛化表中的操作符前提条件可被证明,这与原来规划中前提条件证明一样。通过泛化处理,STRIPS 产生泛化如图 9.6 所示的泛化表。

*INROOM(ROBOT,p_2) *CONNECTS(p_3,p_2,p_5)	GOTHRU(p_3,p_2,p_5)	
*INROOM(p_6,p_5) *CONNECTS(p_8,p_9,p_5) *CONNECTS(x,y,z) ⇒ 　　*CONNECTS(x,z,y)	*INROOM(ROBOT,p_5)	PUSHTHRU(p_6,p_8,p_5,p_9)
		INROOM(ROBOT,p_9) INROOM(p_6,p_9)

图 9.6　泛化三角表

DeJong 等的学习方法是学习图式(schemata)。图式的核心思想是构造系统知识时,要将为了达到一定目标的相关知识放在一个组。图式是一种操作符的偏序集,简单的图式因果地连在一起。EGGS 采用动态的可操作性准则,当系统学到了一个概念的一般化图式后,该概念就可操作了。EGGS 的问题描述如下:

给定:

(1) 领域理论:由三部分组成:①领域中对象的种类和特性的定义;②一组关于对象特性和相互关系的推理规则;③一组问题求解的操作和已知的泛化图式。

(2) 目标:目标状态的一般规约。

(3) 初始世界状态:关于世界及其特性的规约。

(4) 观察到的操作/状态序列(可选):通过专家观察低级操作序列,达到目标的示例而获得。有时,这会漏掉一些操作,必须从输入到目标状态进行推理。

确定:

达到目标状态的一个新模式。

EGGS 在泛化过程中始终维护两个独立的置换表 SPECIFIC 和 GENERAL。SPECIFIC 用于对解释结构的置换,以得到对具体实例的解释,而 GENERAL 置换得到泛化的解释。假设 σ 是 SPECIFIC 置换,γ 是 GENERAL 置换,那么,泛化过程的形式化描述如下:

> for 表达式结构中 e_1 和 e_2 每个相等的表达式:
>> if e_1 是领域规则的前提,e_2 是领域规则的结论
>> then　let $\phi = e_1\sigma$ 和 $e_2\sigma$ 的最大合一子
>>　　　　let $\sigma = \sigma\phi$ (*修改置换 SPECIFIC)
>>　　　　let $\delta = e_1\gamma$ 和 $e_2\gamma$ 的最大合一子
>>　　　　let $\gamma = \gamma\delta$ (*修改置换 GENERAL)
>> else let $\phi = e_1\sigma$ 和 $e_2\sigma$ 的最大合一子
>>　　　　let $\sigma = \sigma\phi$ (*修改置换 SPECIFIC)

基于上述思想,Mooney 和 Bennett 提出了 EGGS 解释泛化算法,这种算法与抽象 STRIPS 算法非常相似:

算法 9.1 EGGS 解释泛化算法。

> let γ 等于零取代 {}
> for 表达式结构中 p_i 和 p_j 每个相等的表达式 do
> let p_i' 等于将 γ 用于 p_i 的结果
> let p_j' 等于将 γ 用于 p_j 的结果
> let θ 是 p_i' 和 p_j' 的最大合一子
> let γ 等于 $\gamma\theta$
> for 表达式结构每个模式 p_k do
>> 用 $p_k\gamma$ 取代 p_k

9.5　解释特化学习方法

1987年,卡内基-梅隆大学的 Minton 和 Carbonell 提出解释特化(explanation-based specialization,EBS)学习方法[Minton et al 1987]。他们利用这种方法开发了学习系统 PRODIGY。它较好地克服了 EBG 方法中过分一般化的缺点,从多种目标概念学习,其解释过程是对每个目标概念进行详细描述。解释过程结束后,把得到在有关目标概念的描述转换成一条相应的控制规则。可以用这些规则来选择合适的节点、子目标、算子及约束。具体方法如下。

PRODIGY 是一种与一些学习模块结合的通用问题求解器,它的体系结构如图 9.7 所示。基于操作符的问题求解器,对于推理规则和操作符的搜索提供一种统一的控制结构。问题求解器包括一个简单的理由维护子系统,规定有条件影响的操作符。问题求解器搜索可以通过控制规则导航。

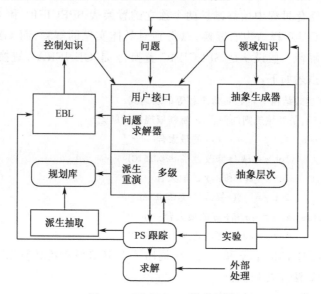

图 9.7　PRODIGY 体系结构

EBL 模块从问题求解跟踪获取控制规则。从领域和问题求解器的相关方面构造解释,然后结果表达式变成搜索控制规则。派生抽取模块是派生类比机。它可以重播过去类似问题的整个解。从图 9.7 可以看出,类比和 EBL 是独立的机制,获取具体领域的控制知识。实验学习模块是为了求精不完全的或不正确的具体领域知识。当规划执行控制器检测到内部期望与外部期望不同时,实验模块就被触发。抽象产生器和抽象层次模块提供多级抽象规划能力。基于该领域的深度优先分析,领域知识被分成多个抽象级。当问题求解时 PRODIGY 生成抽象结果,并且进行求精。

PRODIGY 可以从四种目标概念学习,这些概念是:成功、失败、唯一的选择、目标互相制约。每当用户给定一个目标,以及它的一个例子,系统先反向分解目标到叶节点,得到相应的目标概念,然后分析问题求解轨迹,解释该例为何满足这个目标概念。

例如,如果得到了解,则将学习关于成功概念的控制规则;如果无解,则学习关于失败概念的控制规则;如果某个选择是唯一的,则学习有关唯一的选择概念的控制规则;如果某个目标的成功须依赖别的目标,则学习目标互相制约概念的控制规则。

1. 解释过程

PRODIGY 系统中的解释过程就是详细说明的过程。解释是使用训练例子提供的信息从知识库中寻找证明依据。解释过程等价于:以目标概念为根,生成一棵自顶向下的证明树。解释的每一步,都从领域知识库中选择与所给例子一致的规则,生成一个节点。每条规则是对节点子目标的详细描述。解释算法如下:

(1) 如果此概念是原语,则没有规则蕴含此概念,则不改变且返回,否则按第(2)步。

(2) 访问与此概念相连的识别器(即连接目标概念与知识库的映射函数),取出与训练例子一致的规则。规则中每个非负的原子式为一个子概念。如果子概念没有被特化过,则特化该子概念,且重新唯一地命名已经特化过的变量,用特化置换子概念并简化之。

(3) 返回。

这时的目标概念已是完全特化过的概念。用它们去套相应的规则模式,便获得一条对应此目标概念的控制规则。

2. 学习控制规则

在 PRODIGY 中,针对四种目标概念,有四种固定的控制规则模式。将某个目标概念的详细描述与规则模式匹配,就获得相应的控制规则。由成功概念学到偏好规则(preference rules),它表明什么情况下某选择是成功的。由失败概念学到拒绝规则(rejection rules),它表明在这种情况下这种选择应该拒绝。如果其他选择都失败,则选择是唯一的,于是学到选择规则(selection rules)。

下面以失败概念为例,说明解释过程以及控制规则的形成。领域背景积木世界的动作规划问题。对某个失败的规划动作的学习,产生的解释如下:

```
(OPERATOR-FAILS op goal node) if
(AND (MATCHES op (PICKUP x))
```

```
(MATCHES goal (HOLDING x))
(KNOWN node (NOT (ONTABLE x))))
```

其中,小写字符是变量。上式是用领域知识库中形式化的知识对失败动作进行特化后的结果。其语义是,如果当前节点不是"ONTABLE x",当前算子是"PICK-UP x",则算子"PICKUP x"是一个失败算子。由这个失败概念学到相应的拒绝规则是

```
(REJECT OPERATOR (PICKUP x)) if
(AND (CURRENT-NODE node)
(CURRENT-GOAL node (HOLDING x))
(CANDIDATE-OPERATOR (PICKUP x))
(OPERATE-FAILS op goal node))
```

其中,op=(PICKUP x);goal=(HOLDING x);node=(NOT (ONTABLE x))。规则含义是:如果当前节点是(NOT (ONTABLE x)),当前目标是(HOLDING x),且该节点上候选算子是(PICKUP x),而且该算子在该节点和该目标下是失败的,则拒绝算子(PICKUP x)。

通过把控制规则传递到四个策略上,可以动态地改善问题求解器的性能。这四个策略是:选择节点、子目标、算子和一组约束的方法。在以后求解类似问题时,先用选择规则选出适合的子集,然后用拒绝规则过滤,最后由偏好规则寻找启发性最好的选择,从而达到减少搜索的效果。

3. 知识表示

PRODIGY 的知识库包括领域层公理和构筑层公理两类知识。前者是领域规则,后者是描述问题求解器的推理规则。二者都用陈述性逻辑语言表示,以便扩展和显式推理。

PRODIGY 虽然没有明显的泛化过程,但其领域规则,特别是问题求解器的推理规则实际上已经进行了泛化处理。它们不是由最原始的领域知识构成,所以实际上具有一定的概括性。另一方面,PRODIGY 是使用特化的方法由规则来构成证明树形式的解释,所以解释的结果所获取的描述是对目标概念的特化,以及对例子的泛化。这样的结果既保证不过分概括,又具有一定的通用性。

9.6　解释泛化的逻辑程序

如前所述,EBG 方法首先要建立一个关于训练例的解释结构。这实际上是定理证明问题,因此,可以把 EBG 看做 Horn 子句归结定理证明的扩展,把泛化看做标准定理证明的附带工作。

9.6.1　工作原理

像 Prolog 之类的逻辑程序设计语言都是以 Robinson 提出的归结原理为基础的。归结原理的本质思想是检验短句集合是否包含空语句。实际上,归结原理是一种演绎规则,使用它能够从短句集中产生所有的结果短句。

归结原理:设两个短句 C_1、C_2 无公共变量,L_1 和 L_2 分别是 C_1 和 C_2 的两个文字,若 L_1 和 $\neg L_2$ 存在一个最一般的合一置换,那么子句 $(C_1 - L_1) \vee (C_2 - L_2)$ 就是两个子句 C_1 和 C_2 的归结式。

对于给定目标,Turbo Prolog 寻求匹配子句的详细过程就是合一过程,这个过程完成了其他程序设计语言中所谓的参量传递。下面是 Turbo Prolog 的合一算法。

算法 9.2　Turbo Prolog 的合一算法。

(1) 自由变量可以和任意项合一。合一后该自由变量约束为与之合一的项。

(2) 常量可与自身或自由变量合一。

(3) 若两个复合项的函子相同且函子所带参量个数一样,则这两个复合项可以合一的条件是:所有子项能对应合一(表看成是特殊类型的复合项)。约束变量要用合一后的约束值替换。

EBG 的第一步工作——建立训练例的解释结构,就是以训练例为给定目标,通过搜索、匹配领域理论(领域理论已表示为 Prolog 的规则、事实),得到训练例的一个证明,证明它是目标概念的一个例子。既然如此,建立解释结构就需用到合一算法。基于这一点,把合一算法作为 EBG 算法实现的基础,在此基础上,进行 EBG 的第二步——泛化过程。

用 Turbo Prolog 实现 EBG,我们考虑把领域理论用内部数据库的形式存储。这样在建立训练例的解释结构时,可以如同调用谓词一样,方便地查询数据库(领域知识),搜索匹配的规则。

虽然 Prolog 的基础是合一算法,但用 Prolog 实现 EBG,仍需显式地执行合一算法,这就是说要用 Turbo Prolog 谓词完成合一算法,应该说,这实际上是元级程序设计的思想。具体地,我们定义谓词来处理项的合一、项表的合一等。正是通过合一,完成了训练例的解释,建立一棵证明树。

第二步的泛化工作是用目标概念回归(regress)得到的证明树。这个回归过程包括常量用变量代替,以及新项合成等工作。用 Turbo Prolog 有效地实现常量用变量代替的过程是有困难的,尤其是当变量未被约束时。虽然已经定义了谓词实现回归,但如何增加其通用性,更有效地处理多个变量未被约束的情况,尚待进一步的工作去完成。

解释和泛化是 EBG 的两个阶段,但容易想到的是先解释,然后把得到的证明结构交给泛化阶段处理。这样不仅从时间效率上考虑,两者是串行工作的,而且分开进行,需要保存完整的证明树,各条路径都需保存。这里,我们考虑两步交叉进行。在系统试图证明训练例是目标概念的一个例子的同时,从目标概念出发,向后搜索,直到训练例的事实获得匹配为止。在这个过程中,每次运用一个规则,就同时倒回去,将此规则不经例示地用于已变量化了的目标概念之上,从而在建立训练例的解释的过程中同时建立起泛化的解释结构。这样,就将 EBG 的两个阶段交叉起来。

9.6.2 元解释器

Prolog 简单的元解释器如下:

```
prolog(Leaf):-clause(Leaf,true).
prolog((Goal1,Goal2)):-
    prolog(Goal1),
    prolog(Goal2).
prolog(Goal):-
    clause(Goal,Clause),
    prolog(Clause).
```

在此基础上,使用 Prolog 构造元解释器作为 Prolog_EBG 的核心,具体程序如下:

```
prolog_ebg(X_Goal,X_Gen,[X_Goal],[X_Gen]:-clause(X_Goal,true).
prolog_ebg((X_Goal,Y_Goal),(X_Gen,Y_gen),Proof,GenProof):-
    prolog_ebg(X_Goal,X_Gen,X_Proof,X_GenProof),
    prolog_ebg(Y_Goal,Y_Gen,Y_Proof,Y_GenProof),
    concat(X_Proof,Y_Proof,Proof),
    concat(X_GenProof,Y_GenProof,GenProof).
prolog_ebg(X_Goal,X_Gen,[Proof],[GenProof]):-
    clause(X_Gen,Y_Gen),
    copy((X_Gen:-Y_Gen),(X_Goal:-Y_Goal)),
    prolog_ebg(Y_Goal,Y_Gen,Y_Proof,Y_GenProof),
    concat([X_Goal],[Y_Proof],Proof),
    concat([X_Gen],[Y_GenProof],GenProof).
```

9.6.3 实验例子

这里通过"自杀"这个例子来说明如何实现 EBG。

输入:

(1) 目标概念:$suicide(x)$。

（2）领域理论：一组子句或称规则。

> suicide(x):-kill(x,x).
> kill(A,B):-hate(A,B),
> 　　　　　　possess(A,C),
> 　　　　　　weapon(C).
> hate(A,A):-depressed(A).
> possess(A,C):-buy(A,C).
> weapon(Z):-gun(Z).

（3）训练例：一组事实子句。

> depressed(John).
> buy(John,gun1.
> gun(gun1).
> suicide(John).

（4）可操作性标准：暂时简单地处理为静态标准。

> operational(depressed).
> operational(gun).
> operational(buy).

系统首先建立关于 suicide(John)的解释结构（见图 9.8）。由 Prolog 程序的解释机理可以得知：建立解释结构采用的是 Top-Down 的推理策略。每次运用规则时，都相应地将规则变量化之后用于一般化的解释结构上，从而在建立 suicide(John)的解释结构的同时，得到 suicide(x)的泛化解释结构，具体过程如图 9.9所示。

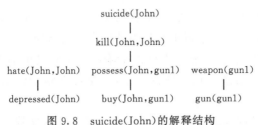

图 9.8　suicide(John)的解释结构

图 9.9 的泛化过程是通过回归实现的，其中要将谓词完成常量变量化这一过程。

从另一角度考虑实现 EBG，可以两条线推进，一条是建立 suicide(John)的具体的证明结构，另一条是从 suicide(x)出发，得到泛化的解释结构。两条线之间的联系在于具体例子选用的规则就是泛化解释中要用的规则。也就是说，建立具体例子解释时需要搜索问题空间，以试图找到合适的可用规则，而建立泛化解释则可免去搜索过程，直接使用训练例解释时使用的规则。

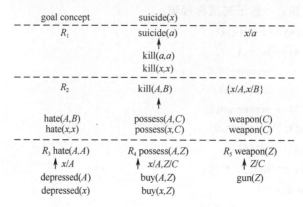

图 9.9　目标概念 suicide(x) 的泛化过程

9.7　基于知识块的 SOAR 系统

20 世纪 50 年代末,对神经元的模拟中发明了用一种符号来标记另一些符号的存储结构模型,这是早期的记忆块(chunks)概念。在象棋大师的头脑中就保存着在各种情况下对弈经验的存储块。20 世纪 80 年代初,Newell 和 Rosenbloom 认为,通过获取任务环境中关于模型问题的知识,可以改进系统的性能,记忆块可以作为对人类行为进行模拟的模型基础。通过观察问题求解过程,获取经验记忆块,用其代替各个子目标中的复杂过程,可以明显提高系统求解的速度。由此奠定了经验学习的基础。

1986 年,卡内基-梅隆大学的 Newell、Laird 和 Rosenbloom 提出了 SOAR 系统[Laird et al 1986]。它的学习机制是由外部专家的指导来学习一般的搜索控制知识。外部指导可以是直接劝告,也可以是给出一个直观的简单问题。系统把外部指导给定的高水平信息转化为内部表示,并学习搜索记忆块。图 9.10 给出了SOAR 的框图。

产生式存储器和决策过程形成处理结构。产生式存储器中存放产生式规则,它进行搜索控制决策分为两个阶段。第一阶段是详细推敲阶段,所有规则被并行地用于工作存储器,判断优先权,决定哪部分语境进行改变,怎样改变。第二阶段是决策阶段,决定语境栈中要改变的部分和对象。

有时因知识不完善,无法唯一决策而进入困境(impasse)。为了解决困境,SOAR 自动建立子目标和新的语境来解决困境。选择问题空间、状态和操作符,创建子目标。对每个困境都产生子目标,SOAR 问题求解能力可以排除困境。为了说明 SOAR 的工作过程,现以九宫问题为例,其初始状态和目标状态如图 9.11所示。

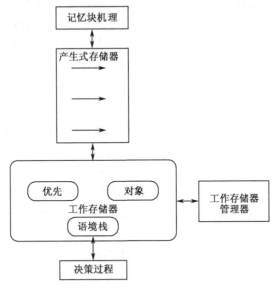

图 9.10　SOAR 的体系结构

初始状态

2	3	1
	8	4
7	6	5

目标状态

1	2	3
8		4
7	6	5

图 9.11　九宫问题的初始状态和目标状态

该问题求解的过程如图 9.12 所示。每当问题求解器不能顺利求解时,系统就进入劝告问题空间请求专家指导。专家以两种方式给以指导。一种是直接指令式,这时系统展开所有的算子以及当时的状态。由专家根据情况指定一个算子。指定的算子要经过评估,即由系统建立一个子目标,用专家指定的算子求解。如果有解,则评估确认该算子是可行的,系统便接受该指令,并返回去求证用此算子求解的过程为何是正确的。总结求证过程,从而学到使用专家劝告的一般条件,即记忆块。

另一种是间接的简单直观形式,这时系统先把原问题按语法分解成树结构的内部表示,并附上初始状态。然后请求专家劝告。专家通过外部指令给出一直观的简单问题,它应该与原问题近似,系统建立一个子目标来求解这个简单问题。求解完后就得到算子序列,学习机制通过每个子目标求解过程学到记忆块。用记忆块直接求解原问题,不再需要请求指导。

1. G_1 solve-eight puzzle
2. P_1 eight-puzzle sd
3. S_1

初始状态

2	3	1
	8	4
7	6	5

4. O_1 place-blank
5. $\Rightarrow G_2$（resolve-no-change）
6. P_2 eight-puzzle
7. S_1
8. $\Rightarrow G_3$（resolve-tie-operator）
9. P_3 tie
10. S_2（left, up, down）
11. O_n evalunte-object（O_2（left））
12. $\Rightarrow G_4$（resolve-no-change）
13. P_2 eight-puzzle
14. S_1
15. O_2 left
16. S_3

目标状态

2	3	1
8		4
7	6	5

17. O_2 left
18. S_4
19. S_4
20. O_n place-1

图 9.12　SOAR 求解九宫问题的过程

SOAR 系统中的记忆块学习机制是学习的关键。它使用工作记忆单元来收集条件并构造记忆块。当系统为评估专家的劝告，或为求解简单问题而建立一个子目标时，首先将当时的状态存入工作记忆单元 w-m-e。当子目标得到解以后，系统从 w-m-e 中取出子目标的初始状态，删去与算子或求解简单问题所得出的解算子作为结论动作。由此生成产生式规则，这就是记忆块。如果子目标与原问题的子目标充分类似，记忆块就会被直接应用到原问题上，学习策略就把在一个问题上学到的经验用到另一个问题上。

记忆块形成的过程可以说是依据对于子目标的解释。而请示外部指导，然后将专家指令或直观的简单问题转化为机器可执行的形式，这运用了传授学习的方法。最后，求解直观的简单问题得到的经验（即记忆块）被用到原问题，这涉及类比学习的某些思想。因此可以说，SOAR 系统中的学习是几种学习方法的综合应用。

9.8　可操作性

可操作性标准（operationality criterion）是 EBG 的一个输入要求。关于可操作性标准，Mitchell、Keller 和 Kedar-Cabelli 指出："概念描述应该表示为描述训练例的那些谓词或其他从领域理论中挑选出来的易于估值的谓词"。显然，这种处理很直观、简单，只需在领域知识中增加一个谓词 operational（pid）说明哪些谓词是可操作的即可。但是，这种处理是静态的，远远不能满足实用学习系统的要求。所以，如何把可操作性标准处理成动态的，已经越来越为研究人员重视。例如，可以引入定理证明机制，从而动态地确定可操作性标准，甚至可以用 EBG 技术动态地改变可操作性标准。这样动态地处理，要求引入推理机制，而不再只是列出可操作的谓词而已。既然要推理，就需一些规则、事实（前提），这就涉及元级（meta-level）

程序设计的一些技术,要求系统能处理元规则。但 Turbo Prolog 不直接支持元程序设计,如果把可操作性标准做成动态的,首先要在系统中实现一些元级谓词,使系统支持元级知识才行。所以,我们暂时把可操作性标准处理为静态的,用数据库谓词,把事先规定好的一些谓词名,存在内部数据库中。

　　提出可操作性问题的目的是希望学到的概念描述有利于提高系统运行效率。一种观点认为:如果一个概念描述能有效地用于识别相应概念的例子,则它是可操作的。但是概念描述不只用于识别例子,还有空间指标等。因此,上述观点不完善。

　　Keller 将可操作性定义如下:

　　给定:

　　(1) 一个概念描述;

　　(2) 一个执行系统,它利用概念描述改善执行情况;

　　(3) 改善执行系统的各种要求,应明确各要求的类型和程度。

　　那么如果满足下列两个条件,则该概念描述是可操作的:

　　(1) 可用性:执行系统可以使用该概念描述;

　　(2) 效用性:执行系统使用概念描述时,系统的运行得到要求的改善。

例如,对 SAFE-TO-STACK(x,y) 的一个泛化解释结构如图 9.13 所示。

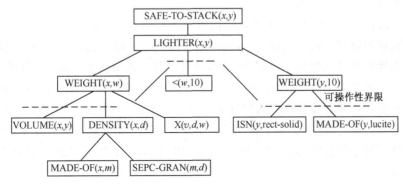

图 9.13　可操作性剪枝

　　解释结构中的叶节点都是可操作的,如 MADE-OF(x,m) 和 SPEC-GRAV (m,d)。某些中间节点也可能是可操作的,在图中的 DENSITY(x,d) 是可操作的。于是得到图中的可操作性界限,图中虚线以下各节点是可操作的。对于可操作的中间节点,可以从解释结构中删掉它的子解释。如图中可删去 MADE-OF (x,m) 和 SPEC-GRAV(m,d)。这称为"可操作性修剪"。图 9.13 的解释经过剪枝后得到下列规则:

　　　　VOLUME$(x,v) \wedge$ DENSITY$(x,d) \wedge X(v,d,w)$

$$\wedge \text{ISA}(y, \text{rect-solid}) \wedge \text{MADE-OF}(y, \text{lucite})$$
$$\wedge < (w, 10) \rightarrow \text{SAFE-TO-STACK}(x, y)$$

关于可操作性标准的处理，是一个较复杂的问题，仅可操作性标准的确定就可能涉及多方面的问题。这个问题处理的好坏又将直接影响学习系统的好坏，所以它在学习系统中是一个非常重要的问题。

多数系统对可操作性标准没有精确的定义。许多系统认为可操作性标准是独立、静态的。DeJong 和 Mooney 等则提出静态标准是不能满足需要的，并且用例子说明可操作性应该是证明结构的函数，也就是说，可操作性标准应该是动态的。例如，可以定义一般化的解释结构的终结节点的谓词是可操作的；也可以应用一个定理证明机制来决定可操作性。进一步讲，甚至可以运用 EBG 来决定可操作性。不管怎样，系统的可操作性标准应该反映计算的代价及学习的得益，尤其应该确保时间代价不能高于得益。但是，最初的基于解释的学习却忽略了这一点，常常认为 EBL 的问题求解系统学到的知识必定能改进系统的性能，但这种认识大概是过于乐观，过于简单化了。一般来说，EBL 实现的是启发式策略，不能保证在所有环境下都能使性能得到提高。例如，STRIPS MACROPS 的学习实际上降低了效率。如果测试 macro-operator 的前提所需的累积时间超过了使用 macro-operator 减少搜索而节省的时间，那么总的性能是降低了。所以，认为可操作性完全独立于系统显然是不符合所有情况的。

Mitchell 等提出的 EBG 中用显式的可操作性标准测试解释的可应用性，这当然是很直观的处理方法。然而，如 Dejong 和 Mooney 所指出的，Mitchell 等提出的可操作性标准只能包括一小部分谓词，而且仅保证新知识能够被直接评价，不保证新知识是否有用。例如，在 EBG 的例子中，可操作性标准仅仅要求解释必须进行到能直接计算或直接观察到的属性才停止。后来的 META-LEX 在这个问题上考虑了学习的环境，使测试一个属性的代价随系统的知识发生变化。于是，可操作性标准就不再是静态的，而成为动态的了。PRODIGY 更进一步改进了可操作性标准的定义。

9.8.1 PRODIGY 的效用问题

PRODIGY 系统是通过分析经验，与专家交互来获取知识的。该系统学习的是与问题求解有关的目标概念，如学习 successful、unsuccessful、preferred 这些目标概念。典型的问题求解领域是机工车间的调度问题：要求将原材料通过 LATHE、CLAMP、POLISH 等操作，变成产品。PRODIGY 的学习任务是要总结出在什么情况下使用某个操作是 successful 的或 unsuccessful 的。这个系统的一个特点是纳入了一些控制规则，用以提高搜索效率，改善问题解的质量，并且能够使某些原来从效率角度考虑不加搜索的路径得到搜索。PRODIGY 在处理可操作性标准时,要求学到的知识能提高问题求解机制的效率,要求学到的控制知识不仅只是能用,而且应当是有用的,因此,这里的可操作性就需包括可用性:学到的控制规则不但要能够执行,而且要能够确实改进系统的性能。具体一点,控制规则的可用性可以定义如下:

$$Utility = (AvrSavings\ ApplicFreq) - AvrMatchCost \qquad (9.1)$$

其中,AvrMatchCost 为匹配该规则的平均耗费;AvrSavings 为应用该规则时平均节约的时间;ApplicFreq 为应用该规则的频度。

系统学到一条控制规则之后,PRODIGY 就会在随后处理问题的过程中保留使用该规则的统计信息,用于决定其可用性。如果规则的可用性是负值,这条规则就要被放弃,从这个角度看,在 PRODIGY 系统中可操作性很大程度上是由可用性表示的,由此看来,可操作性能够被量化,可以不预先确定,而是在系统执行过程中动态地确定其值。

将可用性纳入可操作性标准,有助于建立通用的基于解释的学习系统的研究,使得系统在估价可操作性的能力上更加成熟。以前的系统,大多从如何有效地识别训练例的角度来定义可操作性,但是对于通用定义这是远远不够的。一是这种可操作性定义假设概念描述将用于识别训练例,其实,概念描述还有其他用途,如训练例的泛化。二是多数系统中使用定义来有效识别训练例时,是假设用执行时间作为性能好坏的度量来估价可操作性的。实际上,还有其他方面的效率可以用于估价性能的好坏,如空间效率。常常有这样的情况出现:从时间效率上看是可操作的,从空间效率上看却不可操作。除了效率以外,还有代价、简单度等等标准与性能有关,也可能影响可操作性。

9.8.2　SOAR 系统的可操作性

SOAR 系统则采用了不同的处理可操作性标准的方法。SOAR 系统是由 Laird、Newell 和 Rosembloom 研制的。SOAR 系统并不是作为一个 EBL 系统研制开发的,它只是想通过一种独立的学习机制 Chunking 做成一个通用的认知结构。Chunking 操作就是在处理每个子目标时总结考查过的信息。这种机制与 EBL 极为相似,而且通过 Chunking 似乎可以在 SOAR 中实现 EBL。Chunking 要求的输入是操作符的线性序列或树形序列。系统的任务是把这一串操作符转化成一个宏操作符(或称 Chunk)。SOAR 系统主要是通过 Chunking 来获取知识的,因此就有意忽略了可用性。一是由于这里假设 Chunking 是自动完成的;二是由于 SOAR 系统的性能是由完成一项任务所需做的抉择次数来衡量的。既然 Chunking 可能减少所需的抉择次数,按照性能公式应该很合算。但实际上,每次抉择本身就可能包含复杂的过程,没有考虑这一点,因而抉择次数并不与实际的主机执行时间成正比。

9.8.3　MRS-EBG 的可操作性

Hirsh 在 MRS 逻辑程序设计系统下实现 EBG 时,由 MRS 的元推理机制想到将可操作性标准处理为可证明的。在 MRS 中,证明策略能够用元级的理论来说明。举例来说,元规则可以用来说明这样的规则:选择一条使用了算术谓词的证明路径的可能性更大一些。MRS 本身包含的谓词就可以说明这种属性,因此很容易说明如下的可操作性规则:

```
Arithmetic_Predicates(pred(arg1,argn))-operational(pred(arg1,arg5))
```

Hirsh 认为以前的 EBG 算法,都同时产生例子的解释结构和泛化的解释结构。但是,在产生解释结构时没有进行可操作性的推理,而是在随后的泛化那一步,才决定可操作性并修改解释结构。泛化这一步使用可操作性来对泛化了的解释结构进行删减,然后使用得到的结构来形成规则。这样一来,尽管多数泛化的工作是在解释过程中完成的,但解释和泛化仍然没能结合起来。

在 MRS-EBG 中,可操作性是在解释过程中确定的,一旦某一分支由于没有可操作的定义而终结,就立即进行回溯,寻找该分支的另一能够产生一可操作的概念定义的证明。这样,最终一定能得到目标概念的可操作性描述。

9.8.4　META-LEX 的处理方法

在 META-LEX 系统中,可操作性的处理考虑了系统的性能因素。基本想法是通过经验来评估可操作性:在系统中使用概念描述,然后看系统的行为是否达到了事先提出的系统目标。META-LEX 要学习的是在向前搜索中有用问题求解步骤的集合,或者说是这个集合的描述。如果系统的性能没能达到所希望的水平,META-LEX 能够估计出该描述差多少就能说是可执行的了,并且能说明这种搜索方向是否合适。这种估价可操作性的办法是动态的,因为它取决于当前状态和当前的性能目标;另外,这种估价产生出效率的量度和有效度。但是这种处理的代价很高,因为每次需要估价可操作性时都必须测试系统。

可操作性对于基于解释的学习系统是至关重要的。但是,目前检测可操作性的方法决定于能否简化系统的性能假设(这些假设很容易在学习过程中被破坏)。尽管在这方面国内外的研究人员一直在寻找有效的处理方法,但多数只是处于理论研究阶段,应用于实际系统中的尚未达到令人满意的程度。因此,这方面的工作仍有待于进一步的研究。

9.9　不完全领域知识下的解释学习

9.9.1　不完全领域知识

解释学习中一个重要的问题是领域知识。领域知识作为解释学习的前提,要求是完整的、正确的。但是这种要求在现实世界的许多问题中很难得到满足。在实际中往往出现领域知识不完整、有错误等情况。领域知识不能解释训练例,那么现有的 EBG 算法就将失效。

领域知识的不完善性可有下列三种情况:

(1) 不完整的(incomplete):领域知识中缺少规则、知识,因而无法给出训练例的解释;

(2) 不正确的(incorrect):领域知识中有些规则不合理,因而可能导致训练例的错误解释;

(3) 难处理的 (intractable):领域知识过于繁杂,使得建立训练例的解释树所需的资源超出现有机器的资源。

为了解决不完善领域知识的问题,我们对逆归结方法、基于深层知识的方法等,做了有益的尝试。

9.9.2　逆归结方法

一阶谓词逻辑中归结原理是机器定理证明的基础,也是目前解释学习中建立解释的主要途径。

归结原理:设 C_1、C_2 是两个子句,无公用变量,L_1、L_2 分别是 C_1、C_2 中的两个文字,存在一个最一般的合一者 σ,则子句

$$C = (C_1 - \{L_1\})\sigma \bigcup (C_2 - \{L_2\})\sigma \tag{9.2}$$

称为 C_1、C_2 的归结子句。

在逆归结 (inverting resolution)中,讨论已知 C 和 C_1,如何得到 C_2 的问题。在命题逻辑中,$\sigma = \varnothing$,所以归结子句的式(9.2)可以转换为

$$C = (C_1 \bigcup C_2) - \{L_1, L_2\} \tag{9.3}$$

由式(9.3)可以得到:

(1) 若 $C_1 \bigcap C_2 = \varnothing$,则 $C_2 = (C - C_1) \bigcup \{L_2\}$。

(2) 若 $C_1 \bigcap C_2 \neq \varnothing$,$C_2$ 需包括 $C_1 - \{L_1\}$ 的任意子集,因此,一般情况下有

$$C_{2i} = (C - C_1) \bigcup \{L_2\} \bigcup S_{1i} \tag{9.4}$$

其中,$S_{1i} \in P(C_1 - \{L_1\})$,$P(x)$ 表示集合 x 的幂集。

显然,如果 C_1 中有 n 个文字,C_2 就有 $2n-1$ 个解。

在一阶谓词逻辑中,令 $\sigma = \theta_1\theta_2$,其中 θ_1、θ_2 满足下列条件:

(1) θ_1、θ_2 的变量域分别为 C_1 和 C_2 的变量域。

(2) $\overline{L}_1\theta_1 = \overline{L}_2\theta_2$。

则可以得到

$$C_2 = (C - (C_1 - \{L_1\})\theta_1)\theta_2^{-1} \bigcup \{\overline{L}_1\}\theta_1\theta_2^{-1}$$
$$= ((C - (C_1 - \{\theta_1\})\theta_1) \bigcup \{\overline{L}_1\}\theta_1))\theta_2^{-1} \tag{9.5}$$

当 C_1 是单元子句，即 $C_1 = \{L_1\}$ 时，可以得到

$$C_2 = (C \bigcup \{\overline{L}_1\}\theta_1)\theta_2^{-1} \tag{9.6}$$

其中，θ_2^{-1} 是逆置换。所谓逆置换，是指给定项或文字 t 及置换 θ，存在唯一的逆置换 θ^{-1}，满足 $t\theta\theta^{-1} = t$。进一步讲，若 $\theta = \{v_1/t_1, \cdots, v_n/t_n\}$，那么，有

$$\theta^{-1} = \{(t_1, \{P_{1,1}, \cdots, P_{1,m1}\})/v_1, \cdots, (t_n, \{P_{n,1}, \cdots, P_{n,mn}\}/v_n)\} \tag{9.7}$$

其中，$P_{i,mj}$ 是 t 中变量 v_i 的位置。逆归结就是将 t 中 $\{P_{i,1}, \cdots, P_{i,mi}\}$ 处的所有 t_i 都换为 v_i。

解释学习是从目标概念的初始描述出发，利用领域知识（以知识库形式存储），建立关于训练实例的解释树。这个过程通常用目标驱动的推理方式。当解释过程由于缺乏某条规则而无法继续下去时，学习过程即告失败。这里采用逆归结方法克服这个问题［马海波 1990］。

我们采用产生式规则表示领域知识（知识库），算法需要对知识库进行预处理，产生一个规则间的依赖表。这样，对算法而言，拥有的领域知识包括一组产生式规则和一个依赖表。

依赖表是知识库中规则、谓词间联系的一种表示形式，它包含着规则，谓词间相关的语义信息。我们通过一个简单的例子来说明依赖表的结构。

知识库：

```
Rule1. Sentence (S0,S):-noun-phrase(S0,S1),
                        verb-phrase(S1,S).
Rule2. noun-phrase (S0,S):-determiner(S0,S1),
                          noun(S1,S).
Rule3. noun-phrase(S0,S):-name(S0,S).
Rule4. verb-phrase(S0,S):-intransitive-verb(S0,S).
```

依赖表见表 9.2。

表 9.2 依赖表

谓词符号	Head	Body	基本谓词
sentence	1		intransitive-verb, name, determiner
noun-phrase	2,3	1	noun. name, determiner, noun
verb-phrase	4	1	intransitive-verb

其中,基本谓词就是满足可操作性标准的谓词,第一列则全是非可操作的谓词。至于构造此依赖表的算法,这里不作详细叙述。下面给出两个算法,完成解释学习过程。

算法 9.3　解释树算法生成算法。

(1) 对目标概念开始做逆向推理,逐渐扩展解释树,该解释树是一棵与或树。

(2) 遇到失败节点,调用逆归结算法。

(3) 分析得到的完整解释树,进行泛化,得到目标概念的新描述。

算法 9.4　逆归结算法。

(1) 若当前失败节点 F 是可操作的,回溯;若当前失败节点 F 不可操作,转到(2)。

(2) 与点 F 的父节点 P 对应的谓词符号为 Pred,利用依赖表,检查 Pred 是否有其他路径(即是否有或节点存在);没有,转到(4)。

(3) 对依赖表中 Pred 的其他路径(或节点),检查其对应的可操作谓词(基本谓词)是否被训练实例满足。

① 若存在满足训练例的路径,则选择此路径,完成解释树,结束算法。

② 依赖表中 Pred 的其他路径(或节点)对应的可操作谓词(基本属性)与训练例冲突或不为训练例具备,转到(4)。

(4) 先对节点 P 除节点 F 以外的子节点进行推理,所有子节点处理完之后,回到节点 F。

(5) 用未使用的训练属性,采用逆归结的方法,得到节点 F 与剩余属性间的一条伪规则,完成整个解释树的建立过程,结束算法。

这里描述的算法,能够在领域知识不完全的情况下进行解释学习,但领域知识的不完全必须是个别规则的缺少,如果领域知识过于零散,未能构成较为完整的知识结构,此算法将无能为力,而需要求助于建立知识库的方法和工具,或者采用诸如归纳、类比等其他学习方法。

最后要指出的一点是,算法虽然完成解释学习,但毕竟由于有规则缺少,处理时引入了不精确因素,因而会不同程度地影响整个解释树的真实性,不能保证解释过程的永真。如果能对解释树加入可信度,在学习的后一步进行概括时考虑到可信度的取值、传递,就可以区别那些完全领域的学习。

9.9.3　基于深层知识的方法

故障诊断领域的知识经常是不完善的。如何完善故障诊断的知识库是一个急待解决的问题。因此,我们提出了一种用于精馏系统故障诊断系统中的基于深层知识的学习模型[吕翠英 1994]。该模型分四阶段:实例解释、猜想生成、猜想确立和推广。应用此模型可以发现现有知识库的知识不能诊断的故障,在获得新知识以后可进行正确的诊断。使用基于深层知识的学习模型的系统学习过程可概述如下：

（1）由环境提供一个实例。

（2）实例解释阶段：系统使用基于解释的学习方法对该实例进行解释。解释过程有可能成功，有可能失败。成功是指用系统现有的领域知识就可以说明。失败是指用系统现有的领域知识，无论如何，也不可以说明。成功则进入步骤（5）泛化。失败则进入步骤（3）猜想生成。解释用解释树来表示。成功则表示有一棵完整的解释树。失败则表示解释树不完整，树上有断口。

（3）猜想生成阶段：系统试图确立自身相对于当前实例的知识断口，即确定出在什么地方缺少知识。当找到知识断口后，建立一个有可能弥补该断口的猜想，该猜想的目标端由断口的目标端充任，该猜想的数据端由输入实例的数据端充任。然后进入步骤（4）猜想确立。

（4）猜想确立阶段：调用深层知识库。在深层知识库中寻找猜想的目标端与数据端之间的某种内部联系，即试图确立猜想的目标端与数据端在深层知识中是否具有共同的属性。确立可能成功，也可能失败。若失败，退回步骤（3）猜想生成，重新获得新的猜想。若成功，进入步骤（5）泛化。

（5）泛化：将已确立的猜想加以泛化。泛化的结果是得到若干具有广泛适应面的猜想。泛化过程分为两个阶段。第一阶段将猜想中的常数最大限度地变量化。第二阶段对猜想执行概念泛化，得到一个或多个不同一般级别的概念。

（6）将泛化的结果交执行单元使用。

习　题

1. 何谓基于解释的学习？与归纳学习相比，解释学习的优点和缺点是什么？

2. 简述解释学习涉及的三个不同的空间，以及三个空间的相互关系。

3. 阐述基于解释的泛化过程，并重点说明目标概念、训练例子、领域理论和可操作性准则在这种学习过程中的作用。

4. 比较解释泛化学习方法和解释特化学习方法的基本思想。

5. 在你选择的一些问题领域建立基于解释的学习的领域理论。对几个训练实例运用这些理论，说明基于解释的学习程序的行为。

6. 试述可操作性标准的含义，以及将可操作性标准处理成动态的方法。

7. 简述在不完全领域知识下的解释学习解决策略。

8. 假设 $C = Son(Bob, Ram)$，$C_1 = \neg Daughter(Bob, Ram)$，使用归纳逻辑程序设计原理，确定子句 C_2。

第 10 章 强 化 学 习

10.1 概 述

人类通常从与外界环境的交互中学习。所谓强化(reinforcement)学习是指从环境状态到行为映射的学习,以使系统行为从环境中获得的累积奖励值最大。在强化学习中,我们设计算法来把外界环境转化为最大化奖励量的方式的动作。我们并没有直接告诉主体要做什么或者要采取哪个动作,而是主体通过看哪个动作得到了最多的奖励来自己发现。主体的动作的影响不只是立即得到的奖励,而且还影响接下来的动作和最终的奖励。试错搜索(trial-and-error search)和延期强化(delayed reinforcement)这两个特性是强化学习中两个最重要的特性。

强化学习不是通过特殊的学习方法来定义的,而是通过在环境中和响应外界环境的动作来定义的。任何解决这种交互的学习方法都是一个可接受的强化学习方法。强化学习也不是监督学习,在有关机器学习的部分我们都可以看出来。在监督学习中,"教师"用实例来直接指导或者训练学习程序。在强化学习中,学习主体自身通过训练、误差和反馈,学习在环境中完成目标的最佳策略。

强化学习技术是从控制理论、统计学、心理学等相关学科发展而来,最早可以追溯到巴甫洛夫的条件反射实验。但直到 20 世纪 80 年代末、90 年代初,强化学习技术才在人工智能、机器学习和自动控制等领域中得到广泛研究和应用,并被认为是设计智能系统的核心技术之一。特别是随着强化学习的数学基础研究取得突破性进展后,对强化学习的研究和应用日益开展起来,成为目前机器学习领域的研究热点之一。

强化思想最先来源于心理学的研究。1911 年,Thorndike 提出了效果律(law of effect):一定情景下让动物感到舒服的行为,就会与此情景增强联系(强化),当此情景再现时,动物的这种行为也更易再现;相反,让动物感觉不舒服的行为,会减弱与情景的联系,此情景再现时,此行为将很难再现。换个说法,哪种行为会"记住",会与刺激建立联系,取决于行为产生的效果。

这也称为动物的试错学习(trial-and-error learning),包含两个含义:选择(selectional)和联系(associative),对应计算上的搜索和记忆。所以,1954 年,Minsky 在他的博士论文中实现了计算上的试错学习。同年,Farley 和 Clark 也在计算上对其进行了研究。强化学习一词最早出现于科技文献是 1961 年 Minsky 的论文[Minsky 1961],此后开始广泛使用。1969 年,Minsky 因在人工智能方面的贡献而获得计算机图灵奖。

　　Farley 和 Clark 在 1994 年和 1995 年用试错学习来做泛化和模式识别，从此开始了强化学习和指导学习的混淆。直到最近，神经网络的书还说它是一个试错学习系统，因为它是通过输出误差来调整权重，但是他们忽略了试错的一个重要特性：选择。

　　20 世纪六七十年代，指导学习得到了广泛的研究，如神经网络、统计学习等。强化学习处于低潮期，一是混淆了强化学习和指导学习，以为在研究前者，实际在研究后者；二是后者相对简单一些，后者有教师——训练例子，而前者没有。

　　试错学习的研究不像时间差分和最优控制学习那样突出。时序差分（temporal difference）学习基于时间序列上对同一个量相继两个估计的差，它的起源是心理学上的次强化物（secondary reinforcer）。原强化物（primary reinforcer）直接满足个体需求的刺激，如食物等；次强化物经学习而间接使个体满足的刺激物，如奖状、金钱等。

　　最早把这个心理学原理引入人工学习系统的是 Minsky（1954）。1959 年，Samuel 在他著名的跳棋游戏中也应用了时序差分的思想。1972 年，Klopf 把试错学习和时序差分结合在一起。1978 年开始，Sutton、Barto、Moore，包括 Klopf 等对这两者进行结合，开始深入研究。

　　最优控制于 20 世纪 50 年代被提出：为动态系统设计一个控制器，在从初态转移到终态时，保证系统的某个性能指标保持最小值（或最大值）。1953～1957 年，Bellman 提出了求解最优控制问题的一个有效方法：动态规划（dynamic programming）。另一个有效方法是苏联庞特里雅金等人于 1956～1958 年提出的最大值原理。动态规划在随后的四十年里得到深入的研究，特别是在自动控制领域。

　　1957 年，Bellman 提出了最优控制问题的随机离散版本，就是著名的马尔可夫决策过程（Markov decision processe，MDP）。1960 年 Howard 提出马尔可夫决策过程的策略迭代方法，这些都成为现代强化学习的理论基础。

　　真正把时序差分和最优控制结合在一起的是 Watkins 等提出的 Q-学习［Watkins et al 1989］，也把强化学习的三条主线扭在了一起。1992 年，Tesauro 用强化学习成功了应用到双陆棋（backgammon）中，称为 TD-Gammon［Tesauro 1992］，从此开始了强化学习的深入研究。

10.2　强化学习模型

　　强化学习的模型如图 10.1 所示，通过主体与环境的交互进行学习。主体与环境的交互接口包括行动（action）、奖励（reward）和状态（state）。交互过程可以表述为如图 10.1 所示的形式：每一步，主体根据策略选择一个行动执行，然后感知下一步的状态和即时奖励,通过经验再修改自己的策略。主体的目标就是最大化长期奖励。

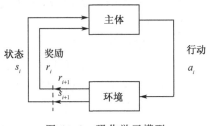

图 10.1　强化学习模型

　　强化学习系统接受环境状态的输入 s,根据内部的推理机制,系统输出相应的行为动作 a。环境在系统动作作用 a 下,变迁到新的状态 s'。系统接受环境新状态的输入,同时得到环境对于系统的瞬时奖惩反馈 r。对于强化学习系统来讲,其目标是学习一个行为策略 $\pi:S \rightarrow A$,使系统选择的动作能够获得环境奖励的累计值最大。换言之,系统要最大化式(10.1),其中,γ 为折扣因子。在学习过程中,强化学习技术的基本原理是:如果系统某个动作导致环境正的奖励,那么系统以后产生这个动作的趋势便会加强。反之系统产生这个动作的趋势便减弱。这和生理学中的条件反射原理是接近的。

$$\sum_{i=0}^{\infty} \gamma^i r_{t+i}, \quad 0 < \gamma \leqslant 1 \tag{10.1}$$

　　如果假定环境是马尔可夫型的,则顺序型强化学习问题可以通过马尔可夫决策过程建模。下面首先给出马尔可夫决策过程的形式化定义。

　　定义 10.1　马尔可夫决策过程　由四元组 $\langle S,A,R,P \rangle$ 定义。包含一个环境状态集 S,系统行为集合 A,奖励函数 $R:S \times A \rightarrow \mathbf{R}$ 和状态转移函数 $P:S \times A \rightarrow PD(S)$。记 $R(s,a,s')$ 为系统在状态 s 采用 a 动作使环境状态转移到 s' 获得的瞬时奖励值;记 $P(s,a,s')$ 为系统在状态 s 采用 a 动作使环境状态转移到 s' 的概率。

　　马尔可夫决策过程的本质是:当前状态向下一状态转移的概率和奖励值只取决于当前状态和选择的动作,而与历史状态和历史动作无关。因此在已知状态转移概率函数 P 和奖励函数 R 的环境模型知识下,可以采用动态规划技术求解最优策略。而强化学习着重研究在 P 函数和 R 函数未知的情况下,系统如何学习最优行为策略。

　　为解决这个问题,图 10.2 中给出强化学习四个关键要素之间的关系,即策略 π、状态值函数 V、奖励函数 R 和一个环境的模型(通常情况)。四要素关系自底向上呈金字塔结构。策略定义在任何给定时刻学习主体的选择和动作的方法。这样,策略可以通过一组产生式规则或者一个简单的查找表来表示。像刚才指出的,

图 10.2　强化学习四要素

特定情况下的策略可能也是广泛搜索,查询一个模型或计划过程的结果。它也可以是随机的。策略是学习主体中重要的组成部分,因为它自身在任何时刻足以产生动作。

奖励函数 R_t 定义了在时刻 t 问题的状态/目标关系。它把每个动作或更精细的每个状态-响应对映射为一个奖励量,以指出那个状态完成任务的愿望的大小。强化学习中的主体有最大化总的奖励的任务,这个奖励是它在完成任务时所得到的。

状态值函数 V 是环境中每个状态的一个属性,它指出对从这个状态继续下去的动作系统可以期望的奖励。奖励函数度量状态-响应对的立即的期望值,而赋值函数指出环境中一个状态长期的期望值。一个状态从它自己内在的品质和可能紧接着它的状态的品质来得到值,也就是在这些状态下的奖励。例如,一个状态/动作可能有一个低的立即的奖励,但有一个较高的值,因为通常紧跟它的状态产生一个较高的奖励。一个低的值可能同样意味着状态不与成功的解路径相联系。

如果没有奖励函数,就没有值,估计值的唯一目的是为了获取更多的奖励。但是,在作决定时,是值最使我们感兴趣,因为值指出带来最高的回报的状态和状态的综合。但是,确定值比确定奖励困难。奖励由环境直接给定,而值是估计得到的,然后随着时间推移根据成功和失败重新估计值。事实上,强化学习中最重要也是最难的方面是创建一个有效确定值的方法。

强化学习的环境模型是抓住环境行为的方面的一个机制。模型让我们在没有实际试验它们的情况下估计未来可能的动作。基于模型的计划是强化学习案例的一个新的补充,因为早期的系统趋向于基于纯粹的一个主体的试验和误差来产生奖励和值参数。

系统所面临的环境由环境模型定义,但由于模型中 P 函数和 R 函数未知,系统只能够依赖于每次试错所获得的瞬时奖励来选择策略。但由于在选择行为策略过程中,要考虑到环境模型的不确定性和目标的长远性,因此在策略和瞬时奖励之间构造值函数(即状态的效用函数),用于策略的选择:

$$R_t = r_{t+1} + \gamma r_{t+2} + \gamma^2 r_{t+3} + \cdots = r_{t+1} + \gamma R_{t+1} \tag{10.2}$$

$$V^\pi(s) = E_\pi\{R_t \mid s_t = s\} = E_\pi\{r_{t+1} + \gamma V(s_{t+1}) \mid s_t = s\}$$

$$= \sum_a \pi(s,a) \sum_{s'} P_{ss'}^a [R_{ss'}^a + \gamma V^\pi(s')] \tag{10.3}$$

首先通过式(10.2)构造一个返回函数 R_t,用于反映系统在某个策略 π 指导下的一次学习循环中,从 s_t 状态往后所获得的所有奖励的累计折扣和。由于环境是不确定的,系统在某个策略 π 指导下的每一次学习循环中所得到的 R_t 有可能是不同的。因此在 s 状态下的值函数要考虑不同学习循环中所有返回函数的数学期望。因此在 π 策略下,系统在 s 状态下的值函数由式(10.3)定义,其反映了如果系统遵循 π 策略,所能获得期望的累计奖励折扣和。

根据 Bellman 最优策略公式,在最优策略 π^* 下,系统在 s 状态下的值函数由式(10.4)定义:

$$V^*(s) = \max_{a \in A(s)} E\{r_{t+1} + \gamma V^*(s_{t+1}) \mid s_t = s, a_t = a\}$$
$$= \max_{a \in A(s)} \sum_{s'} P^a_{ss'} [R^a_{ss'} + \gamma V^*(s')] \tag{10.4}$$

在动态规划技术中,在已知状态转移概率函数 P 和奖励函数 R 的环境模型知识前提下,从任意设定的策略 π_0 出发,可以采用策略迭代的方法(式(10.5)和式(10.6))逼近最优的 V^* 和 π^*:

$$\pi_k(s) = \arg\max_a \sum_{s'} P^a_{ss'} [R^a_{ss'} + \gamma V^{\pi_{k-1}}(s')] \tag{10.5}$$

$$V^{\pi_k}(s) \leftarrow \sum_a \pi_{k-1}(s,a) \sum_{s'} P^a_{ss'} [R^a_{ss'} + \gamma V^{\pi_{k-1}}(s')] \tag{10.6}$$

其中,k 为迭代步数。

但由于强化学习中,P 函数和 R 函数未知,系统无法直接通过式(10.5)、式(10.6)进行值函数计算。因而实际中常采用逼近的方法进行值函数的估计,其中最主要的方法之一是蒙特卡罗(Monte Carlo)采样,如式(10.7)所示,其中,R_t 是指当系统采用某种策略 π,从 s_t 状态出发获得的真实的累计折扣奖励值。保持 π 策略不变,在每次学习循环中重复地使用式(10.7),式(10.7)将逼近式(10.3):

$$V(s_t) \leftarrow V(s_t) + \alpha[R_t - V(s_t)] \tag{10.7}$$

结合蒙特卡罗方法和动态规划技术,式(10.8)给出强化学习中时间差分学习(temporal difference, TD)的值函数迭代公式:

$$V(s_t) \leftarrow V(s_t) + \alpha[r_{t+1} + \gamma V(s_{t+1}) - V(s_t)] \tag{10.8}$$

10.3 动 态 规 划

动态规划(dynamic programming)的方法通过从后继状态回溯到前驱状态来计算赋值函数。动态规划的方法基于下一个状态分布的模型来接连的更新状态。强化学习的动态规划的方法是基于这样一个事实:对任何策略 π 和任何状态 s,有式(10.9)迭代的一致的等式成立:

$$V^\pi(s) = \sum_a \pi(a \mid s) \times \sum_{s'} \pi(s \rightarrow s' \mid a) \times (R^a(s \rightarrow s') + \gamma(V^\pi(s')))$$

$$\tag{10.9}$$

其中,$\pi(a|s)$是给定在随机策略π下状态s时动作a的概率;$\pi(s\rightarrow s'|a)$是在动作a下状态s转到状态s'的概率。这就是对V^{π}的Bellman(1957)等式。它表示了一个状态的值和它的后继状态迭代计算的值之间的关系。在图10.3中,我们给出第一步计算,从状态s我们向前看三个可能的后继。对策略π,动作a出现的概率为$\pi(a|s)$。从这三个状态中的每个状态,环境可能响应其中的一个状态,我们说s'有奖励r。Bellman等式对这些概率取平均值,不采用每个出现的可能性进行加权。它指出起始状态的值必须期待的下一个状态的折扣值γ,加上从这一路径产生的奖励。在动态规划中,如果n和m表示状态和动作的数目,虽然确定性策略的总数目为nm,一个动态规划方法能保证在多项式时间找到最优策略。在这个意义上,动态规划关于状态数和行动数的多项式时间比任何策略空间中的直接搜索指数级的快,但如果状态数是根据某些变量指数增长的,当然也会出现维度灾难了。

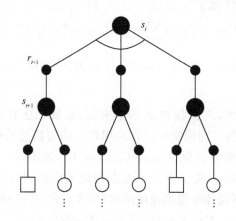

图 10.3　动态规划方法

在动态规划中,由式(10.4)可以得到式(10.10)的迭代公式:

$$V_{t+1}(s) \leftarrow \max_a \sum_{s'} P_{ss'}^a [R_{ss'}^a + \gamma V_t(s')] \tag{10.10}$$

当$t\rightarrow\infty$时,$V_t(s)\rightarrow V^*(s)$,重复对每个状态s进行迭代,直到$|\Delta V|$小于一个小正数,得到对每个状态长远奖励的评价。

典型的动态规划模型作用有限,很多问题很难给出环境的完整模型。仿真机器人足球就是这样的问题,可以采用实时动态规划方法解决这个问题。在实时动态规划中不需要事先给出环境模型,而是在真实的环境中不断测试,得到环境模型。可以采用反传神经网络实现对状态泛化,网络的输入单元是环境的状态s,网络的输出是对该状态的评价$V(s)$。

10.4　蒙特卡罗方法

蒙特卡罗方法不需要一个完整的模型。它对状态的整个轨道进行抽样,基于抽样点的最终结果来更新赋值函数。蒙特卡罗方法不需要经验,即从与环境联机的或者模拟的交互中抽样状态、动作和奖励的序列。联机的经验是令人感兴趣的,因为它不需要环境的先验知识,却仍然可以是最优的。从模拟的经验中学习功能也很强大。它需要一个模型,但它可以是生成的而不是分析的,即一个模型可以生成轨道却不能计算明确的概率。于是,它不需要产生在动态规划中要求的所有可能转变的完整的概率分布。

蒙特卡罗方法通过对抽样返回值取平均的方法来解决强化学习问题。为了确保良好定义的返回值,蒙特卡罗方法定义为完全抽样,即所有的抽样点必须最终终止。而且,只有当一个抽样点结束,估计值和策略才会改变。这样,在抽样点意义上说,蒙特卡罗方法在一个抽样点上是增加的,而不是逐步的。图 10.4 中,蒙特卡罗方法采样一次学习循环所获得的奖惩返回值。然后通过多次学习,用实际获得的奖惩返回值去逼近真实的状态值函数。

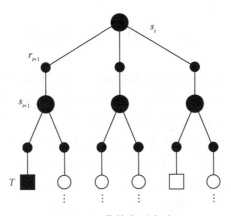

图 10.4　蒙特卡罗方法

蒙特卡罗方法没有环境模型,根据经验学习。只考虑最终任务,任务结束后对所有的回报进行平均。给定策略 π,计算 V^π。方法如下:根据策略 π 产生从开始到任务完成的一个状态序列;对序列中第一次(或每次)出现的状态 s_t,获得它的长期奖励 $R_t(s_t)$;把 $R_t(s_t)$ 加入列表 R_{s_t},$V(s_t) \leftarrow \text{average}(R_{s_t})$。

列表可以改成增量实现(incremental implementation):

$$V(s_t) \leftarrow V(s_t) + \frac{R_t(s_t) - V(s_t)}{N_{s_t} + 1} \tag{10.11}$$

$$N_{s_t} \leftarrow N_{s_t} + 1$$

策略在线蒙特卡罗控制时,策略评估和改进时使用相同的随机策略,如

$$a^* \leftarrow \operatorname*{argmax}_a Q(s,a)$$

$$\pi(s,a) \leftarrow \begin{cases} 1 - e + \dfrac{e}{\mid A(s) \mid}, & a = a^* \\ \dfrac{e}{\mid A(s) \mid}, & a \neq a^* \end{cases} \tag{10.12}$$

假定主体与环境交互学习过程中,发现某些动作的效果较好,那么主体在下一次决策中该选择什么样的动作呢? 一种考虑是充分利用现有的知识,选择当前认为最好的动作,但这样有一个缺点:也许还有更好的动作没有发现;反之,如果主体每次都测试新的动作,将导致有学习没进步,显然不是我们希望的。在利用现有知识和探索新行动之间应做出适当的权衡,称为权衡探索和利用。主要有两种方法,一个是前面用到的 e-贪心法;另一种是模拟退火,每个动作的选择概率和主体对它的评价有关:

$$p(a \mid s) = \frac{e^{Q(s,a)/T}}{\sum_{a'} e^{Q(s,a')/T}} \tag{10.13}$$

10.5 时序差分学习

时序差分学习中没有环境模型,根据经验学习。每步进行迭代,不需要等任务完成。预测模型的控制算法,根据历史信息判断将来的输入和输出,强调模型的函数而非模型的结构。时序差分方法和蒙特卡罗方法类似,仍然采样一次学习循环中获得的瞬时奖惩反馈,但同时类似与动态规划方法采用自举方法估计状态的值函数。然后通过多次迭代学习,去逼近真实的状态值函数。

时序差分学习技术中经典的 TD(0)学习算法如下。

算法 10.1 TD(0)学习算法。

初始化 $V(s)$ arbitrarily, π to the policy to be evaluated

Repeat (for each episode)

初始化 s

Repeat (for each step of episode)

根据 V(e.g., ε-greedy)导出的策略 π 决定的装填态 s 选择动作 a 采用动作 a,观测 r, s'

$V(s) \leftarrow V(s) + \alpha[r + \gamma V(s') - V(s)]$

$s \leftarrow s'$

Until s 结束

　　TD(0)学习算法事实上包含了两个步骤,一是从当前学习循环的值函数确定新的行为策略;二是在新的行为策略指导下,通过所获得的瞬时奖惩值对该策略进行评估。学习循环过程为

$$v_0 \to \pi_1 \to v_1 \to \pi_2 \to \cdots \to v^* \to \pi^* \to v^*$$

直到值函数和策略收敛。在时序差分学习中,计算值函数方法如图 10.5 所示。

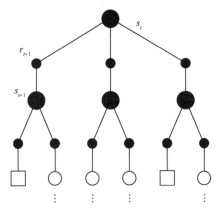

图 10.5　时序差分计算值函数方法

　　用九宫游戏来说明强化学习算法。首先,必须建立一个数的表,每个数表示一个游戏可能的状态。这些状态值的数反映从这个状态获胜可能性的当前估计。这会支持一个必须赢的策略,也就是说,或者对手赢,或者平局算我们输。这种平算输的方法允许我们建立聚焦于赢的策略。要抓住一个实际选手的技巧,而不是一些理想化选手的完美信息。这样,我们初始化表,用 1 表示我们能赢的每个位置,用 0 表示平或输的位置,用 0.5 表示其余位置,它反映了我们初始时估计从这些状态有 50% 的可能性赢。

　　我们现在与这个对手玩这个游戏。为简单起见,假定我们是◇,我们的对手是O。图 10.6 反映了游戏中一种可能的移动序列,既有考虑到的又有选择的移动。为了产生一步移动,首先考虑从当前状态一步合法移动到的每个状态,即任何◇可能移动的开放状态。我们查找表中保存的那个状态的当前值。在大多数时刻,我们可以做一步贪婪的移动,即取有最佳赋值函数的状态。偶尔,我们会做一步探测的移动,从其他状态中随机选取一个状态。这些探测的移动是为了考虑在游戏情形中可能看不到的一些选择,来扩大可能值的最优化。

　　在我们玩游戏时,我们改变选择的每个状态的赋值函数。我们试图使它们的最新值反映它们在成功路径上的可能性。在前面我们把这个称为一个状态的奖励函数。为了做到这一点,我们退回到我们已经选择的一个状态的值,把它作为我们下一个要选择状态的值的函数。如图 10.6 中向上指的箭头所示,这个退回的动作

越过我们对手的选择,但它确实反映了指导我们选择下一个状态的值的集合。这样,我们选择的前一个状态的当前值就被修正,给予奖励来更好反映后来状态的值(并且最终,当然是反映赢或输的值)。我们通常是通过移动前一个状态一部分差分值来完成这个任务,这个差分值是前一个状态自身与我们选择的新状态之间的差异值。这个部分度量,称为步长参数,它通过等式中的乘数 c 来反映:

$$V(s_n) = S(s_n) + c(V(s_{n+1}) - V(s_n)) \tag{10.14}$$

其中,s_n 表示在时刻 n 选择的状态,s_{n+1} 表示在时刻 $n+1$ 选择的状态。这个更新的等式是时序差分学习规则的一个例子,因为改变是在两个不同时刻 n 和 $n+1$ 估计值的差分 $V(s_{n+1}) - V(s_n)$ 的一个方程。10.6 节将进一步讨论这些学习规则。

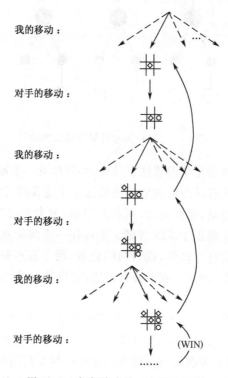

图 10.6 九宫游戏的一个移动序列
向下指向棋盘的虚箭头表示可能的移动选择,向上的实箭头表示当奖励函数改变状态值时的奖励

时序差分方程对九宫游戏执行得非常好。我们想随着时间来减小步长参数,目的是为了伴随着系统的学习,对状态值进行连续减小的调整。给定我们的对手,这能保证每个状态的赋值函数收敛于赢的概率。还有,除了周期性的探索式的移动,做出的选择实际上是最佳的移动,即对这个对手最佳的策略。但是,更令人感兴趣的是这样一个事实:如果步长从未真正减到 0,则这个策略会持续改变来反映对手玩时的任何改变/改进。

我们的九宫游戏解释了强化学习的很多重要特征。第一,有在与环境交互时的学习,这里的环境是我们的对手。第二,有(反映在很多目标状态上的)清晰的目标和最佳行为,这需要计划和预做准备,以便为特定移动的延期效应保留余地。例如,强化学习算法有效地建立对低级对手的多步移动的计策。这是强化学习的一个重要特征,在没有对手的清晰模型或不进行扩展搜索的情况下,预做准备和计划的效果可以在实际中完成。

在我们的九宫游戏的例子中,学习初始时除了游戏规则没有其他先验知识(我们只是把所有的非终态的状态初始化为 0.5)。强化学习不需要这种"新的开始"的观点。任何能用的先验知识可以使它成为初始状态值的组成部分。处理没有可用信息的状态也是可能的。最后,如果一个情况的模型是可用的,则结果模型所依据的信息可以用于状态的值。但是,重要的是要记住强化学习可以用于以下任一种情况:不需要模型,但如果模型能用或者模型可以被学习到,则可以使用模型。

在九宫游戏的例子中,奖励是随着每个状态-动作的决定分期付给的。我们的主体是近视的,它只考虑最大化立即的奖励。实际上,如果我们使用强化学习进行更深入的预先准备,我们将需要度量最终奖励的折扣回报(discounted return)。我们令折扣率 γ 表示一个未来奖励的当前值:未来 k 个时刻步得到奖励的价值是立即得到奖励的价值的 $\gamma k - 1$ 倍。

九宫游戏是两人游戏的一个例子。强化学习还可以用于没有对手,而只是从环境得到反馈的情形。九宫游戏的例子的状态空间还是有限的(实际上相当小)。强化学习还可以用于当状态空间很大,或者甚至是无限的时候。

10.6　Q　学　习

在 Q 学习中,Q 是状态-动作对到学习到的值的一个函数。对所有的状态和动作:

$$Q: (\text{state } x \text{ action}) \rightarrow \text{value}$$

对 Q 学习中的一步:

$$Q(s_t, a_t) \leftarrow (1-c)Q(s_t, a_t) + c\left[r_{t+1} + \gamma \max_a Q(s_{t+1}, a) - Q(s_t, a_t)\right]$$

$$(10.15)$$

其中,c、$\gamma \leqslant 1$;r_{t+1} 是状态 s_{t+1} 的奖励。我们可以在图 10.7(b)中看到 Q 学习的方法,它与图 10.7(a)不同,它的开始节点是一个状态-动作对。这个回溯规则更新每个状态-动作对,为了使图 10.7(b)的顶部的状态,回溯的根节点,为一个动作节点与产生它的状态为一对。

在 Q 学习中,回溯从动作节点开始,最大化下一个状态的所有可能动作和它

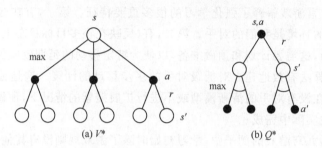

图 10.7　对 V^* 和 Q^* 的回溯图

们的奖励。在完全递归定义的 Q 学习中,回溯树的底部节点一个从根节点开始的动作和它们的后继动作的奖励的序列可以到达的所有终端节点。联机的 Q 学习,从可能的动作向前扩展,不需要建立一个完全的世界模型。Q 学习还可以脱机执行。我们可以看到,Q 学习是一种时序差分的方法。

　　Monte Carlo 方法采用一次学习循环所获得的整个返回函数去逼近实际的值函数,而强化学习方法使用下一状态的值函数(即 Bootstrapping 方法)和当前获得的瞬时奖励来估计当前状态值函数。显然,强化学习方法将需要更多次学习循环才能逼近实际的值函数。因此可以修改式(10.8),构造一个新的 λ-返回函数 R'_t,如式(10.16)所示,其中假定系统在此次学习循环中第 T 步后进入终结状态。λ-返回函数 R'_t 的物理意义如图 10.8 所示。那么值函数迭代即遵循式(10.17)。

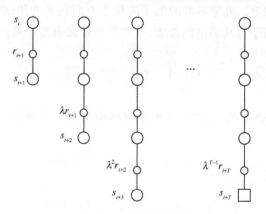

图 10.8　λ-返回函数

$$R'_t = r_{t+1} + \lambda r_{t+2} + \lambda^2 r_{t+3} + \cdots + \lambda^{T-1} r_{t+T} \tag{10.16}$$

$$V(s_t) \leftarrow V(s_t) + \alpha [R'_t - V(s_t)] \tag{10.17}$$

由于强化学习算法中值函数的更新是在每一学习步(即每次获得 $\langle s, a, r, s' \rangle$ 经验后)进行的,因此为使学习算法能在一次学习循环中值函数满足式(10.17),设计新的 TD(λ)算法。在 TD(λ)算法中通过构造 $e(s)$ 函数,即可以保证在一次学习循环中值函数以式(10.17)更新。

算法 10.2 TD(λ)算法。

> 初始化 $V(s)$ arbitrarily and $e(s) = 0$ for all $s \in S$
>
> Repeat (for each episode)
>
> > 初始化 s
> >
> > Repeat (for each step of episode)
> >
> > $a \leftarrow$ 由 s(e.g., ε-greedy)的策略 π 得到的动作
> >
> > > 采用动作 a, 观测 r, s'
> > >
> > > $\delta \leftarrow r + \gamma V(s') - V(s)$
> > >
> > > $e(s) \leftarrow e(s) + 1$
> > >
> > > for all s
> > >
> > > > $V(s) \leftarrow V(s) + \alpha \delta e(s)$
> > > >
> > > > $e(s) \leftarrow \gamma \lambda e(s)$
> > >
> > > $s \leftarrow s'$
> >
> > Until s 结束

我们可以将值函数的估计和策略评估两步骤合二为一。在算法中构造状态-动作对值函数,即 Q 函数。Q 函数定义如式(10.18)所示。理论证明,当学习率 α 满足一定条件,Q 学习算法必然收敛于最优状态-动作对值函数[Tsitsiklis 1994]。Q 学习算法是目前最普遍使用的强化学习算法之一。

$$Q^\pi(s,a) = \sum_{s'} P_{ss'}^a [R_{ss'}^a + \gamma V^\pi(s')] \tag{10.18}$$

算法 10.3 Q 学习算法。

> 初始化 $Q(s,a)$ arbitrarily
>
> Repeat (for each episode)
>
> > 初始化 s
> >
> > Repeat (for each step of episode)
> >
> > > 从 Q(e.g., ε-greedy)导出的策略 π 得到的 s 选择动作 a
> > >
> > > 采用动作 a, 观测 r, s'
> > >
> > > $Q(s,a) \leftarrow Q(s,a) + \alpha[r + \gamma \max_{a'} Q(s',a') - Q(s,a)]$
> > >
> > > $s \leftarrow s'$
> >
> > Until s 结束

10.7 强化学习中的函数估计

对于大规模 MDP 或连续空间 MDP 问题,强化学习不可能遍历所有状态。因此要求强化学习的值函数具有一定泛化能力。强化学习中的映射关系包括:$S \rightarrow A$、$S \rightarrow R$、$S \times A \rightarrow R$、$S \times A \rightarrow S$ 等。强化学习中的函数估计本质就是用参数化的函

数逼近这些映射。

用算子 Γ 来表示式(10.8)。假设初始的值函数记为 V_0,则学习过程产生的值函数逼近序列为

$$V_0, \Gamma(V_0), \Gamma(\Gamma(V_0)), \Gamma(\Gamma(\Gamma(V_0))), \cdots$$

在经典的强化学习算法中,值函数采用查找表(lookup-table)方式保存。而在函数估计中,采用参数化的拟合函数替代查找表。此时,强化学习基本结构如图 10.9 所示。记函数估计中 V 为目标函数,V' 为估计函数,则 $M:V \rightarrow V'$ 为函数估计算子。假设值函数初值为 V_0,则学习过程中产生的值函数序列为

$$V_0, M(V_0), \Gamma(M(V_0)), M(\Gamma(M(V_0))), \Gamma(M(\Gamma(M(V_0)))), \cdots$$

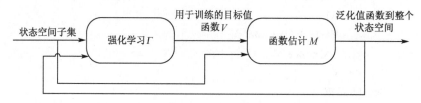

图 10.9　有函数估计的强化学习结构

因此,类似与 Q 学习算法,使用函数估计的强化学习算法迭代公式做以下修改:

$$Q(s,a) \leftarrow (1-a)V'(s,a) + a(r(s,a,s') + \max_{a'} V'(s',a')) \quad (10.19)$$

$$V'(s,a) = M(Q(s,a)) \quad (10.20)$$

在函数估计强化学习中,同时并行两个迭代过程:一个是值函数迭代过程 Γ,另一个是值函数逼近过程 M。因此 M 过程逼近的正确性和速度都将对强化学习产生根本的影响。目前函数估计的方法通常采用有导师监督学习方法:如状态聚类[Singh et al 1995,Moore 1994]、函数插值[Davies 1997]和人工神经网络[Sutton 1996]等方法。

状态聚类将整个状态空间分成若干区域,在同一区域的状态认为其值函数相等。于是一个连续或较大规模的 MDP 问题被离散化为规模较小的 MDP 问题。状态聚类最简单的方法是区格法,它将状态空间的每一维等分为若干区间,而将整个状态空间划分为若干相同大小的区间,对二维来说就是区格划分。更复杂的划分方法是变步长划分和三角划分,采用状态聚类方法的函数估计强化学习已经被证明是收敛的。需要指明的是:尽管状态聚类强化学习是收敛的,但其并不一定收敛到原问题的最优解上。要使收敛的值函数达到一定的精度,状态聚类的步长不能太大。因此对于大规模 MDP 问题,它仍然面临着维数灾难的困难。

目前函数估计强化学习研究的热点是采用神经网络等方法进行函数估计。但尽管这些新方法可以大幅度提高强化学习的学习速度,但并不能够保证收敛性。

因此研究既能保证收敛性,又能提高收敛速度的新型函数估计方法,仍然是目前函数估计强化学习研究的重点之一。

10.8 强化学习的应用

在 Markov 决策过程中,主体可感知到其环境的不同状态集合,并且有它可执行的动作集合。在每个离散时间步 t,主体感知到当前状态 s_t,选择当前动作 a_t 并执行它。环境响应给出奖励 $r_t = Q(s_t, a_t)$,并产生一个后继状态 $s_{t+1} = P(s_t, a_t)$。在 Markov 决策过程中,函数 $Q(s_t, a_t)$ 称之为动作评估函数(价值函数),$P(s_t, a_t)$ 称之为状态转换函数。$Q(s_t, a_t)$ 和 $P(s_t, a_t)$ 只依赖于当前状态和动作,而不依赖于以前的状态和动作;而强化学习正是处理 MDP 的一种重要方法。强化学习通过学习动作评估函数 $Q(s_t, a_t)$ 或状态转换函数 $P(s_t, a_t)$ 来达到学习的目的。而 Q 学习主要是通过学习 $Q(s_t, a_t)$ 获得最大的奖励。

这里应用 Q 学习算法进行仿真机器人踢球 2 对 1 训练,训练的目的是试图使主体学习获得到一种战略上的意识,能够在进攻中进行配合[宋志伟等 2003]。如图 10.10 所示,前锋 A 控球,并且在可射门的区域内,但是 A 已经没有射门角度了;队友 B 也处于射门区域,并且 B 具有良好的射门角度。A 传球给 B,射门由 B 来完成,那么这次进攻配合就会很成功。通过 Q 学习的方法来进行 2 对 1 的射门训练,让 A 掌握在这种状态情况下传球给 B 的动作是最优的策略。主体通过大量的学习训练(大数量级的状态量和重复相同状态)来获得策略,因此更具有适应性。

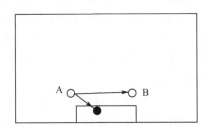

图 10.10 仿真机器人足球 2 对 1 训练

图 10.11 给出状态描述,将进攻禁区划分为 20×8 个小区域,每个小区域是边长为 2m 的正方形,一个二维数组 $A_{i,j}$($0 \leqslant i \leqslant 19, 0 \leqslant j \leqslant 7$)便可描述这个区域。使用三个 Agent 的位置来描述 2 对 1 进攻时的环境状态,利用图 10.11 所示的划分来泛化状态。可认为主体位于同一战略区域为相似状态,这样对状态的描述虽然不精确,但设计所需的是一种战略层次的描述,可认为 Agent 在战略区域内是积极跑动的,这种方法满足了需求。如此,$\langle S_A, S_B, S_G \rangle$ 便描述了一个特定的状态;其中,S_A 是进攻队员 A 的区域编号,S_B 是进攻队员 B 的区域编号,S_G 是守门员的区

域编号。区域编号计算公式为:$S=i\times8+j$。相应地,所保存的状态值为三个区域编号组成的对。

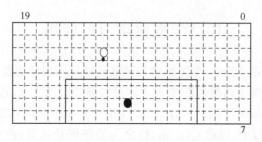

图 10.11　进攻禁区内的位置划分

可选动作集确定为{Shoot,Pass,Dribble},各变量的策略如下:

Shoot 的策略通过基于概率的射门训练的学习来得到。

Dribble 的策略是始终向受到威胁小并且射门成功率高的区域带球。为了实现这一策略目标,可划分进攻区域为多个战略区,在每个战略区进行射门评价,记录每个区域的射门成功率。

Pass 策略很简单,只需在两个 Agent 间进行传球,即不需要选择球传送的对象,也不需要判断传球路径。如果传球失败的话,则认为在这种状态下执行 Pass 策略是不成功的;经过此训练后,不可能的传球路径也不会被执行了。

训练中的所有状态包含了四个吸收状态。假设进攻方在左半场,按照标准的 Soccer server 规范,这四个状态的比赛模式为 play_on、goal_left、goal_kick_right 和 free_kick_right。当达到吸收状态时,给予主体最终奖励 r。促使到达吸收状态的上一步动作获得的立即回报值为最终奖励值 r,其他未直接促使到达吸收状态的动作均获得过程奖励值作为立即奖励。其中 goal_left 的 r 最大为 1 表示进球,其他状态下 r 为不同大小的负数。

主体在经过一定的状态和执行多个动作后获得了终态奖励(到达了吸收状态),这时就会对这个状态-动作序列分配奖励。Q 学习算法的核心就是每一个状态和动作的组合都拥有一个 Q 值,每次获得最终回报后通过更新等式更新这个 Q 值。由于 Robocup 仿真平台在设计的时候在状态转换的时候加入了一个较小的随机噪声,所以该模型为非确定 MDP,确定 Q 更新等式为

$$Q(s,a) = (1-\alpha)Q(s,a) + \alpha(r + \gamma \max Q(s_{t+1}, a_{t+1})) \tag{10.21}$$

规定 $\alpha=0.1, \gamma=0.95$。

在实际的训练中,初始 Q 表各项的值为 1。经过大约 2 万次的训练(到达吸收状态为一次),Agent 的 Q 表中的绝大部分项发生了变化,并且已经区分开来。表 10.1 是某场景下的训练次数和动作选择的变化示意表。

表 10.1　Q 值变化表

	初始值	5000 次	1 万次	2 万次
Shoot	1	0.7342	0.6248	0.5311
Pass	1	0.9743	0.9851	0.993
Dribble	1	0.9012	0.8104	0.7242

　　强化学习的应用主要可为制造过程控制、各种任务调度、机器人设计和游戏等。在过去的二十多年中,强化学习研究取得了突破性进展,但目前仍然存在许多有待解决的问题。强化学习的一个主要缺点是收敛慢。其根本原因在于学习过程仅仅从经验获得的奖励中进行策略的改进,而忽略了大量其他有用的领域信息。因此,如何结合其他机器学习技术,如神经网络、符号学习等技术,来帮助系统加快学习速度是强化学习研究和应用的重要方向。目前,结合技术研究的主要难点在于:如何从理论上证明和保证学习算法的收敛性。在更复杂的 Markov 决策模型中发展有效的强化学习算法也将是未来重要的研究方向之一。

习　　题

　　1. 简述强化学习的主要分支和研究历程。

　　2. 试解释强化学习模型及其与其他机器学习方法的异同。

　　3. 试解释 Markov 决策过程和及其本质。

　　4. 简述蒙特卡罗方法的基本思想及其在强化学习中的应用。

　　5. 说明时序差分学习的基本思想并以九宫游戏为例说明时序差分学习方法的执行过程。

　　6. 考虑图 10.12 显示的一个确定性格子世界,其中含有吸收目标 G(目标状态)。图 10.12 中做了标记的为立即回报,而其他没有做标记的转换都为 0。给出格子世界的每个状态的最大折算累积回报 V^*,给出每个转换的最大折算累积回报 $Q(s,a)$ 的值,并写出一个最优策略,使用 $\gamma = 0.8$。

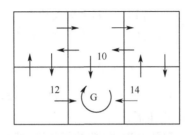

图 10.12　一个确是性格子世界

第11章 无监督学习

11.1 概 述

无监督学习不要求对数据进行事先标定,在数据的分类结构未知时,按照事物的某些属性,把事物聚集成类,使类间的相似性尽量小,类内相似性尽量大。利用无监督学习期望能够发现数据集中自身隐藏的内蕴结构信息。

无监督学习也称聚类分析。一般的聚类算法是先选择若干个模式点作为聚类的中心。每一中心代表一个类别,按照某种相似性度量方法(如最小距离方法)将各模式归于各聚类中心所代表的类别,形成初始分类。然后由聚类准则判断初始分类是否合理,如果不合理就修改分类,如此反复迭代运算,直到合理为止。与监督学习不同,无监督法是边学习边分类,通过学习找到相同的类别,然后将该类与其他类区分开。

无监督学习源于许多研究领域,受到很多应用需求的推动。例如,在复杂网络分析中,人们希望发现具有内在紧密联系的社团;在图像分析中,人们希望将图像分割成具有类似性质的区域;在文本处理中,人们希望发现具有相同主题的文本子集;在有损编码技术中,人们希望找到信息损失最小的编码;在顾客行为分析中,人们希望发现消费方式类似的顾客群,以便制订有针对性的客户管理方式和提高营销效率。这些情况都可以在适当的条件下归为聚类分析。

通常的聚类就是把含 n 个对象的集合划分成 K 个不相交的部分,称之为聚类块。给定一个数据集 $X=\{x_1,x_2,\cdots,x_n\}$,将其划分为 k 个子集类 $C_1,C_2,\cdots,C_K$,$C_i \subseteq X$,且 $\bigcup_{i=1}^K C_i = X$,$\forall i \neq j$,$C_i \bigcap C_j = \varnothing$,$C_i \neq \varnothing$。聚类的结果可以表示为一个 $n \times k$ 阶矩阵 $U=(u_{ik})_{n \times K}$,其中

$$u_{ik} = \begin{cases} 1, & i \text{ 属于聚类块 } k \\ 0, & i \text{ 不属于聚类块 } k \end{cases} \tag{11.1}$$

$$\sum_{k=1}^K u_{ik} = 1, \quad i=1,2,\cdots,n; k=1,2,\cdots,K \tag{11.2}$$

$$u_{ik} \in \{0,1\}, \quad i=1,2,\cdots,n; k=1,2,\cdots,K \tag{11.3}$$

典型的数据聚类基本步骤如下:

(1) 对数据集进行表示和预处理,包括数据清洗、特征选择或特征抽取;

(2) 给定数据之间的相似度或相异度及其定义方法;

(3) 根据相似度,对数据进行划分,即聚类;

（4）对聚类结果进行评估。

目前，人们提出了许多聚类算法包括：划分方法、层次方法、基于密度方法、基于网格方法、基于模型方法、模糊聚类、蚁群聚类方法、高维数据聚类方法、基于约束聚类、自组织特征映射等。本章将介绍前面七种聚类方法。有关神经网络的聚类方法请参阅参考文献［史忠植 2009］。

11.2　相似性度量

对象间的相似性是聚类的核心。对象的聚类用距离或相似系数来度量相似性，称为 Q 型聚类；属性的聚类常根据相似系数来度量相似性，称为 R 型聚类。有关距离的计算已在第 5 章介绍，本节讨论相似系数和属性的相似度量。

11.2.1　相似系数

相似系数体现对象间的相似程度，反映样本之间相对于某些属性的相似程度。确定相似系数有很多方法，这里列出一些常用的方法，可以根据实际问题选择使用。

设 $O=\{x_1,x_2,\cdots,x_n\}$ 为被分类对象的全体，以 $(x_{i1},x_{i2},\cdots,x_{im})$ 表示每一对象 x_i 的特征数据。令 $x_i、x_j\in O$，r_{ij} 是 x_i 和 x_j 之间的相似系数，满足以下条件：

（1）$r_{ij}=1 \Leftrightarrow x_i=x_j$；

（2）$\forall x_i、x_j、r_{ij}\in [0,1]$；

（3）$\forall x_i、x_j、r_{ij}=r_{ji}$。

常用以下的方法确定相似系数的度量：

1）数量积法

$$r_{ij} = \begin{cases} 1, & i=j \\ \dfrac{1}{M}\sum_{k=1}^{m} x_{ik}x_{jk}, & i \neq j \end{cases} \tag{11.4}$$

其中，M 为正数，满足 $M \geqslant \max\limits_{i \neq j}\left(\sum\limits_{k=1}^{m} x_{ik}x_{jk}\right)$。

2）夹角余弦法

$$r_{ij} = \frac{\left| \sum\limits_{k=1}^{m} x_{ik}x_{jk} \right|}{\sqrt{\left(\sum\limits_{k=1}^{m} x_{ik}^2\right)\left(\sum\limits_{k=1}^{m} x_{jk}^2\right)}} \tag{11.5}$$

用两个向量之间的余弦作为相似系数，范围为 $[-1,1]$。当两个向量正交时 r_{ij} 取值为 0，表示完全不相似。

3）相关系数法

$$r_{ij} = \frac{\sum_{k=1}^{m}(x_{ik} - \overline{x}_i)(x_{jk} - \overline{x}_j)}{\sqrt{\sum_{k=1}^{m}(x_{ik} - \overline{x}_i)^2}\sqrt{\sum_{k=1}^{m}(x_{jk} - \overline{x}_j)^2}} \tag{11.6}$$

其中,$\overline{x}_i = \frac{1}{m}\sum_{k=1}^{m}x_{ik}$,$\overline{x}_j = \frac{1}{m}\sum_{k=1}^{m}x_{jk}$。计算两个向量之间的相关度,取值范围为$[-1,1]$。0 表示不相关,1 表示正相关,$-1$ 表示负相关。

4) 最大最小法

$$r_{ij} = \frac{\sum_{k=1}^{m}(x_{ik} \wedge x_{jk})}{\sum_{k=1}^{m}(x_{ik} \vee x_{jk})} \tag{11.7}$$

5) 算术平均最小法

$$r_{ij} = \frac{2\sum_{k=1}^{m}(x_{ik} \wedge x_{jk})}{\sum_{k=1}^{m}(x_{ik} + x_{jk})} \tag{11.8}$$

6) 几何平均最小法

$$r_{ij} = \frac{\sum_{k=1}^{m}(x_{ik} \wedge x_{jk})}{\sum_{k=1}^{m}\sqrt{x_{ik}x_{jk}}} \tag{11.9}$$

7) 绝对值指数法

$$r_{ij} = \exp\left(-\sum_{k=1}^{m}|x_{ik} - x_{jk}|\right) \tag{11.10}$$

8) 指数相似系数法

$$r_{ij} = \frac{1}{m}\sum_{k=1}^{m}\exp\left(-\frac{(x_{ik} - x_{jk})^2}{s_k^2}\right) \tag{11.11}$$

9) 绝对值倒数法

$$r_{ij} = \begin{cases} 1, & i = j \\ \dfrac{M}{\sum_{k=1}^{m}|x_{ik} - x_{jk}|}, & i \neq j \end{cases} \tag{11.12}$$

其中,M 适当选取,使 r_{ij} 在$[0,1]$中且分开。

10) 绝对值减数法

$$r_{ij} = 1 - c\sum_{k=1}^{m}|x_{ik} - x_{jk}| \tag{11.13}$$

其中, c 适当选取, 使 r_{ij} 在 $[0,1]$ 中且分开。

11) 非参数法

令 $x'_{ik} = x_{ik} - \overline{x}_i$, $x'_{jk} = x_{jk} - \overline{x}_j$, $n^+_{ij} = \{x'_{i1}x'_{j1}, x'_{i2}x'_{j2}, \cdots, x'_{im}x'_{jm}\}$ 中的正数个数, $n^+_{ij} = \{x'_{i1}x'_{j1}, x'_{i2}x'_{j2}, \cdots, x'_{im}x'_{jm}\}$ 中的负数个数:

$$r_{ij} = \frac{1}{2}\left(1 + \frac{n^+_{ij} - n^-_{ij}}{n^+_{ij} + n^-_{ij}}\right) \tag{11.14}$$

12) 贴近度法

如果把 x_i、x_j 的特征归一化使 x_{ik}、$x_{jk} \in [0,1]$ $(k=1,2,\cdots,m)$, 则 x_i、x_j 的相似程度取为其贴近度。距离贴近度为

$$r_{ij} = 1 - c(d(x_i, x_j))^{\alpha} \tag{11.15}$$

其中, c、α 为适当选择参数值, $d(x_i, x_j)$ 为各种距离, 可以取闵可夫斯基距离:

$$d(x_i, x_j) = \left(\sum_{k=1}^{m} |x_{ik} - x_{jk}|^p\right)^{\frac{1}{p}} \tag{11.16}$$

当 $p=1$ 时为海明距离, $p=2$ 时为欧氏距离。

13) 专家打分法

请若干专家直接对 x_i, x_j 的相似程度打分, 取其平均值作为 r_{ij}。一般可用百分数, 然后再除以 100, 得到 $[0,1]$ 区间内的一个小数, 作为对象的相似系数。

11.2.2　属性的相似度量

聚类处理中, 也可以根据属性之间的相似性进行聚类。令属性 A_i、A_j 之间的相似系数为 r_{ij}, 主要的计算方法如下:

1) 相关系数法

$$r_{ij} = \frac{\sum_{k=1}^{m}(x_{ik} - \overline{x}_i)(x_{jk} - \overline{x}_j)}{\sqrt{\sum_{k=1}^{m}(x_{ik} - \overline{x}_i)^2}\sqrt{\sum_{k=1}^{m}(x_{jk} - \overline{x}_j)^2}} \tag{11.17}$$

其中, $\overline{x}_i = \frac{1}{m}\sum_{k=1}^{m}x_{ik}$, $\overline{x}_j = \frac{1}{m}\sum_{k=1}^{m}x_{jk}$。

2) 夹角余弦法

$$r_{ij} = \frac{\left|\sum_{k=1}^{m}x_{ik}x_{jk}\right|}{\sqrt{\left(\sum_{k=1}^{m}x_{ik}^2\right)\left(\sum_{k=1}^{m}x_{jk}^2\right)}} \tag{11.18}$$

3) 二值属性的相关系数

$$r_{ij} = \frac{1}{n}\chi^2 \tag{11.19}$$

4）多值属性的相关系数

如果属性 A_i 有 m 个不同取值，A_j 有 t 个不同的取值，可以定义多种相关系数：

$$(1) \qquad r_{ik}(1) = \left(\frac{\chi^2}{\chi^2 + n}\right)^{\frac{1}{2}} \qquad\qquad (11.20)$$

$$(2) \qquad r_{ik}(2) = \left(\frac{\chi^2}{n\max(t-1, m-1)}\right)^{\frac{1}{2}} \qquad (11.21)$$

$$(3) \qquad r_{ik}(3) = \left(\frac{\chi^2}{n\min(t-1, m-1)}\right)^{\frac{1}{2}} \qquad (11.22)$$

其中，n 为属性 A_i 与 A_j 的 $m \times t$ 列表的对象个数总和：

$$\chi^2 = n\sum_{i=1}^{m}\sum_{k=1}^{t}\frac{\left(n_{ik} - \frac{n_i n_k}{n}\right)^2}{n_i n_k} \qquad (11.23)$$

由于聚类的结果依赖于相似性度量的方法，必须根据实际问题的具体特点，慎重选择度量的方法。

11.3 划 分 方 法

划分聚类方法（partitioning method，PAM）是给定一个有 n 个对象或元组的数据库构建 k 个划分的方法。每个划分为一个类（或簇），并且 $k \leqslant n$。每个类至少包含一个对象，每个对象必须属于而且只能属于一个类（模糊划分计算除外）。所形成的聚类将使得一个客观划分标准最优化，从而使得一个聚类中对象是"相似"的，而不同聚类中的对象是"不相似"的。

11.3.1　k 均值算法

最常见的划分方法就是 k 均值算法和 k 中心点算法。k 均值算法是一种迭代的聚类算法，迭代过程中不断移动类集中的对象直至得到理想的类集为止，每个类用该类中对象的平均值来表示。利用 k 均值算法得到的簇，簇中对象的相似度很高，不同簇中对象之间的相异度也很高。处理过程如下算法：

算法 11.1　k 均值算法。

（1）从 n 个数据对象随机选取 k 个对象作为初始簇中心。

（2）计算每个簇的平均值，并用该平均值代表相应的簇。

（3）计算每个对象与这些中心对象的距离，并根据最小距离重新对相应对象进行划分。

（4）转步骤（2），重新计算每个（自变化）簇的平均值。这个过程不断重复直到某个准则函数不再明显变化或者聚类的对象不再变化为止。

一般，k 均值算法的准则函数采用平方误差准则，定义为

$$E = \sum_{i=1}^{k} \sum_{p \in C_i} |p - m_i|^2 \qquad (11.24)$$

其中，E 是数据集中所有对象与相应聚类中心的均方差之和；p 为给定的数据对象；m_i 为聚类 C_i 的均值。

k 均值算法对于大型数据库是相对可伸缩的和高效的，算法的时间复杂度为 $O(tkn)$，其中 t 为迭代次数。一般情况下结束于局部最优解。但是，k 均值算法必须在平均值有意义的情况下才能使用，对分类变量不适用，事先还要给定生成簇的个数，对噪声和异常数据比较敏感，不能对非凸面形状的数据进行处理。

11.3.2　k 中心点算法

k 中心点算法也称为划分中心点算法（partitioning around medoids，PAM），每个簇用接近中心点的一个对象来表示。首先为每个簇随意选择一个代表对象，剩余的对象根据其与代表对象的距离分配给最近的一个簇，然后反复地用非代表对象来代替代表对象，以提高聚类的质量。k 中心点算法如下：

算法 11.2　k 中心点算法。

（1）从 n 个数据对象随机选择 k 个对象作为初始聚类中心。

（2）依据每个聚类的中心对象，以及各对象与这些中心对象间距离，并根据最小距离重新对相应对象进行划分。

（3）任意选择一个非中心对象 O_{random}，计算其与中心对象 O_j 交换的整个距离代价改变量。

（4）若距离代价改变量为负值则交换 O_{random} 与 O_j 以构成新聚类的 k 个中心对象。

（5）转步骤（2），重新计算每个（有变化）簇的中心点。这个过程不断重复直到某个准则函数不再明显变化或者聚类的对象不再变化为止。

其中，准则函数可同 k 均值算法。

当存在噪声和异常点数据时，k 中心点算法比 k 均值算法更好，但 k 中心点算法的计算代价较高，算法的时间复杂度为 $O(tk(n-k)^2)$，不能很好地扩展到大型数据库上去。

11.3.3　大型数据库的划分方法

为了解决大型数据库的聚类问题，Ng 等提出 CLARANS(clustering large application based upon randomized search)算法[Ng et al 1994]。CLARANS算法将采样技术和 PAM 结合起来，在搜索的每一步随机地抽取一个样本，抽样次数

(numlocal)作为参数被用户输入。聚类过程可以被描述为对一个图的搜索,图中的每个节点是一个潜在的解,也就是说,k 个中心点的集合。在替换了一个中心点后得到的聚类结果称为当前聚类结果的邻居。随机尝试的邻居的数目(maxneighbor)被用户定义的一个参数加以限制。如果一个更好的邻居被发现,也就是说它有更小的平方误差值,CLARANS 移到该邻居节点,处理过程重新开始;否则当前的聚类达到了一个局部最优。如果找到一个局部最优,CLARANS 从随机选择的节点开始寻找新的局部最优。图 11.1 给出了该算法的流程,其中,cost 是评价函数,用来评价聚类的质量,该值越小说明聚类效果越好;mincost 记录搜索过程中目标函数的最小值;best 是最终解。

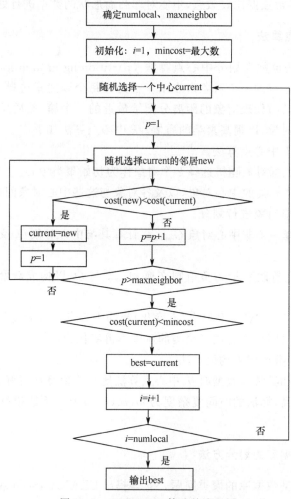

图 11.1　CLARANS算法的流程图

CLARANS 的随机搜索提高了算法的效率,算法的计算复杂度大约是 $O(n^2)$。但是,同时也可能降低聚类的质量,它的聚类质量取决于所用的抽样方法。另外,CLARANS 算法仍然具有和其他划分算法同样的缺点,如要求数据装入内存,得到的只是局部最优解,结果受初始值的影响。Erosheva 等提出 Focused CLARANS 算法[Erosheva et al 2004],利用 R^*-tree 进行抽样,以及限制在相关聚类合相关对象上搜索解,提高了 CLARANS 算法的效率。由于 R^*-tree 按照空间位置组织数据,存储在同一数据页内的数据在空间中也互相邻近,从 R^*-tree 的每个数据页中抽取一定数目的对象,构成的抽象能较好地反映数据分布。

11.4　层次聚类方法

层次聚类方法(hierarchical cluster method)是通过将数据组织为若干组并形成一棵相应的树来进行聚类。层次聚类的结果可以用一个谱系图或二分树表示,树中每个节点都是一个聚类,下层聚类是上层聚类的嵌套,每一层节点构成一组划分。

层次聚类方法又可以分为自顶向下的分裂算法和自底向上的凝聚算法两类。自底向上的凝聚聚类方法策略是首先将每个对象作为一个簇,然后将相互邻近的簇合并为一个大簇,直到所有的对象都在一个簇中,或者某个终结条件被满足。绝大多数层次聚类方法属于这一类,它们只是在簇间相似度的定义上有所不同。自顶向下分裂聚类方法策略与凝聚的层次聚类相反,它首先将所有对象置于一个簇中,然后逐渐细分为越来越小的簇,直到每个对象自成一簇,或者达到了某个终结条件。例如,达到了某个希望的簇数目,或者两个最近的簇之间的距离超过了某个阈值。

在凝聚层次聚类方法和分裂层次聚类方法中,均需要用户指定所期望的聚类个数作为聚类过程的终止条件。层次聚类方法尽管简单,但经常会遇到合并或分裂点选择的困难。这样的决定是非常关键的,因为一旦一组对象被合并或者分裂,下一步的处理将在新生成的簇上进行。已做的处理不能被撤销,聚类之间也不能交换对象。如果在某一步没有很好地选择合并或分裂的决定,可能会导致低质量的聚类结果。而且,这种聚类方法不具有很好的可伸缩性,因为合并或分裂的决定需要检查和估算大量的对象或簇。

为改进层次聚类效果,将层次聚类与其他聚类技术结合,形成多阶段聚类方法,主要有 BIRCH(balanced iterative reducing and clustering using hierarchies)算法、CURE(clustering using representatives)算法、ROCK(robua clustering using links)算法等。

11.4.1　BIRCH 算法

通过引入了聚类特征和聚类特征树概念,Zhang 等提出 BIRCH 算法[Zhang et al 1996]。聚类特征是一个包含关于簇的二元组,给出对象子聚类的信息汇总描述。如果某个子聚类中有 N 个 d 维的点或对象,则该子聚类的定义为 CF = (N, LS, SS),其中,N 是子类中点的个数;LS 是 N 个点的线性和;SS 是点的平方和。聚类特征树中所存储的是关于聚类的信息,这些信息是计算聚类和有效利用存储的关键度量。每个叶节点包含一个或多个子聚类,每个子聚类中包含一个或多个对象。一个聚类特征树有两个参数:分支因子 B 和阈值 T,分支因子 B 定义了每个非叶节点后代的最大数目;阈值参数 T 给出了存储在树的叶节点中的子聚类的最大直径。BIRCH 算法主要包括扫描数据库和聚类两个阶段。

算法 11.3　BIRCH 算法。

(1) 扫描数据库,建立一个初始存放于内存的聚类特征树,可以看做数据的多层压缩,试图保留数据内在的聚类结构。一个对象被插入到距其最近的叶节点(子聚类)中时,如果在插入对象后,存储在叶节点中的子聚类的直径大于阈值,那么该叶节点被分裂,也可能有其他节点被分裂。新对象插入后,关于该对象的信息向根节点传递。通过修改阈值,聚类特征树的大小可以改变。如果存储聚类特征树需要的内存大于主存的大小,可以定义一个较大的阈值,并重建聚类特征树。重建过程从旧树的叶节点建造一个新树。这样,重建树的过程不需要重读所有的对象。因此为了建树,只需读一次数据。采用一些启发式规则和方法。通过额外的数据扫描来处理孤立点和改进 CF 树的质量。聚类特征树建好后,可以在阶段(2)被用于任何聚类算法。

(2) BIRCH 采用某个聚类算法对聚类特征树的叶节点进行聚类。

B1RCH 算法具有可伸缩性,算法的时间复杂度为 $O(n)$(不重建聚类特征树时),通过对数据集的首次扫描产生一个基本聚类,二次扫描进一步改进聚类质量并处理异常点。BIRCH 算法的处理速度较快,但对非球形簇处理效果不好。

11.4.2　CURE 算法

Guha 等提出 CURE(clustering using representatives)算法利用代表点进行聚类,解决了大多数聚类算法偏好球形和相似大小的问题,并且容易处理异常点[Guha et al 1998]。CURE 算法选用数据空间中固定数目的、具有代表性的点代表簇,然后根据一个特定的分数或收缩因子向簇中心"收缩"或将其移动。如果两个簇的代表点距离最近,则将这两个簇合并。

由于每个簇有一个以上的代表点,使 CURE 算法可以适应非球形的几何形状,而且簇的收缩或凝聚可以控制异常点的影响,因此 CURE 算法对异常点的处

理更健壮。对于大型数据库,CURE 算法有良好的伸缩性,不会降低聚类的质量。CURE 算法的主要处理步骤如下:

算法 11.4　CURE 算法。

(1) 从源数据集中抽取一个随机样本 S,包含 s 个对象。

(2) 将样本 S 分为 p 个划分,每个划分大小为 s/p。

(3) 将每个划分局部聚类成 s/pq 聚类,其中 $q > 1$。

(4) 通过随机采样消除异常数据,若一个簇增长太慢,就删除该簇。

(5) 对局部的簇进行再聚类,落在每个新形成的聚类中的代表点,则根据用户定义的收缩因子 a 收缩或向簇中心移动。这些点将用于代表并描绘出聚类的边界。

(6) 对簇中的数据标记上相应簇标记。

CURE 算法的时间复杂度为 $O(n)$,最大问题是无法处理分类属性。

11.4.3　ROCK 算法

Guha 等于 1999 年提出了一个面向分类属性数据的聚类算法 ROCK [Guha et al 2000]。其突出贡献是采用公共近邻(链接)数的全局信息作为评价数据点间相关性的度量标准,而不是传统的基于两点间距离的局部度量函数。

算法 11.5　ROCK 算法。

```
Procedure cluster(S, k)
(1) begin
(2) link: = compute_links(S)
(3) for each s ∈ S do
(4)     q[s]: = build_local_heap(link, s)
(5) Q: = build_global_heap(S, q)
(6) while size(Q) > k do {
(7)     u: = extract_max(Q)
(8)     v: = max(q[u])
(9)     delete(Q, v)
(10)    w: = merge(u, v)
(11)    for each x ∈ q[u] ∪ q[v] {
(12)        link[x, w]: = link[x, u] + link[x, v]
(13)        delete(q[x], u); delete(q[x], v)
(14)        insert(q[x], w, g(x, w)); insert(q[w], x, g(x, w))
(15)        update(Q, x, q[x])
(16)    }
(17) insert(Q, w, q[w])
```

(18) deallocate($q[u]$);deallocate($q[v]$)

(19) }

(20) end

注意到算法中有两种队列，全局队列 Q 和普通队列 $q[i]$。算法中 compute_links(S)是预处理计算公共点的数量。具体过程如下：

procedure compute_links(S)

(1)　begin

(2)　Compute inlist[i] for every point I in S

(3)　Set link[I,j] to be zero for all i,j

(4)　for i: = 1 to n do {

(5)　　　N: = inlist[i];

(6)　for j: = 1 to $|N|$ − 1 do

(7)　for l: = j + 1 to $|N|$ do

(8)　　　　link[$N[j],N[l]$]: = link[$N[j],N[l]$] + 1

(9)　}

(10) end

在以往的算法中，两个对象之间的距离或相似性只与这两个对象本身有关，而与其他对象无关。ROCK 算法将这一局部运算扩展成一种全局运算，在计算两个对象之间的距离或相似性时，不仅考虑两个对象本身，还考虑周围邻居的影响，增强了算法的抗噪声能力。为了能够处理大规模的数据，ROCK 也采用随机抽样的方法。

11.5　基于密度的聚类

以空间中的一点为中心，单位体积内点的个数称为该点的密度。基于密度的聚类(density-based clustering)根据空间密度的差别，把具有相似密度的相邻的点作为一个聚类。密度聚类只要邻近区域的密度(对象或数据点的数目)超过某个阈值，就能够继续聚类。也就是说，对给定类中的每个数据点，在一个给定的区域内必须至少包含某个数目的点。这样，密度聚类方法就可以用来过滤"噪声"异常点数据，发现任意形状的簇。

在密度聚类算法中，有基于高密度连接区域的 DBSCAN(density-based spatial clustering of application with noise)算法、通过对象排序识别聚类结构的 OPTICS(ordering points to identify the clustering structure)算法和基于密度分布函数聚类的 DENCLUE(density based clustering)算法。

DBSCAN 通过不断生长足够高密度区域来进行聚类，它能从含有噪声的空间数据库中发现任意形状的聚类。DBSCAN 方法将一个聚类定义为一组"密度相连"的点集。DBSCAN 的基本思想涉及的一些概念如下：

（1）对象的 ε-邻域：给定对象的 ε 半径内的区域。

（2）核心点：一个对象的 ε-邻域至少包含最小数目（MinPts）个对象，则称该对象为核心点。

（3）直接密度可达：给定一组对象集合 D，如果 p 是在 q 的 ε-邻域内，而 q 是一个核心点，则称对象 p 从对象 q 出发是直接密度可达的。

（4）密度可达：如果存在一个对象链 $p_1, p_2, \cdots, p_m$，其中 $p_1 = p$，且 $p_m = q$，对于 $p_i \in D(1 \leqslant i \leqslant n)$，$p_{i+1}$ 是从 p_1 关于 ε 和 MinPts 直接密度可达的，则对象 p 是从对象 q 关于 ε 和 MinPts 密度可达的。

（5）密度相连：如果对象集合 D 中存在一个对象 o，使得对象 p 和 q 是从 o 关于 ε 和 MinPts 密度可达的，则对象 p 和 q 是关于 ε 和 MinPts 密度相连的。

（6）边界点：非核心点，是从某一核心点直接密度可达的。

（7）噪声：聚类结束时，不属于任何簇的点。

DBSCAN 算法首先需要用户给定聚类对象的半径 ε-邻域和 ε-邻域中最小包含的对象数 MinPts，然后算法检查某个对象 ε-邻域中的对象数，如果对象数大于 MinPts，该对象就是核心对象，就构建以该对象为核心的新簇。然后，反复寻找从这些核心对象出发在 ε-邻域内的对象，这个寻找过程可能会合并一些簇，直到没有新的对象可以添加到任何簇中为止。一个基于密度的簇是基于密度可达性的最大的密度相连对象的集合。不包含在任何簇中的对象被认为是"噪声"。

在 Weka 中 DBSCAN 算法的源代码放在 Weka. clusterers 包中，文件名为 DBScan. java。其中 buildClusterer 和 expandCluster 这两个方法是最核心的方法。buildClusterer 是所有聚类方法的接口方法，而 expandCluster 是用于扩展样本对象集合的高密度连接区域的。另外还有一个叫 epsilonRangeQuery 的方法，这个方法位于 Database 类中，用于查询指定对象在 epsilon 邻域内的样本对象集合。

在 buildClusterer 方法中，通过对每个未聚类的样本点调用 expandCluster 方法进行处理，查找由这个对象开始的密度相连的最大样本对象集合。在这个方法中处理的主要代码如下，当 expandCluster 方法返回真的时候就说明一个簇已经形成，取下一个聚类标号。

算法 11.6　Weka 中的 DBSCAN 算法。

```
Weka.DBSCAN
(1) while (iterator.hasNext()) {
(2)   DataObject dataObject = (DataObject) iterator.next();
(3)   if (dataObject.getClusterLabel() = = DataObject.UNCLASSIFIED) {
(4)         if (expandCluster(dataObject)) {
```

```
(5)                    clusterID + + ;
(6)                    numberOfGeneratedClusters + + ;
(7)            }
(8)   }
(9) }
```

buildClusterer 方法中的代码比较简单,主要是提供一个处理入口。下面再来看 expandCluster 方法,这个方法要接收一个样本对象作为参数。在这个方法主要干几件事情:判断这个样本对象是不是核心对象;如果是核心对象再判断这个样本对象的 ε-邻域中的每一个对象,检查它们是不是核心对象,如果是核心对象则将其合并到当前的聚类中。

```
Procedure List seedList = database. epsilonRangeQuery(getEpsilon( ), dataObject);
//判断 dataObject 是不是核心对象
(1) if (seedList.size() < getMinPoints()) {
    //如果不是核心对象则将其设置为噪声点
(2)    dataObject.setClusterLabel(DataObject.NOISE);
       //将其设置为噪声点后要返回 false 以防止聚类编号的增加
(3) return false;
(4) }
(5) //如果样本对象 dataObject 是核心对象,则对其邻域中的每一个对象进行
    处理
(6) for (int i = 0;i < seedList.size();i + + ) {
(7)    DataObject seedListDataObject = (DataObject) seedList.get(i);
(8) //设置 dataObject 邻域中的每个样本对象的聚类标识,将其归为一个簇
(9)    seedListDataObject.setClusterLabel(clusterID);
(10) //如果邻域中的样本对象与当前这个 dataObject 是同一个对象那么将其删
     除,如果在这里不做这个处理将会引起死循环
(11)    if (seedListDataObject.equals(dataObject)){
(12)        seedList.remove(i);
(13)        i--;
(14)    }
(15) }
(16)  //对 dataObject 的 ε-邻域中的每一个样本对象进行处理
(17) for (int j = 0;j < seedList.size();j + + ) {
(18)    //从邻域中取出一个样本对象 seedListDataObject
(19)    DataObject seedListDataObject = (DataObject) seedList.get(j);
(20)    //查找 seedListDataObject 的 ε-邻域并取得其中所有的样本对象
(21)    List seedListDataObject_Neighbourhood =
```

```
                    database.epsilonRangeQuery(getEpsilon(),seedListDataObject);
(22)        //判断 seedListDataObject 是不是核心对象
(23)        if (seedListDataObject_Neighbourhood.size() &gt; = getMinPoints())
(24)          for ( int i = 0;i &lt;seedListDataObject_Neighbourhood.size();i +
            + ){
(25)            DataObject p =
                    (DataObject)seedListDataObject_Neighbourhood.get(i);
```
(26)　　　//如果 seedListDataObject 样本对象是一个核心对象则将这个样本对象邻域中的所有未被聚类的对象添加到 seedList 中
(27)　　　//并且设置其中未聚类对象或噪声对象的聚类标号为当前聚类标号
```
(28)            if (p.getClusterLabel() = = DataObject.UNCLASSIFIED||
                    p.getClusterLabel() = = DataObject.NOISE) {〈br/〉
(29)            if (p.getClusterLabel() = = DataObject.UNCLASSIFIED)
```
(30)　　　//在这里将样本对象添加到 seedList 列表中的做法是一种广度优先的方法,通过这种方法来逐步扩展当前聚类
(31)　　　//这是非常重要的一条语句.如果没有这句就不能形成扩展的查找趋势,不能找到一个完整的密度连接区域
```
(32)                seedList.add(p);
(33)            }
(34)            p.setClusterLabel(clusterID);
(35)        }
(36)    }
(37)}
```
(38)　　　//去除当前处理的样本点,其目的与前面一样,为了避免死循环
```
(39)    seedList.remove(j);
(40)    j--;
(41)}
```
(42)　//查找到一个完整的密度连接区域后,返回真完成处理
```
(43) return true
```
　　DBSCAN 的显著特点是聚类速度快,对噪声不敏感,能发现空间中任意形状的聚类。如果采用空间索引,DBSCAN 的计算复杂程度是 $O(n\log n)$,否则,计算复杂度是 $O(n^2)$。该算法对用户定义的参数是敏感的。当用固定参数识别聚类时,可能破坏聚类的自然结构。该算法以密度连通和密度可达为基础,前者是对称非传递的,后者是传递非对称的,极大性和连通性矛盾可能会把一个连通的聚类分割成两个聚类。

11.6　基于网格方法

　　网格聚类方法是将对象空间量化为有限数目的单元,形成一个网格结构,所有

的聚类操作都在这个网格结构(即量化的空间)上进行。这种方法的主要优点是处理速度快,其处理时间独立于数据对象的数目,只与量化空间中每一维上的单元数目有关。

在网格聚类方法中有利用存储在网格单元中的统计信息进行聚类的 STING (statistical information grid-based method)算法、用小波转换方法进行聚类的 WaveCluster 方法和在高维数据空间基于网格和密度的 CLIQUE(clustering in-quest)聚类方法。

STING 算法是一种基于网格的多分辨率聚类技术,它将空间区域划分为矩形单元。针对不同级别的分辨率,通常存在多个级别的矩形单元,这些单元形成了一个层次结构:高层的每个单元被划分为多个低一层的单元。关于每个网格单元属性的统计信息(用于回答查询)被预先计算和存储。STING 算法的步骤如下。

算法 11.7 STING 算法[Wang et al 1997]。

(1) 在层次结构中选定一层作为查询处理的开始点。

(2) 对前层次的每个网格单元,计算出反映该单元与给定查询的关联程度的置信度区间。

(3) 从上面计算的置信度区间中标识每个网格单元是否与给定查询相关。

(4) 如果当前层是底层,则执行步骤(6);否则,执行步骤(5)。

(5) 处理层次结构中的下一层,对于形成高层的相关网格单元执行步骤(2)。

(6) 如果查询要求被满足,则执行步骤(8);否则,执行步骤(7)。

(7) 检索和进一步的处理落在相关单元中的数据,返回满足查询要求的结果,执行步骤(9)。

(8) 寻找相关网格的区域,返回满足查询要求的相关单元的区域,执行步骤(9)。

(9) 算法结束。

在 STING 扫描数据库时,把空间区域划分为矩形单元,建立层次结构。每个单元有 4 个子单元,存储各单元的统计信息,如对象的个数、中心、方差、最大值、最小值、数据分布类型等。上层单元的信息由子单元计算得到。

Schikuta 提出了一个基于网格的层次聚类算法 BANG(balanced and nested grid),该算法根据存储在网格文件中的位置进行聚类。BANG 算法基本如下。

算法 11.8 基于网格的层次聚类算法 BANG。

(1) 创建网格结构。

(2) 计算网格单元密度。

(3) 网格数据页排序。

(4) 识别聚类中心。

(5) 相邻页的搜索和合并。

后来,Schikuta 和 Erhart 在 BANG 结构的基础上发展了 BA NG-Clustering 算法[Schikuta et al 1997]。

Sheikholeslami 等把小波变换的原理引入聚类研究中,提出 WaveCluster 方法[Sheikholeslami et al 1998]。该方法首先通过在数据空间上强加一个多维网格结构来汇总数据,每个网格单元汇总了一组映射到该单元中的点的信息,然后采用一种小波变换来变换原特征空间,汇总信息在进行小波变换时使用,接着在变换后的空间中找到聚类区域。WaveCluster 的算法如下。

算法 11.9　WaveCluster 算法[Sheikholeslami et al 1998]。

输入:多维数据对象特征向量。

输出:聚类对象。

(1) 量化特征空间,然后将对象分配到网格单元。

(2) 对特征空间应用小波变换。

(3) 在各层对变换的特征空间子区间寻找连通分支(聚类)。

(4) 标识网格单元。

(5) 生成查找表。

(6) 映射对象到聚类。

由于小波变换的特性使该算法具有很多优点:它能够有效地处理大数据集,发现任意形状的簇,成功地处理孤立异常点,对于输入的顺序不敏感,不要求指定诸如结果簇的数目或邻域半径等输入参数。试验分析发现 WaveCluster 在效率和聚类质量上优于 CLARANS 和 DBSCAN,同时 WaveCluster 能够处理多达 20 维的数据,并且速度很快,复杂度是 $O(n)$。

11.7　基于模型的方法

基于模型的聚类方法为每一个簇假定了一个模型,寻找数据对给定模型的最佳拟合,它试图优化给定的数据和某些数学模型之间的适应性,基于模型的方法经常假设数据是根据潜在的概率分布生成的,算法主要有统计学和神经网络两种。

1987 年,Fisher 提出了 COBWEB 算法[Fisher 1987a]。COBWEB 是一种流行的简单增量概念聚类算法,它的输入对象用分类属性一值对来描述,COBWEB 以一个分类树的形式创建层次聚类。分类树与判定树不同。分类树中的每个节点对应一个概念,包含该概念的一个概率描述,概述被分在该节点下的对象。概率描述包括概念的概率和形如 $P(A_i = V_{ij} | C_k)$ 的条件概率,这里 $A_i = V_{ij}$ 是属性-值对,C_k 是概念类(计数被累计并存储在每个计算概率的节点)。这与判定树不同,判定树标记分支而非节点,而且采用逻辑描述符,而不是概率描述符。在分类树某个层次上的兄弟节点形成了一个划分。为了用分类树对一个对象进行分类,采用了一

个部分匹配函数来沿着"最佳"匹配节点的路径在树中向下移动。

COBWEB 采用分类效用作为启发式评估度量来帮助进行树的构造。分类效用定义如下:

$$\frac{\sum_{k=1}^{n} P(C_k) \left[\sum_i \sum_j P(A_i = V_{ij} \mid C_k)^2 - \sum_i \sum_j P(A_i = V_{ij})^2 \right]}{n} \tag{11.25}$$

其中,n 是在树的某个层次上形成一个划分$\{C_1, C_2, \cdots, C_n\}$的节点、概念或类别的数目;概率 $P(A_i = V_{ij} \mid C_k)$ 表示类内相似性,该值越大,共享该属性-值对的类成员比例就越大,更能预见该属性-值对是类成员;概率 $P(C_k \mid A_i = V_{ij})$ 表示类间相异性,该值越大,在对照类中的对象共享该属性-值对就越少,更能预见该属性-值对是类成员。

COBWEB 也有其局限性。首先,它基于这样一个假设:在每个属性上的概率分布是彼此独立的。由于属性间经常是相关的,这个假设并不总是成立。此外,聚类的概率分布表示使得更新和存储聚类相当昂贵。因为时间和空间复杂度不只依赖于属性的数目,而且取决于每个属性的值的数目,所以当属性有大量的取值时情况尤其严重。而且,分类树对于偏斜的输入数据不是高度平衡的,它可能导致时间和空间复杂性的剧烈变化。

AutoClass 是一种基于贝叶斯理论的数据聚类算法[Cheeseman et al 1996],通过对数据进行处理,计算出每条数据属于每个类别的概率值,将数据进行聚类。AutoClass 能对复杂数据进行精确的自动聚类,可以事先设定好类别数目让 Auto-Class 自动寻找,在寻找结束后,能够得到每一条数据分别属于每一类别的几率。AutoClass 的程序是由 Cheeseman 和 Stutz 在 1995 年开发出来的,程序可以从网站(http://ti.arc.nasa.gov/ic/projects/bayes-group/autoclass/autoclassc)上获得。

与其他算法相比,AutoClass 具有以下的优点:

(1) 聚类的数据不需要预先给定数据的类别,但是定义了每个数据成员。

(2) 可以处理连续型或是离散型数据. 在 AutoClass 中,每一组数据都以一个向量来表示,其中每个分量分别代表不同的属性,这些属性数据可以是连续型或是离散型。

(3) AutoClass 要求将资料存成 Data File(存数据文件)与 Header File(描述数据的文件)两部分,如此可以让使用者自由搭配 Data File 和 Header File 而节省输入数据的时间。

(4) 可以处理缺值数据。当一组数据中的某些属性值有缺漏时,AutoClass 仍可将此组数据进行聚类。

同时,AutoClass 也存在以下缺点:

(1) AutoClass 概率模型的前提是各属性相互独立,而这个假设在许多领域中是不成立的。

（2）AutoClass 不是一个完全自动化的聚类算法，需要主观地决定数据的适当群数范围，而此问题却是聚类的一大难题。

（3）使用 AutoClass 处理数据时，必须不断地重复假设与测试，并结合专业知识与程序，才能得到良好的结果，因而要花费大量的时间。

（4）没有提供一个先验标准来预测一组数据是否能够聚类，因而带有一定的臆断性。没有提供一个后验方法来评估分类的结果是否可以信赖。

由于 AutoClass 的这些优点和缺点，在聚类时必须应用专业知识对数据进行合理的判断，克服 AutoClass 本身的缺点而发挥它的优点，这样可以得到科学合理的聚类结果。

11.8　模　糊　聚　类

11.8.1　传递闭包法

模糊相似矩阵 R 的传递闭包是指包含 R 的最小模糊等价矩阵。利用平方法可以求得模糊相似矩阵的传递闭包，其理论依据是下面的定理 11.1。

定理 11.1　设 R 为 n 阶模糊相似矩阵，则存在一个最小自然数 $k(k<n)$，使得传递闭包 $t(R)=R^k$，且对一切大于 k 的自然数 l，恒有 $R^l=R^k$。

定理 11.1 说明，从模糊相似矩阵 R 出发利用平方法依次计算 $R^2,R^4,R^8,\cdots,$
$R^{2^i},\cdots$，当第一次出现 $R^k \cdot R^k=R^k$ 时，R^k 就是传递闭包 $t(R)$，其中矩阵计算按下列公式：

设 R、S 为模糊相似矩阵，$R=(r_{ij})_{n\times n}$，$S=(s_{ij})_{n\times n}$，则 $R \cdot S=(t_{ij})_{n\times n}$，其中

$$t_{ij} = \bigvee_{k=1}^{n} (r_{ik} \wedge s_{kj}) \cdot n^3 \sim n^3 \log_2 n$$

传递闭包法的计算量是 $n^3 \sim n^3 \log_2 n$，虽然用平方法计算传递闭包比用逐次乘法效率要高，但下面的动态直接聚类法计算量更小。

11.8.2　动态直接聚类法

首先给出几个概念，再给出动态直接聚类法。

定义 11.1　设 $R=(r_{ij})_{n\times n}$ 为模糊相似矩阵，R 的第 i 行非主对角线上的元素可写为

$$r_{i1},r_{i2},\cdots,r_{i,i-1},r_{i+1,i},\cdots,r_{ni} \tag{11.26}$$

我们把式（11.26）中的最大元或者重复出现的几个极大元中的最左侧的元素称为 R 的第 i 行主元。

定义 11.2　如果 $R=(r_{ij})_{n\times n}$ 为模糊相似矩阵，r_{ij} 既是第 i 行又是第 j 行主元，

则称 r_{ij} 为 R 的双重主元。在 R 的主元中,非双重主元的主元称为 R 的单重主元。

定义 11.3　给定若干个两两不交的集合

$$S_1, S_2, \cdots, S_p \tag{11.27}$$

若存在集合 $T = \{t_1, t_2\}$ 及式(11.27)中唯一集合 S_k 使得 $S_k \cap T \neq \varnothing$,则用 $S_k \cup T$ 代替 S_k,称这种变换为 T 对式(11.27)进行填充变换。

若存在集合 $T = \{t_1, t_2\}$ 及式(11.27)中两个集合 S_k 与 S_l,使得 $S_k \cap T \neq \varnothing$, $S_l \cap T \neq \varnothing$,则用 $S_k \cup S_l$ 代替 S_k,并将 S_l 从式(11.27)中去掉,得到新集合列的过程,称为 T 对式(11.27)进行合并变换。若 $i \in S_k, j \in S_l$,则在 R 中去掉 r_{ij} 的过程,称为对 R 进行清理变换。

定义 11.4　设 R 的各个双重主元的足码集合为

$$S_1, S_2, \cdots, S_p \tag{11.28}$$

若 R 的各个双重主元的足码集对式(11.28)进行填充变换而得新的足码集,称为 R 的行标分解集。

算法 11.10　连接元算法。

(1) 找出 R 的各个双重主元与单重主元,并写出 R 的行标分解集:

$$H_1, H_2, \cdots, H_p$$

(2) 如果 i、$j \in H_k (k = 1, 2, \cdots, p)$,且 r_{ij} 不是 R 的双重主元与单重主元,则称其为 R 的连通元。找出 R 的所有连通元。

(3) 在 R 的除去主元与连通元的元素中,取一个最大的元 r_{kl},称为 R 的连接元,如有几个可任取一个。如果已选取到 $p-1$ 个连接元,则算法停止;否则,转步骤(4)。

(4) 用连接元 r_{kl} 对已有足码集进行合并变换,并且对 R 进行清理变换,而后转步骤(3)。

定义 11.5　R 的双重主元、单重主元、连接元统称为 R 的基元。

算法 11.11　动态直接聚类法。

(1) 建立模糊相似矩阵 R;

(2) 求 R 的基元;

(3) 画出动态聚类图,或以集合方式写出各水平下的聚类结果。

动态直接聚类法的计算量是 $n^2 + nk$(k 是连接元的数目,其数目最大不超过 $\frac{n}{2}$)。

11.8.3　最大树法

最大树法是我国学者吴望名提出的,它有两种算法形式。总体步骤见算法 11.12。

算法 11.12　最大树法。

(1) 建立模糊相似矩阵；

(2) 画出最大树；

(3) 聚类。

最大树的画法有 Prim 法和 Kruskal 法。我们举例说明这两种方法。设待分类对象的集合简记为 $\{1,2,3,4,5\}$，给定模糊相似矩阵

$$
\boldsymbol{R} = \begin{bmatrix} 1 & & & & \\ 0.1 & 1 & & & \\ 0.8 & 0.1 & 1 & & \\ 0.5 & 0.2 & 0.3 & 1 & \\ 0.3 & 0.4 & 0.1 & 0.6 & 1 \end{bmatrix}
$$

算法 11.13 最大树的 Prim 算法。

(1) 先取对象 1，在对象 2、3、4、5 中，找出与 1 相关系数最大的，这里可得 $0.8=\boldsymbol{R}(1,3)$，画出下图：

$$1 \xrightarrow{\ 0.8\ } 3$$

在 2、4、5 中，找出与对象 1 最大的相关系数 $0.5=\boldsymbol{R}(1,4)$，找出与对象 3 最大的相关系数 $0.3=\boldsymbol{R}(3,4)$，因 $0.5 > 0.3$，取对象 4，得下图：

$$4 \xrightarrow{\ 0.5\ } 1 \xrightarrow{\ 0.8\ } 3$$

再在 2、5 中，找出与 1、3、4 最大的相关系数，$0.6=\boldsymbol{R}(4,5)$，由此得下图：

$$5 \xrightarrow{\ 0.6\ } 4 \xrightarrow{\ 0.5\ } 1 \xrightarrow{\ 0.8\ } 3$$

最后，找 2 与 1、3、4、5 之间最大的相关系数 $0.4=\boldsymbol{R}(2,5)$，得最大树：

$$2 \xrightarrow{\ 0.4\ } 5 \xrightarrow{\ 0.6\ } 4 \xrightarrow{\ 0.5\ } 1 \xrightarrow{\ 0.8\ } 3$$

(2) 取 $\lambda \in [0,1]$，砍断连接权重小于 λ 的枝，就可得到一个不连通的图，而各连通分支就构成了 λ 水平上的分类。

若取 $\lambda \in [0, 0.4]$，则只得一类：$\{1,2,3,4,5\}$；若取 $\lambda \in (0.4, 0.5]$，则得两类：$\{2\}$，$\{1,3,4,5\}$；若取 $\lambda \in (0.5, 0.6]$，则得到三类：$\{2\}$，$\{4,5\}$，$\{1,3\}$；若取 $\lambda \in (0.6, 0.8]$，则得四类：$\{2\}$，$\{5\}$，$\{4\}$，$\{1,3\}$；若取 $\lambda \in (0.8, 1]$，则得五类：$\{1\}$、$\{2\}$、$\{3\}$、$\{4\}$、$\{5\}$。

算法 11.14 最大树的 Kruskal 算法。

(1) 先在 $\boldsymbol{R}$ 的非主对角线中找到最大元 $0.8=\boldsymbol{R}(1,3)$，得下图：

$$3 \xrightarrow{\ 0.8\ } 1$$

再找次最大元 $0.6=\boldsymbol{R}(4,5)$，得下图：

$$3 \xrightarrow{\ 0.8\ } 1, 4 \xrightarrow{\ 0.6\ } 5$$

再次，找到 $0.5=\boldsymbol{R}(1,4)$，得下图：

$$3 \xrightarrow{0.8} 1 \xrightarrow{0.5} 4 \xrightarrow{0.6} 5$$

最后得到 $0.4=R(2,5)$,至此所有顶点都被连到,且不含圈,从而得到最大树:

$$3 \xrightarrow{0.8} 1 \xrightarrow{0.5} 4 \xrightarrow{0.6} 5 \xrightarrow{0.4} 2$$

(2) 以下同算法 11.13 中的(2)。

用上述方法所得的最大树可能不同,但可以证明其分类结果相同。用 Prim 法至多需要进行 $\frac{3}{2}n^3$ 次运算,用 Kruskal 法至多需要进行 $n^3 \sim n^3 \log_2 n$ 次运算。

传递闭包法和动态直接聚类法以及最大树法的分类结果是相同的。其中动态直接聚类法计算量比较小。

11.9　蚁群聚类方法

11.9.1　基本模型

群体智能的聚类模型来源于对蚁群打扫蚁穴行为的观察。Chretien 用 Lasius niger 蚂蚁做了蚁群蚁穴墓地组织的实验。Deneubourg 等也用 Pheidole pallidula 蚂蚁做了类似实验。实验证实,某些种类的蚁群的确能够组织蚁穴中的墓地,也就是将分散在蚁穴各处的蚂蚁尸体垒堆起来。另外,观察还发现蚁群在安排不同蚁卵的位置时,按照蚁卵大小不同而分别堆放在蚁穴周边和中央的位置。

Deneubourg 等提出了一种解释蚁群聚类现象的基本模型[Deneubourg et al 1991],并模拟实现了蚁群的聚类过程。这个基本模型认为单独的对象将被拾起并放到其他有更多这种类型对象的地方。假设环境中只有一种类型的对象,由一个当前没有负载对象的随机移动的蚂蚁拾起一个对象的概率是

$$P_\text{p} = \left(\frac{k_1}{k_1 + f} \right)^2 \tag{11.29}$$

其中,f 是在蚂蚁附近对象观察分数(perceived fraction),反映蚂蚁附近同类对象的个数。k_1 是阈值常数:若 $f \ll k_1$,P_p 接近 1(即当周围没有多少对象时,拾起一个对象的概率很大);若 $k_1 \ll f$,P_p 接近 0(即在一个稠密的聚类中,一个对象不大可能被移动)。一个随机移动的有负载的蚂蚁放下一个对象的概率是

$$P_\text{d} = \left(\frac{f}{k_2 + f} \right)^2 \tag{11.30}$$

其中,k_2 是另一个阈值常数:若 $f \ll k_2$,P_d 接近 1;若 $k_2 \ll f$,P_d 接近 0。拾起和放下行为大致遵守相反的规则。

为了跟踪聚类的动态过程,Gutowitz 提出了采用空间熵的方法。空间熵用于度量对象聚集的效果。设 s-patches 为一个空间区域(如 $s=8$ 表示一个 8×8 的区域),空间熵定义为

$$E_s = \sum_{I \in \{s\text{-patches}\}} P_I \log P_I \tag{11.31}$$

其中，P_I 是在区域 s-patches I 内对象个数与总对象个数的比值。E_s 随着聚类过程而减小。

11.9.2　LF 算法

Lumer 和 Faieta 将基本模型推广应用到数据分析[Lumer et al 1994]。主导思想是定义一个在对象属性空间里的对象之间的"不相似"d（或者距离）。例如，在基本模型中，两个对象 O_i 和 O_j 不是相似就是不同，所以可以定义一个二进制矩阵，如果 O_i 和 O_j 是相同的对象，$d(O_i, O_j) = 0$；如果 O_i 和 O_j 是不同的对象，$d(O_i, O_j) = 1$。很明显，相同的思想可以扩展到有更多复杂对象的情况，即对象有更多的属性，或者更复杂的距离。n 维对象可认为是 $\mathbf{R}^n$ 空间的点，$d(O_i, O_j)$ 表示对象间的距离。Lumer 和 Faietar 的 LF 算法将属性空间投影到一些低维空间，如二维空间，并且使得聚类具有类内距离小于类间距离的特性。

LF 算法沿用了基本模型，相似度函数为式（11.32），其中，$f(O_i)$ 是对象 O_i 与出现在它邻近范围内的其他对象 O_j 的平均相似度，对应基本模型中的 f。s 表示邻近范围的半径，$d(O_i, O_j)$ 为两对象的距离，参数 α 定义了距离的规模。拾起 P_p 和放下 P_d 概率计算公式分别为式（11.33）和式（11.34），其中式（11.34）只是式（11.30）的简单近似。

$$f(O_i) = \begin{cases} \dfrac{1}{s^2} \sum_{O_j \in \text{Neigh}_{s \times s}(r)} \left[1 - \dfrac{d(O_i, O_j)}{\alpha} \right], & f > 0 \\ 0, & f \leqslant 0 \end{cases} \tag{11.32}$$

$$P_p(O_i) = \left(\frac{k_1}{k_1 + f(O_i)} \right)^2 \tag{11.33}$$

$$P_d(O_i) = \begin{cases} 2f(O_i), & f(O_i) < k_2 \\ 1, & f(O_i) \geqslant k_2 \end{cases} \tag{11.34}$$

为了改进原有模型的性能，他们在系统上增加了三个特性：①蚂蚁具有不同的移动速度，设定蚂蚁的速度 v 均匀分布在 $[1, v_{max}]$ 之间，这个速度 v 通过修正相似度函数 $f(O_i)$ 式（11.35），影响蚂蚁是拾起一个对象还是放下一个对象；②蚂蚁具有一个短时间的记忆；③行为转换，如果在一个设定的时间步长内在上面没有进行任何拾起或者放下行动，蚂蚁能够消除这些聚类中心。这些特性在减少相同的聚类中心、避免局部非优化结构等方面改进了原模型。

$$f(O_i) = \max \left\{ 0, \frac{1}{s^2} \sum_{O_j \in \text{Neigh}_{s \times s}(r)} \left[1 - \frac{d(O_i, O_j)}{\alpha(1 + ((v-1)/v_{max}))} \right] \right\} \tag{11.35}$$

11.9.3　基于群体智能的聚类算法 CSI

基于群体智能的聚类算法的主要思想是将待测对象随机分布在一个环境中

(一般是一个二维网格),简单个体如蚂蚁测量当前对象在局部环境的群体相似度,并通过概率转换函数得到拾起或放下对象的概率,以这个概率行动,同时逐渐调整群体相似系数,经过群体大量的相互作用,得到若干聚类中心。最后,采用简单的基于密度的递归算法在环境空间收集聚类结果。

定义 11.6 群体相似度是一个待聚类模式(对象)与其所在一定的局部环境中所有其他模式的综合相似度。

群体相似度的基本测量公式如下:

$$f(O_i) = \sum_{O_j \in \text{Neigh}(r)} \left[1 - \frac{d(O_i, O_j)}{\alpha} \right] \tag{11.36}$$

其中,$\text{Neigh}(r)$ 表示局部环境,在二维网格环境中通常表示以 r 为半径的圆形区域;$d(O_i, O_j)$ 表示对象属性空间里的对象 O_i 与 O_j 之间的距离,常用方法是欧氏距离和街区距离等;α 定义为群体相似系数,它是群体相似度测量的关键系数,它直接影响聚类中心的个数,同时也影响聚类算法的收敛速度。α 最终影响聚类的质量,若群体相似系数过大,不相似的对象可能会聚为一类,若群体相似系数过小,相似的对象可能分散为不同的类。

定义 11.7 概率转换函数是将群体相似度转换为简单个体移动待聚类模式(对象)概率的函数。

概率转换函数是以群体相似度为变量的函数,此函数的值域是[0,1]。同时概率转换函数也可称为概率转换曲线。它通常是两条相对的曲线,分别对应模式拾起转换概率和模式放下转换概率。概率转换函数制定的主要原则是群体相似度越大,模式拾起转换概率越小;群体相似度越小,模式拾起转换概率越大,而模式放下转换概率遵循大致相反的规律。在 CSI 聚类算法中,概率转换函数也是一个重要元素。

下面对群体相似度进行一个简单分析。

(1)首先讨论聚类完成或算法收敛后,属于同一聚类中心中对象 O_i 与 O_j 之间由群体相似度表示的聚内距离 d_{in}。为了讨论方便,设局部区域足够大使得集合 $S_i = S_j$,其中 $S_i = \{O_{ik} | O_{ik} \in \text{Neigh}(r)\}$ 表示与对象 O_i 同在一局部区域 $\text{Neigh}(r)$ 的对象集合(其中包括对象 O_i),$S_j = \{O_{jk} | O_{jk} \in \text{Neigh}(r)\}$ 表示与对象 O_j 同在局部区域 $\text{Neigh}(r)$ 的对象集合(其中包括对象 O_j),设 $|S_i| = |S_j| = m$。

$$d_{in} = |f(O_i) - f(O_j)| = \left| \sum_{O_{ik} \in \text{Neigh}(r)} \left[1 - \frac{d(O_i, O_{ik})}{\alpha} \right] \right.$$

$$\left. - \sum_{O_{jk} \in \text{Neigh}(r)} \left[1 - \frac{d(O_j, O_{jk})}{\alpha} \right] \right|$$

$$= \left| m - \sum_{O_k \in S_i} \frac{d(O_i, O_k)}{\alpha} - m + \sum_{O_k \in S_j} \frac{d(O_j, O_k)}{\alpha} \right| = \left| \sum_{O_k \in S_i} \frac{d(O_i, O_k) - d(O_j, O_k)}{\alpha} \right|$$

$$= \left| \sum_{O_k \in S_i - O_i - O_j} \frac{d(O_i, O_k) - d(O_j, O_k)}{\alpha} \right|$$

$$= \frac{(m-2)d(O_i, O_j)}{\alpha} \tag{11.37}$$

由式(11.37)可以发现,聚内距离 d_{in} 主要由对象 O_i 与 O_j 之间的距离和群体相似系数决定。对象 O_i 与 O_j 之间的距离越大,聚内距离 d_{in} 也越大,这说明引入群体相似度后,原始对象间距离因素依然影响聚内距离。同时,群体相似系数越大,聚内距离 d_{in} 越小,这说明群体相似系数取值较大时,可以抵消聚内对象之间距离的影响,也就是在群体相似系数取值过大,不相似的对象可能聚在一起;相反,群体相似系数取值过小,相似的对象可能不会聚在一起。

(2) 其次简单讨论聚间距离 $d_{between}$。聚类完成后,处在分别不同聚类中心的对象 O_i 与 O_j 也一般不处于同一个局部区域中。由于分属两个不同的聚类中心,不妨设对象 O_i 与 O_j 代表这两个聚类中心,这样就有 $d_{between} = d(O_i, O_j)$。说明引入群体相似度后,原始对象间距离因素仍然直接影响聚间距离。

由上述分析可知:虽然简单个体移动对象 O_i 的概率是由群体相似度 $f(O_i)$ 决定的,对象间距离仍然是影响聚内距离和聚间距离的决定因素。

概率转换函数的主要原则是群体相似度越大,模式拾起转换概率越小;群体相似度越小,模式拾起转换概率越大。由式(11.36)可知,若 $d(O_i, O_j)$ 小,可使群体相似度大,模式拾起转换概率小,说明对象 O_i 与 O_j 易于聚在一起,聚在一起以后,由群体相似度 $f(O_i)$ 与 $f(O_j)$ 代表对象 O_i 与 O_j,而 $f(O_i)$ 与 $f(O_j)$ 差值主要由对象 O_i 与 O_j 之间的距离和群体相似系数决定,所以在适当选取群体相似系数以后,聚类结果能够保证聚内距离小于聚间距离的特性。

鉴于群体相似系数的重要性,CSI算法采用了渐变群体相似系数的学习模型,群体相似系数随着循环次数的增加逐渐变化,这样一方面可以调整算法的收敛速度,另一方面可以减小算法对群体相似系数取值范围的依赖性。

在基本模型与LF算法中,采用了相似的概率转换函数。依照概率转换函数制定的主要原则,CSI算法采用了比基本模型简单的概率转换函数,它是两种斜率为 k 的直线,如式(11.38)和式(11.39)所示,其中 ε 是一个很小的数,主要便于算法的收敛。

$$P_p = \begin{cases} 1 - \varepsilon, & f(O_i) \leqslant 0 \\ 1 - kf(O_i), & 0 < f(O_i) \leqslant 1/k \\ 0 + \varepsilon, & f(O_i) > 1/k \end{cases} \tag{11.38}$$

$$P_d = \begin{cases} 1 - \varepsilon, & f(O_i) \geqslant 1/k \\ kf(O_i), & 0 < f(O_i) < 1/k \\ 0 + \varepsilon, & f(O_i) \leqslant 0 \end{cases} \tag{11.39}$$

在基本模型中,概率转换函数的参数包括两个阈值常数 k_1 和 k_2,而且阈值常数 k_1 和 k_2 的选取与实验数据相关密切,而概率转换函数简化后,概率转换函数的参数只有 k,并且实验说明,简化后概率转换函数的 k 没有根据实验数据变化而变化,因此概率转换函数的简化减轻了算法参数选取的复杂度,从而提高了算法的实用性。

11.9.4　混合聚类算法 CSIM

实验证明基于群体智能的聚类算法是一种自组织聚类算法,具备健壮性、可视化等特点,并能生成一些新的有意义的聚类模式。但是由于算法有时收敛时间较长,而且常常出现一些由一个模式组成的聚类中心,虽然这些模式可以用于异常(outlier)分析,但是对于一般要求的聚类分析,聚类中心过多过散并没有益处。因此,在基于群体智能的聚类算法的基础上,结合标准 k 均值算法,提出了一种基于群体智能的混合聚类算法 CSIM。

基于群体智能的混合聚类算法 CSIM 主要包括两个阶段:第一阶段是实现基于群体智能的聚类过程;第二阶段是以第一阶段得到的聚类中心均值模板和聚类中心个数为参数,实现 k 均值聚类过程。当然在收集第一阶段聚类结果的时候,由单个模式形成的聚类中心将不列为第二阶段的初始聚类中心模板。

算法 11.15　基于群体智能的混合聚类算法 CSIM

　　输入:p 个模式矢量.

　　输出:被标记聚类类别的 p 个模式.

　　方法:

　　(1) 参数初始化,α、ant_number、k、$\boldsymbol{R}$、size、dist、最大循环次数 n、标注类别值 clusterno 等;

　　(2) 将待聚类模式随机分散于一个平面上,即随机赋给每一个模式一对 (x,y) 坐标;

　　(3) 给一组蚂蚁赋初始模式值,初始状态为无负载;

　　(4) for $i=1,2,\cdots,n$;

　　(5) 　　for $j=1,2,\cdots$,ant_number;

　　(6) 　　　　以本只蚂蚁初始模式对应坐标为中心,r 为观察半径,利用式(11.32)计算此模式在观察半径范围内的群体相似度

　　(7) 　　　　若本只蚂蚁无负载,则用式(11.38)计算拾起概率 P_p;

　　(8) 　　　　与一随机概率 P_r 相比较,若 $P_p<P_r$,则蚂蚁不拾起此模式,再随机赋给蚂蚁一个模式值;否则,蚂蚁拾起此模式,蚂蚁状态改为有负载,随机给蚂蚁一个新坐标.

　　(9) 　　　　若本只蚂蚁有负载,则用式(11.39)计算放下概率 P_d;

　　(10) 　　　　与一随机概率 P_r 相比较,若 $P_d>P_r$,则蚂蚁放下此模式,将蚂蚁的坐标赋给此模式,蚂蚁状态改为无负载,再随机赋给蚂蚁一个模式值;否则,

蚂蚁继续携带此模式,蚂蚁状态仍为有负载,再次随机给蚂蚁一个新
坐标.

(11) for $i = 1, 2, \cdots$, pattern_num; //对于每一个模式

(12)　　若此模式未被标注类别

(13)　　　标注此模式的类别;

(14)　　　用同一类别标注值递归标注所有相距小于 dist 的模式,即在平面上收
集所有属于同一集簇的模式;

(15)　　　if 同一集簇模式数>1,类别标注值 clusterno + +;

(16)　　　else 标注此模式为例外;

(17) 生成聚类中心模板,即计算不包括例外的每一个聚类中心的平均值;

(18) repeat

(19)　　(再次)将每一个模式以距离最近的规则划分到所属聚类中心;

(20)　　更新聚类中心模板

(21) until 聚类中心模板没有变化

由 CSIM 算法的基本过程描述可以看出步骤(1)～(3)是算法初始阶段,它的主要作用是程序初始化和在平面上随机分布模式.步骤(4)～(9)是基于群体智能的聚类过程.步骤(10)～(15)是模式类别标注过程,也就是聚类结果收集过程.算法主要过程是步骤(4)～(9)在运用相似矩阵的前提下,其复杂度粗略分析为 $O(n \cdot \text{ant\_number} \cdot (\text{Aver} + R^2))$,其中,$n$ 为预设的循环次数;ant_number 为蚂蚁的个数;Aver 为局部环境平均模式个数;R 为观察半径.在聚类过程中,还可以以一定的步长调整 α 值和观察半径.由于观察半径的大小影响算法的时间复杂度,通常将 R 值取得较小,尽量降低它的影响.步骤(16)～(20)是以上面的聚类结果为初始条件,标准的 k 均值聚类过程.

11.10　聚类方法的评价

聚类结果体现了数据的分布特征,利用聚类方法分析未知的数据,能够从中发现有意义的模式.由于聚类是无监督的学习,没有给定的类标记,聚类似乎很难评估.分类或关联学习都有一个客观的成功判定标准,即对测试数据的预测是准确还是错误,而聚类却非如此.而且聚类过程的目标函数各有不同,存在着大量不同的簇类型.衡量数据聚类算法的性能,通常有如下指标:

(1) 可伸缩性.如果一个算法既适用于小数据集合,又在大型数据库上进行聚类不会导致有偏差的结果,这个算法具有高度的可伸缩性.

(2) 处理不同类型属性的能力.有的算法只能用来聚类数值型的数据,但是,在某些应用中要求聚类非数值型数据.

(3) 发现任意形状的聚类.许多基于距离的算法只能发现具有相近尺度和密

度的球状簇。而算法能否发现任意形状的簇很重要,如螺旋形。

(4) 最少的参数和确定参数值的领域知识。许多聚类算法要求用户输入一定的参数,如希望产生的簇的数目。聚类结果对输入参数十分敏感,输入参数又给用户增加了负担,因此应尽量避免。

(5) 处理噪声数据的能力。多数数据库中都包含孤立点、空缺、未知数据或错误的数据,算法应尽量降低这些数据的影响。

(6) 对于输入记录的顺序不敏感。算法能否与集合的输入顺序无关。

(7) 高维性。算法在应付低维数据的同时能否处理高维数据。如高维空间的非常稀疏、高度偏斜的数据。

(8) 基于约束的聚类。现实世界的应用可能需要在各种约束条件下进行聚类。

(9) 可解释性和可用性。用户希望聚类结果是可解释的、可理解和可用的。

聚类的目的是给出数据的最优划分。所谓最优就是把相似的数据尽可能地划分到同一个聚类中,而不相同的数据尽可能地划分到不同的聚类中。为此定义同构度(homogeneity) 与异构度(heterogeneity)。

一个聚类的同构度定义为属于该聚类的成员之间的平均相似度。假设两个对象 x_i、x_j 之间的相似度为 $\mathrm{sim}(x_i,x_j)\in[0,1]$,聚类 C_p 的同构度计算公式如下:

$$(1) \qquad \mathrm{Hom}_1(C_p) = \min_{i,j=1}^{|C_p|} \mathrm{sim}(x_i,x_j) \tag{11.40}$$

$$(2) \qquad \mathrm{Hom}_2(C_p) = \frac{1}{|C_p|^2} \sum_{i=1}^{|C_p|} \sum_{j=1}^{|C_p|} \mathrm{sim}(x_i,x_j) \tag{11.41}$$

与此类似,两个聚类 C_p、$C_q(p\neq q)$ 的异构度计算公式如下:

$$(1) \qquad \mathrm{Het}_1(C_p,C_q) = \max_{i,j=1}^{|C_p|,|C_q|} \mathrm{sim}(x_i,x_j) \tag{11.42}$$

$$(2) \qquad \mathrm{Het}_2(C_p,C_q) = \frac{1}{|C_p||C_q|} \sum_{i=1}^{|C_p|} \sum_{j=1}^{|C_p|} \mathrm{sim}(x_i,x_j) \tag{11.43}$$

聚类的质量可以用聚类内的紧密度和聚类间的分离度类评价。紧密度反映属于同一聚类的成员之间相似的程度,表示为

$$\mathrm{Compactness}(C) = \sum_{i=1}^{k} \frac{\mathrm{Hom}(C_i)}{k} \tag{11.44}$$

聚类的分离度反映属于不同聚类的成员之间相似的程度,表示为

$$\mathrm{Separation}(C) = 1 - \sum_{i=1}^{k} \sum_{j=1}^{k} \frac{\mathrm{Het}(C_i,C_j)}{k^2} \tag{11.45}$$

用聚类内的紧密度和聚类间的分离度评价聚类的质量克服了目标函数的局限,使对聚类结果的评价不受聚类个数的影响。

习　　题

1. 什么是无监督学习？它与监督学习的区别在哪里？

2. 扼要描述聚类的划分方法、层次方法、基于密度的方法、基于网格的方法、基于模型的方法。对每种方法给出实例。

3. 试述模糊聚类的特点和主要的聚类方法。

4. 请用欧氏距离作为距离函数，采用 k 均值算法对下面 8 个点进行聚类：

$$A_1(2,10), A_2(2,5), A_3(8,4)$$
$$B_1(5,8), B_2(7,5), B_3(6,4)$$
$$C_1(1,2), C_2(4,9)$$

5. 蚁群聚类的基本模型是什么？请给出基本的蚁群聚类。

6. 基于群体智能的混合聚类算法 CSIM 主要包括哪两个过程？为什么该方法适用于大规模网页的聚类分析？请试用该算法对网页进行聚类。

7. 聚类的目的是给出数据的最优划分，如何评价聚类的质量？

第 12 章 关 联 规 则

12.1 概 述

关联规则的挖掘是研究较多的数据挖掘方法,在数据挖掘的各种方法中应用也最为广泛。在数据挖掘的知识模式中,关联规则模式是比较重要的一种。关联规则的概念由 Agrawal、Imielinski 和 Swami 提出,是数据中一种简单但很实用的规则。关联规则模式属于描述型模式,发现关联规则的算法属于无监督学习的方法。

目前,与经典的关联规则的挖掘研究相比,其研究具有以下的发展趋势:一是从单一概念层次关联规则的发现发展到多概念层次的关联规则的发现。也就是说很多具体应用中,挖掘规则可以作用到数据库不同的层面上。例如,在分析超市销售事务数据库过程中,若只从数据库中的原始字段(如面包、牛奶等)进行规则挖掘,可能难以发现令人感兴趣的规则。这时如果我们把一些抽象层次的概念也考虑进去,如比面包和牛奶更抽象的概念:食品,则有可能发现新的更为抽象的规则。所以研究在数据库中不同的抽象层次上发掘规则和元规则是数据挖掘的新的研究内容。二是提高算法效率。显然在挖掘规则过程中,需要处理大量的数据库记录,并且可能对数据库进行多次扫描。所以,如何提高算法的效率是非常重要的。共有三种提高效率的思路:一种技术是减少数据库扫描次数,这种技术对效率会有巨大的提高。另一种是利用采样技术,对待挖掘的数据集合进行选择,这在一些效率更为重要的应用中是非常有效的。最后是采用并行数据挖掘。这是因为大规模的数据库经常分布在若干网络节点上,并行挖掘技术显然能提高效率。这对于在 Internet 网上的海量数据挖掘研究具有重要的意义。

此外,对获取的关联规则总规模的控制、如何选择和进一步处理所获得的关联规则、模糊关联规则的获取和发现、高效率的关联规则挖掘算法等也是关联规则要研究的关键性课题。从挖掘的对象上看,由仅在关系数据库中进行挖掘扩充到在文本和 Web 数据中进行关联的发现等也是未来关联规则挖掘要深入研究和解决的问题。

12.2 基 本 概 念

关联规则发现的主要对象是事务数据库,其中针对的应用是售货数据,也称为货篮数据(basket data)。如在超级市场的前端收款机中就收集存储了大量的数据。一般情况下,一个事务由如下几个部分组成:事务处理时间、一组顾客购买的物品、物品的数量及金额,以及顾客的标识号(如信用卡号)。

在事务数据库中,让我们考察一些涉及许多物品的事务(transaction):事务 1 中出现了物品甲,事务 2 中出现了物品乙,事务 6 中则同时出现了物品甲和乙。那么,物品甲和乙在事务中的出现相互之间是否有规律可循呢? 在数据库的知识发现中,关联规则就是描述这种在一个事务中物品之间同时出现的规律的知识模式。更确切地说,关联规则通过量化的数字描述物品甲的出现对物品乙的出现有多大的影响。

这些数据中常常隐含着如下形式的关联规则:在购买面包的顾客当中,有 70% 的人同时购买了黄油。这些关联规则具有一定的商业价值。例如,商场管理人员可以根据这些关联规则更好地规划商场,如把面包和黄油这样的商品摆放在一起,能够促进销售。

有些数据不像售货数据那样很容易就能看出一个事务是许多物品的集合,但其本质上仍然可以像对售货数据一样处理。例如,人寿保险,一份保单就是一个事务。保险公司在接受保险前,往往需要记录投保人详尽的信息,有时还要到医院做身体检查。保单上记录有投保人的年龄、性别、健康状况、工作单位、工作地址、工资水平等。这些投保人的个人信息就可以看做事务中的物品。通过分析这些数据,可以得到类似以下这样的关联规则:年龄在 40 岁以上,工作在 A 区的投保人当中,有 45% 的人曾经向保险公司索赔过。在这条规则中,"年龄在 40 岁以上"是物品甲,"工作在 A 区"是物品乙,"向保险公司索赔过"则是物品丙。可以看出来,A 区可能污染比较严重,环境比较差,导致工作在该区的人健康状况不好,索赔率也相对比较高。

设 $R=\{I_1,I_2,\cdots,I_m\}$ 是一组物品集,W 是一组事务集。W 中的每个事务 T 是一组物品,$T \subset R$。假设有一个物品集 A,一个事务 T,如果 $A \subset T$,则称事务 T 支持物品集 A。关联规则是如下形式的一种蕴含:$A \Rightarrow B$,其中 A、B 是两组物品,$A \subset R$,$B \subset R$,且 $A \bigcap B = \varnothing$。一般可以采用 4 个参数来描述一个关联规则的属性:

(1) 支持度(support)。设 W 中有 $s\%$ 的事务同时支持物品集 A 和 B,$s\%$ 称为关联规则 $A \Rightarrow B$ 的支持度。支持度描述了 A 和 B 这两个物品集的并集 C 在所有的事务中出现的概率有多大。如果某天共有 1000 个顾客到商场购买物品,其中有 100 个顾客同时购买了面包和黄油,那么上述的关联规则的支持度就是 10%(100/1000)。

(2) 可信度(confidence)。设 W 中支持物品集 A 的事务中,有 $c\%$ 的事务同时也支持物品集 B,$c\%$ 称为关联规则 $A \Rightarrow B$ 的可信度。简单地说,可信度就是指在出现了物品集 A 的事务 T 中,物品集 B 也同时出现的概率有多大。如上面所举的面包和黄油的例子,该关联规则的可信度就回答了这样一个问题:如果一个顾客购买了面包,那么他也购买黄油的可能性有多大呢? 在上述例子中,购买面包的顾客中有 70% 的人购买了黄油,所以可信度是 70%。

(3) 期望可信度(expected confidence)。设 W 中有 $e\%$ 的事务支持物品集 B,$e\%$ 称为关联规则 $A \rightarrow B$ 的期望可信度。期望可信度描述了在没有任何条件影响时,物品集 B 在所有事务中出现的概率有多大。如果某天共有 1000 个顾客到商场购买物品,其中有 200 个顾客购买了黄油,则上述的关联规则的期望可信度就是 20%。

(4) 作用度(lift)。作用度是可信度与期望可信度的比值。作用度描述物品集 A 的出现对物品集 B 的出现有多大的影响。因为物品集 B 在所有事务中出现的概率是期望可信度;而物品集 B 在有物品集 A 出现的事务中出现的概率是可信度,通过可信度对期望可信度的比值反映了在加入“物品集 A 出现”这个条件后,物品集 B 的出现概率发生了多大的变化。在上例中作用度就是 70%/20%=6.5。

用 $P(A)$ 表示事务中出现物品集 A 的概率,$P(B|A)$ 表示在出现物品集 A 的事务中,出现物品集 B 的概率,则以上 4 个参数可用公式表示,如表 12.1 所示。

表 12.1　4 个参数的计算公式

名称	描述	公式
可信度	在物品集 A 出现的前提下,B 出现的概率	$P(B|A)$
支持度	物品集 A、B 同时出现的概率	$P(A \cup B)$
期望可信度	物品集 B 出现的概率	$P(B)$
作用度	可信度对期望可信度的比值	$P(B|A)/P(B)$

可信度是对关联规则的准确度的衡量,支持度是对关联规则重要性(或适用范围)的衡量。支持度说明了这条规则在所有事务中有多大的代表性,显然支持度越大,关联规则越重要,应用越广泛。有些关联规则可信度虽然很高,但支持度却很低,说明该关联规则实用的机会很小,因此也不重要。

期望可信度描述了在没有物品集 A 的作用下,物品集 B 本身的支持度;作用度描述了物品集 A 对物品集 B 的影响力的大小。作用度越大,说明物品集 B 受物品集 A 的影响越大。一般情况,有用的关联规则的作用度都应该大于 1,只有关联规则的可信度大于期望可信度,才说明 A 的出现对 B 的出现有促进作用,也说明了它们之间某种程度的相关性,如果作用度不大于 1,则此关联规则也就没有意义了。

应该指出:在这四种度量中,最常用的是支持度和可信度。

12.3　二值型关联规则挖掘

关联规则的挖掘问题就是在事务数据库 D 中找出具有用户给定的最小支持度 minsup 和最小可信度 minconf 的关联规则。关联规则挖掘包含下面两个问题：

（1）找出存在于事务数据库中的所有大物品集（常用物品集或频繁集）。物品集 X 的支持度 support(X) 不小于用户给定的最小支持度 minsup，则称 X 为大物品集（largeitemset）。

（2）利用大项集生成关联规则。对于每个大项集 A，若 $B \subset A, B \neq \varnothing$，且 confidence$(B \Rightarrow (A-B)) \geqslant$ minconf，则构成关联规则 $B \Rightarrow (A-B)$。

第二个问题比较容易。目前大多数研究集中在第一个问题上。以下我们对算法的介绍也集中在第一个问题上。

12.3.1　AIS 算法

1993 年，Agrawal、Imieliski 和 Swami 提出了第一个关联规则挖掘算法 AIS ［Agrawal et al 1993］，其基本思想是通过多次循环来计算大项集。首先，扫描数据库，得到一阶大项集。然后，在第 $k(k>1)$ 次扫描时，对每条事务 t，找到它所包含的所有 $k-1$ 阶的大项集 L_{k-1}，根据 t 中出现的数据项，把它们按照约定的顺序向后分别扩展成 k 阶项集，加入到 k 阶候选项集的集合中，同时对候选项集的支持数进行累加。当完成一遍扫描后，就可以得到 k 阶候选项集的支持数，那些支持数不小于最小支持数的项集就是 k 阶大项集。然后，开始下一次扫描，直到候选项集为空时，算法停止。

算法 12.1　关联规则挖掘算法 AIS。

```
(1)  L₁ = {Large 1 - itemsets};               //1阶大项集
(2)  for(k = 2;L_{k-1} ≠ ∅ ;k = k + 1) do
(3)      C_k = ∅                              //k 阶候选项集的初始值为空集
(4)      for all transactions t∈ D do
(5)         L_t = subset(L_{k-1},t);
(6)         for all l_t ∈ L_t do
(7)            C_t = 包含在 t 中的 l_t 的1阶扩展
(8)            for all C in C_t do
(9)               C. sup = C. sup + 1          //累加支持数
(10)              将 C 加入到 C_k;             //生成新的 k 阶候选项集
(11)           end for
(12)        end for
(13)     end for
```

(14)　　　$L_k = \{C \in C_k \mid C.\,\mathrm{sup} \geqslant \mathrm{minsup}\};$	//得到 k 阶大项集
(15) end for	
(16) $L = \bigcup_k L_k$	//得到全体大项集

12.3.2　SETM 算法

事务通常以关系数据库的格式存储,一条事务对应关系表的一条记录。利用关系数据库的查询功能,可将关联规则的挖掘的过程转化为 SQL 语句的方式来执行。可以有效地提高挖掘效率。SETM 算法利用中间表 R_i 存储事务的标识和其中包含的 k 阶项集[Houtsman et al. 1995]。对 $k-1$ 阶项集的中间表 R_{k-1} 与 R_1 做连接操作,就得到 k 阶项集的连接表 R',对连接表按照项集字段分组,每个项集构成一组,组内的记录个数就是该项集的支持数。那些达到最小支持数的项集就是大项集 L_k。然后,利用大项集对连接表过滤,只保留大项集对应的事务记录,得到 k 阶项集的中间表记作 R_k。依次类推,直到某个中间表为空时算法结束。SETM 算法的过程如下:

算法 12.2　SETM 算法。

输入:DB,minsup.

输出:大项集表.

方法:

(1) $k = 1$;	
(2) Sort R_1 by item;	//按照项对记录排序
(3) $L_1 = $ Large 1 - itemsets from R_1;	//计算支持数得到1阶大项集表
(4) repeat	
(5)　　　$k = k + 1$;	
(6)　　　Sort R_{k-1} on TID, $\mathrm{item}_1, \cdots, \mathrm{item}_{k-1}$;	//按照序号和项进行排序
(7)　　　$R'_k = $ Join R_{k-1} and R_1;	//构造 k 阶连接表
(8)　　　Sort R'_k by $\mathrm{item}_1, \mathrm{item}_2, \cdots, \mathrm{item}_k$;	//按照项进行排序
(9)　　　$L_k = $ generate large itemsets from R'_k;	//生成 k 阶大项集表
(10)　　　$R_k = $ filter R'_k to remain only L_k	//构造 k 阶中间表
(11) until $R_k = \varnothing$;	

算法 12.2 中步骤(7)是连接操作,可以用 SQL 语句来描述:

(1) insert into R'_k

(2) select $P.\mathrm{TID}, P.\mathrm{item}_1, P.\mathrm{item}_2, \cdots, P.\mathrm{item}_{k-1}, Q.\mathrm{item}$

(3) from $R_{k-1} P, R_1 Q$

(4) where $Q.\mathrm{TID} = P.\mathrm{TID}$ and $Q.\mathrm{item} > P.\mathrm{item}$

算法 12.2 中步骤(9)生成 k 阶大项集表,用 SQL 语句来描述如下:

(1) insert into L_k

(2) select $P.\mathrm{item}_1, P.\mathrm{item}_2, \cdots, P.\mathrm{item}_k, \mathrm{count}(*)$

(3) from $R'_k P$

(4) group by $P.\text{item}_1, P.\text{item}_2, \cdots, P.\text{item}_k$

(5) having count(*)minsup

算法 12.2 中步骤(10)构造 k 阶中间表,用 SQL 语句来描述如下:

(1) insert into R_k

(2) select $P.\text{TID}, P.\text{item}_1, P.\text{item}_2, \cdots, P.\text{item}_{k-1}, Q.\text{item}$

(3) from $R'_k P, L_k Q$

(4) where $P.\text{item}_1 = Q.\text{item}_1$ and $P.\text{item}_2 = Q.\text{item}_2$ and $P.\text{item}_k = Q.\text{item}_k$

(5) order by $P.\text{TID}, P.\text{item}_1, P.\text{item}_2, \cdots, P.\text{item}_k$

例 12.1 下面以表 12.2 给出的事务数据库 D 为例,说明关联规则挖掘算法 SETM 的工作过程,令最小支持数 minsup=3。

表 12.2 事务数据库 D

TID	项集	TID	项集
001	ABC	005	ACG
002	ABD	006	ADG
003	ABC	007	AEH
004	BCD	008	DEF

(1)首先将 D 转换为 1 阶项集表 R_1 的形式,每个项和事务标识 TID 构成一记录。

(2)第一次扫描 R_1,计算支持数得到 1 阶大项集 $\{A\}$、$\{B\}$、$\{C\}$、$\{D\}$。

(3)第二次扫描,由 R_1 与 R_1 做连接操作,以 TID 作为连接属性,就得到 2 阶项集的连接表 R'_2,分组后根据各组的支持数,得到 2 阶大项集 $\{AB\}$、$\{AC\}$、$\{BC\}$,然后由 R'_2 和 L_2 得到 2 阶中间表 R_2。

(4)第三次扫描,由 R_2 与 R_1 做连接操作,以 TID 作为连接属性,就得到 3 阶项集的连接表 R'_3,分组后根据各组的支持数,发现 3 阶大项集为空,因此 3 阶中间表 $R_3 = \varnothing$。

12.3.3 Apriori 算法

上面介绍的关联规则挖掘算法 AIS 和 SETM 有一个共同的特点:候选项集是在扫描事务数据库时构造的,这样造成产生的候选项集中有很多并不是大项集,导致浪费计算时间,还占有大量的存储空间。Agrawal 等提出的 Apriori 算法解决了这个问题[Agrawal et al 1993]。

著名的 Apriori 算法的主要工作在于寻找大物品集,它利用了大物品集的向下封闭性,即大物品集的子集必须是大物品集,它是宽度优先算法。先计算所有的

1-项集(k-项集是含有 k 个项的项集),记为 C_1。找出所有的常用 1-项集,记为 L_1。然后根据常用 1-项集确定候选 2-项集的集合,记为 C_2。从 C_2 找出所有的常用 2-项集,记为 L_2。然后根据常用 2-项集确定候选 3-项集的集合,记为 C_3。从 C_3 找出所有的常用 3-项集,记为 L_3。如此下去直到不再有候选项集。

算法 12.3 Apriori 算法。

输入:DB,minsup.

输出:Result = 所有的频繁项集和它们的支持度.

方法:

(1) Result = { };

(2) $k = 1$;

(3) C_1 = 所有的1-项集

(4) while(C_k)do

(5)　begin

(6)　为每一个 C_k 中的项集生成一个计数器;

(7)　　for($i = 1$;$i \leqslant |\text{DB}|$;$i + +$)

(8)　　　begin　　　　　　　　　　//所有 DB 中的记录 T

(9)　　　　对第 i 个记录 T 支持的每一个 C_k 中的项集,其计数器加1;

(10)　　　end

(11)　L_k = C_k 中满足大于 minsup 的全体项集;

(12)　L_k 的支持度保留;

(13)　Result = Result $\bigcup L_k$;

(14)　C_{k+1} = 所有的$(k + 1)$-项集中满足其 k-子集都在 L_k 里的全体;

(15)　$k = k + 1$;

(16) end do

Apriori 算法扫描 DB 多遍,第 k 遍计算 k-项集。如果顶层项集中元素个数最多的为 K,则该算法扫描 DB 至少 K 遍,也可能 $K + 1$ 遍。对 Apriori 算法的改进主要利用 hash[DHP]的方法,它通过减小候选项集的个数、减小记录长度、减少记录总数的方法,实现减少验证记录 T 支持 C_k 的计算。抽样算法需要负边界的概念。它也利用了频繁项集向下封闭性。给定一个向下封闭的项集的集合 SI 的幂集合,如果一个项集的所有子集包含于 S,而它自身不在 S 中,则它是负边界的一个元素。所有这样的元素构成负边界。记为 Bd(S)。例如,$I = \{A, B, C, D, E\}$,$S = \{\{A\}, \{B\}, \{C\}, \{E\}, \{A, B\}, \{A, C\}, \{A, E\}, \{C, E\}, \{A, C, E\}\}$,则 Bd($S$) = $\{\{B, C\}, \{B, E\}, \{D\}\}$。如果 Bd($S$)中都是非频繁项集,则 S 是频繁项集的超集。

Database D	
TID	Items
100	A,C,D
200	B,C,E
300	A,B,C,E
400	B,E

Sean D →

C_1

Itemset	Sups.
$\{A\}$	2
$\{B\}$	3
$\{C\}$	3
$\{D\}$	1
$\{E\}$	3

L_1

Itemset	Sups.
$\{A\}$	2
$\{B\}$	3
$\{C\}$	3
$\{E\}$	3

C_2

Itemset
$\{A,B\}$
$\{A,C\}$
$\{A,E\}$
$\{B,C\}$
$\{B,E\}$
$\{C,E\}$

Sean D →

C_2

Itemset	Sups.
$\{A,B\}$	1
$\{A,C\}$	2
$\{A,E\}$	1
$\{B,C\}$	2
$\{B,E\}$	3
$\{C,E\}$	2

L_2

Itemset	Sups.
$\{A,C\}$	2
$\{B,C\}$	2
$\{B,E\}$	3
$\{C,E\}$	2

C_3

Itemset
$\{B,C,E\}$

Sean D →

C_3

Itemset	Sup.
$\{B,C,E\}$	2

L_3

Itemset	Sup.
$\{B,C,E\}$	2

图 12.1　候选集和数据项集的生成

例 12.2　如图 12.1 所示,对于数据库 D,在第一遍扫描数据库过程中,通过简单地扫描整个事务集中每个数据项发生的次数,得到候选数据项集 C_1,假设给定的最小支持度为 2,则可得到一维数据项集 L_1。为了生成 L_2,注意到大数据项集的任何子集也具有最小支持度,Apriori 算法用运算 $L_1 * L_1$ 产生数据项集 L_2,这里,运算"$*$"定义为

$$L_1 * L_2 = \{X \bigcup Y \mid X,Y \in L_k, \mid X \bigcap Y \mid = k-1\}$$

由此得到候选集 C_2,再由最小支持度得到 L_2。从 L_2 再生成 C_3 时,首先两个具有相同首项的数据项:$\{B,C\}$ 和 $\{B,E\}$ 可以确定下来。再考察 $\{B,C\}$ 和 $\{B,E\}$ 的尾项生成的数据项集 $\{C,E\}$ 是否满足最小支持度,结果是成立的。这样,$\{B,C,E\}$ 的所有二维子集都是大数据项,所以 $\{B,C,E\}$ 为候选数据项。同时,从 L_2 也得不到其他三维候选数据项。这样 C_3 就确定了,同理求出 L_3。到此为止,我们也得不到更高维的数据项集了。所以,整个大数据项集就确定了。

抽样算法的主要思想是取一个比 minsup 还小的阈值 lowsup,在抽样数据 db 上用 Apriori 算法求出 Support$(db(X)) >$ lowsup 的项集的集合,记为 S,假设 S

是常用物品集的超集。求出负边界 Bd(S),扫描 DB,计算 S 和 Bd(S)的支持度,如果 Bd(S)中都是非常用物品集,则 S 是常用物品集的超集。否则报告失败,加 Bd(S)中的常用物品集到 S 中,再求出负边界 Bd(S),再扫描 DB,再验证,直到 S 不能增加而结束。

12.3.4　Apriori 算法的改进

为了克服 Apriori 算法在效率上存在的问题,研究人员提出了许多基于 Apriori 的改进算法。比较典型的改进算法主要有以下几种:

(1) AprioriTid 和 AprioriHybrid 算法[Agrawal et al 1994],前者为每个事务设置一个标识 Tid,通过单趟扫描数据库后,得到 Tid 密切相关的数据集,以后的扫描均在新的数据集上进行。后者是将 Apriori 和 AprioriTid 集成起来的混合算法。

(2) 由 Park 等提出的 DHP 算法(direct hashing and pruning)[Park et al 1995]。应用哈希技术可以在 Apriori 的基础上进一步减少候选集的数目。该算法有两个主要的特性:一个是高效率地产生频繁项集,另一个是有效地缩减事务数据库的大小。DHP 采用的方法是在扫描数据库的过程中,它不仅计算 C_k 中项集的频度,而且利用哈希表保存交易中所有($k+1$)-项集的计数。这样当 C_{k+1} 产生后,就可以利用哈希表对候选集进行剪枝。与 Apriori 算法相比,DHP 对于 C_2 的剪枝效果特别显著。DHP 算法的效率与哈希表的大小以及哈希函数的好坏密切相关,哈希表也会增大算法的内存开销。

(3) 划分挖掘算法(Partition)是由 Savasere 等提出来的[Savasere et al 1995]。算法采用了划分的思想,成功地解决内存不足的问题。算法分为两个阶段,每个阶段需对数据库扫描一遍。在第一阶段,将数据库分为 N 块,每一块必须小到能装入内存。每次读入一块的数据,计算出块中的局部频繁项集。在第二阶段,以所有局部频繁项集的并集为候选集,第二次扫描数据库,计算其频度从而得到全局频繁项集。分块算法具有较好的可扩展性。该算法存在的问题是,有可能产生虚假的候选集,因为在局部数据中是频繁的,并不一定在整个数据库中也是频繁的。

(4) 抽样算法(Sampling)是由 Toivonen 提出的[Toivonen 1996]。该算法的主要思想是,从数据库中随机地选取一个样本数据集,在这个样本数据集中挖掘出关联规则,然后用数据库中的其余数据验证得到的关联规则。从样本中挖掘时,可能会丢失一些全局的频繁项集。为了减少这种可能性的发生,算法使用比最小支持度更低的支持度阈值在样本数据中进行挖掘,另外在第二次扫描过程中也可以找回一些丢失的规则。抽样算法通过牺牲较小的精度来换取高效率,该算法对于计算型且频繁运行的应用非常有效。

(5) 由 Brin 等提出的动态项集计数算法 DIC(dynamic itemset counting)[Brin et al 1997]。DIC 算法将数据库分成大小为 M 的块,每块包含 M 个事务(M 在 100 到 10000 之间)。算法在整个数据库中计算频繁 1-项集;在第一块结束后,利用前面得到的局部频繁 1-项集作为候选集,从第二块开始计算频繁 2-项集……在第 k 块开始时,把前面 $k-1$ 块的局部频繁 $(k-1)$-项集作为候选集,计算频繁 k-项集。当所有的块都结束后,再从头开始计算频繁 k-项集($k \geq 2$)的频度,频繁 k-项集的计算只要到第 k 块即可。在 DIC 算法中,采用了 Trie 树作为项集计数的数据结构。该算法最多只要扫描数据库两遍,而且产生的候选集较小,因此具有较好的效率。

12.4　频繁模式树挖掘算法

最早的基于树结构的关联规则挖掘算法,是 Agarwal 等提出的 TreeProjection 算法[Agarwal et al 2001]。该算法采用字典树(lexicographic tree)作为数据存储框架,并将数据库事务投影到树中。TreeProjection 算法主要采用了广度优先的策略来建立树,并与深度优先的策略相结合进行事务投影和计数。在频繁项集的计算过程中,还利用矩阵进行频度计算。该算法比 Apriori 算法快了一个数量级。

由 Han 等提出的 FP-growth 算法是一种基于频繁模式树(FP-树)的频繁模式挖掘算法[Han et al 2000]。FP-树是一种具有较高压缩比率的存储结构,它保存了数据库的主要信息,挖掘过程完全是在内存中进行。FP-树实际上是一种带有相同项的节点链的树结构,并保存着一个指向第一个节点的项头表。树的构造是将每个事务的项集按顺序排列后,插入到一个以 null 为根的树中得到的。FP-树的挖掘过程是由 FP-growth 算法完成的。FP-growth 算法采用了分治的策略,将事务数据库压缩到一棵保持了项集间关联关系的频繁模式树上,然后在 FP 树上挖掘频繁模式。这个过程从每个长度为 1 的频繁模式开始,将它作为初始后缀模式,然后建造它的条件模式基,由 FP 树中与后缀模式一起出现的前缀路径集组成的"子数据库"。接下来,构造它的条件 FP 树,并递归地对该树进行挖掘。所谓的模式增长就是通过后缀和条件 FP 树生成的频繁模式连接而实现的。

构建频繁模式树分为两步:

(1) 扫描事务数据库 D 一次。收集频繁项的集合 F 和它们的支持度计数。对 F 按照支持度降序排序。

(2) 创建频繁模式树的根节点,以 null 标记。对于 D 中的每条事务 T 执行:选择 T 中的频繁项按照 L 中的次序排序。创建一条路径,各节点支持度计数设为 1,如果与某条已经存在的路径有相同的前缀,则合并最大共同前缀子路径,并将共同前缀路径计数增加 1。

例 12.3 表 12.3 是一个事务数据库的例子,含有 5 个项,即 $I=\{I_1,I_2,I_3,I_4,I_5\}$,9 个事务 DB$=\langle$T100,T200,T300,T400,T500,T600,T700,T800,T900$\rangle$,设最小支持度为 minsup$=2$,降序排列后的频繁 l-项集列表 L:$\{\{I_2:7\}$、$\{I_1:6\}$、$\{I_3:6\}$、$\{I_4:2\}$、$\{I_5:2\}\}$,冒号后面是各个项对应的支持度。下面就以这个数据库为例来说明频繁模式树的构造过程:首先,创建根节点"null"。第二次扫描 DB。将每个事务中的项按照 L 中的次序排序后形成一个分枝。例如,扫描事务 T100,根据 L 的顺序,T100 对应的分枝节点顺序为 I_2、I_1、I_5。于是 I_2 作为根的子链到 null 节点,I_1 链到 I_2,I_5 链到 I_1。它们的支持度计数分别用 1、1、1 填充。接下来处理 T200,它导致的分枝包含 I_2 和 I_4。由于该分枝与 T100 对应的分枝存在共享前缀 I_2。这样,我们将 I_2 的支持度计数修改为 2,将 I_4 作为 I_2 的一个子节点,支持度为 1。为了方便挖掘过程中对 FP-树的遍历,创建一个项头表,其中包含的元素为 L 中的元素,并通过一个节点链指向每个项在树中的位置。如此将事务数据库 DB 中所有的事务处理完毕,就得到了表示事务数据库 DB 的 FP-树,其中包含了事务数据库 DB 中蕴含的所有频繁项的信息,如图 12.2 所示。

表 12.3　事务数据库 DB

TID	Transactions	TID	Transactions
T100	I_1,I_2,I_5	T600	I_2,I_3
T200	I_2,I_4	T700	I_1,I_3
T300	I_2,I_3	T800	I_1,I_2,I_3,I_5
T400	I_1,I_2,I_4	T900	I_1,I_2,I_3
T500	I_1,I_3		

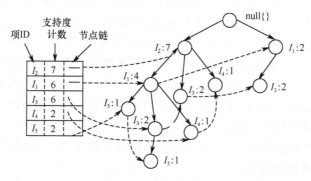

图 12.2　频繁模式树

接下来,数据库频繁模式的挖掘就转换成对 FP 树挖掘的问题。在 FP 树上挖掘频繁模式的具体过程如下：

（1）由每个长度为 1 的频繁模式（初始后缀模式）开始，构造它的条件模式基。

（2）构造条件 FP 树，并递归的对该树进行上述挖掘步骤，同时增长其包含的频繁集。

（3）如果条件 FP 树只包含一个路径，则产生路径上频繁模式的所有组合构成频繁模式集。

图 12.3 给出了条件节点为 I_3 时的条件 FP 树。它具有两个分枝：$\langle I_2:4, I_1:2\rangle$ 和 $\langle I_1:2\rangle$。

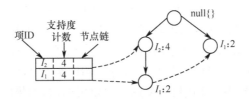

图 12.3　节点 I_3 的条件 FP 树

下面给出上述算法过程的伪代码。FP 树的挖掘就是通过调用 FP-growth 方法实现的。

算法 12.4　FP-growth 算法。

　　　输入：构造好的 FP-树 Tree 及 minsup.

　　　输出：所有的频繁模式及支持度.

　　　方法：调用 FP-growth(FP-tree, null).

　　　Procedure　FP-growth(Tree, α){

　　　(1) if　Tree 包含单一路径 P

　　　(2) then for 路径 P 中的任一模式组合 β

　　　(3)　　　输出模式 $\beta \bigcup \alpha$，支持度取 β 中的节点的最小支持度.

　　　(4) else for Tree 的项头表每个节点 a_i{

　　　(5)　　　$\beta = a_i \bigcup \alpha$ 且 support $= a_i$. support ;

　　　(6)　　　构造 β 的条件模式库和条件 FP-树 Tree$_\beta$；

　　　(7)　　　if　Tree$_\beta \neq \varnothing$

　　　(8)　　　　then call FP-growth(Tree$_\beta$, β);

　　　(9)　　　}

　　　(10) }

通过上面的介绍，我们看到 FP-growth 算法相比 Apriori 算法存在以下优势：

（1）FP-growth 算法将整个数据库的频繁模式信息压缩到一棵 FP 树上，从而节省了接下来挖掘过程中对数据库扫描的开销；

（2）FP-growth 算法采用模式增长的策略，将发现长频繁模式的问题转换成

递归地搜索一些较短模式,然后连接后缀,消除了候选项目集生成和测试的开销;

（3）FP-growth 算法运用了划分和分治的方法,大大减少了接下来的条件模式基和条件模式树的大小。

对 FP-growth 算法的性能研究表明:对于挖掘长的和短的频繁模式,它都是有效的和具有可伸缩性的,大约比 Apriori 算法快一个数量级。在事务数据库的表示、深度优先思想和挖掘方法方面的贡献都得到了广泛一致的认可。然而,FP-growth 算法由于扫描实际事务数据库时开销很大,此外,算法需要递归地创建和存储大量的条件 FP 树,这些在时间和空间方面的要求都是很高的。尤其当事务数据库很大时,可能由于无法构造基于内存的 FP 树,该算法将不能有效地工作。

FP-growth 算法提出后,又出现了很多种对 FP-growth 性能的改进。例如,Grahne 等于 2003 年提出的 FP-growth * 算法利用了一种新的数组技术改进 FP 树的性能[Grahne et al 2003]。由于在 FP-growth 算法中,80％的时间用在了 FP-树的遍历上,建立每棵条件 FP-树需要遍历前驱树两次,如果能减少遍历的时间则可以提高基于 FP-树算法的效率。因此他们利用数组来存储条件模式库的频度数据,在建立条件 FP-树的同时计算以各个项为后缀的条件模式库的频度数组值。从而对于每棵条件 FP-树的建立,只需对前驱树遍历一次。他们还采用了其他优化技术,提出了高效挖掘 FI、MFI 和 FCI 的算法 FP-growth * 、FPmax * 和 FP-close。

12.5　垂直挖掘算法

为满足用户提高执行挖掘任务效率的要求,相关的改进算法和新的高效算法不断被提出。为避免多次扫描数据库的高代价开销,部分算法将数据库中数据的排列方式由通常的水平方式改为垂直方式。该数据表示方式命名为垂直数据表示。Eclat 和 Diffset 都是采用垂直数据表示的高效的频繁项集挖掘算法。Diffset 只保存候选模式与产生的频繁模式在事务集(tids)上的差集,这样可以减少大量的存储空间,特别是对数据密集的情形,效果更为明显[Zaki et al 2003]。

Eclat 算法是采用垂直数据表示的频繁项集挖掘算法[Zaki et al 1997]。垂直数据表示是指它将数据库中数据的排列方式由通常的水平方式改为垂直方式。Eclat 算法采用 Tidset 保存项集对应的事务项序号,并通过计算候选集对应的 Tidset 的交集来确定其支持度计数。

例 12.4　采用例子说明 Eclat 算法的工作过程。被分析的数据如表 12.4 所示,且设最小支持度计数为 3。具体过程如图 12.4 所示,其中画删除线的项集为非频繁项集。

表 12.4　事务数据库

事务项序号	记录	事务项序号	记录
1	a,c,d,e,f	4	b,c,f
2	a,b,c,d,e	5	a,c,d,e,f
3	b,d	6	k

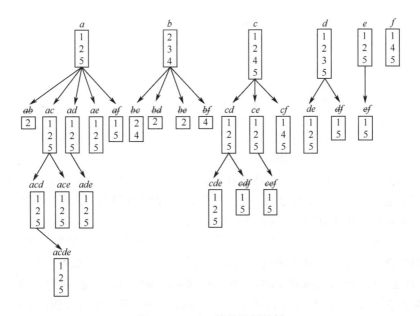

图 12.4　Eclat 算法挖掘示例

（1）扫描数据库，获取全部 l-项集的 Tidset 以及对应的支持度计数，非频繁 l-项集的信息不再保留。例如，l-项集 $\{k\}$ 的 Tidset 为 $T(k)=\{6\}$，即它的支持度计数为 $|T(k)|=1$。由此可知，全部频繁 l-项集的集合 L 为：$L=\{a,b,c,d,e,f\}$。

（2）对 L 中的任一个频繁 l-项集 X，它依次与其后面的项目连接得到新的候选集。例如，项集 $\{a\}$ 和它后面的 5 个项集分别连接得到新的候选集 $\{ab\}$、$\{ac\}$、$\{ad\}$、$\{ae\}$、$\{af\}$。新的候选集的 Tidset 等价于它两个不同的子集的 Tidset 的交集。例如：

$$\mathrm{Tidset}(ab)=\mathrm{Tidset}(a)\bigcap \mathrm{Tidset}(b)$$

将新的候选集组成一个集合 $C=\{ab,ac,ad,ae,af\}$。由于项集 $\{ab\}$ 和 $\{af\}$ 的支持度计数小于 3，则项集 $\{ab\}$ 和 $\{af\}$ 以及它们的超集都不可能是频繁的。因此，将项集 $\{ab\}$ 和 $\{af\}$ 从集合 C 中剔除。此时，$C=\{ac,af,am\}$。

　　若 C 非空，重复第（2）步，直到集合 C 为空或只包含一个元素，此时不能再产生新的候选集，求解过程结束。

　　Eclat 算法的具体执行步骤如下所述：

算法 12.5　Eclat 算法。

　　　输入：事务项数据库 TDB，最小支持度阈值 minsup.

　　　输出：所有的频繁项集 F.

　　　方法：

　　　（1）扫描数据库一次，得到频繁 l-项集 F，$F = F \cup F_1$；

　　　（2）Eclat(F_1)：

　　　（3）forall $X_i \in F_1$ do

　　　（4）　　forall $X_j \in F_1, j > i$ do

　　　（5）　　产生新的候选项集 $R = X_i \cup X_j$

　　　（6）　　Tidsets(R) = Tidsets(X_i) $\bigcap$ Tidsets(X_j)；count(R) = |Tidsets(R)|；

　　　（7）　　if(count$(R) \geqslant$minsup)$F = F \cup R$，$T_i = T_i \cup R$，其中 T_i 初始为空；

　　　（8）　　if $T_i \neq \varnothing$，调用函数 Eclat(T_i).

　　与 Apriori 算法相比，Eclat 算法具有以下优点：无须复杂的 Hash 数据结构；在生成候选项集后，不需再进行剪枝；扫描数据库次数较少，挖掘效率较高。与 FP-growth 算法相比，Eclat 算法占用的内存比较小。

　　Diffset 算法是根据 Eclat 算法处理稠密（即项集的支持度计数平均值较大）数据集时性能不高这一特性提出的。它的设计原理与 Eclat 算法基本一致。区别于 Eclat 算法，Diffset 算法采用 Diffset 垂直数据表示项集相关信息，进行差集操作确定项集的支持度计数[Zaki et al 2003]。Diffset 算法的具体执行步骤如下所述：

算法 12.6　Diffset 算法。

　　　输入：事务项数据库 TDB，最小支持度阈值 minsup.

　　　输出：所有的频繁项集 F.

　　　方法：

　　　（1）扫描数据库一次，得到频繁 l-项集 F，$F = F \cup F_1$；

　　　（2）Diffset(F_1)：

　　　（3）forall $X_i \in F_1$ do

　　　（4）　　forall $X_j \in F_1, j > i$ do

　　　（5）　　产生新的候选项集 $R = X_i \cup X_j$

　　　（6）　　Diffsets(R) = Diffsets(X_j) − Diffsets(X_j)；

　　　（7）　　count(R) = count(X_i) − |Diffsets(R)|

　　　（8）　　if(count$(R) \geqslant$minsup)$F = F \cup R$，$T_i = T_i \cup R$，其中 T_i 初始为空；

　　　（9）　　if $T_i \neq \varnothing$，调用函数 Diffset(T_i).

　　Diffset 算法和 Eclat 算法在设计、实现等方面是非常相近的。Diffset 算法和 Eclat 算法的最大区别在于：处理较为稠密的数据集时 Eclat 算法的性能较差，

Diffset 算法的性能较好;处理稀疏的数据集时,则反之。

12.6　挖掘关联规则的数组方法

　　Apriori 算法主要工作在于寻找频繁项集。它利用了频繁项集向下封闭性,即频繁项集的子集必须是频繁项集的性质,提高算法的工作效率,它是宽度优先算法。DIC 算法是将数据库 DB 分为 M 块[Brin et al 1997],在第一块执行 Apriori 算法的第一遍,在第二块执行 Apriori 算法的第一遍和第二遍,在第三块执行 Apriori 算法的第一遍、第二遍和第三遍,如此下去直到数据库的结尾。回绕数据库,在第一块执行 Apriori 算法的第二遍以后的计算,在第二块执行 Apriori 算法的第三遍以后的计算,如此下去直到全部频繁项集被确定。另外在计算第一块之后有一个频繁项集和候选项集的动态调整的维护过程。

　　马洪文等提出了一个数组方法计算候选项集出现的频率[马洪文等 2000]。扫描数据库,求出频率 1-项集的集合 $F_1=(a_1,a_2,\cdots,a_n)$,称 n 维数组 $(b_1,b_2,\cdots,b_n),b_i\in F_1$ 为最大空间,再扫描数据库,求出最大空间上的支持度。最多扫描数据库两遍。数组方法算法描述如下:

算法 12.7　挖掘关联规则的数组方法 1。

　　　　输入:数据库 DB、最小支持度 minsup.

　　　　输出:Result = 所有的频繁项集和它们的支持度.

　　　　方法:

　　　　(1) 第一遍整个扫描 DB,求出频繁 l-项集的集合 $F_1=\{a_1,a_2,\cdots,a_n\}$;

　　　　(2) 求出最大空间 V;

　　　　(3) if(V 能完全装入内存)第二遍整个扫描 DB

　　　　(4)　　 求出最大空间上的支持度

　　　　(5) else

　　　　(6)　　 V 分为若干能完全装入内存的子块

　　　　(7)　　 第二遍整个扫描 DB

　　　　(8)　　　 for(V 的每一块)

　　　　(9)　　　　 求出最大空间子块上的支持度;

　　　　(10) end if

　　　　(11) Result: = V 上的支持度大于 minsup 的项集

　　采用数组计算的方法,计算产生频繁项集的超集 S 支持度,它的效率是高的。例如,假设有一个 8 个元素的顶层,有一条记录含有顶层项集中的 4 项。当扫描 DB 时,对于 Apriori 算法,用 hash 树计算至少要检验 15 次,计数 15 次。而采用数组计算的方法,则只需检验 8 次,效率提高 50%。

　　刘莹等提出另一种基于数组的关联规则挖掘方法[刘莹等 2006],只需扫描数据库一次。该算法将事务数据库中每一个事务作为二维数组中的一行存入这个二维数组,用列代表项,行代表事务。通过依行扫描相应的列值来计算项的频度,该算法描述如下。

算法 12.8　挖掘关联规则的数组方法 2。

输入:数据库 DB、最小支持度 minsup.

输出:Result = 所有的频繁项集和它们的支持度.

方法:

(1) Initializing Array($D,A[n][m]$);//初始化用于保存事务数据库的二维数组

(2) L_1 = find_frequent_l_itemset($A[n][m]$);//发现频繁 l-项集

(3)　　for($k = 2;L_{k-1} \neq \varnothing;k++$)//根据频繁 $(k-1)$-项集求频繁 k-项集

(4)　　{

(5)　　　　C_k = apriori_gen(L_{k-1},minsup);//根据频繁 $(k-1)$-项集产生候选

　　　　　　　　　　　k-项集

(6)　　for each $c \in C_k$

(7)　　for($i = 1;i<n;i++$)

(8)　　　　if($A[i][c[1]]$ && $A[i][c[2]]$ && && $A[i][c[k]]$)

(9)　　　　　c. count ++;

(10)　　　}

(11)　　$L_k = \{c \in C_k | c.\text{count} > \text{minsup}\}$;

(12) return $L \bigcup L_k$

算法步骤(2)find_frequent_ l_itemset($A[n][m]$)的过程如下:

procedure find_frequent_l_itemset($A[n][m]$)

{

　　for($j = 1;j <= m;j++$)

　　　　$C_1[j] = j$;

　　for($j = 1;j <= m;j++$)

　　　　for($i = 1;i <= n;i++$)

　　　　if($A[i][j]$)

　　　　　　$C_1[j]$. count ++;

　　$L_1 = \{C_1[j] | C_1[j].\text{count} > \text{minsup},1 \leqslant j \leqslant m\}$

}

算法步骤(5)apriori_gen(L_{k-1},minsup) 的过程如下:

Procedure apriori_gen(L_{k-1},minsup)

{

for each $l_1 \in L_{k-1}$

　for each $l_2 \in L_{k-2}$

　　if(($l_1[1] = l_2[1]$) $\wedge \cdots \wedge (l_1[k-2] = l_2[k-2]) \wedge (l_1[k-1] = l_2[k-1])$)

```
        {
            c = l_1 ⊕ l_2
            if has_infrequent_itemset(c, L_{k-1})
                delete c;
            else C_k = C_k ⋃ {c}
        }
        return C_k
```

其中, $\text{has\_infrequent\_itemset}(c, L_{k-1})$ 为

```
Procedure has_infrequent_itemset(c, L_{k-1})
{
for each(k - 1) - subsets of c
    if s ∉ L_{k-1}
        return TRUE;
    else return FALSE
```

下面解释上述挖掘关联规则的数组方法的过程:

(1) 函数 Initializing Array$(D, A[n][m])$首先初始化用于存储事务数据库的二维数组。$A[n][m]$先扫描数据库 D, 将每个事务所包含的项用"l"表示, 一一存入二维数组中。

(2) 函数 $\text{find\_frequent\_}l\text{\_itemset}(A[n][m])$寻找频繁 l-项集。即依次求出二维数组中每列之和(整个事务数据库 D 中包含该项集的记录数, 也就是项集的频度)。再与 minsup 比较, 若大于 minsup, 则该项为频繁 l-项集, 并用数组 $C_1[]$保存频繁 l-项集。

(3) 根据频繁$(k-1)$-项集产生候选 k-项集。与 Apriori 算法中的连接、消减步骤一致。

(4) 从候选 k-项集中发现频繁 k-项集。为了计算每个候选项集的频度, 则扫描数组中相应的列, 若值为 1, 则频度加 1。例如, 候选 3-项集为$\{1,2,4\}$, 则依行扫描数组中的第一列、第二列、第四列。当某一行这三列中的值均为 1 时, 则该候选 3-项集的支持频度加 1。即如果当 $A[i][1]=1, A[i][2]=1, A[i][4]=1$ 时, 这个候选 3-项集的频度加 1。

12.7 频繁闭项集的挖掘算法

虽然频繁模式挖掘算法对于一些非稠密数据库能够取得较好的性能, 但对于稠密数据库或者支持度阈值比较小时, 频繁模式的数量会以指数形式增长, 使得找出所有的频繁模式成为不可能的任务。但实际上, 在频繁项集中, 存在着较多的冗余, 因此人们采用各种方法, 试图减少频繁模式中的冗余。目前采用的方法主要有

挖掘频繁闭项集(frequent closed itemset,FCI)、最大频繁项集(maximal frequent itemset,MFI)等。闭模式,又称闭项目集,它对给定的项目集提供了完整的压缩描述。而频繁闭模式唯一地决定了所有频繁模式的支持度,并且比频繁模式集要小几个数量级。自 Pasquier 等于 1999 年提出闭模式的概念以来[Pasquier et al 1999],先后提出了 A-close、MAFIA、CHARM、CLOSET＋、DCI-CLOSED、LC-Mv2 等方法。

设 X 是一个项集,如果不存在 X 的超集享有与 X 相同的支持度,则称项集 X 为闭项集。如果 $\sup(X)$ 不小于最小支持度阈值,则称项集为频繁闭项集。

假设 X 是一个频繁项集,如果包含 X 的每个事务均包含 Y 但不包含任何 Y 的超集,那么 $X\cup Y$ 可以合并成一个频繁项集,而且没有必要去挖掘任何包含 X 但不包含 Y 的项目集。假设 X 是当前考虑下的频繁闭项集,如果 X 是一个已经发现的频繁闭项集 Y 的子集,并且 $\sup(X)=\sup(Y)$,那么在 FP-tree 中 X 和所有 X 的子孙均不可能是频繁闭合项目集,可以将其剪枝掉。如果一个频繁项在不同层的项头表中享有相同的支持度,则可以在较高层中将其删除。

很多基于 FP-tree 的频繁项集挖掘算法,采用自下而上投影 FP-tree,通过递归构造条件 FP-tree,生成频繁项集。在密集型数据集中,不同项之间、事务之间的关联性强,容易出现长的且支持度高的频繁项集,FP-tree 的压缩效果明显。

在稀疏型数据集中,不同项之间、事务之间的关联性弱,频繁项集通常很短且支持度不高,采用自下而上投影 FP-tree 的压缩效果不明显。CLOSET＋算法针对不同的数据集结构类型设计了不同的频繁闭项集挖掘方案:对于密集型数据集采用自下而上的投影 FP-tree 策略,对于稀疏型的数据集采用自上而下伪投影 FP-tree 策略,CLOSET＋算法描述如下[Wang et al 2003]。

算法 12.9 CLOSET＋算法。

输入:

(1) 事务数据库 TDB;

(2) 支持度阈值 minsup。

输出:频繁闭项集全集。

方法:

(1)扫描事务数据库 TDB 一次,找出全局频繁项,并按支持度降序排列。排序频繁项列表形成 f_list。

(2) 使用 f_list 扫描事务数据库 TDB,构建 FP-tree。

注意:在树的构建过程中,计算 FP-tree 节点的平均计数。树建成后,根据 FP-tree 节点的平均计数判断数据集是密集型还是稀疏型。对密集型数据集选择自下而上的实体树投影,而对稀疏的数据集使用自上而下投影法。根据所选择的树投影法,初始化全局头表。

（3）采用分而治之和深度优先搜索模式，对稀疏型数据集自上而下地挖掘 FP-tree 频繁闭项集，而对稠密型数据集采用自下而上的方式。在挖掘过程中，使用项合并、项跳过和子项集修剪方法，修剪搜索空间。对于每个候选频繁闭项集，密集型数据集使用两级散列索引结果树方法，而对于稀疏数据集使用伪投影向上检查方法进行封闭检测。

（4）当在全球头表中所有项已被挖掘则停止。频繁闭项集的全集可以从结果树或输出文件 F 找到。

上述算法中，对于密集数据集来说，由于压缩的原因，它们的 FP-tree 可能是相应原始数据库的几百分之一甚至几千分之一。其条件投影 FP-tree 通常也非常紧凑，每个条件 FP-tree 比原始 FP-tree 小很多，所以在这样的压缩结构上挖掘效率会很高。因此，对于密集数据集 CLOSET＋仍然按照自下而上的方法来构建投影 FP-tree。实体投影 FP-tree 可能会带来空间和运行上的一些过度耗损，特别是当数据库很稀疏时，投影 FP-tree 不会很紧凑，也不会快速收缩。因此在稀疏数据集中采用一种新的方法，即从上而下虚拟 FP-tree 的投影。与自下而上实体树的投影不同，虚拟树投影采取支持度下降的顺序。

Zaki 等于 2003 年提出 CHARM 算法[Zaki et al 2003]。在 CHARM 算法中，通过 IT-树（项集-事务集树）同时搜索项集空间和事务空间，而一般的算法只是使用项集搜索空间。CHAERM 算法使用了一种高效的混合搜索方法，这样可以跳过 IT-树的许多层，快速地确定频繁闭项集，避免了判断许多可能的子集。Zaki 等使用了一种快速的 hash 方法以消除非封闭项。CHARM 还采用了垂直数据表示法 diffset。上述措施使得 CHARM 算法具有较好的时空效率。

12.8 最大频繁项集的挖掘算法

对于稠密数据库而言，频繁闭项集的数量仍然会增长到令人难以忍受的程度。因此，许多任务只希望挖掘那些不被其他频繁项集包含的最大频繁项集。最大频繁项集是所有频繁项集中规模最小的（MFI⊆FCI⊆FI），而且可以通过 MFI 导出 FCI 和 FI。但 MFI 丢失了其子集的频度信息，因此无法产生关联规则。尽管如此，MFI 挖掘对生物信息等具有较长模式的数据库仍具有很高的实用价值。

最大频繁项集的概念是由 Bayardo 于 1998 年提出来的[Bayardo 1998]。他同时提出了最大频繁项集挖掘的 Max-Miner 算法。如果 X 是一个频繁项集，而且 X 的任意一个超集都是非频繁的，则称 X 是最大频繁项集或最大频繁模式。最大频繁项集的概念被提出来后，这一问题受到许多研究者的关注，相继出现了一些用于最大频繁项集挖掘的不同算法。最大频繁项集挖掘算法主要有 Max-Miner、Pincer-Search、DepthProject、MAFIA、GenMax、SmartMiner 和 FP-Max 等。

Max-Miner 算法采用集合枚举树（set-enumeration tree）作为概念框架，并采用了广度优先的搜索方法。另外，Max-Miner 还使用了向前看的超集剪枝策略，即利用"如果超集是频繁的，则其子集一定不是最大频繁项集"，故无须再处理。

算法 12.10　Max-Miner 算法[Bayardo 1998]。

　　　　输入：事务数据库 D 的集合枚举树，最小支持度 minsup.

　　　　输出：最大频繁项集.

　　　　方法：

　　　　Max-Miner(Data-set T)

　　　　(1) Set of Candidate Groups $C \leftarrow \{\}$

　　　　(2) Set of Itemsets $F \leftarrow \{$Gen-Initial-Groups$(T, C)\}$

　　　　(3) while C 不为空

　　　　(4)　　扫描 T 计数 C 中候选组的支持度

　　　　(5)　　for each $g \in C$ such that $h(g) \bigcup t(g)$ is frequent do

　　　　(6)　　　　$F \leftarrow F \bigcup \{h(g) \bigcup t(g)\}$

　　　　(7)　　Set of Candidate Groups $C_{\text{new}} \leftarrow \{\}$

　　　　(8)　　for each $g \in C$ such that $h(g) \bigcup t(g)$ is infrequent do

　　　　(9)　　　　$F \leftarrow F \bigcup \{$Gen-Sub-Nodes$(g, C_{\text{new}})\}$

　　　　(10)　　$C \leftarrow C_{\text{new}}$

　　　　(11)　　从 F 删除任何具有合适 superset 的 itemset

　　　　(12)　　从 C 删除任何组 g，得到 $h(g) \bigcup t(g)$

　　　　(13)　　　求得 F 的 superset

　　　　(14) return F

步骤(2)中，Gen-Initial-Groups(T, C)如下：

　　　　Gen-Initial-Groups(Data-Set T, Set of Candidate Groups C)

　　　　(1) 扫描 T 得到 F_1、频繁1-itemsets 集

　　　　(2) 排序 F_1 中的项

　　　　(3) for each item i in F_1 other than the greatest item do

　　　　(4)　let g be a new candidate with $h(g) = \{i\}$

　　　　(5)　　and $t(g) = \{j | j$ follows i in the ordering$\}$

　　　　(6) 返回 F_1 中包含最大项的项集 itemset

步骤(9)中，Gen-Sub-Nodes(g, C_{new})如下：

　　　　Gen-Sub-Nodes(Candidate Group g, Set of Cand. Groups C)

　　　　(1) 如果 $h(g) = \{i\}$不是频繁项，则从 $t(g)$中删除 i

　　　　(2) 重新排序 $t(g)$中的项

(3) for each $i \in t(g)$ other than the greatest do

(4)　设 g' 为 $h(g) = h(g) \bigcup \{i\}$ 是新的候选

(5)　　and $t(g) = \{j | j \in t(g)$ and j follows i in $t(g)\}$

(6)　　$C \leftarrow C \bigcup \{g'\}$

(7) return $h(g) \bigcup \{m\}$，其中 m 是 $t(g)$ 中的最大项或者 $h(g)$，如果 $t(g)$ 为空

　　算法 12.10 中，首先扫描一次数据库得到频繁 1-项目集。然后根据频繁 1-项目集建立集合枚举树。接着按照集合枚举树的第二层节点开始扫描数据库，将不是频繁 2-项目集的节点放入 NFS(non-frequent itemeset) 中。在以后的第 k 次扫描中，对于每个节点进行是否剪枝的判断，即若节点 X 的非空子集在 NFS 中存在，则节点 X 不属于频繁项目集，所以该节点将被剪枝。反复执行，直至树中的节点都已经分析完毕。

　　Max-Miner 算法突破了传统的自底向上的搜索策略，采用了自底向上和自顶向下的搜索策略同时进行搜索，利用了频繁项集的性质，减少了数据库扫描次数，提高了检索效率。但对于在剪枝时产生的非频繁项目集，Max-Miner 算法并没有给予充分的重视，也没有充分重视 1-频繁项集的支持度大小问题，这样会产生许多不必要的候选最大频繁项目集。

　　FP-Max 将 FP-tree 与数组及其他优化技术相结合，并对每个条件模式树建立一个 MFI-树来检验一个频繁项集是否为最大频繁项集[Grahne et al 2003]，是目前性能较好的 MFI 挖掘算法。FP-max 算法如下。

算法 12.11　FP-Max 算法。

　　输入：建造好的 FP-tree T 及 minsup.

　　输出：所有的最大频繁模式.

　　方法：调用 FP-Max(FP-tree T, α).

Procedure　FP-Max(FP-tree T, α) {

(1) if T 包含单一路径 P

(2)　　then 对 P 代表的模式 β（设其最后节点的支持度为 sup）

(3) if　(!CheckIsSubSet($\Sigma, \beta \bigcup \alpha$))

(4)　　then{CheckIsSuperset($\Sigma, \beta \bigcup \alpha$)；

(5)　　　　将 $\beta \bigcup \alpha$ 加入到 Σ 中；}

(6) else　for T 的项头表中的每个项 a_i $(n, \cdots, 2, 1)$do {　　//按项头表的倒序

(7)　　　　产生模式 $\beta = a_i \bigcup \alpha$ 且 sup(β) = sup(a_i)；

(8)　　　　构造 β 的条件模式库(conditional pattern base)和条件 FP-tree T_β；

(9)　　　　if　$T_\beta \neq \varnothing$ then call FP-Max*(T_β, β)；

(10)　　　else　　　　　　　　　　　　　　　　　　　//如果 $T_\beta = \varnothing$

(11)　　　　if　(!CheckIsSubSet(Σ, β))then

(12)　　　　　{CheckIsSuperset(Σ, β)；将 β 加入到 Σ 中；}

(13)　　}

(14) }

算法 12.11 中,步骤(11)CheckIsSubset 如下:

输入:结果集 Σ、待插入结果集的模式 β.

输出:如果 β 是 Σ 中某一模式的子模式,返回 true;否则,返回 false.

方法:

bool CheckIsSubSet(Σ, β) {

(1) for Σ 中的每一个长度大于 β 长度的模式 α do {

(2) if β 是 α 的子模式 then return true;　　}

(3) return false;　　　　　　　　//此时 β 不是 Σ 中任何模式的子模式

(4) }

算法 12.11 中,步骤(12)CheckIsSuperset(Σ, β)如下:

输入:结果集 Σ、待插入结果集的模式 β.

输出:删除 β 的子模式后,结果集仍在 Σ 中.

方法:

bool CheckIsSuperset(Σ, β){

(1) for Σ 中的每一个长度小于 β 长度的模式 α do {

(2) 　 if α 是 β 的子模式

(3) 　 then 从结果集中删除 α ;

(4) 　 }

(5) }

例 12.5 设事务数据库中的事务如表 12.5 所示,最小支持度阈值为 3.

表 12.5 事务数据库 TDB

TID	事务中的所有项	其中的频繁项(按频率降序排列)
100	f, a, c, d, g, i, m, p	f, c, a, m, p
200	a, b, c, f, l, m, o	f, c, a, b, m
300	b, f, h, j, o	f, b
400	b, c, k, s, p	c, b, p
500	a, f, c, e, l, p, m, n	f, c, a, m, p

根据表 12.5 的数据库,可以建立如图 12.5 所示的 FP-tree。挖掘如图 12.5 所示的 FP-tree,得到的最大频繁模式为:$(f, c, a, m):3$、$(c, p):3$。

在 FP-growth 算法中,如果得到的树只有单一路径,则产生频繁模式组合。而在 FP-Max 算法中,需要将单一路经对应的模式作为候选最大模式进行检验。其挖掘过程实际上是一个递归的过程,在每一次递归中,按照项头表的元素的倒序,依次产生以每个元素为后缀的候选最大频繁模式,然后检验这些候选模式是否

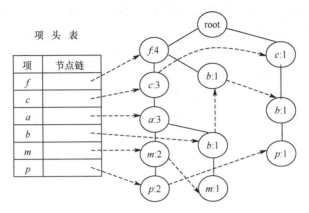

图 12.5　表 12.5 的事务数据库对应的 FP-tree

为最大模式。

12.9　增量式关联规则挖掘

关联规则的更新问题是在原数据库 DB 的基础上,对其增加或删减数据集项时挖掘新关联规则的问题。关联规则的增量更新问题主要有:①在给定的最小支持度和最小置信度下,当一个新的数据集如添加到数据库 DB 中时,如何更新关联规则;②在给定的最小支持度和最小置信度下,当从原数据库 DB 中删除数据集项时,如何修改关联规则;③给定数据库 DB,在最小支持度和最小置信度发生变化时,如何生成数据库 DB 中的关联规则。

Cheung 等提出的 FUP 算法只处理数据库中增加新事务的情况[Cheung et al 1996]。FUP 算法是基于 Apriori 算法的思想,并采用了 DHP 算法的剪枝策略。算法首先从增加的记录 db 中挖掘频繁项集,然后将它们与原先得到的频繁项集进行比较。根据比较的结果,FUP 算法决定是否需要重新对原数据库进行扫描。

FUP 算法的基本思路如下:对任意一个 $k(k \geqslant 1)$ 项集,若其在 DB 和 db 中都是频繁项集,则其一定是频繁项集;若其在 DB 和 db 中都是非频繁项集,则其一定是非频繁项集;若其仅在 DB(db) 中是频繁项集,则其支持计数应加上其在 db(DB) 中的支持数以确定它是否为频繁项集。FUP 算法假设在 DB 中发现的频繁项集 $L = \bigcup\limits_{i=1}^{n} L_i$ 已被保存下来,n 为 L 中最大元素的元素个数。它需要对 DB 进行多次扫描,在第一次扫描中,算法先扫描 db,将 L_1 中的元素仍为 db∪DB 中的频繁项集的元素记入 L_1',并生成候选频繁 l-项集 C_l,C_l 中的元素为 db 中的频繁 l-项集且不包含在 L_1 中;然后扫描 DB 以决定 C_l 中的元素是否为 db∪DB 中的频繁项集,并将是 db∪DB 中的频繁项集的元素记入 L_1' 中。在第 $k(k > 1)$ 次扫描前,先对

L'_{k-1}用 Apriori_Gen 函数生成候选频繁 k-项集 C_k,并除去 L_k 中的元素,即 $C_k = C_k - L_k$,对 L_k 进行剪枝,即对于 $X \in L_k$,若存在 $Y \subset X$ 且 $Y \in L_{k-1} - L'_{k-1}$,则 X 肯定不是 $\text{db} \cup \text{DB}$ 中的频繁 k 项集,应将其在 L_k 中删除;然后扫描 db,将 L_k 中的元素仍为 $\text{db} \cup \text{DB}$ 中的频繁项集的元素记入 L'_k,记录候选频繁 k 项集 C_k 中的元素在 db 中的支持数;最后扫描 DB,记录 C_k 中的元素在 DB 中的支持数。扫描结束时,将 C_k 中是 $\text{db} \cup \text{DB}$ 中频繁项集的元素记入 L'_k 中。算法在 L_k 和 C_k 均为空时结束。FUP 算法的具体步骤如下:

算法 12.12 FUP 算法。

第 1 趟:

(1) 设 $C_1 = \text{I}$,扫描 Δ^-,找到 δ^-_x for all $X \in C_1$

(2) 设 $P_1 = L_1$. for all $X \in P_1$,compute $\sigma'_x = \sigma_x - \delta^-_x$
   插入 X 到 L'_1 if $\sigma'_x \geqslant s \times |D'|$

(3) 设 $Q_1 = C_1 - L_1$. 从 Q_1 中删除 x if $\delta^-_x \geqslant s|\Delta^-|$

(4) 扫描 D^-;寻找 σ'_x for all the remaining $X \in Q_1$.

(5) 插入 $X \in Q_1$ 到 L'_1 if $\sigma'_x \geqslant s|D'|$

(6) return L'_1

第 k 趟($k > 1$):

(1) 设 $C_k = \text{Apriori-gen}(L'_{k-1})$;如果 $C_k = \varnothing$,结束.

(2) 扫描 Δ^+;寻找 δ^+_X for all $X \in C_k$.

(3) 设 $P_k = C_k \cap L_k$;for all $X \in P_k$,计算 $\sigma'_x = \sigma_x + \delta^+_X$
   插入 X 到 L'_k if $\sigma'_x \geqslant s|D'|$

(4) 设 $Q_k = C_k - L_k$,从 Q_k 中删除 X;if $\delta^+_X \leqslant s|\Delta^+|$

(5) 扫描 D,找到 σ_X 和 σ'_x for all the remaining $X \in Q_k$.

(6) 插入 $X \in Q_k$ 到 L'_k if $\sigma'_x \geqslant s|D'|$

(7) return L'_k

(8) 如果$|L'_k| < k+1$,结束;

(9) 否则 goto the$(k+1)$ - th iteration.

FUP 算法利用原数据库集 DB 的挖掘结果,即频繁项集 L,需要对 DB 和 db 进行 n 次扫描(n 为 L 中最大的元素的元素个数),最后得到 $\text{db} \cup \text{DB}$ 中的频繁项集 L',所以 FUP 算法的效率比使用 Apriori 算法和 DHP 算法重新对 $\text{db} \cup \text{DB}$ 进行挖掘的效率要高得多。不过,FUP 算法也存在其缺点,虽然它利用此算法利用了原数据库集 DB 的挖掘结果,但是在对新的数据库进行更新时,又需要重复的扫描原数据库 DB,对候选集进行模式匹配,因为原数据库集 DB 相对增加的数据集 db 是很大的,所以在利用 FUP 算法对关联规则进行更新时,会消耗大量时间处理规模巨大的候选集,浪费了时间。

FUP2 算法是 FUP 算法的补充,它不仅能处理插入新事务的情况,也能处理旧的事务被删除的情况。

针对最小支持度和最小置信度发生变化时,如何生成数据库 DB 中的关联规则问题,冯玉才等提出了 IUA 和 PIUA 算法[冯玉才等 1998]。算法 IUA 采用了一个独特的候选频繁项集生成算法 iua_gen,每一次对数据库 DB 扫描之前生成较小的候选频繁项集,从而提高了算法的效率。它也要求上一次对数据库 DB 挖掘时发现的频繁项集在本次挖掘时是可使用的。IUA 算法的基本框架也和 Apriori 算法一致,也需要对事务数据库 D 进行多趟扫描。因为有 $S'{<}s$,所以原来所有的频繁 k-项集在新的最小支持度下仍然是频繁 k-项集,因此在每一趟中扫描事务数据库 D 计算候选 k-项集的支持度计数时,我们就没有必要再考虑一遍 L_k 对应的候选 k-项集。IUA 的基本方法如下:在第 l 趟扫描中,IUA 算法只对原来不在 L_1 中的单项集进行支持度计算,并确定出所有新的频繁 l-项集 L'',然后通过 $L'' \cup L_1$ 得到 L',利用一个频繁项集的任意一个子集必定是频繁项集这一性质,频繁 k-项集 c 的每一单个项或者从 L_1 中取,或者从 L'' 中取。根据这一特点,IUA 算法将具有新支持度 s' 的所有频繁 $k(k{>}2)$-项集分成三类:

(1) 对于其中的每一个频繁 k-项集 $c = \{i_1, i_2, \cdots, i_k\}$、$P_j (1 {\leqslant} j {\leqslant} k)$,必有 $\{i_j\} \in L_1$;

(2) 对于其中的每一个频繁 k-项目集 $c = \{i_1, i_2, \cdots, i_k\}$,$P_j (1 {\leqslant} j {\leqslant} k)$,必有 $\{i_j\} \in L''$;

(3) 对于其中的每一个频繁 k-项目集 $c = \{i_1, i_2, \cdots, i_k\}$,必有两个非空子集 c_1 和 c_2,使得 $c_1 \cup c_2 = c, c_1 \cap c_2 = \varnothing$,而且 $c_1 {<} L_1, c_2 {<} L''$。

IUA 算法的基本框架描述如下:

算法 12.13 IUA 算法[冯玉才等 1998]。

(1) $L'' = \{$new frequent 1-iremsets$\}, L' = L'' \cup L_1$;

(2) for$(k = 2; L'_{k-1} \neq \varnothing; k = k + 1)$ do

(3) $C_k^1 = $Apriori_gen$(L_{k-1}^1) - L_k$;

(4) $C_k^2 = $Apriori_gen$(L_{k-1}^2) - L_k$;

(5) $C_k^3 = \varnothing$;

(6)   for$(j = 1; j {\leqslant} k - 1; j + +)$ do

(7) $C_k^3 = C_k^3 \cup IUA_gen(L_k^1)$;

(8)   end for

(9)   for all transaction $t \in D$ do

(10) $C_{t1} = $subset$(C_k^1, t)$;

(11)   for all candidates $c \in C_{t1}$ do

(12) c. count $+ +$;

(13) $C_{t2} = $subset$(C_k^2, t)$;

(14)   for all candidates $c \in C_{t2}$ do

(15)　　　　　　$c.$ count + + ;

(16)　　　　　　$C_{t3} = \text{subset}(C_k^3, t)$;

(17)　　　　for all candidates $c \in C_{t3}$ do

(18)　　　　　　$c.$ count + + ;

(19)　　　end for;

(20) $L_k^0 = \{c \in C_k^1 | c.\text{count} \geqslant s'\}$; $L_k^1 = L_k^0 \bigcup L_k$;

(21) $L_k^2 = \{c \in C_k^2 | c.\text{count} \geqslant s'\}$;

(22) $L_k^3 = \{c \in C_k^3 | c.\text{count} \geqslant s'\}$;

(23) $L_k' = L_k^1 \bigcup L_k^2 \bigcup L_k^3$;

(24) end for;

(25) Answer = $\bigcup_R L_k'$;

　　算法中的 Apriori_gen 函数生成;对于 L_k^3 通过 L_j^1 和 L_{k-2}^2 拼接修剪而成,j 从 1 迭代到 $k-1$。IUA 也是采用 Apriori 框架。IUA 在自底向上的搜索过程中,依据第 k-频繁项集来生成第 $k+1$ 层所有候选频繁项集,然后对各候选频繁项集进行支持度计算,从而获得第 $k+1$ 层所有频繁项集,直到某层候选项集是空为止。由于 IUA 充分利用已挖掘的结果及采用有效的候选频繁项目集生成策略,显著地减少了各层候选频繁项集数目,有效地提高了更新效率。但 IUA 受 Apriori 框架的局限,存在以下不足:①多遍扫描数据库,扫描次数取决于新增最大频繁项集的长度;②需产生大量的候选项集。针对这些问题,提出了一些 IUA 算法的改进方法。

12.10　模糊关联规则的挖掘

　　对于挖掘数量属性的关联规则,常用的方法是将连续数据离散化,从而把数量属性的关联规则的问题转换成布尔型关联规则的问题进行讨论。一种方法是将属性的论域划分成不重叠的区间,再将数据库中的离散数据映射到这些区间中,由于明显的区间划分会将某些区间附近的一些潜在元素排斥在外,从而导致一些有意义的区间可能被忽略掉。另一种方法是将属性的论域划分成重叠的区间,这时处于边界附近的元素就有可能同时处于两个区间,由于这些元素同时对两个区间都作贡献,就有可能造成过分强调这些元素的作用,从而导致某些区间的意义也被过分地强调了。上述两种方法的缺点主要是由于边界划分过硬。为了解决这个问题,陆建江等提出可以采用定义在属性论域上的模糊集来软化边界[陆建江等 2000]。这是因为模糊集可以在集合元素和非集合元素之间提供非常平滑的变迁。有了平滑的变迁,几乎所有边界附近的元素不会再被排斥在外,同时也不会被过分地强调。属性论域上模糊集的元素的隶属度取为语言值,语言值将采用 **R** 上的有界闭的正模糊数和零模糊数来表示。这样,挖掘数量属性关联规则就转换成挖掘

广义模糊关联规则的问题,定义如下:

定义 12.1 设 $\mathbf{R}$ 为实数域,称闭区间 $[a,b]$ 为闭区间数,其中,$a,b \in \mathbf{R}, a \leqslant b$。

定义 12.2 设 $[a,b]$、$[c,d]$ 为两个闭区间数,有如下定义,其中,$0 \notin [c,d]$:

$$[a,b] + [c,d] = [a+c,b+d];$$

$$[a,b] - [c,d] = [a-d,b-c];$$

$$[a,b] \times [c,d] = [ac \wedge ad \wedge bc \wedge bd, ac \vee ad \vee bc \vee bd];$$

$$[a,b] \div [c,d] = \left[\frac{a}{c} \wedge \frac{a}{d} \wedge \frac{b}{c} \wedge \frac{b}{d}, \frac{a}{c} \vee \frac{a}{d} \vee \frac{b}{c} \vee \frac{b}{d}\right];$$

定义 12.3 设 A 是 $\mathbf{R}$ 上的模糊集:

(1) A 称为 $\mathbf{R}$ 上闭凸模糊集,当且仅当 $\forall \lambda \in (0,1]$,$A_\lambda$ 是闭凸集,即 A_λ 是闭区间;

(2) A 称为 $\mathbf{R}$ 上的正则模糊集,当且仅当 $\exists x_0 \in \mathbf{R}$,使 $A(x_0)=1$,这时把 x_0 称为 A 的正则点;

(3) 若对 $\forall \lambda \in (0,1]$,$A_\lambda$ 为有界集,则称 A 为有界模糊集;

(4) $\mathbf{R}$ 上正则凸模糊集 A 称为一个模糊数,正则闭凸模糊集称为闭模糊数,正则有界闭凸模糊集称为有界闭凸模糊数,$\bar{\theta}$ 为零模糊数,$\bar{\theta} = \begin{cases} 1, & x=0 \\ 0, & x \neq 0 \end{cases}$;

(5) 设 A 为模糊数,若 $\text{supp}A = \{x \in \mathbf{R} | A(x) > 0\}$ 所含数都是正实数,则称 A 为正模糊数。记有界闭的正模糊数的全体为 G,记 $\widetilde{G} = G \cup \{\bar{\theta}\}$

定义 12.4 在 $\widetilde{G}$ 中定义 "$\leqslant$" 如下:$\forall A$、$B \in \widetilde{G}$,$A \leqslant B$ 当且仅当对 $\forall \lambda \in (0,1]$,$a_1^\lambda \leqslant b_1^\lambda$ 且 $a_2^\lambda \leqslant b_2^\lambda$。其中,$A_\lambda = [a_1^\lambda, a_2^\lambda]$,$B_\lambda = [b_1^\lambda, b_2^\lambda]$。易知 "$\leqslant$" 是 $\widetilde{G}$ 中的一个偏序。

定义 12.5 设 A、$B \in \widetilde{G}$,定义:

$$(A+B)(z) = \bigvee_{x+y=z} (A(x) \wedge B(y)), \quad \forall z \in \mathbf{R}$$

$$(A-B)(z) = \bigvee_{x-y=z} (A(x) \wedge B(y)), \quad \forall z \in \mathbf{R}$$

$$(A \times B)(z) = \bigvee_{x \times y=z} (A(x) \wedge B(y)), \quad \forall z \in \mathbf{R}$$

$$(A \div B)(z) = \bigvee_{x \div y=z} (A(x) \wedge B(y)), \quad \forall z \in \mathbf{R}$$

$$(kA)(z) = A\left(\frac{z}{k}\right), \quad k \neq 0, \forall z \in \mathbf{R}$$

定理 12.1 设 A、$B \in \widetilde{G}$,则 $\forall \lambda \in (0,1]$,有 $(A \pm B)_\lambda = A_\lambda \pm B_\lambda$,$(A \times B)_\lambda = A_\lambda \times B_\lambda$,$(A/B)_\lambda = A_\lambda/B_\lambda$,$B \neq \bar{\theta}$,$(kA)_\lambda = kA_\lambda$,$k \neq 0$。

注 12.1 由定理 12.1 及定义 12.2 易知 A、$B \in \widetilde{G}$,有 $A+B \in \widetilde{G}$,$A \times B \in \widetilde{G}$,$A/B \in \widetilde{G}(B \neq \bar{\theta})$,$kA \in \widetilde{G}(k > 0)$。

下面讨论广义模糊关联规则的计算方法。设 $T = \{t_1, t_2, \cdots, t_n\}$ 是一个数据库,t_i 表示 T 的第 i 个元组,$I=(i_1,i_2,\cdots,i_n)$ 表示属性集,$t_j[i_k]$ 表示属性 i_k 在第 j 个元组上的值。设 $X=\{x_1,x_2,\cdots,x_p\}$,$Y=\{y_1,y_2,\cdots,y_q\}$ 是 I 的子集,且 $X\cap Y=\varnothing$,$D=\{f_{x1},f_{x2},\cdots,f_{xp}\}$,$E=\{f_{y1},f_{y2},\cdots,f_{yq}\}$,其中,$f_{xi}(i=1,2,\cdots,p)$ 和 $f_{yj}(j=1,2,\cdots,q)$ 分别是定义在属性 x_i 和 y_j 的论域上的模糊集,这些模糊集中元素的隶属度取为语言值,语言值用有界闭的正模糊数和零模糊数表示。给定阈值 ε',最小支持率 α',最小信任度 β',这里 α'、β'、ε' 都是有界闭的正模糊数。所要讨论的广义模糊关联规则的形式为"如果 X 是 D,则 Y 是 E"。下面将分两步来讨论此规则。

(1) 令 $f_{xj}(t_i[x_j])=x'_{ij}(i=1,2,\cdots,n;j=1,2,\cdots,p)$、$f_{yj}(t_i[y_j])=y'_{ij}(i=1,2,\cdots,n;j=1,2,\cdots,q)$,这里 x'_{ij} 与 y'_{ij} 都是有界闭的正模糊数或零模糊数。取

$$\bar{x}'_{ij}=\max\{x\in\mathbf{R}\mid x'_{ij}(x)=1\},\quad i=1,2,\cdots,n;j=1,2,\cdots,p$$

$$\bar{y}'_{ij}=\max\{x\in\mathbf{R}\mid y'_{ij}(x)=1\},\quad i=1,2,\cdots,n;j=1,2,\cdots,q$$

$$\bar{\alpha}'=\max\{x\in\mathbf{R}\mid \alpha'(x)=1\},\quad \bar{\beta}'=\max\{x\in\mathbf{R}\mid \beta'(x)=1\}$$

$$\bar{\varepsilon}'=\max\{x\in\mathbf{R}\mid \varepsilon'(x)=1\},\quad M=\max\{\bar{x}'_{ij},\bar{y}'_{ij},\bar{\alpha}',\bar{\beta}',\bar{\varepsilon}'\}$$

$$x_{ij}=\frac{x'_{ij}}{M},\quad i=1,2,\cdots,n;j=1,2,\cdots,p$$

$$y_{ij}=\frac{y'_{ij}}{M},\quad i=1,2,\cdots,n;j=1,2,\cdots,q$$

$$\alpha=\frac{\alpha'}{M},\quad \beta=\frac{\beta'}{M},\quad \gamma=\frac{\gamma'}{M}$$

易知 X_{ij}、Y_{ij}、α、β、ε 仍都是有界闭的正模糊数或零模糊数,且它们的正则点都落在 $[0,1]$ 区间上。

(2) 首先给出两个定义。

定义 12.6　广义模糊关联规则"如果 X 是 D,则 Y 是 E"的广义支持率记为 S,这里

$$S=\frac{\sum_{i=1}^{n}\left(\prod_{j=1}^{p}\bar{a}(x_{ij})\prod_{j=1}^{q}\bar{a}(y_{ij})\right)}{n},\quad \bar{a}(x)=\begin{cases}x,&x\geqslant\varepsilon'\\\bar{\theta},&x<\varepsilon'\end{cases}$$

定义 12.7　广义模糊关联规则"如果 X 是 D,则 Y 是 E"的广义信任度记为 C,这里

$$C=\frac{S}{\frac{1}{n}\sum_{i=1}^{n}\left(\prod_{j=1}^{p}\bar{a}(x_{ij})\right)},\quad \bar{a}(x_{ij})=\begin{cases}x_{ij},&x_{ij}\geqslant\varepsilon'\\\bar{\theta},&x_{ij}<\varepsilon'\end{cases}$$

当 $\frac{1}{n}\sum_{i=1}^{n}\left(\prod_{j=1}^{p}\bar{a}(x_{ij})\right)=\bar{\theta}$ 时,易知 $S=\bar{\theta}$,故规则肯定不会被采用。不妨设 $\frac{1}{n}\sum_{i=1}^{n}\left(\prod_{j=1}^{p}\bar{a}(x_{ij})\right)\neq\bar{\theta}$,此时易知定义 12.6 中的 S 和定义 12.7 中的 C 都属于 $\widetilde{G}$。

同时,由第(1)步知 X_{ij} 的正则点都落在[0,1]区间上,故 $\frac{1}{n}\sum_{i=1}^{n}\left(\prod_{j=1}^{p}\bar{a}(x_{ij})\right)$ 的正则点也落在[0,1]区间上,即 C 的最大正则点不会小于 S 的最大正则点,也就是说 C 不会小于 S。由于 S、C、α、β 都属于 $\tilde{G}$,故 S 和 α、C 和 β 都可以比较,当 $S\geqslant\alpha$ 且 $S\geqslant\beta$ 时,则认为规则"若 X 是 D,则 Y 是 E"可被采用。

12.11 任意多表间关联规则的并行挖掘

目前数据挖掘基本是在单个表(关系)内进行的,James 等首次将 AQ 学习算法用于多表间关联规则的提取[James et al 1995],但由于 AQ 算法本身的制约,表间的联系仅能通过关键字表达,数据必须全部放入内存,因而局限性较大。由于表间连接时空开销较大,而且多个表可能属于不同的数据库,甚至不同的机构,因安全性等因素不能将其在物理上连接起来,因此产生从多个表中直接提取关联规则的问题。

左万利等考虑任意多表(关系)间以语义相关属性所表示的一般联系。相关属性可以是关键字或其他对等属性[左万利等 1999]。算法面向大数据集,不受内存容量的制约。数据限定为布尔属性,类别属性数据转换为布尔属性数据后也可用此方法。数据挖掘首先在多表内并行进行,然后根据相关属性推算多关系间的规则,得到满足给定支持度和置信度的所有跨表间的关联规则。

12.11.1 问题的形式描述

设表(关系)为 $\psi_1,\psi_2,\cdots,\psi_n$,$\mathrm{Attr}(\psi_i)$ 表示 $\psi_i(i=1,2,\cdots,n)$ 的属性集,$\mathrm{Ac}_i=\mathrm{Attr}(\psi_i)\bigcap\mathrm{Attr}(\psi_{i+1})$ 为 ψ_i 与 $\psi_{i+1}(i=1,2,\cdots,n-1)$ 的公共属性集。令 $A_1=\mathrm{Attr}(\psi_1)-\mathrm{Ac}_1$,$A_i=\mathrm{Attr}(\psi_i)-\mathrm{Ac}_{i-1}-\mathrm{Ac}_i(i=2,3,\cdots,n-1)$,$A_n=\mathrm{Attr}(\psi_n)-\mathrm{Ac}_{n-1}$,将 A_i 的所有属性编号为 $1,2,\cdots,r_i$。为处理方便,将表(关系)转换为事物形式,若 $\psi=\{t_1,t_2,\cdots,t_l\}$ 是元组的集合,则 $\delta=\{t_1',t_2',\cdots,t_l'\}$ 是对应事物的集合,其中 $t_k'=\{i\,|\,t_k[i]=\mathrm{true},t_k\in\psi\}$。令 $\delta_i=\{t_{i1}',t_{i2}',\cdots\}$ 是由 $\psi_i=\{t_{i1},t_{i2},\cdots\}$ 得到的事物集合。任意多表间关联规则数据挖掘就是寻找所有满足给定支持度 minsup 和置信度 minconf 的蕴含式:

$X\Rightarrow Y$, $X,Y\subset\bigcup_i A_i$,   且 $X\bigcap Y=\varnothing$, $X\bigcup Y\nsubseteq A_i$, $i=1,2,\cdots,n$

其中,X、Y 是属性(编号)的集合,称为项集。这种规则的直观含义是在 $\psi_1,\psi_2,\cdots,$ ψ_n 按公共属性 $\bigcup_i \mathrm{Ac}_i=1$ 连接得到的表(关系)中,包含 X 的元组通常也包含 Y。令 m_1 表示 ψ_1 中包含公共属性($\mathrm{Ac}_1=1$)的元组的个数,m_n 表示 ψ_n 中包含公共属性($\mathrm{Ac}_{n-1}=1$)的元组的个数,m_i 表示 ψ_i 中包含公共属性($\mathrm{Ac}_{i-1}=1$ 且 $\mathrm{Ac}_i=1$,$i=$

$2,\cdots,n-1)$的元组的个数,则 $\psi_1,\psi_2,\cdots,\psi_n$ 按公共属性 $\bigcup\limits_i Ac_i=1$ 连接后所得表中元组的个数 joinsize$=m_1\times m_2\times\cdots\times m_n$。令 $X=X_1\bigcup X_2\bigcup\cdots\bigcup X_n$,其中,$X_i\in A_i$。若 count$(X_i)$表示 δ_i 中包含 X_i 且 Attr$(\psi_i)-A_i=1$ 的元组个数(如 $X_i=\varnothing$,则 count$(X_i)=m_i$),并设 $e=\prod\limits_{i=1}^{n}\text{count}(X_i\bigcup Y_i)$,则 $X\Rightarrow Y$ 的支持度为

$$\text{sup}(X\Rightarrow Y)=\text{sup}(Y\Rightarrow X)=\frac{e}{\text{joinsize}}$$

置信度为

$$\text{conf}(X\Rightarrow Y)=\frac{e}{\prod\limits_{i=1}^{n}\text{count}(X_i)},\quad \text{conf}(Y\Rightarrow X)=\frac{e}{\prod\limits_{i=1}^{n}\text{count}(Y_i)}$$

12.11.2 单表内大项集的并行计算

假定事物及项集中的项按字典排序,含有 k 个项的项集称为 k-项集,k-项集 c 的 k 个项表记为 $c[1],c[2],\cdots,c[k]$。设 u 是关于 A_i 的一个项集,由于只对多表间关联规则感兴趣,仅当存在一个关于 $A_j(j\neq i)$ 的项集 v,使得 count$(u)\times$count(v)/joinsize$\geqslant$minsup 时,u 才称为大项集。反之,若对任意关于 $A_j(j\neq i)$ 的项集 v,有 count$(u)\times$count(v)/joinsize$<$minsup,则 u 不是大项集。含有 k 个项的大项集称为大 k-项集,所有大 k-项集的集合记为 L_k。若 u 是一个大项集,则 u 的任意一个非空子集是大项集;反之,若 u 的某一非空子集不是大项集,则 u 不是大项集。如果 u 不是大项集,则它与任意关于 $\bigcup\limits_{j\neq i}A_j$ 的项集 v 不能产生多表间的大项集,因而不能参与形成多关系间规则。为避免产生不必要的 k-项集,首先生成 L_k 的一个较小的超集C_k,C_k 中任意一个 k-项集的所有非空子集均为大项集,称 C_k 为候选大 k-项集的集合,由 L_{k-1} 得到,算法 candi_gen 见文献[左万利等 1999]。

由 C_{ik}(其中 i 表示关系 ψ_i,k 表示 k-项集)求 L_{ik} 需扫描 δ_i 并统计 C_{ik} 中各 k-项集在 δ_i 中出现的次数,此工作由 count 完成。对于每个 $t\in\delta_i,c\in C_{ik}$,若 $c\subseteq t$,则 $c.$count$=c.$count$+1$。C_{i1} 分别与各自对应的关系有关,因而可同时计算。L_{i1} 与 C_{i1} 有关,需待 C_{i1} 求出后得到。一旦 L_{i1} 求得后,(C_{ik},L_{ik}) 与 $(C_{jk},L_{jk})(k\geqslant 2,i\neq j)$ 的计算互不依赖,可以同时进行。

在 $\delta_1,\delta_2,\cdots,\delta_n$ 中同时求大项集 $L_{11},L_{12},\cdots,L_{21},L_{22},\cdots,L_{n1},L_{n2},\cdots$的并行算法如下。

算法 12.14 求大项集的并行算法。

```
Parbegin
    {C₁₁ = {all 1-itemset in A₁};
        forall transaction t₁ ∈ δ₁ do count(t₁,C₁₁)};
    {C₂₁ = {all 1-itemset in A₂};
```

forall transaction $t_2 \in \delta_2$ do count(t_2, C_{21})};

$\quad \vdots$

$\{C_{n1}$ = {all 1-itemset in A_n}};

forall transaction $t_n \in \delta_n$ do count(t_n, C_{n1})};

parend;

parbegin

$\quad L_{11}$ = $\{c_1 \,|\, c_1 \in C_{11}, (\exists c \in C_{j1}) \wedge (j \neq 1), (c_1.\text{count} \times c.\text{count})/(m_1 \times m_j) \geqslant$min-

$\qquad$ sup};

$\quad L_{21}$ = $\{c_2 \,|\, c_2 \in C_{21}, (\exists c \in C_{j1}) \wedge (j \neq 2), (c_2.\text{count} \times c.\text{count})/(m_2 \times m_j) \geqslant$min-

$\qquad$ sup};

$\quad \vdots$

$\quad L_{n1}$ = $\{c_n \,|\, c_n \in C_{n1}, (\exists c \in C_{j1}) \wedge (j \neq n), (c_n.\text{count} \times c.\text{count})/(m_n \times m_j) \geqslant$min-

$\qquad$ sup};

parend;

parbegin

$\quad \{$for$(k = 2; L_{1k-1} \neq \varnothing; k++)$

$\qquad \{$candi_gen(L_{1k-1}, C_{1k});

$\qquad\quad$ forall transaction $t_1 \in \delta_1$ do count(t_1, C_{1k});

$\qquad\quad L_{1k}$ = $\{c_1 \,|\, c_1 \in C_{1k}, (\exists c \in C_{j1}) \wedge (j \neq 1), (c_1.\text{count} \times c.\text{count})/(m_1 \times m_j) \geqslant$

$\qquad\qquad$ minsup}}};

$\quad \{$for$(k = 2; L_{2k-1} \neq \varnothing; k++)$

$\qquad \{$candi_gen(L_{2k-1}, C_{2k});

$\qquad\quad$ forall transaction $t_2 \in \delta_2$ do count(t_2, C_{2k});

$\qquad\quad L_{2k}$ = $\{c_2 \,|\, c_2 \in C_{2k}, (\exists c \in C_{j1}) \wedge (j \neq 2), (c_2.\text{count} \times c.\text{count})/(m_2 \times m_j) \geqslant$

$\qquad\qquad$ minsup}}};

$\qquad\quad \vdots$

$\quad \{$for$(k = 2; L_{nk-1} \neq \varnothing; k++)$

$\qquad \{$candi_gen(L_{nk-1}, C_{nk});

$\qquad\quad$ forall transaction $t_n \in \delta_n$ do count(t_n, C_{nk});

$\qquad\quad L_{nk}$ = $\{c_n \,|\, c_n \in C_{nk}, (\exists c \in C_{j1}) \wedge (j \neq n), (c_n.\text{count} \times c.\text{count})/(m_n \times m_j) \geqslant$

$\qquad\qquad$ minsup}}};

parend;

$\quad$ Answer$_1$ = $\bigcup\limits_{k} L_{1k}$;

$\quad$ Answer$_2$ = $\bigcup\limits_{k} L_{2k}$;

$\quad \vdots$

$\quad$ Answer$_n$ = $\bigcup\limits_{k} L_{nk}$

若在网络环境中，$\psi_1, \psi_2, \cdots, \psi_n$ 分别属于不同的站点，当 $L_{11}, L_{21}, \cdots, L_{n1}$ 在各自站点求出后传给其他站点，则 $L_{1k}, L_{2k}, \cdots, L_{nk}(k \geqslant 2)$ 的计算可以在不同站点上

同时进行。

12.11.3　任意多表间大项集的生成

由上述多关系间大项集的定义,由单关系内的大项集生成两关系间的大项集,进而生成三关系间的大项集乃至多关系间所有可能的大项集,多关系间大项集的生成算法如下。

算法 12.15　多关系间大项集的生成算法。

```
Parbegin
    forall large k-itemset u∈L₁ₖ,k≥1 do u. sup = u. count/m₁;
    forall large k-itemset u∈L₂ₖ,k≥1 do u. sup = u. count/m₂;
        ⋮
    forall large k-itemset u∈Lₙₖ,k≥1 do u. sup = u. count/mₙ;
parend;
multitemset₁ = ⋃ᵢ Answerᵢ;
    for(i = 2;multitemsetᵢ₋₁≠∅;i + + ) do
        forall large itemset u∈multitemsetᵢ₋₁ do
            forall large itemset v∈multitemset₁ do
                if(u⋂v = ∅) and((u. sup × v. sup)≥minsup) then
                    {(u + v). sup = u. sup × v. sup;
                        insert u + v into multitemsetᵢ;}
multitemset = multitemset₂⋃multitemset₃⋃ …
```

12.11.4　跨表间关联规则的提取

对于任意大项集 $l∈$multitemset,若 u 为 l 的任意非空子集,判断 $l-u⇒u$ 是否满足给定的支持度和置信度,如果满足,则输出对应的蕴含式以及支持度和置信度。另外,对给定的大项集 $l∈$multitemset,若 u 可作为蕴含式的后项,则 u 的任意子集也可作为蕴含式的后项。反之,若 u 的某一非空子集不能作为蕴含式的后项,u 也不可能成为蕴含式的后项,故在生成蕴含式后项候选集 sc_i 时,调用过程 candi_gen()。u_j 表示 u 是 l 的一个含 j 个项的子集,多关系间关联规则提取算法如下。

算法 12.16　多关系间关联规则提取算法。

```
forall large k-itemset l∈multitemset,k≥2 do
    {forall large l-itemset u⊆l do
        if l. sup/u₁. sup≥minconf then
            {outputrule:attr_name(l - u₁) ⇒ attr_name(u₁)
                with support:l. sup and confidence:l. sup/u₁. sup;
```

```
                insert u₁ into s₁;}
        for(i = 2;sᵢ₋₁≠∅;i + +) do
          {candi_gen(sᵢ₋₁,scᵢ);
              forall uᵢ ∈ scᵢ do
                  if l. sup/uᵢ. sup≥minconf then
                      {outputrule:attr_name(l - uᵢ) ⇒attr_name(uᵢ)
                                  with support:l. sup   and confidence:l. sup/uᵢ. sup;
                insert uᵢ into sᵢ;}
```

其中,函数 attr_name 将属性编号转换为对应的属性名称。容易证明,以上算法生成所有满足要求的多表间关联规则,与先将多个表按相关对等属性自然连接后再行开采所得的结果一致。

综上可见,数据挖掘可在任意多个表间同时进行,并得到跨表间的蕴含规则。对于大数据集来说,影响数据挖掘速度的主要因素是对数据集的访问方式和访问次数。对于顺序扫描数据集,其扫描次数由可能形成的大项集中项的个数确定,在最坏的情况下,大项集中包含所有属性,扫描次数等于数据集中属性的个数,对于 $\delta_1, \delta_2, \cdots, \delta_n$ 来说,扫描次数的上界分别为 $r_1, r_2, \cdots, r_n$,因而是非常有效的。

12.12 基于分布式系统的关联规则挖掘算法

数据库或数据仓库可能存储很大数量的数据,在这样的数据环境下进行关联规则的挖掘可能需要充足的处理器资源,而分布式系统是一个可能的解决方案。同时许多大型数据库本来就是分布式的。例如,某百货公司的数以万计的交易数据就很可能存在不同的地点,这种事实使得研究在数据库中挖掘关联规则的高效分布式算法显得非常必要,并同时带动并行算法的研究。因为分布式算法具有高度的适应性、可伸缩性、低性能损耗和容易连接等特性,它可以作为挖掘关联规则的理想平台。

由于有大量事务数据库的存在,这些数据库中存储着海量的数据,很容易想到将一个集中的数据库进行分割,从而利用分布式系统带来的高度的可伸缩性,达到提高效率的目的。Cheung 揭示了分散数据集与集中数据集之间的一些有趣关系,并提出了一个快速的基于分布式系统的关联规则挖掘算法 FDM[Cheung et al 1996],该算法通过生成数量较少的候选数据集,大大减少了在挖掘关联规则时需要处理的数据量。

以事务数据库作为讨论对象,而相应的方法可以很容易地扩展到关系数据库中,该数据库中存储了大量的交易数据,每一个交易都有一个唯一的交易码(TID)和一组属性数据。此外,可以认为该数据库是"水平"分片的(如对交易进行分组),并且被分配在靠消息传递进行通信的分布式系统中。

　　基于以上假设来考察对关联规则的分布式挖掘,挖掘关联规则的主要代价为对数据库中大数据集的计算。而对这些大数据集进行分布式计算会遇到一些新的问题。可以在一个地方很容易地进行计算,但是一个局部的大数据集对于全局来说不一定是大数据集。因为对其他地点广播全部数据的代价是非常昂贵的,一种可行的做法是向其他地点广播数据集的聚合数据,而不考虑局部数据量的大小。但是,一个大数据库可能包括非常多数量的数据集的组合,这样,需要传输的信息量也是惊人的。

　　通过观察,可以发现在局部大数据集与全局大数据集之间,存在着一些有价值的关联。只要最大限度地利用这些关联,就可以减少信息的传输量,对需要局部处理的数据进行过滤。如前所述,目前已经存在两种挖掘关联规则的并行算法——PDM 和计数分布(CD)算法,它们都是基于各自独立的并行系统的,然而,它们也可以用在分布式环境中。FDM 相对于以上提出的两种算法,有着独特的特性:

　　(1) 候选数据集的生成算法思想与 Apriori 算法类似。但是,在每个大数据量的重复数据集中生成小数据量的候选数据集的过程中,发现了一些关于局部的大数据集和全局的大数据集的有价值的关系。这样,就可以利用这些关系来减少信息传输量。

　　(2) 在候选数据集被选出以后,在每一个单独的地点,都可以利用两种剪枝技术——局部剪枝和全局剪枝对候选数据集进行裁剪。

　　(3) 为了决定一个候选集的数据量的大小,利用一个时间复杂度为 $O(n)$ 的算法来进行聚合数信息交换,n 代表整个网络的节点数。比起对 Apriori 算法进行直接的改编,其效率要高得多,因为后者的时间复杂度为 $O(n^2)$。

　　注意到在 FDM 算法中可以采用几种不同的局部剪枝和全局剪枝算法,着重研究了三个 FDM 的版本:FDM-LP、FDM-LUP、FDM-LPP,它们都具有相似的结构,但却具有不同的剪枝算法。FDM-LP 算法只讨论了局部剪枝;FDM-LUP 算法讨论了局部剪枝和上界剪枝;FDM-LPP 算法讨论了局部剪枝和逐点剪枝。

12.12.1　候选集的生成

　　在分布式环境中考察有关大数据集的某些特殊属性是非常重要的,因为这些属性可能被利用来显著减少在挖掘关联规则时的网络信息传输量。

　　在大数据集与分布式数据库中的地点之间有一个重要的关系:每一个全局的大数据集必定在某一个地点是局部大数据集。如果一个数据集 X 在地点 S_i 既是全局大数据集又是局部大数据集,可以称 X 在地点 S_i 是全局大的,一个地点所有的全局大的数据集将作为该地点的候选数据集的源数据集。

　　可以观察到关于局部大数据集和全局大的数据集的两个特征:①如果一个数据集 X 在地点 S_i 是局部大的,那么它的所有子集在地点 S_i 也是局部大的;②如果

一个数据集 X 在地点 S_i 是全局大的,那么它的所有子集在地点 S_i 也是全局大的。注意到在集中的环境中也有类似的关系,以下给出的是利用在分布式环境中有效生成候选集的技术得出的重要结果。

引理 12.1　如果一个数据集 X 是全局大的,那么存在一个地点 $S_i(1 \leqslant i \leqslant n)$,$X$ 以及它的所有子集在地点 S_i 是全局大的。

定理 12.2　假定 $CG_{i(k)} = Ariori\_gen(GL_{(k-1)})$,对于每一个 $k > 1$,所有的全局大的 k-数据集 $L_{(k)}$ 是 $CG_{(k)} = \bigcup_{i=1}^{n} CG_{i(k)}$ 的子集。

例 12.6 证明了利用定理 12.2 对减少数据量的有效性。

例 12.6　假设某个系统中有三个分布地点将一个数据库系统 DB 分为 DB_1、DB_2、DB_3。并假设大的 1-数据集(经过一层迭代计算所得)$L_{(1)} = \{A, B, C, D, E, F, G, H\}$,其中,$A$、$B$ 和 C 在地点 S_1 是局部大的,B、C 和 D 在地点 S_2 是局部大的,E、F、G 和 H 在地点 S_3 是局部大的,所以,$GL_{1(1)} = \{A, B, C\}$,$GL_{2(1)} = \{B, C, D\}$,$GL_{3(1)} = \{E, F, G, H\}$,根据定理 12.2,在地点 S_1 的大小为 2 的候选数据集为 $CG_{1(2)}$,$CG_{1(2)} = Apriori\_gen(GL_{1(2)}) = \{AB, BC, AC\}$。类似地,$CG_{2(2)} = \{BC, CD, BD\}$,$CG_{3(2)} = \{EF, EG, EH, FG, FH, GH\}$,因此,大的 2-数据集的候选数据集 $CG_2 = CG_{1(2)} \bigcup CG_{2(2)} \bigcup CG_{3(2)}$,共有 11 个候选元,但是,如果对 $L_{(1)}$ 直接进行 Apriori_gen 变换,那么候选数据集 $CA_{(2)} = Apriori\_gen(L_1)$ 将包含 28 个元素。这说明利用定理 12.2 对减少候选数据集中的数据量是很有效的。

12.12.2　候选数据集的本地剪枝

根据定理 12.2,通常可以在分布式环境中选择生成一个比直接应用 Apriori 算法生成的数据集数据量小得多的候选数据集。

当候选数据集 $CG_{(k)}$ 生成成功后,为了得到全局大的数据集,就必须在所有地点之间交换支持元合计数的信息,注意到 $CG_{(k)}$ 中的某些候选数据集在进行合计数交换之前就可利用局部的剪枝技术进行剪枝。总的思想是:在每一个地点 S_i,如果一个数据集 $X \in CG_{i(k)}$ 在地点 S_i 并不是局部大的,也就没有必要来算出它的全局大的支持元合计数来决定它是否是全局大的,这个结论是基于如下原因:如果 X 是小的(也就是说不是全局大的),或者它可能在别的地点是局部大的,那么,只有 X 为局部大的那些地点才有必要计算 X 的全局支持合计数。所以,为了计算所有大的 k-数据集,在每一个地点 S_i,候选数据集就可以只限定在数据集 $X \in CG_{i(k)}$,并且在地点 S_i 是局部大的。为了简略起见,$LL_{i(k)}$ 用来表示那些在 $CG_{i(k)}$ 中的候选集并且在地点 S_i 是局部大的。根据以上的讨论,在每一层迭代(共有 k 次迭代)的过程中,可以按照以下步骤计算出在地点 S_i 全局大的 k-数据集:

(1) 候选集的生成:根据在地点 S_i 经过 $k-1$ 次迭代生成的全局大的数据集

的基础上,利用公式 $CG_{i(k)} = Ariori\_gen(GL_{(k-1)})$ 生成 $CG_{i(k)}$。

(2) 本地剪枝:对于每一个数据集 $X \in CG_{i(k)}$,扫描每一个局部数据库 DB_i 以计算本地支持合计数 $X.\sup_i$。如果 X 在地点 S_i 不是局部大的,那么将其从候选数据集 $LL_{i(k)}$ 中删除(注:这种剪枝只是将 X 从地点 S_i 的候选数据集中删除,X 还可能出现在别的地点的候选数据集中)。

(3) 支持合计数交换:将 $LL_{i(k)}$ 中的候选元向其他地点广播,以收集支持合计数。计算全局的支持合计数,并得出在地点 S_i 所有全局大的 k-数据集。

(4) 广播挖掘结果:将计算所得的全局大的 k-数据集向其他地点广播。

为了便于理解,表 12.6 中列出了目前用到的所有符号。

表 12.6 符号表

符号	含义
D	DB 中的事务数
S	最小支持度 minsup
$L_{(k)}$	全局大的 k-数据集
$CA_{(k)}$	从 $L_{(k-1)}$ 中生成的候选数据集
$X.\sup$	关于 X 的全局支持合计数
D_I	DB_i 中的事务数
$GL_{i(k)}$	在地点 S_i 全局大的 k-数据集
$CG_{i(k)}$	由 $GL_{i(k-1)}$ 生成的候选数据集
$LL_{i(k)}$	在 $CG_{i(k)}$ 中局部大的 k-数据集
$X.\sup_i$	在地点 S_I 的局部支持合计数

为了举例说明以上步骤,继续对例 12.6 进行如下操作:

例 12.7 假设例 12.6 中的数据库包含 150 个事务,6 个局部数据库各包含 50 个事务,同时假设最小支持度 $s = 10\%$。然后,根据例 12.6,经过第二次迭代,在地点 S_1 生成的候选数据集为 $CG_{1(2)} = \{AB, BC, AC\}$;在地点 S_2 生成的候选数据集为 $CG_{2(2)} = \{BC, AD, CD\}$;在地点 S_3 生成的候选数据集为 $CG_{6(2)} = \{EF, EG, EH, FG, FH, GH\}$。为了计算全局大的 2-数据集,必须首先计算局部的支持合计数,表 12.7 列出了所得计算结果。

表 12.7 局部大的数据集

$X.\sup_1$		$X.\sup_2$		$X.\sup_3$	
AB	5	BC	10	EF	8
BC	10	CD	8	EG	6
AC	2	BD	4	EH	4

续表

X. sup$_1$		X. sup$_2$		X. sup$_3$	
—	—	—	—	FG	6
—	—	—	—	FH	4
—	—	—	—	GH	6

从表 12.7 中可以看出,$AC.\mathrm{sup}_1 = 2 < SD_1 = 5$。所以 AC 并不是局部大的,因此,候选元 AC 在地点 S_1 就在剪枝后被删除;另一方面,AB 和 BC 都有着足够大的局部支持合计数,因此,经过局部剪枝以后,它们仍然留在候选集中。所以,$LL_{1(2)} = \{AB, BC\}$。类似地,$LL_{2(2)} = \{BC, CD\}$,$LL_{3(2)} = \{EF, GH\}$,经过局部剪枝后,大小为 2 的候选集的数据量被减少到 5,这比原始数据量的一半还少。当局部剪枝完成后,每一个地点将留在候选数据集中的元素向其他地点广播,以便生成全局的支持合计数。表 12.8 中记录了支持合计数的交换情况。

表 12.8　全局大的数据集

局部大的候选元	广播来源	X. sup$_1$	X. sup$_2$	X. sup$_3$
AB	S_1	5	4	4
BC	S_1, S_2	10	10	2
CD	S_2	4	8	4
EF	S_3	4	6	8
GH	S_3	4	4	6

算法需要将 AB 的支持合计数从地点 S_1 广播至地点 S_2 和地点 S_6,然后将传回的支持合计数存储在地点 S_1,如表 12.8 的第 2 行所示;在其他的行也记录下在其他的地点进行类似的合计数交换操作的结果,当本次迭代结束后,在地点 S_1 发现只有 BC 是全局大的,因为 $BC.\mathrm{sup} = 22 > SD = 15$,$AB.\mathrm{sup} = 16 < SD = 15$。因此,在地点 S_1 的全局大的 2-数据集为 $GL_{1(2)} = \{BC\}$。类似地,$GL_{2(2)} = \{BC, CD\}$,$GL_{3(2)} = \{EF\}$。经过向其他地点广播全局大的数据集以后,每一个地点都返回了全局大的 2-数据集 $L_{(2)} = \{BC, CD, EF\}$。

注意到某些候选元,如本例中的 BC,可能在不止一个地点上是局部大的。在以上处理中,所有 BC 为局部大的地点都向其他地点广播有关 BC 的信息。这是不必要的,因为对每一个地点来说,相同的信息只要被广播一次就足够了,所以可以用一种优化技术以便消除这样的冗余。

在以上给出的寻找全局大的候选数据集的四个步骤的执行过程中,还有一个细微之处值得关注:为了支持步骤 2"局部剪枝"和步骤 3"支持合计数交换",每个地点 S_i 都应有两个支持合计数集合。为了进行局部剪枝,S_i 必须基于它的本地候

选集 $CG_{i(k)}$ 找出局部支持合计数;为了进行支持合计数交换,S_i 必须要找到那些与其他地点的全局支持合计数集合中元素不同的局部支持合计数。一个简单的步骤就需要对 DB_i 扫描两次,一次是为了找到基于它的本地候选集 $CG_{i(k)}$ 的局部支持合计数,另一次是为了响应其他地点对该地点支持合计数的请求,但是,这必定会明显地降低整个系统性能。

事实上,对数据库进行两次扫描并不是必要的,在地点 S_i 第 k 次迭代开始之前,不仅集合 $CG_{i(k)}$ 已经得到,一些其他的相关集合如 $CG_{j(k)}$($j=1,\cdots,n,j\neq i$)也可以得到,因为在 $k-1$ 次迭代结束后,所有的 $GL_{i(k-1)}$($i=1,\cdots,n$)都被广播至每一个地点,候选数据集 $CG_{i(k)}$($i=1,\cdots,n$)就可以从相应的 $GL_{i(k-1)}$ 中计算得出。也就是说,在每一次迭代的开始,因为前一次迭代产生的所有全局大的数据集都被广播至所有地点,每一个地点都可以计算出其他地点的候选数据集。那么,所有候选数据集的局部支持合计数都可以在一遍扫描中获得,并且可以被存储在一个类似于 Apriori 算法中的哈希树结构中,在局部剪枝和支持合计数交换中所需要的两套不同的支持合计数集合都可以在这个数据结构中检索得到。

12.12.3 候选数据集的全局剪枝

在地点 S_i 的局部剪枝中,只用到了在 DB_i 中得到的局部支持合计数对候选集进行剪枝,事实上,在其他地点得到的局部支持合计数也同样可以被用来剪枝,利用一种全局的剪枝技术来实施这样的剪枝,这种技术的要点如下:在每一次迭代结束时,可以得到候选数据集 X 的所有局部支持合计数和全局支持合计数,在一个候选数据集被确认为是全局大的以后,这些局部支持合计数和全局支持合计数都可以向所有地点进行广播,利用这一信息,就可以在以后的迭代中对候选数据集进行一些全局剪枝。

假设在每一次迭代结束后,如果发现某一候选数据集是全局大的,系统自动将每一个候选元的局部支持合计数向其他地点广播。假设 X 是一个在 k 次迭代结束后大小为 k 的候选数据集。因此,在每一个地点都已收到所有 X 的大小为 $k-1$ 的子集的局部支持合计数。对于一个分支数据库 DB_i($1\leqslant i\leqslant n$)来说,用 $maxsup_i(X)$ 来表示 X 的所有大小为 $k-1$ 的子集最小的局部支持合计数,也就是说,$maxsup_i(X)=\min\{Y.sup_i|Y\subset X\ 且\ |Y|=k-1\}$。根据父集和子集之间的关系,$maxsup_i(X)$ 就是局部支持合计数 $X.sup_i$ 的上界函数。因此,所有分支数据库中这类上界函数的和,用 $maxsup(X)$ 来表示,就是 $X.sup$ 的上界。换句话说,$X.sup\leqslant maxsup(X)=\sum_{i=1}^{n}maxsup_i(X)$。要注意的是:$maxsup(X)$ 可以在每一次迭代的开始时在每一个地点计算出。因为 $maxsup(X)$ 是它的全局支持合计数的上界,它就可以被用来进行全局剪枝。也就是说,如果 $maxsup(X)<SD$,那么 X 就不可能成

为一个候选数据集。这种技术被称为全局剪枝。

利用全局剪枝和局部剪枝的不同组合可以形成不同的剪枝策略。在讨论 FDM 算法的不同版本时引入了两种不同的剪枝策略。第一种方法被称为上界剪枝,第二种方法被称为轮流检测剪枝。下面详细讨论上界剪枝,同时阐明轮流检测剪枝。在上界剪枝中,一个地点 S_i 首先生成候选数据集并对其进行局部剪枝。在合计数交换开始之前,地点 S_i 对余下的候选元进行全局剪枝。候选数据集 X 的一种可能的全局支持合计数上界为

$$X. \sup_i + \sum_{j=1, j \neq i}^{n} \max\sup_j(X)$$

因为 $X. \sup_i$ 在局部剪枝后就可以获得,所以,该上界可以在地点 S_i 被计算出用以对候选数据集进行剪枝。

例 12.8 继续对例 12.7 中已经在 S_1 进行过局部剪枝后的候选数据集进行全局剪枝,根据表 12.7,经过局部剪枝后剩下的候选元为 AB 和 BC。在表 12.7 中可以找到它们在地点 S_1 的局部支持合计数,更进一步,所有它们的子集在地点 S_1 的局部支持合计数也可以得出,将其在表 12.9 中列出。

表 12.9 局部支持合计数

大的1-数据集	在地点 S_1 的局部支持合计数		
	$X. \sup_1$	$X. \sup_2$	$X. \sup_3$
A	6	4	4
B	10	10	5
C	4	12	5

根据表 12.7 和表 12.9,AB 的支持合计数的上界(用 $\overline{AB. \sup}$ 表示)应该如下式所示:

$$\overline{AB. \sup} = AB. \sup_1 + \min(A. \sup_2, B. \sup_2) + \min(A. \sup_3, B. \sup_3)$$
$$= 5 + 4 + 4 = 13 < SD$$

因为该上界要小于最小支持度。所以应将 AB 从候选数据集中删去。

另一方面,BC 的支持合计数的上界(用 $\overline{BC. \sup}$ 表示)应该如下式所示:

$$\overline{BC. \sup} = BC. \sup_1 + \min(B. \sup_2, C. \sup_2) + \min(B. \sup_3, C. \sup_3)$$
$$= 10 + 10 + 5 = 25 > SD$$

因为该上界要大于最小支持度。所以不应将 AB 从候选数据集中删去,并在地点 S_1 仍然作为一个候选元。

全局剪枝对减少候选元素的个数方面是一个有效的技术,它的有效性取决于局部支持合计数的分布状况。

12.12.4　合计数轮流检测

在 CD 算法中,每一个候选数据集的局部支持合计数被从一个地点向所有其他的地点进行广播,如果设 n 为数据库分支数,那么对于每一个候选数据集需要进行合计数交换的数量级为 $O(n^2)$。

如果一个候选数据集 X 在地点 S_i 是局部大的话,那么 S_i 需要 $O(n)$ 数量级的信息来得到 X 的支持合计数,通常来说,在所有地点都是局部大的候选数据集时非常少的。所以,FDM 算法通常只需要少于 $O(n^2)$ 数量级的信息就可以计算出每一个候选元,为了确保 FDM 在任何情况下只需要 $O(n)$ 数量级的信息就可以计算出每一个候选元,可以引入一种合计数轮流检测的技术。

对于每一个候选数据集 X,该技术用到了一个指派函数,假设该函数为作用于 X 上的哈希函数,将 X 映射为一个轮询地址(假设该函数在任何一个地点都是可引用的。),对应于 X 的轮询地址与 X 为局部大的那些地点是毫无关系的,对于每一个候选数据集 X,它的轮询地址是用来计算是否 X 为全局大的。为了达到这个目的,对应于 X 的轮询地址必须向所有其他地点广播 X 的轮询请求,收集局部支持合计数,计算全局支持合计数。因为对应于每一个候选数据集 X,有且仅有一个轮询地址,所以 X 需要的合计数交换信息数就可以减少到 $O(n)$ 数量级。

在进行 k 次迭代的过程中,当剪枝阶段(包括局部剪枝和全局剪枝)结束后,FDM 在每一个地点 S_i 按照如下步骤进行合计数轮流检测:

(1) 将候选元送往各轮询地点:假设在地点 S_i,对于每一个轮询地址 S_j,找到所有属于集合 $LL_{i(k)}$ 而且其轮询地址为 S_j 的候选元,并将它们存储在集合 $LL_{i,j(k)}$ 中(也就是说,将候选元按照它们的轮询地址分组存放),各候选数据集的局部支持合计数也同样存储在相应的集合 $LL_{i,j(k)}$ 中。然后将 $LL_{i,j(k)}$ 送往各自相应的轮询地址 S_j。

(2) 轮流检测并收集支持合计数:如果 S_i 是一个轮询地址,那么 S_i 将接收所有来自其他地点的集合 $LL_{i,j(k)}$。对于每一个接收到的候选数据集 X,S_i 首先找到送出 X 的原始地点列表,然后对每一个不再列表上的地点广播轮询请求,以便收集支持合计数。

(3) 计算全局大的数据集:S_i 从别的地点接收支持合计数,并为它的每一个候选元计算全局支持合计数,然后找到全局大的数据集。最后,S_i 向其他地点广播它找到的全局大的数据集和它们的全局支持合计数。

例 12.9　在例 12.7 中,假设 S_1 被指定为 AB 和 BC 的轮询地址,S_2 被指定为 CD 的轮询地址,S_3 被指定为 EF 和 GH 的轮询地址。

根据以上指派,S_1 负责进行 AB 和 BC 的轮流检测。以 AB 为例,S_1 将轮询请求送往 S_2 和 S_3 以便收集支持合计数;对于 BC 来说,因为它在 S_1 和 S_2 都是局部大的,二元组$\langle BC, BC.\sup_2\rangle = \langle BC, 10\rangle$将被从$S_2$送往$S_1$。当$S_1$收到这个信息以后,它将发送一个轮询请求给剩下的地点S_3,一旦它收到来自S_3的支持合计数$BC.\sup_3 = 2$以后,S_1计算出$BC.\sup = 10 + 10 + 2 = 22 > 15$,所以$BC$在地点$S_1$是全局大的。在本例中,由于引入了一个轮询地址,就避免了重复对各地点进行信息检测。

12.12.5　分布式挖掘关联规则的算法

在本节中,首先给出 FDM 算法的基础版本,即 FDM-LP(带局部剪枝的 FDM)算法,它包含了两项技术:精简候选数据集和局部剪枝技术,根据性能的分析,FDM-LP 的效率大大优于 CD 算法。

算法 12.17　FDM-LP 算法:带局部剪枝的 FDM。

> 输入:$DB_i(i = 1, \cdots, n)$,在地点S_i的分支数据库.
>
> 输出:L,所有全局大的数据集.
>
> 方法:在每一个地点S_i分别反复执行以下程序片段(针对第k次迭代),一旦$L_{(k)} = \varnothing$或候选数据集$CG_{(k)} = \varnothing$,算法将终止.
>
> (1) if $k = 1$ then
>
> (2)　　$T_{i(1)} = $ get_local_count$(DB_i, \varnothing, 1)$
>
> (3) else {
>
> (4)　　$CG_{(k)} = \bigcup\limits_{i=1}^{n} CG_{i(k)}$
>
> 　　　　　$= \bigcup\limits_{i=1}^{n}$ Apriori_gen$(GL_{i(k-1)})$;
>
> (5)　　$T_{i(k)} = $ get_local_count$(DB_i, CG_{(k)}, i)$;}
>
> (6)　　forall $X \in T_{i(k)}$ do
>
> (7)　　　if $X.\sup_i \geqslant SD_i$ then
>
> (8)　　　for $j = 1$ to n do
>
> (9)　　　　if polling site$(X) = S_j$ then
>
> 　　　　　　　insert$\langle X, X.\sup_i\rangle$ into $LL_{i,j(k)}$;
>
> (10) for $j = 1, \cdots, n$ do send $LL_{i,j(k)}$ to site S_j;
>
> (11) for $j = 1, \cdots, n$ do {
>
> (12)　　receive $LL_{j,i(k)}$;
>
> (13)　　for all $X \in LL_{j,i(k)}$ do {
>
> (14)　　　if $X \notin LP_{i(k)}$ then
>
> 　　　　　　insert X into $LP_{i(k)}$;
>
> (15)　　　update X.large_sites;}}
>
> (16) forall $X \in LP_{i(k)}$ do
>
> (17)　　send_polling_request(X);
>
> (18) reply_polling_request$(T_{i(k)})$;

(19) forall $X \in LP_{i(k)}$ do {

(20) receive $X. \text{sup}_j$ from the sites S_j,

　　　　where $S_j \notin X. \text{large\_sites}$;

(21)　　$X. \text{sup} = \sum_{i=1}^{n} X. \text{sup}_i$;

(22) if $X. \text{sup} \geqslant SD$ then

　　　　insert X into $G_{i(k)}$; }

(23) broadcast $G_{i(k)}$;

(24) receive $G_{j(k)}$ from all other sites $S_j (j \neq i)$;

(25) $L(k) = \bigcup_{i=1}^{n} G_{i(k)}$.

(26) divide $L_{(k)}$ into $GL_{i(k)}$ $(i = 1, \cdots, n)$;

(27) return $L_{(k)}$

在算法 FDM-LP 中,每一个 S_i 最开始是作为它所生成的候选数据集的"宿主地点",然后成为一个轮询地址来响应来自其他地点的请求,最后,它又被转换成一个远程地点用以给其他轮询地址提供局部支持合计数。按照每一个 S_i 在算法 FDM-LP 中所起的不同作用的那些对应的行取出作专门讨论,如下所示:

(1) 宿主地点:生成候选数据集并将它们提交给其他地点(第(1)~(10)行)。

在第一次迭代时,地点 S_i 调用函数 get_local_count 来扫描分支数据库 DB_i 一遍,并将所得到的基于所有的 1-数据集的局部支持合计数存储在数组 $T_{i(1)}$ 中。在进行 $k(k>1)$ 次迭代时,地点 S_i 首先计算候选数据集 $CG_{(k)}$,然后构造一棵包含 $CG_{(k)}$ 中所有元素的局部支持合计数的哈希树 $T_{i(k)}$。通过遍历 $T_{i(k)}$,S_i 便可以找到所有局部大的 k-数据集,并将它们按照轮询地址分组,最终,它将候选数据集连同它们的局部支持合计数一并送往其对应的轮询地址。

(2) 轮询地址:接收候选数据集并发送轮询请求(第(11)~(17)行)。

作为一个轮询地址,地点 S_i 从其他地点接收候选数据集并将它们插入到 $LP_{i(k)}$ 中,对于 $LP_{i(k)}$ 中的每一个候选元 X,S_i 将它的"宿主"地址存储在 $X. \text{large\_sites}$ 中,它包含所有将 X 送往 S_i 轮询的那些地点,为了对 X 进行合计数交换,S_i 调用函数 send_polling_request 来将 X 送往那些不在 $X. \text{large\_sites}$ 中的地点以便收集余下的支持合计数。

(3) 远程地点:向轮询地点返回支持合计数(第(18)行)。

当地点 S_i 从其他地点接收到轮询请求,它就已经作为一个远程地点了。对于每一个从其他地点接收到的候选集 Y,S_i 从哈希树 $T_{i(k)}$ 中寻找 $Y. \text{sup}_i$,并将它返回给轮询地点。

(4) 轮询地址:接收支持合计数并找到大的数据集(第(19)~(23)行)。

作为一个轮询地址,S_i 接收所有属于集合 $LP_{i(k)}$ 的候选数据集的局部支持合计数。然后,它再计算所有这些候选元的全局支持合计数并找出它们中间的全局大的数据集。这些全局大的 k-数据集将被存储在集合 $G_{i(k)}$ 中,最后,S_i 将集合 $G_{i(k)}$ 向所有其他地点广播。

(5) 宿主地点:接收大的数据集(第(24)~(27)行)。

作为一个"宿主"地点,S_i 接收所有来自其他地点的全局大的 k-数据集 $G_{i(k)}$,经过对 $G_{i(k)}(i=1,\cdots,n)$ 作并集运算,S_i 便可以得到所有大小为 k 的大数据集所组成的集合 L_k。更进一步的操作是:利用 X. large_sites 中的地点列表,S_i 便可以从 L_k 中得到对应于每一个地点的全局大数据集 $GL_{i(k)}$,而 $GL_{i(k)}$ 将在下一次迭代时用于候选数据集的生成。

在以下的讨论中,通过应用两种不同的全局剪枝技术,给出了 FDM-LP 算法的两种更精练的版本。

算法 12.18　FDM-LUP:带有局部和上界剪枝的 FDM 算法。

方法:FDM-LUP 算法的主程序是在算法 FDM-LP 的第(7)行后加入以下条件(第(7.1)行)得到的。

(7.1) if g_upper_bound(X)$\geqslant SD$ then

FDM-LUP 算法的唯一一个更新是加入了上界剪枝(第(7.1)行)。函数 g_upper_bound 为每一个候选数据集 X 计算上界。换句话说,g_upper_bound 以如下公式给出 X 的上界:

$$X. \text{sup}_i + \sum_{j=1,j\neq i}^{n} \text{maxsup}_j(X)$$

$X. \text{sup}_i$ 在局部剪枝阶段就已经计算过,而且 $\text{maxsup}_j(X)(j=1,\cdots,n,j\neq i)$ 的数值可以在 $k-1$ 次迭代结束后得到的局部支持合计数计算出。如果得出的上界要小于全局的最小支持度,那么它就可用来对 X 进行剪枝。FDM-LUP 算法与 FDM-LP 算法比较起来,通常得到的候选元数量比较小。

算法 12.19　FDM-LPP:带有局部和轮询地址剪枝的 FDM 算法。

方法:FDM-LUP 算法的主程序是将算法 FDM-LP 的第(17)行替换为如下两行得到的:

(16.1) if p_upper_bound(X)$\geqslant SD$ then

(17)　　end_polling_request(X);

FDM-LPP 算法中加入的一个新步骤是轮询地址剪枝(第(16.1)行),在该阶段,是一个轮询地址,S_i 接收来自其他地点的请求,并且进行轮询。每一个请求包含一个局部大的数据集 X 和它的局部支持合计数 $X. \text{sup}_j$,S_j 是那些向 S_i 发送数据集 X 的地点,注意到 X. large_sites 是将包含 X 的轮询请求发往轮询地址的那些源地址的集合(见第(15)行)。对于每一个地点 $S_j \in X$. large_sites,它的局部支持合计数 $X. \text{sup}_j$ 已经被送往地点 S_i。对于每一个地点 $S_q \notin X$. large_sites,因为 X 在 S_q 不是局部大的,它的局部支持合计数 $X. \text{sup}_q$ 必定小于局部最小支持度

SD_q。$X. \sup_q$ 应该小于或等于 $\min(\mathrm{maxsup}_q(X), SD_q - 1)$。所以，$X. \sup_q$ 的上界可以由下式计算：

$$\sum_{j \in X.\,\mathrm{large\_sites}} X. \sup_j + \sum_{q=1,\, q \neq X.\,\mathrm{larg\,e\_sites}}^{n} \min(\mathrm{maxsup}_a(X), SD_q - 1)$$

在 FDM-LPP 算法中，S_i 调用 p_upper_bound 函数利用以上公式来为 $X. \sup$ 计算出一个上界。这个上界在小于全局支持合计数时被用来对 X 剪枝。

正如以前讨论的那样，FDM-LUP 和 FDM-LPP 算法都可能得到比 FDM-LP 算法小的候选数据集。但是，它们需要对局部支持合计数准备更多的存储空间和交换信息。它们相对于 FDM-LP 算法的效率主要取决于数据的分布性。

习　　题

1. 举例说明什么是支持度、可信度、最小支持度、最小可信度和大项集。

2. 表 12.10 给出 4 个事务，最小支持度为 60%，请找出 1 项频繁项集。

表 12.10　事务项表

TID	date	items_bought
1	01/05/2005	I_1, I_2, I_4, I_6
2	02/05/2005	I_1, I_2, I_3, I_4, I_5
3	03/05/2005	I_1, I_2, I_3, I_5
4	04/05/2005	I_1, I_2, I_4

3. 试述经典的 Apriori 算法。

4. 试述基于分布式系统的关联规则挖掘算法。

5. 什么是正相关？什么是负相关？举例说明强关联规则是负相关的情况。

6. 简述如何有效地挖掘如下规则，"一件免费商品可能触发在同一事务中 200 元的总购物"（约定每种商品的价格是非负的）。

7. 下表包括 9 个事务。假设最小支持度为 20%，请给出频繁项集。

表 12.11　事务项表

TID	items	TID	items	TID	items
1	I_1, I_2, I_5	4	I_1, I_2, I_4	7	I_1, I_3
2	I_2, I_4	5	I_1, I_3	8	I_1, I_2, I_3, I_5
3	I_2, I_3, I_6	6	I_2, I_3	9	I_1, I_2, I_3

8. 如何进行增量式关联规则挖掘？

第 13 章 进 化 计 算

13.1 概 述

进化计算(evolutionary computation)是研究利用自然进化和适应思想的计算系统[Yao et al 2006]。达尔文进化论是一种稳健的搜索和优化机制,对计算机科学,特别是对人工智能的发展产生了很大的影响。大多数生物体是通过自然选择和有性生殖进行进化。自然选择决定了群体中哪些个体能够生存和繁殖,有性生殖保证了后代基因中的混合和重组。自然选择的法则是适应者生存,不适应者被淘汰,简言之为优生劣汰。

自然进化的这些特征早在 20 世纪 60 年代就引起了美国 Michigan 大学的 Holland 的极大兴趣。在那期间,他和他的学生在从事如何建立机器学习的研究。Holland 注意到学习不仅可以通过单个生物体的适应实现,而且可以通过一个种群许多代的进化适应发生。受达尔文进化论思想的影响,他逐渐认识到在机器学习中,为获得一个好的学习算法,仅靠单个策略的建立和改进是不够的,还要依赖于一个包含许多候选策略的群体的繁殖。考虑到他们的研究想法起源于遗传进化,Holland 就将这个研究领域取名为遗传算法(genetic algorithm)。一直到 1975 年,Holland 出版了那本颇有影响的专著 *Adaptation in Natural and Artificial Systems*[Holland 1975],遗传算法才逐渐为人所知。该书系统地论述了遗传算法的基本理论,为遗传算法的发展奠定了基础。同年,De Jong 的博士论文 *An Analysis of the Behavior of a Class of Gebetic Adaptive Systems*,把 Holland 的模式理论与自己的实验结合起来,得到一些很有意义的结论和方法,对以后遗传算法的应用和发展产生了很大的影响。

遗传算法思想来源于生物进化过程,它是基于进化过程中的信息遗传机制和优胜劣汰的自然选择法则的搜索算法(以字符串表示状态空间)。遗传算法用概率搜索过程在该状态空间中搜索,产生新的样本。遗传算法与自然进化的比较列于表 13.1。

人工遗传系统的关键是适应过程,它不是通过单个结构的递增变化,而是通过一个群体结构,通过遗传操作,诸如杂交、变异,产生新的结构。在群体中每个结构都有适应值,在竞争中用来决定哪些结构产生新的结构。

表 13.1　遗传算法与自然进化的比较

自然界	遗传算法
染色体	字符串
基因	字符,特征
等位基因(allele)	特征值
染色体位置(locus)	字符串位置
基因型(genotype)	结构
表型(phenotype)	参数集,译码结构

　　最简单的基于遗传算法的学习系统如图 13.1 所示,它由两个子系统构成:一个基于遗传算法的学习子系统,它将使结构产生适当的变化;另一个是执行子系统,它使系统行为得到改善。

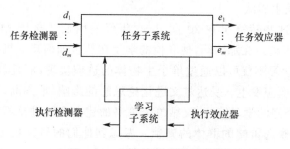

图 13.1　面向执行的学习系统

1988 年,Mayr 提出了新达尔文进化理论,其主要论点如下:

(1) 个体是基本的选择目标;

(2) 随机过程在进化中起重大作用,遗传变异大部分是偶然现象;

(3) 基因型变异大部分是重组的产物,特别是突变;

(4) 逐渐进化可能与表型不连续有关;

(5) 不是所有表型变化都是自然选择的必然结果;

(6) 进化是在适应中变化的,形式多样,不仅是基因的变化;

(7) 选择是概率型的,而不是决定型的。

13.2　进化系统理论的形式模型

　　进化在个体群体中起作用。Waddington 指出基因型和表型之间关系的重要性[Waddinton 1974]。群体禁止异构环境。但是"后生环境"是多维空间。表型是基因型和环境的产物。然后表型通过异构"选择环境"发生作用。注意,这种多维选择环境与后生环境空间是不同的。现在,适应性是表型空间和选择环境空间的产物。它经常被取作一维,表示多少子孙对下一代作出贡献。

基于这种想法,Muhlenbein 和 Kindermann 提出了一种称为进化系统理论的形式模型[Muhlenbein et al 1989]。图 13.2 给出了这种模型的关系。基因定义基因型空间 GS,表现性定义表型空间 PS。

$$\text{GS} = \{ g = (a_1, \cdots, a_n), a_i \in A_i \} \tag{13.1}$$

$$\text{PS} = \{ p = (p_1, \cdots, p_m), p_i \in \text{IR} \} \tag{13.2}$$

其中,g 是基因型;p 是表型;基因 g_i 的可能值称为等位基因。在 Mendel 遗传学中,假设每个基因有有限数的等位基因。

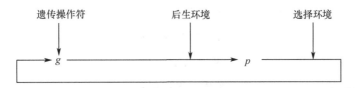

图 13.2　进化的主要过程

假设给定一组后生环境:

$$\text{EP} = \{ \text{EP}_1, \cdots, \text{EP}_k \}$$

和变换函数

$$f: \text{GS} \times \text{EP} \to \text{PS}$$

$$p = f(g, \text{EP}) \tag{13.3}$$

这个变换函数给出了模型,说明表型的发展是通过基因与环境的交互作用。变换过程是高度非线性的。最终的表型特性具备一切特征,而对于原始的基因产品是一种简单的一对一关系。质量函数 q 给出了具体选择环境 ES_i 下表型的质量,其定义如下:

$$q(p, \text{ES}_i, t) \to \text{IR}^+ \tag{13.4}$$

质量定义适应度,用于达尔文选择。至今已有三种具体范例的通用模型,即

(1) 门德尔遗传学;

(2) 遗传生态学;

(3) 进化配子。

在门德尔遗传学中,基因型被详细模型化,而表型和环境几乎被忽略。在遗传生态学中恰好相反。进化配子论是从社会生物学导出的模型。

首先让我们讨论门德尔遗传学的选择模型。为了简单起见,我们假设一个基因具有 n 等位基因 $a_1, \cdots, a_n$。二倍基因型以元组 (a_i, a_j) 为特征。我们定义 $p_{i,j}$ 为总群体中基因型 (a_i, a_j) 的频度。假设基因型与表型相等。质量函数给每个表现型赋值。

$$q(a_i, a_j) = q_{i,j}$$

其中，$q_{i,j}$ 可以被解释为出生率减去死亡率。

假设 $p'_{i,j}$ 是下一代表型 (a_i, a_j) 的频度。然后达尔文选择根据选择方程调整表型的分布：

$$p'_{i,j} = p'_{i,j} \frac{q_{i,j}}{Q} \tag{13.5}$$

$$\overline{Q} = \sum_{i,j} q_{i,j} p_{i,j} \tag{13.6}$$

其中，$\overline{Q}$ 是群体的平均适应度。设 p_i 是群体中等位基因的频率。如果设

$$p_{i,j} = p_i p_j$$

那么，我们得到在 GS 中的一个选择方程为

$$p'_i = p_i Q_i / \overline{Q} \tag{13.7}$$

$$Q_i = \sum_j q_{i,j} p_j \tag{13.8}$$

这个离散的选择方程可以用连续方程近似：

$$\frac{\mathrm{d}p_i}{\mathrm{d}t} = p_i (Q_i - \overline{Q}) / \overline{Q} \tag{13.9}$$

如果 $q_{i,j} = q_{j,i}$，那么

$$\frac{\mathrm{d}p_i}{\mathrm{d}t} = p_i (Q_i - \overline{Q}) \tag{13.10}$$

这个方程很容易被证明：

$$\frac{\mathrm{d}\overline{Q}}{\mathrm{d}t} = 2(E(Q^2) - \overline{Q}^2) = 2\mathrm{Var}(Q) \geqslant 0 \tag{13.11}$$

这个结果称作 Fisher 基本定理。它说明平均适应度随适应度的差别呈正比例增加。实际上，全部可能的基因型仅有一部分实现。这就是遗传操纵子探索基因型空间的任务，其个体数目非常小。这些操纵子是群体遗传变异性的来源。最重要的操纵子是突变和重组。

在生态遗传学中，人们假定显性是通过许多基因位点的作用而继承。在每个位点，两个等位基因分离，其中的显性值一个增加，另一个减少。

个体表型值的表达式是

$$P_{i,j} = \mu + G_i + E_{i,j} + (\mathrm{GE})_{i,j}$$

其中，μ 是显性的总平均；G_i 是第 i 个表型的作用；$E_{i,j}$ 是基因型 i 的第 j 个个体环境的作用；GE 是基因型与环境的交互作用。

组成的复杂关系阻止群体对某些"最佳表型"的直接存取。这种关系约束选择。重要约束是没有遗传变异，基因的相互关系和从基因型到表型的非线性变换。

在进化配子论中，每个个体能适应 N 种对策。设 p_i 是相继代中个体适应对策 i 的频率，$E_{i,j}$ 是个体适应对策 i 抵制对于适应对策 j 的赢利。个体适应对策 i 的

品质为

$$Q_i = \sum_j p_i E(i,j)$$

群体平均适应度是

$$\bar{Q} = \sum_i p_i Q_i$$

假定个体无性生殖在数量上与它们的适应度成正比。这能够用熟知的选择方程：

$$p_i' = p_i \frac{Q_i}{\bar{Q}} \tag{13.12}$$

在进化配子论中寻找动力学吸引子。这些吸引子称作进化稳定对策（ESS）。对于 $p_i, p_j \neq 0$，ESS 的特征是 $Q_i = Q_j$。

13.3　达尔文进化算法

根据定量遗传学，达尔文进化算法采用简单的突变/选择动力学。达尔文算法的一般形式可以描述如下：

$$(\mu/\rho,\lambda)(\mu/\rho+\lambda) \tag{13.13}$$

其中，μ 是一代的双亲数目；λ 为子孙数目；整数 ρ 称作"混杂"数。如果两个双亲混合他们的基因，则 $\rho=2$。仅 μ 是最好的个体才允许产生子孙。逗号表示双亲们没有选择，加号表示双亲有选择。

算法的重要部分是突变的范围不固定，而是继承。它将通过进化过程自己适应。达尔文进化算法如下：

算法 13.1　达尔文进化算法。

（1）建立原始种体。

（2）通过突变建立子孙：

$$s_1' = s g_1$$
$$x_1' = x + s_1' \mathbf{Z}_1$$
$$\vdots$$
$$s_\lambda' = s g_\lambda$$
$$x_\lambda' = x + s_\lambda' \mathbf{Z}_\lambda$$

（3）选择：

$$Q(x) = \max_{1 \leqslant i \leqslant \lambda} \{Q(x')\}$$

（4）返回到步骤（1）。

在达尔文算法中，随机向量 $\mathbf{Z}_i$ 一般有分布的分量，$g_i s$ 是从分布数的规范对数得到的。所以算法在近邻的双亲建立 λ 子孙。通过进化继承和适应近邻的性质。

模型可以被扩展到 $2n$ 个基因,而个体突变的范围被控制在 n-维空间。

13.4　基本遗传算法

基本遗传算法(simple genetic algorithm,SGA)只使用选择算子、杂交算子和变异算子这三种基本遗传算子,其遗传进化操作简单,容易理解,是其他一些遗传算法的雏形和基础,它不仅给各种遗传算法提供了一个基本框架,同时也具有一定的应用价值。

13.4.1　基本遗传算法的构成要素

构成基本遗传算法的要素主要有:染色体编码、个体适应度评价、遗传算子(选择算子、杂交算子和变异算子),以及遗传参数设置等。

1. 染色体编码方法

在实现对一个问题用遗传算法进行求解之前,我们必须先对问题的解空间进行编码,以便使得它能够由遗传算法进行操作。最为常用的编码方法是二进制编码(binary coding)。使用固定长度的二进制符号串来表示群体中的个体,其等位基因是由二值符号集{0,1}所组成对于解空间中的变量是离散变量的情况下,对于每个变量直接用相应位数的二进制串进行编码即可。而对于那些连续变量,需要先对连续变量离散化,再进行编码。用二进制表示方法的一个主要原因是它在理论上比较容易分析。非二进制的表示方法我们将在后面进行介绍。初始群体中各个个体的基因值可用均匀分布的随机数来生成。

2. 适应度函数

在遗传算法中,模拟自然选择的过程主要通过评估函数(evaluation function)和适应度函数(fitness function)来实现的。前者是用来评估一个染色体的优劣的绝对值,而后者是用来评估一个染色体相对于整个群体的优劣的相对值大小。然而,在遗传算法当中的评估函数和适应度函数的计算与应用是比较相近的。一般文献不区分它们。在本章中我们也不对这两个概念进行区分,以后提到的适应度函数既可能指上面的所说的适应度函数,也可能指上面所提到的评估函数。

3. 遗传算子

基本遗传算法使用下述三种遗传算子,对这些算子我们将在后面章节进行具体讨论,下面只做初步介绍:

(1) 选择算子:按照某种策略从父代中挑选个体进入中间群体,如使用比例选择；

（2）杂交算子：随机地从中间群体中抽取两个个体，并按照某种杂交策略使两个个体互相交换部分染色体码串，从而形成两个新的个体，如使用单点杂交；

（3）变异算子：通常按照一定的概率（一般比较小），改变染色体中某些基因的值。

4. 基本遗传算法的运行参数

基本遗传算法有下述四个运行参数需要提前设定：

（1）N：群体大小，即群体中所含个体的数量，一般取 20～100；

（2）T：遗传算法的终止进化代数，一般取为 100～500。

（3）P_c：杂交概率，一般取为 0.4～0.99。

（4）P_m：变异概率，一般取为 0.0001～0.1。

需要说明的是，这四个运行参数对遗传算法的求解结果和求解效率都有一定的影响，但目前尚无合理设置它们的理论依据。在遗传算法的实际应用中，往往需要经过多次运算后才能确定出这些参数合理的取值大小和取值范围。

13.4.2 基本遗传算法的一般框架

我们习惯上把 Holland 在 1975 年提出的基本遗传算法称为经典遗传算法或传统遗传算法（canonical genetic algorithm，CGA）。图 13.3 给出了基本遗传算法一次执行的示意图。时间 t 的当前群体通过选择生成中间群体，然后通过杂交与变异生成 $t+1$ 时刻的新的群体。

运用基本遗传算法进行问题求解的过程如下：

（1）编码：GA 在进行搜索之前先将解空间的可行解数据表示成遗传空间的基因型串结构数据，这些串结构数据的不同组合便构成了不同的可行解。

（2）初始群体的生成：随机产生 N 个初始串结构数据，每个串结构数据称为一个个体，N 个个体构成了一个群体。GA 以这 N 个串结构数据作为初始点开始迭代。

（3）适应性值评估检测：适应性函数表明个体或解的优劣性。对于不同的问题，适应性函数的定义方式也不同。

（4）选择：选择的目的是为了从当前群体中选出优良的个体，使它们有机会作为父代为下一代繁殖子孙。遗传算法通过选择过程体现这一思想，进行选择的原则是适应性强的个体为下一代贡献一个或多个后代的概率大。选择实现了达尔文的适者生存原则。

（5）杂交：杂交操作是遗传算法中最主要的遗传操作。通过杂交操作可以得到新一代个体，新个体组合（继承）了其父辈个体的特性。杂交体现了信息交换的

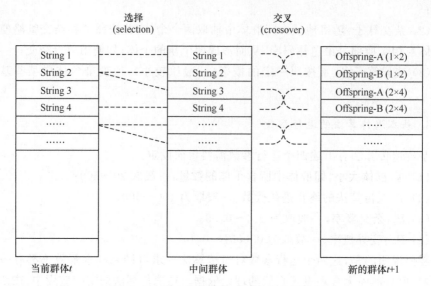

图 13.3　基本遗传算法一次执行的示意图

思想。

（6）变异：变异首先在群体中随机选择一个个体，对于选中的个体以一定的概率随机地改变串结构数据中某个串位的值。同生物界一样，GA 中变异发生的概率很低，通常取值在 0.001～0.01 之间。变异为新个体的产生提供了机会。

图 13.4 给出了基本遗传算法流程图。其中，变量 GEN 是当前进化代数；N 是群体规模；M 是算法执行的最大次数。

基本遗传算法可定义为一个 8 元组：

$$SGA = (C, E, P_0, M, \Phi, \Gamma, \psi, T)$$

其中，C 为个体的编码方法；E 为个体适应度评价函数；P_0 为初始群体；M 为群体大小；Φ 为选择算子；Γ 为杂交算子；ψ 为变异算子；T 为遗传运算终止条件。

一般情况下，可以将遗传算法的执行分为两个阶段。它从当前群体开始，然后通过选择生成中间群体，之后在中间群体上进行重组与变异从而形成下一代新的群体。这一过程可以用算法 13.2 描述。

算法 13.2　基本遗传算法。

（1）随机生成初始群体；

（2）是否满足停止条件，如果满足则转到步骤（8）；

（3）否则，计算当前群体每个个体的适应度函数；

（4）根据当前群体的每个个体的适应度函数进行选择生成中间群体；

（5）以概率 P_c 选择两个个体进行染色体交换，产生新的个体替换老的个体，插入到群体中去；

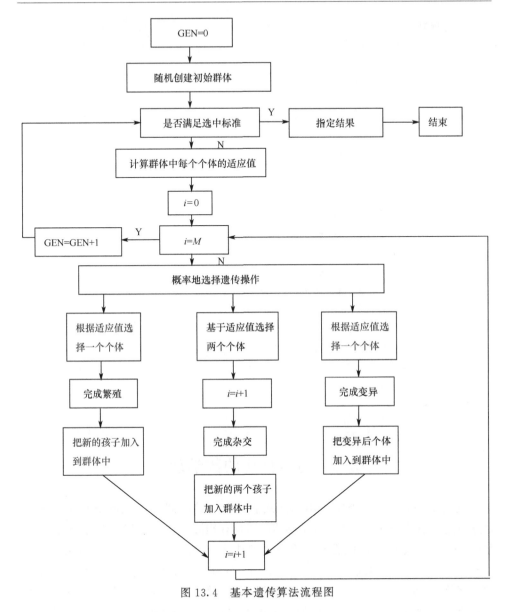

图 13.4　基本遗传算法流程图

（6）以概率 P_m 选择某一个染色体的某一位进行改变,产生新的个体替换老的个体;

（7）转到步骤(2);

（8）终止。

基本遗传算法的伪代码描述如下:

```
Procedure SGA
```

```
begin
    initialize  P(0);
    t = 0;
    while(t≤T) do
      for  I = 1 to M do
        Evaluate fitness of P(t);
      end for
      for I = 1 to M do
        Select operation to P(t);
      end for
      for I = 1 to M/2 do
        Crossover operation to P(t);
      end for
      for I = 1 to M do
        Mutation operation to P(t);
      end for
      for I = 1 to M do
        P(t + 1) = P(t);
      end for
      t = t + 1;
    end while
end
```

13.5　遗传算法的数学理论

模式(schema)是一类字符串的通式表达。与该模式相匹配的所有字符串在某些特定的遗传子座上具有相同的基因,即具有相同的特征。字符集为$\{0,1,*\}$,其中"$*$"为通配符。通配符可以代表"0"或者"1"任何一个字符。例如,$H = 1***001*$ 就是一个模式。串 $A = 10100011$ 与 $B = 10110010$ 都是与模式 H 相匹配的字符串,称为两者相似。模式 H 的第一个和最后一个常量之间的距离称作模式的定义长度,记为 $\delta(H)$,此处的常量指 1 或 0。模式中常量的个数称为模式的阶数,记为 $O(H)$。如上例中,$\delta(H) = 6, O(H) = 4$。

13.5.1　模式定理

我们可以由前面的讨论看出,每一个字符串包含了许多模式,一个模式可能在一个群体中的多个字符串中出现。随着遗传算法的执行,这些模式在群体中的出现频率会有什么样的变化呢? 这是模式定理要解决的问题。我们这里讨论的模式定理主要是基于对简单遗传算法的讨论,也就是说一个字符串能够被选择到中间一代的概率是和它的适应度成正比的,所应用的杂交算子是单点杂交。

我们用 $M(H,t)$ 来表示在时刻 t 群体中包含模式 H 的字符串的个数。$f(H,t)$ 表示当前的群体当中包含模式 H 的个体的评估函数的平均值。我们用 $\overline{f}$ 表示当前群体的平均的评估函数值。因为某个字符串从当前群体到中间群体的复制是与这个字符串的评估函数值成正比。如果我们用 $M(H,t+\text{intermediate})$ 表示在中间群体(也就是复制以后,但是在进行杂交与变异之前的群体)中包含模式 H 的字符串个数,所以有

$$M(H,t+\text{intermediate}) = M(H,t)\frac{f(H,t)}{\overline{f}} \tag{13.14}$$

为了计算在下一代模式 H 在群体中出现的个数 $M(H,t+1)$,我们必须考虑到杂交算子与变异算子对整个群体的影响。

首先考虑杂交算子的影响。在讨论杂交算子的影响之前,先定义一个模式的定义长度(defining length)的概念。一个模式的定义长度是指这个模式中的一个和最后一个具有确定的 0 或者 1(不是 *)的位置之间的距离。我们如果用 I_x 表示一个模式最右边的 0 或者 1 的位置,I_y 表示一个模式最左边的 0 或者 1 的位置,那么 I_x-I_y 就是这个模式的定义长度。例如,模式 **** 1 ** 0 ** 10 ** 中的 $I_x=12$,$I_y=5$,定义长度就为 $I_x-I_y=12-5=7$。模式 H 的定义长度用 $\Delta(H)$ 表示。定义长度直接可以用来度量杂交时有多少可能落在这个模式中间的杂交点。$\Delta(H)/(L-1)$ 直接就可以用来度量杂交操作有多大的可能落在这个模式的中间。例如,在进行杂交操作时,杂交点一定会落在模式 1*****0 中间。

因为杂交算子是依照概率作用在字符串上的,并不是每一个字符串、每一个模式都受到杂交算子的影响。但是当杂交算子的确对某个模式发生了作用,那么我们就不得不考虑它对这个模式的破坏作用。也就是说这个模式将因为杂交操作而在下一代中减少。

$$M(H,t+1) = (1-P_c)M(H,t)\frac{f(H,t)}{\overline{f}}$$
$$+ P_c\left[M(H,t)\frac{f(H,t)}{\overline{f}}(1-\text{losses}) + \text{gains}\right] \tag{13.15}$$

在模式定理的推导过程中,有一个比较保守的假设,就是如果杂交点落在一个模式的中间,那么这个杂交操作一定会对这个模式有破坏作用,也就是使这个模式在下一代的出现减少。但实际情况并不是这样,例如,我们考虑模式 11*****。如果属于模式 11***** 的一个字符串 1110101 与字符串 1000000 或者 0100000 在第 1 个 bit 和第 2 个 bit 之间发生杂交,那么对于模式 11***** 将没有任何破坏作用。相反,如果 1000000 和 0100000 在第 1 个 bit 和第 2 个 bit 之间发生杂交,那么在子代中将产生 1100000,它包含模式 11*****,这也就是产生公式中 gains 的来源。

　　为了简单起见,我们在讨论的时候忽略掉 gains 项,并且我们需要做出保守的假设,也就是说落在一个模式的定义长度中间的杂交一定会破坏这个模式,所以有

$$M(H,t+1) \geqslant (1-P_c)M(H,t)\frac{f(H,t)}{f}$$

$$+ P_c\left[M(H,t)\frac{f(H,t)}{f}(1-\text{disruption})\right] \qquad (13.16)$$

其中,disruption 所估计的损失要比这个模式实际的损失要大。但是我们可以考虑一个特殊情况,如果两个属于同一个模式的字符串发生杂交,那么对于这个模式没有任何破坏作用发生。我们用 $P(H,t)$ 表示模式 H 在种群中所占的比例。也就是说,$P(H,t)$ 为 $M(H,t)$ 除以 t 时刻整个种群的大小。那么对于某一个属于模式 H 的字符串来说,它和另外一个属于模式 H 的字符串相杂交的概率为 $P(H,t)$。我们曾经用 $\Delta(H)$ 表示一个模式的定义长度,那么我们就可以计算上面式子中的 disruption 为

$$\text{disruption} = \frac{\Delta(H)}{L-1}(1-P(H,t)) \qquad (13.17)$$

　　我们将上面的式子左右都除以种群的大小,并且整理这个公式,我们就得到一个有关在时刻 $t+1$ 模式 H 所占有比例的近似公式:

$$P(H,t+1) \geqslant P(H,t)\frac{f(H,t)}{f}\left[1-P_c\frac{\Delta(H)}{L-1}(1-P(H,t))\right] \qquad (13.18)$$

　　至此,虽然我们还没有考虑变异算子的可能影响,但是我们已经得到了模式定理的一种表示方法。虽然这并不是唯一的表示方式,例如,一般情况下杂交操作中双亲的选择都是基于它们的适应度函数的,适应度函数值越大,则越有可能被选作杂交操作的双亲。如果我们把这一点考虑进去,那么有新的模式定理表述方式:

$$P(H,t+1) \geqslant P(H,t)\frac{f(H,t)}{f}\left[1-P_c\frac{\Delta(H)}{L-1}\left(1-P(H,t)\frac{f(H,t)}{f}\right)\right]$$

$$(13.19)$$

　　最后我们将变异算子考虑进去。我们在前面已经定义了模式的阶的概念,也就是一个模式当中 0 或者 1 的个数,我们用 $O(H)$ 表示一个模式的阶。P_m 表示某个点变异的概率,那么一个模式在变异中不被影响的概率是 $(1-P_m)^{O(H)}$,这就有模式定理的下一种表示方式:

$$P(H,t+1) \geqslant P(H,t)\frac{f(H,t)}{f}\left[1-P_c\frac{\Delta(H)}{L-1}\left(1-P(H,t)\frac{f(H,t)}{f}\right)\right](1-P_m)^{O(H)}$$

$$(13.20)$$

　　通过上面的公式我们可以看出,在遗传算子选择、杂交和变异的作用下,具有低阶、短定义长度以及平均适应度高于群体平均适应度的模式在子代中将得以指

数级的增长。这就是模式定理的意义所在。

在总体上,模式定理揭示了遗传算法为什么有效。在某一个群体中的个体会得到一定机会取复制,这个机会是和它的适应度成正比的,也就是说一个个体越适合,那么它就会有更多得到复制的机会,从而将它们所包含的模式传递到下一代。并且,它还假设一个个体适合是因为它们有好的模式,能够将这些好的模式传递到下一代就能够增加我们能够找到好的解的可能性。

13.5.2　积木块假设

在上面我们的模式定理可以看出低阶、短定义长度以及平均适应度高于群体的平均适应度的模式在子代中将得以指数级的增长。我们将这些低阶、短定义长度以及高适应度的模式称为积木块。

定义 13.1　具有低阶数、短定义长度以及高适应度的模式称作积木块(building block)。

按照 Holland 的说法,我们之所以能够认识与描述外部世界,就是因为我们有能力把复杂的事物进行分解。我们可以对这个分解后的事物的各个部分多次使用,构筑和完成不同的组合,从而形成对外部世界新的模型,就像儿童搭积木一样。遗传算法之所以能够有效工作,是因为它能够找到好的积木块。

正如搭积木一样,这些"好"的模式在遗传操作下相互拼搭、结合,产生适应度更高的串,从而找到更优的可行解,这正是积木块假设所揭示的内容。

假设 13.1　积木块假设(building block hypothesis)。低阶、短距、高平均适应度的模式(积木块)在遗传算子的作用下,相互结合,能生成高阶、长距、高平均适应度的模式,可最终生成全局最优解。

上一节的模式定理保证了较优的模式(即具有高平均适应度,匹配于较优解的模式)的样本数呈指数级增长,从而满足了寻找最优解的必要条件,即遗传算法存在寻找到全局最优解的可能性。而本节的积木块假设则指出,遗传算法具备寻找到全局最优解的能力,即积木块在遗传算子作用下,能生成高阶、长距、高平均适应度的模式,最终生成全局最优解。

然而,遗憾的是上述结论并没有得到证明,正因为如此才被称为假设,而非定理。目前已经有大量的实践证据支持这一假设,积木块假设在许多领域都获得了成功,如平滑多分峰问题以及组合优化问题等。尽管大量的实验证据并不等于证明,但至少可以肯定,对多数经常碰到的高度复杂问题,非常适用于用遗传算法求解。

模式定理指出了遗传算法为什么有效。但是就模式定理本身来说,它明显还存在一些不足。

首先,它是一个不等式。我们在讨论模式定理的时候,我们忽略了模式定理当中的 gain 项,并且对 loss 项也作了过高的估计。在这个过程中我们损失了很多的信息。也就是说,如果我们用模式定理来预计某一个模式下一代在整个群体中所占的比例,所得到的结果将是很不准确的。

其次,模式定理只考虑了某一个模式在下一代种群和当前种群之间的变化规律,而没有考虑到以后这个模式在种群中如何变化。某个模式在以后种群中所占比例的计算不仅需要考虑本身的平均适应度,而且还要考虑对于其他的模式来说在这一段时间内所占的比例发生了什么样的变化。所以模式定理无力预测某一模式在种群中的长期变化规律。

一般来说,虽然模式定理是用一个数学公式来表示模式的变化,但它只是一个说明性的定理。它只说明较好的模式能够有较大的机会复制到下一代。但是它并没有抓住遗传算法各个方面的复杂性。

13.5.3　隐并行性

对编码长度为 L 的染色体串进行搜索可以看做在一个 L 维超立方体上进行搜索。每一个染色体对应这个超级立方体上的一个角上的一个点。例如,图 13.5 分别表示一个 3 维的超立方体和一个 4 维的超立方体。每一个模式都对应超立方体中的一个超平面。在 3 维超立方体中 1** 代表后面的一个平面,在 4 维超立方体中,1*** 代表了里面的一个立方体的超平面。我们把一个模式的"阶"定义为这个模式中所出现的"0"或"1"的个数。1** 是 1 阶的,1** 1*** 0 *** 是 3 阶的。整个超立方体上共有 $3^L - 1$ 个超平面。每一个染色体的字符串所对应的点都包含在将这个字符串上的某几位替换成 * 所形成的超平面上,所以每一个染色体都包含在 $2^L - 1$ 个超平面中。

如果每一个字符串都是在搜索空间中独立检验的,那么考虑到每一个字符串都包含在 $2^L - 1$ 个超平面中并没有给我们带来太多的好处。这就是为什么基于群体的搜索对遗传算法是至关重要的。一组取样点提供了有关许多超平面的信息,低阶的超平面将被整个群体的多个字符串检验到。这种当一组字符串被检验许多超平面都得到检验的特性就被称作遗传算法的隐并行性(intrinsic or implicit parallelism)。隐并行性意味着多个超平面并行的同时竞争。通过染色体的复制与重组的过程,相互竞争的超平面就会因为它们的适应度不同而增加或者减少它们在整个字符串中的表示的多少。

假设一个群体的大小为 N,那么遗传算法能够同时处理 N^3 个超平面。隐并行性是遗传算法能够成功的一个重要的保证。

13.6　遗传算法的编码方法

在遗传算法中如何描述问题的可行解,即把一个问题的可行解从其解空间转

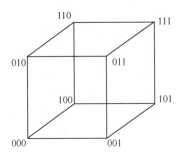

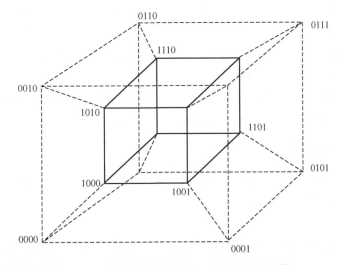

图 13.5 一个 3 维超立方体与一个 4 维超立方体

换到遗传算法所能处理的搜索空间的转换方法就称为编码。

编码是应用遗传算法时要解决的首要问题,也是设计遗传算法时的一个关键步骤。编码方法除决定了个体的染色体排列形式之外,它还决定了个体从遗传空间的基因型变换到解空间的表现型时的解码方法,编码方法也影响到杂交算子、变异算子等遗传算子的运算方法。由此可见,编码方法在很大程度上决定了如何进行群体的遗传进化运算以及遗传进化运算的效率。

针对一个具体应用问题,如何设计一种完美的编码方案一直是遗传算法的应用难点之一,也是遗传算法的一个重要研究方向。可以说目前还没有一套既严密又完整的指导理论及评价准则能够帮助我们设计编码方案。作为参考,DeJong 曾提出了两条操作性较强的实用编码原则(又称为编码规则):

(1) 编码原则一(有意义积木块编码原则):应使用能易于产生与所求问题相关的且具有低阶、短定义长度模式的编码方案。

(2) 编码原则二(最小字符集编码原则):应使用能使问题得到自然表示或描

述的具有最小编码字符集的编码方案。

第一个编码原则中,模式是指具有某些基因相似性的个体的集合,而具有短定义长度、低阶且适应度较高的模式称为构造优良个体的积木块或基因块。这里可以把该编码原则理解成应使用易于生成适应度较高的个体的编码方案。

第二个编码原则说明了我们为何偏爱于二进制编码方法的原因,因为它满足这条编码规则的思想要求。事实上,理论分析表明,与其他编码字符集相比,二进制编码方案能包含最大的模式数,从而使得遗传算法在确定规模的群体中能处理最多的模式。

需要说明的是,上述 DeJong 的编码原则仅仅是给出了设计编码方案时的一个指导性大纲,它并不适合于所有的问题。所以对于实际应用问题,仍必须对编码方法、杂交运算方法、变异运算方法、解码方法等统一考虑,以寻求到一种对问题的描述最为方便、效率最高的编码方案。

迄今为止,人们提出的编码方法可以分为三大类:二进制编码方法、浮点数编码方法、符号编码方法。下面介绍常用的几种编码方法。

13.6.1　二进制编码方法

二进制编码方法是遗传算法中最常用的一种编码方法,它使用的编码符号集是由二进制符号 0 和 1 所组成的二值符号集 $\{0,1\}$,它所构成的个体基因型是一个二进制编码符号串。

二进制编码符号串的长度与所要求的求解的精度有关。设某一参数 u 的变化范围为 $[u_{\min},u_{\max}]$,其编码后的值为 a,编码长度为 n,则编码精度为

$$\delta = \frac{u_{\max} - u_{\min}}{2^n - 1} \tag{13.21}$$

参数 u 与其编码存在着如下关系:

$$u = u_{\min} + \frac{a}{2^n - 1}(u_{\max} - u_{\min}) \tag{13.22}$$

二进制编码方法有如下一些优点:

(1) 编码、解码操作简单易行;

(2) 杂交、变异等遗传操作便于实现;

(3) 符合最小字符集编码原则;

(4) 便于利用模式定理对算法进行理论分析。

13.6.2　格雷码编码方法

格雷码编码方法是其连续的两个整数所对应的编码值之间仅仅只有一个码位是不相同的,其余码位都是完全相同的。

格雷码有这样一个特点:任意两个正整数的差是这两个整数所对应的格雷码之间的海明距离。这个特点是遗传算法中使用格雷码来进行个体编码的主要原因。

遗传算法的局部搜索能力不强,引起这个问题的主要原因是,新一代群体的产生主要是依靠上一代群体之间的随机杂交重组来完成的,所以即使已经搜索到最优解附近,而想要达到这个最优解,却要费一番工夫,甚至需花费较大的代价。对于用二进制编码表示的个体,变异操作有时虽然只是一个基因座的差异(个体基因型 X 的微小差异),而对应的参数值却相差较大(个体表现型 X 相差较大)。但是,若使用格雷码来对个体进行编码,则编码串之间的一位差异,对应的参数值也只是微小的差异。这样就相当于增强了遗传算法的局部搜索能力,便于对连续函数进行局部空间搜索。

格雷码方法是二进制编码方法的一种变形,其编码精度与相同长度的二进制编码的精度相同。

格雷码编码方法的主要优点是:

(1) 便于提高遗传算法的局部搜索能力;

(2) 杂交、变异等遗传操作便于实现;

(3) 符合最小字符集编码原则;

(4) 便于利用模式定理对算法进行理论分析。

13.6.3　浮点数编码方法

所谓浮点数编码方法,是指个体的每个基因值用某一范围内的一个浮点数来表示。因为这种编码方法使用的是决策变量的真实值,所以浮点数编码方法也叫真值编码方法。

浮点数编码方法有下面几个优点:

(1) 适合于在遗传算法中表示范围较大的数;

(2) 适合于精度要求较高的遗传算法;

(3) 便于较大空间的遗传搜索;

(4) 改善了遗传算法的计算复杂性,提高了运算效率;

(5) 便于遗传算法与经典优化算法的混合使用;

(6) 便于设计针对问题的专门知识的知识型遗传算子;

(7) 便于处理复杂的决策变量约束条件。

因为实际问题中的大部分要优化的参数都是用数值形来表示的而不是用二进制表示。所以用数值形表示更为自然。并且可以根据实际问题来设计更为有意义和实际问题相关的杂交算子与变异算子。例如,有下面的杂交算子和变异算子:

(1) 杂交算子。

① 算术平均：取两个对应的亲本的基因所取值的算术平均值；

② 几何平均：取两个对应的亲本的基因所取值的几何平均值；

③ 扩展（extension）：取两个值的差值，然后将这个差值加到较大的一个值上面，或者从较小的一个值中减去这个值。

（2）变异算子。

① 随机取代：将相应的值替换成随机的一个值；

② 漂移（creep）：加上或者减去一个随机产生的值；

③ 几何漂移（geometric creep）：乘以一个接近 1 的随机值。

在两种漂移算子当中，随机值的产生可能是一个范围内的均匀分布、指数分布、二项式分布、高斯分布等。

13.6.4　符号编码方法

符号编码方法是指个体染色体编码串中的基因值取自一个无数值意义，而只有代码含义的符号集。这个符号集可以是一个字母表，如{A,B,C,D,…}；也可以是一个数字序号表，如{1,2,3,4,…}；还可以是一个代码表，如{A1,A2,A3,A4,…}等。

符号编码方法的主要优点是：

（1）符合有意义积木块原则；

（2）便于在遗传算法中利用所求问题的专门知识；

（3）便于遗传算法与相关近似算法之间的混合使用。

13.6.5　多参数级联编码方法

在对含有多个变量的个体进行编码时，将各个参数分别以某种编码方法进行编码，然后再将它们的编码按一定的顺序连接在一起就组成了表示全部参数的个体编码。这种编码方法称为多参数级联编码。

在进行多参数级联编码时，每个参数的编码方式可以是二进制编码、格雷码、浮点数编码或符号编码等编码方法中的一种，每个参数可以具有不同的上下界，也可以具有不同的编码长度或编码精度。

13.6.6　多参数杂交编码方法

多参数杂交编码方法的基本思想是：将各个参数中起主要作用的码位集中在一起，这样它们就不易于被遗传算子破坏掉。

在进行多参数杂交编码是，可先对各个参数进行分组编码（假设共有 n 个参数，每个参数都用长度为 m 位的二进制编码串来表示）；然后取各个参数编码串中的最高位连接在一起，以它们作为个体编码串中的前 n 位编码；再取各个参数编码串中的次高位连接在一起,以它们作为个体编码串的第二组 n 位编码;如此继续下去,直至取各个参数编码串中的最后 n 位连接在一起,以它们作为个体编码串的最后 n 位。这样所组成的长度为 $m \times n$ 位的编码串就是多参数的一个杂交编码串。

在前述多参数的级联编码方法中,各个参数的编码值集中在一起,这样各个参数的局部编码结构就不易被遗传算子破坏掉,它适合于各参数之间的相互关系较弱,特别是某一个或少数几个参数起主要作用时的优化问题。而多参数的杂交编码方法特别适合于各个参数之间的关系较强、各参数对最优解的贡献相当时的优化问题,因为在这种杂交编码方法中,用来表示各个参数值的二进制编码的最高位被集中在一起,它们就不易被遗传算子破坏掉,而这些最高位在表示各个参数值时所起的作用最强,这样就可以尽量维持各参数之间的相互关系。

13.7 适应度函数

在用遗传算法寻优之前,首先要根据实际问题确定目标函数(适应度函数),即要明确我们的目标是什么。各个个体的适应度值的大小决定了它们是继续繁衍还是消亡。它相当于自然界中各生物对环境的适应能力的大小,充分地体现了自然界中适者生存的自然选择规律。

与数学中的优化问题有所不同,适应度函数求取的是极大值,而不是极小值,并且适应度函数具有非负性。设 $f(x)$ 为原来的目标函数,x 为对目标函数有影响的参数向量,$f'(x)$ 是原目标函数经过一定变换之后的目标函数,它的值一定为正。当适应度函数值有可能为负时,可以采用以下方法进行处理:

(1)线性比例法:
$$f'(x) = af(x) + b, \quad b > 0 \tag{13.23}$$

(2)指数比例法:
$$f'(x) = \exp(af(x)), \quad a \neq 0 \tag{13.24}$$

(3)幂指数比例法:
$$f'(x) = (f(x))^a, \quad a \text{ 为偶数} \tag{13.25}$$

适应度函数是整个遗传算法中极为关键的一部分。有许多研究者将研究的重点放在遗传算法其他方面的优化上,但是结果表明对整个系统的性能提高影响不大。实际上,对于整个遗传算法影响最大的是编码和适应度函数的设计。下面我们讨论对于适应度函数设计的一些问题。

理想上,我们希望我们的适应度函数是平滑的,那样具有可接受的适应度的染色体和具有较好适应度的染色体之间差别不大。但是不幸的是,在现实问题中这往往是不现实的(如果存在这样的适应度函数,我们就可以应用爬山法而不是遗传算法来解决这样的问题)。虽然如此,我们还是要努力避免使我们设计的适应度函数有过多的局部最优,也要努力避免使我们设计的适应度函数的全局最优解过于孤立。

对于某些问题的解决,我们也不能简单地计算适应度函数。例如,组合优化问题中经常对问题有许多约束条件,这就使得许多染色体表示的都是非法的解。如课程表安排问题中表示合法安排的染色体是十分少的。如果我们只简单将这些染色体的适应度定义为0,那么并不能知道这个染色体对于找到一个合法的染色体有多大帮助。我们必须能够设计一种适应度函数来表示一个不合法的染色体在多大程度上能够指导我们找到一个合法的染色体。有人认为如果我们要解决问题是全或无(all-or-nothing)的问题,那么最好能够找到合理的子目标,然后对子目标的完成来进行一定奖励。例如,在课表安排问题中,我们就可以将一门功课被合理的安排作为一个子目标。

我们也需要通过对适应度函数的修改来解决一些遗传算法中的问题。遗传算法中有一对矛盾的问题就是,过早收敛(premature convergence)和过慢结束(slow finishing)。因为我们的算法中,种群的大小并不是无限的。然而模式定理告诉我们,适应度较高的个体有更多的机会得到复制,所以我们可能在没有达到最优解甚至没有达到可接受解的时候,整个种群就会因为一种或者几种个体的副本占了统治地位而达到了局部最优值,但是不能找到更优的解。这就是一般所说的过早收敛的问题。我们要解决过早收敛的问题,就需要将适应度函数值的范围进行压缩,防止那些"过于适应"(super-fit)的个体在整个种群中过早地占统治地位。

与过早收敛相对应的,我们有结束缓慢(slow finishing)的问题。也就是说,在许多代之后,整个种群已经大部分收敛。但是,它还没有稳定在全局最优值。整个种群的平均适应度函数比较大,但是最优个体的适应度函数值和平均适应度函数值之间的差别不大。这就导致没有足够的力量推动遗传算法找到最优值。要解决这个问题,我们就需要扩展适应度函数的范围,加大在当前群体当中最优个体与最差个体之间适应度函数的差别。

适应度函数缩放(fitness scaling)是一种较为常用的方法。在这种方法中,我们可以将最大的适应度函数值与群体平均适应度函数值之比固定在一个常数值,如2。为了达到这个目的,我们首先从原始的适应度函数中减去一个合适的值,然后将调整后的适应度函数值除去调整后群体的平均适应度函数值。但是在这里要注意作减法的时候要防止适应度函数中负值的出现。

例如,图13.6就说明了一次适应度函数的缩放。原始适应度函数平均值是5.4,最大值是6.5。最大值与平均值之比为1.2,也就是说最好的个体下一代平均产生1.2个副本。然后我们利用适应度函数的缩放技术,将适应度函数减去(2×平均值-最大值)=4.3,这样调整后的最大值与平均值分别是2.2和1.1,现在最大值与平均值之比为2。

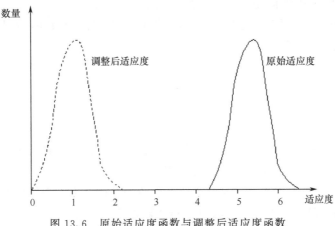

图 13.6　原始适应度函数与调整后适应度函数

　　这种方法在开始的时候可以压缩适应度的范围,从而减慢它的收敛速度。但是这种方法的缺点就是因为它是根据一个最大适应度个体的适应度来进行压缩的,从而可能导致压缩比过于大。

　　适应度窗口技术(fitness windowing)和上面的适应度缩放技术是相近的。不同之处在于,它们减去的值不同。在这种方法当中,记录每一代最小的适应度,在适应度函数中所要减去的值是以前 n 代的最小适应度值。这种方法的选择压力在整个算法执行过程中是变化的,并且过于适应或者过于不适应的个体都会导致窗口技术的效率比较差。

　　适应度排序方法(fitness ranking)是另一个应用比较广泛的技术。这种方法能够克服上面两种方法中那些由于过于适应或过于不适应个体的存在所出现的问题。在这种方法当中每个个体根据原始的适应度函数值进行排序,然后根据它们的排序对它们分配适应度函数值,可能是它们排序的线性函数或指数函数。在这里过于适应或过于不适应的个体的原始适应度函数值将被忽略。不论它们原始的适应度函数值是多少,只要排序在整个群体的适应度保持不变,那么改变之后的适应度函数也不变。一些实验表明这种方法要优于适应度函数缩放技术。

　　上面的三种方法在产生中间群体的时候都需要有一个调整适应度函数的过程,下面介绍的这种方法不需要这个中间过程。锦标选择(tournament selection)是这样一种技术。它有若干个变种,最简单的一种是随机从群体中选择一对个体,然后适应度较高的一个个体,也就是获胜的个体被复制到中间群体中去,重复这个过程直到中间群体已经有足够的个体为止。我们也可以一次选择若干个个体,然后从中选择 n 个最佳个体放到中间群体中。同时进行比赛的个体越多那么选择压力就越大,因为这样那些适应度较低的个体就越没有可能在比赛中获胜。对它的一个推广是依照概率来选择。也就是说选择两个个体进行比赛的时候,适应度较

高的一个以概率 P 获胜,这里 $0.5 < P < 1.0$。

有实验表明,如果参数选择得当,几种方法会有相似的效果,所以不能武断地说哪一种方法是最好的方法。

13.8　遗传操作

13.8.1　选择算子

遗传算法中的选择操作就是用来确定如何从父代群体中按某种方法选取哪些个体遗传到下一代群体中的一种遗传运算。

选择操作建立在对个体的适应度进行评价的基础之上。选择操作的主要目的是为了避免基因缺失、提高全局收敛性和计算效率。

最常用的选择算子是基本遗传算法中的比例选择算子。但对于各种不同的问题,比例选择算子并不是最合适的一种选择算子,所以人们提出了其他一些选择算子。下面介绍几种常用选择算子的操作方法。

1. 赌轮选择法

赌轮选择法,又称比例选择方法(proportional model),是一种回放式随机采样的方法。其基本思想是:各个个体被选中的概率与其适应度大小成正比。由于是随机操作的原因,这种选择方法的选择误差比较大,有时甚至连适应度较高的个体也选择不上。

设某一代的群体大小为 n,某一个体的适应度值为 f_i,那么它被选取的概率 P_i 为

$$P_i = \frac{f_i}{\sum_{k=1}^{n} f_k} \tag{13.26}$$

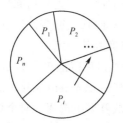

图 13.7　赌轮选择方法

将每个串的选取概率画在一张轮盘(赌轮)上,如图 13.7 所示。每转动一次轮盘,指针落入串 i 所占区域的概率即为 P_i。当 P_i 较大时,串 i 被选取的概率就较大。当某一个体被选中时,它就被完全复制产生下一代。至于适应度低的个体不是没有复制机会,它们也有机会被复制。这样有利于保持物种的多样性。

下面给出一个选择程序,采用赌轮选择法选择,这种方法较易实现。根据方程 $f_i / \sum f > 0$ 计算出每个个体被选择的概率,向量 prob 包含了选择概率之和,向量 rns 包含归一化过的随机数,经过比较 rns 和 prob 向量中的元素,我们可以选择出进入下一代的个体。

```
function[newpop] = rouletter(oldpop);
totalfit = sum(oldpop(:,stringlength + 2));
prob = oldpop(:,stringlength + 2)/totalfit;
prob = cumsum(prob);
rns = sort(rand(popsize,1));
fitin = 1;newin = 1;
while newin< = popsize
    if(rns(newin)<prob(fitin))
      newpop(newin,:) = oldpop(fitin,:);
      newin = newin + 1;
    else
      fitin = fitin + 1;
    end
end
```

　　采用赌轮方式来对每个个体进行选择是很低效的。下面我们介绍一些其他的方法来提高它的效率。并且介绍一些与之完全不同选择机制。

　　一种选择的方法是叫做余数随机选择(remainder stochastic sampling)的方法。在这种方法当中,首先对每个字符串 i,它的适应度函数值为 f_i,将 $f_i/\overline{f}$ 的整数部分个拷贝直接放到中间群体,然后再根据小数部分随机选择剩下部分的拷贝。例如,一个字符串的 $f_i/\overline{f} = 1.36$,那么我们将 1 个拷贝直接放到中间群体,之后还有 0.36 的机会生成另外一个拷贝。如果一个字符串的适应度为 $f_i/\overline{f} = 0.54$,那么它将有 0.54 的机会生成一个拷贝到中间群体中去。

　　余数随机选择的方法可以用一种叫做全局随机选择的方法高效实现。它的实现方法是,将每个个体根据它们的适应度函数值的不同,随机放在一个圆盘上,将一个有 N 个指针的转盘放在这个圆盘上,则每次转动这个转盘都将有 N 个个体同时被选择到中间群体。这种方法产生的结果是无偏的,并且能够高效地实现中间群体的选择。

2. 最优保存策略

　　最优保存策略的基本思想是:希望适应度最好的个体尽可能保留到下一代群体中。

　　最优保存策略的具体操作过程是:

　　(1) 找出当前群体中适应度最高的个体和适应度最低的个体;

　　(2) 若当前群体中最佳个体的适应度比总的迄今为止的最好个体的适应度还要高,则以当前群体中的最佳个体作为新的迄今为止的最好个体;

　　(3) 用迄今为止的最好个体替换掉当前群体中的最差个体。

该策略的实施可保证迄今为止得到的最优个体不会被杂交、变异等遗传运算所破坏,它是遗传算法收敛性的一个重要保证条件。但另一方面,它也容易使得某个局部最优个体不易被淘汰掉反而快速扩散,从而使得算法的全局搜索能力不强。所以该方法一般要与其他一些选择操作方法配合起来使用,才有良好的效果。

3. 期望值方法

期望值方法用了如下思想:

(1) 计算群体中每个个体在下一代生存的期望数目 N_i:

$$N_i = f_i/\overline{f}$$

其中,f_i 为第 i 个个体的适应度;$\overline{f}$ 为群体的平均适应度。

(2) 若某个体被选中并要参与配对和杂交,则它在下一代中的期望数目减去 0.5;若不参与配对和杂交,则该个体的生存期望数目减去 1。

(3) 在(2)的两种情况中,若一个个体的期望值小于零时,则该个体不参与选择。

4. 排序选择方法

所谓排序选择方法是指在计算每个个体的适应度之后,根据适应度大小顺序对群体中个体排序,然后把事先设计好的概率表按序分配给个体,作为各自的选择概率。所有个体按适应度大小排序,而选择概率和适应度无直接关系而仅与序号有关。

13.8.2 杂交算子

杂交算子有一点杂交(1-point crossover)、二点杂交(2-point crossover)、多点杂交(multi-point crossover)、均匀杂交(uniform crossover)。

一点杂交是如下进行的:首先在染色体中随机选择一个点作为杂交点,然后第一个父辈的杂交点前的串和第二个父辈杂交点后的串组合形成一个新的染色体,第二个父辈杂交点前的串和第一个父辈杂交点后的串形成另外一个新的染色体。例如,下面两个串进行杂交:

$$1\ 1\ 0\ 1\ 0\ \backslash\!\!\!/\ 0\ 1\ 1\ 0\ 0\ 1\ 0\ 1\ 1\ 0\ 1$$
$$y\ x\ y\ y\ x\ \backslash\!\!\!/\ y\ x\ x\ y\ y\ y\ x\ y\ x\ x\ y$$

形成新的串 $11010yxxyyyxyxxy$ 和 $yxyyx01100101101$ 替代生成它们的父辈串放入中间群体。

下面选取两个个体 parent1、parent2 作为父代,产生出两新的子代个体 child1 和 child2,pc 表示杂交概率,杂交算子的实现过程如下:

```
function[child1,child2] = crossover(parent1,parent2,pc);
```

```
        if(rand<pc)
            cpoint = round(rand*stringlength-2) + 1;
            child1 = [parent1(:,1:cpoint)parent2(:,cpoint + 1:stringlength)];
            child2 = [parent2(:,1:cpoint)parent1(:,cpoint + 1:stringlength)];

    child1(:,stringlength + 1) = sum(2.^(size(child1(:,1:strength),2) - 1: - 1:0).
        *child1(:,1:stringlength))*(b - a)/(2.^stringlenth - 1) + a;

    child2(:,stringlength + 1) = sum(2.^(size(child2(:,1:strength),2) - 1: - 1:0).
        *child2(:,1:stringlength))*(b - a)/(2.^stringlenth - 1) + a;
            child1(:,stringlength + 2) = fun(child1(:,stringlength + 1));
            child2(:,stringlength + 2) = fun(child2(:,stringlength + 1));
        else
            child1 = parent1;
            child2 = parent2;
        end
    end
```

在杂交过程的开始,先产生随机数与杂交概率相比较,如果随机数比 pc 小,则进行杂交运算,否则将不会进行杂交运算,直接返回父代。一旦进行杂交运算,杂交断点 cpoint 将在 1 和 stringlength 之间选取,杂交点 cpoint 是由随机函数在 1 和(stringlength-1)之间返回一伪随机整数,于是获得新的子代个体的真值和其适应度。

一点杂交算子对于一个 1 阶的模式来说不会有任何影响。现在我们考虑一点杂交算子对于一个 2 阶模式会有什么样的影响。考虑下面两个模式:

$$11************ \quad 和 \quad 1*************1$$

如果用一点杂交算子分别对这两个模式进行杂交操作。那么前面一个模式被破坏的概率为 $1/(L-1)=1/14$,而后面一个模式被破坏的概率是 $(L-1)/(L-1)=1$。由此可以看出,虽然两个模式的长度一样,但是它们能够被保存到下一代的概率是大不一样的。也就是说,一个模式在染色体中的定义位置对它们的能否保存是至关重要的。下面介绍的方法就试图缓解这个问题。

首先采用二点杂交。在这种方法当中,在亲代中选择好两个染色体之后,选择两个点作为杂交点。然后将这两个染色体中两个杂交点之间的字符串互换就可以得到两个子代的染色体。一般文献中,将二点杂交算子所作用的字符串和模式看做图 13.8 中一个环的情况。由此可以看出,我们在前面所说的那种在一个染色体中定义长度为 $L-1$ 的模式一定会遭到破坏的情形在这里就不会出现了。我们可以将一点杂交看做二点杂交的一种特例。如果将二点杂交的某一个杂交点固定在染色体的开始或结尾处,那么所实行的就是一点杂交。

　　另外一种杂交方法是一致杂交(uniform crossover)。在这种方法当中,子代染色体的每一比特都是从某一个亲代相应位置那里随机复制的。具体某一位从哪里复制是由一个随机生成的杂交掩码(crossover mask)决定的。如果掩码的某一位是 1 则从第一个亲代复制该位,否则从第 2 个亲代复制该位,如图 13.9 所示。然后将两个亲代位置互换,产生第 2 个子代,也就是说第 2 个子代的产生与第 1 个子代的产生方式是互补的。对于每一次新产生的一对亲代随机产生杂交掩码。

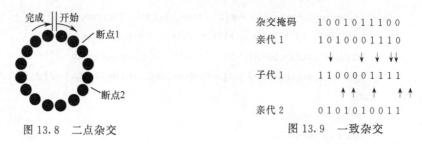

图 13.8　二点杂交　　　　　　　　图 13.9　一致杂交

　　相对于一点杂交和二点杂交而言,一致杂交对于定义长度较大的模式破坏相对较小,而对于定义长度较小的模式破坏相对较大。并且容易看出,一致杂交对于整个模式的破坏与模式的定义长度无关。并且在整个算法收敛的时候,一点杂交、二点杂交相对于一致杂交的运行效果比较差,因为它们杂交创造新的染色体的能力相对较差。所以一致杂交具有更好的鲁棒性。

　　如果我们考虑下面两个染色体进行杂交,右面是这两个染色体的一个简化形式,它只标出了两个染色体有不同字符的位置和相应的字符,这被称作是左面染色体的简约代替形式:

0001111011010011　　　　　＋＋＋＋11＋＋＋1＋＋＋＋＋1
0001001010010010　　　　　＋＋＋＋00＋＋＋0＋＋＋＋＋0

　　从它们的简约形式我们更可以看出一点杂交算子会产生什么样的作用。例如,杂交点如果落在第 10 位后面的任何一个位置所产生的子代都是一样的,都是＋＋＋＋11＋＋＋1＋＋＋＋＋0 和＋＋＋＋00＋＋＋0＋＋＋＋＋1 的形式。并且产生这两种形式的概率为 6/15,而产生＋＋＋＋01＋＋＋1＋＋＋＋＋1 和＋＋＋＋10＋＋＋0＋＋＋＋＋0 的形式的概率为 1/15。这明显存在一定偏差,我们可以利用它们的简约形式来进行杂交,也就是在简约形式的两个相邻不为"＋"的位置之间只允许有一个杂交点。这样就可以减小上面所说的偏差。这还有一个好处就是能够避免那些杂交点落于简约形式的第 1 个不为"＋"的位之前和最后一个不为"＋"的位之后的情况,因为这样产生的子代和亲代是完全一样的。

　　另外,对于一些特殊问题(如货郎担问题),合法的亲代利用一般的杂交算子生成的子代可能是非法的子代,对于这些问题要设计特殊的杂交算子。

13.8.3　变异算子

变异是遗传算法中保持物种多样性的一个重要途径。它以一定概率选择某一遗传子座,改变该遗传子座的字符的值达到变异的目的。在二进制编码中,就是将该位置的值变为它的对立值(由 0 变为 1 或由 1 变为 0)。变异概率 P_m 一般很小,取 $0.001 \sim 0.1$ 之间的值。如果变异概率过大,会破坏许多优良品种,也可能无法得到最优解。

然而,由于在遗传算法的执行过程当中,可能由于收敛等现象使得整个种群染色体上某一位或某几位都固定到一个值。如果整个种群的所有染色体中有 n 位取相同的值,那么单纯通过杂交算子所能够达到的搜索空间只占整个搜索空间的 $(1/2)^n$,大大减小了搜索空间,所以必须引入变异算子来改变这种情况。

在前面的模式定理与积木块假设当中,我们把过多的注意力放在了杂交算子上面。并且一般认为杂交算子在遗传算法中占了主要的地位。但是,在生物学家中一般认为变异是更为重要的进化方式。并且认为只通过选择与变异就能够进行生物进化的过程,而有性生殖只是加快了进化的速度。由此可以看出,变异对于整个进化是至关重要的。

13.8.4　反转操作

反转(inversion)操作是遗传算法当中另外一类常用的算子,但是对反转操作的研究并不是很多。按照一般的说法,反转操作就是在某个染色体中选取一段,然后将这一段字符串的顺序颠倒,从而形成新的染色体。但是,如果染色体的编码到参数的映射是和位置相关的,那么反转操作只是变异操作的一个变体。不同之处只在于反转操作一次对染色体上面的若干位置而不只是一个位置进行变异,那么对于反转操作的研究也就没有太大的意义。所以我们只有对那些染色体的编码到参数的映射和位置无关的那些遗传算法应用反转操作。

13.9　变长度染色体遗传算法

Goldberg 等提出的 MessyGA(MGA)是一种典型的变长度染色体遗传算法。本节介绍其基本思想。

1. 变长度染色体遗传算法的编码和解码

将常规遗传算法的染色体编码串中各基因座位置及相应基因值组成一个二元组,把这个二元组按一定顺序排列起来,就组成了变长度染色体的一种通用染色体

编码方式。一般它可表示为

$$X^m : (i_1 , v_1)(i_2 , v_2) \cdots (i_k , v_k) \cdots (i_n , v_n)$$

上述变长度染色体描述形式中，i_k 是所描述的基因在原常规染色体中的基因座编号，v_k 为对应的基因值。

2. 切断算子和拼接算子

变长度染色体遗传算法除了使用常规遗传算法中的选择算子和变异算子之外，不再使用通用的杂交算子，而代之以使用下述的切断算子和拼接算子，以它们作为产生新个体的主要遗传算子。

(1) 切断算子(cut operator)。切断算子以某一预先指定的概率，在变长度染色体中随机选择一个基因座，在该处将个体的基因型切断，使之成为两个个体的基因型。

(2) 拼接算子(splice operator)。拼接算子以某一预先指定的概率，将两个个体的基因型连接在一起，使它们合并为一个个体的基因型。

3. 变长度染色体遗传算法的基本结构

变长度染色体遗传算法的结构可描述如下：

算法 13.3　变长度染色体遗传算法 MGA。

(1) 初始化。随机产生 M 个染色体，长度全部为 k 的染色体，以它们作为变长度染色体遗传算法的初始个体集合 $P(0)$，其中 k 为根据问题的不同而设定的一个参数。

(2) 适应度评价。对变长度的染色体进行解码后，评价或计算各个个体的适应度。

(3) 基本处理阶段。对群体 $P(t)$ 施加选择算子，以保留适应度较高的个体。

(4) 并列处理阶段。对群体 $P(t)$ 施加变异算子、切断算子和拼接算子，以生成新的个体。

(5) 重复步骤(2)～(4)，直到满足终止条件为止。

13.10　小生境遗传算法

在生物学中，小生境(niche)是指特定环境下的一种生存环境。生物在其进化过程中，一般总是与自己相同的物种生活在一起，共同繁衍后代；它们也都在某一特定的地理区域中生存。在这些群体内部，也不失有一些优秀个体。

在用遗传算法求解多峰值函数的优化计算问题时，经常是只能找到个别的几个最优解，甚至往往得到的是局部最优解，而有时希望优化算法能够找出问题的所有最优解,包括局部最优解和全局最优解。基本遗传算法对此无能为力。既然作为遗传算法模拟对象的生物都有其特定的生存环境,那么借鉴此概念,我们也可以让遗传算法中的个体在一个特定的生存环境中进化,即在遗传算法中引进小生境的概念,从而解决这类问题,以找出更多的最优解。

遗传算法中模拟小生境的方法主要有以下几种:

(1) 基于预选择的小生境实现方法。这种方法的基本思想是:仅当新产生的子代个体的适应度超过其父代个体的适应度时,所产生出的子代个体才能替换其父代个体而遗传到下一代群体中,否则父代个体仍保留在下一代群体中。由于子代个体和父代个体之间编码结构的相似性,所以这种编码方法替换掉的只是一些编码结构相似的个体,故它能够有效地维持群体的多样性,并造就小生境的进化环境。

(2) 基于排挤的小生境实现方法。这种实现方法的基本思想是:设置一个排挤因子 CF,由群体中随机选取的 1/CF 个个体组成排挤成员,然后依据新产生的个体与排挤成员的相似性来排挤掉一些与排挤成员相似的个体。这里,个体之间的相似性可用个体编码串之间的海明距离来度量。随着排挤过程的进行,群体中的个体逐渐被分类,从而形成各个小的生存环境,并维持了群体的多样性。

(3) 基于共享函数的小生境实现方法。这种实现方法的基本思想是:通过反映个体之间相似程度的共享函数来调整群体中各个个体的适应度,从而在这以后的群体进化过程中,算法能够依据这个调整后的新的适应度来进行选择运算,以维护群体的多样性,创造出小生境的进化环境。

13.11　混合遗传算法

应用研究表明,目前一些常规遗传算法并不一定是针对某一问题的最佳求解方法。而将遗传算法与问题的特有知识集成到一起所构成的混合遗传算法,却有可能产生出求解性能极佳的方法,这也为继续提高遗传算法的搜索性能提供了新的思路。如图 13.10 所示为一种基本混合遗传算法的构成框架。

由图 13.10 可以看出,这种混合遗传算法是在标准遗传算法中融合了局部搜索算法的思想,其特点主要体现在以下两个方面:

(1) 引入了局部搜索过程。基于群体中各个个体所对应的表现型,进行局部搜索,从而找到各个个体在目前的环境下所对应的局部最优解,以便达到改善群体总体性能的目的。

(2) 增加了编码变换过程。对局部搜索过程所得到的局部最优解,再通过编码过程将它们变换为新的个体,以便能够以一个性能较优的新群体为基础来进行下一代的遗传进化操作。

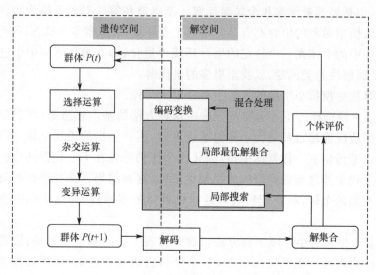

图 13.10　混合遗传算法的基本构成框架

在构成混合遗传算法时，DeJong 提出了下面的三条基本原则：

（1）尽量采用原有算法的编码。这样就便于利用原有算法的相关知识，也便于实现混合遗传算法。

（2）利用原有算法的优点。这样就可以保证由混合遗传算法所求到的解的质量不会低于由原有算法所求到的解的质量。

（3）改进遗传算子。设计能适应新的编码方式的遗传算子，并在遗传算子中融入与问题相关的启发式知识，这样就能使混合遗传算法既能够保持遗传算法的全局寻优特点，又能够提高其运行效率。

模拟遗传退火算法的基本思想是将遗传算法与模拟退火算法结合起来构成的一种混合优化算法。遗传算法的局部搜索能力较差，但把握搜索过程总体的能力较强；而模拟退火算法具有较强的局部搜索能力，并能使搜索过程避免陷入局部最优解，但模拟退火算法却对整个搜索空间的了解不多，不便于使搜索过程进入最有希望的搜索区域，从而使模拟退火算法的运算效率不高。但如果将遗传算法和模拟退火算法相结合，互相取长补短，则有可能开发出性能优良的新的全局搜索算法。

与基本遗传算法的总体运行过程相类似，遗传-模拟退火算法也是从随机产生的初始解（初始群体）开始全局最优解的搜索过程，它先通过选择、杂交、变异等遗传操作来产生一组新的个体，然后再独立地对所产生出的各个个体进行模拟退火过程，以其结果作为下一代群体中的个体。这个运行过程反复迭代的进行，直到满足某个终止条件为止。

遗传-模拟退火算法描述如下。

算法 13.4　遗传-模拟退火算法(genetic simulated annealing)。

(1) 进化代数计数器初始化：$t \leftarrow 0$；

(2) 随机产生初始群体 $P(t)$；

(3) 评价群体 $P(t)$ 的适应度；

(4) 个体杂交操作：$P'(t) \leftarrow \text{Crossover}[P(t)]$；

(5) 个体变异操作：$P''(t) \leftarrow \text{Mutation}[P'(t)]$；

(6) 个体模拟退火操作：$P'''(t) \leftarrow \text{SimulatedAnnealing}[P''(t)]$；

(7) 评价群体 $P'''(t)$ 的适应度；

(8) 个体选择、复制操作：$P(t+1) \leftarrow \text{Reproduction}[P(t) \bigcup P'''(t)]$。

(9) 终止条件判断。若不满足终止条件，则 $t \leftarrow t+1$，转到步骤(4)，继续进化过程；若满足终止条件，则输出当前最优个体，算法结束。

简单遗传算法存在着一个过早收敛于局部最优值的问题。也就是当计算(遗传进化)到某一代时，由于某一个体的适应度值远远大于其他的适应度值，根据适应度比例法，它被复制的概率也就很大。因此下一代中有很大一部分来自于同一个父本。下一代再进行复制时，由于双亲的基因十分相似甚至相同，所产生的后代也会十分相似，从而导致整个物种的单一。因此极有可能陷入局部最优解。虽然变异有利于引入物种的多样性，但由于变异概率一般很小，即使有了新的物种产生，也要在许多代之后，进化过程十分缓慢。

可采用 Wnitely 提出的自适应变异方法对简单遗传算法进行改进。其原理如下：在杂交之前，用海明距离 D_h 测量双亲基因的差异。根据海明距离决定下一代的变异概率。当 D_h 大于某一阈值 D_g 时，说明这两个亲本很相似，要采用大的变异概率 P_{mb}；若 $D_h \leqslant D_g$，则采用原有的变异概率 P_m。这种方法可以使过早收敛于局域解的可能性得以削弱，同时采用大变异概率，有利于增强全局搜索的能力。当物种已具有较强的多样性时，用较小的变异概率进行操作，有利于保护已有的优良品种。

为了进一步地提高搜索精度，还可以采用一种搜索空间分区的方法。具体步骤如下：

(1) 将整个参数空间分为 n_1 个区，同时进行搜索，各空间分别产生极值点 J_1，$J_2, \cdots, J_{n_1}(J_1 \geqslant J_2 \geqslant \cdots \geqslant J_{n_1})$。

(2) 选取较大的 m_i 个极值点所在的空间。对每一个空间再进行划分，分成 n_i 个子空间。保持参数编码长度不变重新搜索，获得极值点 $J_{1,1}, J_{1,2}, \cdots, J_{1,n_i}, J_{2,1}$，$\cdots, J_{m_i,n_i}$。

(3) 对步骤(2)得到的极值点排序，重复步骤(2)。直到各极值点极其相似(多峰情况)或是有一个极值远大于其他极值(单峰情况)。取最大的极值点为最优解。

从以上步骤可以看出,每一次搜索时,我们用的编码长度都相同,由于搜索空间的不断缩小,其效果等价于每一个空间的搜索精度在不断地增加。这种方法的思路与小波分析的思路十分相似。二者都像是显微镜,对不同的层次采用不同的分辨率。划分得越细,分辨率就越高。这种多分辨率的方法也有利于并行操作。

13.12　并行遗传算法

因为各种并行遗传算法有不同的方式将染色体分配到不同的处理器上,有不同的通信方式,从而有各种粒度不同的遗传算法。

首先介绍孤岛模型(见图 13.11),这种方法是一种粗粒度的并行模型。考虑如果要用 16 个处理器处理大小为 1600 的种群或者用 64 个处理器处理大小为6400 的种群。我们需要把这个整个种群分为大小为100 的子种群,然后每个子种群在每个处理器上面执行简单遗传算法。在经过一段时间之后,例如,经过 5代,每个子种群之间可以交换一些个体。这些迁移使得每个子种群之间可以共享信息。在引入了迁移机制之后,整个算法可以利用各个子种群之间的差异,这种差异实际上代表了基因多样性(genetic diversity)的一个来源。如果每一次迁移的数量过大并且迁移发生得比较频繁,那么就有全局的混杂,各个孤岛之间的差异

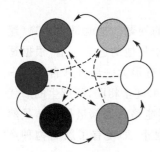

图 13.11　孤岛模型

就被清除了。如果迁移发生的不是那么频繁,并且每次迁移的个体数量比较少,那么也许这个迁移不能阻止每个子种群上发生由于群体过小而发生的过早收敛的现象。

下面介绍另外一种细粒度的并行模型——元胞遗传算法(cellular genetic algorithm)。这种遗传算法将遗传算法与元胞自动机相结合。首先将每一个染色体放到每一个处理器或者元胞上。在这种模型中,为了方便实现,节省通信开销,每个染色体(也就是处理器)只和与它相邻的染色体(即处理器)进行通信。每个处理器在它的邻居当中找一个最好的个体(或者依照一定概率)进行杂交。在这里每次杂交操作只产生一个子代,然后这个新产生的子代就代替原来在这个处理器上的个体而占据这个处理器。这种算法的主要思想是将杂交操作、选择操作局限在一个很小的邻居的范围内。和孤岛模型相比较,这种模型并没有明确的岛屿,但是它潜在上有类似的效果。例如,如果两个处理器之间相隔有 20~25 个处理器,那么这两个处理器之间的个体与孤岛模型中处于两个不同岛屿的相互独立个体相类似。如果两个处理器之间相隔只有 4~5 处理器,那么它们之间有较多的潜在的相互作用。在初始状态下,每个处理器上个体的适应度是随机的,然而经过几代遗

传算法的执行之后,就会出现几个小的具有相
似的染色体结构相似适应度的处理器的区域。
再经过几代的执行之后,上面形成的小区域之
间也相互竞争,从而形成少数的几个较大的邻
域,如图 13.12 所示。

　　在自然界中,从个体生活的环境里进行选
择是局部地完成的。从环境里抽象得到的自
然选择方程会导致重复的危险。并行遗传算
法成功地应用在许多组合问题中。每个物种
的个体分别用处理机仿真,所以并行地作用其
他个体。基本算法如下:

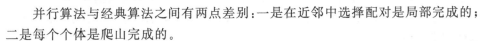

图 13.12　元胞遗传算法

　　算法 13.5　并行遗传算法。

　　(1) 给定具有不同开始表型的 N 个个体;

　　(2) 每个个体计算局部最大;

　　(3) 选择,在"近邻"中选择配对;

　　(4) 用重组和突变创建子孙;

　　(5) 返回步骤(2)。

　　并行算法与经典算法之间有两点差别:一是在近邻中选择配对是局部完成的;
二是每个个体是爬山完成的。

　　所以并行遗传算法采用基因型学习和表型学习。更进一步,个体是生活在环
境中,杂交和选择是在这种环境中完成,如 2-D 格网。个体的近邻与基因型和表型
空间的格网没有连接。并行遗传算法主要是从遗传算法来的。在遗传算法中个体
是被看成是"最佳行为"的选择。相反,并行遗传算法中是从内部驱动。并行遗传
算法比普通遗传算法导致更大的差异性。进化是系统内部自组织驱动的。

13.13　分类器系统

　　Holland 和他的同事提出了一种分类器系统的认知模型,其中的规则不是规
则集,而是遗传算法操纵的内部实体。图 13.13 给出了分类器系统的一般结构,从
分类器系统看学习,它由三层动作构成,即执行子系统、信用赋值子系统和发现子
系统。

　　执行子系统处在最低层,直接与环境进行交互。它与专家系统相同,由产生式
规则构成。但是,它们是消息传送,高度平行。这类规则称作分类器。

　　分类器系统中的学习,要求环境提供反馈,确认所希望的状态是否达到。系统
将评价这些规则的有效性,这些活动常常称作信用赋值。有些特定算法专门用来

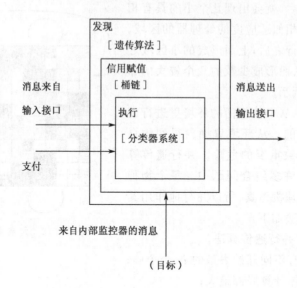

图 13.13　分类器系统的一般结构

实现信用赋值,如桶链算法。

　　最后一层是发现子系统,该系统必须产生新的规则,取代当前用处不大的规则。通过系统累积的经验产生规则。系统根据适应值,使用遗传算法选择、重组和取代规则。

　　分类器系统是平行执行、消息传递和基于规则的系统。在简单的方案中,消息采用规定的字母,全部为固定长度。全部规则采用条件(动作)形式。每个条件规定必须满足的信息,每个动作规定当条件满足时所发送的消息。为了方便,假设消息采用长度为 l 的二进制字符串记录,字符采用子集 $\{1,0,\sharp\}$。字符 $\sharp$ 表示无所谓,既可为 1,也可为 0。例如,字符串 $11\cdots1\sharp$ 规定两个消息构成的子集,即 $\{11\cdots11,11\cdots10\}$。更一般化形式为

$$\langle s_1,s_2,\cdots,s_j,\cdots,s_l\rangle,\quad s_j\in\{1,0,\sharp\}$$

它是由 l 个字符规定的子集,设

$$\langle m_1,m_2,\cdots,m_j,\cdots,m_l\rangle,\quad m_j\in\{1,0\}$$

是 l 位消息,消息属于下列子集:

　　(1) 如果 $s_j=1$ 或 $s_j=0$,则 $m_j=s_j$;

　　(2) 如果 $s_j=\sharp$,则 m_j 可以为 1 或 0。

　　满足要求的全部消息构成子集,即每个子集是在消息空间的一个超平面。分类器系统是由一组分类器 $\{C_1,C_2,\cdots,C_N\}$、一个消息表、输入接口、输出接口构成。图 13.14 给出了分类器系统的基本结构。每部分的主要功能如下:

　　(1) 输入接口将当前环境状态翻译成标准消息;

（2）分类器根据规则，规定系统处理消息的过程；

（3）消息表包含当前全部消息；

（4）输出接口将结果消息翻译成效应器动作，修改环境状态。

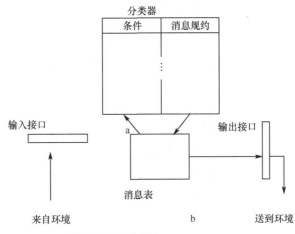

a. 全部消息进行条件测试
b. 选中分类器产生新消息

图 13.14 分类器系统的基本结构

分类器基本执行循环如下：

算法 13.6 分类器基本算法。

（1）将输入接口全部消息放入消息表；

（2）将消息表中的全部消息与全部分类器所有条件比较，记录所有匹配；

（3）满足分类器条件部分的每组匹配，将其动作部分所规定的消息送到新的消息表；

（4）用新的消息表取代消息表中的全部消息；

（5）将消息表中的消息翻译成输出接口的要求，产生系统当前的输出；

（6）返回到步骤（1）。

为了说明分类器的交互作用和基于规则学习的影响，这里介绍一个简单的视觉分类器系统，如图 13.15 所示。对视野内的每个对象输入接口产生消息。一组检测器产生消息，插入到各种性能。检测器和它们产生的值将按实际需要定义。系统有三类效应器，决定在环境中的动作。一类效应器控制视觉向量，该向量表示视野中心的定位。视觉向量可以按时间步递增式地旋转（V-LEFT 或 V-RIGHT，每次 15°）。系统也有运动向量，表示它的运动方向，经常视觉方向是独立的。第二个向量控制运动向量的旋转（M-LEFT 或 M-RIGHT）。第二效应器也可以将运动向量与视觉向量对齐，或者处于相反方向（ALIGN 和 OPPOSE）。第三个效应器在规定方向设置运动速率(FAST、CRUISE、SLOW、STOP)。分类器处理检测器产生的信息,提供效应器命令序列,使系统到达目标。检测器规定输入接口消息最右边的 6 位(见图 13.15)。性质检测器规定的值如下所示:

$$d_1 = \begin{cases} 1, & \text{如果移动对象} \\ 0, & \text{其他} \end{cases}$$

$$(d_2, d_3) = \begin{cases} (0,0), & \text{如果对象在视野的中间} \\ (1,0), & \text{如果对象在中心的左边} \\ (0,1), & \text{如果对象在中心的右边} \end{cases}$$

$$d_4 = \begin{cases} 1, & \text{如果系统是对象的近邻} \\ 0, & \text{其他} \end{cases}$$

$$d_5 = \begin{cases} 1, & \text{如果对象很大} \\ 0, & \text{其他} \end{cases}$$

$$d_6 = \begin{cases} 1, & \text{如果对象是狭长的} \\ 0, & \text{其他} \end{cases}$$

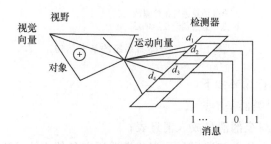

图 13.15　简单的视觉分类器系统

考虑一个刺激-反应分类器,具有如下规则:

　　　IF 如果有"捕食(prey)"(small, moving, nonstriped object)

　　　　处于视野中间(centered)、非邻近(nonadjacent)

　　　THEN 迅速移向对象(ALIGN),(FAST)

　　为了实现这条规则,作为分类器以检测值作为条件,其他采用♯'s。两位(0,0)标签表示输入接口产生的消息。按照上述定义,分类器有下列条件:

　　　　　　　　00♯♯♯♯♯♯♯♯ 000001

其中,最左边两位是标签;♯位表示无关;最右边 6 位是规定的检测器值。当这个条件满足时,分类器送出消息如下:

　　　　　　　　0100000000000000

其中,前缀 01 表示该消息不是来自输入接口。这个消息可以直接用来设置输出接口的效应器条件,整个规则如下:

　　　00♯♯♯♯♯♯♯♯ 000001/0100000000000000,ALIGN,FAST

在一种警报系统中,下面的规则可以用来决定系统是否处于警报状态:

> IF 在视野内有一个移动对象
>
> THEN 设置警报定时器和发出一个警报消息
>
> IF 警报定时器不是零
>
> THEN 发出一个警报消息
>
> IF 在视野内没有移动对象和警报定时器不为零
>
> THEN 取消警报定时器

为了将这些规则变成分类器,可以采用两种效应器,即 SET ALERT 和 DEC-REMENT ALERT,以及一个检测器

$$d_9 = \begin{cases} 1, & \text{如果警报定时器不为零} \\ 0, & \text{其他} \end{cases}$$

分类器实现三种规则,形式如下:

> 00 ############ 1/0100000000000011,SET ALERT
>
> 00 #####1######### /0100000000000011
>
> 00 #####1######## 0/DECREMENT ALERT

分类器系统可以表示网络。最直接的方法是对网络中的每个点(向量)采用一个分类,图 13.16 给出了一种网络图。当在视野内出现一个 MOVING 对象,那就得到 ALERT 节点标识。当三个节点 ALERT、SMALL 和 NOT STRIPED 有标识时,TARGET 节点才有标识。为了把这种网络变换成一组分类器,可以对每个节点一个辨识标签。图中采用 5 位前缀作为标签。

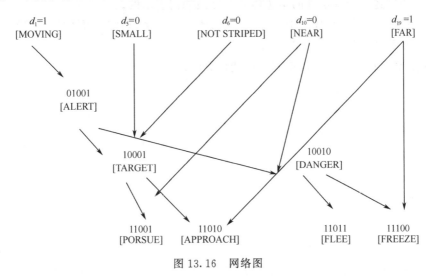

图 13.16 网络图

从图 13.16 可知,假设 MOVING 节点被检测器 d_1 标识,则 MOVING 和 ALERT之间的箭头可以通过如下分类器实现:

00 ############1/01001 ##########

而从 SMALL、NOT STRIPED 和 ALERT 到 TARGET 的箭头可以用单个分类器实现：

00 #######00 ####

01001 ########## /

10001 ##########

网络中其他部分可以用类似方法实现。

习　　题

1. 请简述进化系统的理论模型。

2. 请给出达尔文进化算法。

3. 叙述基本遗传算法的定义，并说明基本遗传算法的构成要素。

4. 遗传算法试图支持搜索时的遗传多样性，同时又要保持重要特征（用遗传模式表示）的存活，描述一种不同的遗传算子，它同时支持这两个目标。

5. 什么是简单变异操作？简述简单变异操作的过程。

6. 什么是简单反转操作？简述简单反转操作的步骤。

7. 考虑巡回推销员问题。讨论选择这个问题的合适编码问题。设计针对这个问题的其他合适的遗传算子和适应度度量。

8. 设计遗传算法搜索巡回推销员问题的解。

9. 请简述遗传算法种的染色体和基因是如何表示的。

10. 给出两个父个体 1110 ###0# 和 1##0111 ##，设定交叉点为 6，请使用单点一直交叉杂交算子，写出它们的子个体。

11. 请用程序设计语言编写并行遗传算法。

第 14 章　知识发现

14.1　概　　述

知识发现是从数据集中抽取和精化新的模式。知识发现的范围非常广泛,可以是经济、工业、农业、军事、社会、商业、科学的数据或卫星观测得到的数据。数据的形态有数字、符号、图形、图像、声音等。数据组织方式也各不相同,可以是有结构、半结构、非结构的。知识发现的结果可以表示成各种形式,包括规则、法则、科学规律、方程或概念网。

目前,关系型数据库应用广泛,并且具有统一的组织结构、一体化的查询语言,关系之间及属性之间具有平等性等优点。因此,数据库知识发现(knowledge discovery in databases,KDD)的研究非常活跃。该术语于 1989 年出现,Fayyad 定义为"KDD 是从数据集中识别出有效的、新颖的、潜在有用的,以及最终可理解的模式的非平凡过程"[Fayyad et al 1996a]。在上面的定义中,涉及几个需要进一步解释的概念:数据集、模式、过程、有效性、新颖性、潜在有用性和最终可理解性。数据集是一组事实 F(如关系数据库中的记录)。模式是一个用语言 L 来表示的一个表达式 E,它可用来描述数据集 F 的某个子集 F_E,E 作为一个模式要求它比对数据子集 F_E 的枚举要简单(所用的描述信息量要少)。过程 在 KDD 中通常指多阶段的一个过程,涉及数据准备、模式搜索、知识评价,以及反复的修改求精;该过程要求是非平凡的,意思是要有一定程度的智能性、自动性(仅仅给出所有数据的总和不能算作是一个发现过程)。有效性是指发现的模式对于新的数据仍保持有一定的可信度。新颖性要求发现的模式应该是新的。潜在有用性是指发现的知识将来有实际效用,如用于决策支持系统里可提高经济效益。最终可理解性要求发现的模式能被用户理解,目前它主要是体现在简洁性上。有效性、新颖性、潜在有用性和最终可理解性综合在一起可称之为兴趣性。

由于知识发现是一门受到来自各种不同领域的研究者关注的交叉性学科,因此导致了很多不同的术语名称。除了 KDD 称呼外,主要还有如下若干种称法:数据挖掘(data mining)、知识抽取(information extraction)、信息发现(information discovery)、智能数据分析(intelligent data analysis)、探索式数据分析(exploratory data analysis)、信息收获(information harvesting)和数据考古(data archeology)等。其中,最常用的术语是知识发现和数据挖掘。相对来讲,数据挖掘主要流行于统计界(最早出现于统计文献中)、数据分析、数据库和管理信息系统界;而知识发现则主要流行于人工智能和机器学习界。

　　知识发现过程可粗略地理解为三部曲：数据准备(data preparation)、数据开采，以及结果的解释评估(interpretation and evaluation)(见图 14.1)。

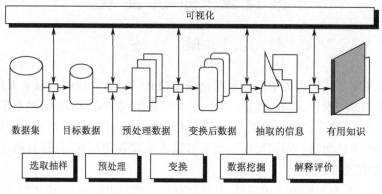

图 14.1　知识发现过程示意图

1. 数据准备

　　数据准备又可分为三个子步骤：数据选取(data selection)、数据预处理(data preprocessing)和数据变换(data transformation)。数据选取的目的是确定发现任务的操作对象，即目标数据(target data)，它是根据用户的需要从原始数据库中抽取的一组数据。数据预处理一般可能包括消除噪声、推导计算缺值数据、消除重复记录、完成数据类型转换(例如，把连续值数据转换为离散型的数据，以便于符号归纳，或是把离散型的转换为连续值型的，以便于神经网络归纳)等。当数据开采的对象是数据仓库时，一般来说，数据预处理已经在生成数据仓库时完成了。数据变换的主要目的是消减数据维数或降维(dimension reduction)，即从初始特征中找出真正有用的特征以减少数据开采时要考虑的特征或变量个数。

2. 数据挖掘

　　数据挖掘阶段首先要确定开采的任务或目的是什么，如数据总结、分类、聚类、关联规则发现或序列模式发现等。确定了开采任务后，就要决定使用什么样的开采算法。同样的任务可以用不同的算法来实现，选择实现算法有两个考虑因素：一是不同的数据有不同的特点，因此需要用与之相关的算法来开采；二是用户或实际运行系统的要求，有的用户可能希望获取描述型的(descriptive)、容易理解的知识(采用规则表示的开采方法显然要好于神经网络之类的方法)，而有的用户或系统的目的是获取预测准确度尽可能高的预测型(predictive)知识。

　　完成了上述准备工作后，就可以实施数据挖掘操作了。具体的数据挖掘方法将在后面章节中作较为详细的论述。需要指出的是,尽管数据挖掘算法是知识发现的核心,也是目前研究人员主要努力的方向,但要获得好的采掘效果,必须对各种采掘算法的要求或前提假设有充分的理解。

3. 结果解释和评估

数据挖掘阶段发现出来的模式,经过用户或机器的评估,可能存在冗余或无关的模式,这时需要将其剔除;也有可能模式不满足用户要求,这时则需要整个发现过程退回到发现阶段之前,如重新选取数据、采用新的数据变换方法、设定新的数据挖掘参数值,甚至换一种采掘算法(如当发现任务是分类时,有多种分类方法,不同的方法对不同的数据有不同的效果)。另外,KDD 由于最终是面向人类用户的,因此可能要对发现的模式进行可视化,或者把结果转换为用户易懂的另一种表示,如把分类决策树转换为"IF ⋯ THEN ⋯"规则。

知识发现过程中要注意:

(1) 数据挖掘仅仅是整个过程中的一个步骤。数据挖掘质量的好坏有两个影响要素:一是所采用的数据挖掘技术的有效性,二是用于采掘的数据的质量和数量(数据量的大小)。如果选择了错误的数据或不适当的属性,或对数据进行了不适当的转换,则采掘的结果不会好的。

(2) 整个采掘过程是一个不断反馈的过程。例如,用户在采掘途中发现选择的数据不太好,或使用的采掘技术产生不了期望的结果;这时,用户需要重复先前的过程,甚至从头重新开始。

(3) 可视化在数据挖掘的各个阶段都扮演着重要的作用。特别是在数据准备阶段,用户可能要使用散点图、直方图等统计可视化技术来显示有关数据,以期对数据有一个初步的理解,从而为更好地选取数据打下基础。在开采阶段,用户则要使用与领域问题有关的可视化工具。在表示结果阶段,则可能要用到可视化技术。

14.2　知识发现的任务

1. 数据总结

数据总结目的是对数据进行浓缩,给出其紧凑描述。传统的也是最简单的数据总结方法是计算出数据库的各个字段上的求和值、平均值、方差值等统计值,或者用直方图、饼状图等图形方式表示。数据挖掘主要关心从数据泛化的角度来讨论数据总结。数据泛化是一种把数据库中的有关数据从低层次抽象到高层次上的过程。由于数据库上的数据或对象所包含的信息总是最原始、基本的信息(这是为了不遗漏任何可能有用的数据信息)。人们有时希望能从较高层次的视图上处理或浏览数据,因此需要对数据进行不同层次上的泛化以适应各种查询要求。数据泛化目前主要有两种技术:多维数据分析方法和面向属性的归纳方法。

多维数据分析方法是一种数据仓库技术,也称作联机分析处理(OLAP)。数据仓库是面向决策支持的、集成的、稳定的、不同时间的历史数据集合。决策的前提是数据分析。在数据分析中经常要用到诸如求和、总计、平均、最大、最小等汇集操作,这类操作的计算量特别大。因此一种很自然的想法是,把汇集操作结果预先计算并存储起来,以便于决策支持系统使用。存储汇集操作结果的地方称作多维数据库。多维数据分析技术已经在决策支持系统中获得了成功的应用,如著名的 SAS 数据分析软件包、Business Object 公司的决策支持系统 Business Object,以及 IBM 公司的决策分析工具都使用了多维数据分析技术。

采用多维数据分析方法进行数据总结,它针对的是数据仓库,数据仓库存储的是脱机的历史数据。为了处理联机数据,研究人员提出了一种面向属性的归纳方法。它的思路是直接对用户感兴趣的数据视图(用一般的 SQL 查询语言即可获得)进行泛化,而不是像多维数据分析方法那样预先就存储好了泛化数据。方法的提出者对这种数据泛化技术称之为面向属性的归纳方法。原始关系经过泛化操作后得到的是一个泛化关系,它从较高的层次上总结了在低层次上的原始关系。有了泛化关系后,就可以对它进行各种深入的操作而生成满足用户需要的知识,如在泛化关系基础上生成特性规则、判别规则、分类规则,以及关联规则等。

2. 概念描述

用户常常需要抽象的有意义的描述。经过归纳的抽象描述能概括大量的关于类的信息。有两种典型的描述:特征描述和判别描述。从与学习任务相关的一组数据中提取出关于这些数据的特征式。这些特征式表达了该数据集的总体特征。而判别描述则描述了两个或更多个类之间有何差异。

3. 分类

分类在数据挖掘中是一项非常重要的任务,目前在商业上应用最多。分类的目的是学会一个分类函数或分类模型(也常常称作分类器),该模型能把数据库中的数据项映射到给定类别中的某一个。分类和回归都可用于预测。预测的目的是从利用历史数据纪录中自动推导出对给定数据的推广描述,从而能对未来数据进行预测。和回归方法不同的是,分类的输出是离散的类别值,而回归的输出则是连续数值。这里我们将不讨论回归方法。

要构造分类器,需要有一个训练样本数据集作为输入。训练集由一组数据库记录或元组构成,每个元组是一个由有关字段(又称属性或特征)值组成的特征向量,此外,训练样本还有一个类别标记。一个具体样本的形式可为:$(v_1, v_2, \cdots, v_n; c)$;其中 v_i 表示字段值,c 表示类别。

分类器的构造方法有统计方法、机器学习方法、神经网络方法等。统计方法包括贝叶斯法和非参数法(近邻学习或基于范例的学习),对应的知识表示则为判别函数和原型事例。机器学习方法包括决策树法和规则归纳法,前者对应的表示为决策树或判别树,后者则一般为产生式规则。神经网络方法主要是 BP 算法,它的模型表示是前向反馈神经网络模型(由代表神经元的节点和代表联接权值的边组成的一种体系结构),BP 算法本质上是一种非线性判别函数。另外,最近又兴起了一种新的方法:粗糙集(rough set),其知识表示是产生式规则。

不同的分类器有不同的特点。有三种分类器评价或比较尺度:①预测准确度;②计算复杂度;③模型描述的简洁度。预测准确度是用得最多的一种比较尺度,特别是对于预测型分类任务,目前公认的方法是 10 番分层交叉验证法。计算复杂度依赖于具体的实现细节和硬件环境,在数据挖掘中,由于操作对象是巨量的数据库,因此空间和时间的复杂度问题将是非常重要的一个环节。对于描述型的分类任务,模型描述越简洁越受欢迎。例如,采用规则表示的分类器构造法就更有用,而神经网络方法产生的结果就难以理解。

另外要注意的是,分类的效果一般和数据的特点有关,有的数据噪声大,有的有缺值,有的分布稀疏,有的字段或属性间相关性强,有的属性是离散的,而有的是连续值或混合式的。目前普遍认为不存在某种方法能适合于各种特点的数据。

4. 聚类

根据数据的不同特征,将其划分为不同的数据类。它的目的是使得属于同一类别的个体之间的距离尽可能小,而不同类别上的个体间的距离尽可能大。聚类方法包括统计方法、机器学习方法、神经网络方法和面向数据库的方法。

在统计方法中,聚类称聚类分析,它是多元数据分析的三大方法之一(其他两种是回归分析和判别分析)。它主要研究基于几何距离的聚类,如欧氏距离、明考斯基距离等。传统的统计聚类分析方法包括系统聚类法、分解法、加入法、动态聚类法、有序样品聚类、有重叠聚类和模糊聚类等。这种聚类方法是一种基于全局比较的聚类,它需要考察所有的个体才能决定类的划分;因此它要求所有的数据必须预先给定,而不能动态增加新的数据对象。聚类分析方法不具有线性的计算复杂度,难以适用于数据库非常大的情况。

在机器学习中聚类称作无监督或无教师归纳,因为和分类学习相比,分类学习的例子或数据对象有类别标记,而要聚类的例子则没有标记,需要由聚类学习算法来自动确定。很多人工智能文献中,聚类也称概念聚类;因为这里的距离不再是统计方法中的几何距离,而是根据概念的描述来确定的。当聚类对象可以动态增加时,概念聚类则称是概念形成。

在神经网络中,有一类无监督学习方法:自组织神经网络方法,如 Kohonen 自组织特征映射网络、竞争学习网络等。在数据挖掘领域里,见报道的神经网络聚类方法主要是自组织特征映射方法,IBM 在其发布的数据挖掘白皮书中就特别提到了使用此方法进行数据库聚类分割。

5. 相关性分析

发现特征之间或数据之间的相互依赖关系。数据相关性关系代表一类重要的可发现的知识。一个依赖关系存在于两个元素之间。如果从一个元素 A 的值可以推出另一个元素 B 的值($A \rightarrow B$),则称 B 依赖于 A。这里所谓元素可以是字段,也可以是字段间的关系。数据依赖关系有广泛的应用。

依赖关系分析的结果有时可以直接提供给终端用户。然而,通常强的依赖关系反映的是固有的领域结构,而不是什么新的或有兴趣的事物。自动地查找依赖关系可能是一种有用的方法。这类知识可被其他模式抽取算法使用。常用技术有回归分析、关联规则、信念网络等。

6. 偏差分析

如分类中的反常实例、例外模式、观测结果对期望值的偏离以及量值随时间的变化等。其基本思想是寻找观察结果与参照量之间的有意义的差别。通过发现异常,可以引起人们对特殊情况的加倍注意。异常包括如下几种可能引起人们兴趣的模式:不满足常规类的异常例子、出现在其他模式边缘的奇异点、与父类或兄弟类不同的类、在不同时刻发生了显著变化的某个元素或集合、观察值与模型推测出的期望值之间有显著差异的事例等。偏差分析的一个重要特征就是它可以有效地过滤大量不感兴趣的模式。

7. 建模

通过数据挖掘,构造描述一种活动或状态的数学模型。机器学习中的知识发现,实际上就是对一些自然现象进行建模,重新发现科学定律,如 BACON[Shi 1992a]。Langley、Simon 和 Bradshaw 等 于 1976～1983 年研制了 6 个版本的 BACON 系统。它们具有如下共同特点:采用数据驱动,通过启发式约束搜索,依赖于理论数据项,递归应用一些通用的发现方法。程序反复检查数据,并用改进操作来产生新的"项",直到发现一个项总是常量,这时就可以把概念表示为"项=常量"的形式。

14.3　知识发现的工具

随着大规模的数据库迅速地增长,人们对数据库的应用已不满足于仅对数据库进行查询和检索。仅用查询检索不能提取数据中蕴藏的丰富知识,将信息变为知识,必须通过数据挖掘,从海量数据中发现富有意义的知识。另外,从人工智能来看,专家系统的研究虽然取得了一定的进展。但是,知识获取仍然是专家系统研究中的瓶颈。知识工程师从领域专家处获取知识是非常复杂的个人到个人之间的交互过程,具有很强的个性和随机性,没有统一的办法。因此,人们开始考虑以数据库作为新的知识源。知识发现能自动处理数据库中大量的原始数据,抽取出具有必然性的、富有意义的模式,作为有助于人们实现其目标的知识,找出人们对所需问题的解答。

这里列出一些具有代表性的知识发现工具或平台:

1. SAS Enterprise Miner

美国 SAS 公司的 SAS Enterprise Miner 是一种通用的数据挖掘工具,以其强大的数据管理能力、全面的统计方法、高精度的计算以及独特的多平台自适应技术,使其成为统计软件包的标准,被国内外许多学者誉为最权威的优秀统计软件包。在 20 世纪 80 年代进入中国后,占据了许多大型部门的统计室。目前 SAS 对 Windows 和 Unix 两种平台都提供支持。SAS 提供"数据步"和"过程步"两种处理数据的方式,可进行复杂而灵活的统计分析。通过收集分析各种统计资料和客户购买模式,SAS Enterprise Miner 可以帮助客户发现业务的趋势,解释已知的事实,预测未来的结果,并识别出完成任务所需的关键因素,以实现增加收入、降低成本。

SAS Enterprise Miner 提供"抽样—探索—转换—建模—评估"(SEMMA)的处理流程。数据挖掘算法有:

(1) 聚类分析、SOM/KOHONEN 神经网络分类算法;

(2) 关联模式、序列模式分析;

(3) 多元回归模型;

(4) 决策树模型(C45、CHAID、CART);

(5) 神经网络模型(MLP、RBF);

(6) SAS/STAT、SAS/ETS 等模块提供的统计分析模型和时间序列分析模型也可嵌入其中。

2. Intelligent Miner

IBM 公司的 Intelligent Miner 具有典型数据集自动生成、关联发现、序列规律发现、概念性分类和可视化显示等功能。它可以自动实现数据选择、数据转换、数据发掘和结果显示。若有必要,对结果数据集还可以重复这一过程,直至得到满意结果为止。

IBM 的 Intelligent Miner 已形成系列,它帮助用户从企业数据资产中识别和提炼有价值的信息。它包括分析软件工具——Intelligent Miner for Data 和 IBM Intelligent Miner for Text。Intelligent Miner for Data 可以寻找包含于传统文件、数据库、数据仓库和数据中心中的隐含信息。IBM Intelligent Miner for Text 允许企业从文本信息中获取有价值的客户信息。文本数据源可以是 Web 页面、在线服务、传真、电子邮件、Lotus Notes 数据库、协定和专利库。

3. Clementine

Solution 公司的 Clementine 提供了一个可视化的快速建立模型的环境。它由数据获取(data access)、探查(investigate)、整理(manipulation)、建模(modeling)和报告(reporting)等部分组成。都使用一些有效、易用的按钮表示,用户只需用鼠标将这些组件连接起来建立一个数据流,可视化的界面使得数据挖掘更加直观交互,从而可以将用户的商业知识在每一步中更好地利用。该系统具有下列特色:

(1) 可以用图分析探测数据:直方图、分布图可以清楚展现数据的内部结构,并且可以从图形中直接生成新的变量或者对数据进行平衡处理;散点图、网状图可以检测不同变量间的关系的强弱,形象地加以刻画,并生成新的变量或者对数据进行筛选。

(2) 可以从多种建模技术中选择合适的模型:

① 规则归纳模型:C5.0 和 BuildRule 可以生成决策树,生成易懂的模型,并进行预测;GRI 和 Apriori 可以自动检测出复杂的关系,建立预测模型。

② 神经网络模型:MLP、RBFN 和 Kohonen 网络可以从训练数据中进行自学习,解读复杂的关系,建立预测模型,Kohonen 网络可以将数据按照相似程度加以分类,比如客户、订单。

③ k 均值算法是一种快速高效的聚类算法。

④ 回归可以用于预测等。

(3) 可以将多种模型技术组合起来或者建立大型模型(meta-models)。

(4) 将 SPSS 集成在 Clementine 中。

(5) 可以直接读写 SPSS 数据文件,可以使用 SPSS 进行数据准备、报告、深度数据分析、作图等,可以调用 SPSS 所有分析方法,可以在 SPSS 或者 Clementine 中显示结果。

(6) 开放型的数据挖掘平台,可以通过外部模块接口添加更多的算法,可以以批处理的模式运行。

4. Cognos Scenario

加拿大 Cognos 公司创立于 1969 年,总部设在首都渥太华,成立后推出过一系列商务智能软件。Cognos Scenario 是基于树的高度视图化的数据挖掘工具,它将信息挖掘自动化。决策树的基本功能是创立一系列标准,预测记录中目标市场的价值。Scenario 的分类树分阶展现各种因素,最终用户通过挖掘或展开树的分支来探察数据。Scenario 可以帮助企业经理指导分析,并用一套严格的标准测量信息。由于有时数据集庞大而笨重,Scenario 的抽样技术可以用最少的处理开销和最短的响应时间得出最精确的结果。为与 Cognos 的"分析然后查询"和"查询然后导航"的方法相一致,Scenario 与 PowerPlay 和 Impromptu 相集成,允许用户发现分析查询。

人们可以利用 Scenario 的统计方法,深入挖掘影响商务趋势的因素的潜在含义,根据风险特性将个体与群体客户归类;将商务因素分门别类,辨清商务目标所受的主要影响;探查与通常数据模式不符的异常情况等。

5. MSMiner

中国科学院计算技术研究所智能信息处理开放实验室开发的 MSMiner 是一种多策略知识发现平台,能够提供快捷有效的数据挖掘解决方案,提供多种知识发现方法。MSMiner 具有下列特点:

(1) 提出了一种面向对象的元数据结构,将经过良好封装的元数据对象以层次结构组织起来,形成一种元数据对象模型,并通过这种元数据对象模型统一存取和管理元数据,使系统具有良好的一致性和可维护性。

(2) 设计实现了一种简单但有效的数据仓库平台,按主题组织数据,以星型模式建模,提供了有效的数据抽取和集成功能,为数据挖掘任务提供经过良好处理的数据来源。

(3) 提出了一种面向对象的数据挖掘任务模型。数据挖掘任务的每个步骤都用对象来表示,每个对象包含多种属性以及 DML 方法脚本,各个步骤对象通过有向图模型组织起来。通过这种任务模型能够有效表达各种数据挖掘任务。MSMiner 系统实现了可视化的任务编辑环境,以及功能强大的任务处理引擎,能够快捷有效地实现各种数据挖掘任务。

(4) 设计了一种可扩展算法库,以动态链接库 DLL 的方式集成了各种数据挖掘算法,并设计了开放的接口,能够灵活扩展用户自定义算法。

一些研究单位提供了知识发现公用系统,如斯坦福大学的 MLC++、华盛顿大学的 Brute 等,读者可以通过 Internet 网免费下载。

美国 MathWorks 公司于 1982 年推出的一套高性能的数值计算和可视化数学

软件,被称为 MATLAB。MATLAB 的含义是矩阵实验室(matrix laboratory),主
要用于方便矩阵的存取,其基本元素是无须定义维数的矩阵。它集数值分析、矩阵
运算、信号处理和图形显示于一体,构成了一个方便的、界面友好的用户环境。在
这个环境下,对所要求解的问题,用户只需简单地列出数学表达式,其结果便以数
值或图形方式显示出来。MATLAB 中包括了被称作工具箱(TOOLBOX)的各类
应用问题的求解工具。工具箱实际上是对 MATLAB 进行扩展应用的一系列
MATLAB 函数(称为 M 文件),它可用来求解各类学科的问题,包括信号处理、图
像处理、控制系统辨识、神经网络等。随着 MATLAB 版本的不断升级,其所含的
工具箱的功能也越来越丰富,因此,应用范围也越来越广泛,成为涉及数值分析的
各类工程师不可不用的工具。MATLAB 中的模块也可以用来快速开发知识发现
工具。

下面我们将以知识发现平台 MSMiner 为例[Shi et al 2007],介绍知识发现的
关键技术。

14.4　MSMiner 的体系结构

中国科学院计算技术研究所智能信息处理开放实验室开发的知识发现平台
MSMiner 采用任务驱动模型组织挖掘过程,元数据作为系统的管理和调度中心,
实现了数据仓库与数据挖掘的有机集成和数据挖掘算法与采掘任务的无缝连接。

14.4.1　数据挖掘模型

我们为 MSMiner 定义了包含三个逻辑层次的数据挖掘系统模型,如图 14.2
所示。

决策分析需要大量经过良好组织和综合的数据,数据挖掘尤其依赖于经过一
定预处理的清洁的数据,这些数据来源于外部各种数据源,需要经过复杂的抽取和
整合,集成到数据仓库中去,这些工作都由数据获取层来完成。因此数据获取层在
整个系统中占有非常重要的地位。

(1) 数据获取层。MSMiner 的数据获取层主要包括一个数据抽取模块,通过
这个模块可从各种关系型数据库、数据文件以及 Web 数据等外部数据源中抽取合
适的数据,并进行各种清洗、整合和转换处理,将数据集成到数据仓库中的各个主
题中去。

(2) 数据存储层。数据存储层就是数据仓库本身,包括一个或多个数据库,以
一定的组织结构存储各种集成的数据。MSMiner 的数据存储层以多个 SQL
Server 数据库实现。MSMiner 数据仓库包含多个主题,每个主题存储在一个数据
库中,包括多个综合表,这些综合表主要有以下三种:事实表、维表和为数据挖掘生

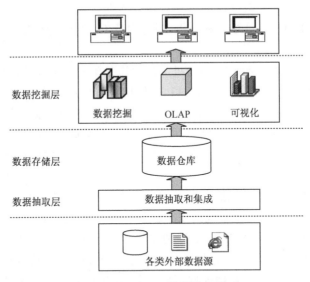

图 14.2　MSMiner 数据挖掘模型

成的中间表。

（3）数据挖掘层。数据挖掘层是数据挖掘系统模型中的最高层，也往往是用户最关心的一层。数据仓库中的大量集成数据要为用户所用，所用的基于数据仓库的数据分析和数据挖掘功能就在这一层通过集成各种分析和采掘工具来实现。

MSMiner 的数据挖掘层是系统功能实现的重点，主要包括一个功能强大的数据挖掘集成工具，集成了各种数据挖掘算法，并提供灵活有效的任务模型组织形式，可以支持各种数据挖掘任务。

MSMiner 的数据挖掘层还包括一个 OLAP 工具，通过建立数据立方体实现各种多维数据分析处理操作，以及各种集成的可视化工具，以多种方式直观有效地表示数据和数据挖掘以及 OLAP 操作的结果。

14.4.2　系统功能

MSMiner 致力于提供一个功能强大的数据分析和数据挖掘集成环境。包括一个数据仓库平台，提供基于数据仓库的数据管理和面向决策的数据分析处理功能和一个建立在数据仓库基础之上的数据挖掘工具，提供各种数据挖掘算法以及灵活开放的任务组织形式，能够有效完成各种数据挖掘任务。

MSMiner 的最终设计目标旨在为各种科学研究和决策支持应用提供快捷有效的数据挖掘解决方案。MSMiner 提供的功能包括：

（1）从多种操作数据源抽取数据的能力，以及跨数据源的数据集成能力。

（2）集中管理和维护数据仓库中数据的功能，包括数据存储优化、数据增量维护的能力。

（3）集成 OLAP 多维综合和分析，通过内置 OLAP 引擎，提供高效 OLAP 分析的能力。

（4）集成各种数据挖掘算法，通过灵活的任务模型组织方式，提供处理各种数据挖掘任务的能力；并提供开放的接口，提供扩展用户自定义算法的能力。

（5）提供多种可视化方法显示和分析各种数据和数据挖掘结果的能力。

MSMiner 提供对数据的开放性，这对任何一个数据仓库的解决方案都是十分关键的。企业的数据库系统可能是多种多样的，MSMiner 的数据抽取引擎提供访问其他任意支持 ODBC（开放数据库连接）的数据库的能力。系统为数据挖掘任务提供了可扩展的数据挖掘算法库，用户可以根据自己的需要，通过系统提供的开放接口，加入自定义的算法，使系统适用于各种不同的数据挖掘任务。在提供向外部数据源的开放性的同时，MSMiner 特别注意了元数据的设计、数据仓库的建模、OLAP 引擎的集成以及数据挖掘任务处理引擎的设计，以达到最优化的性能。MSMiner 提供便捷有效的数据挖掘实现方案，因此必须为用户提供简便易行的处理各种数据挖掘任务的手段。MSMiner 系统以向导方式实现各个功能模块，并提供了各种可视化处理界面，使用户能够直观便捷地描述和完成各种数据分析和数据挖掘任务。

14.4.3　体系结构

为实现上述设计目标，MSMiner 采用客户/服务器方式构建。服务器端为实现数据仓库的 SQL Server 7.0 数据库服务器。客户端为 MSMiner 前端系统，主要包括三个部分：数据仓库管理器、数据挖掘集成工具和面向对象的元数据模块。整个系统的结构如图 14.3 所示。

数据仓库管理器包含了数据仓库各种主要功能的实现，包括数据抽取和集成、数据仓库主题的组织、OLAP 和各种可视化功能的实现等。数据仓库管理器负责管理数据仓库中的数据，为整个系统提供数据平台，为各种数据分析处理以及更高层的数据挖掘提供统一的数据环境。

数据挖掘集成工具建立在数据仓库平台之上，完成数据挖掘任务的组织、任务的规划和解释执行以及结果的解释和评价等数据挖掘高级功能。

数据仓库管理器为数据挖掘集成工具提供经过清洗和整合的数据，是整个系统的数据平台；数据挖掘集成工具为数据仓库提供高层次的数据分析处理和信息采掘功能，是系统的实现重点。

MSMiner 系统的各个部分都由元数据统一管理和监控。从数据的抽取和管理到数据挖掘任务的建立和执行，整个流程都在元数据的控制之下。元数据在MSMiner 系统中居于核心地位，是整个系统的灵魂和中枢。系统采用面向对象的

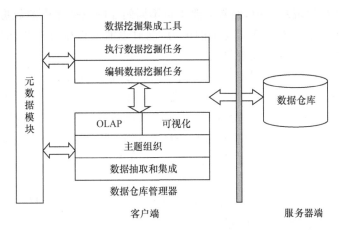

图 14.3　MSMiner 体系结构示意图

方式,建立了一种元数据对象模型,通过各种元数据对象实现对元数据的存取和管理,以保证系统的一致性和可操作性。

　　本节介绍了 MSMiner 的体系结构。我们认为,将 MSMiner 定位于为各种决策支持和科学研究提供快捷有效的数据挖掘解决方案,以数据仓库作为数据平台为数据挖掘提供数据来源,以数据挖掘工具作为系统重心,面向任务组织数据挖掘流程,这种方案是可行的并且具有良好的应用价值。

　　同时,我们在设计时充分考虑了开放性和可伸缩性,使系统能够适用于各种不同的情况。并且我们设计了一整套面向对象的元数据,以这些元数据为核心控制管理整个系统,充分保证了系统的一致性、灵活性和可维护性。

14.5　分布式知识发现

14.5.1　概述

　　分布式知识发现(distributed knowledge discovery,DKD)经常称作分布式数据挖掘(distributed data mining,DDM),是使用分布式计算技术从位于不同地理位置的分散的数据集中发现知识的过程。它包含了两层含义:①使用分布式知识发现算法,从逻辑上或物理上分布的数据源中发现知识的过程,主要强调数据源的分布性;②指与某个数据挖掘任务相关的用户、数据、挖掘软件,以及其他软件中间件是地理上分散的,主要强调的是处理资源的分散性。它能够克服本地资源或单个资源的固有缺陷,提高数据挖掘的效率和质量。分布式知识发现越来越受到重视,是当前活跃的研究领域,主要因素如下:

　　(1) 知识发现的目标是大规模的数据集,而在现实环境中,绝大部分的大型数据集都是以分布式的形式存在的。

（2）在知识发现系统中,经常需要来自不同站点的数据库中的数据,这就使得数据挖掘系统必须具有分布式挖掘的能力,同时也需要根据分布式知识发现的特点设计出新的分布式知识发现算法。

（3）由于网络带宽的限制、数据的私有性、安全性以及系统的不兼容性等原因,把所有数据源集中到一个地方,进行集中数据挖掘往往是不现实的。

（4）为了完成不同的数据挖掘任务,用户必须使用许多不同的挖掘工具。为了节约投资,用户往往希望只使用那些能够满足他们需要的组件,而不是整个软件包。可以把这些分布的挖掘工具集成到一个知识发现应用中,这将大大减少用户的投资。

（5）支持软件复用,系统设计人员可以使用已有的软件中间件。这样可以大大减少编码工作量,提高工作效率,降低成本。

分布式知识发现的方法可以有两步式挖掘和三步式挖掘方法。在两步式挖掘方法中,先在各个局部数据源上进行本地挖掘,然后将挖掘的局部结果传送到全局端,整合为一个统一的知识模型。整个过程不需要数据传输和移动,如图 14.4 所示。

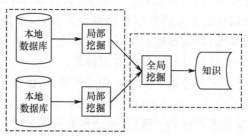

图 14.4　两步式知识发现

另一种是三步式挖掘方法。如图 14.5 所示,先将数据集划分为子集,并将每个子集分配并传输至不同的处理器;再在局部节点对指定的数据子集进行挖掘;最后,整合局部的知识模型,生成全局统一的知识模型。

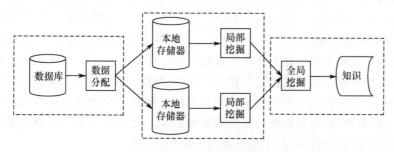

图 14.5　三步式知识发现

在上述两种分布式知识发现模式中,第一种方法强调数据源固有的分布特性,局部挖掘运行在分布的数据源节点上,不需要数据的移动,使得复杂度较低,实现起来相对简单。第二种方法数据必须要移动到局部挖掘节点之上,需要较高的通信成本。三步式模式便于实行数据动态调度,使得整个系统的负载更加均衡。而且由于数据源存储节点与计算节点的分离,使参与局部挖掘的节点数目可以远远大于数据源节点数目,数据可以分成小块,运行于普通的计算终端上,从而更加有效地利用各种闲置计算资源。

早期的分布式知识发现系统将分布式存储的数据重新集中构成一个临时的数据仓库或者数据集市,再由集中式的挖掘算法对其进行挖掘。这种方式会造成数据的安全性、保密性方面的问题,也给网络通信带宽提出了很高的要求。同时,在现实应用环境中,把大规模的分布式数据移动到一个集中式的平台上是非常困难的。

14.5.2　基于网格的分布式知识发现

网格计算的概念是由 Smarr 于 1992 年在 CASA 计划中首次提出[Smarr et al 1992],它的美好目标是使人们像使用电一样方便地使用任何可以通过网络连接到的资源,包括计算资源、数据资源、软件资源、各种数字设备、高端仪器等。Globus 项目组的负责人 Foster 在他的著作《网格 2:一种新的计算基础设施蓝图》中对网格的定义是:网格是一种能够通过标准、开放的通用协议和接口来协调分布式的资源以提供最好的服务质量的基础设施[Foster et al 2003]。

美国多家研究机构开展了与网格相关的研究工作,制订了很多网格研究计划,如美国国家科学基金会资助的 TeraGrid、美国国防部的"全球信息网格"(GIG)等。欧洲数据网格计划(DataGrid)涉及欧盟的二十几个国家,其目的是开发一种能支持全球性分布科学探索的全新环境。该计划旨在设计并开发中间件解决方案和可扩展的测试床,以便于处理千万亿字节的分布式数据、成千上万的资源(如处理器、磁盘等)以及大量同步用户的请求。该计划的重点是高能物理学、地球科学和生物信息科学等科学应用领域。

传统的数据挖掘无法解决面向 Internet 的异构性、互操作性、动态性和可扩展性。网格作为一种新型的网络计算平台,可以提供共享和协调使用各种资源的机制,能够将异构的、动态的、地理上分布的计算资源创建为一个虚拟计算系统,以获得理想的服务质量。它的出现可以改变传统数据挖掘的处理方式,为数据密集型的数据挖掘任务提供高性能的计算和存储,为更广范围的用户提供以远程或协作方式使用数据挖掘应用的能力。因此,网格环境下的分布式数据挖掘引起人们的研究兴趣,下面简单介绍典型的分布式知识发现系统和有关的技术。

1. Knowledge Grid

Knowledge Grid(知识网格)是一个基于网格、面向服务的高层次系统,提供数据挖掘工具和服务,如数据挖掘任务、数据管理和知识表示[Cannataro et al 2002]。Knowledge Grid 的系统结构见图 14.6。该系统架构组织成一个高级 K-网格服务层和核心 K-网格服务层,构建在基本的网格服务层顶端[Cannataro et al 2004]。核心 K-网格服务处理:①数据源和挖掘结果的搜索和发布;②数据抽取、挖掘和可视化工具的发布和搜索;③定义和管理用于描述复杂的数据挖掘过程的抽象执行计划;④数据挖掘结果的呈现。高级 K-网格服务负责:①管理描述的 K-网格资源元数据;②将抽象描述的执行计划需求映射为可用的资源,管理和执行抽象的执行计划。Knowledge Grid 的主要组成部分是采用 VEGA(visual environment for grid applications)实现的,它本身是基于 Globus Toolkit。后来开发 WS-RF 的兼容版本[Congiusta et al 2007]。Knowledge Grid 源代码不开放。

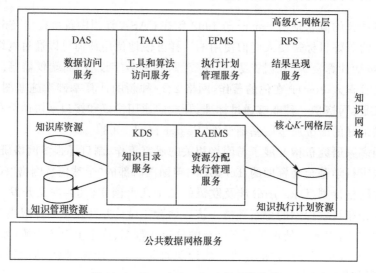

图 14.6　Knowledge Grid 的系统结构

Globus 项目是国际上最有影响的网格计算项目之一。它发起于 20 世纪 90 年代中期,其前身是 I-WAY 实验环境项目,最初目的是希望把美国国境内的各个高性能计算中心通过高性能网络连接起来,方便美国的大学和研究机构使用,提高高性能计算机的使用效率。Globus 对信息安全、资源管理、信息服务、数据管理以及应用开发环境等网格计算的关键理论和技术进行了广泛的研究,开发出能在多中平台上进行的网格计算工具包软件(Globus Toolkit),能够用来帮助规划和组建大型的网格试验和应用平台,开发适合大型网格系统运行的大型应用程序[Foster et al 1997]。Globus 工具包第一版在 1999 年推出,2005 年 1 月 31 日发布的 GT4 版本。GT4 基于 Web 服务实现了对各种资源类的标准接口,实现了 WSRF 和 WSN 标准,提供 API 来构建有状态的 Web 服务,可以显著简化设计。当然,通过开源社区开发人员和 Globus 社区中的用户的努力工作,与之前的版本相比,GT4 在测试质量、文档、性能和可靠性方面都得到了很大的提高。

GT4 体系结构由以下三部分构成:

(1) 基础设施服务实现部分。这部分主要包括资源配置管理(CRAM)、数据访问传输(GridrTP、RFT、OGSA-DAI)、复制管理(RLS、DRS)、监测发现(Index、Trigger、WebMDS)、认证管理(MyProxy、Delegation、SimpleCA)和工具管理(GTCP)。这些服务大部分是由 Java 实现的 Web 服务。

(2) 服务容器部分。包括了分别用 Java、Python 和 C 三种语言开发服务的容器,这些容器提供了安全、管理、发现和其他一些建立服务必需的机制。它们扩展了开源服务群环境,以支持 Web 服务规范,包括 Web 服务资源框架(WSRF)、Web 服务通知机制、Web 服务安全机制。

(3) 客户库部分。该部分允许用户使用 Java、C 和 Python 语言编程来调用 GT4.0 服务和用户部署服务中的方法。

在 Windows XP 下安装 GT4,可以使用 Eclipse 进行可视化安装。安装步骤如下:

(1) 下载相关软件包,包括 GT4(www. globus. org)、eclipse3. 1(www. eclipse. org)、jdk1. 4(www. java. sun. com)和 Tomcat(jakarta. apache. org/tomcat)。

(2) 设置环境变量 JAVA_HOME＝jdk 安装路径。

(3) 在 eclipse 下安装 GT4。首先新建一个项目,将 GT4 安装包的源码导入该项目,然后将 build. xml 文件拖入右边的 ant 栏,双击 all,eclipse 就开始编译 GT4 源码包,并自动安装。设置环境变量 Globus_Location＝GT4 安装路径,并启动 GT4 容器。

(4) 把 GT4 部署到 Tomcat 应用服务器。

2. Weka4WS

Weka4WS 由意大利卡拉布里亚大学(Università della Calabria)网格计算实验室 Domenico Talia 等开发的一个网格环境下基于 WSRF 的客户端/服务器模式的分布式数据挖掘系统[Talia et al 2006]。Weka4WS 采用 WSRF 规范来管理远程算法资源和分布式计算资源,此外它还能够进行本地或远程数据挖掘。同时它对 Weka 类库中包含的大部分算法进行了封装,具有一定的通用性。

2004 年,Khoussainov 等发表了 Grid Weka 分布式数据挖掘系统[Khoussainov et al 2004]。Weka 原来是新西兰怀卡托大学(University of Waikato)于 1992 年开发的一种机器学习和数据挖掘工具包,目前得到广泛使用[Hall et al 2009, Witten et al 2005]。这是用 Java 编写的大量最新的机器学习的算法,包括分类、回归工具、聚类、关联规则、可视化和数据预处理。Weka 是根据 GNU GPL 的开源软件。它很容易扩展,可以让研究人员提供新的学习算法。Grid Weka 是 Weka 工具集的一个扩展,它在执行数据分析时可以使用多个计算资源且一系列的数据挖掘任务能够被分配到一个 ad hoc 网络中的几台不同机器上。任务的执行过程主要包括:在远程机器上构建一个分类器;使用已有的分类器标识数据集;在数据集上测试分类器并进行交叉验证。Grid Weka 虽然提供了使用多个资源进行分布式数据挖掘任务的方式,但它只是工作在 ad hoc 网络中,并不是真正的网格环境,而且它没有考虑互操作性及安全性等。

西班牙马德里理工大学(Universidad Politecnica de Madrid)的 Perez 等于 2005 年发布了 WekaG 系统[Perez et al 2005]。WekaG 是将 Weka 工具集应用至网格环境下的分布式数据挖掘工具,它采用了 C/S 模式的体系结构,服务器端定义了一系列的网格服务用来实现不同处理阶段的数据挖掘算法,客户端只负责与网格服务的交互及为用户提供应用接口。WekaG 虽然采用了基于 OGSA 的设计思想,然而在它的模型中只实现了一种关联规则服务(Aprior 网格服务),此外它采用的是较早的网格技术。DMGA/WekaG 系统是一个灵活的数据挖掘网格系统架构,基于数据挖掘过程的主要阶段:前处理、数据挖掘自身和后处理[Perez et al 2007]。该架构是由通用的数据网格和专用的数据挖掘网格服务构成。WekaG 是基于 Weka 的架构和 Globus Toolkit4 实现的。DMGA/WekaG 组合的主要优点包括:

(1) DMGA/WekaG 能够适应复杂的数据挖掘过程的要求。

(2) WekaG 对数据挖掘用户非常容易使用,用户界面的 Weka 和 WekaG 是相同的。

(3) 新的数据挖掘服务可以以灵活的方式添加。

(4) 可以使用不同的挖掘服务组合,使用贸易谈判协议来选择最合适的服务。

(5) DMGA 提供服务组合,即能够创建工作流程。DMGA 同时提供不同功能服务的横向组合和同一服务接入几次不同的数据集垂直组合。

(6) 最后,WekaG 能够支持数据挖掘算法的并行实现。

2008 年 6 月,Talia 等发布的 Weka4WS 是第一个完全符合 WSRF 规范的分布式数据挖掘系统[Talia et al 2008]。Web 服务资源框架(Web service resource framework,WSRF)是在 OGSA 的基础上发展而来的[Czajkowski et al 2004],它与成熟的 Web 服务技术结合得更加紧密。在网格服务的概念基础上,结合 Web 服务技术,将无状态的 Web 服务升级为有状态的 Web 服务资源。Web 服务资源

由有状态资源和 Web 服务组成。有状态资源被定义为有一系列能被 XML 文档
表示的状态数据,有一个非常容易定义的生命周期,能够被一个或多个 Web 服务
识别。Web 服务是一组操作。一个状态资源可以和不同的 Web 服务组成不同的
Web 服务资源,而一个 Web 服务也可以和不同的状态资源组成不同的 Web 服务
资源。WSRF 中规定了关于 Web 服务资源的六个规范:

　　(1) WS-ResourceLifetime:说明如何创建和销毁一个 Web 服务资源实例,以
及对资源生命周期的管理。

　　(2) WS-ResourceProperties:说明如何定义一个状态资源,并说明如何获取、
更改、删除状态资源的各种属性。

　　(3) WS-RenewableReferences:说明如何定义一个 Web 服务资源实例的
地址。

　　(4) WS-ServiceGroup:Web 服务接口组,包含了各种 Web 服务提供的服务接
口。

　　(5) WS-BaseFaults:定义了消息在各个节点交换时可能发生的基本错误
类型。

　　(6) WS-Notificaiton:定义了发布和订阅 Web 服务的操作。

　　WSRF 是以 Web 服务资源的形式提供资源服务。只是 Web 服务资源比网格
服务更多地采用了成熟的 Web 服务技术。

　　在 Weka4WS 框架内的所有节点使用标准的 GT4 服务网格功能,如安全、数
据管理等。基于可用的 Weka4WS 组件,全部节点分为两类:用户节点提供 We-
ka4WS 本地机器的客户端软件,计算节点提供 Weka4WS Web 服务的远程数据挖
掘任务的执行。数据可以放在计算节点、用户节点或第三方节点(如共享数据仓
库)。如果要挖掘的数据集上没有一个计算节点,可以利用 GT4 中的数据管理服
务加载。

　　图 14.7 给出了 Weka4WS 中用户节点和计算节点的软件构成。用户节点包
括三部分:图形用户界面(GUI)、客户端模块(CM)和 Weka 库(WL)。图形用户界
面是一个扩展的 Weka 浏览器环境,支持本地和远程数据挖掘任务的执行。本地
任务的执行直接调用当地的 Weka 库,而远程任务是通过客户端模块,在远程计算
节点作为 GUI 和 Web 服务中介下运作执行。

　　计算节点包括两部分:Web 服务(WS)和 Weka 库(WL)。WS 是一个与 WS-
RF 兼容 Web 服务、提供基本的 Weka 库所有的数据挖掘算法。因此,对应 Web
服务的请求是调用执行相应的 Weka 库算法。

　　Weka4WS 系统每个 Web 服务提供 6 种操作。其中 3 种操作与 WSRF 的具
体调用机制有关,另外 3 种是用来执行特定的数据挖掘任务:分类、聚类和关联规
则。目前 Weka 库提供操作分类算法 71 种,聚类算法 5 种,关联规则 2 种算法。

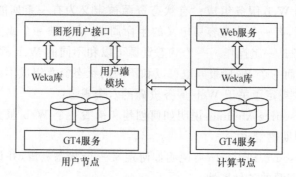

图 14.7　用户节点和计算节点的软件构成

　　下面描述进行执行远程 Web 服务框架中的 Weka4WS 数据挖掘任务的步骤。图 14.8 显示了客户端模块(CM)与远程 Web 服务(WS)交互来执行数据挖掘任务。这个例子假定客户端模块请求,对用户节点的数据集执行分类任务。请注意,这是一个最坏的情况,因为在数据集进行挖掘时,可能大多数计算节点已经使用(如复制)。对该任务执行的步骤如下:

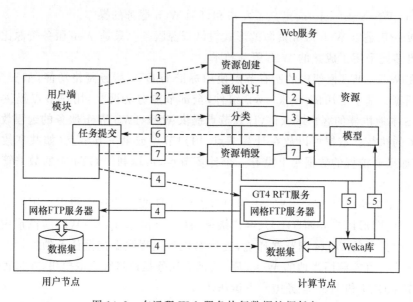

图 14.8　在远程 Web 服务执行数据挖掘任务

　　(1) 资源创建。在客户端模块(CM)调用操作 CreateResource,创建一个新的资源,并保持随后分类分析的状态。该状态存储为资源的属性。在这个例子中,模型属性用于存储任务的分类结果。返回的是所创建资源的端点参考(EPR)。从 CM 的后续请求将被指向 EPR 标识的资源。

（2）通知认订。客户端模块 CM 调用认订操作,通知发生变化的模型资源属性。每当此属性值改变时,CM 将会收到通知,其中包含的值是分类任务的结果。

（3）任务提交。CM 调用分类操作,请求执行分类任务。如果数据集的副本尚未在计算节点,此操作将返回数据集的网址 URL,要求加载数据集。

（4）文件传输。在这个例子假设数据集上尚未在计算节点上可用,CM 请求传送它到分类操作返回值指定的 URL。在计算节点上 GT4 可靠的文件传输（RFT）服务将管理传送请求,从而调用在用户和计算机节点上运行 GridFTP 的服务器。

（5）数据挖掘。Web 服务调用 Weka 库中的 Java 类,启动分类分析。该计算结果存储在步骤（1）创建的资源模型属性。

（6）结果通知。每当模型属性被改变,通过调用隐含的发送操作,新的值通知客户端模块。这种机制允许异步发送产生的执行结果。

（7）资源销毁。CM 调用销毁操作,从而销毁在步骤（1）创建的资源。

实验结果表明,相对于数据挖掘算法的执行时间,WSRF 调用机制的开销很低,以及 WSRF 作为远程资源执行数据挖掘任务的工具是有效的。通过利用这种机制,Weka4WS 可以提供一个有效的方法来执行计算型网格的数据分析。该 Weka4WS 代码可用于研究和应用的目的,可以从网站 http://grid. deis. unical. it/weka4ws 下载。

14.5.3　基于云平台的分布式知识发现

与网格计算相比,云计算更强调服务,无论是 SaaS（软件即服务或存储即服务）,还是 PaaS（平台即服务）,云计算把软件、存储、平台等都作为一种服务提供给用户,无论你是做科学计算还是做数据在线存储,云计算都是以一种服务的形式呈现给最终用户。网络计算、网格计算、按需计算、效能计算、按需服务、软件即服务以及平台即服务等概念和模式,都可以看成是与云计算有关的尝试。2008 年,“云计算”的概念因其更清晰的商业模式而受到广泛关注,并得到工业和学术界的普遍认可,成为最热门的领域。2008 年 7 月,*Communications of the ACM* 发表了关于云计算的专辑。现在主要的云计算平台有 Amazon 公司的 EC2 和 S3、Google 公司的 Google Apps Engine、IBM 公司的 Blue Cloud、Microsoft 公司的 Windows Azure、Salesforce 公司的 Sales Force、VMware 公司的 vCloud、Apache 软件开源组织的 Hadoop 等,为用户提供一般的基于云计算的资源。

Google 目前的云技术,主要由 MapReduce[Dean et al 2004,Dean et al 2008]、GFS[Ghemawat et al 2003]及 BigTable 三项技术组成,为用户进行海量数据处理提供了手段。Hadoop 是 Apache 开源组织的一个分布式计算开源框架,可以让用户很容易地开发和运行处理海量数据的应用。它在很多大型网站上都已经得到了应用,如亚马逊、Facebook 和雅虎等。

Hadoop 是 Apache 下的一个开源软件,它最早是作为一个开源搜索引擎项目 Nutch 的基础平台而开发的。Hadoop 作为一个开源的软件平台使得编写和运行用于处理海量数据的应用程序更加容易。Hadoop 框架中最核心的设计就是 MapReduce 和 HDFS。在 Hadoop 中实现了 Google 的 MapReduce 算法,它能够把应用程序分割成许多很小的工作单元,每个单元可以在任何集群节点上执行或重复执行。图 14.9 展示了 MapReduce 的工作模式,map 负责分解任务,把一组数据一对一的映射为另外的一组数据,其映射的规则由一个函数来指定;reduce 是对一组数据进行归约,这个归约的规则由一个函数指定。

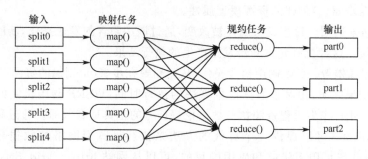

图 14.9　MapReduce 的工作模式

分布式文件系统(Hadoop distributed file System,HDFS)用来在各个计算节点上存储数据。HDFS 为数据块创建多个副本,并放置在群的计算节点中,MapReduce 就在数据副本存放的地方进行处理。HDFS 提供了对数据读写的高吞吐率。出于保证可靠性的考虑,Hadoop 会自动处理失败节点,具有高容错性。系统实现是用 Java 编写的。

美国芝加哥伊利诺伊大学的 Grossman 等提出了一种"云"架构,包括存储云和计算云,用于支持大规模分布式数据的存储和分析。利用大范围高性能网络,该架构对分布式数据的计算性能近似于本地计算[Grossman et al 2009]。Google 公司的 Panda 等在 2009 年开发了 PLANET 海量数据挖掘系统[Panda et al 2009],该系统采用 MapReduce 技术,实现海量数据的分类和回归树学习。李铭等将改进后的 SPRINT 算法移植到 Hadoop 云计算平台上[王鄂等 2009]。SPRINT 与 MapReduce 水平划分结合算法描述如下:

算法 14.1　MapReduce 的 SPRINT 水平划分算法[王鄂等 2009]。

(1)从队列取出第一个节点 N。初始阶段所有数据记录都在根节点 N。训练样本只有一份。

(2)Hadoop 的 MapReduce 要求输入数据,对训练样本进行水平平均分割,分割数目为 M 份,此工作由 InputFormal 完成,将数据块划分为 Inputsplit。

（3）对 $1/M$ 的训练集进行输入格式化，水平划分后要对数据格式进行统一，InputFormat 实现了 RecordReader 接口，可以将数据格式化为 $\langle key, value\rangle$ 对。具体格式化为 $\langle A_n, \langle id_n, v_n, Class_1\rangle\rangle$，其中 A_n 表示数据表被平均分为 M 份后，第 n 份表中的 A 列；id_n 对应第 n 个表中属性列表的数据单元的索引值；v_n 为第 n 个表中对应属性的值；$Class_1$ 代表记录的类别。这样就可以做 map 操作了。

（4）map 操作过程的主要任务是对输入的每个记录进行扫描，将相同 key 的键值对进行划分归类，写到相应文件中，由 partition 利用模计算将每个文件分配到指定的 reduce 上。

（5）reduce 操作是对于连续属性要对属性值进行从小到大排序，排序同时生成直方图。初始阶段为 0，为该节点对应记录的类分布。每个 reduce 的任务计算分裂点的 Gini 值，实时地更新直方图。对于离散属性，无须排序，直方图也无须更新，第一次扫描数据记录就生成直方图，计算每个分类子集的 Gini 值。最后，每个 reduce 都会得出它所计算属性列的最小拆分 Gini 值及其拆分点。

（6）每个 reduce 根据分裂点生成哈希表。哈希表化为键值对的数据结构为 $\langle id, \langle NodeID, SubNode\text{-}ID\rangle\rangle$。哈希表第 N 条记录的值代表原数据中第 N 条记录被划分到的树节点号。

（7）将 reduce 的输出进行比较。选择最小 Gini 值所对应的属性及其分裂点和哈希表对原数据表进行拆分。从节点 N 生成 N_1 和 N_2 节点，将 N_1 和 N_2 压入队列。

（8）对 N_1 和 N_2 循环进行步骤（1）～（7）操作。数据样本都属于一类或者没有属性可操作或者训练数据样本太少，则返回队列；如果队列为空，退出程序。

在 Hadoop 平台基础上，中国科学院计算技术研究所开发了平行分布挖掘平台 PDMiner，该系统具有以下特点：

（1）提供一系列并行挖掘算法和 ETL 操作组件，开发的并行 ETL 算法达到了线性加速比；可实现 TB 级海量数据的预处理及之后的并行挖掘分析处理，且挖掘算法随节点数增加，加速比随之增加。

（2）提供良好的拖拽工作流/浏览器的用户接口，操作简单方便。

（3）可稳定运行在 256 个节点组成的 Linux 集群环境下，具有高可扩展性。

（4）多个工作流任务可在云计算环境下的任意节点同时启动，互不干扰。

（5）开放式架构，算法组件可通过简单配置方便地封装加载到平台中。

中国移动研究院自 2007 年明确了云计算研究方向后，着手实施"大云计划"，开展各项云计算系统的评估和优化，构建基于云技术的移动互联网业务数据存储和处理实验平台，以及为未来海量的移动互联网环境开发搜索引擎等工作。在硬件计算方面初具规模，拥有 265 个 PC 服务器节点、1000 多个 CPU 以及 256TB 硬盘空间。

中国移动研究院研发的基于云计算平台的并行数据挖掘工具(blue carrier based parallel data mining, BC-PDM),采用云计算技术,实现海量数据的存储、分析、处理、挖掘,向经分系统及网管系统提供高可靠性、高性能的数据挖掘分析支撑工具。基于云计算的并行数据挖掘平台包括三个层次,即分布式计算层、数据挖掘层以及业务应用层:

(1) 分布式计算层。

① 分布式文件系统:提供高可靠性、高稳定性的分布式数据文件存储;

② 并行编程环境:提供基于 MapReduce 的编程模型,以及任务调度、任务执行、结果反馈等功能,向平台提交作业功能;

③ 分布式系统管理:实现对平台的分布式系统管理。

(2) 数据挖掘层。

① 工作流模块:实现对各个数据挖掘步骤及模块总控、调度功能;

② 数据加载模块:将源数据从其他外设中倒入云计算平台的 DFS 系统;

③ 并行 ETL 模块:对原始数据进行预处理以得到挖掘数据,并行数据挖掘工具向云计算平台提交待执行的 ETL 任务,由云计算平台执行并反馈结果,存放于 DSF;

④ 并行数据挖掘算法模块:实现满足业务需要的数据挖掘算法,并行数据挖掘工具平台向云计算平台提交待执行的聚类算法任务,由云计算平台执行并反馈结果,存放于 DFS;

⑤ 并行结果展示模块:将并行数据挖掘算法的结果展示给用户。

(3) 业务应用层。

① 电信类的业务应用客户分群;

② 用户职业预测等。

云计算在未来将成为影响整个 IT 行业的关键性技术,为分布式知识发现、数据挖掘提供实用平台,将无序的信息精炼为知识,实现"软件即服务"和知识共享。

习　题

1. 解释知识发现的概念。

2. 知识发现过程主要包括哪几部分内容?它们之间的关系是什么?

3. 简述知识发现中包括哪些任务。

4. 什么是分类?什么是聚类?简述二者的区别和联系。

5. 简述数据仓库的定义,讨论数据仓库与传统意义上的关系型数据库之间的异同。

6. 假设数据仓库由四维构成,即时间、项、部门、地点,并有两个测度:即销售总额(dollars_sold)、销售单位(units_sold),请画出销售的数据仓库星型模式。

7. 简述元数据的概念,以及数据仓库中元数据管理策略。

8. 描述 ETL 任务的具体内容,以及为什么数据仓库中需要 ETL 工作。

9. 简述分布式知识发现的构建有哪些方法。

10. 请给出 Weka4WS 的系统结构。为什么它是完全符合 WSRF 规范的分布式数据挖掘系统?

11. 简述基于云平台的分布式知识发现的关键技术。

第15章 主体计算

15.1 概 述

  主体(agent)也叫智能体、代理。在英文中"agent"这个词主要有三种含义：一是指能对其行为负责的人；二是指能够产生某种效果的，在物理、化学或生物意义上活跃的东西；三是指代理，即接收某人的委托并代表他执行某种功能，因此有人称为代理。在本书中将 agent 统一称为主体。在计算机和人工智能领域中，主体可以看做一个自动执行的实体，它通过传感器感知环境，通过效应器作用于环境。在计算机和人工智能领域中，主体可以看做一个实体，它通过传感器感知环境，通过效应器作用于环境。若主体是人，则传感器有眼睛、耳朵和其他器官，手、腿、嘴和身体的其他部分是效应器。若主体是机器人，摄像机等是传感器，各种运动部件是效应器。一般主体可以用图 15.1 表示。

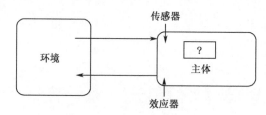

图 15.1　主体与环境交互作用

  通常认为一个主体需要具有下述部分或全部特性：

  (1) 自治性。这是一个主体的基本特性，即可以控制它自身的行为。主体的自治性体现在：主体的行为应该是主动的、自发的；主体应该有它自己的目标或意图(intention)；根据目标、环境等的要求，主体应该对自己的短期行为做出计划。

  (2) 交互性。即对环境的感知和影响。无论主体生存在现实的世界中(如机器人、Internet 上的服务主体等)还是虚拟的世界中(如虚拟商场中的主体等)，它们都应该可以感知它们所处的环境，并通过行为改变环境。一个不能对环境做出影响的物体不能被称为主体。

  (3) 协作性。通常主体不是单独地存在，而是生存在一个有很多个主体的世界中。主体之间良好有效的协作可以大大提高整个多主体系统的性能。

  (4) 可通信性。这也是一个主体的基本特性。所谓通信，指主体之间可以进行信息交换。更进一步，主体应该可以和人进行一定意义下的"会话"。任务的承接,多主体的协作、协商等都以通信为基础。

(5) 长寿性(或时间连贯性)。传统程序由用户在需要时激活,不需要时或者运算结束后停止。主体与之不同,它应该至少在"相当长"的时间内连续地运行。这虽然不是主体的必需特性,但目前一般认为它是主体的重要性质。

另外,有些学者还提出主体应该具有自适应性、个性等特性。在实际的应用中,主体经常需要在时间和资源受到一定限制的情况下做出行动。所以,对于现实世界中的主体,除了应该具有主体的一般性质外,还应该具有实时性。

20 世纪 90 年代,多主体系统(multi-agent system,MAS)的研究成为分布式人工智能研究的热点。多主体系统主要研究自主的智能主体之间智能行为的协调,为了一个共同的全局目标,也可能是关于各自的不同目标,共享有关问题和求解方法的知识,协作进行问题求解。基于主体的概念,人们提出了一种新的人工智能定义:"人工智能是计算机科学的一个分支,它的目标是构造能表现出一定智能行为的主体"。所以,智能主体的研究应该是人工智能的核心问题。斯坦福大学计算机科学系的 Hayes-Roth 在 IJCAI'95 的特邀报告中谈到[Hayes-Roth 1995]:"智能的计算机主体既是人工智能最初的目标,也是人工智能最终的目标"。主体计算(agent computing)不仅是分布式人工智能的研究热点,而且可能成为下一代软件开发的重要突破点[史忠植 2000],吸引了数据通信、人机界面设计、机器人、并行工程等各领域的研究人员的兴趣。

15.2　分布式问题求解

15.2.1　分布式人工智能的兴起

人类活动大部分都涉及社会群体,大型复杂问题的求解需要多个专业人员或组织协作完成。自 20 世纪 70 年代后期以来,随着计算机网络、计算机通信和并行程序设计技术的发展,分布式人工智能的研究逐渐成为一个新的研究热点。20 世纪 90 年代以来,互联网的迅速发展为新的信息系统、决策系统和知识系统的发展提供极好的条件,它们在规模、范围和复杂程度上增加极快,分布式人工智能技术的开发与应用越来越成为这些系统成功的关键。分布式人工智能系统具有下列特色:

(1) 系统中的数据、知识以及控制不但在逻辑上,而且在物理上是分布的,既没有全局控制,也没有全局的数据存储。

(2) 各个求解机构由计算机网络互联,在问题求解过程中,通信代价要比求解问题的代价低得多。

(3) 系统中诸机构能够相互协作,来求解单个机构难以解决,甚至不能解决的任务。

分布式人工智能系统的实现可以克服原有专家系统、学习系统等的弱点,极大

地提高知识系统的性能,其主要优点表现为:

(1) 提高问题求解能力。由于分布的特点,分布式人工智能系统的问题求解能力大大提高。首先,可靠性高,通信路径、处理节点以及知识的冗余使得出现故障时,整个系统仅仅降低响应时间或求解精度,而不至于完全瘫痪;其次,系统容易扩展,增加处理单元可以扩大系统的规模并且提高问题求解能力;再次,系统的模块性将使整个系统设计十分灵活。

(2) 提高问题求解效率。由于分布式人工智能系统中各节点可以并行地求解问题,所以可以开发问题求解中的并行性,提高求解效率。

(3) 扩大应用范围。分布式人工智能技术可以打破目前知识工程领域的一个限制,即仅仅使用一个专家。在分布式人工智能系统中,不同领域甚至同一领域的不同专家可以协作求解某一专家不能解决或不能很好解决的问题。同时,许多领域中若干非专家有机地结合起来,也可能达到或超过一个专家的水平。

(4) 降低软件的复杂性。分布式人工智能系统将整个求解任务分解成若干相对独立的专门的子任务,其结果是降低了各个处理节点问题求解的复杂性。

分布式人工智能的研究可以追溯到 20 世纪 70 年代末期。早期分布式人工智能的研究主要是分布式问题求解,其目标是要创建大粒度的协作群体,它们之间共同工作以对某一问题进行求解。在一个纯粹的 DPS 系统中,问题被分解成任务,并且为求解这些任务,需要仅为该问题设计一些专用的任务执行系统。所有的交互策略都被集成为系统设计的整体部分。这是一种自顶向下设计的系统,因为处理系统是为满足在顶部所给定的需求而设计的。Hewitt 和他的同事研制了基于ACTOR 模型的并发程序设计系统[Hewitt et al 1983]。ACTOR 模型提供了分布式系统中并行计算理论和一组专家或 ACTOR 获得智能行为的能力。Hewitt于 1991 年提出开放信息系统语义[Hewitt 1991],指出竞争、承诺、协作、协商等性质应作为分布式人工智能的科学基础,试图为分布式人工智能的理论研究提供新的基础。1980 年,Smith 提出了合同网(CNET)[Smith 1980b]。CNET 使用投标-合同方式实现任务在多个节点上的分配。合同网系统的重要贡献在于提出了通过相互选择和达成协议的协商过程实现分布式任务分配和控制的思想。分布式车辆监控测试系统 DVMT 也是分布式人工智能领域最早和最有影响的研究课题之一,由马萨诸塞大学的 Lesser、Corkill 和 Durfee 等主持研制[Lesser et al 1987]。该系统对市区内行驶的车辆轨迹进行监控,并以此环境为基础,对分布式问题求解系统中许多技术问题进行研究[Durfee et al 1987]。DVMT 是以分布式传感网络数据解释为背景,对复杂的黑板问题求解系统之间的相互作用进行了研究,提供了抽象和模型化分布式系统行为的方法。Gasser 等于 1987 年研制了MACE 系统,是一个实验型的分布式人工智能系统开发环境[Gasser et al 1987]。MACE 中每一个计算单元都称作主体,它们具有知识表示和推理能力,主体之间通过消息传送进行通信。MACE 是一个类面向对象环境,但避开了并发对象系统中难于理解和实现的继承问题。MACE 的各个机构并行计算,并提供了描述机构的描述语言,具有跟踪的 demons 机制。该课题研究的重点是在实际并行环境下运行分布式人工智能系统,保持概念的清晰性。史忠植等研究了分布式知识处理系统 DKPS[史忠植 1990a],该系统采用逻辑——对象知识模型,研究了知识共享和协作求解等问题。基于 ACTOR 计算模型,Ferber 等于 1991 年研制了 Mering IV 反射 ACTOR 语言[Ferber 1991]。在这个模型中 ACTOR 是可以并发执行的活动对象,通过异步消息传送实现相互作用。Mering IV 是反射语言,可以在结构上和操作上表示自身。系统利用反射性使得不同大小和粒度的智能主体能够以统一的方式相互作用。

分布式问题求解是分布式人工智能研究的一个分支,由于人们认识到解决一类复杂问题和综合性问题时集中式解题系统的局限性,加之网络技术、通信技术和并行程序设计技术取得了重要进展,这方面的研究逐渐受到重视。

在分布式问题求解系统中,数据、知识、控制均分布在系统的各节点上,既无全局控制,也无全局数据和知识存储。由于系统中没有一个节点拥有足够的数据和知识来求解整个问题,因此各节点需要交换部分数据、知识、问题求解状态等信息,相互协作来进行复杂问题的协作求解。

分布式问题求解系统有两种协作方式,即任务分担(task sharing)和结果共享(results sharing)。Smith 和 Davis 提出了任务分担方式。在任务分担系统中,节点之间通过分担执行整个任务的子任务而相互协作,系统中的控制以目标为指导,各节点的处理目标是为了求解整个任务的一部分。Lesser 和 Corkill 提出了结果共享方式。在结果共享方式的系统中,各节点通过共享部分结果相互协作,系统中的控制以数据为指导,各节点在任何时刻进行的求解取决于当时它本身拥有或从其他节点收到的数据和知识。

任务分担的问题求解方式适合于求解具有层次结构的任务,如工厂联合体生产规划、数字逻辑电路设计、医疗诊断。结果共享的求解方式适合于求解与任务有关的各子任务的结果相互影响,并且部分结果需要综合才能得出问题解的领域,如分布式运输调度系统、分布式车辆监控实验系统 DVMT。事实上,任务分担与结果共享两种求解方式,只是强调问题求解的阶段不同,它们本质上并非是不相容的。Smith 从任务分担的角度研究了两种方式结合的方法,Hayes-Roth 从结果共享的角度研究了两种方式的结合方法。

15.2.2　分布式问题求解系统的分类

分布式求解系统中的组织结构是指节点之间的信息与控制关系以及问题求解能力在节点中的分布模式,它说明了各节点的作用和节点间的关系。这种组织结构必须有利于减少有关协作的不确定性。

根据组织结构,分布式问题求解系统可以分为三类,即层次结构类、平行结构类、混合结构类,其特点分别简述如下:

1) 层次结构类

(1) 从组成结构上看,任务是分层的。每个任务由若干个子任务组成,每个子任务又由若干个下层子任务组成,以此类推,形成层次结构。

(2) 各个子任务在逻辑上或物理上是分布的。

层次结构类任务可采用任务分担模型进行求解,每个处理节点求解一个或几个任务。如分布式运输调度系统、分布式车辆监控实验系统 DVMT 等,均属于这种类型。

2) 平行结构类

(1) 从组成结构上看,任务是平行的。每个任务由若干个子任务组成,各子任务性质相同,具有平行关系。

(2) 整个任务的完成依赖于与之有关的各个子任务,各子任务的部分解往往是不完全的,需要综合成整个任务的解。

(3) 各个子任务在时间或空间上往往是分布的。

平行结构类任务可采用结果共享模型进行求解,每个处理节点求解一个或几个任务。Kornfeld 和 Hewitt 根据"科学团体是高度并行的系统"的观点,提出了名为"科学团体例子"的平行结构。

3) 混合结构类

(1) 从组成结构上看,任务是分层次,而每层中的任务是并行的。

(2) 各个子任务是分布的。

混合结构类任务可以采用任务分担与结果共享相结合的问题求解模型。

15.2.3　分布式问题求解系统的求解过程

分布式问题求解系统的求解过程可以分为四步:任务分解、任务分配、子问题求解和结果综合。系统首先从用户接口接收用户提出的任务,判断是否可以接受。若可以接受,则交给任务分解器,否则通知用户该系统不能完成此任务。任务分解器将接收的任务,按一定的算法分解为若干相对独立但又相互联系的子任务。若有多个分解方案,则选出一个最佳方案交给任务分配器。任务分配器将接受的任务,按一定的任务分配算法,将各子任务分配到合适的节点。若有多个分布方案,则选出最佳方案。各求解器在接收到子任务后,与通信系统密切配合进行协作求解,并将局部解通知协作求解系统,之后该系统将局部解综合成一个统一的解并提交用户。若用户对结果满意,则输出结果,否则再将任务交给系统重新求解。事实上,实际系统中的问题求解要比上述过程复杂得多。

下面简单介绍几种典型的任务分解和任务分配的方法：

(1) 合同网络。Davis 和 Smith 提出的合同网络本质上是一种适合任务分担求解系统的任务分配算法。在此方法中，合同就是产生任务的节点与愿意执行此任务的节点之间达成的一种协议，建立合同的思想与"工业招标"类似。Davis 和 Smith 以分布式感应系统为背景实现了合同网络。

(2) 动态层次控制。Findler 等在合同网络的基础上，提出动态层次控制的任务分解与任务分配方法。按此方法，系统在任务分解之后，首先对各节点的处理能力进行分析，综合问题求解环境数据，建立节点问题控制关系框架与全局性冲突监控关系网络，然后按控制关系框架分布任务进行协作求解。求解过程中出现的条件资源冲突分别通过商议、启发式知识，以及全局性冲突监控网络来解决。Findler 等在工厂联合体生产规划系统中对上述思想做了模拟实验。

(3) 自然分解、固定分配。Lesser 和 Corkill 等在分布式车辆监控实验系统 DVMT 中采用了"自然分解、固定分配"的任务分解与任务分布算法。据此方法，预先将被监控区域划分为若干相互重叠的子区域，各子区域内的传感器将收到的数据送至邻近节点进行处理。

(4) 部分全局规划。Durfee 和 Lesser 提出了一种灵活的协调方式，即部分全局规划。一个部分全局规划包括目标信息、规划活动图、解结果构造图以及状态信息四部分。目标信息包括部分全局规划的最终目标和重要性等信息；规划活动图表示节点的工作，如节点目前正进行的主要规划步骤及其成本、期望结果等；解结果构造图中的信息说明节点之间的交互关系；状态信息记录自其他节点收到的有关信息的指针、收到时间等。通过交换部分全局规划，可以进行动态的任务分解与任务分布。

以上四种方法中，前两种适合于任务分担方式求解的系统，后两种适合于结果共享方式求解的系统。

协作是分布式问题求解研究的重要方面。根据节点间协作量的多少，将分布式问题求解系统中的协作分为三类：

(1) 全协作系统。在这类系统中，节点可以为了系统目标或其他节点的目标而对本身的求解目标进行修改，从而能处理相互依赖的子问题，协作量大，且通信成本高。

(2) 无协作系统。各节点根本不协作，无通信成本。

(3) 半协作系统。在一定程度上进行协作的系统。

在分布式问题求解系统中，保持全局一致性意味着各节点的问题求解朝着有利于实现系统目标的方向进行。Corkill、Lesser 和 Durfee 研究了分布式问题求解系统中通过组织结构实现元级控制的方法。Naseem 和 Pamesh 研究了基于知识的分布式系统中不确定处理的问题，并给出了一个结果综合模型。

　　在分布式问题求解中,常用的通信方式有共享全局存储器、信息传递,以及二者的结合。黑板模型是分布式问题求解系统中使用较多的框架结构。Lesser 等在 DVMT 系统的黑板模型中,增加了目标黑板、抽象级黑板以及复杂的规划机制。系统中聚合器根据数据黑板上的信息产生规划所用的抽象数据,并将其存放在抽象级黑板上。目标处理器负责目标的分解,并产生知识源例示队列。规划程序结合抽象级数据、知识源例示队列以及网络系统的组织结构信息进行处理,产生规划队列。系统运行时根据本体黑板信息的变化状态以及网络中其他求解器的状态,对规划的实施进行动态调整。

　　主体结构需要解决的问题是主体由哪些模块组成,它们之间如何交互信息,主体感知到的信息如何影响它的行为和内部状态,以及如何将这些模块用软件或硬件的方式组合起来形成一个有机的整体,真正实现主体。

15.3　主 体 理 论

15.3.1　理性主体

　　1987 年,Bratman 从哲学上对行为意图(intention)的研究对人工智能产生了广泛的影响。他认为只有保持信念(belief)、愿望(desire)和意图(intention)的理性平衡,才能有效地解决问题[Bratman 1987]。在开放世界中,理性主体(rational agent)的行为不能直接由信念、愿望,以及由两者组成的规划驱动,在愿望与规划之间应有一个基于信念的意图存在。其原因是:

　　(1) 主体的行为受有限资源的约束,一旦主体决定做什么,就建立了一个承诺(commitment)的有限形式。

　　(2) 在多主体环境中,需要由承诺来协调各主体的行为。若无承诺,则无从谈行为。意图正是一种承诺的选择。

　　在开放和分布的环境中,一个理性主体的行为受制于意图。意图又表现为:

　　(1) 一个主体要改变自己已有的意图必须要有理由;

　　(2) 一个主体不能无视环境的变化而坚持不符合实际或已不重要的意图。

　　理性平衡的目的在于使理性主体的行为符合环境的特性。所谓环境特性不仅仅指环境的客观条件,同时包含环境中的社会团体因素,如社会团体关于理性行为的判断法则。Bratman 给出了意图-行为原则:如果主体 A 有进行行为 B 的当前行为意图是合理的,那么 A 把意图转化为行为,有意地进行行为 B 就是合理的。

　　在给定时间里,主体理性表现为:

　　(1) 性能测度规定成功的程度;

　　(2) 主体感知所有事情,我们将把这个完整的感知历史称为感知序列;

　　(3) 主体知道环境是什么;

（4）主体可以执行的动作。

一种理想的理性主体可以定义为：对于每种可能的感知序列，理想的理性主体在感知序列所提供的证据和主体内部知识的基础上，应该做的所期望的动作是使它的性能测度为最大。

15.3.2　BDI 主体模型

BDI 主体模型可以通过下列要素描述：

（1）一组关于世界的信念；

（2）主体当前打算达到的一组目标；

（3）一个规划库，描述怎样达到目标和怎样改变信念；

（4）一个意图结构，描述主体当前怎样达到它的目标和改变信念。

Rao 和 Georgeff 提出了一个简单的 BDI 解释器[Rao et al 1992]：

```
BDI-Interpreter
initialize-state();
do
    options: = option-generator(event-queue,B,G,I);
    selected-options: = deliberate(options,B,G,I);
    update-intentions(selected-options,I);
    execute(I);
    get-new-external-events();
    drop-successful-attitudes(B,G,I);
    drop-impossible-attitudes(B,G,I);
until quit
```

15.4　主体结构

15.4.1　主体基本结构

主体可以看成一个黑箱，通过传感器感知环境，通过效应器作用环境。人主体的传感器有眼、耳、鼻以及其他器官，而手、腿、嘴、身体可以看成效应器。机器人主体有摄像机等作为传感器，而各种马达是效应器。软件主体通过字符串编码作为感知和作用（见图 15.2）。

大多数主体不仅要与环境交互作用，更主要的是处理和解释接收的信息，达到自己的目的。图 15.3 给出了智能主体的工作过程。主体接收到的信息首先要以适当的方式进行融合，并能为主体知识库所接受。信息融合特别重要，不同交互模块得到的结果可能不同，表达方式也不一样。例如，对于同一件事，人提供的信息与智能主体得到的内容和形式不相同。信息融合要识别和正确区分这种不一致

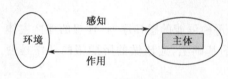

图 15.2　黑箱软件主体

性。一旦主体接收外部信息，信息处理过程成为主体的核心，因为它反应主体的真正功能。信息处理的目的是解释可用的数据，形成具体规划。因为每个主体都有具体的目标，内部目标的影响必须作为影响的一部分考虑。如果影响弄清楚了就要采取行动，使之达到或接近目标。形成规划时主体可以规定知识，包括对新情况反应的具体处理步骤。但是，这不是本质的东西，因为主体执行可以不要规划。当要求对环境对象交互时，动作模块将使用合适的交互模块。控制执行也是动作模块的任务。

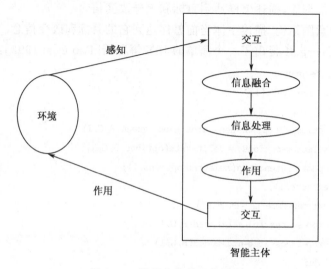

图 15.3　智能主体的工作过程

　　由此可见，主体可以定义为从感知序列到主体例示动作的映射。设 O 是主体随时能注意到的感知集合，A 是主体在外部世界能完成的可能动作集合，则主体函数 $f:O^* \to A$ 定义在所有环境下主体的行为。人工智能的任务是设计主体程序，实现从感知到动作的映射。一个主体骨架程序给出如下：

```
function Skeleton-Agent(percept)return action
    static:memory /* 主体的世界记忆 */
    memory←Update-Memory(memory,percept)
    action←Choose-Best-Action(memory)
    memory←Update-Memory(memory,action)
    return action
```

　　每次调用，主体的记忆将修改，反应新的感知。理想的理性主体对于每一个可能的感知序列，总希望达到最好的性能。因此，这里主体采取最佳动作。所采取的动作也保存在记忆中。

不是所有的主体动作都表达为对新的情况的反应,主体也可以创建新的规划。在这种情况下,信息提供者的知识只是在特定时间有用。这种知识直接导致慎思主体和反应主体的重要区别。

15.4.2　慎思主体

慎思主体(deliberative agent),也称作认知主体(cognitive agent),是一个显式的符号模型,包括环境和智能行为的逻辑推理能力。它保持了经典人工智能的传统,是一种基于知识的系统(knowledge-based system)。环境模型一般是预先实现的,形成主要部件知识库。采用这种结构的主体要面对以下两个基本问题:

(1) 转换问题:如何在一定的时间内将现实世界翻译成一个准确的、合适的符号描述;

(2) 表示/推理问题:如何用符号表示复杂的现实世界中的实体和过程,以及如何让主体在一定的时间内根据这些信息进行推理作出决策。

第一个问题导致了计算机视觉、自然语言理解等多个领域的研究;第二个问题导致了知识表示、自动推理、自动规划等多个领域的研究。在实现中这些都有一定的难度。因为表示太复杂,慎思主体适应动态环境有一定程度的局限性。没有必要的知识和资源,在主体执行时要加入有关环境的新信息和知识到它们已有的模型中是困难的。慎思主体是具有内部状态的主动软件,它与具体的领域知识不同,具有知识表示、问题求解表示、环境表示、具体通信协议等。根据主体思维方式的不同,慎思主体可以分为抽象思维主体、形象思维主体。抽象思维主体是基于抽象概念,通过符号信息处理进行思维。形象思维主体是通过形象材料进行整体直觉思维,与神经机制的连接论相适应。

图 15.4 给出了慎思主体的框图。主体通过传感器接收外界环境的信息,根据内部状态进行信息融合,产生修改当前状态的描述。然后,在知识库的支持下制定规划,形成一系列动作,通过效应器对环境发生作用。慎思主体程序如下:

```
function Deliberate-Agent(percept)returns action
static:environment   /* 描述当前世界环境 */
      kb           /* 知识库 */
      plan         /* 规划 */
environment←Update-World-Model(environment,percept)
state←Update-Mental-State(environment,state)
plan←Decision-Making(state,kb,action)
environment←Update-World-Model(environment,action)
return action
```

上述程序中,Update-World-Model 函数从感知产生当前世界环境的抽象描

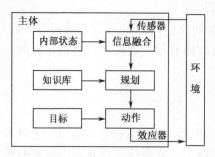

图 15.4　慎思主体的框图

述。Update-Mental-State 函数根据当前感知到的环境,修改主体内部的心智状态。知识库包括通用的知识和实际的知识。主体运用知识,通过 Decision-Making 函数可以进行决策,制定规划。主体执行所选的动作,并通过 Update-World-Model 函数与环境发生交互。

一个典型的慎思主体是 BDI 结构(见图 15.5)。BDI 主体模型可以通过下列要素描述:①一组关于世界的信念;②主体当前打算达到的一组目标;③一个规划库,描述怎样达到目标和怎样改变信念;④一个意图结构,描述主体当前怎样达到它的目标和改变信念。

根据 BDI 结构,Rao 和 Georgeff 提出了一个简单的 BDI 解释器[Rao et al 1992]:

```
BDI-Interpreter(){
initialize-state();
do
    options: = option-generator(event-queue,B,G,I);
    selected-options: = deliberate(options,B,G,I);
    update-intentions(selected-options,I);
    execute(I);
    get-new-external-events();
    drop-successful-attitudes(B,G,I);
    drop-impossible-attitudes(B,G,I);
until quit
}
```

BDI 模型影响慎思主体的系统结构。1988 年,Bratman 等研制了 IRMA(intelligent resource-bounded machine architecture)系统[Bratman et al 1987]。图 15.6 给出了 IRMA 主体结构。在 IRMA 结构中,一个主体有四个关键的符号数据结构,分别为一个规划库(plan library),用符号表示的信念(belief)、愿望(desire)和意图(intention)。另外,每个主体有一个推理机,用来对世界进行推理;有一个分析机,以决定哪个规划可以用来完成该主体的意图;有一个机遇分析机,监视环境的变化;有一个过滤处理器(filtering process);还有一个慎思处理器(deliberation process)。过滤处理器决定主体将要进行的动作序列是否和该主体当前的意图协调。慎思处理器在冲突的可选动作中作出选择。这种 IRMA 结构曾经在"Tileworld"这样的实验场景中进行过实验。

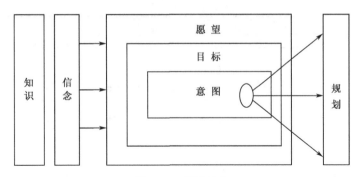

图 15.5　BDI 结构

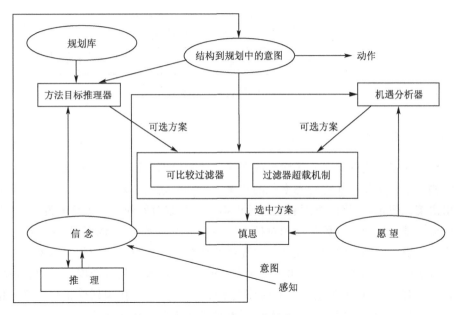

图 15.6　IRMA 主体结构

　　和 IRMA 结构相比,GRATE * 更多地考虑到多主体系统的协作特性[Jennings 1993]。它采用一种层次结构(见图 15.7)。同样,主体的行为是由它的心智状态如信念、愿望、意图和联合意图等决定的。主体被分为两个部分,一个是领域层,另一个是协作控制层。领域层用来解决领域问题,如工业控制、财政或交通等具体问题。协作控制层则控制领域层,使它和其他主体的领域层能协调运作。协作控制层由三个通用的模块构成:一个控制模块提供和领域层的接口;一个情景评价模块;还有一个协作模块。这里情景评价模块和协作模块都是用来使主体不仅能自己解决问题,还可以和其他主体一起进行协作问题求解。采用 GRATE * 结构的主体社团曾在电力传输管理系统中做过实验。

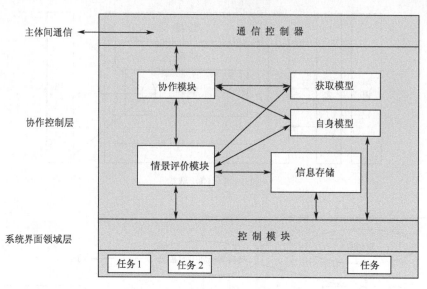

图 15.7　GRATE * 主体结构

15.4.3　反应主体

传统人工智能的问题几乎没有改变地反映在慎思主体中。主要批评在于僵硬的结构。主体工作在非常动态变化的环境中,因此,它们必须有能力基于当前情景作出决策。但是,它们的意图和规划是根据过去特定时间的符号模型开发的,很少有变化。基于规划的僵硬结构相对扩大了弱点。因为规划器、调度器、执行器之间转换是很费时间的。当执行规划时情况已经或多或少地发生了变化。慎思主体的符号算法一般为理想的、可证明的结果设计的,经常导致高的复杂度。在动态环境下,对于相关情景在满足质量标准的前提下要求快速反应,比规划优化更重要。相反,在规划过程有效的情况下,慎思主体擅长进行规划的数学证明。

与此不同,反应主体(reactive agent)是不包含用符号表示的世界模型,并且不使用复杂的符号推理的主体[Wooldridge 1995]。图 15.8 给出了反应主体的框图。图中条件-动作规则使主体将感知与动作连接起来。其中方块表示主体决策过程的当前的内部状态。椭圆表示过程中所用的背景信息。反应主体程序如下:

```
function Reactive-Agent(percept)returns action
static:  state /* 描述当前世界状态 */
         rules /* 一组条件-动作规则 */
state←Interpret-Input(percept)
rule←Rule-Match(state,rules)
action←Rule-Action[rule]
```

```
return action
```

　　上述程序中,Interpret-Input 函数从感知产生当前状态的抽象描述,Rule-Match 函数返回与给定状态描述匹配的规则组中的一条规则。

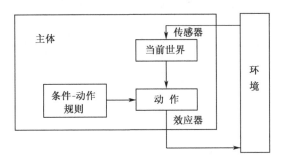

图 15.8　反应主体的框图

　　反应主体结构显然与 MIT 的 Brooks 所倡导的基于行为的人工智能有关[Brooks 1991a,Brooks 1991b],他认为智能行为是主体和它周围的环境交互的结果。Brooks 不仅是一个批评家,也是一个实践家。他实现了一些不使用符号表示和推理的机器人。这些机器人是基于一种“包含系统结构”(subsumption architecture)。包含系统结构是一些层次状的能完成任务的行为。每个行为都试图控制机器人,因此彼此之间要竞争。底层的行为表示比较原始的行为(如避开障碍物),它比高层的行为有更多的优先权。结果,用这种结构实现的系统相当简单,因为它不需要符号表示和推理。虽然简单,Brooks 表示它们可以完成符号人工智能系统能完成的任务。

　　就在 Brooks 提出基于行为人工智能观点的同时,Chapman 正在完成他的硕士论文。在论文中,他也从理论上分析了符号人工智能的困难,并得到符号人工智能模型不适用于实际问题的结论。他和 Agre 开始寻找其他的方法。Agre 注意到,日常生活中的大部分活动都是“常规的”(routine)。这些活动很少需要(甚至根本就不需要)重新进行抽象推理。很多任务一旦学会以后,就可以用一种常规的方法完成而几乎不需要变化。Agre 提出一个有效的主体结构可以基于“运行中项”(running argument)的思想。就是说,既然大部分决策都是常规的,那么可以把它们编码成一种低级的结构(如数字电路)。只要在一定的时期(如为了解决一个新的问题)更新这个低级结构就可以了。他们用这种思想实现了一个 PENGI 系统[Agre et al 1987]。PENGI 是一个早期的计算机游戏的名字,玩家控制一个卡通人物在一个二维的场景中逃避敌人的追捕并设法杀死敌人。PENGI 系统就是用他们提出的结构实现的主体控制玩家的人物与敌人斗智。图 15.9 给出反应主体的结构。

　　类似的系统还有 Maes 的 Agent network 结构[Maes 1989],以及 Steels 的

Mars explorer 系统[Stone et al 1999]等。

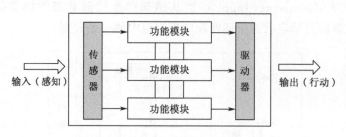

图 15.9　反应主体的结构

15.4.4　混合结构主体

前面我们讨论了主体的慎思结构和反应结构,它们反映了传统人工智能和基于行为的人工智能的特点。无论是纯粹的慎思结构还是纯粹的反应结构都不是构造主体的最佳方式。人们提出混合结构的主体系统,试图以此来融合经典和非经典的人工智能。

最显然的方式就是在一个主体中包含两个(或多个)子系统:一个是慎思子系统,含有用符号标号表示的世界模型,并用主流人工智能中提出的方法生成规划和决策;另一个是反应子系统,用来不经过复杂的推理就对环境中出现的事件进行反应。通常,反应子系统的优先级比慎思子系统高,以便它对环境中出现的重要事件提供快速的反应。

最著名的一种混合结构是由 Georgeff 和 Lansky 开发的 PRS(procedural reasoning system)。图 15.10 给出 PRS 的结构。和 IRMA 一样,PRS 也是"信念-愿望-意图"结构,它也有一个规划库和符号表示的信念、愿望和意图。信念是一些关于外部世界和内部状态的事实(facts)。这些事实用通常的一阶逻辑表示。愿望用"系统行为"表示(而不是静态的目标状态)。在规划库中包含一些部分完成的规划,叫做知识块(knowledge area,KA)。每个知识块和一个激活条件联系在一起。知识块可以被目标驱动的或数据驱动的方式激活;知识块还可以是反应结构,使主体可以快速对环境的变化作出反应。当前系统中激活的知识块就是它的意图。这些数据结构由一个系统解释器操纵。系统解释器负责更新信念、激活知识块、执行行动。PRS 系统曾用在航天飞机维护过程的模拟实验中。

另一个著名的混合结构是 Ferguson 的 TouringMachine。该系统中的主体有感知和行动两个模块和外界交互信息,还有三个并行执行的控制层次:反应层(R)、规划层(P)和建模层(M)。每个层次包含对世界的不同层次的抽象模型,用来实现不同的任务。反应层用来对其他层次无法反应的突发事件作出快速响应。规划层构造规划以实现主体的目标。规划层有两个部件:一个规划器和一个集中

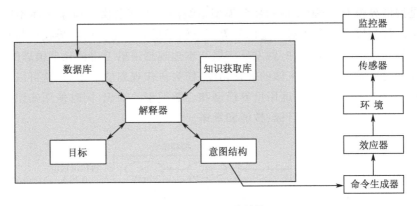

图 15.10　PRS 的结构

注意力的机制。集中注意力的机制主要用来限制提供给规划器的信息量。它将无关紧要的环境信息过滤掉,从而提高规划器的效率。建模层则是主体对其环境中其他实体模型的符号表示。

在 TouringMachine 中,各层次之间是完全独立的,并行进行处理,都可以产生相应的行动。例如,逻辑推理完全由建模层实现,而与其他层次无关。不同层次之间可以互相传递消息,并嵌入在一个控制框架中。控制框架通过使用控制规则处理不同层次提出的有冲突的行动建议。采用这种结构的系统有 TouringMachine[Ferguson 1991] 和 InteRRaP[Muller et al 1994]等。在这些系统中,主体的多个控制子系统按层次结构排列,层次越高的子系统处理抽象程度越高的信息。例如,最底层的子系统处理传感器接受到的原始信息,并将之直接映射到效应器的动作上;而最高层的子系统则处理中长期的规划等抽象的问题。这种结构中最关键的问题就是如何将主体的各个子系统适当地嵌入到一个控制结构框架中,以及如何控制各个层次之间的信息交互。

15.4.5　InteRRaP 主体

德国 Fischer、Muller 和 Pischel 研制了一种混合主体结构 InteRRaP,将反应、慎思和协作能力结合起来。Muller 考虑 InteRRaP 的设计原则如下:

(1) 根据不同程度的抽象和复杂程度,采用三层结构描述主体;

(2) 不仅控制过程是多层的,知识库也是多层次的;

(3) 控制过程采用由底向上,即当任务超过本层的能力时,它的上一层就发生控制作用;

(4) 每层使用下层的操作原语达到它的目标。

InteRRaP 的主体结构主要由世界接口、控制器和知识库构成(见图 15.11)。控制器分成三层:行为层(BBL)、本地规划层(LPL)和协作规划层(CPL)。主体知识库是按世界模型、心智模型和社会模型组织的。不同层次对应于主体不同的功能水平。行为层允许主体对一定的外界情况给予反应。主体的世界模型与它的环境对象级知识结合识别事件,触发反应器。本地规划层给予主体长期慎思的能力。协作规划层最后完成一个主体的规划功能,作为协作规划的一部分,这可以进行协作,解决冲突。协作规划层运用世界模型和心智模型的知识,同时使用知识库中社会模型保存的其他主体的目标、技能和承诺。

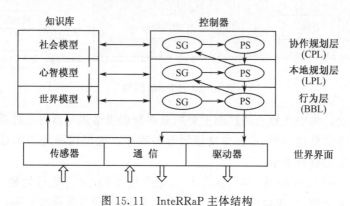

图 15.11　InteRRaP 主体结构

15.4.6　MAPE 主体

生活在一个现实或虚拟的世界中的主体,会遇到各种不同的情况。主体除了要保持对紧急情况的及时反应,还要使用一定的策略对中短期的行为作出规划,进而通过对世界和其他主体的建模分析来预测未来的状态,以及通过通信语言实现和其他主体的协作或协商。我们希望这些功能能同时存在,并行地执行,以提供良好的实时性。这些功能基本上是可以独立的,而且每种功能需要采用不同的算法,所以,我们提出一种主体的混合结构,即在一个智能主体中有机地组合了多种相对独立、并行执行的智能形态(见图 15.12)[Shi et al 1994b]。

1. 部件构成

MAPE 是一种混合结构的主体,每个主体包含感知、动作、反应、建模、规划、通信、决策等模块。

主体通过感知模块来反映现实世界,并对环境信息作出一定的抽象。根据信息的类型,感知模块将经过抽象的信息送到不同的处理模块。如果感知到的是简单的或紧急的情况,则信息被送到反应模块。反应模块对传入的信息立即作出决定,并将动作命令送到行动模块。行动模块则根据传入的动作命令作出相应的动作,对世界作出影响。从感知行动的信息传递过程构成了"反射弧"。

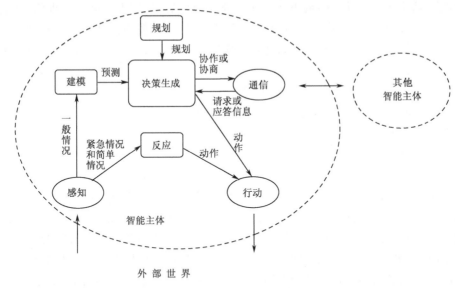

图 15.12 MAPE 主体的混合结构

如果感知到的是复杂的或时间充裕的情况,则信息被送到建模模块进行分析。建模模块中包含主体对世界和其他主体所建立的模型,根据模型和当前感知到的情况,主体可以对短期的情况作出预测,进而提出相应的对策。模型不是一成不变的,主体根据感知的情况、以往的经验修正它对世界和其他主体所建立的模型。

规划模块是一个重要的部分,它根据主体的目标对中短期行动作出规划。规划是一组动作序列,它被提交给决策生成模块。如果不发生意外情况,则主体将按这个动作序列行动;如果发生意外情况(如出现紧急情况,或预测出的情况与规划时的假设情况不同),则决策模块根据需要让规划模块重新做出规划,或者暂停规划的执行。

通信主要用来处理主体之间的信息交换。通信语言中包括通知、请求、询问、回答、致谢等多种类型的语句。通过使用通信语言交换信息,可以实现多主体的协作或协商。

下面我们详细讨论反应、规划、建模、通信和决策等模块的结构。

1) 反应模块

反应模块的存在就是为了使主体对紧急或简单的情况作出迅速反应,所以在反应模块中基本上不作推理,而是直接由感知的信息映射到某种行动。如果使用知识库的方法,则反应模块由一系列如下规则构成:

$$\text{RULE-}R_i: \text{IF} \quad \text{感知信息条件子句}$$
$$\text{THEN} \quad \text{行动}$$

我们用神经网络来实现反应。神经网络的输入参数是数值化的感知信息和自身状态,输出参数是动作的编码。建立起神经网络后,经过大量样本的训练,使它对一些常见的情况可以作出比较合理的反应,然后投入使用。这样在遇到紧急情况时,主体在从感知到行动的映射过程中实际上已经使用了大量的经验,所以一般会作出更合理的反应。

通过反应产生的动作具有最高的优先级,动作模块将立即执行,而将从决策模块送来的动作中断。如果发生中断,决策模块将决定是重新进行规划,还是继续原来规划好的动作序列。

2) 规划模块

主体的规划模块负责建立中短期的行动计划。主体的规划是一个局部的规划。局部性体现在两个方面。一方面,每个主体根据目标集合、自身的状态、自己对世界和其他主体的模型,以及以往的经验规划自身的行为,而不是由某个主体对全局进行规划并将命令分发给其他主体。另一方面,主体并不需要对它的目标作出完全的规划,而只要生成近期的动作序列就可以了。因为世界是运动的,很多情况无法预料,长期的规划很可能会因为情况的变化而失去意义。如图 15.13 所示,规划模块需要从目标集合、世界的模型、其他主体的模型、经验库,以及自身的状态等数据结构中提取信息,经过局部规划器,产生出近期的动作序列,送交给决策模块。

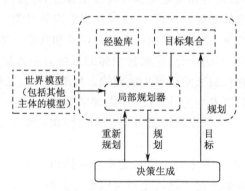

图 15.13　规划模块的内部结构

目标集合包含主体要达到的目标,表示为 $G_1, G_2, \cdots, G_n$ 的形式。目标的排列顺序是重要的,它决定了目标的优先级。在其他条件完全相同的情况下,目标优先级的不同可能会产生迥异的规划。世界和其他主体的模型由建模模块提供,它使得主体可以对环境的变化趋势作出预测,并反映到规划中。经验库是一些范例的集合。每个范例由前提条件、规划和结果评价组成。局部规划器总是试图在经验库中找到有和当前情况最为类似的前提条件的范例,然后参考其规划和结果作出新的规划。如果找不到前提条件和当前情况的差异小于某个阈值 S 的范例,则局部规划器只得尝试新的规划,并记录结果。

3）建模模块

建模模块有两个功能:一是维护和更新主体对世界和其他主体所建立的模型;二是根据当前感知的信息和模型对近期的情况作出预测,并提出行动的建议。图15.14 表示了建模模块的内部结构。

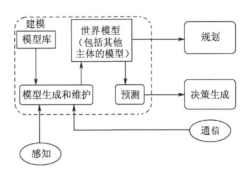

图 15.14　建模模块的内部结构

主体的世界模型只是该主体对世界的认识和反映。这种世界模型开始时并不保证一定正确,也不一定具有全部信息。主体对世界的模型主要包括世界的拓扑知识(如城市的地图),以及世界的组成部分的物理、化学、生物等方面的性质等信息。对于其他主体的模型,包括主体的位置和性质、信念、目标、能力、关系等信息。正如前面所说,这些信息有可能是不正确的或不完全的。主体最初从程序设计人员提供的模型库中得到关于世界的基本模型,然后在生存期间内,通过感知以及和其他主体的通信来修正模型。

模型提供了预测的基础。一方面,模型被规划模块用来建立行动计划;另一方面,建模模块使用模型和当前感知信息预测将出现的情况,并将行动的建议提交给决策模块。

4）通信模块

可通信性是主体的基本特征,而且通信语言的完善程度和灵活性直接影响到主体表现出的智能程度。如图 15.15 所示,通信模块包括语言理解、语言生成、物理通信以及词法库、语法库、语义库等多个部分。

主体根据词法库、语法库、语义库,对通信语言进行理解,并将一部分抽取的信息送交给决策模块(如其他主体的请求信息)和建模模块(如其他主体的信念信息)。对于一些基本的应答信息,则由通信模块直接做出反应。决策模块生成的和其他主体的协商和交互信息通过语言生成模块变成通信语言。

我们前面所讨论的规划基本上是单主体规划,即规划只针对自己进行。如果要进行多主体的协作,则需要进行多主体规划。关于这方面还有待于进一步研究。

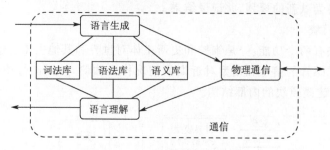

图 15.15 通信模块的内部结构

5) 决策模块

决策模块不是对主体的中央控制,而是负责各个模块的协调工作。它的输入有规划模块生成的行动计划、建模模块的预测和行动建议以及通信模块的请求等。它的主要工作是冲突检查和消解,并决定当前的动作和通信。

世界是随着时间的推移而变化的,所以原定的计划和当前的情况,以及其他主体的请求会发生冲突。这时,决策模块根据一定的规则对冲突进行消解。例如,一个汽车主体正在按计划向预定目的地行驶时,感知到另一汽车占据了原定要经过的一条单行道,建模模块因此建议汽车改道。这时决策模块根据规则,有两种解决方案:一种是先减速行驶,并立即发消息给规划模块让它重新规划;如果时间充裕,则可以决定暂停计划的执行,等另一汽车离开单行道后再继续执行预定计划。

任务的承接也由决策模块完成。任务一般以其他主体的请求的方式进入决策模块。决策模块根据规则决定是否接受任务。如果接受,再决定其优先级,然后修改目标集合,将任务放在合适的位置;如果不接受,则发消息给通信模块让它生成"婉拒"的通信语句。

2. 主体内核

在 MAPE 中我们提出一种"插件式"构造主体的方法[汪涛等 1996]。我们注意到,虽然在许多方面主体之间是不同的,但是它们确实有一些相同的特性。如通信方式、执行机、心智状态(mental state)的表示等可以是相同的。不同之处仅仅在于作决策的策略、它们能做什么动作、知识的表示等。通过分离这些部分,我们可以定义一个对所有主体都相同的主体内核(agent kernel)。在主体内核上定义一个接口,使得与领域相关的决策方法、功能模块等可以方便地连接到主体内核上。图 15.16 对主体内核进行了形象的说明。

每个主体由一个通用的主体内核和许多功能模块(function modules)构成。主体内核由内部数据库、邮箱、黑板、执行机等部分组成。其中,内部数据库中包含主体自身的信息、目标集合、世界的模型等信息;邮箱提供主体和环境以及其他主

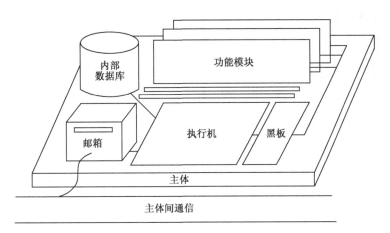

图 15.16　主体内核示意图

体的通信；黑板提供主体内部各个功能模块之间的通信；执行机则完成消息分派、功能模块的执行控制等。各个功能模块都是相对独立的实体，由执行机启动后即完全并行地执行，并通过黑板协调工作。

利用这样的方法，可以方便地实现我们所提出的复合式结构的主体。感知、行动、反应、建模、规划、通信、决策生成等都以功能模块的形式加入主体中。它们可以使用不同的编程语言、数据结构，只要支持同样的黑板格式就可以了。

下面我们对主体内核的结构进行进一步的说明。

1) 内部数据库

主体的内部数据库包括主体对自身的描述、主体对世界状态的描述、主体对其他主体状态的描述等。

每个主体都有一个描述，形成主体数据库中的数据集合。在抽象的层次上对主体进行描述，主要包括：

(1) 主体自身的名字、邮件箱地址等；

(2) 主体的能力(即它所控制的功能块)的名字及其描述(关键字、路径、运行参数等)；

(3) 功能模块当前的状态：功能模块可以处于运行态、准备好、完成或阻塞态；

(4) 主体的状态：主体的状态可以是检查邮件箱、检查黑板、正在进行规划、正在进行推理或运行功能模块等。

在一个多主体系统中，主体不是孤立地存在，而是处于一个团体(即主体社团(agent community))之中。为了通信并与其他主体协作，每个主体都需要有一个对主体社团的描述。该描述并不是完整的描述，仅需要描述该主体所能感知的信息。这些信息位于主体的内部数据库中，它们不是由系统开发人员预先定义的，而是在主体的生存期间动态建立的。该信息是一些记录的集合。每个记录包括：

(1) 主体的名字；

(2) 邮箱地址；

(3) 与本主体的关系；

(4) 通信费用因子。

在实现时,我们采用 C++语言定义主体基本类 agent,主体的内部数据库就是它的类中的封装数据。主体类的定义如下：

```
typedef struct capa {          //主体能力结构
    char *name;                //主体能力的名称
    int type;                  //主体能力的类型(可以有 BUILT_IN_FM 、INVOKED_
                                 FM、EVERLASTING_FM 三种)
    char *path;                //对于 BUILT_IN_FM 为 NULL;对于 INVOKED_FM 和
                                 EVERLASTING_FM 为外部功能模块的运行文件
                                 路径
    char *keywords;            //能力的描述关键字
    struct capa *next;
}CAPABILITY;


typedef struct FM_queue {      //功能模块队列结构
    int queue_id;              //功能模块的唯一队列标识符
    int stub_id;               //请求的存根号
    char *request_agent;       //请求的主体名称
    CAPABILITY *func;          //对应的功能模块
    int priority;              //优先级
    int status;                //运行状态,有 READY、RUNNING 、FINISHED、BLOCKED
                                 等值
    pid_t fpid;                //运行中的功能模块的 PID
    char *argument;            //运行参数
    struct FM_queue *next;     //功能模块队列是一个双向队列
    struct FM_queue *prior;
}FM_QUEUE;


typedef struct acquaintance {  //其他主体的信息
    char *agent;               //主体名称
    char *url;                 //地址
    int relationship;          //和本主体的关系因子
    int cost;                  //通信费用因子
    struct addressbook *next;
}ACQUAINTANCE;
```

```
    class AGENT {                                    //主体类
    private:
      FM_QUEUE *Queue_head,*Queue_tail;              //功能模块队列的队首和队尾指针
      ACQUAINTANCE *Acquaintance;                    //其他主体的队列的首指针
      int Queue_count;                               //当前功能模块队列的长度
      BBBUFFER *Blackboard;                          //黑板指针
      int Blackboard_key;                            //黑板关键字
      int Status;                                    //主体的状态
    public:
      char *Name;                                    //主体的名字
      char *Url;                                     //主体的地址
      char *Facilitator;                             //通信服务员的地址
      CAPABILITY *Capabilities;                      //主体的能力队列首指针

      AGENT(char *AgentDescriptionFile);             //主体构造函数
      ~AGENT();                                      //析构函数
      void CheckMailbox();                           //检查邮箱函数
      void CheckBB();                                //检查黑板函数
      void Action();                                 //复合式主体的内置功能模块:行动
      void Planning();                               //复合式主体的内置功能模块:规划
      void Modeling();                               //复合式主体的内置功能模块:建模
      void Decision_Making();                        //复合式主体的内置功能模块:决策生成
      int SendMessage(char *ToWhom,char *Performative,char *Content);
                                                     //发送消息
      char *LookupAcquaintance(char *agentname);
                                                     //在本地查找主体地址
      void UpdateAcquaitance(char * agentname, char * url, int relationship, int
    cost);                                           //更新或添加其他主体信息
    };
```

2) 执行机

该部分的功能类似于操作系统中的进程管理,但是其管理的目标是功能模块。每个主体执行相同的控制循环,步骤如下:

(1) 初始化。初始化工作包括:

① 读入主体定义文件;

② 启动主体间通信;

③ 初始化黑板;

④ 初始化各种队列;

⑤ 将所有的 EVERLASTING_FM 以 READY 态加入功能模块队列。

(2) 检测邮件箱。如果不空,取出第一条消息。

(3) 根据消息的类型执行相应的动作。消息遵循 SACL 语言所规定的语法和语义,有 INFORM、REQUEST、INQUIRE、RESULT、ACKNOWLEDGEMENT 等类型。例如:

① 如果消息是 INFORM 类型,则将其内容放在黑板上以便所有功能模块可以读取。

② 如果消息是 REQUEST 类型,则表示对方请求本主体的某个功能模块执行某种操作。这时如果该功能模块的状态是 RUNING,则将该消息通过黑板传递给它请求的功能模块;如果该功能模块还没有启动,则将该功能模块以 READY 态插入功能模块队列的尾部;如果该功能模块是被 BLOCKED,则将它激活。

③ 如果消息是 INQUIRE 类型,则表示它要询问本主体的能力或状态,这时应根据情况给出回复。

④ 如果消息是 RESULT 类型,则表示它是本主体的内核或某个功能模块询问或请求的结果,应该根据情况保存或传递给相应的功能模块。如果该功能模块处于 BLOCKED 态等待这个结果,则还要将它激活。

⑤ 如果消息是 SHUTDOWN 类型,则表示通信服务器要求本主体中止运行。这通常是操作人员的意愿,一般应遵守,转第(7)步。

(4) 检测黑板。如果有消息需要发出,把该消息发出并为其赋上适当的消息类型。如果是 END_AGENT 类型,则表示某个功能模块请求本主体停止运行;如果接受这个请求,则转第(7)步。

(5) 检测功能模块队列,选择适当的功能模块执行。功能模块将在后台一直运行,直到它终止或被自身阻塞。

(6) 转到第(2)步。

(7) 停止运行。包括执行:

① 如果还有功能模块在运行,则首先中止这些进程。

② 向通信服务器发出通知并中止通信。

③ 保存信息、释放内存等。

3) 功能模块的状态转换

一个主体可以有多个功能模块。这些功能模块都是预先编译好的可执行代码。它们通过黑板和主体内核交互信息。在 MAPE 中,我们还提供了一套用来操纵黑板的编程接口函数库。在功能模块中使用这些函数就可以完成和主体内核的通信。

功能模块是一些进程,它们的状态由自身和主体内核一起控制。图 15.17 是功能模块的状态转换图。虽然其中的状态的名称和操作系统中使用的进程状态名称相同,但是它们的意义并不一定相同。

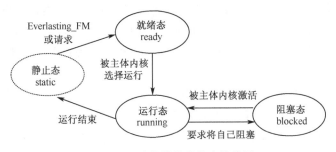

图 15.17　功能模块的状态转换图

　　"静止态"(static)就是该功能模块没有运行而只是停留在磁盘上时的状态。
这个状态在 FM_QUEUE 中并不会出现,所以用虚线表示。

　　"就绪态"(ready)就是主体内核将该功能模块作为一个节点加入功能模块运
行队列的尾部时的状态。这时该功能模块仍然停留在磁盘上。

　　主体内核执行机的第(5)步是"选择适当的功能模块执行"。同时可能有很多
处于"就绪态"的功能模块,主体内核将根据一定的规则(如优先级、请求主体的关
系因子等)选择一个功能模块执行。所以一个处于"就绪态"的功能模块并不一定
立即被执行。直到主体内核选择了它,它才进入"运行态"(running),即真正作为
一个进程出现在系统中。功能模块运行结束后就仍然回到"静止态"。

　　如果功能模块需要等候一个请求的结果,它可以将自己阻塞,进入"阻塞态"。
阻塞态的功能模块将不能进行任何计算,一直到它被激活。

　　被自己阻塞的功能模块必须由主体内核激活。在接收到对它的请求或者给它
的结果时,主体内核将激活它。被激活的功能模块直接恢复到运行态。

　　4) 主体与功能模块之间的接口

　　主体内核与功能块之间的通信是通过黑板完成的。我们为内核与功能模块的
通信提供了一套标准的编程接口,使得功能模块可以很方便地实现和内核以及其
他主体的通信。这样做的重要意义在于,原来编制的任何程序只要做少量修改就
可以作为任何一个主体的功能模块。这使得用户不需要每次为主体开发新的程
序,从而很好地实现了软件的复用和移植。这正是"插件式"构造主体的方法的核
心精神。

　　更进一步,如果积累了大量的功能模块,那么可以形成一种比"类库"更为高级
的面向问题的"功能模块库"。这些模块可以随意组合到主体内核上形成具有某种
功能的主体。

　　(1) 黑板。

　　一个主体可以有多个功能模块。这些功能模块都是预先编译好的可执行文

件。主体内核也是一个可执行文件。它们运行在不同的地址空间之中。它们之间交换信息必须通过共享内存或者共享文件的方式。由于共享内存操作比共享文件操作要快得多,而且更易于进行并发控制,所以我们采用共享内存的方式来传递主体内核与功能模块,以及两个功能模块之间的消息。这块共享内存就被命名为"黑板"。

黑板结构和处理函数由"bbapi.h"定义,所以主体内核和每个功能模块都应该包含这个头文件,才能进行有关黑板的操作。

黑板是一个很大的共享内存区域,其中划分为一些同样大小的区域。这些区域用来存放消息,称为"黑板条目"(blackboard item,BB_ITEM)。黑板条目的定义如下:

```
typedef struct {
    char flag;
    int type;
    int stub_id;
    int queue_id;
    char dest[AGENTNAMESIZE];
    char content[CONTENTSIZE];
} BB_ITEM;
```

其中:

① flag 表示该条目当前是否正被使用,其值可以为 USING 和 NOT_USING;

② type 表示该条目中的信息的类型,通常由表示信息源和目的和表示信息的功能的两部分组成。预先定义的值有:

表示信息源和目的的常量:

FROM_KERNEL_TO_FUNC	从内核到功能模块
FROM_FUNC_TO_KERNEL	从功能模块到内核
FROM_FUNC_TO_FUNC	从功能模块到(另一个)功能模块

表示信息功能的常量:

ENDFUNC	结束功能模块
TELL_PID	将功能模块的 PID 通知内核
BLOCKFUNC	阻塞功能模块
ENDAGENT	结束功能模块,同时结束整个主体
RESULTTYPE	CONTENT 中是结果信息
REQUESTTYPE	CONTENT 中是请求信息
PINGAGENT	查看某主体是否存在
FINDAGENT	按功能模块的关键字查找主体
OTHER	非保留类型,由功能模块解释

例如,功能模块要向内核通知 PID,使用的值是

```
FROM_FUNC_TO_KERNEL │ TELL_PID
```

③ stub_id 是一个整型域,它在不同的消息类型之下有不同的意义:在 RE-SULTTYPE 和 REQUESTTYPE 中,它表示结果或请求的存根号;在 TELL_PID 中,它表示功能模块的 PID。

④ queue_id 用来指示功能模块在内核的执行队列中的位置。

⑤ dest 用来存放一个主体的名称。

⑥ content 用来存放消息的内容。

黑板的结构定义如下:

```
typedef struct {
    int stub_count;
    char semaphore;
    BB_ITEM bb[BBNUMBER];
} BBBUFFER;
```

其中:

① stub_count 用来记录当前的存根号,以便生成新的唯一的存根号。

② semaphore 是一个信号量,通过它可以封锁对黑板的读写,以避免因并发操作而引起的错误。它的值可以为 USING 和 NOT_USING。

③ bb 是 BBNUMBER 个黑板条目的数组。

(2) 功能模块。

功能模块(function module,FM)是一些预先编译好的可执行文件,它们和主体内核一起构成了一个主体。功能模块通过黑板和主体内核或其他功能模块交换信息。功能模块可以有两种类型:

① INVOKED_FM 这种功能模块在主体启动时并不同时启动,而只是登记一下它的存在。如果有别的主体或者同一主体内的别的功能模块请求它的功能,则主体内核负责启动它。一般说来(但是并不一定这样),这种功能模块在执行完任务后就结束运行,直到有另一个请求时再次由主体内核启动它。

显然,这种功能模块的好处在于它在没有任务时不占用系统资源。它适合于进行不需要交互的单项计算或者操作,而不太适合于交互式操作或有图形界面的功能模块。

② EVERLASTING_FM 这种功能模块在主体启动时同时启动。一般说来(但是并不一定这样),它循环检查黑板上是否有给它的消息,如果有则进行相应的处理。通常这种功能模块也会和主体一起结束运行。如果是这样,则在结束之前,它可以调用"End_agent"函数通知主体内核结束运行。如果主体内核已经要结束运行时,还有功能模块没有结束,则主体内核会杀死所有功能模块。

和 INVOKED_FM 相反,这种功能模块的好处在于它适合于交互式操作或有图形界面的功能模块;而缺点正在于它在没有任务时仍然占用系统资源。

主体内核在启动功能模块时将赋予它一个唯一的"queue_id"。这个 queue_id 相当于功能模块的"身份证",功能模块在黑板上传递消息时必须使用它来表明自己的身份。另外,功能模块要利用黑板通信,必须将黑板共享内存附着在它的地址空间中。要附着共享内存,必须知道它的"关键字"。所以主体内核在启动功能模块时要通过命令行传递一些参数给功能模块,而以后的所有通信都通过黑板实现。

根据两种功能模块的不同用途,主体内核在启动它们时使用不同的命令行参数:

对于 INVOKED_FM,命令行参数是:

argv[0] 字符串,功能模块的运行文件名

argv[1] 整型,功能模块的 queue_id

argv[2] 整型,黑板关键字

argv[3] 整型,请求的存根号(stub_id)

argv[4] 字符串,请求主体的名字

argv[5] 请求参数(类型不定,由功能模块自己解释)

对于 EVERLASTING_FM,命令行参数是:

argv[0] 字符串,功能模块的运行文件名

argv[1] 整型,功能模块的 queue_id

argv[2] 整型,黑板关键字

(3) 通过黑板进行信息传递。

MAPE 系统中为用户提供了很多用于通过黑板进行信息传递的函数。创建主体时编程规则和注意事项如下:

① 功能模块启动后应该调用 Init_FM,该函数将进行附着黑板,向主体内核报告 PID 等操作。

② 功能模块结束时应该调用 Shutdown_FM,该函数将进行释放黑板,向主体内核报告功能模块结束的消息等操作。

③ 如果功能模块结束时同时希望主体结束运行,应该调用 End_agent,该函数将释放黑板、向主体内核报告功能模块结束的消息、同时请求主体内核结束运行。

④ 作为客户方,要请求另一个主体的某个功能,应该使用 PutRequestToBB 函数。该函数返回一个请求存根。然后用 GetResultFromBB 函数取回该请求的结果。

⑤ 作为服务方,可以用 GetMessageFromBB 函数取回一个对它的请求消息(如果是 INVOKED_FM,则在启动时的命令行参数中可以获得第一次请求的消息)。然后用 PutResultToBB 送出结果消息。

⑥ 任何一个主体,主体中的任何一个功能模块都可以为客户方,也可以为服务方,或者同时既是客户方又是服务方。

5) 主体定义文件

主体定义文件是一个纯文本文件,其缺省的名称应该是"〈主体名〉.cfg"。主体内核启动时如果没有运行参数,则它将寻找缺省的主体定义文件。如果有参数,则以参数作为主体定义文件的名称。

主体定义文件可以由用户用手工填写,也可以用主体构造工具自动生成。主体定义文件定义主体的各种重要参数,包括:

```
AGENTNAME = 〈主体名称〉
AGENTURL = 〈本主体的 URL〉
FACILITATOR = 〈通信服务器的 URL〉
CAPABILITY = 〈功能名称〉,〈类型〉,〈运行文件路径〉,〈关键字〉[,〈关键字〉,…]
BLACKBOARDKEY = 〈黑板关键字(整型值)〉
```

15.5　主体通信语言 ACL

智能物理主体基金(Foundation for Intelligent Physical Agents,FIPA)原是一个在瑞士日内瓦注册的非营利协会。2005 年 6 月 8 日 FIPA 成为 IEEE 计算机学会的一个标准化组织。它的网站为 http://www.fipa.org/。FIPA 的目的是促进基于主体的应用、服务和设备的成功实现。FIPA 通过制定能及时获得国际承认的规范来达到这一目标,这种规范可以最大限度地增大基于主体的应用、服务和设备的互操作性。目前 FIPA 已有 56 个会员,他们来自全世界。

FIPA97 规范定义了一种语言和支持工具(如协议),用于智能软件主体相互通信。软件主体技术对这类主体采用了一种高层的观点,它的许多思想都来源于采用其他方式的社会交互作用,如人与人之间的通信。本规范并非试图定义通常与分布式软件系统之间通信相关的低层和中间层的服务,如网络协议、传输服务等。事实上,用于物理传输组成交互主体通信动作的比特序列的这类服务都是假设存在的。

对于软件主体没有单一的、通用的定义,但是主体行为的一些特性是广泛接受的。FIPA 定义的通信语言用于支持和促进这些行为。这些特性包括但不限于这些:

(1) 目标驱动行为;

(2) 动作过程的自主决定;

(3) 通过协商和委托进行交互;

(4) 心智状态模型,如信念、意图、愿望、规划和承诺;

(5) 对于环境和需求的适应性。

15.5.1　主体间通信概述

抽象的主体特性,即没有预先规定任何具体的主体执行模式和认知结构,可以用主体的心智态度描述。在 FIPA 规范中,主体的心智态度描述如下:

(1) 信念。表示一组主体接受为真的命题,接受为假的命题表示为相信这个命题的否定。

(2) 不确定性。表示一组主体不能肯定为真或假的命题,但是更倾向于真,而更倾向于假的命题表示为命题否定的不确定。值得注意的是,不确定性并没有妨碍命题采用具有某种程度支持命题的特别不确定信息形式,如概率论。更准确地说,不确定性为主体提供了一种利用不同表达方案,讨论不确定信息的最小承诺机制。

(3) 意图。表示一种选择,或者主体愿望为真和目前不认为是真的一个或一组社会特性。接受了这种意图的主体将形成一个行动计划,而这一行动计划将导致它的选择所指示的社会状态的产生。

对于一个给定的命题 P,相信 P、相信非 P、P 的不确定以及非 P 的不确定等态度是相互排斥的。

此外,主体理解并且能够执行一定的行动。在分布式系统中,一个主体仅能通过影响其他主体的行为来实现自己的意图。

对其他主体行为的影响是由一种行为的特殊类,称为通信动作的行为实现的。通信动作是由一个主体向另一个主体实施的。执行一个通信动作的机制,简要地说就是发送编码动作消息的机制。因此,通信动作初始者和接受者的角色通常分别表示为消息的发送者和接收者。

FIPA 定义的消息由一组精心定义的核心集合产生出来,它表示一组通信动作,而这组通信动作试图平衡定义的一般性、表达能力和简单性,以及对于主体开发者的易懂性之间的关系。消息类型定义了被执行的通信动作。结合适当的领域知识、通信语言可以使接受者确定消息内容的含义。

关于发送者的心智态度和从发送者的观点对接收者心智态度产生的期望结果在通信动作中是用前提条件这个词来表达的。但是,因为发送者和接收者都是独立的,所以期望的结果是没有任何保证的。

两个主体通过交换消息彼此进行通信,它们必须有一个消息传递公共会合点。消息传输服务属性的审议事项是由 FIPA 技术委员会 1——主体管理进行的。

主体技术对于复杂系统行为和交互操作的贡献尤其表现在高层交互上,FIPA 提出的 ACL 是以这一观点为基础。例如,本书描述的通信动作用于通知已相信的事实、请求复杂动作、协商协议等。这里提到的交互机制不能与低层的网络协议如 TCP/IP、OSI 七层协议模型等相竞争，也不应与它们相比较。它们也不是 CORBA、Java RMI 或者 Unix RPC 机制的替代品。然而它们的作用在某些方面与上面的例子相重叠，至少 ACL 消息通常用这种机制来传递。

考虑了 FIPA 通用开放主体系统目标以后 ACL 的作用将会更加清晰。其他机制如著名的 CORBA 也有此目标。但是，实现时在对象表示的界面上强加了一些限制。历史经验告诉我们：主体和主体系统可以采用多样的界面机制典型地实现；已有的主体例子包括使用 TCP/IP 套节字、HTTP、SMTP 和 GSM 短消息的主体。ACL 试图在消息传递服务上将要求减到最小以尊重这种多样性。特别地，最小消息传输机制被定义为：通过简单比特流传递的一种文本形式，这也是被广泛采用的 KQML 主体通信语言所采用的方法。这种广泛的方式用在非常高性能系统上，这些系统的消息生产率非常高。FIPA 以后将定义可替代的传输机制方案，包括其他传输语法，它们将满足非常高性能的系统要求。

目前，ACL 在主体传输服务上定义了如下的一组最小要求：

消息服务能够传递一个与比特序列一样的消息到目的地，通过它的界面消息服务能发现它是否能可靠地处理高阶位被设置的 8 位比特流。

正常情况下消息服务是可靠的（包装好的消息能达到目的地）、准确的（接收的消息在形式上和发送的一样）、有序的（从主体 a 发送到主体 b 的消息到达 b 时和它从 a 发送的顺序一样）。除非特别说明，一个主体将被认为具备这三个特性。

如果消息传递服务不能保证以上一个或所有的特性，它将通过消息传递服务的界面以某种方式表示出来。

主体将能选择是否暂停和等待消息结果或者在等待消息回复时继续其他无关任务。这种行为的有效性是执行细节，但是这种行为是否支持必须明确。

传递消息动作的参数，例如，如果没有回复时间超出，不是在消息这一级说明，但是它是消息传递服务界面的一部分。

消息传递服务将发现和报告出错情况并返回给发送主体，如消息出错形式、不可传递、主体找不到等。依据错误情况，它将返回一个消息发送界面的返回值，或者通过一个相关出错信息的传递来返回。

一个主体将有一个名字使得消息传递服务能将消息传到正确的目的地。消息传递服务能够决定正确的传输机制（TCP/IP、SMTP、HTTP 等），允许主体位置的变化。

15.5.2　FIPA ACL 消息

FIPA 定义单独的消息类型，特别是消息的格式和消息类型的含义。消息类型对本规范定义的语法规则是一个参考，这些类型对于整个消息及动作和消息内容都赋予了一个意义。

例如,如果 i 通知 j "Bonn 在德国",那么从 i 到 j 的消息内容是"Bonn 在德国",而动作则是通知这一行为。"Bonn 在德国"有一定的意义,而且在对"Bonn"和"德国"这两个符号进行任何合理解释的情况下它将是真的,但是消息的意义包含了对主体 i 和 j 的作用。决定这些作用的本质上是 i 和 j 的私人事物,但是由于这个有意义的通信即将发生,所以对这些作用的合理期望将会得到满足。

显然,消息的内容涉及的领域知识将不受限制。ACL 没有强制任何表示消息内容的形式化方式。主体本身必须能够正确地解释任何一种已知的消息内容。ACL 规范的以后版本将讨论本版本没有讨论本体论共享问题。本规范所宣布的是规范独立于内容的规则含义。一组标准通信动作和它们的含义都已详细地定义了。

值得注意的是在动作的能力和规范之间有一种平衡。抽象地说,一组大量的能传达细微意思差别的非常详细的动作类型和一组少量的更通用的动作类型效果可能一样,但这组动作类型将对主体有不同的表示和执行限制。这组动作类型的目标可表示为:①全面覆盖大范围的通信情况;②不要使主体的设计负担过于繁重;③在为主体提供通信动作使用选择服务时,减少冗余和模糊。简而言之,定义ACL 语言的目标是:完整、简单和简明。

ACL 中消息的基本观点是消息表示为一个通信动作。为了优雅和一致,在对话时处理通信动作应和处理其他动作相一致;一个已知通信动作是一个主体能完成的动作中的一个。术语消息在本文中根据上下文表示两个不同的含义:消息可以是通信动作的同义词,或者是指传递主体言论到目的地的消息传输服务使用的计算结构。

ACL 规范提出的通信语言基于一种精确的形式语义学,它给出了通信动作的一种清晰含义。实际上,这种形式化基础还补充了用于易于高效交互通信实际执行的实用扩充部分。在此基础上,以下定义的消息参数用描述形式加以定义。同样,主体可能用到的规范,如消息交换协议,都只给出了描述形式的操作语义。

1. 主体的要求

这里介绍一组所有主体都能使用的预定义的消息类型和协议。但是,对于所有主体并不需执行所有消息。以下列出了 FIPA ACL 兼容主体的最小要求:

(1) 主体在收到不认识或者不能处理的消息内容时能发出 not-understood。主体必须能接收和适当处理来至其他主体的 not-understood 消息。

(2) 主体可以选择执行所有的预定义的消息类型和协议或其中任意一子集。这些消息的执行必须与提供的动作语义定义相一致。

(3) 使用本书中名字被定义的通信动作的主体必须在执行时与它们的定义相符。

（4）主体可以使用本书没有定义的其他名字的通信动作，有责任保证接收主体理解动作的含义。但主体不应定义与已定义好的标准动作含义相匹配的新动作。

（5）主体必须能正确地将语法形式良好的消息生成与发送的消息相一致的传输形式。同样，主体也必须能将传输语法形式良好的字符序列翻译成相关消息。

2. 消息结构

图 15.18 给出了 ACL 消息的主要组成元素。

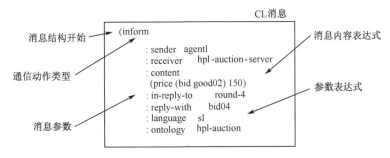

图 15.18　消息结构

在传输形式上，消息表示为 s-表示形式。消息的第一个元素是确定通信的通信动作和定义消息的主要含义。接下来是一列由冒号开头参数关键字引导的消息参数，冒号与参数关键字之间没有空格。其中一个参数包含用某种形式编码的消息内容，其他参数用于帮助消息传输服务正确传递消息（如 sender、receiver），或帮助接收者解释消息含义（如 language、ontology），或者帮助接收者能更合作地回复（如 reply-with、reply-by）。

传递形式是比特流的序列化，由消息传输服务传递。接收主体负责对比特流解码，解析消息元素并正确处理它。

消息的通信动作类型与 KQML 中的 performative 相对应。

3. 消息参数

如前所述，消息包括一组一个或多个参数。这些参数在消息中可按任何顺序列出。所有参数中只有一个：receiver 参数是必需的，这样消息传输服务才能正确传递消息。显然没有接收者的消息是没用的消息。但是，有效通信确切地需要哪些其他参数还是根据情况不同而不同。

预定义的消息参数全集如表 15.1 所示：

表 15.1　预定义的消息参数全集

消息参数	含义
:sender	消息发送者
:receiver	消息接收者
:content	消息内容
:reply-with	回答原来消息
:in-reply-to	消息回答的原来动作
:envelope	消息服务内容
:language	动作内容的编码方案
:ontology	内容表达式符号的含义
:reply-by	消息发送时间和日期
:protocol	使用协议
:originator	代理主体请求消息
:reply-to	表示向哪个主体回答
:protocol"("⟨protocol name⟩+")"	使用协议嵌套
:conversation-id	进行的通信动作序列
"("⟨id⟩+")"	表中是子协议
:conversation-id	进行的通信动作序列

4. 消息内容

消息内容表示通信动作申请什么。如果通信动作认为是一个句子,内容是句子的语法元素。内容一般用一种语言编码,这种语言在 language 参数中说明。对内容语言的要求是它应具备以下特性:

一种内容语言必须能表示命题、对象和动作。虽然任何已有的语言可有更多其他特性,但在这里并不需要其他特性。语言的内容必须表示动作的数据类型:通知的命题、请求的动作等。

命题表示一种语言中的某些句子是真或假。对象代表一种讨论领域中可确认东西(可能抽象或者具体)的结构。对象并不一定指面向对象语言如 C++和 Java 中出现的专业编程结构。动作是一种主体将解释为由某些主体完成行为的结构。

最一般的情况是主体共同协商一种内容语言。但是,主体必须克服为了商定内容语言而第一步开始对话的困难。这样必须有一个双方都事先知道的共同参考点。所以为了注册一个目录服务和执行其他关键主体管理功能,本规范包括以下内容语言定义:

(1) FIPA 规范的主体管理内容语言是 s-表达式概念用于表示属于主体生命周期管理的命题、对象和动作。表达式的术语在本规范的第一部分已定义。

（2）主体需要通过使用主体管理内容语言和本体论的消息执行标准主体管理能力。语言和本体论在 fipa-agent-management 预留字段相应参数中表示。

5. 消息内容的表示

一个消息的内容是指通信动作中的领域表达式。它是在消息中以 :content 参数值进行编码。FIPA 规范没有强制使用一种特定有标准化基础的内容编码语言。

为了提供简单语言编码服务，ACL 语法包括的 s-表达式形式允许任意长度和复杂度的 s-表达式结构。因此一种被定义为通用 s-表达式语法的子语法的语言可不需修改地接受为合法的 ACL 消息。然而，主体通常需要在消息体中嵌入一个用一种符号编码的表达式，而不是用于消息本身的简单 s-表达式形式。ACL 语法提供两种机制，它们都要避免需要 ACL 解释器解释任何语言的表达式问题：

（1）用双引号包括表达式，这样使它成为用 ACL 语法的字符串，用反斜线符号区别双引号体内的双引号。注意内容表达式中的反斜线字符也需要区别开。例如：

　　　　（inform :content "owner(agent1,\"Ian\")"
　　　　　　　　:language Prolog
　　　　…）

（2）在表达式前加适当长的编码字符串，这样确保表达式被处理为与它结构无关的词汇符号。例如：

　　　　（inform :content #22 "owner(agent1,"Ian")"
　　　　　　　　:language Prolog
　　　　…）

因此，ACL 解释器将生成一个表示全部嵌入语言式的词汇符号、一个字符串。一旦消息被解释，表示内容表达式的符号通过 :language 参数根据编码方案能被解释。

6. 通信动作的目录

表 15.2 给出了通信动作的目录。

表 15.2　通信动作的目录

Communicative act	Information passing	Requesting information	Negotiation	Action performing	Error handling
accept-proposal			√		
Agree				√	
Cancel				√	

续表

Communicative act	Information passing	Requesting information	Negotiation	Action performing	Error handling
Cfp			√		
Confirm	√				
Disconfirm	√				
Failure					√
Inform	√				
Inform-if(macro act)	√				
Inform-ref(macro act)	√				
Not-understood					√
Propagate				√	
Propose			√		
Proxy				√	
Query-if		√			
Query-ref		√			
Refuse				√	
Reject-proposal			√		
Request				√	
Request-when				√	
Request-whenever				√	
Subscribe		√			

15.5.3 交互协议

目前主体之间的会话常常形成典型模式。在这种情况下某些消息序列是可预知的,而且在会话的任意一点其他消息也可预知。这些消息交换的典型模式称为协议。主体系统的设计者能选择使主体充分地理解消息的含义、目标、信念和主体具备的其他心智状态,主体规划过程可使这种协议本能地从主体的选择产生。这样使主体执行时的能力和复杂性会有一个沉重负担,虽然在普遍的主体社会中这不是一个通用的选择。一种很实际的替代观点是预先规范这些协议,这样一个简单主体执行这种协议就能与其他主体进行有意义的会话。

应注意,主体可能与不同的主体同时地进行多方对话。Conversation 项用于指示这种对话的任意特殊实例。这样主体可以同时与多个主体采用不同协议进行多方对话。此部分所指在某种已知协议控制下接收消息的说法只是指特殊的会话。

1. 协议操作约定

两个主体在使用某个协议之前应先协商使用哪种协议。因此采用以下规定：在消息中 protocol 参数写入协议名称，相当于 inform 主体 i 试图采用此协议。一旦协议结束，可能协议达到最后阶段或者协议名称就从消息 protocol 参数中去掉。如果主体不能或不愿意支持接收到消息中的协议，它可以返回拒绝消息。例如：

```
(request:sender i
    :receiver j
    :content some-act
    :protocol fipa-request
)
```

2. 交互协议的规范

在 20 世纪 70 年代，结构化编程是主要范型。为了方便和规范从意向开始到最后产品维护的全部开发过程，软件工程技术发展起来。80 年代是具有封装和继承特性数据的面向对象的十年。现在统一建模语言（UML）是面向对象工程的现行标准。

面向主体软件和软件开发是今天的范型。与对象相比较，主体由自身产生的原因执行动作而具有主动性。主体的主动性基于它们内部的状态，这些状态包括目标和隐含的已定义任务执行的条件。对象需要从外部控制执行方法，而主体知道条件和行动的意图，因而能满足对它们的需求。而且主体不只是一个单独行动而是和其他主体一起，其中一个原因是一个主体所有的资源不足时，可以得到其他主体资源的支持。另外有，主体可能不具备完成某一复杂任务的所有能力，可以与其他主体合作，协同工作，以完成规定的任务。尽管主体代表各自用户和分别行动，但在多主体系统中每个成员相互协作，形成一个类似社会集体。

现在研究和开发的主要焦点是建立各种多主体系统的开发平台。但是建立基于主体软件的模型还缺乏必要的规范标准。为了将基于主体编程应用于生产的项目中，一个支持整个软件工程过程的规范技术是必要的。这个过程开始于系统需求描述的使用方案，描述概念的设计规范和系统设计，最后结束于软件产品完成的执行规范。所以，FIPA 提出一份关于交互协议规范作为标准 UML 补充的建议。下一步在 FIPA 2000 报告中将提供一个技术规范，它支持整个面向主体软件工程过程，它将成为 FIPA 规范中极有参考价值的一部分。

在定义交互协议和以此目的形成一份技术规范之前，对于交互协议必须建立一个共识。一个交互协议（IP）定义包括两部分：

（1）通信模式定义，包括定义一种允许传递消息和应答的策略，其中参与者具有特别角色,消息内容有一些语义限制,对于参与者有固定的规则。

(2) 在 CA(通信动作)语义学中嵌入这种模式,即模式内消息内容与 CA(通信动作)语义学相一致。

以下两概念必须区别:

(1) 基本交互协议 IP 和它们的实例;

(2) 领域相关交互协议 IP。

在 FIPA 框架内规范了基本交互协议 IP,应用程序的开发人员可以在他们自己的系统规范中使用它们。在交互协议 IP 规范中满足任何其他规范技术要求的技术是必要的:

(1) 形式化的、直觉的语义学;

(2) 允许精确定义;

(3) 软件工程过程中可用;

(4) 对于不熟悉面向主体编程的人员可以使用图形符号进行讨论。

交互协议的规范技术必须支持:

(1) 主体的角色。

(2) 消息发送可以具体定义:

① 消息的基数和多重接收处理;

② 消息发送的约束,特别是时间约束;

③ 消息的递归和重复。

(3) 子协议的定义,即通信模式的体系结构。

(4) 子协议的递归和循环。

(5) CA 意图的考虑,即对策中的固定规则。

(6) 消息内容的定义和限制。

(7) 定义并行性和选择。

(8) 描述协议中断,以便执行其他主体的另一种协议。

15.5.4 ACL 语义学的形式化基础

1. 形式化模型

这里给出消息语言语义学基础的通信动作模型。这一模型只是为了给出通信动作和协议的已列出含义的基础。它不是一个建议的体系结构或是一个主体设计的结构模型。也不是一个单独运作和只与人或与其他软件界面交互的主体特例。主体必须相互通信来实现它们担负的任务。

图 15.19 给出一个基本事例。假设主体 i 有以下心智状态:目标或者目的 G、意图 I。为了满足 G,主体采用一个具体意图 I。G 和 I 可以同样用清楚的语言编

码成一个 BDI 主体的心智结构,或者含蓄地在调用堆栈里,编程为一个简单的 JA-VA 或数据库主体。

假设 i 不能由自己实现意图,问题就成为哪一种消息或者哪一组消息可以发送给其他主体帮助或导致意图 I 得到满足。如果主体 I 的行为是理性的,它将不会向一个不能满足意图的主体发送消息去完成任务。例如,如果 Harry 想要野餐,就会产生一个目标寻找哪儿合适,然后产生一个意图询问天气,他或她将不会糊涂地问 Sally:"今天你买 Acme 的股票没有?"从 Harry 看,不管 Sally 说什么,都不会对判断今天是否下雨有帮助。

接着这个例子,如果 Harry 正常行为,将问 Sally:"今天是否有雨?"他所做的是希望满足他的意图,达到他的目标(假设 Harry 认为 Sally 知道答案。)Harry 这样推理,问 Sally 的结果是 Sally 能告诉他,这样做一个请求完成意图。现在已经提出一个问题,Harry 能真正认为他迟早能知道是否有雨? Harry 可以认为 Sally 知道他不知道的事,并且她知道他正在询问她。但是,仅仅在提问的基础上,Harry 不能认为 Sally 能告诉他天气情况,因为她是独立的,可能正忙。

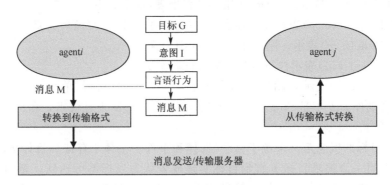

图 15.19 两个主体间消息传送

总之,一个主体通过与其他主体通信清楚地或者含蓄地(通过软件的结构)规划,用以最后达到目标,即发送消息给其他主体和从其他主体接收消息。主体将根据对于目标的动作期望值或者推理效果的适当依据选择动作。但是推理效果在发送消息以后并不能保证一定产生。

2. 语义语言 SL

语义语言 SL 是定义 FIPA ACL 语义学的形式语言。在 SL 中,逻辑命题表示成一个心智状态和动作的逻辑,使用具有恒等式的一阶模态语言。所用形式化的元素表示如下:

(1) $p, p_1, \cdots$ 表示命题的闭合公式;

(2) ψ 和 ϕ 公式模式,代表任意闭合命题;

(3) i 和 j 表示主体的模式变量;

(4) ⊢ ϕ 表示 ϕ 有效。

主体的心智模型是基于三种原语状态:信念、不确定和选择(或者某种程度的目标)。它们分别用算子 B、U 和 C 表示。算子可这样解读:

(1) $B_i p$:i 相信 p;

(2) $U_i p$:i 认为 p 不确定,但认为 p 多过 $\neg p$;

(3) $C_i p$:i 期望 p 现在正确。

算子 B 的逻辑模型具有固定领域原理的 KD45 可能世界语义学 Kripke 结构。

为了动作推理,论域包括单个对象、主体和事件序列。一个序列可能只有一个事件。事件也可能为空。语言所涉及项包括全部事件序列。

关于复杂规划,事件(动作)可以组合为动作表达式:

(1) $a_1;a_2$ 表示 a_2 接着 a_1 的序列;

(2) $a_1|a_2$ 是非确定性的选择,a_1 或者 a_2 发生,但不是都发生。

动作表达式可以用 a 表示。

算子 Feasible、Done 和 Agent 用于动作推理,说明如下:

(1) Feasible(a,p) 表示 a 可能发生,并且如果发生,p 将随后为真。

(2) Done(a,p) 表示 a 刚发生,之前 p 刚为真。

(3) Agent(i,a) 表示执行主体 i 将执行动作 a。

(4) Single(a) 表示 a 动作表达式而不是一个序列。任何单个动作都是 Single。组合动作 $a;b$ 不是 Single。组合动作 $a|b$ 为 Single 当且仅当 a 和 b 都为 Single。

持久目标的概念定义来源于信念、选择和事件。主体 i 有持久目标 p,当 i 有目标 p,并且一直追求目标 p 直到目标实现或者认为目标不可达到。意图定义为促使主体动作的一个持久目标。符号 $PG_i p$ 和 $I_i p$ 分别表示 i 有持久目标 p 和 i 有产生 p 的意图。I 的定义中意图必须生成一个规划过程。

嵌入心智状态或动作算子是没有限制的。例如,$U_i B_j I_j$ Done$(a,B_i p)$ 表示主体 i 相信主体 j 认为 i 有这样的意图:动作 a 能在 i 必须相信 p 时发生。

提出的逻辑的一个基本特性是模型化的主体与它自己的心智状态是完全相符的。正常时,下面公式是有效的:

$$⊢ \phi \Leftrightarrow B_i \phi$$

其中,ϕ 是由表示主体 i 的心智状态的模态算子管理。

15.6　协调和协作

15.6.1　引言

在计算机科学领域,最具有挑战性的目标之一就是如何建立能够在一起工作的计算机系统[Kraus 1997]。随着计算机系统越来越复杂,将智能主体集成起来则更具挑战性。而主体间的协作是保证系统能在一起共同工作的关键。另外,主体间的协作也是多主体系统与其他相关研究领域(如分布式计算、面向对象的系统、专家系统等)区别开来的关键性概念之一[Doran et al 1997]。协调与协作是多主体研究的核心问题之一,因为以自主的智能主体为中心,使多主体的知识、愿望、意图、规划、行动协调,以至达到协作是多主体的主要目标。协调是指一组智能主体完成一些集体活动时相互作用的性质。协调是对环境的适应。在这个环境中存在多个主体并且都在执行某个动作。协调一般是改变主体的意图,协调的原因是由于其他主体的意图存在。协作是非对抗的主体之间保持行为协调的一个特例。多主体是以人类社会为范例进行研究的。在人类社会中,人与人的交互无处不在。人类交互一般在纯冲突和无冲突之间。同样,在开放、动态的多主体环境下,具有不同目标的多个主体必须对其目标、资源的使用进行协调。例如,在出现资源冲突时,若没有很好的协调,就有可能出现死锁。而在另一种情况下,即单个主体无法独立完成目标,需要其他主体的帮助,这时就需要协作。

在多主体系统中,协作不仅能提高单个主体以及由多个主体所形成的系统的整体行为的性能,增强主体及主体系统解决问题的能力,还能使系统具有更好的灵活性。通过协作使多主体系统能解决更多的实际问题,拓宽应用。尽管对单个主体来说,它只关注自身的需求和目标,因而其设计和实现可以独立于其他主体。但在多主体系统中,主体不是孤立存在的。即使由遵循某些社会规则的主体所构成的多主体系统中[Shoham et al 1995],主体的行为必须满足某些预定的社会规范,而不能为所欲为。主体间的这种相互依赖关系使得主体间的交互以及协作方式对主体的设计和实现具有相当大的制约性,基于不同的交互及协作机制,多主体系统中的主体的实现方式将各不相同。因此可以说,研究主体间的协作是研究和开发基于主体的智能系统的必然要求。

在现阶段,针对主体协作的研究大体上可分为两类,一类将其他领域(如博弈论 Game Theory、经典力学理论等)研究多实体行为的方法和技术用于主体协作的研究[Kraus 1997];而另一类则从主体的目标、意图、规划等心智态度出发来研究多主体间的协作,如 FA/C 模型[Lesser 1991]、联合意图框架(joint intention framework)[Levesque 1990]、共享规划[Grosz et al 1996]等。但前一类方法的适用范围远不如后一类广,所运用的各种理论只适用于特定的协作环境下,而一旦环境发生变化,如主体的个数、类型及主体间的交互关系与该理论所适用的情形不一致时,基于该理论的协作机制就失去了其存在的优势。而后一类方法则较偏重于问题的规划与求解,并且它们所假定的协作过程差异显著。有的是先找协作伙伴再规划求解,有的先对问题进行规划然后由主体按照该规划采取协作性的行动,而有的则在主体自主行动的过程中,进行部分全局规划(partial global planning,

PGP)来调整自己的行为以达到协作的目标[Lesser 1991]。后两种方式的协作显得较松散,缺乏必要的意外处理机制及手段,并且在主体间还必须存在共享的协作规划;而前一种方式协作的不确定性较大,其协作规划会受到协作团体的影响和制约。

在多主体系统中,主体是自主的,多个主体的知识、愿望、意图和行为等往往各不相同,对多个主体的共同工作进行协调,是多主体系统的问题求解能力和效率得以保障的必要条件。包括组织理论、政治学、社会学、社会心理学、人类学、法律学以及经济学等在内的多个学科领域都对协调进行了研究,许多研究成果已经应用到多主体系统中。多主体系统中的协调是指多个主体为了以一致、和谐的方式工作而进行交互的过程。进行协调是希望避免主体之间的死锁和活锁。死锁指多个主体无法进行各自的下一步动作;活锁是指多个主体不断工作却无任何进展的状态。多主体之间的协调已经有很多方法,大致归纳如下:①组织结构化(organizational structuring);②合同(contracting);③多主体规划(multi-agent planning);④协商(negotiation)。

从社会心理学的角度看,多主体之间的协作情形大致可分为:①协作型:同时将自己的利益放在第二位;②自私型:同时将协作放在第二位;③完全自私型:不考虑任何协作;④完全协作型:不考虑自身利益;⑤协作与自私相混合型。

主体的交互有两种关系:负关系和正关系。负关系导致冲突,对于冲突的消解构成协调;正关系表示主体的规划有重叠部分,或某个主体具有其他主体不具备的能力,各主体可以通过协作获得帮助。

20世纪80年代中期以前,分布式人工智能对协调与协作的研究主要在无目标冲突的情况下互相帮助,实现目标。这种研究适用于分布式问题求解。20世纪80年代中期,Rosenschein在其博士论文中对于主体在目标有冲突情况下的交互进行了深入的研究,运用对策论,建立了"理性主体(rational agent)"交互的静态模型[Rosenschein 1986],成为多主体协调与协作问题的形式化理论基础。此后,许多学者运用对策论对于多主体的协商、规划、协调进行了形式化研究。这些研究都是在主体目标矛盾的前提下,如何通过建立对方模型或通过协商协调各自行为,或通过协作实现共同目标。有的研究考虑时间偏好,有的面向开放环境。

马萨诸塞大学在强化FA/C与PGP方法的基础上,采用元级通信的方法,协调主体的计算。MacIntosh运用启发式方法将协作引入机器定理证明。Sycara以劳资谈判为背景研究协商问题[Sycara et al 1996]。该方法使用启发式与约束满足技术解决分布式搜索问题,使用异步回溯恢复不一致的搜索决策。其缺点是需要一个仲裁器解决冲突。Conry研究了多目标、多资源条件下的多步协商。Hewitt提出了开放分布式人工智能系统的思想,对Rosenschein的静态交互模型提出挑战。现实世界是开放的、动态的,协调与协作也应是开放的、动态的。计算生态学认为,主体在开放的、动态的环境中不一定具备很强的推理能力,而可以通过不断的交互,逐步协调与环境以及各自之间的关系,使整个系统体现一种进化能力,类似于生态系统。在 BDI 模型中则强调交互作用中主体信念、愿望和意图的理性平衡。

Shohan 等提出为人工主体社会规定一套法规,要求每个主体必须遵守,并且相信别的主体也会相信。这些法规一方面会限制每个主体所能采取的行动,另一方面也可以确保其他主体会有什么样的行为方式,从而保证本主体行为的可实现性。Decker 等提出一种用于分布式传感器网络的动态协调算法[Decker et al 1995],各主体按照一个统一的标准动态修改本主体负责的传感器区域,可以自动达成各区域边界的协调。这种动态重构处理区域可以在整个系统内实现负载均衡,性能优于静态分区算法,尤其是可以降低性能的波动性,更适合于动态实时情形。

在多主体规划系统中,可以通过规定各种行为与目标的相关性而达成行为序列的自发协调。德国慕尼黑技术大学的 Wei 通过分布式学习,形成对某个问题的一组行为与目标的相关值。自发协调的另一种方法是 Kosoresow 提出的 Markov 过程。在主体目标和偏好相容的情况下,Markov 过程是一种快速的概率性的协调方法。将 Markov 过程作为主体的推理机制,可以分析主体交互过程的收敛性和平均收敛时间。当主体目标和偏好不相容时,可以在某个时间限制点检测出不相容,并提交给更高层的协调协议。为了描述协同工作的一群主体行为,需要用共同意图将群体成员的行为联结起来。Jennings 等采用共同责任概念,强调意图作为行为控制器的作用,规定各主体在协作问题求解中应该如何行动。这种共同责任可以为系统结构设计提供功能指导,为监控问题求解提供标准,为异常处理提供准则。他们在 GRATE* 中实现了这种责任方法。

15.6.2　合同网

1980 年,Smith 在分布式问题求解中提出了一种合同网协议(contact net protocol)[Smith 1980b]。后来这种协议广泛用在多主体系统的协调中。主体之间通信经常建立在约定的消息格式上。实际的合同网系统基于合同网协议提供一种合同协议,规定任务指派和有关主体的角色。图 15.20 给出了合同网系统中节点的结构。

本地数据库包括与节点有关的知识库、协作协商当前状态和问题求解过程的信息。另外三个部件利用本地知识库执行它们的任务。通信处理器与其他节点进行通信,节点仅仅通过该部件直接与网络相接。特别是通信处理器应该理解消息的发送和接收。

合同处理器判断投标所提供的任务、发送应用和完成合同。它也分析和解释

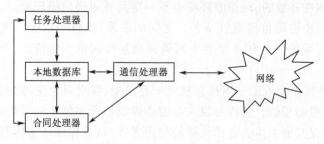

图 15.20　合同网节点结构

到达的消息。最后,合同处理器执行全部节点的协调。任务处理器的任务是实际处理任务赋予它的处理和求解。它从合同处理器接受所要求解的任务,利用本地数据库进行求解,并将结果送到合同处理器。

　　合同网工作时,将任务分成一系列子问题。有一个特定的节点称作管理器,它了解子问题的任务(见图 15.21)。

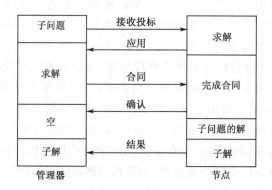

图 15.21　合同网系统中合同协商过程

　　管理器提供投标,即要解而尚未求解的子问题合同。它使用合同协议定义的消息结构,例如:

TO:	All nodes
FROM:	Manager
TYPE:	Task bid announcement
ContractID:	xx-yy-zz
Task Abstraction:	⟨description of the problem⟩
Eligibility Specification:	⟨list of the minimum requirements⟩
Bid Specification:	⟨description of the required application information⟩
Expiration time	⟨latest possible application time⟩

标书对所有主体都是开放的,通过合同处理器进行求解。使用本地数据库求

解当前可用的资源和主体知识。合同处理器决定该公布的任务申请是不是要做。
如果要做,它将按下面结构通知管理器:

```
TO:                 Manager
FROM:               Node X
TYPE:               Application
ContractID:         xx-yy-zz
Node Abstraction:   ⟨description of the node's capabilities⟩
```

　　管理器必须选择节点,全部应用中它最适合于所给的合同。它访问具体的求
解知识和方法,选择最好成绩,将合同有关的子问题求解任务交给它。根据合同消
息管理器指派合同如下:

```
TO:                   Node X
FROM:                 Manager
TYPE:                 Contract
ContractID:           xx-yy-xx
Task Specification:   ⟨description of the subproblem⟩
```

　　通信节点发送确认消息到管理器,以规定的形式确认接受合同。当问题求解
阶段完成,已解的问题传给管理器。承诺的节点完全负责子问题的求解,即完成合
同。合同网系统纯粹是任务分布。节点不接受其他节点当前状态任何信息。如果
节点晚些认为所安排的任务超过它的能力和资源,那么可以进一步划分子问题,分
配子合同到其他节点。这时,它用作管理器角色,提交子问题标书。形成分层任务
结构,每个节点可以同时是管理器、投标申请者和合同成员。

　　原来合同网系统作了一些扩充,影响协商的过程。第一方面是公布标书。所
有节点都可以参加投标,这要求通信频繁和丰富的资源。管理器必须评价大量的
投标书,使用大量的资源。管理器很重的负载可能是公共的投标请求造成的。首
先,它要有能力只通知投标中的一小部分。可以想象,管理器具有各个节点能力的
具体知识,那么它就能粗略估计处理子问题的可能的候选节点。其次,公共投标请
求完全可以取消。如果未解的子问题可以采用以前求解问题的方法构建,那么,管
理器可以直接与过去求解问题的节点联系,如果资源可以利用,签订合同。再次,
节点自己也可以投标。这种情况下,管理器许多开放的投标只是调查新的任务。
投标请求只是在没有找到合适的投标者时需要。

　　合同网系统扩充的第二方面是影响实际合同的指派。原协议中,管理器在指
派合同后要等待接受有关节点的信息。当确认信息到来之前,管理器不知道节点
是否接受合同。节点投标后并未形成合同,没有建立合同约束。建议的扩充是将
合同约束建立移到协商的早期。例如,当一个节点投标时,可以提供后面接受承诺
可能的条款。与此相关,接受可能性不是简单的接受或拒绝,而可以带有一些参数
或条件。合同确认的最大期限是进一步的扩充。如果在规定期限内节点没有确认

合同,那么管理器将中断合同。合同处理器也可以发送信息,避免管理器等待太长的时间,在最长时间间隔之前,管理器就可以重新指派合同。

15.6.3　部分全局规划

部分全局规划(partial global planning,PGP)方法最重要的特点是多主体系统中工作时每个主体的能力是给定的,收集当前状态的信息,其他主体达到的目标。主体可以使用知识优化它们的任务。PGP 提供了一种灵活的概念——协调分布式问题求解部件。

使用 PGP 的基本条件是需要几个分布式主体为整个问题求解工作。一个主体作为 PGP 的一部分,考虑同组其他主体的动作和关系来形成自己的结论。这种知识称作部分全局规划,它反映求解全局问题的一个主体决定的部分规划知识。图 15.22 给出一个例子,说明 PGP 系统的基本工作原理。两个主体分别工作两个子问题(A 和 B)。每个主体发送信息到它的合作者主体 1 通知主体 2 它当前工作子问题 A。同样,主体 2 通知它工作子问题 B。每个主体可以利用该信息知道合作者的情况。例如,主体 1 知道它的子问题 A_2 取决于主体 2 的子问题 B,它可以通知主体 2。PGP 处理过程可以分为四步:

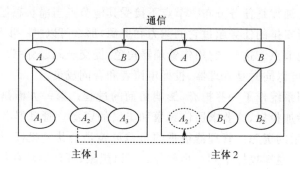

图 15.22　部分全局规划例示

(1) 每个主体创建局部规划;

(2) 主体之间通信和交换规划;

(3) 创建部分局部规划;

(4) 修改和优化部分局部规划。

协调过程开始之前,每个主体必须创建局部规划,求解指派的任务。每个局部规划至少要有不同层次的两级。整体结构包含求解问题最重要的步骤,反映主体长期求解问题规划;详细结构包括每个具体子问题的详细信息。

一旦局部规划完成,主体之间就开始交换知识。每个主体必须具备一定数量的专门组织的知识,它可以决定在问题求解中其他主体的角色,对什么信息感兴趣。元级组织决定主体层次。一旦主体收到其他主体的规划信息,它必须以 PGP 形式组织。检查有无新的信息包括对它内部规划的依赖关系,然后,将这些相关的子规划分组成逻辑部件。部分全局规划由下列部件构成:

(1) 目标。目标包含 PGP 基本信息,包括存在的理由、长期目标、与其他规划比较的优先级。

(2) 规划活动图。规划活动图包括其他主体的任务、它们当前的状态、详细计划、期望的结果和有关尝试。

(3) 求解构造图。求解构造图包括主体之间怎样进行信息通信和彼此协作。主体发送规划的具体大小和时间特别重要。

(4) 状态。状态包括报告 PGP 全部重要信息,如其他主体所接受的规划、接受的时间标志。

PGP 规划器的核心是分析其他主体送来的信息,决定几个主体是不是工作于相同目标。PGP 规划器以规划活动图方式集成知识。它也预测其他主体未来的行为和结果。规划活动图形成主体未来工作的基础。规划图用来把局部规划与新的知识比较,创建修改的局部规划。这时也创建求解构造图。PGP 规划器产生修改的局部规划作为最终结果。具体规划送到具体主体后,规划器要使用整个系统当前的知识进行优化和充实细节。

使用局部规划器有许多优点。最重要的好处是高度动态的系统行为。所有规划任何时候都能适应新的环境求解,整个系统具有高度灵活性和有效性。PGP 尽可能识别原规划的改变。必须按时地将所作的修改送到其他节点,因为修改会影响它们的工作。如果任何细小的修改都要通知,那么就会加重整个系统的负担。因此可以允许存在小的不一致性,仅仅通信重要的修改。系统开发者必须开发这样的容错系统,并规定一个阈值来指示修改是重要的。第二个好处是有效性和避免冗余。两个或多个主体工作相似或相同的问题,将马上登记它们整个 PGP,然后在它们中重新指派或构建。工作的指派非常有效。

当然,原来的 PGP 模型有许多限制,特别在多主体系统中异构主体不同问题的求解。怎样处理动态主体重复改变求解策略?能否工作在实时环境下,即要在规定时间内完成具体任务?主体之间怎样进行协商?有一些方案对 PGP 模型进行扩充,如通用部分全局规划(general partial global planning,GPGP)提供新的部件来满足这种要求[Decker 1995]。

Osawa 以机器人协作为背景,提出一种在开放环境下(知识不完备、不准确、能力不同)构造协作规划的方法[Osawa 1993]。在这一方法中,理性主体使用“多世界模型”构成不完全的单主体规划,再根据基于效用的模型协商平衡费用,从而构成协作规划。这一过程可以描述为:

(1) 需求者(requestor)向公告板主体发送需求建议 RFP;

(2) 空闲主体向公告板主体申请一个 RFP;

(3) 公告板将 RFP 发到提出申请的空闲主体;

(4) 空闲主体产生个体规划;

(5) 空闲主体将其规划发给需求者;

(6) 需求者调查协作的可能;

(7) 需求者发送协作奖励;

(8) 申请者组成协作规划。

其效用值可用下式计算:

$$\text{utility}(a,g) = \text{worth}(a,g) - \text{cost}(\text{plan}(a,g))$$

效用的平均是协作的原则。尽管 Osawa 在一定程度上解决了开放环境中主体协作的问题,但将各主体效用简单相加再平均的方法仍然太弱,因为主体效用仅是主体本身对目标偏好的一种排序关系,不同主体效用一般不能用数值比较。

15.6.4 基于约束传播的规划

在多主体系统中,主体协调工作可以通过情景动作(situated action)和规划(planning)来实现。基于情景动作的方法强调主体和环境的交互以及紧耦合的感知-动作循环在主体行为中的作用。规划方法则利用某种搜索方法来确定主体要执行动作的顺序。相对于情景动作而言,规划可以保证主体行为的正确性,使主体更具有理性。因而,被广泛地应用于慎思主体中。

但是,由于缺乏对多主体系统中主体间协调、协作的考虑,目前大多数通用规划算法,如 UCPOP、GraphPlan、SNLP 等并不能被直接应用。在多主体环境下,主体间的动作是并行的,不由单一主体控制的;一个主体可以通过通信和协商来试图改变其他主体的行为,使系统更加协调,可以通过请求其他主体的协作来完成自身能力所不及的工作。由于经典的规划算法假设主体自己是唯一可以改变其所在环境的,因而规划的结果不能保证不和其他主体冲突,并且主体的求解能力也受到了限制。另外,部分全局规划等动态环境下的分布式规划假设环境中的突发事件是不可预料的,并且主体的规划和执行交替进行。这种方法不能保证规划的可靠性和完备性。

一个规划,特别是偏序规划可以由下面规划步骤上的约束来确定:用时序约束(temporal constraint)来指定执行步骤间的时间先后顺序,用等价约束(codesignation constraint)来不完全指定执行的步骤。规划求解就是对规划逐步添加细化约束的过程。主体之间的冲突协调和主体间的协作也可以通过指定动作之间的时序和等价约束来实现。不同主体的动作之间的资源占用冲突和一个主体为其他主体的服务可以用主体动作间的因果链(causal link)来表示,并且通过加入主体动作之间的时序约束来解决。同时,主体间的协作动作,如两个主体合作抬起一张桌子,必须用单独的动作描述来表示。多主体环境下一个主体规划的正确性由真值条件(truth criterion)保证。我们提出了一种多主体并行偏序规划算法,每个主体并发地对其要完成的目标进行规划,当某个主体决定在规划中引进一个新的动作时,它通过和其他主体间的约束传播来实现多主体系统的协调。可以证明分布式多主体并行偏序规划算法是可靠的。

1. 规划表示

在规划动作的描述上,STRIPS 表示在实现实用的规划器中限制过多,而完全采用情景演算又过于困难。1989 年,Pednault 提出了一种动作描述语言 ADL。我们扩充 ADL 来描述多主体系统中的规划动作,它的表示能力介于 STRIPS 和完全的一阶逻辑之间。

ADL 的语义基于描述世界状态的数学结构。一个动作 a 在 ADL 中用一个状态对 $\langle s,t \rangle$ 表示,其中,动作 a 在状态 s 被执行并且产生状态 t。一个状态 s 和状态描述 ϕ 的联系用模型符号 $\vDash$ 表示,记作 $s \vDash \phi$。ADL 中的动作模板代表了一组可能的动作,用四组可选的子句来描述:①Precond:前提条件;②Add 和 Delete:状态 t 的关系 R 中被加入和删除的公式集合;③Update:一组描述函数如何从 s 变到 t 的关系。当用 $R()$ 表示加入,$\neg R()$ 表示删除时,Add 和 Delete 可以被合并为 EFFECTS。但是本书限制前提条件为析取并且不使用 UPDATE。更形式化地,一个动作模板可以表示为动作步骤和它的效果。

定义 15.1　一个动作步骤 S 是一个四元组 $\langle \rho, \varepsilon, \beta, \gamma \rangle$,其中,$\rho$ 是步骤的前提,是一组量化(quantified)的文字;ε 是步骤的效果集;β 是步骤的约束,是 ρ 中变量的一组等价约束或不等约束;γ 是步骤执行时要占用的资源,用对象的文字来表示。

用 ρ_S、ε_S、β_S、γ_S 表示在步骤 S 中的集合 ρ、ε、β、γ。β 中的等价约束应用于效果 ε 和前提 ρ 中的所有公式,为一组耦合对 (u,v) 或 $\neg(u,v)$。前者表示自由变量和常量,后者表示自由变量。u 和 v 必须等价,即它们可以合并到同一个合式公式中;$\neg(u,v)$ 表示不等价,即 u 和 v 不能被合并到任意的合式公式中。β 规定了规划中变量和常量上的等价关系,记作 $\approx_{\beta}$。γ_S 是动作步骤 S 所占有的资源。我们假设某一资源在动作执行时,必须为其所独占。所以,两个占用资源有交集的动作步骤不能同时被执行,否则会发生资源的冲突,必须进行协调。值得注意的是,前提 ρ_S 和资源 γ_S 不同,前提 ρ_S 要求在 S 的实例 A 执行前为真,即在状态 s 前为真;资源 γ_S 要求在 S 的实例 A 执行过程中为空闲,即在状态 s 和状态 t 之间为空闲。

定义 15.2　动作效果是一个三元组 $\langle \rho, \theta, \beta \rangle$,其中,$\rho$ 是效果的前提条件;θ 是效果的后续条件,它们是一组量化的文字;β 是 ρ 和 θ 上自由变量上的等价约束。

例如,考虑对把一个积木 b 从位置 x 移到位置 y 的例子。设动作步骤为 move (b,x,y)。它可以描述为

$$\{\{\text{on}(b,y),\text{clear}(b),\text{clear}(y)\},\{\{\phi,\{\text{on}(b,y),\neg\ \text{on}(b,x),\text{clear}(x)\},\phi\},$$
$$\{(y\neq\text{table}),\neg\ \text{clear}(y),\phi\},\},\{b\neq x,b\neq y,x\neq y\},\phi\}$$

其中,ϕ 表示空集。另外一种更可读的 Common Lisp 表示如下:

```
(define(operator move)
    :parameters(?b ?x ?y)
    :precondition(and(on ?b ?x)(clear ?b)(clear ?y)
                    (≠?b ?x)(≠?b ?y)(≠?x ?y))
    :effect(and(on ?b ?y)(not(on ?b ?x))(clear ?x)
                    (when(≠?y table)(not(clear ?y))))))
```

一般来说,不同主体动作之间的关系可以用它们之间的约束来表示,例如,主体 α 的动作 A_α 的执行是另一个主体 β 的动作 A_β 执行的前提,可以用这两个动作的因果链(定义 15.4)表示。在一个主体的内部表示中,这种约束关系表示为来自其他主体的承诺和主体自身动作和外部承诺之间的约束关系。一个主体答应为其他主体完成某件事时,它向其他主体提供一个承诺使其相信它一定会完成这件事。有了其他主体的对某动作 A 的承诺,主体就可以在推理时相信 A 的有效性,并把 A 等同于自己的动作,而利用 A 的结果或者避免其他动作和 A 冲突。另外,值得考虑的是在不同主体之间的合作动作。对于 n 个动作 $A_1,A_2,\cdots,A_n$ 和某一性质 p,如果 p 在 $A_1,A_2,\cdots,A_n$ 被并行执行后为真,但是 $A_1,A_2,\cdots,A_n$ 中任何一个动作没有被执行时都不为真,则称 $A_1,A_2,\cdots,A_n$ 为合作动作(joint-action),p 为合作动作的结果之一。合作动作在多主体系统中是常见和不可少的。例如,两个主体合作来抬起一张桌子。由于单个主体的动作不能反映合作动作的效果,一个合作动作不能用每个主体上的动作分量单独表示,它们必须用单独的动作模板来描述。同时,合作动作中各个主体的动作分量 $A_1,A_2,\cdots,A_n$ 之间是时序等价的。如果它们是时序等价的,动作执行的时间等价由主体同步信息来保证。时序等价的定义如下:

定义 15.3 一个偏序集上 $\langle S,\leqslant\rangle$ 的时序等价关系定义为:对于任意 $s_1,s_2\in S,s_1\approx s_2$ 当且仅当对于任意 $t\in S$:

(1) 如果 $t\leqslant s_1$,有 $t\leqslant s_2$;如果 $s_1\leqslant t$,有 $s_2\leqslant t$。

(2) 如果 $t\leqslant s_2$,有 $t\leqslant s_1$;如果 $s_2\leqslant t$,有 $s_1\leqslant t$。

在偏序规划中,因果链(causal link)被用来显式地记录动作之间的依赖关系。根据 Tate 和 Weld 的工作,因果链可定义如下:

定义 15.4 因果链是四元组 $\langle s_i,e,r,s_j\rangle$,表示为 $s_i\xrightarrow{e,r}s_j$。其中,r 是 s_j 的前提(或者效果的前提)之一,e 是 s_i 的效果之一。并且存在 $\exists q\in\theta_e$ 使 q 和 r 合一(unified)。

定义 15.5 规划是四元组 $\langle S,B,O,L\rangle$。S 是一组动作步骤,包括主体自身的动作和其他主体的动作承诺;B 是 S 上自由变量的 binding 约束;O 是一组偏序约束 $\{s_i \prec s_j \mid s_i, s_j \in S\}$;$L$ 是因果链的集合。

定义 15.6　规划问题是四元组 $\langle \Lambda, I, U, \Gamma \rangle$。$\Lambda$ 是动作模板的集合;I 是一组表示初始情景的文字;Γ 是表示目标的量化子句集(quantified clauses);U 是 Λ、I、Γ 中变量的论域。

定义 15.7　**目标规划**　对一个问题 $\alpha = \langle \Lambda, I, U, \Gamma \rangle$,它的目标规划 g-plan$(\alpha)$ 是规划 $\langle S, B, O, L \rangle$。其中,$S = \{s_0, s_\infty\}$,$O = \{s_0 \prec s_\infty\}$,$B$ 和 L 为空集;并且 $\varepsilon_{s_0} = I$,$\rho_{s_\infty} = \Gamma$,s_0 和 s_∞ 中的其他元素(element)为空集。

2. 多主体环境下的规划问题

多主体的规划和单个主体的规划有许多不同之处。例如,主体之间必须进行规划信息的交流来协调它们之间的规划冲突。但是,从状态空间来考虑规划,真值标准依然适用。一个性质 p 在状态 s 下为真条件由下面的真值标准给出:一个性质 p 在某一状态 s 下为真的充要条件是存在一个性质建立状态 $t \leqslant s$,使性质 p 为真;并且在性质 p 的建立状态 t 和状态 s 之间不存在使 p 不成立的终止状态。它可以形式化地表示为:

一个性质 p 在状态 s 为真当且仅当:

(1) 存在一个状态 t 使 u 为真,即 holds(u, t);

(2) $p = u$;

(3) $t \leqslant s$;

(4) 对于所有的状态 w 和性质 q,使得 holds$(\neg q, w)$。

或者

(1) $p \neq q$;

(2) $s \prec w$;

(3) 对于各种变量的等价关系使 $p = q$,存在一个状态 v,其中 holds$(\neg r, v)$ 并且 $w \prec v \leqslant s$,$r = p$。

其中,$\prec$、$\leqslant$ 表示状态之间的时序关系;$=$、$\neq$ 表示性质之间的等价或不等价关系;holds(v, t) 表示性质 v 在状态 t 时为真。真值条件的正确性已经被 Chapman 证明为一条定理[Chapman 1987]。利用此真值条件,可以导出一种最小承诺(least commitment)的规划生成思想。按照这个思想,规划的目标求解过程可以用真值条件解释为两个部分:一是性质的建立阶段,通过引入新的和利用已有的动作来实现;二是性质的维护阶段,把对已建立的性质有威胁进行升级或降级,使性质在需要成立的时候得到保护。对每个性质的维护是通过因果链记录动作之间的依赖关系来保护引入的动作不会干涉其他动作的推理实现。

提供服务、目标冲突、资源冲突和合作动作是多主体规划中特有的问题。利用

真值标准和规划表示,对它们在多主体系统中解决方案的讨论如下:

(1) 提供服务:主体 α 在推理时,需要使某一断言 p 为真,但是它不在主体 α 的任何动作 $A_{\alpha i}$ 的效果中。这时,主体 α 需要另一个主体 β 的动作 $A_{\beta j}$(p 是 $A_{\beta j}$ 的效果之一)被执行,使 p 成立。如果主体 α 和 β 达成了服务提供的协议,主体 β 向主体 α 提交承诺 $\mathrm{Comm}(A_{\beta j})$,并且在主体 α 和 β 的当前规划中建立因果链 $A_{\beta j} \xrightarrow{p} A_{\alpha i}$ 和偏序约束 $A_{\beta j} < A_{\alpha i}$。另外一种情况是,主体 α 的动作 $A_{\alpha i}$ 和主体 β 的动作 $A_{\beta j}$ 有重复的结果 p,假设动作 $A_{\beta j}$ 被先加入了规划中,α 可以先请求 β 的服务,而不是自己采用动作 $A_{\alpha i}$。这样做的好处是避免了因为重复动作导致的对因果链的威胁和它带来的回溯问题。

(2) 目标冲突:一个动作 s 的目标是使性质 p 在时态 t 为真,如果另一个动作 s' 的效果是使性质 p 在时态 t 不可为真,那么就要按真值标准中的条件(4)进行性质的维护,即对 s' 进行升级或者降级。由于所有的主体共有一个初始动作 s_0,并且它们的终止动作 $\{s_\infty\}$ 是一个规划任务的子目标,同时,任意一个动作 s(除 s_0 和 $\{s_\infty\}$ 之外)都要满足 $s_0 < s < \{s_\infty\}$。因而,如果在 $\{\rho_{s_\infty} = \Gamma\}$ 中存在一个性质 p 和它的否定,不可能对 s_∞ 进行升级或降级,则不可能得到一个无冲突的规划。

(3) 资源冲突:两个占用相同资源的动作 A_1,A_2 不能同时被执行,必须在它们之间加入时序约束 $A_1 > A_2$ 或者 $A_1 < A_2$。为了使规划器知道资源 r 在动作 s 时被占用,我们定义了一种伪因果链 $s \xrightarrow{\neg \mathrm{Free}(r)} s$。并且把 $\mathrm{Free}(r)$ 作为动作的前提之一。这样,资源冲突的动作之间就会建立时序约束,从而避免了资源冲突。

(4) 合作动作:多主体系统中,不同主体的动作可以被并发地执行。有两种可能的情况:①某性质 p 在并发动作 $A_1 \| A_2$ 执行时被否定,而单独的动作 A_1 或 A_2 执行时成立;②某性质 p 只有在并发动作 $A_1 \| A_2$ 执行时为真,而单独动作 A_1 或 A_2 执行都不成立。第一种情况可以用因果链保护性质 p 使 A_1 和 A_2 不能被同时执行。对于第二种情况,由于从 A_1 和 A_2 单独的动作模板 S_1 和 S_2 中,规划器不知道并发执行 A_1 和 A_2 可以使性质 p 为真。因而,合作动作 $A_1 \| A_2$ 必须显式地用动作模板描述。合作动作必须是时序等价的。所以,对任何动作分量上的时序约束也要加到另一个分量上。

3. 规划算法

多主体规划是一个或多个并发的主体进程同时对各自的目标在其规划空间的搜索。由于协调不同主体动作的需要,要在可能冲突的动作之间加入偏序约束。这些约束分布在不同的主体中,所以存在判断分布的偏序约束的一致性的问题。首先给出递增圈的定义。

定义 15.8　递增圈　一个偏序图是一个标记图 $\langle V, E \rangle$。其中,V 是变量节点

的集合,边 E 是关系表达式 xRy 的集合,x、$y \in V$,R 为偏序关系等于或小于,记作
$=$ 或 $<$。偏序图中的任一条边是变量节点的递增序列路径,则称该路径是一个递
增圈。

显然,下面命题成立:

命题 15.1 偏序图蕴涵不一致,当且仅当偏序图中存在一个递增圈,而且其
中某两个变量节点(可能相同)为 $<$ 关系。

命题 15.2 一个一致的规划中,如果存在一个递增圈,则圈中的所有变量都
是一个合作动作的投影。

规划算法中,动作间的偏序关系是随着规划的进行而逐步被指定的,即总是把
新的约束 $A_i < A_j$ 加入一组原本一致的约束集中或者从一致的约束集中减去约
束。此时,下面命题成立。

命题 15.3 在规划 $\langle S,B,O,L \rangle$ 中,如果由于加入约束 $A_i < A_j$ 而导致 O 不一
致,则有:①O 中存在递增圈;②$A_i < A_j$ 一定是递增圈中的一条边。

命题 15.4 在一致的规划 $\langle S,B,O,L \rangle$ 中减去约束 $A_i < A_j$,规划仍然一致。

在多主体规划中,约束可能是不同主体动作之间的偏序关系,并且分布在各个
主体内部的。一个递增圈有可能存在于一个主体内部、两个或多个主体之间。发
现多个主体之间的递增圈的存在需要在主体之间传递偏序信息,定理 15.1 说明了
递增圈的计算可以简化为动作 $A_i < A_j$ 或 $A_j < A_i$ 传递闭包的计算。由它可以得
出一种其在分布的主体中的计算方法。当主体 α 要在它的规划中加入偏序约束
$A_i < A_j$ 时,它首先计算 A_i 在本地规划中 O_α 上 $<$ 传递闭包 $T_<^\alpha(A_i)$,如果 $A_j \in$
$T_<(A_i)$,则可知 O_α 是不一致的;否则要计算 A_i 的全局传递闭包。

定理 15.1 如果在一致的规划中加入约束 $A_i < A_j$ 后,有 $A_i \in T_>(A_j)$ 或者
$A_j \in T_<(A_i)$,其中,$T_<(A_i)$ 是 A_i 的 $<$ 传递闭包,则规划不一致。

算法 15.1 分布偏序约束一致性判断:calculate_transition_closure(α,A_i)

输入:规划 $<S,B,O,L>$,约束 $A_i < A_j$.

输出:传递闭包 $T_<(A_i)$.

begin

发送信息通知所有主体把其规划中的时序约束 O 都设为只读;

计算动作 A_i 在主体 α 中的局部传递闭包 $T_<^\alpha(A_i)$;

$T_<(A_i) = T_<^\alpha(A_i)$;

设 SET(agent$_n$) 为 $T_<(A_i)$ 中主体 agent$_n$ 的动作

对于每一个非空的 SET(agent$_n$),启动一个新的线程

begin

$T_<(A_i) = T_<(A_i) +$ request(calculate_transition_closure(agent$_n$, SET(agent$_n$));

return

end

当所有的子线程返回后, return $T_<(A_i)$

通知所有的主体把约束退出只读状态

end

算法 15.1 中,主体之间的合作包括两个阶段:对各个主体的任务分配和主体的子目标规划。任务分配把多主体系统的全局目标分解并分配给系统内的一个或一组主体来执行。这里侧重于研究后一个问题,即开始规划时每个主体都有了自己的目标,它可能是被分配的或者是主体为了满足自己利益而生成的。另外,对多主体系统和其中的主体,做如下假设:

(1) 所有动作的效果都是这个工作和动作执行时系统状态的确定性函数;

(2) 主体拥有关于自身动作,其他主体的动作和系统初始状态的全部知识;

(3) 系统的变化只能由主体的动作引起;

(4) 不论主体能否成功地做出规划,它都维持在规划阶段同其他主体达成的动作承诺,使其他主体的规划可以继续进行;

(5) 主体之间的通信满足通信语言 KQML 规范中的消息传输约定,特别是通信要求无延迟和对同一目标消息是按发送的顺序到达的。

主体具有如图 15.23 所示的结构。由于主体之间进行协商,判断约束一致性的需要,在每个主体内有三个独立的线程运行,分别如下:

(1) 规划线程:负责执行算法 15.2 来求解自身的规划问题;

(2) 约束维护线程:计算动作在自身动作集 S 上的局部传递闭包,判断分布的偏序规划是否一致;

(3) 通信和协商线程:负责主体之间的动作约束传递和进行动作协作和协调。

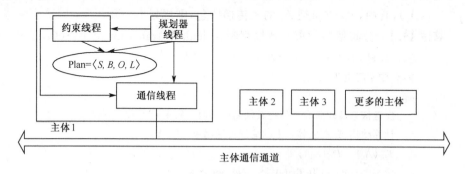

图 15.23　规划主体的内部结构

每个主体可以按算法 15.2 对自己的子目标进行规划求解。在算法 15.2 中,主体按照 UCPOP 的框架进行规划的建立和维护。当需要从其他主体请求服务和协作以及进行分布偏序约束一致性判断时,主体之间要进行消息的通信。

算法 15.2　规划算法($\langle S,B,O,L\rangle,G,\Lambda$)。

(1) 终止条件。如果 G 为空，则返回$\langle S,B,O,L\rangle$。

(2) 目标消解。从 G 中取出一个目标$\langle Q,A_c\rangle$，

① 如果 Q 是 Q_i 的合取，则把每个$\langle Q_i,A_c\rangle$加入 G，转到(2)；

② 如果 Q 是 Q_i 的析取，则非确定地选择一个 Q_k，并把它加入 G，转到(2)；

③ 如果 Q 是一个文字，并且在 L 中存在一个链 $A_p \xrightarrow{\neg Q} A_c$，返回失败。

(3) 选择操作算子。非确定性地选择一个在 S 中存在的动作，或者从 Λ 选择一个新的动作 A_p，其存在效果 e 和一个全称子句 p、$p\in T(\theta_e)$，并且 $MGU(Q,p)\neq\perp$（Q 和 p 存在一个最一般的归结）；如果 Λ 中不存在满足条件的动作，并且存在一个主体 β 其动作 A_β 满足条件，则向主体 β 发出请求；如果存在合作动作满足条件，则向所有合作动作的执行者发出请求。被请求的主体在其规划 P_b 中执行步骤(4)和(5)，如果成功，β 返回 $Comm(A_\beta)$，把合作动作或 $Comm(A_\beta)$ 加入 S，转到步骤(2)；否则，β 返回失败。

(4) 使新动作有效。令 $S'=S,G'=G$，如果 $A_p\in S$，则加 A_p 到 A' 中，并把$\langle preconds(A_p)\backslash MGU(Q,R,B),A_p\rangle$加入到 G'，把 $non\text{-}cd\text{-}constraints(A_p)$ 加入到 B' 中。

(5) 因果链的保护。对每个因果链 $l=A_i \xrightarrow{p} A_j$ 和每一个可能威胁到 l 的动作 A_t，从下面三种方案中选择一种（如果没有选择，则返回失败）：

① 升级：对 O 进行分布偏序约束一致性判断，如果约束一致，$O'=O'\cup\{A_j<A_t\}$；

② 降级：对 O 进行分布偏序约束一致性判断，如果约束一致，$O'=O'\cup\{A_t<A_j\}$；

③ 面对：如果 A_t 所威胁的 l 为条件结论，令其条件为 S，结论是 R，则加入$\langle \neg S\backslash MGU(P,R),A_t\rangle$到 G' 中。

(6) 递归调用。如果 B 不一致，返回失败；否则调用($\langle S',B',O',L'\rangle,G,\Lambda$)。

算法 15.2 是可靠的，但却不是完备的。所谓可靠性，是指对于一个规划问题，如果主体采用的规划算法找到了一个规划，那么它是规划问题的解，下面的定理 15.2 给出了对可靠性的简单证明。算法 15.2 不是完备的，是因为主体在其规划空间上的搜索和其他主体搜索过程有时序和等价约束关系，所以，主体的搜索空间受到了限制。特别是为了不使并行规划过于复杂和冗长，我们没有提供一种机制使一个主体在回溯后找不到解时，可以请求其他主体也回溯或者放松约束，使请求主体当前时刻的解空间扩张仍可以继续进行搜索。

定理 15.2　可靠性　对于一个采用算法 15.2 的主体来说，$\alpha=\langle \Lambda,I,U,\Gamma\rangle$ 是它的规划问题。如果算法 15.2 返回一个规划 P，则 P 是 α 的一个解。

证明　证明思路是依照 Pednault 的因果关系定理和 Chapman 的真值标准，算法 15.2 的每一次迭代前后，规划都满足循环不变性(如果 G 中的子目标都被规划 P 满足，则 P 是 α 的一个解)。由于算法开始和终止时，算法的循环不变性都满足；并且，当算法终止时，G 为空，没有其他的条件限制 P 是规划的解。所以算法 15.2 返回的规划 P 是 α 的一个解。

15.6.5　基于生态学的协作

20 世纪 80 年代末，在计算机中出现了一个崭新的学科——计算生态学(the ecolog of computation)。计算生态学是研究关于开放系统中决定计算节点的行为与资源使用的交互过程的学科。它摒弃了封闭、静止地处理问题的传统算法，将世界看做开放的、进化的、并发的，通过多种协作处理问题的"生态系统"(ecosystem)加以研究。它的进展与开放信息系统的研究息息相关。

分布式计算系统具有类似于社会的、生物界组织形式的特征。这类开放系统与目前的计算机系统有很大差别，它们对于复杂的任务进行异步的计算，它们的节点可以在内部结构陌生的其他机器上产生进程。这些节点能根据不完备的知识与不完整的、经常迟到的信息做出局部决策。整个系统不存在中心控制，而是通过各节点的交互、协作解决问题。所有这些特点构成了一个并发的组合体，它们的交互、策略以及对资源的竞争类似纯粹的生态学。Hewitt 提出了开放信息系统的概念[Hewitt 1991]，他认为不完备的知识、异步的计算以及不一致的数据是开放计算系统所无法避免的。人类社会，特别是科学界在面临同样的问题时能够成功地通过协作加以解决。

计算生态学将计算系统看做一个生态系统，它引进了许多生物的机制，如变异(mutation)即物种的变化。这些变化导致生命基因的改变，从而形成物种的多样性，增强了适应环境的能力。这类变异策略成为人工智能系统提高其自身能力的一种方法。Lenat 与 Brown 成功地将变异机制引入他们的 AM 与 Eurisko 系统中，通过小型 Lisp 程序的语法变异发现数学概念。他们认为未来成功的系统应该是一系列进化的、自组织的符号知识结构的"社会"系统。

Miller 与 Drexler 讨论了一些进化的模型，如生物生态系统、商品市场，并指出它们与计算生态系统的异同。他们认为，一个直接计算市场是最理想的系统模型。

由于不完备知识与迟到的信息是计算生态系统的内在特征，在这些限制下系统的动态行为的研究是非常重要的。Huberman 与 Hogg 提出并分析了动态游戏的过程，指出当各进程为完成计算任务进行交互时，若有多个可选择策略，动态渐进过程可能变为非线性振荡与混沌。这表明在计算生态系统中进化的稳定策略有可能不存在。他们同时还讨论了可能存在的普遍规律以及合作在系统中的重要性，并且与生物生态系统和人类组织进行了比较。与动态理论相对应，Rosenschein 与 Genesereth 提出用静态对策理论解决具有不同目标的计算节点的潜在冲突问题。

目前,著名的生态系统模型有生物生态模型、物种进化模型、经济模型、科学团体的社会模型等。大型生态系统的智能,超过任何个体智能。

(1) 生物生态模型。这是最著名的生态系统,具有典型的进化特征和层次性。这种特性反映在"食物链"中。对于复杂的生物生态系统而言,各物种组成了紧密相连的网络——食物网。这个系统的主要角色是捕食者与被食者。生命依赖于生命,共同进化,由小的生态环境组成大的生态系统。

(2) 物种进化模型。物种进化的"复制者"是基因。从门德尔的植物遗传研究到现代遗传学的成果,都说明了在物种进化过程中,基因的组合与变异起着关键作用。在一个物种的某一群体中基因的集合称为基因池。生物组织是基因的载体。如果环境变化,选择的机制就会改变。这种变化必然引起基因池的变化。特定种群的基因变化称为基因流。一个物种总是不断地经历隔绝、基因流动、变化的循环。开始时,一组地理上隔绝的群体自己孤立地发展,基因在内部快速地流动。随着开放,通过交流和竞争,优胜劣汰。

(3) 经济模型。经济系统在某种意义上类似于生物生态系统。在商品市场和理想市场中,进化决定于经济实体的决策。选择机制是市场奖励机制。进化是快速的,企业与消费者之间、企业之间主要是一种互相依赖的合作关系。决策者为了追求长远利益,可以采取各种有效的方法,甚至可以暂时做赔本买卖。

15.6.6 基于对策论的协商

在多主体系统中,协商的含义有多种理解。一种认为子问题和资源的指派是协商;另一种则认为主体之间一对一直接协商。所有协商活动的目的是在一组独立工作的主体间建立协作,主体也有自己的目标。协商协议提供可能的协商形式的基本规则、协商过程和通信基础。协商策略取决于具体的主体。尽管主体开发者可以提供不同程度的协商能力,但是一定要保证协议与策略相匹配,即选择的策略要在可用的协议中能执行。

从单个主体看,协商的目的是改善自己的状态,在不影响自己的情况下支持其他主体,或者对其他主体请求帮助。主体必须进行折中,维护整个系统的能力。在这种意义上,协商交互的形式可以分为以下几类:

(1) 对称协作。协商产生的结果,对每个主体都比它们原来达到的好。其他主体对主体本身的影响是积极的。

(2) 对称折中。主体宁可自己独立达到它们的目标。协商意味着参加者之间的折中,降低效果。但是不能忽略其他主体的存在,只能采取折中,让参加者都能接受协商的结果。

(3) 非对称协作/折中。即对协商的一个主体协作的影响是积极的,而对另一个主体必须进行折中。

（4）冲突。由于主体的目标彼此冲突，不能达到可接受的解。在得到结果前协商必须终止。

15.6.7　基于意图的协商

Grosz 将主体的信念、愿望、意图理论应用到协商中[Grosz et al 1996]。该方法中不使用子规划，而是使用意图进行协商，减少通信量。BDI 理论认为，导致主体理性行为的既不是愿望，也不是规划，而是信念与愿望结合产生的意图，处于愿望与规划之间的层次。实现意图的子规划是由该意图产生。一个意图可能对应几个子规划。主体进行协商时没有必要交换各个子规划，只要交换意图。但是，Grosz 方法中假定主体是完全合作关系。

Zlotkin 的工作极大地改善了两个主体的静态协商理论。但是，这对开放的多主体系统不适用。清华大学王学军等用对策论重新定义意图，然后主体通过交换子意图进行协商[王学军 1996]。

15.7　移　动　主　体

随着 Internet 应用的逐步深入，特别是信息搜索、分布式计算以及电子商务的蓬勃发展，人们越来越希望在整个 Internet 范围内获得最佳的服务，渴望将整个网络虚拟成为一个整体，使软件 agent 能够在整个网络中自由移动，移动 agent 的概念随即孕育而生。

20 世纪 90 年代初，General Magic 公司在推出其商业系统 Telescript 时，第一次提出了移动 agent 的概念，即一个能在异构网络环境中自主地从一台主机迁移到另一台主机，并可与其他 agent 或资源交互的软件实体。移动 agent 是一类特殊的软件 agent，它除了具有软件 agent 的基本特性——自治性、响应性、主动性和推理性外，还具有移动性，即它可以在网络上从一台主机自主地移动到另一台主机，代表用户完成指定的任务。由于移动 agent 可以在异构的软、硬件网络环境中自由移动，因此这种新的计算模式能有效地降低分布式计算中的网络负载、提高通信效率、动态适应变化了的网络环境，并具有很好的安全性和容错能力。

移动 agent 可以看做软件 agent 技术与分布式计算技术相结合的产物，它与传统网络计算模式有着本质上的区别。移动 agent 不同于远程过程调用（RPC），这是因为移动 agent 能够不断地从网络中的一个节点移动到另一个节点，而且这种移动是可以根据自身需要进行选择的。移动 agent 也不同于一般的进程迁移，因为一般来说进程迁移系统不允许进程自己选择什么时候迁移以及迁移到哪里，而移动 agent 却可以在任意时刻进行移动，并且可以移动到它想去的任何地方。移动 agent 更不同于 Java 语言中的 Applet,因为 Applet 只能从服务器向客户机做单方向的移动,而移动 agent 却可以在客户机和服务器之间进行双向移动。

虽然目前不同移动 agent 系统的体系结构各不相同,但几乎所有的移动 agent 系统都包含移动 agent(简称 MA)和移动 agent 服务设施(简称 MAE)两个部分。MAE 负责为 MA 建立安全、正确的运行环境,为 MA 提供最基本的服务(包括创建、传输、执行),实施针对具体 MA 的约束机制、容错策略、安全控制和通信机制等。MA 的移动性和问题求解能力很大程度上取决于 MAE 所提供的服务,一般来讲,MAE 至少应包括以下基本服务:

(1) 事务服务:实现移动 agent 的创建、移动、持久化和执行环境分配;

(2) 事件服务:包含 agent 传输协议和 agent 通信协议,实现移动 agent 间的事件传递;

(3) 目录服务:提供移动 agent 的定位信息,形成路由选择;

(4) 安全服务:提供安全的执行环境;

(5) 应用服务:提供面向特定任务的服务接口。

通常情况下,一个 MAE 只位于网络中的一台主机上,但如果主机间是以高速网络进行互联的话,一个 MAE 也可以跨越多台主机而不影响整个系统的运行效率。MAE 利用 agent 传输协议(agent transfer protocol,ATP)实现 MA 在主机间的移动,并为其分配执行环境和服务接口。MA 在 MAE 中执行,通过 agent 通信语言 ACL 相互通信并访问 MAE 提供的各种服务。

在移动 agent 系统的体系结构中,MA 可以细分为用户 agent(user agent,UA)和服务 agent(server agent,SA)。UA 可以从一个 MAE 移动到另一个 MAE,它在 MAE 中执行,并通过 ACL 与其他 MA 通信或访问 MAE 提供的服务。UA 的主要作用是完成用户委托的任务,它需要实现移动语义、安全控制、与外界的通信等功能。SA 不具有移动能力,其主要功能是向本地的 MA 或来访的 MA 提供服务,一个 MAE 上通常驻有多个 SA,分别提供不同的服务。由于 SA 是能不移动的,并且只能由它所在 MAE 的管理员启动和管理,这就保证了 SA 不会是"恶意的"。UA 不能直接访问系统资源,只能通过 SA 提供的接口访问受控的资源,从而避免恶意 agent 对主机的攻击,这是移动 agent 系统经常采用的安全策略。

移动 agent 是一个全新的概念,虽然目前还没有统一的定义,但它至少具有如下一些基本特征:

(1) 身份唯一性:移动 agent 必须具有特定的身份,能够代表用户的意愿。

(2) 移动自主性:移动 agent 必须可以自主地从一个节点移动到另一个节点,这是移动 agent 最基本的特征,也是它区别于其他 agent 的标志。

(3) 运行连续性:移动 agent 必须能够在不同的地址空间中连续运行,即保持运行的连续性。具体说来就是当移动 agent 转移到另一节点上运行时,其状态必须是在上一节点挂起时那一刻的状态。

移动 agent 目前已经从理论探索进入到实用阶段,涌现出了一系列较为成熟的开发平台和执行环境。理论上移动 agent 可以用任何语言编写(如 C/C++、Java、Perl、Tcl 和 Python 等),并可在任何机器上运行,但考虑到移动 agent 本身需要对不同的软硬件环境进行支持,所以最好还是选择在一个解释性的、独立于具体语言的平台上开发移动 agent。Java 是目前开发移动 agent 的一门理想语言,因为经过编译后的 Java 二进制代码可以在任何具有 Java 解释器的系统上运行,具有很好的跨平台特性。

移动 agent 技术虽然已经研究了很多年,但直到 1996 年才出现了真正实用的移动 agent 系统,目前使用的移动 agent 系统大致可以分为三类:第一类是基于传统解释语言的,第二类是基于 Java 语言的,第三类则是基于 CORBA 平台的。下面介绍几个典型的移动 agent 系统,它们代表了当今移动 agent 技术的基本方向和潮流。

1. General Magic 公司的 Odysses

作为移动 agent 系统专用语言的最早尝试,General Magic 公司开发的 Telescript 曾经在过去的几年里被广泛采用。Telescript 是一种面向对象的解释性语言,用它编写的移动 agent 在通信时可以采用两种方式:若在同一场所运行,agent 间可以相互调用彼此的方法;若在不同场所运行,agent 间需要建立连接,互相传递可计算的移动对象。Telescript 在开始出现时还是一个比较成功的移动 agent 开发平台,其安全性和健壮性都比较好,执行效率也很高,Telescript 中的三个基本概念(agent、place 和 go)对移动 agent 做了一个很精辟的阐述:代理自主移动(agent go place)。

随着 Java 的迅速崛起及其跨平台特性的逐步完善,Telescript 的优势慢慢消失,General Magic 公司开始改变其策略,开发了一个完全用 Java 实现的移动agent 系统 Odyssey,它能够支持 Java RMI、Microsoft DCOM 以及 CORBA IIOP。Odyssey 继承了 Telescript 中的许多特性,是目前被广泛使用的一个移动 agent 开发平台。

2. IBM 公司的 Aglet

Aglet 是最早基于 Java 的移动 agent 开发平台之一,Aglet 的名字来源于 agent和 Applet,可以简单地将其看成具有 agent 行为的 Applet 对象。Aglet 以线程的形式产生于一台机器,需要时可以随时暂停正在执行的工作,并将整个 Aglet 分派到另一台机器上,然后继续执行尚未完成的任务。从概念上讲,一个 Aglet 就是一个移动 Java 对象,它支持自动运行的思想,可以从一个基于 Aglet 的主机移动到其他支持 Aglet 的主机上。

Aglet 构造了一个简单而全面的移动 agent 编程框架,为移动 agent 之间的通信提供了动态而有效的交互机制,同时还具备一整套详细而易用的安全机制,这一切使得移动 agent 的开发变得相对简单起来。

3. Recursion 公司的 Voyager

Voyager 可以看做一个增强了的对象请求代理(ORB),同其他移动 agent 系统相比,Voyager 与 Java 语言的结合更加紧密,既可用于开发移动 agent 系统,也可用于创建传统的分布式系统。Voyager 是一个纯 Java 分布式计算平台,可用来迅速生成高性能分布式应用程序,是代表当前技术水平的一个优秀的移动 agent 开发平台。

15.8　多主体环境

多主体环境(multi-agent environment,MAGE)是一种面向主体的软件开发、集成和运行环境,为用户提供一种面向主体的软件开发和系统集成模式,包括面向主体的需求分析、系统设计、主体生成以及系统实现等多个阶段[Shi et al 2003]。它提供了多种软件重用模式,可以方便地重用以不同语言编写的主体或非主体软件;它还提供了面向主体的软件开发模式,以主体为最小粒度,通过封装和自动化主体一般性质,程序员可以通过特殊行为的添加方便地实现自己的应用。这样,通过构建新的软件以及重用旧的软件,应用程序员可以方便地进各种应用集成。

1. MAGE 系统框架结构

MAGE 系统框架结构主要由三部分组成,包括三个主要的工具需求分析和建模工具(AUMP)、可视化主体开发环境(VAStudio)以及主体运行支持环境(agent supporting environment)。MAGE 系统的框架结构如图 15.24 所示。AUMP 支持面向主体的需求分析和设计阶段得到软件系统的模型,VAStudio 在 AUMP 得到的模型基础上支持面向主体的进一步设计和开发从而开发出软件系统所需的主体、行为,最后将这些主体放到主体支持环境中运行。

2. 主体统一建模语言

主体统一建模语言(agent unified modeling language,AUML 或 agent UML)是一种面向主体的建模语言,主要作用是帮助软件设计和开发人员对软件系统进行面向主体的描述和建模,描述软件开发过程从需求分析直到实现和测试的全过

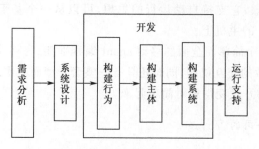

图 15.24 MAGE 系统框架结构

程。AUML 将面向主体的软件开发方法和面向对象技术中的统一建模语言(unified modeling language,UML)结合起来。

AUMP 是运行于 Windows 操作系统上的多窗口应用程序。图形模型的设计和修改全部通过可视化的方法完成。

3. 可视化主体开发环境 VAStudio

在基于主体的分布计算模型基础上,将公共对象请求代理体系结构(CORBA)和 Internet 技术结合起来,建立公共主体请求代理体系结构(common agent request broker architecture,CARBA)。如图 15.25 所示,CABAR 主要由四部分构成:软总线主体请求代理(agent request broker,ARB)、主体应用框架(AppFacilities)、主体领域模式(AppPattern)、主体服务(AgentServices)。

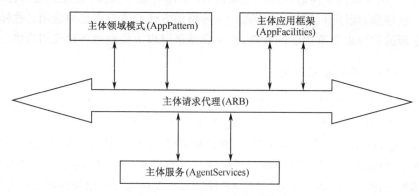

图 15.25 CARBA 的体系结构

CARBA 是以主体请求代理 ARB 为核心的分布式构件管理机制,它定义了分布式主体通过 ARB 透明地发送请求和接收响应的机制。AppFacilities 将从水平和垂直方向提供主体构件。AppPattern 是按照应用领域的需求,建造各种具体的、与领域有关的模式或模板。AgentServices 提供各种所需的主体服务,如主体生存周期、主体库、命名、访问等。CARBA 可以很好地实现以下的目的:

（1）在异构分布式计算环境下按照功能分解系统，划分系统框架；

（2）按照需要集成各个功能部件，灵活组成系统。

基于上述思想，我们开发了一个可视化主体开发环境 VAStudio，设计目标就是提供一个友好的集成环境来支持主体的设计和编程，不仅是系统编程环境，而且是面向主体的设计与编程环境，根据主体模型支持多种图形界面智能引导生成主体方式。同时为软件复用提供了一系列基本工具，如构件库管理工具、行为库、主体库、ADL 分析器以及本体编辑器等等，如图 15.26 所示。

4. MAGE 运行平台

MAGE 平台框架遵循 FIPA 主体管理规范，是 FIPA 规范的一个标准参考实现。它提供主体创建、注册、定位、通信、移动和退出等服务，其系统结构如图 15.27 所示。

（1）主体管理系统（agent management system, AMS）：是主体平台必需的组成部分。AMS 对主体平台的访问和使用提供管理和控制。一个主体平台上只能有一个 AMS。AMS 维持主体标识符的目录，包含了注册在主体平台上的主体的

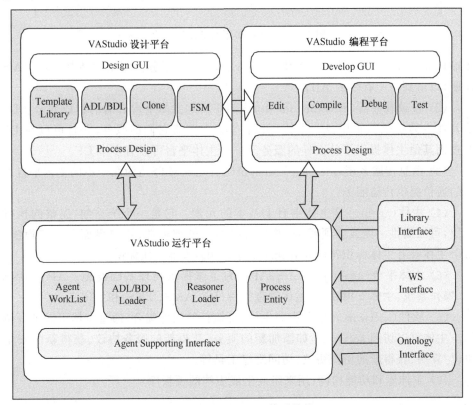

图 15.26　VAStudio 体系结构

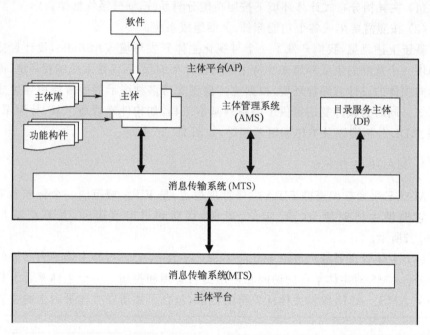

图 15.27 MAGE 平台的系统结构

传输地址。AMS 给其他主体提供白页(white-page)服务。每个主体都要向 AMS 注册,以得到一个有效的 AID。

(2) 目录服务器(directory facilitator,DF):是主体平台必需的组成部分。DF 给其他主体提供黄页服务。主体可以在 DF 上注册它们的服务,并且可以在 DF 上查询其他主体提供了什么样的服务。一个主体平台可以有多个 DF。

(3) 消息传输系统(message transport service,MTS):为两个不同主体平台之间的通信提供传输服务。

(4) 主体(agent):是主体平台上基本的元素。它是一个统一的、完整的执行模块,可以提供一项或多项服务,并且可以访问外部资源、用户界面和通信设施。每个主体都有主体标识符(agent identifier,AID)来唯一地标识。

(5) 主体平台(agent platform,AP):为主体提供物理基础设施。AP 包括机器、操作系统、主体支撑软件、主体管理组件(DF、AMS、MTS)和主体。

(6) 软件(software):指所有非主体、可执行的软件集合,通过主体可以进行访问。主体可以访问 software,如添加新的服务、获得新的服务协议、获得新的安全协议/算法、获得新的协商协议、访问支撑工具等。

(7) 主体库和功能构件:用来组装生成主体的模板库。

习　　题

1. 简述分布式问题求解系统的求解过程。

2. 简述智能主体的概念,以及主体的基本结构。

3. 什么是慎思主体? 什么是反应主体? 比较二者的区别。

4. 主体的 BDI 模型是什么,给出它的解释器算法。

5. 简述主体间是如何通信的。试比较主体通信语言 KQML 与 FIPA 的 ACL 语言的异同之处。

6. 分布式问题求解中合同网协议的原理是什么?

7. 如何实现多主体协同工作?

8. 解释移动主体的含义和基本特征,移动主体技术与传统网络计算模式有何区别?

9. 查阅资料,学习几个典型的移动主体系统。

10. 多主体环境(MAGE)由哪几部分组成? 并给出它们的主要功能。

11. 主体统一建模语言(AUML)在哪些方面扩展了统一建模语言(UML)的功能?

12. 请画出可视化主体开发环境 VAStudio 的框图。为什么该系统能有效地实现软件复用?

第 16 章 互联网智能

16.1 概　　述

互联网是人类文明史上的重大创举,对信息技术和人工智能的发展起了革命性的影响。众多的信息资源通过互联网连接在一起,形成全球性的信息系统,并成为可以相互交流、相互沟通、相互参与的互动平台。

1962 年,美国国防部高级研究计划署的 Licklider 等提出通过网络将计算机互联起来的构想[Licklider et al 1962]。1969 年 12 月,ARPANET 将美国西南部的加州大学洛杉矶分校、斯坦福大学研究学院、加州大学圣塔芭芭拉分校和犹他州大学的四台主要的计算机连接起来。到 1970 年 6 月,麻省理工学院、哈佛大学、BBN 和加州圣达莫尼卡系统发展公司加入进来。1972 年,ARPANET 对公众展示,并出现了 E-mail。1983 年,ARPANET 完全转移到 TCP/IP 协议。1995 年,美国国家科学基金会组建的 NSFNET 与全球共 50000 网络互联,互联网已经初具规模。

互联网从诞生到现在四十多年中,可以分为四个阶段,即计算机互联、网页互联、用户实时交互、语义互联。

(1) 计算机互联阶段。20 世纪 60 年代第一台主机连接到 ARPANET 上,标志着互联网的诞生和网络互联发展阶段的开始。在这一阶段,伴随着第一台基于集成电路的通用电子计算机 IBM360 的问世、第一台个人电子计算机的问世、Unix操作系统和高级程序设计语言的诞生,计算机逐渐得到了普及,形成了相对统一的计算机操作系统,有了方便的计算机软件编程语言和工具。人们尝试将分布在异地的计算机通过通信链路和协议连接起来,创造了互联网,形成了网络互联和传输协议的通用标准 TCP/IP 协议,在网络地址分配、域名解析等方面也形成了全球通用的、统一的标准。基于互联网,人们可以在其上开发各种应用。例如,这一阶段出现了远程登录、文件传输以及电子邮件等简单、有效且影响深远的互联网应用。

(2) 网页互联阶段。1989 年 3 月,欧洲量子物理实验室 Berners-Lee 开发了主从结构分布式超媒体系统(Web)。人们只要采用简单的方法,就可以通过 Web 迅速方便地获得丰富的信息。在使用 Web 浏览器访问信息资源的过程中,用户无须关心技术细节,因此 Web 在互联网上一经推出就受到欢迎。1993 年,Web 技术取得突破性进展,解决了远程信息服务中的文字显示、数据连接以及图像传递的问题,使得 Web 成为 Internet 上非常流行的信息传播方式。全球范围内的网页通过文本传输协议连接起来,成为这一阶段互联网发展的显著特征。通过这一阶段的发展,形成了统一资源定位符(uniform resource locator,URL)、超文本标记语言(hypertext mark-up language,HTML)以及超文本传输协议(hypertext transfer protocol,HTTP)等通用的资源定位方法、文档格式和传输标准。WWW 服务成为互联网上流量最多的服务,开发了各种各样的 Web 应用。

(3) 用户交互阶段。随着计算机、互联网的发展,连接在互联网上的计算设备、存储设备能力有了大幅提升。到 20 世纪 90 年代末,万维网已经不再是单纯的内容提供平台,而是朝着提供更加强大和更加丰富的用户交互能力的方向发展,如博客、QQ、维基、社会化书签等。这一阶段与第二阶段的网页互联不同,该阶段以各类资源的全面互联,尤其以应用程序的互联为主要特征,任何应用系统都会或多或少地依赖互联网和互联网上的各类资源,应用系统逐渐转移到互联网和万维网上进行开发和运行。

(4) 语义互联阶段。语义互联是为了解决在不同应用、企业和社区之间的互操作性问题。这种互操作性是通过语义来保证的,而互操作的环境是异质、动态、开放、全球化的 Web。每一个应用都有自己的数据,例如,日历上有行程安排,Web 上有银行账号和照片。要求致力于整合的软件能够理解网页上的数据,这些软件能够检索并显示照片网页,发现这些照片的拍摄日期、时间及其描述;需要理解在线银行账单申请的交易;理解在线日历的各种视图,并且清楚网页的哪些部分表示哪些日期和时间。数据必须具有语义才能够在不同的应用和社区之间实现互操作。通过语义互联,计算机能读懂网页的内容,在理解的基础上支持用户的互操作。

随着互联网的大规模应用,出现了各种各样基于互联网的计算模式。近几年来云计算(cloud computing)引起广泛的关注。云计算是分布式计算的一种范型,它强调在互联网上建立大规模数据中心等信息技术基础设施,通过面向服务的商业模式为各类用户提供基础设施能力。在用户看来,云计算提供了一种大规模的资源池,资源池管理的资源包括计算、存储、平台和服务等各种资源,资源池中的资源经过了抽象和虚拟化处理,并且是动态可扩展的。云计算具有下列特点:

(1) 面向服务的商业模式。云计算系统在不同层次,可以看成"软件即服务"(software as a service,SaaS)、"平台即服务"(platform as a service,PaaS)和"基础设施即服务"(infrastructure as a service,IaaS)等。在 SaaS 模式下,应用软件统一部署在服务器端,用户通过网络使用应用软件,服务器端根据和用户之间可达成细粒度的服务质量保障协议提供服务。服务器端统一对多个租户的应用软件需要的计算、存储、带宽资源进行资源共享和优化,并且能够根据实际负载进行性能扩展。

(2) 资源虚拟化。为了追求规模经济效应,云计算系统使用了虚拟化的方法,从而打破了数据中心、服务器、存储、网络等资源在物理设备中的划分,对物理资源进行抽象,以虚拟资源为单位进行调度和动态优化。

(3) 资源集中共享。云计算系统中的资源在多个租户之间共享,通过对资源的集中管控实现成本和能耗的降低。云计算是典型的规模经济驱动的产物。

(4) 动态可扩展。云计算系统的一大特点是可以支持用户对资源使用数量的动态调整,而无须用户预先安装、部署,并能运行峰值用户请求所需的资源。

16.2　语　义　Web

1999 年,Web 的创始人 Berners-Lee 首次提出了"语义 Web"(semantic Web)的概念。2001 年 2 月,W3C 正式成立"Semantic Web Activity"来指导和推动语义 Web 的研究和发展,语义 Web 的地位得以正式确立。2001 年 5 月,Berners-Lee 等在 *Scientific American* 杂志上发表文章,提出语义 Web 的愿景[Berners-Lee et al 2001]。

16.2.1　语义 Web 的层次模型

语义 Web 提供了一个通用的框架,允许跨越不同应用程序、企业和团体的边界共享和重用数据。语义 Web 以资源描述框架(RDF)为基础。RDF 以 XML 作为语法、URI 作为命名机制,将各种不同的应用集成在一起,对 Web 上的数据所进行的一种抽象表示。语义 Web 所指的"语义"是"机器可处理的"语义,而不是自然语言语义和人的推理等目前计算机所不能够处理的信息。

语义 Web 要提供足够而又合适的语义描述机制[Davies 2006]。从整个应用构想来看,语义 Web 要实现的是信息在知识级别上的共享和语义级别上的互操作性,这需要不同系统间有一个语义上的"共同理解"才行。Berners-Lee 等给出"语义 Web 不是另外一个 Web,它是现有 Web 的延伸,其中信息被赋予了良定义的含义,从而使计算机可以更好地和人协同工作"[Berners-Lee et al 2001]。本体自然地成为指导语义 Web 发展的理论基础。2001 年,Berners-Lee 给出最初的语义 Web 体系结构(见图 16.1)。2006 年,Berners-Lee 给出了新的语义 Web 层次模型[Berners-Lee et al 2006],该模型如图 16.2 所示。

在新的 Web 层次模型中,共分为七层,即 Unicode 和 URI 层、XML 和命名空间层、RDF+RDFS 层、本体层、统一逻辑层、证明层、信任层,下面简单介绍每层的功能。

(1) Unicode 和 URI 层。Unicode 和 URI 是语义 Web 的基础,其中 Unicode 处理资源的编码,保证使用的是国际通用字符集,以实现 Web 上信息的统一编码。URI 是统一资源定位符 URL 的超集,支持语义 Web 上对象和资源的标识。

(2) XML 和命名空间层。该层包括命名空间和 XML Schema,通过 XML 标

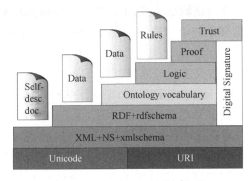

图 16.1　语义 Web 的基础架构

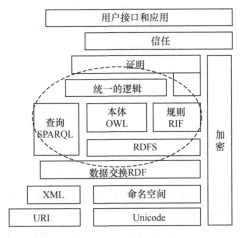

图 16.2　语义 Web 的层次模型

记语言将 Web 上资源的结构、内容与数据的表现形式进行分离,支持与其他基于 XML 标准的资源进行无缝集成。

(3) RDF+RDFS 层。RDF 是语义 Web 的基本数据模型,定义了描述资源以及陈述事实的三类对象:资源、属性和值。资源是指网络上的数据,属性是指用来描述资源的一个方面、特征、属性以及关系,陈述则用来表示一个特定的资源,它包括一个命了名的属性和它对应资源的值,因此一个 RDF 描述实际上就是一个三元组:(object[resource],attribute[property],value[resource or literal)。RDFS 提供了将 Web 对象组织成层次的建模原语,主要包括类、属性、子类和子属性关系、定义域和值域约束。

(4) 本体层。本体层用于描述各种资源之间的联系,采用 OWL 表示。本体揭示了资源以及资源之间复杂和丰富的语义信息,将信息的结构和内容分离,对信息做完全形式化的描述,使 Web 信息具有计算机可理解的语义。

（5）统一逻辑层。统一逻辑层主要用来提供公理和推理规则，为智能推理提供基础。可以进一步增强本体语言的表达能力，并允许创作特定领域和应用的描述性知识。

（6）证明层。证明层涉及实际的演绎过程以及利用 Web 语言表示证据，对证据进行验证等。证明注重于提供认证机制，证明层执行逻辑层的规则，并结合信任层的应用机制来评判是否能够信任给定的证明。

（7）信任层。信任层提供信任机制，保证用户 agent 在 Web 上提供个性化服务，以及彼此之间安全可靠的交互。基于可信 agent 和其他认证机构，通过使用数字签名和其他知识才能构建信任层。当 agent 的操作是安全的，而且用户信任 a-gent 的操作及其提供的服务时，语义 Web 才能充分发挥其价值。

从语义 Web 层次模型来看，语义 Web 重用了已有 Web 技术，如 Unicode、URI、XML、RDF 等，所以它是已有 Web 的延伸。语义 Web 不仅涉及 Web、逻辑、数据库等领域，层次模型中的信任和加密模块还涉及社会学、心理学、语言学、法律等学科和领域。因此，语义 Web 的研究属于多学科交叉领域。

16.2.2　本体的基本概念

在人工智能研究中有两种研究类型：面向形式的研究（机制理论）及面向内容的研究（内容理论）。前者处理逻辑与知识表达，而后者处理知识的内容。近来，面向内容的研究已逐渐引起更多的关注，因为许多现实世界的问题的解决如知识的重用、主体通信、集成媒体、大规模的知识库等，不仅需要先进的理论或推理方法，而且还需要对知识内容进行复杂的处理。

目前，阻碍知识共享的一个关键问题是不同系统使用不同的概念和术语来描述其领域知识。这种不同使得将一个系统的知识用于其他系统变得十分复杂。如果可以开发一些能够用作多个系统的基础的本体，这些系统就可以共享通用的术语以实现知识共享和重用。开发这样的可重用本体是本体论研究的重要目标。类似地，如果我们可以开发一些支持本体合并以及本体间互译的工具，那么即使是基于不同本体的系统也可以实现共享。

1. 本体的定义

经过十多年的研究，本体日趋成熟。在各种文献中，尽管与本体相关的概念和术语的用法并不完全一致，但是事实的使用约定已经出现。我们首先列出本体的几种比较有代表性的定义，然后对相关的概念做简要的描述。本体的几个代表性定义：

（1）本体论（Ontology）是一个哲学术语，意义为"关于存在的理论"，特指哲学的分支学科。研究自然存在以及现实的组成结构。它试图回答"什么是存在"、"存在的性质是什么"等。从这个观点出发,形式本体论是指这样一个领域,它确定客观事物总体上的可能的状态,确定每个客观事物的结构所必须满足的个性化的需求。形式本体论可以定义为有关存在的一切形式和模式的系统。

(2) 本体是关于概念化的明确表达。1993 年,美国斯坦福大学知识系统实验室(KSL)的 Gruber 给出了第一个在信息科学领域广泛接受的本体的正式定义[Gruber 1993]。Gruber 认为:概念化是从特定目的出发对所表达的世界所进行的一种抽象的、简化的观察。每一个知识库、基于知识库的信息系统以及基于知识共享的主体都内含一个概念化的世界,它们是显式的或是隐式的。本体是对某一概念化所做的一种显式的解释说明。本体中的对象以及它们之间的关系是通过知识表达语言的词汇来描述的,因此可以通过定义一套知识表达的专门术语来定义一个本体,以人们可以理解的术语描述领域世界的实体、对象、关系以及过程等,并通过形式化的公理来限制和规范这些术语的解释和使用。因此严格地说,本体是一个逻辑理论的陈述性描述。根据 Gruber 的解释,概念化的明确表达是指一个本体是对概念和关系的描述,而这些概念和关系可能是针对一个主体或主体群体而存在的。这个定义与本体在概念定义中的描述一致,但它更具普遍意义。在这个意义上,本体对于知识共享和重用非常重要。Borst 对 Gruber 的本体定义稍微作了一点修改,认为本体可定义为被共享的概念化的一个形式的规格说明。

(3) 本体是用于描述或表达某一领域知识的一组概念或术语。它可以用来组织知识库较高层次的知识抽象,也可以用来描述特定领域的知识。把本体看做知识实体,而不是描述知识的途径。本体这一术语有时候用于指描述某个领域的知识实体。比如,Cyc 常将它对某个领域知识的表示称为本体。也就是说,表示词汇提供了一套用于描述领域内事实的术语,而使用这些词汇的知识实体是这个领域内事实的集合。但是,它们之间的这种区别并不明显。本体被定义为描述某个领域的知识,通常是一般意义上的知识领域,它使用上面提到的表示性词汇。这时,一个本体不仅仅是词汇表,而是整个上层知识库(包括用于描述这个知识库的词汇)。这种定义的典型应用是 Cyc 工程,它以本体定义其知识库,为其他知识库系统所用。Cyc 是一个巨型的、多关系型知识库和推理引擎。

(4) 本体属于人工智能领域中的内容理论,它研究特定领域知识的对象分类、对象属性和对象间的关系,它为领域知识的描述提供术语。

可以看出,不同的研究者,站在不同的角度,对本体的定义会有不同的认识。但是,基本上来讲,本体应该包含如下的含义:

(1) 本体描述的是客观事物的存在,它代表了事物的本质。

(2) 本体独立于对本体的描述。任何对本体的描述,包括人对事物在概念上的认识,人对事物用语言的描述,都是本体在某种媒介上的投影。

(3) 本体独立于个体对本体的认识。本体不会因为个人认识的不同而改变,它反映的是一种能够被群体所认同的一致的"知识"。

(4) 本体本身不存在与客观事物的误差,因为它就是客观事物的本质所在。但对本体的描述,即任何以形式或自然语言写出的本体,作为本体的一种投影,可能会与本体本身存在误差。

(5) 描述的本体代表了人们对某个领域的知识的公共观念。这种公共观念能够被共享、重用,进而消除不同人对同一事物理解的不一致性。

(6) 对本体的描述应该是形式化的、清晰的、无二义的。

2. 本体的种类

根据本体在主题上的不同层次,将本体分为顶级本体(top-level ontology)、领域本体(domain ontology)、任务本体(task ontology)和应用本体(application ontology),如图 16.3 所示。图中,顶级本体研究通用的概念,如空间、时间、事件、行为等,这些概念独立于特定的领域,可以在不同的领域中共享和重用。处于第二层的领域本体则研究特定领域(如图书、医学等)下的词汇和术语,对该领域进行建模。与其同层的任务本体则主要研究可共享的问题求解方法,其定义了通用的任务和推理活动。

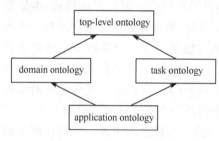

图 16.3 本体的层次模型

活动。领域本体和任务本体都可以引用顶级本体中定义的词汇来描述自己的词汇。处于第三层的应用本体描述具体的应用,它可以同时引用特定的领域本体和任务本体中的概念。

16.2.3 本体描述语言 OWL

OWL 是目前本体的标准描述语言。OWL 建立在 RDF 基础上,以 XML 为书写工具。主要用来表达需要计算机应用程序来处理的文件中的知识信息,而不是呈递给人的知识。OWL 能清晰地表达词表中各词条的含义及其之间的关系,这种表达被称为本体。OWL 相对 XML、RDF 和 RDF Schema 拥有更多的机制来表达语义。

OWL 形成了三个子语言:OWL Full、OWL DL 和 OWL Lite。三个子语言的限制由少到多,其表达能力依次下降,但可计算性(指结论可由计算机通过计算自动得出)依次增强。

(1) OWL Full 支持那些需要在没有计算保证的语法自由的 RDF 上进行最大程度表达的用户,从而任何推理软件均不能支持 OWL Full 的所有 feature。OWL 允许本体扩大预定义词汇的含义,即它允许一个本体在预定义的(RDF、OWL)词汇表上增加词汇,但 OWL Full 基本上不可能完全支持计算机自动推理。

(2) OWL Lite:OWL Lite 提供最小的表达能力和最强的语义约束,适用于只需要层次式分类结构和少量约束的本体,如词典。因为其语义较为简单,OWL Lite 比较容易被工具支持。

(3) OWL DL:OWL DL 得名于它的逻辑基础——描述逻辑(description logics)。OWL DL 处于 OWL Full 和 OWL Lite 之间,兼顾表达能力和可计算性。OWL DL 支持所有的 OWL 语法结构,但在 OWL Full 之上加强了语义约束,使得能够提供计算完备性和可判定性。OWL DL 支持那些需要在推理系统上进行最大程度表达的用户,这里的推理系统能够保证计算完全性和可决定性。

16.3　本体知识管理

本体是语义 Web 的基础,本体可以有效地进行知识表达、知识查询或不同领域知识的语义消解。本体还可以支持更丰富的服务发现、匹配和组合,提高自动化程度。本体知识管理(ontology-based knowledge management)可实现语义级知识服务,提高知识利用的深度。本体知识管理还可以支持对隐性知识进行推理,方便异构知识服务之间实现互操作,方便融入领域专家知识及经验知识结构化等。

本体知识管理一般要求满足以下基本功能:①支持本体多种表示语言和存储形式,具有本体导航功能;②支持本体的基本操作,如本体学习、本体映射、本体合并等;③提供本体版本管理功能,支持本体的可扩展性和一致性。图 16.4 给出了一种本体知识管理框架,它由三个基本模块构成:

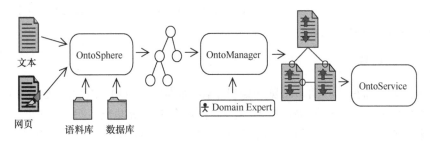

图 16.4　基于本体的知识管理框架

(1) 领域本体学习环境 OntoSphere。主要功能包括 Web 语料的获取、文档分析、本体概念和关系获取,专家交互环境,最终建立满足应用需求的高质量领域本体。

(2) 本体管理环境 OntoManager。OntoManager 提供对已有本体的管理和修改编辑。

（3）基于主体的知识服务 OntoService。提供面向语义的多主体知识服务。

下面分别介绍 Protégé、KAON、KMSphere 等。

16.3.1 Protégé

美国斯坦福大学斯坦福医学信息学实验室（Stanford Medical Informatics）开发了 Protégé 系统，它是开源的，可以从 Protégé 网站（http://protege. stanford. edu/）免费下载使用。

1. 体系结构

Protégé 是一个基于 Java 的单机软件，它的核心是本体编辑器。Protégé 采用了一种可扩展的体系结构，使得它非常容易添加和整合新的功能。这些新的功能以插件（plug-in）方式加入系统。它们一般是 Protégé 的标准版本之外的功能，如可视化、新的格式的导入导出等。目前有三种类型的插件，即 Tab、Slot Widgets 和 Backends。Tab 插件是通过添加一个 Tab 的方式扩展 Protégé 的本体编辑器；Slot Widgets 被用于展示和编辑那些没有缺省展示和编辑工具的槽值；Backends 主要用于使用不同的格式导入和导出本体。

2. 知识模型

Protégé 的知识模型是基于框架和一阶逻辑的。它的主要建模组件为类、槽、侧面和实例。其中类以类层次结构的方式进行组织，并且允许多重继承。槽则以槽的层次结构进行组织。另外，Protégé 的知识模型允许使用 PAL（KIF 的子集）语言表示约束（constraints）和允许表示元类（metaclasses）。Protégé 也支持基于 OWL 语言的本体建模。

3. 本体编辑器

本体编辑器提供界面来浏览和编辑本体，如类层次结构、定义槽、连接槽和类、建立类的实例等。它同时提供搜索、复制、粘贴和拖拽等功能。另外，它可以产生多种本体文档。一些其他研究机构提供的插件可以对本体进行可视化编辑，如 OntoViz。

4. 互操作性

一旦使用 Protégé 建立了一个本体，本体应用可以有多种方式访问它。所有的本体中的词项可以使用 Protégé Java API 进行访问。Protégé 的本体可以采用多种方式进行导入和导出。标准的 Protégé 版本提供了对 RDF（S）、XML、XML Schema 和 OWL 编辑和管理。

16.3.2　KAON

KAON 是德国 Karlsruhe 大学开发的本体知识管理系统,分别用 Karlsruhe 和 Ontology 的前两个字母组成,KAON 网站为 http//kaon. semanticweb. org/。KAON 是一个面向语义驱动的业务处理流程的开放源码的本体管理架构,它提供了一个完整的实现,可以帮助领域工程师较为容易地对本体进行管理和应用。KAON 由 OI-Modeler、KAON API、RDF API 等组件构成。

1. OI-Modeler

OI-Modeler 是本体构建和维护的一种工具。该工具可用于编辑大型本体论以及合并一些已完成的有用的本体论。OI-Modeler 的图形运算法则基于一个开放的 TouchGraph 数据库。使用 OI-Modeler,可以创建一个新的本体论或打开一个已存在的本体论,提供了本体的不同浏览方式,可以检查它的组成(概念、实例、属性和词汇),位于屏幕上半部的图示窗口,显示本体的实体、本体间的关系。

OI-Modeler 的重要特点之一是支持多人在局域网上同时构建同一本体。本体的合并功能也是构建大型本体的一种方法,但合并以后需要对其中的语义含义和词间关系进行修改和校正,尤其是一些相互矛盾的语义,如果是联机同时构建,在试图建立与已有语义矛盾的关系时,则系统会提示不能进行如此操作,并给出原因。但将本体合并时则将矛盾的地方留了下来,只能经过查找显示后人工进行修改。

2. KAON API

KAON API 可以用来访问本体中的实体。例如,在下列针对概念的接口 Concept、针对属性的接口 Property、针对实例的接口 Instance 中分别包含了对本体中概念、属性和实例的访问。通过使用这些 API,可以对本体演化起到一定的帮助作用:

(1) 演化日志:负责跟踪本体在演化过程中的变化,以便在适当的时候进行可逆操作,进一步而言,还可以利用演化日志对分布的本体进行演化。

(2) 修改可逆性:为本体演化提供取消(undo)和再次实施(redo)操作,可以使已经执行了修改操作的本体回溯到对实施修改操作之前的状态。

(3) 演化策略:负责确保对本体的进行变化操作后本体保持一致的状态,并预防非法操作。此外,演化策略还允许本体工程师定制本体的演化过程。

(4) 演化图示:为本体工程师提供对本体演化过程中本体局部的修改展示。

(5) 本体包含:与依赖演化(dependant evolution)相关,负责管理多个本体的演化去重处理。

（6）修改改变：通过一组工具发现本体中存在的问题，并为解决所发现的问题提供决策信息。

（7）使用日志：负责跟踪终端用户在与基于本体的应用交互时产生的新的需求，以便使得本体能够立即演化以适应新的需要。

3. RDF API

RDF API 提供了使用 RDF 模型的程序，包括模块化、RDF 解析器、RDF 串接器（serializer）等处理组件。RDF API 允许使用 RDF 知识库，为 KAON API 提供了最初的存储机制，而且可被 RDF Server 连接使用，从而实现多用户对 RDF 知识库的处理和使用。一个显著的特点是支持模型的包含功能，允许每个模型包含其他的模型。RDF API 性能良好，已经用于 AGROVOC 本体的测试，这是一个大于32MB 的 RDF 文件。RDF API 还包含一个 RDF 解析器，符合 RDF 标准。它支持 xml：base 指令，也支持模型包含指令。但不支持 rdf：aboutEach 和 rdf：aboutEachPrefix 指令。RDF API 的 RDF 串接器可以编写 RDF 模型，同样支持 xml：base 指令，也支持模型包含指令。

16.3.3　KMSphere

按照本体知识管理框架，中国科学院计算技术研究所智能科学实验室研制了知识管理系统 KMSphere［史忠植等 2007］。图 16.5 给出了知识管理系统 KMSphere 的系统结构。

1. OntoSphere

手工方法构造的本体一般具有较高的质量和丰富的语义。但这种本体构建方法枯燥单调、效率低而且代价高。但是现有的本体学习方法还不能获得高质量本体满足实际应用的要求。我们将两者的优点结合起来提出了一个半自动本体获取框架，从领域应用需求开始，通过分析原始语料、本体概念学习和关系学习、领域专家确认等过程，并不断反复直到获得满足需求的本体。在概念学习过程中，通过利用语料库等工具发现新的领域概念，利用层次关系学习和关联规则等算法发现新的领域关系，提高了本体的质量。

半自动化本体获取环境 OntoSphere 框架结构如图 16.6 所示，主要提供以下功能：文档获取、源文档预处理、相关度计算、种子本体管理和词汇评价等。其中源文档预处理和相关度计算是核心部分。OntoSphere 在工作过程中，用户可以与系统进行交互。

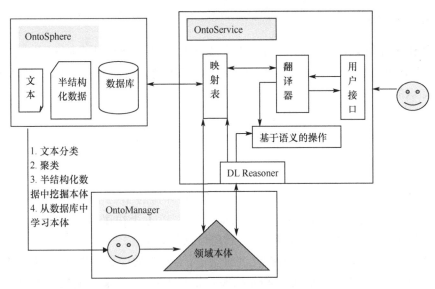

图 16.5　知识管理系统 KMSphere 的系统结构

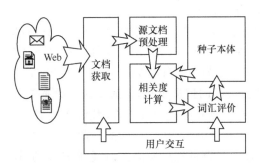

图 16.6　OntoSphere 的体系结构

2. OntoManager

可视化本体管理编辑环境 OntoManager,提供对已有本体的修改编辑等功能。本体的手工开发是一件单调枯燥的事情,并且难以保证其正确性,良好的工具支持是必不可少的。工具可以辅助概念识别、一致性检查和文档编写等,提高本体开发质量。根据工具在本体开发过程中的不同作用,可以分为本体开发工具、本体评价工具、本体合并和映射工具、本体注释工具、本体查询工具和推理引擎五大类。

参考了斯坦福大学的开源软件 Protégé,采用可视化的编辑环境,可以使用 OWL 代码编辑方式和图形化编辑方式。

3. OntoService

知识服务框架 OntoService 提供基于多主体系统的知识共享服务,包括知识查询、主动知识分发服务和基于协议的知识共享机制。该部分内含 DDL 推理机,实现知识的映射。

16.4 Web 挖 掘

Google 于 2008 年报告指出,互联网上的 Web 文档已超过 1 万亿个,Web 已经成为各类信息资源的聚集地。在这些海量的、异构的 Web 信息资源中,蕴含着具有巨大潜在价值的知识。人们迫切需要能够从 Web 上快速、有效地发现资源和知识的工具,提高在 Web 上检索信息、利用信息的效率。

Web 知识发现已经引起学术界、工业界、社会学界的广泛关注,也是语义 Web 和 Web 科学发展的重要基础。Web 挖掘是指从大量 Web 文档的集合 C 中发现隐含的模式 p。如果将 C 看做输入,将 p 看做输出,那么 Web 挖掘的过程就是从输入到输出的一个映射 $\xi: C \to p$。

Web 知识发现(挖掘)是从知识发现发展而来,但是 Web 知识发现与传统的知识发现相比有许多独特之处。首先,Web 挖掘的对象是海量、异构、分布的 Web 文档。我们认为以 Web 作为中间件对数据库进行挖掘,以及对 Web 服务器上的日志、用户信息等数据展开的挖掘工作,仍属于传统数据挖掘的范畴。其次,Web 在逻辑上是一个由文档节点和超链构成的图,因此 Web 挖掘所得到的模式可能是关于 Web 内容的,也可能是关于 Web 结构的。此外,由于 Web 文档本身是半结构化或无结构的,且缺乏机器可理解的语义,而数据挖掘的对象局限于数据库中的结构化数据,并利用关系表格等存储结构来发现知识,因此有些数据挖掘技术并不适用于 Web 挖掘,即使可用也需要建立在对 Web 文档进行预处理的基础之上。这样,开发新的 Web 挖掘技术以及对 Web 文档进行预处理以得到关于文档的特征表示,便成为 Web 挖掘的研究重点。

在逻辑上,我们可以把 Web 看做位于物理网络上的一个有向图 $G = (N, E)$,其中节点集 N 对应于 Web 上的所有文档,而有向边集 E 则对应于节点之间的超链。对节点集作进一步的划分,$N = \{N_1, N_{nl}\}$。所有的非叶节点 N_{nl} 是 HTML 文档,其中除了包括文本以外,还包含了标记以指定文档的属性和内部结构,或者嵌入了超链以表示文档间的结构关系。叶节点 N_1 可以是 HTML 文档,也可以是其他格式的文档,如 PostScript 等文本文件,以及图形、音频等媒体文件。如图 16.7所示,N 中每个节点都有一个 URL,其中包含了关于节点所位于的 Web 站点和目录路径的结构信息。

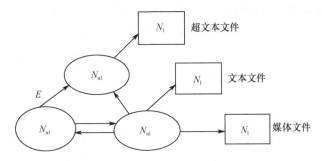

图 16.7　Web 的逻辑结构

　　Web 上信息的多样性决定了 Web 知识发现的多样性。按照处理对象的不同，一般将 Web 知识发现分为三大类：Web 内容发现（Web content discovery）、Web 结构发现（Web structure discovery）、Web 使用发现（Web usage discovery）[Liu 2006]。Web 知识发现常也称为 Web 挖掘，挖掘任务分类如图 16.8 所示。

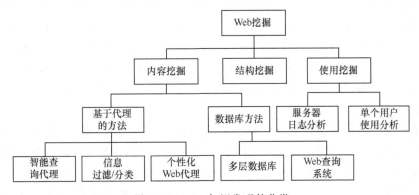

图 16.8　Web 知识发现的分类

16.4.1　Web 内容挖掘

　　Web 内容挖掘是指对 Web 上大量文档集合的内容进行总结、分类、聚类、关联分析，以及利用 Web 文档进行趋势预测等，是从 Web 文档内容或其描述中抽取知识的过程。Web 上的数据既有文本数据，也有声音、图像、图形、视频数据等多媒体数据；既有无结构的自由文本，也有用 HTML 标记的半结构的数据和来自于数据库的结构化数据。根据处理的内容可以分为两个部分，即文本挖掘和多媒体挖掘。Web 文本挖掘和通常意义上的平面文本挖掘的功能和方法相似，但是有其自己的特点。Web 文本挖掘的对象除了平面的无结构的自由文本外，还包含半结构化的 HTML 文本。Web 文本挖掘是以计算语言学、统计数理分析为理论基础，结合机器学习和信息检索技术，从大量的文本数据中发现和提取隐含的、事先未知的知识,最终形成用户可理解的、有价值的信息和知识的过程。

文本摘要是指从文档中抽取关键信息,用简洁的形式对文档内容进行摘要或解释。这样,用户不需要浏览全文就可以了解文档或文档集合的总体内容。文本总结在有些场合十分有用,例如,搜索引擎在向用户返回查询结果时,通常需要给出文档的摘要。目前,绝大部分搜索引擎采用的方法是简单地截取文档的前几行。

文本分类是指按照预先定义的主题类别,为文档集合中的每个文档确定一个类别。这样,用户不但能够方便地浏览文档,而且可以通过限制搜索范围来使文档的查找更为容易。目前,Yahoo 通过人工来对 Web 上的文档进行分类,这大大影响了索引的页面数目(Yahoo 索引的覆盖范围远远小于 Alta-vista 等搜索引擎)。利用文本分类技术可以对大量文档进行快速、有效的自动分类。目前,文本分类的算法有很多种,比较常用的有 TFIDF 和 Naive Bayes 等方法。

文本聚类与分类的不同之处在于,聚类没有预先定义好的主题类别,它的目标是将文档集分成若干类,要求同一类内文档内容的相似度尽可能大,而不同类间的相似度尽可能地小。Hearst 等的研究已经证明了“聚类假设”,即与用户查询相关的文档通常会聚类得比较靠近,而远离与用户查询不相关的文档。因此,我们可以利用文本聚类技术将搜索引擎的检索结果划分为若干个类,用户只需要考虑那些相关的类,大大缩小了所需的浏览结果数量。目前有多种文本聚类算法,大致可以分为两种类型:以 G-HAC 等算法为代表的层次凝聚法;以 k 均值等算法为代表的平面划分法。

关联分析是指从文档集合中找出不同词语之间的关系。Brin 提出了一种从大量文档中发现一对词语出现模式的算法,并用来在 Web 上寻找作者和书名的出现模式,从而发现了数千本在 Amazon 网站上找不到的新书籍。Wang 等以 Web 上的电影介绍作为测试文档,通过使用 OEM 模型从这些半结构化的页面中抽取词语项,进而得到一些关于电影名称、导演、演员、编剧的出现模式。

分布分析与趋势预测是指通过对 Web 文档的分析,得到特定数据在某个历史时刻的情况或将来的取值趋势。Feldman 等使用多种分析模式对路透社的两万多篇新闻进行了发现,得到主题、国家、组织、人、股票交易之间的相对分布,揭示了一些有趣的趋势。Wvthrich 等通过分析 Web 上出版的权威性经济文章,对每天的股票市场指数进行预测,取得了良好的效果。需要说明的是,Web 上的文本发现和通常的文本发现的功能和方法比较类似,但是 Web 文档中的标记(如⟨Title⟩、⟨Heading⟩等)蕴含了额外的信息,我们可以利用这些信息来提高 Web 文本发现的性能。

16.4.2　Web 结构挖掘

Web 结构包括页面内部的结构以及页面之间的结构,Web 的组织结构、Web

文档结构及其链接关系中蕴藏着大量潜在的、有价值的信息。Web 结构挖掘主要是从 Web 组织结构和链接关系中推导信息、知识。通常的 Web 搜索引擎等工具仅将 Web 看做一个平面文档的集合，而忽略了其中的结构信息。Web 结构挖掘的目的在于揭示蕴含在这些文档结构信息中的有用模式。

　　文档之间的超链接反映了文档之间的某种联系，如包含、从属等。超链中的标记文本（anchor）对链宿页面也起到了概括作用，这种概括在一定程度上比链宿页面作者所作的概括（页面的标题）要更为客观、准确。1998 年，Brin 和 Page 在第七届国际万维网大会上提出 PageRank 算法［Page et al 1999］，通过综合考虑页面的引用次数和链源页面的重要性来判断链宿页面的重要性，从而设计出能够查询与用户请求相关的"权威"页面的搜索引擎，创立了搜索引擎 Google 公司。

　　在互联网上，如果一个网页被很多其他网页所链接，说明它受到普遍的承认和信赖，那么它的排名就高。这就是 PageRank 的核心思想。当然 Google 的 PageRank 算法实际上要复杂得多。Google 的两个创始人 Page 和 Brin 把这个问题变成了一个二维矩阵相乘的问题，并且用迭代的方法解决了这个问题。他们先假定所有网页的排名是相同的，并且根据这个初始值，算出各个网页的第一次迭代排名，然后再根据第一次迭代排名算出第二次的排名。他们二人从理论上证明了不论初始值如何选取，这种算法保证了网页排名的估计值能收敛到它们的真实值。值得一提的是，这种算法是完全没有任何人工干预的。PageRank 于 2001 年 9 月被授予美国专利。

　　在第九届年度 ACM-SIAM 离散算法研讨会上，Jon Kleinberg 提出 HITS 算法［Kleinberg 1998］。该算法的研究工作启发了 PageRank 算法的诞生。HITS 算法的主要思想是网页的重要程度是与所查询的主题相关的。HITS 算法是基于主题来衡量网页的重要程度，相对不同主题，同一网页的重要程度也是不同的。例如，Google 对于主题"搜索引擎"和主题"智能科学"的重要程度是不同的。HITS 算法使用了两个重要的概念：权威网页（authority）和中心网页（hub）。例如：Google、Baidu、Yahoo、bing、sogou、soso 等这些搜索引擎相对于主题"搜索引擎"来说就是权威网页，因为这些网页会被大量的超链接指向。这个页面链接了这些权威网页，则这个页面可以称为主题"搜索引擎"的中心网页。HITS 算法发现，在很多情况下，同一主题下的权威网页之间并不存在相互的链接。所以，权威网页通常都是通过中心网页发生关联的。HITS 算法描述了权威网页和中心网页之间的一种依赖关系：一个好的中心网页应该指向很多好的权威性网页，而一个好的权威性网页应该被很多好的中心性网页所指向。

　　每个 Web 页面并不是原子对象，其内部有或多或少的结构。Spertus 对 Web 页面的内部结构做了研究，提出了一些启发式规则，并用于寻找与给定的页面集合 $\{P_1, \cdots, P_n\}$ 相关的其他页面［Spertus 1998］。Web 页面的 URL 可能会反映页面的类型,也可能会反映页面之间的目录结构关系。Spertus 提出了与 Web 页面 URL 有关的启发式规则,并用于寻找个人主页,或者寻找改变了位置的 Web 页面的位置。

16.4.3　Web 使用挖掘

Web 使用挖掘通过挖掘 Web 日志记录,来发现用户访问 Web 页面的模式。通过分析和探讨 Web 日志记录中的规律,可以识别电子客户的潜在客户,增强对最终用户的因特网信息服务的质量和交付,并改进 Web 服务器系统的性能。

Web 服务器的 Weblog 项通常保存了对 Web 页面的每一次访问的 Web 日志项,它包括了所请求的 URL、发出请求的 IP 地址和时间戳。Weblog 数据库提供了有关 Web 动态的丰富信息。因此研究复杂的 Weblog 挖掘技术是十分重要的。Chen 和 Mannila 等在 20 世纪 90 年代末期提出了将数据挖掘运用于 Web 日志领域,从用户的日志中挖掘出用户的访问行为。经过十年左右的发展,如今在 Web 使用挖掘上已经取得进展和应用。

目前在 Web 使用挖掘中,主要的研究热点集中在日志数据预处理、模式分析算法的研究(如关联规则算法、聚类算法)、网页推荐模型、网站个性化服务与自适应网站的构建、结果可视化研究等。Chen 提出最大向前引用路径(maximal forward reference)[Chen et al 1996],将用户会话分割到事务层面,在事务的基础上进行用户访问模式的挖掘。IBM Watson 实验室采用 Chen 的思想构建的日志挖掘系统 SpcedTracer[Wu et al 1998],该系统首先重建用户访问路径识别用户会话,在此基础上进行数据挖掘。

Perkowitz 等提出自适应网站(adaptive Web site)的概念[Perkowitz et al 1998],指出用户理想的网站是自适应的,从网站的主页开始。不同用户在浏览网站时,整个网站的内容像是专门根据他的兴趣而定制的一样。目前,对网站个性化服务的探索仍然是 Web 使用挖掘的一个热点研究方向,国外已经出现不少的原型系统,如 PageGather、Personal、WebWatcher、WebPersonalizer、Websift 等。

WUM 是一个被较多人熟知的系统,主要是用于分析用户的浏览行为,并提出一种类似于 SQL 的数据挖掘语言 MINT,根据用户要求挖掘满足要求的结果[Srivasmva et al 2000],WUM 主要包括两个模块:聚合服务和 MINT 处理器。聚合服务主要是将采集来的用户日志组成事务,再将事务转换为序列。MINT 处理器主要是从聚合数据中抽取出用户感兴趣的、有用的模式与信息。WebMiner 系统提出了一种 Web 挖掘的体系结构,用聚类的方法将 Web 日志划分为不同的事务,并采用关联规则和序列模式对结果进行分析。Webtrend 是一个具有商业应用价值的日志挖掘系统,能够统计每个页面用户访问的频度以及时间分布,还能统计出有关联关系的页面。

随着 Web 使用挖掘技术的不断成熟,在数据采集、数据预处理、模式发现、模式分析等方面,不断有新的改进算法被提出。由于 Weblog 数据提供了访问的用户信息、访问的 Web 页面信息,因此 Weblog 信息可以与 Web 内容和 Web 链接结构挖掘集成起来,用于 Web 页面的等级划分、Web 文档的分类和多层次 Web 信息库的构造。

16.5　搜索引擎

大型互联网搜索引擎的数据中心一般运行数千台甚至数十万台计算机,而且每天向计算机集群里添加数十台机器,以保持与网络发展的同步。搜集机器自动搜集网页信息,平均速度为每秒数十个网页,检索机器则提供容错的、可缩放的体系架构以应对每天数千万甚至数亿的用户查询请求。企业搜索引擎可根据不同的应用规模,从单台计算机到计算机集群都可以进行部署。

搜索引擎一般的工作过程是:首先对互联网上的网页进行搜集,然后对搜集来的网页进行预处理,建立网页索引库,实时响应用户的查询请求,并对查找到的结果按某种规则进行排序后返回给用户。搜索引擎的重要功能是能够对互联网上的文本信息提供全文检索。

搜索引擎通过客户端程序接收来自用户的检索请求,现在最常见的客户端程序就是浏览器,实际上它也可以是一个用户开发的简单得多的网络应用程序。用户输入的检索请求一般是关键词或者是用逻辑符号连接的多个关键词,搜索服务器根据系统关键词字典,把搜索关键词转化为 wordID,然后在标引库(倒排文件)中得到 docID 列表,对 docID 列表中的对象进行扫描并与 wordID 进行匹配,提取满足条件的网页,然后计算网页和关键词的相关度,并根据相关度的数值将前 K 篇结果(不同的搜索引擎每页的搜索结果数不同)返回给用户,其处理流程如图16.9 所示。

图 16.10 描述了一般搜索引擎的系统架构,其中包括页面搜集器、索引器、检索器、索引文件等部分,下面对其中主要部分的功能实现进行介绍。

1. 搜集器

搜集器的功能是在互联网中漫游,发现并搜集信息,它搜集的信息类型多种多样,包括 HTML 页面、XML 文档、Newsgroup 文章、FTP 文件、字处理文档、多媒体信息等。搜集器是一个计算机程序,其实现常常采用分布式和并行处理技术,以提高信息发现和更新的效率。商业搜索引擎的搜集器每天可以搜集几百万甚至更多的网页。搜集器一般要不停地运行,要尽可能多、尽可能快地搜集互联网上的各种类型的新信息。因为互联网上的信息更新很快,所以还要定期更新已经搜集过

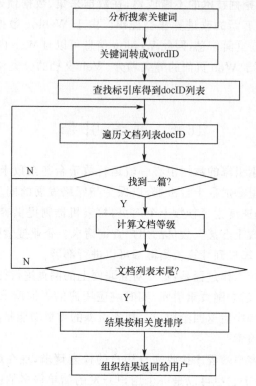

图 16.9   搜索引擎的工作流程

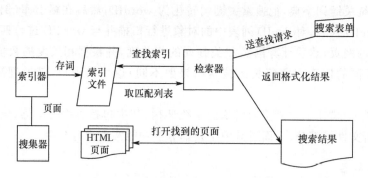

图 16.10   搜索引擎各个组成部分的关系

的旧信息,以避免死链接和无效链接。另外,因为 Web 信息是动态变化的,因此搜集器、分析器和索引器要定期更新数据库,更新周期通常约为几周甚至几个月。索引数据库越大,更新也越困难。

互联网上的信息太多,即使功能强大的搜集器也不可能搜集互联网上的全部信息。因此,搜集器采用一定的搜索策略对互联网进行遍历并下载文档,例如,一般采用以宽度优先搜索策略为主、线性搜索策略为辅的搜索策略。

在搜集器实现时,系统中维护一个超链队列或者堆栈。其中包含一些起始 URL,搜集器从这些 URL 出发,下载相应的页面,并从中抽取出新的超链加入到队列或者堆栈中。上述过程不断重复队列直到堆栈为空。为提高效率,搜索引擎将 Web 空间按照域名、IP 地址或国家域名进行划分,使用多个搜集器并行工作,让每个搜集器负责一个子空间的搜索。为了便于将来扩展服务,搜集器应能改变搜索范围。

2. 分析器

对搜集器搜集来的网页信息或者下载的文档一般要先进行分析,以用于建立索引,文档分析技术一般包括:分词(有些仅从文档某些部分抽词,如 Altavista)、过滤(使用停用词表 stoplist)、转换(有些对词条进行单复数转换、词缀去除、同义词转换等工作),这些技术往往与具体的语言以及系统的索引模型密切相关。

3. 索引器

索引器的功能是对搜集器所搜集的信息进行分析处理,从中抽取出索引项,用于表示文档以及生成文档库的索引表。索引项有元数据索引项和内容索引项两种:元数据索引项与文档的语义内容无关,如作者名、URL、更新时间、编码、长度、链接流行度等;内容索引项是用来反映文档内容的,如关键词及其权重、短语、单字等。内容索引项可以分为单索引项和多索引项(或称短语索引项)两种。单索引项对于英文来讲是英语单词,比较容易提取,因为单词之间有天然的分隔符(空格);对于中文等连续书写的语言,必须进行词语的切分。在搜索引擎中,一般要给单索引项赋予一个权值,以表示该索引项对文档的区分度,同时用来计算查询结果的相关度。使用的方法一般有统计法、信息论法和概率法。短语索引项的提取方法有统计法、概率法和语言学法。

为了快速查找到特定的信息,建立索引数据库是一个常用的方法,即将文档表示为一种便于检索的方式并存储在索引数据库中。索引数据库的格式是一种依赖于索引机制和算法的特殊数据存储格式。索引的质量是 Web 信息检索系统成功的关键因素之一。一个好的索引模型应该易于实现和维护、检索速度快、空间需求低。搜索引擎普遍借鉴了传统信息检索中的索引模型,包括倒排文档、矢量空间模型、概率模型等。例如,在矢量空间索引模型中,每个文档 d 都表示为一个范化矢量 $\boldsymbol{V}(d) = (t_1, w_1(d); \cdots; t_i, w_i(d); \cdots; t_n, w_n(d))$。其中 t_i 为词条项,$w_i(d)$ 为 t_i 在 d 中的权值,一般被定义为 t_i 在 d 中出现频率 $tf_i(d)$ 的函数。

索引器的输出是索引表,它一般使用倒排形式(inversion list),即由索引项查找相应的文档。索引表也可能记录索引项在文档中出现的位置,以便检索器计算索引项之间的相邻或接近关系(proximity)。索引器可以使用集中式索引算法或分布式索引算法。当数据量很大时,必须实现实时索引(instant indexing),否则就无法跟上信息量急剧增加的速度。索引算法对索引器的性能(如大规模峰值查询时的响应速度)有很大的影响。一个搜索引擎的有效性在很大程度上取决于索引的质量。

4. 检索器

检索器的功能是根据用户的查询在索引库中快速检出文档,进行文档与查询的相关度评价,对将要输出的结果进行排序,并实现某种用户相关性反馈机制。检索器常用的信息检索模型有集合理论模型、代数模型、概率模型和混合模型等多种,可以查询到文本信息中的任意字词,无论出现在标题还是正文中。

检索器从索引中找出与用户查询请求相关的文档,采用与分析索引文档相识的方法来处理用户查询请求。如在矢量空间索引模型中,用户查询 q 首先被表示为一个范化矢量 $V(q) = (t_1, w_1(q); \cdots; t_i, w_i(q); \cdots; t_n, w_n(q))$,然后按照某种方法来计算用户查询与索引数据库中每个文档之间的相关度,而相关度可以表示为查询矢量 $V(q)$ 与文档矢量 $V(d)$ 之间的夹角余弦,最后将相关度大于阈值的所有文档按照相关度递减的顺序排列并返还给用户。当然搜索引擎的相关度判断并不一定与用户的需求完全吻合。

5. 用户接口

用户接口的作用是为用户提供可视化的查询输入和结果输出界面,方便用户输入查询条件、显示查询结果、提供用户相关性反馈机制等,其主要目的是方便用户使用搜索引擎,高效率、多方式地从搜索引擎中得到有效的信息。用户接口的设计和实现必须基于人机交互的理论和方法,以适应人类的思维和使用习惯。

在查询界面中,用户按照搜索引擎的查询语法制定待检索词条及各种简单或高级检索条件。简单接口只提供用户输入查询串的文本框,复杂接口可以让用户对查询条件进行限制,如逻辑运算(与、或、非)、相近关系(相邻、NEAR)、域名范围(如 edu、com)、出现位置(如标题、内容)、时间信息、长度信息等。目前一些公司和机构正在考虑制定查询选项的标准。

在查询输出界面中,搜索引擎将检索结果展现为一个线性的文档列表,其中包含了文档的标题、摘要、快照和超链等信息。由于检索结果中相关文档和不相关文档相互混杂,用户需要逐个浏览以找出所需文档。

16.6　Web 技术的演化

20 世纪 90 年代初,Berners-Lee 提出 HTML、HTTP 和万维网(World Wide Web,WWW),为全世界的人们提供一个方便的信息交流和资源共享平台,将人们更好地联系在一起。由于应用的广泛需求,Web 技术飞速发展,Web 技术的演化路线图如图 16.11 所示[Spivack 2008]。图中横坐标表示社会连接语义,即人和人之间的连接程度;纵坐标表示信息连接语义,即信息之间的连接程度;带箭头的虚线表示 Web 技术的演化过程,包括 PC 时代、Web1.0、Web2.0、Web3.0、Web4.0。

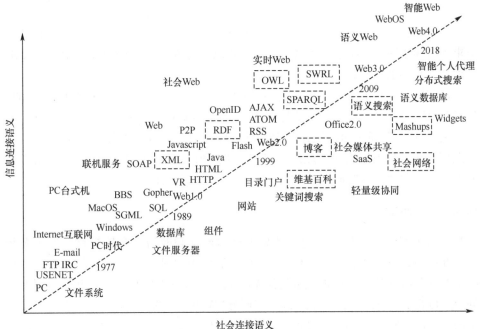

图 16.11　Web 技术的演化路线图

16.6.1　Web1.0

Web 将互联网上高度分布的文档通过链接联系起来,形成一个类似于蜘蛛网的结构。文档是 Web 最核心的概念之一。它的外延非常广泛,除了包含文本信息外,还包含了音频、视频、图片、文件等网络资源。

Web 组织文档的方式称为超文本(hypertext),连接文档之间的链接称为超链接(hyperlink)。超文本是一种文本,与传统文本不同的是对文本的组织方式。传统文本采取的是一种线性的文本组织方式,而超文本的组织方式则是非线性的。

超文本将文本中的相关内容通过链接组织在一起,这很贴近人类的思维模式,从而方便用户快速浏览文本中的相关内容。

Web 的基本架构可以分为客户端、服务器以及相关网络协议三个部分。服务器承担了很多繁琐的工作,包括对数据的加工和管理、应用程序的执行,动态网页的生成等。客户端主要通过浏览器来向服务器发出请求,服务器在对请求进行处理后,向浏览器返回处理结果和相关信息。浏览器负责解析服务器返回的信息,并以可视化的方式呈现给用户。支持 Web 正常运转的常见协议如下:

(1) 编址机制:URL 是 Web 上用于描述网页和其他资源地址的一种常见标识方法。URL 描述了文档的位置以及传输文档所采用的应用级协议,如 HTTP、FTP 等。

(2) 通信协议:HTTP 是 Web 中最常用的文档传输协议。HTTP 是一种基于请求-响应范式的、无状态的传输协议。它能将服务器中存储的超文本信息高效地传输到客户端的浏览器中去。

(3) 超文本标记语言:Web 中的绝大部分文档都是采用 HTML 编写的。HTML 是一种简单、功能强大的标记语言,具有良好的可扩展性,并且与运行的平台无关。HTML 通常由浏览器负责解析,根据 HTML 描述的内容,浏览器可以将信息可视化地呈现给用户。此外,HTML 中还内嵌了对超链接的支持,在浏览器的支持下,用户可以快速地从一个文档跳转到另一个文档上。

16.6.2 Web2.0

2001 年秋天互联网公司泡沫的破灭标志着互联网的一个转折点。许多人断定互联网被过分炒作,事实上网络泡沫和相继而来的股市大衰退看起来像是所有技术革命的共同特征。股市大衰退通常标志着蒸蒸日上的技术已经开始占领中央舞台。O'Reilly 公司副总裁 Dougherty 呼吁"Web2.0"的行动,2003 年之后互联网走向 Web2.0 时代[O'Reilly 2005]。Web2.0 是对 Web1.0 的继承与创新,在使用方式、内容单元、内容创建、内容编辑、内容获取、内容管理等方面 Web2.0 较之于Web1.0 有很大的改进(见表 16.1)。

表 16.1　Web2.0 与 Web1.0 的功能比较

	Web1.0	Web2.0
时间	1993~2003年	2003年以后
使用方式	浏览网页	用户参与
内容单元	网页	博客
内容创建	网络程序员	任何人协同创建(维基百科)
内容编辑	单一信息源	混搭(mashup)

续表

	Web1.0	Web2.0
内容获取	屏幕抓取	网络内容分析
内容管理	目录(分类)	社会化书签
音乐	mp3.com	Napster

1. 博客

博客(blog)又称网络日志,由 Web log 缩写而来。博客的出发点是用户"织网",发表新知识,链接其他用户的内容,博客网站对这些内容进行组织。博客是一种简易的个人信息发布方式。任何人都可以注册,完成个人网页的创建、发布和更新。

博客的模式充分利用网络的互动和更新即时的特点,让用户以最快的速度获取最有价值的信息与资源。用户可以发挥无限的表达力,即时记录和发布个人的生活故事和闪现的灵感。用户还可以文会友,结识和汇聚朋友,进行深度交流沟通。博客分为基本的博客、小组博客、家庭博客、协作式博客、公共社区博客和商业、企业、广告型的博客等。

博客大致可以分成两种形态:①个人创作;②将个人认为有趣的或有价值的内容推荐给读者。博客由于张贴内容的差异、现实身份的不同而有各种称谓,如政治博客、记者博客、新闻博客等。

2. 维基

维基(Wiki)是一种多人协作的写作工具,Wiki 站点可以由多人维护,每个人都可以发表自己的意见,或者对共同的主题进行扩展和探讨。Wiki 是一种超文本系统,这种超文本系统支持面向社区的协作式写作,同时也包括一组支持这种写作的辅助工具。可以对 Wiki 文本进行浏览、创建、更改,而且其运行代价远比 HT-ML 文本小。Wiki 系统支持面向社区的协作式写作,为协作式写作提供必要帮助。Wiki 的写作者自然构成一个社区,Wiki 系统为这个社区提供简单的交流工具。Wiki 具有使用方便及开放的特点,有助于在社区内共享知识。

Wiki 一词来源于夏威夷语的"wee kee wee kee"原本是"快点快点"的意思,这里是特指维基百科。Wiki 著名的例子是维基百科(Wikipedia),Wales、Sanger 等于 2001 年 1 月 15 日开始创建。截至 2009 年初,维基百科在世界上拥有超过 250 种语言的版本,共有超过 6 万名的使用者贡献了超过 1000 万条条目。至 2008 年 4 月 4 日,维基百科条目数第一的英文维基百科(http://en. wikipedia. org)已有 231 万个条目。中文维基百科于 2002 年 10 月 24 日正式成立,截至 2008 年 4 月 4

日,中文维基百科已拥有 171446 个条目。

百度百科(http://baike. baidu. com)开始于 2006 年 4 月。截至 2010 年 1 月 10 日,百度百科已收录的词条数为 1955936。

3. 混搭

混搭(mashup)指整合互联网上多个资料来源或功能,以创造新服务的互联网应用程序。常见的混搭方式除了图片外,一般利用一组开放编程接口(open API)取得其他网站的资料或功能,如 Amazon、Google、Microsoft、Yahoo 等公司提供的地图、影音及新闻等服务。由于对于一般使用者来说,撰写程序调用这些功能并不容易,所以一些软件设计人员开始制作程序产生器,替使用者生成代码,然后网页制作者就可以很简单地以复制-粘贴的方式制作出混搭的网页。例如,一个用户要在自己的博客上加上一段视频,一种方便的做法就是将这段视频上传至 YouTube 或其他网站,然后取回嵌入码,再贴回自己的博客。

4. 社会化书签

社会化书签(social bookmark)又称网络收藏夹,是普通浏览器收藏夹的网络版,提供便捷、高效且易于使用的在线网址收藏、管理、分享功能。它可以让用户把喜爱的网站随时加入自己的网络书签中。人们可以用多个标签而不是分类来标识和整理自己的书签,并与他人共享。用户收藏的超链接可以供许多人在互联网上分享,因此也有人称之为网络书签。

社会化书签服务的核心价值在于分享。每个用户不仅仅能保存自己看到的信息,还能与他人分享自己的发现。每一个人的视野和视角是有限的,再加上空间和时间分割,一个人所能接触到的东西是片面的。知识分享可以大大降低所有参与用户获得信息的成本,使用户更加轻松地获得更多数量、更多角度的信息。保存用户在互联网上阅读到的有收藏价值的信息,并作必要的描述和注解,积累形成个人知识体系。人们通过知识分类,可以更快结交到具有相同兴趣和特定技能的人,形成交流社区,通过交流和分享互相增强知识,满足沟通、表达等社会性需要。社会化书签可以满足个人收藏、展示的性格需求。

Web2.0 赢得了人们普遍的关注,软件开发者和最终用户使用 Web 的方式发生了变化。对于 Web1.0 应用来说,用户和 Web 之间的交互方式仅限于内容的发布和获取,而对于 Web2.0 应用来说,用户和 Web 之间的交互方式从内容的发布和获取,已经扩展到对 Web 内容的参与创作、贡献以及丰富的交互。在 Web2.0 中,用户的作用将越来越大,他们提供内容,并建立起不同内容之间的相互关系,还利用各种网络工具和服务来创造新的价值。Web2.0 的特色可以概括为以下四点:

（1）用户广泛参与。Web2.0 改变了过去用户只能从网站获取信息的模式，鼓励用户向网站提供新内容，对网站的建设和维护做出直接贡献。当前，很多 Web2.0 应用都支持用户直接向网站中发布新的内容，如博客、Wiki 等。

（2）新的应用开发模式。Web2.0 倡导了一种新的应用开发模式，即由用户通过重用并组合 Web 上的不同组件来创建新的应用。当前流行的混搭就是这样一类技术，它可以让用户利用网站提供的 API 和服务进行二次开发。

（3）利用集体智慧。Web 应用的创建和内容的丰富将不再仅依赖于开发人员的智慧，用户的知识也会对应用构建产生直接影响，集体智慧将扮演越来越重要的角色。Wiki 是这类应用的典型代表，它的目的是依赖大众的智慧来完善 Wiki 网站的内容建设。因此，它又被看做一种人类知识的网络系统。

（4）具有社会性特点。社会性是人类的根本属性。人存在各种各样的社会性需求，如交友、聊天互动等。当前，Web2.0 应用也越来越具有社会性特点。例如，Facebook 这类社交网站的主要功能就是提供向好友推荐、邀请好友加入服务等。社会性为网站带来了更丰富的内容，对用户产生了巨大的吸引力。

16.6.3　Web3.0

Radar 网络公司的 Spivack 认为，互联网的发展以十年为一个周期。在互联网的头十年，发展重心放在了互联网的后端即基础架构上。编程人员开发出我们用来生成网页的协议和代码语言。在第二个十年，重心转移到了前端，Web2.0 时代就此拉开帷幕。现在，人们使用网页作为创建其他应用的平台。他们还开发聚合应用，并且尝试让互联网体验更具互动性的诸多方法。目前我们正处于 Web2.0 周期的末端，下一个周期将是 Web3.0，重心会重新转移到后端。编程人员会完善互联网的基础架构，以支持 Web.0 浏览器的高级功能。一旦这个阶段告一段落，我们将迈入 Web4.0 时代（见图 16.11）。重心又将回到前端，我们会看到成千上万的新程序使用 Web3.0 作为基础。

Web3.0 最本质的特征在于语义的精确性。实质上 Web3.0 是语义 Web 系统，实现更加智能化的人与人和人与机器的交流功能，是一系列应用的集成。它的主要特点是：

（1）网站内的信息可以直接和其他网站相关信息进行交互，能通过第三方信息平台同时对多家网站的信息进行整合使用。

（2）用户在互联网上拥有自己的数据，并能在不同网站上使用。

（3）完全基于 Web，用浏览器就可以实现复杂的系统程序才具有的功能。

Web3.0 将互联网本身转化为一个泛型数据库，具有跨浏览器、超浏览器的内容投递和请求机制，运用人工智能技术进行推理，运用 3D 技术搭建网站甚至虚拟世界。Web3.0 会为用户带来更丰富、相关度更高的体验。Web3.0 的软件基础将是一组应用编程接口(API),让开发人员可以开发能充分利用某一组资源的应用程序。

BBN 技术公司的 Hebeler 等给出了语义 Web 的主要组件和相关的工具[Hebeler et al 2009]。如图 16.12 所示,语义 Web 的核心组件包括语义 Web 陈述、统一资源标识符(URI)、语义 Web 语言、本体和实例数据,形成了相互关联的语义信息。工具可以分为四类:建造工具用于语义 Web 应用程序的构建和演化,询问工具用于语义 Web 上的资源探查(explore),推理机负责为语义 Web 添加推理功能,规则引擎可以扩展语义 Web 的功能。语义框架最终将这些工具打包成一个集成套件。

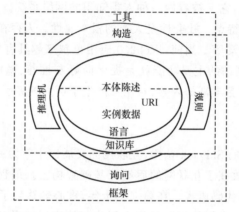

图 16.12　语义 Web 的主要组件和相关的工具

16.6.4　Web4.0

到 2018 年有望实现 Web4.0,它将是智能 Web。在云平台的基础设施上,通过跨媒体、分布式搜索,高效地获取所需知识。

16.7　集　体　智　能

16.7.1　引言

集体智能(collective intelligence),也称为集体智慧或群体智能,是一种共享的或者集体的智能,它是从许多个体的合作与竞争中涌现出来的,并没有集中的控制机制。集体智能在细菌、动物、人类以及计算机网络中形成,并以多种形式的协商一致的决策模式出现。

集体智能的规模有大有小,可能有个体集体智能、人际集体智能、成组集体智能、活动集体智能、组织集体智能、网络集体智能、相邻集体智能、社团集体智能、城市集体智能、省级集体智能、国家集体智能、区域集体智能、国际组织集体智能、全人类集体智能等,这些都是在特定范围内的群体所反映出来的智慧。

集体智能的形式可以是多种多样的,有对话型集体智能、结构型集体智能、基于学习的进化型集体智能、基于通信的信息型集体智能、思维型集体智能、群流型集体智能、统计型集体智能、相关型集体智能〔Tovey 2008〕。

Tapscott 等认为,集体智能是大规模协作,为了实现集体智能,需要存在四项原则,即开放、对等、共享以及全球行动[Tapscott et al 2008]。开放就是要放松对资源的控制,通过合作来让别人分享想法和申请特许经营,这将使产品获得显著改善并得到严格检验。对等是利用自组织的一种形式,对于某些任务来说,它可以比等级制度工作得更有效率。越来越多的公司已经开始意识到,通过限制其所有的知识产权,导致他们关闭了所有可能的机会。而分享一些则使得他们可以扩大其市场,并且能够更快地推出产品。通信技术的进步已经促使全球性公司、全球一体化的公司将没有地域限制,而有全球性的联系,使他们能够获得新的市场、理念和技术。

16.7.2　集体智能系统

集体智能系统一般是复杂的大系统,甚至是复杂的巨系统。20 世纪 90 年代,钱学森提出了开放的复杂巨系统(open complex giant system,OCGS)的概念[钱学森等 1990],并提出从定性到定量的综合集成法作为处理开放的复杂巨系统的方法论,着眼于人的智慧与计算机的高性能两者结合,以思维科学(认知科学)与人工智能为基础,用信息技术和网络技术构建综合集成研讨厅(hall for workshop of metasynthetic engineering)的体系,以可操作平台的方式处理与开放的复杂巨系统相联系的复杂问题[戴汝为 2006]。随着互联网的广泛普及,这种综合集成研讨厅就可以是以互联网为基础的集体智能系统。

20 世纪 90 年代以来,多主体系统迅速发展,为构建大型复杂系统提供良好的技术途径。作者将智能主体技术和网格结构有机结合起来,研制了主体网格智能平台(agent grid intelligence platform,AGrIP)[Shi et al 2006]。AGrIP 由底层集成平台 MAGE、中间软件层和应用层构成(见图 16.13)。该软件创建协同工作环境,提供知识共享和互操作,成为开发大规模复杂的集成智能系统良好的工具。AGrIP 主要功能特点如下:

(1) 开放性:面向服务 AGrIP 提供开放式平台,而不是一个工具集。使得任何一个应用可以把"智能"嵌入到它的核心功能中,或者任何一个分析工具和主体网格的接口中。提供使用系统工具和外部应用的无缝集成模式。

(2) 自主性:主体是一个粒度大、智能性高、具有自主性的软件实体。

(3) 协同性:AGrIP 支持多组织群体协同完成一个任务,系统中角色动态化、

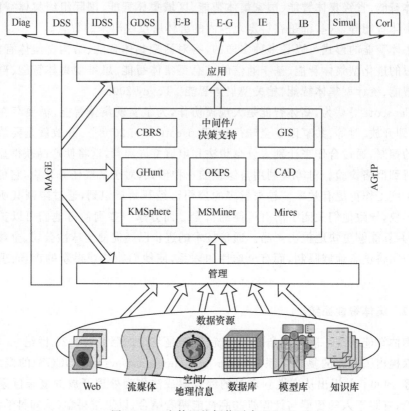

图 16.13　主体网格智能平台 AGrIP

流程柔性化、表单多样化,具有面向服务的、灵活的数据接口,提供协同工作的环境。

(4) 可复用:AGrIP 为软件复用提供了有效途径,利用粒度大、功能强的可视化主体开发环境 VAStudio 开发应用系统,可以提高应用软件的开发效率,支持应用系统集成,可伸缩性好,提高软件可靠性,有效缩短开发时间及降低成本。

(5) 分布性:AGrIP 分布式计算平台构建在 Java RMI 之上,隐藏底层实现细节,呈现给用户的是统一的分布式计算环境。

(6) 智能性:AGrIP 提供多种智能软件,包括多策略知识挖掘软件 MSMiner、专家系统工具 OKPS、知识管理系统 KMSpher、案例推理工具 CBRS、多媒体信息检索软件 MIRES 等,全面支持智能应用系统的开发。

16.7.3　全球脑

人脑是由神经网络(硬件)和心智系统(软件)构成的智能系统。互联网已成为人们共享全球信息的基础设施。在互联网的基础上通过全球心智模型(world wide mind，WWM）就可实现全球脑（world wide brain，WWB）。

全球心智模型如图16.14所示，它是由心智模型（CAM）和万维网构成。CAM分为记忆、意识、高级认知行为三个层次[Shi et al 2010]。在CAM中，按照信息记忆的持续时间长短，记忆包含三种类型：长时记忆、短时记忆和工作记忆。记忆的功能是保存各种类型的信息。长时记忆中保存抽象的知识，如概念、行为、事件等；短时记忆存储当前世界（环境）的知识或信念，以及系统拟实现的目标或子目标的；工作记忆存储了一组从感知器获得的信息，如照相机拍摄的视觉信息，从GPS获得的特定信息。这些记忆的信息用于支持CAM的认知活动。

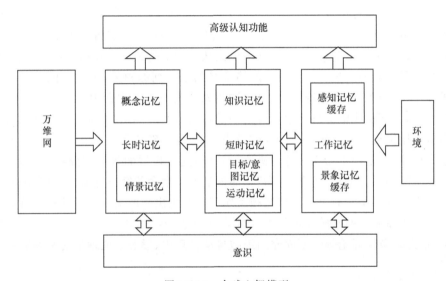

图16.14 全球心智模型

意识是采用有限状态自动机建模，它对应于人的心理状态，如快乐、愤怒、伤心等。为了模拟人类决策过程的心智状态，CAM中利用状态的效用函数，赋予每个状态执行的优先值。

高层认知功能部分包括事件检测、行动规划等。这些高层次认知功能的执行由CAM的记忆与意识的组件提供了基本的认知动作，通过服务动作序列实现。

互联网通过语义互联，计算机能读懂网页的内容，在理解的基础上支持用户的互操作。这种互操作性是通过语义来保证的，而互操作的环境是异质、动态、开放、全球化的Web。这样，就可以通过互联网语义互联，将人脑扩展成为全球脑，拥有全球丰富的信息和知识资源，为科学决策提供强大的支持。

16.7.4 人工生命

人工生命（artificial life）是指用计算机和精密机械等生成或构造表现自然生命系统行为特点的仿真系统或模型系统。自然生命系统的行为特点表现为自组织、自修复、自复制的基本性质,以及形成这些性质的混沌动力学、环境适应和进化。

Langton 关于"混沌的边缘"和人工生命的想法得到了美国洛斯阿拉莫斯非线性研究中心的 Farmer 的赞赏,在他的支持下,于 1987 年 9 月 Langton 召开了第一次国际人工生命会议。人工生命所用的研究方法是综合集成的方法,即在人工系统中将简单的零部件组合在一起使之产生似生命行为的方法来研究生命。人工生命合成的实现是通过以计算机为基础的被称为"自下而上编程"的信息处理原则来进行:在底层定义许多小的单元和几条关系到它们内部的、完全是局部的相互作用的简单规则,从这种相互作用中产生出连贯的"全体"行为,这种行为不是根据特殊规则预先编好的。自下而上的编程与人工智能(AI)中主导的编程原则是完全不同的。在传统的人工智能中,人们试图根据从上到下的编程手段建构智能机器:总体的行为是先验地通过把它分解成严格定义的子序列编程的,子序列依次又被分成子程序、子子程序……直到程序自己的机器语言。人工生命中的自下而上的方法则相反,它模仿或模拟自然中自我组织的过程,力图从简单的局部控制出发,让行为从底层突现出来。按 Langton 的说法,生命也许确实是某种生化机器,但要启动这台机器,不是把生命注入这台机器,而是将这台机器的各个部分组织起来,让它们产生互动,从而使其具有"生命"。涌现是人工生命的突出特征,在复杂的非线性的形态中许多相对简单单元彼此相互作用时产生出来的引人注目的整体特性。

人工生命研究的基础理论是细胞自动机理论、形态形成理论、混沌理论、遗传理论、信息复杂性理论等。下面介绍细胞自动机理论、形态形成理论的基本原理。

1. 细胞自动机

细胞自动机(CA)是另一种对结构递归应用简单规则组的例子。在细胞自动机中,被改变的结构是整个有限自动机格阵。在这种情况下,局部规则组是传递函数,在格阵中的每个自动机是同构的。所考虑修改的局部上下文是当时邻近自动机的状态。自动机的传递函数构造一种简单的、离散的空间/(时间)范围的局部物理成分。要修改的范围里采用局部物理成分对其结构的"细胞"重复修改。这样,尽管物理结构本身每次并不发展,但是状态在变化。

在这种范围里,依靠上下文有关的规则组,人们可以嵌入所有的处理方法,对局部邻域条件在通用的意义下传播信息。特别是人们可以嵌入通用的计算机。因为这些计算机在自动机格阵中是简单的、具体的状态结构,可以计算所建立的整个符号集。

下面我们讨论二维空间中的细胞自动机的生长。记 V 为细胞状态集,V 中有一元素 v_0 为静止状态,定义 f 是 $V * V * \cdots * V \to V$ 的函数,且满足 $f(v_0, v_0, \cdots, v_0) = v_0$,则 $(V, v_0 f)$ 称为是 m 个邻居的细胞自动机,f 称为该细胞自动机的变换函数。

由于任何完备的细胞自动机总是无限集,我们这里讨论的细胞自动机嵌入到二维平面中,细胞自动机中的细胞有 8 个状态,即 0,1,2,3,4,5,6,7。其中 0,1,2,3 构成细胞自动机的基本结构,04,05,06,07 为信号。状态为 1 的细胞称为核细胞,状态为 2 的细胞称为壳细胞。* 代表状态为 0 的细胞,空白处也代表状态为 0 的细胞。

信号传播的过程可以通过以下例子说明:

```
2 2 2 2 2 2          2 2 2 2 2 2
1 1 0 s 1 1   →      1 1 1 0 s 1
2 2 2 2 2 2          2 2 2 2 2 2
```

上面示出信号 $0s$ 的传播过程,$s=4,5,6,7$,所以称作数据路径。顾名思义,即能以信号的形式传播数据。一个信号含有两个共同游动的状态细胞,信号状态本身(4,5,6,7)带有状态 0,数据路径可以分支和扇出。在分支点处,信号能够复制本身。下面给出在时刻 $T,T+1,T+2$ 时的信号复制情况:

```
2 2 2 2 2 2          2 2 2 2 2 2          2 2 2 2 2 2
1 0 s 1 1 1   →      1 1 0 s 1 1   →      1 1 1 0 s 1
2 2 1 2 2 2          2 2 s 2 2 2          2 2 0 2 2 2
* 2 1 2 * *          * 2 1 2 * *          * 2 1 2 * *
* 2 1 2 * *          * 2 1 2 * *          * 2 1 2 * *
```

　　　　时刻 T　　　　　　　　　时刻 $T+1$　　　　　　　时刻 $T+2$

信号 06 在连接点处的结合变化如下,可以看出数据路径的扩张:

```
2 2 2 2 2 2 2 2      2 2 2 2 2 2 2 2
1 1 0 6 1 1 1 1  →   1 1 1 0 7 1 1 1
2 2 2 2 6 2 2 2      2 2 2 2 0 2 2 2
* * * 2 0 2 * *      * * * 2 1 2 * *
* * * 2 1 2 * *      * * * 2 1 2 * *
* * * 2 1 2 * *      * * * 2 1 2 * *
```

我们构造下述变换规则,由此即可构造出二维空间中的细胞自动机的生长:

$f(0,1,2,7,6)=1,$　　$f(7,0,0,0,2)=3,$　　$f(2,0,0,2,3)=7,$　　$f(1,0,2,3,2)=6$

$f(0,1,2,3,2)=1,$　　$f(3,0,2,2,1)=0,$　　$f(7,0,2,1,2)=0,$　　$f(1,0,7,2,2)=3$

$f(4,0,2,0,2)=2,$　　$f(2,0,0,2,4)=0,$　　$f(2,0,2,6,2)=4,$　　$f(2,0,0,1,4)=2$

$f(4,0,2,6,2)=2,$　　$f(2,0,4,6,2)=4,$　　$f(1,2,4,2,6)=4,$　　$f(4,1,2,2,2)=0$

$f(2,0,0,4,2)=0,$　　$f(2,0,2,4,2)=0,$　　$f(2,0,1,2,4)=2,$　　$f(6,0,2,4,2)=4$

$f(7,0,0,2,1)=0,$　　$f(0,1,2,7,2)=4$

上述变换规则中函数 f 的第 1 个自变量为中心细胞的状态,接着的 4 个自变量是 4 个邻居的状态顺时针方向旋转,以便产生最小的 4 位数。

　　细胞自动机的概念可由以下方式建立:首先我们有一细胞空间,它组成了 N 维欧几里得空间,以及定义于该细胞空间的邻居关系。对于每个细胞空间,由于邻居关系,必有有限个细胞作为它的邻居。一个细胞自动机系统(简称细胞系统)是这样定义的:该系统对每个细胞给定有限个状态和一个区分状态(称空状态),以及一条规则。该规则给出每个细胞在时刻 $T+1$ 时的状态,且该规则是在时间 T 时该细胞自身的状态及其邻居的状态的函数。我们把一个细胞的所有可能状态连同管理该细胞的状态变换的规则一起称为一个变换函数。所以一个细胞自动机系统是由一个细胞空间和定义于该空间上的变换函数所组成。细胞自动机状态由有限个细胞连同赋予每个细胞的状态所指定,可理解为其他的细胞都处于空的状态。

　　下面讨论细胞自动机的问题。为避免讨论边界问题,我们考虑一无界的空间,它是 N 维欧几里得空间被分为相等大小的正方形的细胞,好像图纸上的方格,我们称该空间为格状空间(tessellation)。一个给定的细胞的邻居是指每一个坐标与给定的坐标至多相差 1 的所有细胞。格状结构可形式定义为五元组($N,T,S,q,$ f)。其中 N 是正整数;T 是 N 维欧几里得空间的子划分,即划分为细胞集,每个细胞都是边长为 1 的 N 维方体,T 的中心是正整数坐标;S 是由状态组成的有限集;q 是 S 的区分状态,称之为静止状态;f 是映射函数,它把任一个细胞 X 在时刻 $T-1$ 时的邻居 3^N 个细胞的所有状态的集合映射到 X 于时刻 T 时的状态。

　　格状细胞的有限方块叫做阵列,这种阵列的状态或构型是与每个细胞的状态相关的函数。也就是说一个阵列构型规定了在时刻 T 时阵列的每个细胞的状态。如果 C' 阵列满影映射到 C 阵列,同时每个细胞与它的映像有同样的状态,则构型 C' 是构型 C 的一个复制。如果存在 C^* 阵列的 N 个两两不相交的子集,其中每个子集都为 C 的一个复制,则构型 C^* 含有构型 C 的 n 个复制。

2. 形态形成理论

　　典型的形态形成理论是 Lindenmayer 于 1968 年提出的 L-系统。L-系统由一组符号串的重写规则组成,它与 Chomsky 形式语法有密切关系。在下面"$X \rightarrow Y$"表示结构中当出现 X 时用字符串 Y 代替。因为字符 X 可以出现在规则的右边和左边,这组规则可以被递归地应用来重写新的结构。

　　这里是一个简单的 L-系统的例子。规则采用上下文无关,即在特定部分改变时不考虑上下文中的关系。如一组规则:

　　(1) A → CB;

　　(2) B → A;

　　(3) C → DA;

　　(4) D → C。

当把这组规则用于初始种子结构"A",就可以得到下面的序列:

次数	结构	应用规则
0	A	初始种子
1	C　B	规则 1,CB 代替 A
2	D　A　A	规则 3,DA 代替 C;规则 2,A 代替 B
3	C　C　B　C　B	规则 4,C 代替 D;规则 1 用两次,CB 代替 A
4	…	继续进行

L-系统与元符号结合,可以表示分支点,允许从主干分支产生新的符号行。规定符号"()""[ ]"分别表示左和右分支。假定有下列规则:

(1) A → C[B]D;

(2) B → A;

(3) C → C;

(4) D → C(E)A;

(5) E → D。

当把这组规则用于初始字符串"A",就可以得到下面的序列:

次数	结构	应用规则
0	A	开始种子
1	C[B]D	规则 1
2	C[A]C(E)A	规则 3,2,4
3	C[C[B]D]C(D)C[B]D	规则 3,1,3,5,1
4	C[C[A]C(E)A]C(C(E)A)C(E)A	规则 3,3,2,4,3,4,3,2,3

为了沿着结构传播信号,在规则左边具有多于 1 的符号。这时规则就成为上下文有关的。在下面的例子中,我们规定在"{ }"中的符号或符号串将被代替,而上下文左边其余的符号"["和"]"分别表示字符串的左端和右端。例如,规则组包括下列规则:

(1) [{C} → C:在字符串左端的"C"保持"C";

(2) C{C} → C:"C"和它左端的"C"保持"C";

(3) ∗{C} → ∗:"C"和它左端的"∗"变成"∗";

(4) {∗}C → C:"∗"和右端的"C"变成"C";

(5) {∗}] → ∗:在字符串右端的"∗"保持"∗"。

在这些规则下,初始结构"∗CCCCCCC"将产生向右传播:

次数	结构
0	* CCCCCCC
1	C * CCCCCC
2	CC * CCCCC
3	CCC * CCCC
4	CCCC * CCC
5	CCCCC * CC
6	CCCCCC * C
7	CCCCCCC *

信号传播能力非常重要，它允许任何计算过程嵌入在结构中，可以直接影响结构的发展。

16.8　展　　望

经过长期的研究与积累，以人工智能理论和方法为核心的研究取得了很多成果，特别是我国智能科学研究进入了以自主创新为主的全新阶段。从机器感知到知识表示、从机器学习到知识发现、从搜索推理到规划决策、从智能交互到人工生命等很多前沿领域都形成了有相当规模的研究队伍，取得了一大批创新性的研究成果。智能科学与技术本身的发展，正在向理论创新的深入和大规模实际应用发展。尤其是在 2009 年中国科学技术协会公布的"10 项引领未来的科学技术"评选结果中，作为智能科学与技术核心的"人工智能技术"排在第 4 位，作为智能科学与技术重要应用的"未来家庭服务机器人"排在第 2 位，这充分显示了智能科学与技术的巨大潜力和极其广泛的社会影响。

在过去五十多年的人工智能研究中，人们一直沿着"模拟脑"的方向做出努力，分别从智能系统的结构、功能、行为三个基本侧面展开对智能的研究。这样，便先后形成了模拟大脑抽象思维功能的符号智能学说、模拟大脑结构的神经网络学说以及模拟智能系统行为的感知-动作系统学说。由于社会的迫切需要，呼唤着智能科学与技术在理论上取得突破，在应用上广泛普及。展望智能科学与技术的发展，可以开展以下三方面的研究：

（1）智能科学。智能科学是脑科学、认知科学、人工智能等的交叉学科，研究智能的理论和技术。智能科学不仅要进行智能的功能仿真，而且要研究智能的机理[史忠植 2006]。脑科学从分子水平、细胞水平、行为水平研究自然智能机理，建立脑模型，揭示人脑的本质。认知科学是研究人类感知、学习、记忆、思维、意识等人脑心智活动过程的科学。人工智能研究用人工的方法和技术，模仿、延伸和扩展人的智能,实现机器智能。

(2) 互联网智能。互联网为智能科学与技术提供了重要的研究、普及和应用平台。作为知识处理和智能行为交互的基本环境,今天的互联网络,最为丰富的就是信息,最为缺乏的就是智能。如何为在海量信息面前无所适从的用户提供有效的检索手段,如何剔除有害的、无用的垃圾邮件,如何使远方的机器人成为你放心的智能代理,都对网络信息的智能化提出迫切的需求,也是智能科学与技术发展的巨大动力。基于互联网的集体智能,通过大规模协作、综合集成,将为科学决策提供有效的途径。

(3) 智能机器人。智能机器人是一种具有智能的、高度灵活性的、自动化的机器,具备感知、规划、动作、协同等能力,是多种高新技术的集成体。智能机器人是将体力劳动和智力劳动高度结合的产物,构建能思维的"人工科学家"[Goertzel et al 2010]。

我们正处于智能科学与技术这一难得的机遇,努力自主创新,为实现人类水平的人工智能做出贡献。

习　　题

1. 什么是本体? 本体表示知识的特点是什么?

2. 请举例说明 RDF 的格式。RDF Schema 的含义是什么?

3. OWL 有哪几种类型? 请说明它与 XML、RDF 的关系。

4. 设计本体的基本准则是什么? 给出构建本体的基本步骤及其要点。

5. 请构建从网页获取本体的系统。

6. 请构建从关系数据库获取本体的系统。

7. 什么是本体知识管理? 本体知识管理的基本功能是什么?

8. 试比较 Protégé 和 KAON 的异同和优缺点。

9. 请给出知识管理系统 KMSphere 的基本结构和各部分的主要功能。

10. 分别以 Cyc 和 e-Science 为例,说明构建大规模知识系统的途径。

11. 请扼要说明搜索引擎的工作流程。

12. 请给出 Web 技术演化过程,比较各种 Web 类型的主要特点。

13. 试从方法论和技术途径说明如何实现集体智能系统。

14. 请给出心智模型 CAM 的系统结构,说明各部分的主要功能。

15. 如何构建全球脑? 它的现实意义是什么?

16. 什么是细胞自动机? 什么是细胞自动机的变换函数?

17. 结合具体系统解释说明形态形成理论。

18. 每个主体(agent)模型采用可以变化规则表长度的有限自动机模型建模,设计一种人工生命系统,可以通过变化不同的食物添加规则研究主体与环境的关系。

参 考 文 献

陈霖.1986.拓扑性质检测//钱学森.关于思维科学.上海:上海人民出版社.

陈源.1997.约束推理与约束程序设计语言的研究[硕士学位论文].北京:中国科学院计算技术研究所.

戴汝为.2006.社会智能科学.上海:上海交通大学出版社.

冯玉才,冯剑琳.1998.关联规则的增量式更新算法.软件学报,9(4):301—306.

李建会,张江.2006.数字创世纪——人工生命的新科学.北京:科学出版社.

李未.1993.一个开放的逻辑系统//戴汝为,史忠植.人工智能和智能计算机.北京:电子工业出版社:1—6.

李晓黎,史忠植.2000.用数据采掘方法获取汉语词性标注规则.计算机研究与发展,37(12):1409—1414.

廖乐健.1994.约束满足问题的研究[博士学位论文].北京:中国科学院计算技术研究所.

刘莹,郭福亮.2006.基于数组的关联规则挖掘算法.计算机与数字工程,34(1):38—40.

陆建江,刘海峰.2000.数据库中广义模糊关联规则的挖掘.工程数学学报,17(1):117—120.

陆汝钤.1996.人工智能.北京:科学出版社.

吕翠英.1994.基于解释学习的石油蒸馏过程故障诊断机器学习系统[博士学位论文].北京:中国石油大学.

马海波.1990.解释学习的研究[硕士学位论文].北京:中国科学院计算技术研究所.

马洪文,王万学,李振江.2000.广义模糊关联规则的挖掘.黑龙江商学院学报,16(2):4—9.

莫纯欢.1996.进化学习及人工生命中的突发行为[博士学位论文].北京:中国科学院计算技术研究所.

钱学森.1986.开展思维科学的研究//钱学森.关于思维科学.上海:上海人民出版社.

钱学森,于景元,戴汝为.1990.一个科学新领域——开放的复杂巨系统及其方法论.自然杂志,1.

沈政,林庶芝.1992.脑模拟与神经计算机.北京:北京大学出版社.

石纯一,黄昌宁,等.1993.人工智能原理.北京:清华大学出版社.

史忠植.1988.知识工程.北京:清华大学出版社.

史忠植.1990a.逻辑——对象知识模型.计算机学报,13(10):787—791.

史忠植.1990b.人类思维的层次模型.第一届中国人工智能联合学术会议,大连.

史忠植.1993.神经计算.北京:电子工业出版社.

史忠植.2000.智能主体及其应用.北京:科学出版社.

史忠植.2002.知识发现.北京:清华大学出版社.

史忠植.2001.高级计算机网络.北京:电子工业出版社.

史忠植.2006.智能科学.北京:清华大学出版社.

史忠植.2008.认知科学.合肥:中国科学技术大学出版社.

史忠植.2009.神经网络.北京:高等教育出版社.

史忠植,陈源,廖乐健.1996.约束满足系统.96人工智能进展,北京:69—73.

史忠植,莫纯欢.1995.人工生命.计算机研究与发展,32(12).

史忠植,王文杰.2007.人工智能.北京:国防工业出版社.

史忠植,余志华.1990.认知科学和计算机.北京:科学普及出版社.

司马贺.1986.人类的认知.北京:科学出版社.

宋志伟,陈小平.2003.仿真机器人足球中的强化学习.机器人,24(7S):761—766.

田启家,史忠植,王怀清.1996.多主体系统中的动作和知识推理.96人工智能进展,北京:74—79.

田启家,史忠植.1997.动作和进化的逻辑基础.中国科学(E辑),27(3):282—288.

汪涛,史忠植,田启家,等.1996.现实世界中的主体的一种复合式结构.软件学报(增刊):537—543.

汪涛.1996.多主体处理环境MAPE中的主体结构、主体通信语言和主体构造方法[硕士学位论文].北京:中国科学院计算技术研究所.

王鄂,李铭.2009.云计算下的海量数据挖掘研究.现代计算机(专业版),11:22—25.

王军.1997.数据库知识发现的研究[博士学位论文].北京:中国科学院计算技术研究所.

王文杰.1998.面向主体的软件开发环境AOSDE[博士学位论文].北京:中国科学院计算技术研究所.

王学军.1996.多Agent系统中协调方法研究[博士学位论文].北京:清华大学计算机系.

王学重.1990.面向对象的炼油工程专家系统[博士学位论文].北京:中国石油大学.

徐众会.1994.基于范例推理的研究和在天气预报中的应用[硕士学位论文].北京:中国科学院计算技术研究所.

叶施仁.2001.海量数据约简与分类研究[博士学位论文].北京:中国科学院计算技术研究所.

叶世伟.1995.前向神经网络变换研究[博士学位论文].北京:中国科学院计算技术研究所.

张海俊.2005.基于主体的自主计算研究[博士学位论文].北京:中国科学院计算技术研究所.

张建,史忠植.1995.迈向计算智能的统一理论框架.中国科学协会第二届青年学术会议,北京.

张建.1996.基于微分流形神经场计算理论及其在金融分析中的应用[博士学位论文].北京:中国科学院计算技术研究所.

张钹,张铃.1990.问题求解的理论与应用.北京:清华大学出版社.

张铃,张钹.2003.模糊商空间理论(模糊粒度计算方法).软件学报,14(4):770—776.

周涵.1993.基于泛例学习的内燃机油产品设计系统[博士学位论文].北京:中国石油大学.

朱朝晖,戈也挺,陈世福,等.2001.关于行动推理的研究//陆汝钤.世纪之交的知识工程与知识科学.北京:清华大学出版社.

左万利,刘居红.1999.任意多表间关联规则的并行挖掘.吉林大学自然科学学报,4.

Agrawal R,Imieliski T,Swami A.1993.Mining association rules between sets of items in large database.Proceedings of ACM SIGMOD International Conference on Management of Data,Washington,D.C.:207—216.

Agarwa R,Aggarwal C C,Prasad V V V.2001.A tree projection algorithm for generation of frequent itemsets.Journal of Parallel and Distributed Computing,61:350—371.

Agrawal R,Srikant R.1994.Fast algorithms for mining association rules.Proceedings of International Conference.Very Large Data Bases,Santiago:487—499.

Agre P,Chapman D.1987.PENGI:An implementation of a theory of activity.Proceedings of the 6th National Conference on AI (AAAI-87),Seattle:268—272.

Aha D A.1990.Study of Instance-Based Algorithms for Supervised Learning Tasks:Mathematical,Empirical,and Psychological Evaluations[Ph.D.Thesis].Irvine:University of California.

Aha D A,Kibler G,Albert M K.1991.Instance-based learning algorithms.Machine Learning,6(1):37—66.

Aha D A.1997.Lazy Learning.Boston:Kluwer Academic Publishers.

Aleksander I.1989.Neural Computing Architectures.London:North Oxford Academic.

Ali K M.1989.Augmenting domain theory for explanation-based generalization.Proceedings of IWML-89,Cornell University,Ithaca.

Allen J F. 1984. Towards a general theory of action and time. Artificial Intelligence,23:123—154.

Amarel S. 1968. On representation of problems of reasoning about actions//Michie D. Machine Intelligence 3. Edinburgh:University of Edinburgh Press.

Amarel S. 1984. Expert behavior and problem representation// Elithorn A, Banerji R. Human and Artificial Intelligence. Amsterdam:North-Holland.

Amarel S. 1986. Program synthesis as a theory formation task:Problem representations and solution methods// Michalski R S, Carbonell J G,Mitchell T M. Machine Learning:An Artificial Intelligence Approach, Vol. II. San Fransisco:Morgan Kaufmann.

Amari S. 1985. Differential geometrical methods in statistics//Springer Lecture Notes in Statistic. Berlin: Springer.

Amari S,Wu S. 1999. Improving support vector machine classifier by modifying kernel functions. Neural Networks,12:783—789.

Amsterdam J. 1988a. Extending the valiant learning model. Proceedings of ICML-88,San Mateo.

Amsterdam J. 1988b. Some philosophical problems with formal learning theory. Proceedings of AAAI-88, Saint Paul.

Anderson J R. 1989. A theory of the origins of human knowledge. Artificial Intelligence,40(1):313—351.

Angluin D, Smith C H. 1983. Inductive inference: Theory and methods. ACM Computing Survey,15(3): 237—269.

Angluin D. 1986. Learning Regular Sets from Queries and Counter-examples,TR-464. New Haven:Yale University,Dept. of Computer Science.

Angluin D. 1988. Queries and concept learning. Machine Learning,2(3):319.

Ashley K D,Rissland E L. Compare and contrast:A test of expertise// Kolodner J L. Proceedings of a DARPA Workshop on Case-based Reasoning,Florida.

Baader F,Calvanese D,McGuinness D,et al. 2003. The Description Logic Handbook. Theory,Implementation and Applications. Cambridge:Cambridge University Press.

Bakker R R,Dikker F,Tempelman F,et al. 1993. Diagnosing and solving over-determined constraint satisfaction problems. IJCAI-93:276—281.

Banerji R B,Mitchell T M. 1980. Description languages and learning algorithms:A paradigm for comparison. International of Policy Analysis and Information Systems,4(2):197.

Banerji R B. 1985. The logic of learning:A basis for pattern recognition and for improvement of performance. Advances in Computers:177—216.

Banerji R B. 1987. A discussion of report by Ehud Shapiro. Comput. Intell. ,3:297—303.

Bareiss R. 1988. PROTOS:A Unified Approach to Concept Representation,Classification and Learning[Ph. D. Thesis]. Austin:University of Texas at Austin,Dept. of Comp. Sci.

Barletta R,Mark W. 1988. Explanation-based indexing of cases. Proceedings of AAAI-88,Saint Paul.

Barletta R,Kerber R. 1989. Improving explanation-based indexing with empirical learning. Proceedings of IWML-89,Cornell University,Ithaca.

Bayardo R. 1998. Efficiently mining long patterns from databases. Proceedings of the 1998 ACM-SIGMOD: 85—93.

Belew R K,Forrest S. 1988. Learning and programming in classifier systems. Machine learning,3(2): 193—223.

Bellman R. 1957. Dynamic Programming. Seattle: Princeton Press.

Benferhat S, Cayrol C, Dubois D, et al. 1993. Inconsistency management and prioritized syntax-based entailment. IJCAI-93: 640—647.

Bergadano F, Giordana A. 1988. A knowledge intensive approach to concept induction. Proceedings of ICML-88, San Mateo.

Berners-Lee T. 2000. Semantic Web. XML2000. http: // www. w3. org/2000/Talks/1206-xml2k-tbl/.

Berners-Lee T, Hall W, Hendler J A, et al. 2006. A framework for Web science. Foundations and Trends in Web Science, 1 (1):1—130.

Berners-Lee T, Hendler J, Lassila O. 2001. The semantic Web. Scientific American, 281(5):29—37.

Berwick R C. 1983. Learning word meanings from examples. Proceedings of the 8th IJCAI, Karlsruhe.

Berwick R C. 1986. Domain-independent learning and the subset principle//Michalski R S, Carbonell J G, Mitchell T M. Machine Learning: An Artificial Intelligence Approach. San Fransisco: Morgan Kaufmann.

Biberman Y. 1994. A Context Similarity Measure. Machine Learning: ECML-94. Berlin: Springer-Verlag.

Blum L, Blum M. 1975. Toward a mathematical theory of inductive inference. Information and Control, 28: 125—155.

Blumer A, Ehrenfeucht A, Haussler D, et al. 1986. Classifying learnable geometric concepts with the Vapnik-Chervonenkis dimension. Proceedings of 18th Annual ACM Symposium on Theory of Computation, Berkeley.

Boden M A. 1988. Computer Models of Mind. Cambridge: Cambridge University Press.

Booker L B. 1982. Intelligent Behavior as an Adaptation to the Task Environment[Ph. D. Thesis]. Michigan: The University of Michigan.

Booker L B. 1988. Classifier systems that learn internal world models. Machine Learning, 3(2):161—192.

Booker L B, Goldberg D E, Holland J H. 1989. Classifier systems and genetic algorithms. Artificial Intelligence, 40(1):235—282.

Bradshaw G L, Langley P W, Simon H A. 1980. BACON. 4: The discovery of intrinsic properties. Proceedings of the Canadian Society for Computational Studies of Intelligence, Victoria.

Bratman M E. 1987. Intentions, Plants, and Practical Reason. Cambridge: Harvard Univ. Press.

Bratman M E, Israel D J, Pollack M E. 1987. Toward an architecture for resource-bounded agents. Technique Report CSLI-87-104, Center of Study of Language and Information. SRI and Stanford University.

Braverman M S, Russell S J. 1988a. Boundaries of operationality. Proceedings of ICML-88, San Mateo.

Braveman M S, Russell S J. 1988b. IMEX: Overcoming intractability in explanation based learning. Proceedings of AAAI-88, Saint Paul.

Brazdil P. 1981. A Model for Error Detection and Correction. Dept. of Computer Science, University of Edinburgh.

Brin S, Motwani R, Ullman J D, et al. 1997. Dynamic itemset counting and implication rules for market basket data. ACM SIGMOD Record, 26(2):255.

Brooks R A. 1991a. Intelligent without representation. Artificial Intelligence, 47:139—159.

Brooks R A. 1991b. Intelligence without reasoning. Proceedings of IJCAI'91, Sydney.

Buchanan B G, Feigenbaum E A. 1978a. Dendral and meta-dendral: Their applications dimension. Artificial Intelligence, 11: 5—41.

Buchanan B G, Mitchell T M, 1978b. Smith R G, et al. 1978b. Models of learning systems. Encyclopedia of

Computer Science and Technology,11:24—51.

Buchanan B G,Mitchell T M,Smith R G,et al. 1979. Models of learning systems. Stanford:Dept. of Computer Science,Stanford University.

Buchanan B G,Sullivan J,Cheng T,et al. 1988. Simulation-assisted inductive learning. Proceedings of AAAI-88,Saint Paul.

Bundy A. 1983. The Computer Modelling of Mathematics Reasoning. San Diego:Academic Press.

Buntine W. 1989. A critique of the Valiant model. Proceedings of IJCAI-89,Detroit.

Buntine W. 1991. Classifiers:A theoretical and empirical study. Proceedings of IJCAI-91:638—644.

Burges J C J. 1998. A tutorial on support vector machines for pattern recognition. Data Mining and Knowledge Discovery,2(2):167.

Burke R,Kass A. 1996. Retrieving stories for case-based teaching//Case-Based Reasoning (Experiences,Lessons,&Future Directions). Cambridge:MIT Press:93—110.

Burstein M H. 1986. A model of learning by incremental analogical reasoning and debugging//Machine Learning:An Artificial Intelligence Approach,Los Altos.

Callan J P,Fawcett T E,Rissland E L. 1991. CABOT:An adaptive approach to case-based search. IJCAI-91, Sydney.

Cannataro M,Congiusta A,Pugliese A,et al. 2004. Distributed data mining on grids:services,tools,and applications. IEEE Transactions on Systems,Man,and Cybernetics-PartB:Cybernetics,34(6):2451—2465.

Cannataro M,Talia D,Trunfio P. 2002. Distributed data mining on the grid. Future Generation Computer Systems,18 (8):1101—1112.

Carbonell J G. 1981. A computational model of problem solving by analogy. Proceedings of the 7th IJCAI, Vancouver.

Carbonell J G. 1982. Experimental learning in analogical problem solving. Proceedings of AAAI82,Pittsburgh.

Carbonell J G. 1983a. Derivational analogy and its role in problem solving. Proceedings of AAAI83,Washington D. C.

Carbonell J G. 1983b. Learning by analogy:Formulating and generalizing plans from past experience//Michalski R S, Carbonell J G,Mitchell T M. Machine Learning:An Artificial Intelligence Approach. Wellsboro: Tioga.

Carbonell J G,Michalski R S,Mitchell T M. 1983. Machine learning:A historical and methodological analysis. AI Magazine,4(3):69—79.

Carbonell J G. 1986. Analogy in problem solving//Michalski R S, Carbonell J G,Mitchell T M. Machine Learning:An Artificial Intelligence Approach. San Fransisco:Morgan Kaufmann.

Carbonell J G. 1989. Introduction:Paradigms for machine learning. Artificial Intelligence,40(1):1—9.

Carnap R. 1950. Logical Foundations of Probability. Chicago:The University of Chicago Press.

Caruana R A, Eshelman L J, Schaffer J D. 1989. Representation and hidden bias II:Eliminating defining length bias in genetic earch. Proceedings of IJCAI-89,Detroit.

Catlett J. 1991. Overpruning large decision trees. Proceedings of IJCAI-91,Sydney:764—769.

Chapman D. 1987. Planning for conjunctive goals. Artificial Intelligence,32:333—379.

Chang C L,Lee R C. 1973. Symbolic Logic and Mechanical Theorem Proving. San Diego:Academic Press.

Charniak E,McDermott D. 1985. Introduction to Artificial Intelligence. Boston:Addison-Wesley.

Cheeseman P,Stutz J. 1996. Bayesian classification (autoclass):Theory and results. Advances in Knowledge Discovery and Data Mining:153—180.

Chen M S,Park J S,Yu P S. 1996. Data mining for path traversal patterns in a web environment. Proceedings of 16th IEEE International Conference on Distributed Computing Systems,Wanchai:358—392.

Cheung D W L,Han J W,Vincent T Y Ng,et al. 1996. A fast distributed algorithm for mining association rules. PDIS,Miami Beach:31—42.

Chien S A. 1989. Using and refining simplifications:Explanation-based learning of plans in intractable domains. Proceedings of IJCAI-89,Detroit.

Chickering D,Heckerman D. 1996. Efficient approximations for the marginal likelihood of incomplete data given a Bayesian network. Technical Report MSR-TR-96—08,Microsoft Research,Redmond.

Congiusta A,Talia D,Trunfio P. 2007. Distributed data mining services leveraging WSRF. Future Generation Computer Systems,23 (1):34—41.

Congiusta A,Domenico T,Paolo T. 2008. Service-oriented middleware for distributed data mining on the grid. J. Parallel Distrib. Comput. ,68(1):3—15.

Clark P,Niblett T. 1989. The CN2 induction algorithm. Machine Learning,3(4):261.

Clements J. 1982. Analogical reasoning patterns in expert problem solving. Proceedings of the 4th Annual Meeting of the Cognitive Science Society,Ann Arbor.

Cohen W W. 1988. Generalizing number and learning from multiples in explanation based learning. Proceedings of ICML-88,San Mateo.

Cook D J. 1991. The base selection task in analogical learning. Proceedings of IJCAI-91,Sydney:790—795.

Cooper M C. 1989. An optimal k-consistency algorithm. Artificial Intelligence,41:89—95.

Cooper G F,Herskovits E. 1992. A Bayesian method for the induction of probabilistic networks from data. Machine Learning,9:309—347.

Cui Z,Cohn A G, Randell D A. 1992. Qualitative simulation based on a logical formalism of space and time. AAAI-92,San Jose:679—684.

Curd M V. 1980. The logic of discovery:An analysis of three approaches//Nickles T. Scientific Discovery, Logic,and Rationality. Boston:D. Reidel Publishing Company.

Czajkowski K,Foster I,Frey J,et al. 2004. The WS-Resource Framework. www. globus. org.

Danyluk A P. 1987. The use of explanations for similarity-based learning. Proceedings of IJCAI-87,Milan.

Darden L. 1983. Reasoning by analogy in scientific theory construction. Proceedings of the International Machine Learning Workshop,Allerton House.

DARPA. 1989. Case-based reasoning. Proceedings of Case-based Reasoning Workshop. California:Morgan Kaufmann.

Dasarathy B V. 1991. Nearest Neighbor (NN) Norms:NN Pattern Classification Techniques. Los Alamitos: IEEE Computer Society Press.

Davies J. 2006. Semantic Web Technology:Trends and Research. San Fransisco:John Wiley and Sons.

Davies S. 1997. Multidimensional triangulation and interpolation for reinforcement learning//Mozer M C,Jordan M I,Petsche T,et al. Advances in Neural Information Processing Systems 9. New York:MIT Press: 1005—1010.

Davies T R,Russell S J 1987. A logical approach to reasoning by analogy. Proceedings of IJCAI-87,Milan.

Davis A L,Rosenfeld A. 1981. Cooperating Process for low-level vision:A survey. Artificial Intelligence,17:

245—263.

Davis D. 1987. Constraint propagation with interval labels. Artificial Intelligence,32:281—331.

Davis L. 1987. Genetic Algorithms and Simulated Annealing. Chicago:Pitman.

Davis R. 1983. Diagnosis via causal reasoning:Paths of interaction and the locality principles. Proceedings AAAI-83,Washington,D. C. :88—92.

Davis R. 1984. Diagnosis reasoning from structure and behavior. Artificial Intelligence,24:347—410.

Dean J,Ghemawat S. 2004. MapReduce:Simplified data processing on large clusters. OSDI'04:6th Symposium on Operating System Design and Implementation.

Dean J,Ghemawat S. 2008. MapReduce:Simplified data processing on large clusters. Communications of the ACM,51(1):107—113.

Dean J,Ghemawat S,2010. MapReduce:A flexible data processing tool. Commun. Communications of CACM, 53(1):72—77.

Dechter R. 1989. Enhancement for constraint processing:Backjumping,learning,and cutset decomposition. Artificial Intelligence,41: 273—312.

Dechter R,Pearl J. 1987a. Network-based heuristics for constraint network. Artificial Intelligence,34:1—38.

Dechter R,Pearl J. 1987b. The cycle-cutset method for improving search performance in AI applications. Proceedings 3rd IEEE on AI Applications,Orlando.

Dechter R,Pearl J. 1987c. Tree clustering for constraint networks. Artificial Intelligence,28:342—403.

Decker K. 1995. Environment Centered Analysis and Design of Coordination Mechanisms[Ph. D. Thesis]. Boston:University of Massachusetts.

Decker K,Lesser V. 1993. An approach to analyzing the need for meta-level communication. IJCAI-93, Chambéry:360—366.

Decker K,Lesser V R,Nagendra P M V,et al. 1995. MACRONA:An architecture for multi-agent cooperative information gathering. Proceedings of the International Conference on Information and Knowledge Management Workshop Intelligent Information Agents,Baltimore.

Deerwester S,Dumais S T,Furnas G W, et al. 1990. Indexing by latent semantic analysis. Journal of the American Society for Information Science,41.

de Giacomo G,Lespérance Y,Levesque H. 2000. ConGolog,a concurrent programming language based on the situation calculus. Artificial Intelligence,121(1—2):109—169.

DeJong G. 1979. Skimming Stories in Real Time:An Experiment in Integrated Understanding. New Haven: Dept. of Computer Science,Yale University.

DeJong G. 1981. Generalizations based on explanations. Proceedings of IJCAI-81,Vancouver.

DeJong G. 1982. Automatic schema acquisition in a natural language environment. Proceedings of AAAI-82, Pittsburgh.

DeJong G. 1983. Acuiring schemata through understanding and generalizing plans. Proceedings of IJCAI-83, Karlsruhe.

DeJong G. 1986. An approach to learning from observation//Michalski R S, Carbonell J G, Mitchell T M. Machine Learning:An Artificial Intelligence Approach. San Fransisco:Morgan Kaufmann.

DeJong G. 1988. Some thoughts on the present and future of explanation-based learning. Proceedings of the ECAI-88,Munich.

DeJong G,Mooney R. 1986. Explanation-based learning:An alternative view. Machine Learning,1(2):145.

DeJong K. 1988. Learning with genetic algorithms: An overview. Machine Learning, 3(2):121.

de Kleer J. 1984. How circuits work. Artificial Intelligence, 24:205—280.

de Kleer J. 1986. An assumption-based TMS. Artificial Intelligence, 28:127—162.

de Kleer J. 1989. A comparison of ATMS and CSP techniques. Proceedings of IJCAI-89, Menlo Park: 290—296.

de Kleer J. 1993. A view on qualitative physics. Artificial Intelligence, 59:105—114.

de Kleer J, Brown J. 1984. A qualitative physics based on confluences. Artificial Intelligence, 24:205—280.

Delahaye J P. 1987. Formal Methods in Artificial Intelligence. North Oxford: Academic Press.

Deneubourg J L, Goss S, Frank N, et al. 1991. The dynamics of collective sorting: Robot-like ants and ant-like robots//Meyer J, Wilson S W. Proceedings of the First International Conference on Simulation of Adaptive Behavior: Fro3m Animals to Animats. Cambridge: MIT Press/Bradford Books: 356—363.

Dershowitz N. 1986. Programming by analogy//Michalski R S, Carbonell J G, Mitchell T M. Machine Learning: An Artificial Intelligence Approach. San Fransisco: Morgan Kaufmann.

Diederich J. 1989. Learning by instruction in connectionist systems. Proceedings of IWML-89, Cornell University, Ithaca.

Dietterich T G. 1984. Constraint Propagation Techniques for Theory-driven Data Interpretation[Ph. D. Thesis]. Stanford: Dept. of Computer Science, Stanford University.

Dietterich T G. 1984. Learning about systems that contain state variables//Proceedings of AAAI-83, Washington, D. C.

Dietterich T G. 1986. Learning at the knowledge level. Machine Learning, 1(3): 287—316.

Dietterich T G. 1989. Limitations on inductive learning. Proceedings of IWML-89, Ithaca.

Dietterich T G, London B, Clarkson K, et al. 1982. Learning and inductive inference//Cohen PR Feigenbaum E A. The Handbook of Artificial Intelligence, Vol. III. Los Altos: William Kaufmann: 323—512.

Dietterich T G, Michalski R S. 1981. Inductive learning of structural descriptions: Evaluation criteria and comparative review of selected methods. Artificial Intelligence, 16(3):257—294.

Dietterich T G, Michalski R S. 1983. A comparative review of selected methods for learning from examples// Michalski R S, Carbonell J G, Mitchell T M. Machine Learning: An Artificial Intelligence Approach. Palo Alto: Tioga: 41—82.

Dietterich T G, Michalski R S. 1986. Learning to predict sequences//Michalski R S, Carbonell J G, Mitchell T M. Machine Learning: An Artificial Intelligence Approach, Volume II. Palo Alto: Tioga: 63—106.

Dietzen S, Pfenning F. 1989. Higher-order and model logic as a framework for explanation-based generalization. Proceedings of IWML-89, Ithaca.

Domeshek E, Kolodner J, Zimring C. 1994. The design of a tool kit for case-based design aids. Artificial Intelligence in Design. Norwell: Kluwer.

Doran J E , Franklin S, Jennings N R, et al. 1997. On cooperation in multi-agent systems. http://eprints. ecs. soton. ac. uk/2193/1/FOMAS-PANEL-KER. pdf.

Dougherty J, Kohavi R, Sahami M. 1995. Supervisedand unsupervised discretization of continuous features. International Conference on Machine Learning, Tahoe City: 194—202.

Douglas S A, Moran T P. 1983. Learning operator semantics by analogy. Proceedings of AAAI-83, Washington, D. C.

Doyle J. 1979. A truth maintenance system. Amsterdam: Artificial Intelligence, 12(3): 231—272.

Durfee E H,Lesser V R,Corkill D D. 1987. Cooperation through communication in a distributed problem solving network//Distributed Artificial Intelligence. New York: Pitman Publishing.

Ebbinghaus H D. 1985. Extended logics: The general framework//Model-Theoretic Logic. Berlin: Spriger-Verlag.

Ellman T. 1988. Approximate theory formation: An explanation-based approach. Proceedings of AAAI-88, Saint Paul.

Ellman T. 1989. Explanation-based learning: Programs and perspectives. ACM Computing Surveys,21(2): 163—221.

Epstein S L. 1987. On the discovery of mathematical theorems. Proceedings of IJCAI-87,Milan.

Ernst G W,Goldstein M M. 1982. Mechanical discovery of classes of problem-solving strategies. Journal of the ACM,29(1): 1—23.

Erosheva E,Fienberg S,Lafferty J. 2004. Mixed-membership models of scientific publications. Proceedings of the National Academy of Sciences of the United States of America,101:5220—5227.

Etzioni O. 1988. Hypothesis filtering: A practical approach to reliable learning. Proceedings of ICML-88,San Mateo.

Evance T G. 1968. A program for the solution of a class of geometric-analogy intelligence test questions// Minsky M. Semantic Information Processing. Boston: MIT Press.

Falkenhainer B C. 1985. Proportionality graphs,units analysis,and domain constraints: Improving the power and efficiency of the scientific discovery process. Proceedings of IJCAI85,Los Angeles.

Falkenhainer B C. 1987. An examination of the third stage in the analogy process: Verification-based analogical learning. Proceedings of IJCAI-87,Milan.

Falkenhainer B C. 1987. Scientific theory formation through analogical inference. Proceedings of the 4WML, Irvine.

Falkenhainer B C,Michalski R S. 1986. Integating quantitative and qualitative discovery: The ABACUS system. Machine Learning,1(4): 367.

Fayyad U,Piatetsky-Shapiro G,Smyth P,et al. 1996a. Advances in Knowledge Discovery and Data Mining. Boston: MIT Press.

Fayyad U,Piatetsky-Shapiro G,Smyth P,et al. 1996b. From data mining to knowledge discovery in databases. AI Magazine,Fall: 37—54.

Feigenbaum E A,Feldman J. 1963. Computers and Thought. New York: McGraw-Hill.

Feldman J A. 1982. Dynamic connections in neural networks. Biol. Cybern. ,46: 27—39.

Feldman J A,Ballard D H. 1982. Connectionist models and their properties. Cognitive Science,6: 205—254.

Ferber J. 1991. Actors and agents as reflective concurrent objects: Λ mering IV perspective. SMC,21: 991.

Ferguson I A. 1991. Towards an architecture for adaptive,rational,mobile agents. Decentralised AI 3-Proc. of the 3rd European Workshop on Mod,Kaiserslautern.

Fikes S,Hart P E,Nilsson N J. 1972. Learning and executing generalized robot plans. Artificial Intelligence,3 (4): 251—288.

Fisher D H. 1987a. Improving inference through conceptual clustering. Proceedings of AAAI-87,Seattle.

Fisher D H. 1987b. Knowledge acquisition via incremental conceptual clustering. Machine Learning,2: 139—172.

Fisher D H. 1989. Noise-tolerant conceptual clustering. Proceedings of IJCAI-89,Detroit.

Fisher D H, Langley P. 1985. Approaches to conceptual clustering. Proceedings of IJCAI-85, Los Angeles.

Fisher D H, McKusick K B. 1989. An empirical comparison of ID3 and back-propagation. Proceedings of IJ-CAI-89, Detroit.

Fitzpatrick J M, Grefenstette J J. 1988. Genetic algorithms in noisy environments. Machine Learning, 3 (2): 101.

Flach P A. 1987. Second-order inductive learning//Jantke K P. Analogical and Inductive Inference. Berlin: Springer-Verlag.

Forbus K D. 1984. Qualitative process theory. Artificial Intelligence, 24: 96—168.

Forbus K D. 1993. Qualitative Process Theory: Twelve years after. Artificial Intelligence, 59: 115—123.

Forbus K D, Gentner D. 1986. Learning physical domains: toward a theoretic framework//Michalski R S, Carbonell J G, Mitchell T M. Machine Learning: An Artificial Intelligence, Volume II. Los Altos: Morgan Kaufmann.

Forbus K D, Nielsen P, Faltings B. 1991. Qualitative spatial reasoning: The CLOCK project. Artificial Intelligence, 51: 417—471.

Forsyth R. 1984. Machine learning systems. Proceedings of the Association for Library and Information Management, London.

Foster I, Kesselman C. 1997. Globus: A Metacomputing Infrastructure Toolkit. SupercomputerApplications, 11(2):115—128.

Foster I, Kesselman C. 2003. The Grid 2: Blueprint for a New Computing Infrastructure. Los Altos: Morgan Kaufmann.

Freeman-Benson B, Borning A. 1992. Integrating constraints with an object-oriented language. Proceedings of the 1992 European Conference on Object-Oriented Programming, 268—286.

Freuder E L. 1978. Synthesizing constraint expression. Communications of the ACM, 21(11): 958—966.

Freuder E L. 1982. A sufficient condition of backtracking-free search. J. ACM, 29(1): 24—32.

Freuder E L. 1988. Backtrack-Free and backtrack bound Search//Kanal L, Kumar V. Search in Artificial Intelligence. New York: Springer-Verlag.

Freuder E L. 1989. Partial constraint satisfaction. Proceedings of IJCAI-89, Detroit: 278—283.

Freund Y, Schapire R E. 1995. A decision-theoretic generalization of on-line learning and an application to boosting. Proc. of the Second European Conference on Computational Learning, Barcelona.

Fukushima K. 1975. Cognitron: A self-organizing multilayered neural network. Biol. Cybern. , 20: 121—136.

Fung G, Mangasarian O L. 2001a. Proximal support vector machine classifiers. Proceedings of the Seventh ACM SIGKDD International Conference on Knowledge Discovery and Data Mining, San Francisco: 77—86.

Fung G, Mangasarian O L. 2001b. Incremental support vector machine classification. Data Mining Institute Technical Report 01-08, Computer Sciences Department, University of Wisconsin, Madison.

Gallier J H. 1986. Logic for Computer Science. New York : Harper and Row.

Galton A. 1993. Towards an integrated logic of space, time and motion. IJCAI-93, Chambery: 1550—1555.

Gasser L, Bragaza C H N. 1987. MACE: A flexible testbed for distributed AI research//Distributed Artificial Intelligence. London: Pitman Publishing.

Genello R, Mana F. 1991. Rigel: An inductive learning system. Machine Learning, 6(1): 7—35.

Genesereth M R, Nilsson N J. 1987. Logic Foundation of Artificial Intelligence. Los Altos: Morgan Kaufmann.

Gennari J H. 1989. Focused concept formation. Proceedings of IWML-89, Ithaca.

Gennari J H, Langley P, Fisher D. 1989. Models of incremental concept formation. Artificial Intelligence, 40 (1): 11—61.

Gentner D. 1983. Structure mapping: A theoretical framework for analogy. Cognitive Science, 7 (2): 155—170.

Gentner D, Stevens A L. 1983. Mental Models. Mawrah. N. J. : Erlbaum.

Gerwin D G. 1974. Information processing, data inferences, and scientific generalization. Behav. Sci. , 19: 314—325.

Ghemawat S, Howard G, Shun-Tak L. 2003. The Google file system. SOSP, 29—43.

Gick M L, Holyoak K J. 1980. Analogical problem solving. Cognitive Psychology, 12: 306—355.

Gick M L, Holyoak K J. 1983. Schema induction and analogical transfer. Cognitive Psychology, 15: 1—38.

Ginsberg A. 1988. Theory revision via prior operationalization. Proceedings of AAAI-88, Saint Paul.

Ginsberg M L. 1986. Counterfactuals. Artificial Intelligence, 30: 35—79.

Goebel R. 1987. A sketch of analogy as reasoning with equality hypotheses//Jantke K P. Analogical and Inductive Inference. Berlin: Springer-Verlag.

Goertzel B, de Garis H, Cassio P, et al. 2010. OpenCogBot: Achieving generally intelligent virtual agent control and humanoid robotics via cognitive synergy//Shi Z Z, et al. Progress of Advanced Intelligence, 2: 47—58.

Goldberg D E. 1985. Dynamic system control using rule learning and genetic algorithm. Proceedings of IJCAI-85, Los Angeles.

Goldberg D E. 1989. Genetic Algorithms in Search, Optimization, and Machine Learning. New York: Addison-Wesley.

Goldberg D E. Holland H. 1988. Genetic algorithms and machine learning. Machine Learning, 3(2): 95.

Gold E M. 1967. Language identification in the limit. Information and Control, 10: 447—474.

Golding A, Rosenbloom P S, Laird J E. 1987. Learning general search control from outside guidance. Proceedings of IJCAI-87, Milan.

Golub G H, van Loan C G. 1996. Matrix Computations. Baltimore: The John Hopkins University Press.

Grahne G, Zhu J F. 2003. Efficient using Prefix-Trees in Mining Frequent Itemsets. FIMI, Melbourne.

Green C. 1969. Theorem proving by resolution as a basis for question answering systems//Michie D, Meltzer B. Machine Intelligence 4. Edinburgh: Edinburgh University Press.

Grefenstette J J. 1988. Credit assignment in genetic learning systems. Proceedings of AAAI-88, Saint Paul.

Grefenstette J J. 1988. Credit assignment in rule discovery systems based on genetic algorithms. Machine Learning, 3(2): 225—246.

Grefenstette J J. 1989. Incremental learning of control strategies with genetic algorithms. Proceedings of IWML-89, Ithaca.

Greiner R. 1985. Learning by understanding analogies. STAN-CS-85-1071, Stanford University.

Greiner R. 1989. Learning by understanding analogies. Artificial Intelligence, 35(1).

Grossberg S. 1976. Adaptive pattern classification and universal recoding, I: Parallel development and coding of neural feature detectors. Biol. Cybern. , 23: 121—134.

Grossberg S. 1980. How does the brain build a cognitive code?. Psychological Review, 87: 1—51.

Grossman R L, Gu Y H, Sabala M, et al. 2009. Compute and storage clouds using wide area high performance networks. Future Generation Computer Systems,25: 179—183.

Grosz B, Sarit K. 1996. Collaborative plans for complex group actions. Artificial Intelligence, 86 (2): 269—357.

Gruber T R. 1993. A translation approach to portable ontology specifications. Knowledge Acquisition,5(2): 199—220.

Guha R V,Lenat D B. 1990. Cyc: A midterm report. AI Magazine,Fall: 32—59.

Guha S,Rastogi R,Shim K. 1998. CURE: An efficient clustering algorithm for large databases. ACM SIG-MOD,73—84.

Guha S,Rastogi R,Shim,K. 2000. ROCK:a robust clustering for categorical attributes. Information Systems, 25(5): 345—366.

Gu J. 1992. Efficient local search for very large-scale satisfiability problems. Sigart Bulletin,3(1): 8—12.

Hadzikadic M,Yun D Y Y. 1989. Concept formation by incremental conceptual clustering. Proceedings of IJ-CAI-89,Detroit.

HallMark E F, Geoffrey H, Bernhard P, et al. 2009. The WEKAData mining software: An update. ACM SIGKDD Explorations Newsletter,11(1): 10—18.

Hall R P. 1988. Learning by failing to explain using partial explanations to learn in incomplete or intractable domain. Machine Learning,3(1): 45.

Hall R P. 1989. Computational approaches to analogical reasoning: a comparative analysis. Artificial intelli-gence,39(1): 39—120.

Hammond K J. 1986. CHEF: A model of case-based planning. Proceedings of AAAI-86,Philadelphia.

Hammond K J. 1990. Explaining and repairing plans that fail. Artificial Intelligence,45(1-2):173—228.

Hampson S E. 1983. A neural model of adaptive behavior. Irvine: Dept. of CIS,Univ. of Calif.

Han J,Kamber M. 2006. Data Mining:? Concepts and Techniques. Massachusetts: Morgan Kaufmann.

Han J,Pei J, Yin Y W. 2000. Mining frequent pattems without candidate generation. ACM-SIGMOD. New York: ACM Press: 1—12.

Haussler D. 1987. Learning conjunctive concepts in structural domains. Proceedings of AAAI-87,Seattle.

Haussler D. 1988a. New theoretical directions in machine learning. Machine Leaning,2(4): 281.

Haussler D. 1988b. Quantifying inductive bias: AI learning algorithms and Valiant's learning framework. Ar-tificial Intelligence,36,177—221.

Haussler D. 1989. Generalizing the PAC model: Sample size bounds from metric dimension-based uniform convergence results. Proceedings of the Second Annual Workshop on Computational Learning Theory,San-ta Cruz.

Hayes-Roth B. 1995. Agents on Stage. Proceedings of IJCAI-95,Montreal.

Hayes-Roth F. 1983. Using proofs and refutations to learn from experience//Michalski R S, Carbonell J G, Mitchell T M. Machine Learning: An Artificial Intelligence Approach,Tigoa.

Hayes-Roth F,Mostow D J. 1981. Machine transformation of advice into a heuristic search procedure//Ander-son J R. Cognitive Skills and Their Acquisition,Erlbaum,Hillsdale.

Hayes-Roth F,Waterman D A,Lenat D B. 1983. Building Expert Systems. London:Addison Wesley.

Hebb D O. 1949. The Organization of Behavior. New York: Wiley.

Hebeler J,Fisher M,Blace R,et al. 2009. Semantic Web Programming. Hoboken: Wiley.

Heckerman D. 1997. Bayesian networks for data mining. Data Mining and Knowledge Discovery,1: 79—119.

Hewitt C. 1991. Open systems semantics for distributed artificial intelligence. Artificial Intelligence, 47: 79—106.

Hewitt C, DeJong P. 1983. Analyzing the roles of descriptions and actions in open systems. AAAI1983, Washington, D. C.

Hinton G E. 1989. Connectionist learning procedures. Artificial Intelligence, 40(1): 185—234.

Hirsh H. 1987. Explanation-based generalization in a logic-programming environment. Proceedings of IJCAI-87, Milan: 221—227.

Hirsh H. 1988. Reasoning about operationality for explanation-based learning. Proceedings of ICML-88, San Mateo.

Hirsh H. 1989. Combining empirical and analytical learning with version spaces. Proceedings of IWML-89, Ithaca.

Hofstadter D. 1985. Analogies and roles in human and machine thinking//Hofstadter D. Metamagical Themas. New York: Basic Books.

Holland J H. 1971. Proceeding and processors for schemata//Jacks E L. Associative Information Processing. New York: Elsevier.

Holland J H. 1975. Adaptation in Natural and Artificial Systems. Ann Arbor: University of Michigan Press.

Holland J H. 1985. Properties of the bucket brigade algorithm. Proceedings of an International Conference on Genetic Algorithms and Their Applications, Pittsburg.

Holland J H. 1986. Escaping brittleness: The possibilities of general-purpose learning algorithms applied to parallel rule-based systems//Michalski R S, Carbonell J G, Mitchell T M. Machine Learning: An Artificial Intelligence Approach. Los Altos: Morgan Kaufmann.

Holland J H, Holyoak K J, Nisbett R E, et al. 1986. Induction: Processes of Inference, Learning, and Discovery. Boston: The MIT Press.

Holyoak K J. 1984. Analogical thinking and human intelligence//Sternberg R J. Advances in the Psychology of Human Intelligence, Erlbaum, New Jersey.

Holyoak K J, Thagard P. 1989. Analogical mapping by constraint satisfaction. Cognitive Science, 13: 295—355.

Hopfield J J. 1982. Neural networks and physical systems with emergent collective computational abilities. Proc. Nat. Acad. Sci. , 79: 2554—2558.

Hopfield J J, Tank D W. 1985. Neural computation of decisions in optimization problems. Biol. Cybern, 52 (14): 141—152.

Houtsman M, Swami A. 1995. Set-oriented mining of association rules. Proceedings of the International Conference on Data Engineering, Taibei: 25—34.

Huang G B, Zhu Q Y, Siew C K. 2004. Extreme learningmachine: A new learning scheme of feedforward neural networks. IJCNN 2004, Budapest.

Hunt E B, Marin J, Stone P T. 1966. Experiments in Induction. New York: Academic Press.

Hu X H. 1995. Knowledge Discovery in Database: An Attribute-Oriented Rough Set Approach[Ph. D. Thesis]. Regina: University of Regina.

Iba G A. 1979. Learning disjunctive concepts from examples[Master Thesis]. Cambridge: Massachusetts Institute of Technology.

Inmon W H. 1992. Building the Data Warehouse. Boston: QED Technical Publishing Group.

Inmon W H. 1996. The data warehouse and data mining. Communications of the ACM,39(11):49—50.

Iwasaki Y,Simon H A. 1986. Causality in device behavior. Artificial Intelligence,29:3—32.

James S,Ribeiro K A,Kaufman L K. 1995. Knowledge discovery from multiple databases. Proc. of the 1st Int'l Conf. on Knowledge Discovery in Databases and Data Mining. Montreal: AAAI Press: 240—245.

Jennings N R. 1993. Commitments and conventions: The foundation of coordination in multi-agent system. The Knowledge Engineering Review,8: 3,233—250.

Johnson-Laird P N. 1988. The Computer and the Mind: An Introduction to Cognitive Science. Cambridge: Harvard University Press.

Kally K T. 1988. Theory discovery and the hypothesis language. Proceedings of ICML-88,San Mateo.

Keane M T. 1988. Analogical Problem-Solving. Chichester: Ellis Horwood Limited.

Kearns M,Li M,Pitt L,et al. 1987. Recent results on Boolean concept learning. Proc. 4th International Workshop on Machine Learning,Irvine: 337—352.

Kearns M,Pitt L. 1989. A polynomial-time algorithm for learning k-variable pattern languages from examples. Proceedings of the Second Annual Workshop on Computational Learning Theory,Santa Cruz.

Kedar-Cabelli S T. 1985. Purpose-directed analogy. Proceedings of the Cognitive Science Society,Irvine.

Kedar-Cabelli S T. 1987. Formulating concepts according to purpose. Proceedings of AAAI-87, Seattle: 477—481.

Kedar-Cabelli S T. 1988. Analogy: From a unified perspective//Helman D H. Analogical Reasoning: Perspectives of Artificial Intelligence,Cognitive Science,and Philosophy.

Keller R M. 1983. Learning by re-expressing concepts for efficient recognition. Proceedings of AAAI-83, Washington. D. C.

Keller RM. 1987. Defining operationality for explanation-based learning. Proceedings of AAAI-87,Seattle.

Kerber M. 1987. Some aspects of analogy in mathematical reasoning//Jantke K P. Analogical and Inductive Inference. Berlin: Springer-Verlag.

Kerber R G. 1988. Using a generalization hierarchy to learn from examples. Proceedings of ICML-88,San Mateo.

Khoussainov R,Zuo X,Kushmerick N. 2004. Grid-enabled Weka: A Toolkit for Machine Learning on the Grid. ERCIM News.

Kirsh D. 1991. Foundations of AI: The big issues. Artificial Intelligence,47: 3—30.

Kleinberg J. 1998. Authoritative sources in a hyperlinked environment. Proc. 9th ACM-SIAM Symposium on Discrete Algorithms (SODA),San Francisco: 668—677.

Kling R E. 1971. A paradigm for reasoning by analogy. Artificial Intelligence,2(2): 147—178.

Kodratoff Y. 1988. Introduction to Machine Learning. London: Pitman.

Kohonen T. 1984. Self Organization and Associate Memory. New York: Springer-Verlag.

Kokar M M. 1986. Determining arguments of invariant functional descriptions. Machine Learning, 1: 403—422.

Kolodner J L. 1987. Extending problem solver capabilities through case-based inference. Proceedings of the Fourth International Workshop on Machine Learning,University of California,Irvine.

Kolodner J L. 1988. Retrieving events from a case memory: A parallel implementation. Proceedings of Case-based Reasoning Workshop,San Francisco: Morgan Kaufmann.

Kolodner J L. 1993. Case-Based Reasoning. San Mateo: Morgan Kaufmann.

Kolodner J L,Simpson R L,Sycara K. 1985. A process model of case-based reasoning in problem solving. Proceedings of IJCAI-85,Los Angeles.

Koulichev V N. 1990. Generalization in Case-based Machine Learning [Master Thesis]. Norway: University of Trondheim.

Koza J R. 1989. Hierarchical genetic algorithms operating on populationist learning algorithms. Proceedings of IJCAI-89,Detroit.

Kraus S. 1997. Negotiation and cooperation in multi-agent environments. Artificial Intelligence Journal,Special Issue on Economic Principles of Multi-Agent System.

Kuipers B J. 1984. Common sense reasoning about causality. Artificial Intelligence,24: 169—203.

Kuipers B J. 1986. Qualitative simulation. Artificial Intelligence,29: 289—338.

Kuipers B J. 1993. Reasoning with qualitative models. Artificial Intelligence,59: 125—132.

Kumar V. 1992. Algorithms for constraint satisfaction problems: A survey. Artificial Intelligence,13 (1): 32—44.

Kurtzberg J M. 1987. Feature analysis for symbol recognition by elastic matching. International Business Machines J. of Research and Development,31: 91—99.

Laird J E. 1984. Universal Subgoaling[Ph. D. Thesis]. Carnegie-Mellon: Dept. of Psychology,Carnegie-Mellon University.

Laird J E. 1988. Recovery from incorrect knowledge in SOAR. Proceedings of AAAI-88,Saint Paul.

Laird J E,Newell A. 1983. A universal weak method: Summary of results. Proceedings of IJCAI-83,Karlsruhe.

Laird J E,Newell A,Rosenbloom P S. 1987. Soar: An architecture for general intelligence. Artificial Intelligence,33: 1—64.

Laird J E,Rosebbloom P S. 1984. Toward chunking as a general learning mechanism. Proceedings of AAAI-84,Austin.

Laird J E,Rosenbloom P S,Newell A. 1986. Chunking in SOAR: The anatomy of a general learning mechanism,Machine Learning,1(1): 11.

Laird P D. 1988. Learning from Good and Bad Data. Boston : Kluwer Academic Publishers.

Langley P W. 1978. BACON 1: A general discovery system. Proceedings of the Canadian Society for Computational Studies of Intelligence,Toronto.

Langley P W. 1979. Descriptive Discovery Processes: Experiments in Baconian Science[Ph. D. Thesis]. Carnegie-Mellon: Dept. of Psychology,Carnegie-Mellon University.

Langley P W. 1981. Data-driven discovery of physicallaws. Cognitive Science,5(1): 31—54.

Langley P W. 1986. On machine learning. Machine Learning,1(1): 5.

Langley P W. 1987. Research papers in machine learning. Machine Learning,2(3): 195.

Langley P W. 1989a. Toward a unified science of machine learning. Machine Learning,3(4): 253.

Langley P W. 1989b. Unifying themes in empirical and explanation-based learning. Proceedings of IWML-89,Cornell University,Ithaca.

Langley P W,Bradshaw G,Simon H A. 1981. BACON 5: The discovery of conservation laws. Proceedings of the IJCAI-81,Vancouver,B. C.

Langley P W,Bradshaw G,Simon H A. 1982. Data-driven and expectation-driven discovery of empirical laws. Proceedings of the Canadian Society for Computational Studies of Intelligence,Saskatoon.

Langley P W,Michalski R S. 1986. Machine learning and discovery. Machine Learning,1(4): 363.

Langley P W,Simon H A. 1981. The central role of learning in cognition//Anderson J R. Cognitive Skill and Their Acquisition,Erlbaum.

Langley P W. Simon H A,Bradshaw G L. 1983. Rediscovering chemistry with the BACON system//Michalski R S,Carbonell J G,Mitchell T M. Machine Learning: An Artificial Intelligence Approach. Wellsboro: Tioga.

Langley P W,Simon H A,Bradshaw G L,et al. 1987. Scientific Discovery. Cambridge: The MIT Press.

Langley P W,Zytkow J M. 1989. Data-driven approaches to empirical discovery. Artificial Intelligence,40(1): 283—312.

Langley P W,Zytkow J M,Simon H A. 1983. Three facets of scientific discovery. Proceedings of IJCAI-83, Karlsruhe.

Langley P W,Zytkow J M,Simon H A,et al. 1986. The search for regularity: Four aspects of scientific discovery//Michalski R S,Carbonell J G,Mitchell T M. Machine Learning: An Artificial Intelligence Approach. San Fransisco: Morgan Kaufmann.

Langton C G,et al. 1989. Artificial Life. Redwood City: Addison-Wesley.

Langton C G,et al. 1994. Artificial Life III. Reading: Addison-Wesley.

Langton C G,Taylor C,Farmer J D,et al. 1992. Artificial Life II. Redwood City: Addison-Wesley.

Larkin J H,McDermott J,Simon D P,et al. 1980. Models of competence in solving physics problems. Cognitive Science,4,317—345.

Leech G,Garside R,Bryant M. 1994. CLAWS: The tagging of the British national corpus. Proceedings of 15th Int'l Conf. on Cimputation Linguistics,Kyoto.

Leler W. 1988. Constraint Programming Languages. Their Specification and generation. Boston: Addison-Wesley.

Lenat D B. 1976. AM: An Artificial Intelligence Approach to Discovery in Mathematics as Heuristic Search [Ph. D. Thesis]. Stanford: Dept. of Computer Science,Stanford University.

Lenat D B. 1977. Automated theory formation in mathematics. Proceedings of IJCAI-77,Cambridge.

Lenat DB. 1983. EURISKO: A program that learns new heuristics and domain concepts: The nature of heuristics III: Program design and results. Artificial Intelligence,21(1): 61—98.

Lenat D B. 1988. When will machines learn?. Proceedings of FGCS'88,Tokyo.

Lenat D B,Brown J S. 1984. Why AM and eurisko appear to work. Artificial Intelligence,23(3): 269—294.

Lenat D B,Guha R V. 1990. Building Large Knowledge-based Systems. Boston: Addison-Wesley.

Lenat D B,Guha R V,Pittman K,et al. 1990. Cyc: Toward programs with common sense. CACM,33(8).

Lenat D,Witbrock M,et al. 2010. Harnessing Cyc to answer clinical researchers' Ad HocQueries. Artificial Intelligence,31(3): 13—32.

Lesser V R. 1991. A retrospective view of FA/C distributed problem solving. IEEE Transactions on Systems, Man,and Cybernetics,Special Issue on Distributed Artificia.

Lesser V R. 1991. A retrospective view of FA/C distributed problem solving. IEEE Trans. SMC,21.

Lesser V R,Corkill D D,Durfee E H. 1987. An Updateon the Distributed Vehicle Monitoring Testbe. University of Massachusetts,Amherst,Computer Science Technical Report: 87—111.

Lesser V R,Erman L D. 1980. Distributed interpretation: A model and experiment. IEEE Transaction on Computer,C-29: 1144—1163.

Levesque H J. 1990. All I know: A study in autoepistemic logic. Artificial Intelligence,42: 263—309.

Levesque H,Reiter R,Lespérance Y,et al. 1997. GOLOG: A logicprogramming language for dynamic domains. Journal of Logic Programming,31:59—84.

Lhomme O. 1993. Consistency techniques for numeric CSPs. IJCAI-93,Chambery: 232—238.

Liao L J,Shi Z Z. 1992. Default reasoning in constraint network. Proceedings of the International Workshop on Automated Reasoning,35—39.

Liao L J,Shi Z Z. 1994a. Find preferred model using repair-based search. PRICAI-94,Beijing: 80—83.

Liao L J, Shi Z Z. 1994b. Default reasoning in sorted constraint representation. PRICAI-94, Beijing: 113—117.

Liao L J,Shi Z Z. 1995a. An integrated approach to constraint satisfaction. Chinese Journal of Advanced Software Research,2(2): 154—160.

Liao L J,Shi Z Z. 1995b. Minimal model semantics for sorted constraint representation. J. of Computer Science and Technology,10 (5): 439—446.

Liao L J,Shi Z Z,Wang S J. 1994c. Influence-based backjumping combined with most-constrained-first and domain filtering. DKSME-94,Hong Kong: 657—662.

Licklider J C R,Clark W. 1962. On-line man computer communication. Proceedings of the Spring Joint Computer Conference,113—128.

Liepins G E,Hilliard M R,Palmer M,et al. 1989. Alternatives for classifier system credit assignment. Proceedings of IJCAI-89,Detroit.

Lin F Z,Reiter R. 1994. How to progress a database (and why) I: Logic foundations. 4th International Conference on Principles of Knowledge Representation and Reasoning,Bonn.

Littlestone N. 1988. Learning quickly when irrelevant attributes abound: A new linear-threshold algorithm. Machine Learning,2(4): 285.

Liu B. 2006. Web Data Mining. Berlin: Springer.

Liu J. 2003. Web intelligence(WI):What makes wisdom Web?. Proc. the 18th Int'1 Joint Conf. on Artificial Intelligence(IJCAI-03). San Francisco:Morgan Kaufmann: 1596—1601.

Liu Q G,He Q,Shi Z Z. 2008. Extreme support vector machine. PAKDD'08,Osaka: 222—233.

Lloyd J W. 1987. Foundations of Logic Programming. Berlin: Springer—Verlag.

Luger G E. 2005. Artificial Intelligence: Structures and Strategies for Complex Problem Solving(5th Edition). 史忠植,张银奎,赵志崑,等译. 人工智能. 北京: 机械工业出版社,2006.

Lumer E,Faieta B. 1994. Diversity and adaptation in populations of clustering ants//Meyer J A,Wilson S W. Proceedings of the Third International Conference on Simulation of Adaptive Behavior: From Animals to Animats,Vol. 3. Cambridge: MIT Press/ Bradford Books: 501—508.

Lynne K J. 1988. Competitive reinforcement learning. Proceedings of ICML-88,San Mateo.

Mackworth A K. 1977. Consistency in networks of relations. Artificial Intelligence,8(1): 99—118.

Maes P. 1989. The dynamics of action selection. Proceedings of IJCAI-89,Detroit: 991—997.

Mahadevan S. 1985. Verification-based learning: A generalized strategy for inferring problem-reduction methods. Proceedings of IJCAI-85,Los Angeles.

Mahadevan S,Tadepalli P. 1988. On the tractability of learning from incomplete theories. Proceedings of ICML-88,San Mateo.

Mangasarian O L,Musicant D R. 2001. Lagrangian support vector machines. Journal of Machine Learning Research,1：161—177.

Manna Z,Waldinger R. 1985. The Logical Basis for Computer Programming. Boston：Addison-Wesley.

Mark W,Simoudis E,Hinkle D. 1996. Case-Based Expectations and Results//Case-Based Reasoning (Experiences,lessons,&Future Directions). Cambridge：AAAI/MIT Press：269—294.

Matheus C J,Rendell L A. 1989. Constructive induction on decision trees. Proceedings of IJCAI-89,Detroit.

Mauldin M L. 1984. Maintaining diversity in genetic search. Proceedings of AAAI-84,Austin.

McCarthy J. 1958. Programs with common sense. Proceedings of the Symposium on the Mechanization of Thought Processes,London：77—84.

McCarthy J. 1968a. Situation,actions and causal laws//Reprinted in the semantic information processing. Cambridge：MIT Press：410—417.

McCarthy J. 1968b. Programs with common sense//Minsky M. Semantic Information Processing. Cambridge：MIT Press.

McCarthy J. 1980. Circumscription：A form of non-monotonic reasoning. Artificial Intelligence,13(1-2)：27—39.

McCarthy J. 1986. Applications of circumscription to formalizing commonsense knowledge. Artificial Intelligence,28：89—116.

McCarthy J. 2005. The future of AI-A manifesto. Artificial Intelligence,26(4)：39.

McClelland J L,Rumelhart D E. 1988. Explorations in Parallel Distributed Processing：A Handbook of Models,Programs,and Exercises. Cambridge：The MIT Press.

McDermott D. 1982. Non-monotonic logic II：Non-monotonic modal theories. JACM,29(1)：33—57.

McDermott D,Doyle J. 1980. Non-monotonic logic I. Artificial Intelligence,13(1-2)：41—72.

McDermott J. 1979. Learning to use analogies. Proceedings of 79,Tokyo.

McGraw K L, Harbison-Briggs K. 1989. Knowledge Acquisition：Principles and Guidelines. New Jersey：Prentice Hall.

Mehta M,Agrawal R,Rissaneh J. 1996. SLIQ：A fast scalableclassifier for data mining. Proceedings of the Fifth International Conference on Extending Database Technology,Avignon.

Michalski R S. 1973. Discovering classification rules using variable-valued logic system VL1. Proceedings of IJCAI-73,Stanford.

Michalski R S. 1975. Variable-valued logic and its applications to pattern recognition and machine learning// Rine D C. Computer Science and Multiple-Valued Logic Theory and Applications,North-Holland.

Michalski R S. 1980. Knowledge acquisition through conceptual clustering：A theoretical framework and an algorithm for partitioning data into conjunctive concepts. Policy Analysis and Information Systems,4(3)：219—244.

Michalski R S. 1983. A theory and methodology of inductive learning// Michalski R S,Carbonell J G,Mitchell T M. Machine Learning：An Artificial Intelligence Approach. Wellsboro：Tioga.

Michalski R S. 1984. Inductive learning as rule-guided generalization of symbolic descriptions：A theory and implementation//Bierman A W,Guiho G,Kodratoff Y. Automatic Program Techniques,Macmillan.

Michalski R S. 1989. Evolving research in machine learning. Summer School on Machine Learning.

Michalski R S,Amarel S,Lenat D B,et al. 1986. Machine learning：Challenges of the eighties//Michalski R S,Carbonell J G,Mitchell T M. Machine Learning：An Artificial Intelligence Approach. San Fransisco：Morgan Kaufmann.

Michalski R S,Carbonell J G,Mitchell T M. 1983. Machine Learning:An Artificial Intelligence Approach. Wellsboro:Tioga.

Michalski R S,Carbonell J G,Mitchell T M. 1986. Machine Learning:An Artificial Intelligence Approach. San Francisco:Morgan Kaufmann.

Michalski R S,Stepp R E. 1981. An application of AI techniques to structuring objects into an optimal conceptual hierarchy. Proceedings of IJCAI-81,Vancouver,B. C.

Michalski R S,Stepp R E. 1981. A recent advance in data analysis:Clustering objects into classes c haracterized by conjunctive concepts//Kanal L,Rosenfeld A. Pattern Recognition,North-Holland.

Michalski R S,Stepp R E. 1983. Learning from observation:Conceptual clustering// Michalski R S,Carbonell J G,Mitchell T M. Machine Learning:An Artificial Intelligence Approach. Wellsboro:Tioga.

Michalsk R S. 1986. Understanding the nature of learning//Michalski R S,Carbonell J G,Mitchell T M. Machine Learning:An Artificial Intelligence Approach. San Fransisco:Morgan Kaufmann.

Michie D. 1983. Inductive rule generation in the context of the fifth generation. Proceedings of the International Machine Learning Workshop,Allerton House.

Mingers J. 1989. An empirical comparison of selection measure for decision-tree induction. Machine Learning, 3(4),319.

Minsky M L. 1954. Theory of Neural-Analog Reinforcement Systems and its Application to the Brain-model Problem. Princeton:Princeton University Press.

Minsky M L. 1961. Steps toward artificial intelligence. Proc. IRE,196:8—30.

Minsky M L. 1975. A framework for representing knowledge//Winston P H. Psychology of Computer Vision. NJ:McGraw-Hill.

Minsky M L. 1985. The Society of Mind. New York:Simon and Schuster Inc.

Minsky M L. 1989. Semantic Information Processing. Cambridge:MIT Press.

Minsky M L,Papert S. 1969. Perceptrons. Cambridge:MIT Press.

Minton S. 1984. Constraint-based generalization:Learning game-playing plans from single examples. Proceedings of AAAI-84,Austin.

Minton S. 1985. Selectively generalizing plans for problem-solving. Proceedings of IJCAI-85,Los Angeles.

Minton S. 1988. Learning Search Control Knowledge:An Explanation-Based Approach. New York:Kluwer Acdemic.

Minton S. 1988. Quantitative results concerning the utility of explanation-based learning. Proceedings of AAAI-88,Saint Paul,Minnesota.

Minton S,Carbonell J G. 1987. Strategies for learning search control rules:An explanation-based approach. Proceedings of IJCAI-87,Milan.

Minton S,Carbonell J G,Knoblock C A,et al. 1989. Explanation-based learning:A problem solving perspective. Artificial Intelligence,40(1):63—118.

Minton S,Philips A B,Laird P. 1992. Minimizing conflicts:A heuristic repair method for constraint satisfaction and scheduling problems. Artificial Intelligence,58:161—205.

Mitchell T M. 1977. Version spaces:A candidate elimination approach to rule learning. Proceedings of IJCAI-87,Cambridge.

Mitchell T M. 1980. The need for biases in learning generalizations. Technical Report CBM-TR-117,Rutgers University.

Mitchell T M. 1982. Generalization as search. Artificial Intelligence,18(2): 203—226.

Mitchell T M. 1983. Learning and problem solving. Proceedings of IJCAI-83,Karlsruhe.

Mitchell T M. 1984. Toward combining empirical and analytic methods for learning heuristics//Elithorn A, Banerji R. Human and Artificial Intelligence. Amsterdam: North-Holland.

Mitchell T M,Keller R M,Kedar-Cabelli S T. 1986. Explanation-based generalization: A unifying view. Machine Learning,1(1): 47.

Mitchell T M,Mahadevan S,Steinberg L I. 1985. LEAP: A learning apprentice for VLSI design. Proceedings of IJCAI-85,Los Angeles.

Mitchell T M,Utgoff P E,Banerji R B. 1983. Learning by experimentation: Acquiring and refining problem: Solving heuristics//Michalski R S,Carbonell J G,Mitchell T M. Machine Learning: An Artificial Intelligence Approach,Wellsboro: Tioga.

Mitchell T M,Utgoff P E,Nudel B,et al. 1981. Learning problem-solving heuristics through practice. Proceedings of IJCAI-81,Vancouver,B. C.

Mo C H,Shi Z Z. 1995. Using genetic classifier system to robot learning. PACES-95,584—586.

Mohr R,Henderson T C. 1986. Arc and path consistency revisited. Artificial Intelligence,28: 225—233.

Montana D J,Davis L. 1989. Training feedforward neural networks using genetic algorithms. Proceedings of IJCAI-89,Detroit.

Mooney R,DeJong G. 1985. Learning schemata for natural language processing. Proceedings of IJCAI-85,Los Angeles.

Mooney R J. 1988. Generalizing the order of operators in macro-operators. Proceedings of ICML-88,San Mateo.

Mooney R J. 1989. The effect of rule use on the utility of explanation-based learning. Proceedings of IJCAI'89,Detroit.

Mooney R,Shavlik J,Towell G,et al. 1989. An experimental comparison of symbolic and connectionist learning algorithms. Proceedings of IJCAI-89,Detroit.

Moore A W. 1994. The parti-game algorithm for variable resolution reinforcement learning in multidimensional state spaces//Cowan J D,Tesauro G,Alspector J. Advances in Neural Information Processing Systems, 6. San Fransisco: Morgan Kaufmann Publishers: 711—718.

Moore R C. 1985. Semantical considerations on nonmonotonic logic. Artificial Intelligence,25(1): 75—94.

Moore R C. 1993. Autoepistemic logic revisited. Artificial Intelligence,59(1-2): 27—30.

Mostow J. 1989. Design by derivational analogy: Issues in the automated replay of design plans. Artificial Intelligence,40(1): 119—184.

Mostow J,Bhatnagar N. 1987. Failsafe: A floor planner that uses EBG to learn from its failures. Proceedings of IJCAI-87,Milan.

Muggleton S H,Buntine W. 1988. Machine invention of first-order predicates by inverting resolution. Proceedings of IWML,San Mateo.

Muggleton S H,Buntine W. 1988. Towards Constructive Induction in First-order Predicate Calculus[Working Paper]. Glasgow: Turing Institute.

Muhlenbein H,Kindermann J. 1989. The dynamics of evolution and learning-towards genetic neural networks// Pfeifer R,Schreter Z,Fogelman-Soulie F,et al. Connectionism in Perspective. North-Holland.

Muller B,Reinhardt J. 1990. Neural Networks-An Introduction. Berlin: Springer Verlag.

Muller J P,Pischel M. 1994. Modelling interacting agents in dynamic environments. Proceedings of the 11th European Conference on Artificial Intelligence (ECAI-94),709—713.

Nadel B. 1990. Tree search and arc consistency in constraint satisfaction algorithms//Kanal L, Kumar V. Search in Artificial Intelligence. New York: Springer-Verlag: 287—342.

Nadel B A. 1989. Constraint satisfaction algorithms. Computational Intelligence,5(4): 188—224.

Natarajan B K,Tadepalli P. 1988. Two new frameworks for learning. Proceedings of ICML-88,San Mateo.

Newell A,Laird J E,Rosenbloom P S. 1987. SOAR: An architecture for general intelligence. Artificial Intelligence,33(1): 1—64.

Newell A,Rosenbloom P. 1981. Mechanisms of skill acquisition and the law of practice//Anderson J R. Cognitive Skills and Their Acquisition. Hillsdale: Erlbaum.

Newell A,Simon H A. 1972. Human Problem Solving. New Jersey: Prentice-Hall.

Newell A,Simon H A. 1976. Computer science as empirical inquiry: Symbols and search. Communications of the Association for Computing Machinery,19(3),113—126.

Ng R,Han J. 1994. Efficient and effective clustering method for spatial data mining. Proc. 20th Int. Conf. on VLDB,Santiago de Chile: 144—155.

Nickles T. 1980. Scientific Discovery,Logic,and Rationality. Dordrecht: D. Reidel Publishing Company.

Nigam K,McCallum A,Thrun S,et al. 1998. Learning to classify text from labeled and unlabeled documents. Proceedings of the Fifteenth National Conference on Artificial Intelligence (AAAI-98), Madison: 792—799.

Nilsson N J. 1980. Principles of Artificial Intelligence. Wellsboro: Tioga.

Norton S W. 1989. Generating better decision trees. Proceedings of IJCAI-89,Detroit.

O'Reilly T. 2005. What is Web 2. 0. design patterns and business models for the next generation of software. http://oreilly. com/web2/archive/what-is-web-20. html.

O'Rorke P. 1984. Generalization for explanation-based schema acquisition. Proceedings of AAAI-84,Austin.

Osawa E I. 1993. A Schema for agent collaboration in open multiagent environments. IJCAI-93,Chambery: 352—359.

Padgham L,Zhang T. 1993. A terminological logic with defaults: A definition and an application. IJCAI-93, Chambery: 662—668.

Pagallo G. 1989. Learning DNF by decision trees. Proceedings of IJCAI-89,Detroit.

Pagallo G,Haussler D. 1989. Two algorithms that learn DNF by discovering relevant features. Proceedings of IWML-89,Cornell University,Ithaca.

Page L,Brin S,Motwani R,et al. 1999. The PageRank Citation Ranking: Bringing Order to the Web. Technical Report. Stanford InfoLab.

Panda B,Joshua H,Sugato B,et al. 2009. PLANET: Massively parallel learning of tree ensembles with MapReduce. PVLDB,2(2): 1426—1437.

Paredis J. 1993. Genetic state-space search for constrained optimization problems. IJCAI-93,Chambery: 952—959.

Park J S,Chen M S,Yu P S. 1995. An effective hash-based algorithm for mining association rules. Proceedings of 1995 ACM-SIGMOD Int'l Conf. on Management of Data (SIGMOD'95),San Jose: 175—186.

Pasquier N,Bastide Y,Taouil R,et al. 1999. Discovering frequent closed itemsets for association rules. Proc. 7th Int'l Conf. Database Theory(ICDT'99),Jerusalem: 398—416.

Pawlak Z. 1982. Rough sets. International Journal of Information and Computer Science,11(5): 341—356.

Pawlak Z. 1991. Rough Sets: Theoretical Aspects of Reasoning About Data. Dordrecht: Kluwer Academic Publishers.

Pazzani M J. 1988. Integrated learning with incorrect and incomplete theories. Proceedings of ICML-88,San Mateo.

Pazzani M J. 1989. Explanation-based learning with weak domain theories. Proceedings of IWML-89,Cornell University,Ithaca.

Perez M A,Sanchez P,Herrero V,et al. 2005. Adapting the weka data mining toolkit to a grid based environment. AWIC 2005. Berlin: Springer-Verlag.

Perez M,Sanchez A,Robles V,et al. 2007. Design and implementation of a data mining grid-aware architecture,Future Generation Computer Systems,23 (1): 42—47.

Perkowitz M, Etzioni O. 1998. Adaptive Web sites: Automatically synthesizing Web pages. AAAI98, 727—732.

Peters J F,Pawlak Z,Skowron A. 2002. A rough set approach to measuring information granules. Proceedings of COMPSAC 2002,1135—1139.

Pettit E,Swigger K M. 1983. An analysis of genetic-based pattern tracking and cognitive-based component tracking models of adaptation. Proceedings of AAAI-83,Washington,D. C.

Pitt L. 1987. Inductive reference,DFAs,and computational complexity//Jantke K P. Analogical and Inductive Inference. Berlin: Springer-Verlag.

Poetschke D. 1987. Analogical reasoning for second generation expert systems//Jantke K P. Analogical and Inductive Inference. Berlin: Springer-Verlag.

Politakis P,Weiss S M. 1984. Using empirical analysis to refine expert system knowledge bases. Artificial Intelligence,22(1): 23—48.

Popper K. 1961. The Logic of Scientific Discovery. New York: Science Editions.

Popper K. 1968. The Logic of Scientific Discovery. New York: Harper and Row.

Porat S. 1991. Learning automata from ordered examples. Machine Learning,7(2-3): 109—138.

Porter B. 1984. Learning Problem Solving. Irvine: Department of Computer and Information Science,University of California.

Porter B,Kibler D. 1984. Learning operator transformations. Proceedings of AAAI-84,Austin.

Porter B W,Kibler D F. 1986. Experimental goal regression: A method for learning problem-solving heuristics. Machine Learning,1(3): 249.

Prieditis A E,Mostow J. 1987. PROLEARN: Towards a prolog interpreter that learns. Proceedings of AAAI-87,Seattle.

Prosser P. 1991. Hybrid Algorithms for the Constraint Satisfaction Problem. Research Report,AISL-46-91, Computer Science Dept. ,Univ. of Strathclyde.

Prosser P. 1993a. Domain filtering can degrade intelligent backtracking search. Proceedings IJCAI-93, 262—267.

Prosser P. 1993b. BM + BJ= BMJ. Proceedings of CAIA-93,Orlando: 257—262.

Purdom P. 1983. Search rearrangement backtracking and polynomial average time. Artificial Intelligence,21: 117—133.

Quinlan J R. 1979. Discovering rules from large collections of examples: A case study//Michie D. Expert Systems in the Micro Electronic Age. Edinburgh: Edinburgh University Press.

Quinlan J R. 1983. Learning efficient classification procedures and their application to chess end-games//Michalski R S,Carbonell J G,Mitchell T M. Machine Learning: An Artificial Intelligence Approach. Wellsboro: Tioga.

Quinlan J R. 1986a. Induction of decision trees. Machine Learning,1(1): 81.

Quinlan J R. 1986b. The effect of noise on concept learning//Michalski R S,Carbonell J G,Mitchell T M. Machine Learning: An Artificial Intelligence Approach. San Fransisco: Morgan Kaufmann.

Quinlan J R. 1987. Generating production rules from decision trees. Proceedings of IJCAI-87,Milan.

Quinlan J R. 1988. An empirical comparison of genetic and decision-tree classifiers. Proceedings of ICML-88, San Mateo.

Quinlan J R. 1993. C4.5: Programs for Machine Learning. San Fransisco: Morgan Kaufmann.

Rajamoney S A. 1988. Experimentation-based theory revision. Proceedings of the AAAI Spring Symposium on EBL,Menlo Park.

Randall D A,Cui Z,Cohn A G. 1992. A spatial logic based on regions and connection. ICKRR'92,165—175.

Rao A S,Georgeff M P. 1992. An abstract architecture for rational agents. Proc. of the 3rd International Conference on Principles of Knowledge Representation and Reasoning. San Fransisco: Morgan Kaufmann.

Redmond M. 1989. Combining case-based reasoning, explanation-based learning, and learning from instruction. Proceedings of IWML-89,Cornell University,Ithaca.

Reinke L P. 1988. Criteria for polynomial-time(conceptual) clustering. Machine Learning,2(4): 371.

Reiter R. 1978. On closed world data bases//Gallaire H,Minker J. Logic and Data Bases. New York: Plenum Press.

Reiter R. 1980. A logic for default reasoning. Artificial Intelligence,13(1-2): 81—132.

Reiter R. 2001. Knowledge in Action: Logical Foundations for Specifying and Implementing Dynamical Systems. Cambridge: MIT Press.

Reiter R,Criscuolo G. 1983. Some representational issues in default reasoning. International Journal of Computers and Mathematics,9(1): 15—27.

Reiter R,de Kleer J. 1987. Foundation of assumption based truth maintenance systems: Preliminary report. Proceedings AAAI-87,Seattle.

Richie G D,Hanna F K. 1984. AM: A case study in AI methodology. Artificial Intelligence,23(3): 249—268.

Rieger C,Grinberg M. 1977. The declarative representation and procedural simulation of causality in physical mechanisms. IJCAI-97,250—256.

Riesbeck C K,Schank R C. 1989. Inside Case-based Reasoning. Hillsdale: Lawrence Erlbaum Associates Inc. Publishers.

Robertson G G. 1988. Population size in classifier systems. Proceedings of ICML-88,San Mateo.

Robertson G G,Riolo R L. 1988. A tale of two classifier systems. Machine Learning,3(2): 139.

Robinson J A. 1965,A machine-oriented logic based on the resolution principle. JACM,12(1): 23—41.

Rose D,Langley P. 1986. Chemical discovery as belief revision. Machine Learning,1(4): 423.

Rose D,Langley P. 1988,A hill-climbing approach to machine discovery. Proceedings of ICML-88,San Mateo.

Rosenblatt F. 1962. Principles of Neurodynamics. New York: Spartan Books.

Rosenbloom P S. 1983. The Chunking of Goal Hierarchies: A Model of Practice and Stimulus-Response Compatibility. Department of Psychology,Carnegie-Mellon University.

Rosenbloom P S,Laird J E. 1986. Mapping explanation-based generalization onto SOAR. Proceedings of the AAAI-86,Los Altos.

Rosenbloom P S,Laird J E,Newell A. 1987. Knowledge Level Learning in SOAR. Proceedings of AAAI-87, New York.

Rosenbloom P S,Newell A. 1982. Learning by chunking: Summary of a task and a model. Proceedings of AAAI-82,Pittsburgh.

Rosenbloom P S,Newell A. 1986. The chunking of goal hierarchies//Michalski R S,Carbonell J G,Mitchell T M. Machine Learning: An Artificial Intelligence Approach. San Fransisco: Morgan Kaufmann.

Rosenschein J S. 1986. Rational Interaction Cooperation Among Intelligent Agents[Ph. D. Thesis]. Stanford: Stanford University.

Roy S,Mostow J. 1988. Parsing to learn fine grained rules. Proceedings of AAAI-88,Saint Paul.

Rumelhart D E,Abrahamson A A. 1973. A model for analogical reasoning. Cognitive Psychology,5: 1—28.

Rumelhart D E, Hinton G, Williams R J. 1986. Learning internal representations by error propagation// Rumelhart D E,McClelland J L,the PDP Res. Group. Parallel Distributed Processing: Explorations in the Microstructure of Cognition,I: Foundations. Cambridge: MIT Press.

Rumelhart D E,McClelland J L. 1986,Parallel Distributed Processing. Cambridge: The MIT Press.

Rumelhart D E, Norman D E. 1981. Analogical processes in learning//Anderson J R. Cognitive Skills and Their Acquisition. New York: Erlbaum.

Rumelhart D E,Zipser D. 1985. Competitive learning. Cognitive Science,9: 75—112.

Russell S J,Grosof B N. 1987. A declarative approach to bias in concept learning. Proceedings of AAAI-87, New York.

Russell S J,Norvig P. 2003. Artificial Intelligence: A Modern Approach(2nd Edition). 姜哲,等译. 人工智能——一种现代方法(第二版). 北京: 人民邮电出版社,2004.

Salzberg S. 1983. Generating hypotheses to explain prediction failures. Proceedings of AAAI-83,Washington, D. C.

Salzberg S. 1985. Heuristics for inductive learning. Proceedings of IJCAI-85,Los Angeles.

Salzberg S,Atkinson D J. 1984. Learning by building causal explanations. Proceedings of the Sixth European Conference on AI,Pisa.

Sammut C. 1981a. Learning Concepts by Performing Experiments. Department of Computer Science,University of New South Wales.

Sammut C. 1981b. Concept learning by experiment. Proceedings of IJCAI-81,Vancouver,B. C.

Sammut C,Banerji R B. 1986. Learning concepts by asking questions//Michalski R S,Carbonell J G,Mitchell T M. Machine Learning: An Artificial Intelligence Approach. San Fransisco: Morgan Kaufmann.

Samuel A L. 1963. Some studies in machine learning using the game of checkers//Feigenbaum E A,Feldman J. Computers and Thought. Burr Ridge: McGraw-Hill.

Sarrett W E,Pazzani M J. 1989. One-sided algorithms for integrating empirical and explanation-based learning. Proceedings of IWML-89,Cornell University,Ithaca.

Savasere A,Omiecinski E,Navathe S. 1995. An efficient algorithm for mining association rules in large databases. VLDB'95,432—443.

Schaffer J D,Grefenstette J J. 1985,Multi-objective learning via genetic algorithms. Proceedings of IJCAI-85, Los Angeles.

Schank R C. 1972. Conceptual dependency: A theory of natural language understanding. Cognitive Psychology,3(4): 552—631.

Schank R C. 1982a. Dynamic Memory. Cambridge: Cambridge University Press.

Schank R C. 1982b. Looking at learning. Proceedings of the Fifth European Conference on AI,Paris.

Schank R C,David B L. 1989. Creativity and learning in a case-based explainer. Artificial Intelligence,40(1): 353—385.

Schapire R E. 1989. The strength of weak learnability. Proceedings of the Second Annual Workshop on Computational Learning Theory,Santa Cruz.

Schikuta E,Martin E. 1997. The BANG-clustering system: Grid-based data analysis. IDA,513—524.

Schlimme J C,Granger R H Jr. 1987. Incremental learning from noisy data. Machine Learning,1(3): 317.

Schlimmer J C,Fisher D. 1986. A case study of incremental concept induction. Proceedings of AAAI-86,Philadelphia.

Schreiber G. 2000. Knowledge Engineering and Management. 史忠植,梁永全,吴斌,等译.知识工程和知识管理.北京：机械工业出版社,2003.

Segre A M. 1987. On the operationality/generality trade-off in explanation-based learning. Proceedings of IJCAI-87,Milan.

Segre A M. 1988. Operationality and real world plans. Proceedings of AAAI-88,Menlo Park.

Sewell W,Shah V. 1968. Social class,parental encouragement,and educational aspirations. American Jouranl of Sociology,73: 559—572.

Shafer G. 1976. A Mathematical Theory of Evidence. Princeton: Princeton University Press.

Shafer J,Agrawal R,Mehta M. 1996. SPRINT: A scalable parallelclassifier for data mining. Proceedings of the 22nd VLDB Conference,Mumbai.

Shanahan M. 1997. Solving the Frame Problem. Cambridge: The MIT Press.

Shapiro E Y. 1981a. An algorithm that infers theories from facts. Proceedings of the IJCAI-81, Vancouver B. C.

Shapiro E Y. 1981b. Inductive Inference of Theories from Facts. Research Report 192. New Haven: Department of Computer Science,Yale University.

Shapiro E Y. 1983. Algorithmic Program Debugging. Cambridge: MIT Press.

Shavlik J W,DeJong G F. 1987a. An explanation-based approach to generalizing number. Proceedings of IJCAI-87,Milan.

Shavlik J W,DeJong G F. 1987b. BAGGER: An EBL system that extends and generalizes explanations. Proceedings of AAAI-87,Seattle.

Shavlik J W,Towell G G. 1989. Combining explanation-based learning and artificial neural networks. Proceedings of IWML-89,Cornell University,Ithaca.

Sheikholeslami G,Surojit C,Zhang A D. 1998. WaveCluster: A multi-resolution clustering approach for very large spatial databases. VLDB1998,New York: 428—439.

Shivakumar V,Byron D. 1998. Model-based hierarchical clustering. PRICAI Workshop on Text and Web Mining,Singapore.

Shi Z Z. 1984. Design and implementation of FORMS. Proceedings of International Conference on Computer and Applications,Beijing.

Shi Z Z. 1987. Intelligent scheduling architecture in KSS. The Second International Conference on Computers and Applications,Beijing.

Shi Z Z. 1988. On knowledge base system architecture. Proceedings of Knowledge-Based Systems and Models of Logical Reasoning,Cairo.

Shi Z Z. 1989. Distributed artificial intelligence. Proceedings on the Future of Research in AI,Beijing.

Shi Z Z. 1992a. Principles of Machine Learning. Beijing: International Academic Publishers.

Shi Z Z. 1992b. Automated Reasoning. IFIP Transactions A-19. Amsterdam: North-Holland.

Shi Z Z. 1992c. Hierarchical model of human mind. PRICAI-92,Seoul.

Shi Z Z. 1994a. Artificial thought and intelligent systems. AI Summer School'94,Beijing.

Shi Z Z. 1994b. Proceedings of Pacific Rim International Conference on Artificial Intelligence. Beijing: International Academic Publishers.

Shi Z Z,Bioch J C. 1990. Computational learning theories. Proceedings of BENELEARN'90,Katholieke Universiteit Leuven,Belgium.

Shi Z Z,Dong M K,Jiang Y C,et al. 2005. A logic foundation for the semantic Web. Science in China,Series F Information Sciences,48(2): 161—178.

Shi Z Z,et al. 1989. New Generation Computer Systems. Beijing: International Academic Publishers.

Shi Z Z,et al. 1994. DEIDS: An integrated environment for intelligent decision systems. PRICAI-94,Beijing.

Shi Z Z,et al. 1994. MAPE: Multi-agent processing environment. PRICAI-94,Beijing.

Shi Z Z,Han J. 1990. Attribute Theory in Learning System,Future Generation Computer Systems. Amsterdam: North Holland Publishers,6(1): 65—69.

Shi Z Z,Huang H,Luo J W,et al. 2006. Agent-based grid computing. Applied Mathematical Modeling,30: 629—640.

Shi Z Z,Huang Y P,He Q,et al. 2007. MSMiner-a developing platform for OLAP. Decision Support Systems, 42(4): 2016—2028.

Shi Z Z,Tian Q J,Wang W J,et al. 1996. Epistemic reasoning about knowledge and belief based on dependence relation. Advanced Software Research,3(2).

Shi Z Z,Wang J. 1997. Applying case-based reasoning to engine oil design. AI in Engineering,11: 167—172.

Shi Z Z,Wang T,Wang W J,et al. 1995. A flexible architecture for multi-agent system. PACES-95,San Petersburg.

Shi Z Z,Wang X F. 2010. A mind model CAM in intelligence science. Progress of Advanced Intelligence,2: 20—27.

Shi Z Z,Wu J,Sun H,et al. 1990. OKBMS,An object-oriented knowledge base management system. International Conference on TAI,Washington D. C.

Shi Z Z,Zhang H J,Dong M K. 2003. MAGE: Multi-agent environment. ICCNMC-03,IEEE CS Press: 181—188.

Shoham Y. 1992. On the synthesis of useful social laws for artificial agent societies. AAAI-92,San Jose.

Shoham Y. 1993,Agent-oriented programming. Artificial Intelligence,60: 51—92.

ShohamY,Moshe T. 1995. On social laws for artificial agent societies: Off-line design. Artificial Intelligence, 73:231—252.

Siekmann J,Szabo P. 1982. Universal Unification. Berlin: Springer-Verlag.

Silver B. 1986. Precondition analysis: Learning control information//Michalski R S,Carbonell J G,Mitchell T M. Machine Learning: An Artificial Intelligence Approach. San Fransisco: Morgan Kaufmann.

Simon H A. 1982. The Sciences of the Artificial. Cambridge: MIT Press.

Simon H A. 1983. Why should machines learning? //Michalski R S, Carbonell J G, Mitchell T M. Machine Learning: An Artificial Intelligence Approach. Wellsboro: Tioga.

Simon H A, Lea G. 1974. Problem solving and rule induction: A unified view//Gregg L W. Knowledge and Cognition. Mahwah: Erlbaum.

Simpson R L. 1985. A computer model of case-based reasoning in problem solving. Atlanta: School of ICS, Georgia Inst. of Tech.

Singh S, Jaakkola T, Jordan M I. 1995. Reinforcement learning with soft state aggregation//Tesauro G, Touretzky D. Advances in Neural Information Processing Systems, 7. Cambridge: MIT Press: 361—368.

Sleeman D H, Langley P, Mitchell T M. 1982. Learning from solution paths: An approach to the credit assignment problem. AI Magazine, 3(2): 48—52.

Smarr L, Catlett C. 1992. Metacomputing. Comm. of the ACM, 35(6): 44—52.

Smith R. 1980. A Learning System Based on Genetic Algorithms. Pittsburgh: Department of Computer Science, University of Pittsburgh.

Smith R G. 1980. The contract-net protocol: High-level communication and control in a distributed problem solver. IEEE Transaction on Computers, C-29(12): 1104—1113.

Soloway E M. 1978. Learning = interpretation + generalization: A case study in knowledge-directed learning. Amherst: Department of CIS, University of Massachusetts.

Spertus E. 1998. ParaSite: Mining the Structural Information on the World-WideWeb[Ph. D. Thesis]. Cambridge: Department of EECS, MIT.

Spivack N. 2008. http://www. slideshare. net/novaspivack/web-evolution-nova-spivack-twine.

Srivasmva J, Cooley R, Desphande M, et al. 2000. Web usage mining, discovery and applications of usage patterns from Web data. SIGKDD Explorations, 1(2): 12—23.

Steier D. 1987. CYPRESS-soar: A case study in search and learning in algorithm design. Proceedings of IJCAI-87, Milan.

Stepp R E. 1984. Conjunctive conceptual clustering: A methodology and experimentation. Urbana: Department of Computer Science, University of Illinois.

Stepp R E. 1987. Concepts in conceptual clustering. Proceedings of IJCAI-87, Milan.

Stepp R E, Michalski R S. 1986. Conceptual clustering: Inventing goal-oriented classifications of structured object//Michalski R S, Carbonell J G, Mitchell T M. Machine Learning: An Artificial Intelligence Approach. San Fransisco: Morgan Kaufmann.

Stone P, Veloso M. 1999. Task decomposition, dynamic role assignment, and low-bandwidth communication for real time strategic teamwork. Artificial Intelligence, 110(2): 241—273.

Sutton R S. 1996. Generalization in reinforcement learning: Successful examples using sparse coarse coding// Touretzky D, Mozer M, Hasselmo M. Advances in Neural Information Processing Systems, 8. Cambridge: MIT Press: 1038—1044.

SycaraK, Decker K, Pannu A, et al. 1996. Distributed artificial agents. http://www. cs. cmu. edu/~ softagents/.

Tadepalli P. 1989. Lazy explanation-based learning: A solution to the intractable theory problem. Proceedings of IJCAI-89, Detroit.

Tadepalli P. 1991. A formalization of explanation-based macro-operator learning. Proceedings of IJCAI-91,

616—622.

Talia D,Paolo T,Oreste V. 2006. Weka4WS: A WSRF-Enabled Weka Toolkit for Distributed Data Mining Oil Grids.

Talia D,Trunfio P,Verta O. 2008. The Weka4WS framework for distributed data mining in service-oriented Grids. Concurrency and Computation: Practice and Experience,20(16): 1933—1951.

Tambe M,Newell A. 1988. Some chunks are expensive. Proceedings of ICML-88,San Mateo.

Tambe M,Rosenbloom P. 1989. Eliminating expensive chunks by restricting expressiveness. Proceedings of IJCAI-89,Detroit.

Tapscott D,Williams A D. 2008. Wikinomics: How Mass Collaboration Changes Everything. New York: Penguin Group.

Tesauro G J. 1992. Practical issues in temporal difference learning. Machine Learning,8: 257—277.

Thagard P,Cohen D M,Holyoak K J. 1989. Chemical analogies: Two kinds of explanation. Proceedings of IJCAI-89,Detroit.

Thagard P,Holyoak K J,Nelson G,et al. 1990. Analogy Retrieval by Constraint Satisfaction. Artificial Intelligence,46: 259—310.

Thornton C J. 1987. Analogical inference as generalized inductive inference//Jantke K P. Analogical and Inductive Inference. Berlin: Springer-Verlag.

Tian Q J,Shi Z Z. 1996. A model-theoretical approach to action and progression. SMC-96,Beijing.

Tian Q J,Shi Z Z,Wang W J,et al. 1995. An approach to autoepistemic logic. ICYCS-95,Beijing.

Toivonen H. 1996. Sampling large databases for association rules. Proceedings of 22th VLDB Conf. ,Bombay: 134—145.

Tovey M. 2008. Collective intelligence. Earth Intelligence Network,Oakton.

Tsitsiklis J N. 1994. Asynchronous stochastic approximation and Q-learning. Machine Learning,16(3): 185—202.

Tu X Y. 1996. Artificial Animals for Computer Animation[Ph. D. Thesis]. Toronto: University of Toronto.

Utgoff P E. 1983. Adjusting bias in concept learning. Proceedings of IJCAI-83,Karlsruhe.

Utgoff P E. 1984. Shift of Bias for Inductive Concept Learning. Rutgers: Department of Computer Science, Rutgers University.

Utgoff P E. 1986a. Machine Learning of Inductive Bias. New York: Kluwer Academic Publishers.

Utgoff P E. 1986b. Shift of bias for inductive concept learning//Michalski R S,Carbonell J G,Mitchell T M. Machine Learning: An Artificial Intelligence Approach. San Fransisco: Morgan Kaufmann.

Utgoff P E. 1988a. ID5: An incremental ID3. Proceedings of ICML-88,San Mateo.

Utgoff P E. 1988b. Perceptron trees: A case study in hybrid concept representations. Proceedings of AAAI-88,Saint Paul.

Utgoff P E,Mitchell T M. 1982. Acquisition of appropriate bias for inductive concept learning. Proceedings of AAAI-82,Pittsburgh.

Vaithyanathan S,Byron D. 1998. Model-based hierarchical clustering. PRICAI Workshop on Text and Web Mining,Singapore.

Valiant L G. 1984. A theory of the learnable. Communications of the ACM,27(11): 1134—1142.

Valiant L G. 1985. Learning disjunction of conjunction. Proceedings of IJCAI-85,Los Angeles.

van Harmelen F,Bundy A. 1988. Explanation-based generalization = partial evaluation. Artificial Intelligence,36:401—412.

van Lehn K,Ball W. 1987. A version space approach to learning context-free grammars. Machine Learning,2
　　(1):39.

Vapnik V N. 1995. The Nature of Statistical Learning Theory. New York: Springer-Verlag.

Vapnik V N. 1998. Statistical Learning Theory. New York: Wiley-Interscience Publication.

Vapnik V N,Golowich S,Smola A. 1997. Support vector method for function approximation,regression esti-
　　mation,and signal processing. Advances in Neural Information Processing Systems 9,Denver.

Voisin J,Devijver P A. 1987. An application of the multiedit-condensing technique to the reference selection
　　problem in a print recognition system. Pattern Recognition,5:465—474.

Waddington C H. 1974. A catastrophic theory of evolution. Annals of the New York Academy of Science,231:
　　32—42.

Waltz D. 1975. Understanding line drawings of scenes with shadows//Winston P H. The Psychology of Com-
　　puter Vision. New York: McGraw Hill: 19—91.

Wang J,Han J,Pei J. 2003. CLOSET+: Searching for the best strategies for mining frequent closed itemsets.
　　Proc. ACM SIGKDD'03,Washington D. C. : 236—245.

Wang W,Jiong Y,Muntz R R. 1997. STING: A statistical information grid approach to spatial data mining.
　　VLDB1997,Athens: 186—195.

Warmuth M K. 1987. Towards representation independence in PAC learning//Jantke K P. Analogical and In-
　　ductive Inference. Berlin: Springer-Verlag.

Watkins C,Dayan P. 1989. Q-learning. Machine Learning,8: 279—292.

Weiss S M,Kulikowski C A. 1991. Computer systems that learn. San Mateo: Morgan Kaufmann.

Werbos P J. 1974. Beyond regression: New tools for prediction and analysis in the behavioral sciences. Cam-
　　bridge: Harvard University.

Widmer G. 1989. A tight integration of deductive and inductive learning. Proceedings of IWML-89,Cornell
　　University,Ithaca.

Wilkins D C. 1988. Knowledge base refinement using apprenticeship learning techniques. Proceedings of the
　　AAAI-88,Los Altos.

Williams R S. 1988. Learning to program by examining and modifying cases. Proceedings of ICML-88,San Ma-
　　teo.

Wilson D. 1972. Asymptotic properties of nearest neighbor rules using edited data. Institute of Electrical and
　　Electronic Engineers Transactions on Systems,Man and Cybernetics 2: 408—421.

Wilson G V,Pawley G S. 1988. On the stability of the traveling salesman problem algorithm of Hopfield and
　　Tank. Biological Cybernetics,58: 62—70.

Wilson S W. 1987a. Classifier systems and the animat problem. Machine Leanring,2(3): 199.

Wilson S W. 1987b. Hierarchical credit allocation in a classifier system. Proceedings of IJCAI-87,Milan.

Winston P H. 1975. Learning structural descriptions from examples//Winston P H. The Psychology of Com-
　　puter Vision. New York: McGraw-Hill.

Winston P H. 1980. Learning and reasoning by analogy. Communications of the ACM,23(12): 689—702.

Winston P H. 1982. Learning new principles from precedents and exercises. Artificial Intelligence,19(3):
　　321—350.

Winston P H. 1986. Learning by augmenting rules and accmulating censors//Michalski R S,Carbonell J G,

Mitchell T M. Machine Learning: An Artificial Intelligence Approach. San Fransisco: Morgan Kaufmann.

Winston P H, Binford T O, Katz B, et al. 1983. Learning physical descriptions from functional definitions, examples, and procedents. Proceedings of AAAI'83, Washington, D. C.

Wisniewski E J, Anderson J A. 1988. Some interesting properties of a connectionist inductive learning system. Proceedings of ICML-88, San Mateo.

Witten I, Frank E. 2005. Practical Machine Learning Tools and Techniques. 2nd ed. San Fransisco: Morgan Kaufmann.

Wollowski M. 1989. A schema for an integrated learning system. Proceedings of IWML-89, Cornell University, Ithaca.

Wooldridge M, Jennings N R. Intelligent agents: Theory and practice. The Knowledge Engineering Review, 10 (2): 115—152.

Wu L L, Yu P, Ballman A. 1998. Spcedtraccr: A Web usage mining and analysis tool. IBM System Journal, 37 (1): 89—105.

Wu Y. 1988. Reduction: A practical mechanism of searching for regularity in data. Proceedings of ICML-88, San Mateo.

Yao X, Xu Y. 2006. Recent advances in evolutionary computation. Journal of Computer Science and Technology, 21(1): 1—18.

Yao Y Y. 2001. Information granulation and rough set approximation. International Journal of Intelligent Systems, 16: 87—104.

Ye S W, Shi Z Z. 1994a. Homotopy scheme and learning vector quantization. PRICAI-94, Beijing.

Ye S W, Shi Z Z. 1994b. KL transform and learning vector quantization. ICNIP-94, Seoul.

Ye S W, Shi Z Z. 1995a. A necessary condition about the Optimum partition on the set with finite samples and adaptive frequency K-Means clustering. PACES-95, 1027—1031.

Ye S W, Shi Z Z. 1995b. Generalized K-means clustering algorithm and frequency sensitive competitive learning. Journal of Computer Science and Technology, 10(6): 545—556.

Ye S W, Shi Z Z. 1995c. Neural vector quantization with direct sum codebooks. ICYCS-95, Beijing.

Yildiz O T, Dikmen O. 2007. Parallel univariate decision trees. Pattern Recognition Letters, 28(7): 825—832.

Yoo J P, Fisher D H. 1989. Conceptual clustering of explanations. Proceedings of IWML-89, Cornell University, Ithaca.

Zadeh L A. 1965. Fuzzy sets. Information and Control, 8: 338—353.

Zadeh L A. 1979. Fuzzy sets and information granularity//Gupta M M, Ragade R K, Yager R R. Advances in Fuzzy Set Theory and Applications. Amsterdam: North-Holland.

Zadeh L A. 1997. Towards a theory of fuzzy information granulation and its centrality in human reasoning and fuzzy logic. Fuzzy Sets and Systems, 19: 111—127.

Zaki M, Gouda K. 2003. Fast vertical mining using diffsets. 9th ACM SIGKDD International Conference on Knowledge Discovery and Data Mining, Washington, D. C.

Zaki M, Parthasarathy S, Ogihafa M, et al. 1997. New algorithms for fast discovery of association rules. Proc. of the 3rd Int. Conf. on Knowledge Discovery and Data Mining(KDD'97), Sunny: 283—286.

Zhang J. 1992. Selecting typical instances in instance-based learning. Proceedings of the 9th International Machine Learning Workshop, Aberdeen: 470—479.

Zhang J, Michalski R S. 1989. A description of preference criterion in constructive learning: A discussion of basic issues. Proceedings of IWML-89,Cornell University,Ithaca.

Zhang J,Shi Z Z. 1995. An adaptive theoretical foundation: Toward unifying neural information processing? NFT. ICONIP-95,Beijing.

Zhang T,Ramakrishnan R,Livny M. 1996. BIRCH: An efficient data clustering method for very large databases. Int. Conf. on Management of Data. New YORK: ACM Press: 103—114.

Zheng Z,Hu H,Shi Z Z. 2005. Tolerance relation based information granular space. Lecture Notes in Computer Science,3641: 682—691.

Zhong N,Liu J,Yao Y Y. 2002. In search of the wisdom Web. IEEE Computer,35(11): 27—31.